中國科技典籍選刊 第五輯

叢書主編：孫顯斌

中國科學院自然科學史研究所
李儼圖書館藏李星源鈔校本

中西數學圖說

【下】

[明]李篤培◇著 高峰◇整理

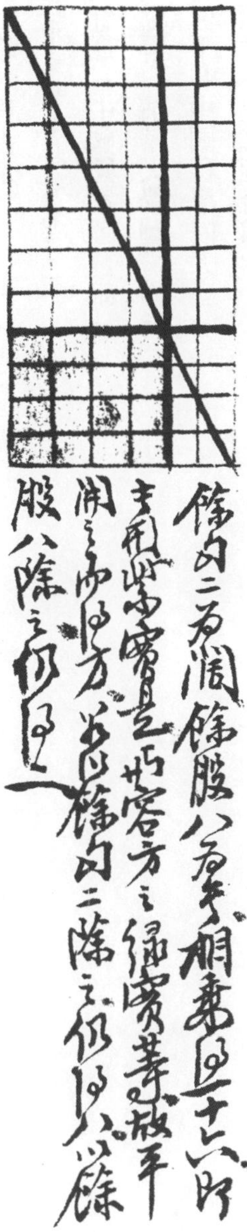

湖南科學技術出版社

國家古籍整理出版專項經費資助項目

中國科技典籍選刊

中國科學院自然科學史研究所組織整理

《中國科技典籍選刊》總序

我國有浩繁的科學技術文獻，整理這些文獻是科技史研究不可或缺的基礎工作。竺可楨、李儼、錢寶琮、劉仙洲、錢臨照等我國科技史事業開拓者就是從解讀和整理科技文獻開始的。二十世紀五十年代，科技史研究在我國開始建制化，相關文獻整理工作有了突破性進展，涌現出许多作品，如胡道静的力作《夢溪筆談校證》。

改革開放以來，科技文獻的整理再次受到學術界和出版界的重視，這方面的出版物呈現系列化趨勢。巴蜀書社出版《中華文化要籍導讀叢書》（簡稱《導讀叢書》），如聞人軍的《考工記導讀》、傅維康的《黃帝内經導讀》、繆啓愉的《齊民要術導讀》、胡道靜的《夢溪筆談導讀》及潘吉星的《天工開物導讀》。上海古籍出版社與科技史專家合作，爲一些科技文獻作注釋并譯成白話文，刊出《中國古代科技名著譯注叢書》（簡稱《譯注叢書》），包括程貞一和聞人軍的《周髀算經譯注》、聞人軍的《考工記譯注》、郭書春的《九章算術譯注》、繆啓愉的《東魯王氏農書譯注》、陸敬嚴和錢學英的《新儀象法要譯注》、潘吉星的《天工開物譯注》、李迪的《康熙幾暇格物編譯注》等。

二十世紀九十年代，中國科學院自然科學史研究所組織上百位專家選擇并整理中國古代主要科技文獻，編成共約四千萬字的《中國科學技術典籍通彙》（簡稱《通彙》）。它共影印五百四十一種書，分爲綜合、數學、天文、物理、化學、地學、生物、農學、醫學、技術、索引等共十一卷（五十册），分別由林文照、郭書春、薄樹人、戴念祖、郭正誼、唐錫仁、苟翠華、范楚玉、余瀛鰲、華覺明等科技史專家主編。編者爲每種古文獻都撰寫了『提要』，概述文獻的作者、主要内容與版本等方面。自一九九三年起，《通彙》由河南教育出版社（今大象出版社）陸續出版，受到國内外中國科技史研究者的歡迎。近些年來，國家立項支持《中華大典》數學典、天文典、理化典、生物典、農業典等類書性質的系列科技文獻整理工作。類書體例容易割裂原著的語境，這對史學研究來説多少有些遺憾。

總的來看，我國學者的工作以校勘、注釋、白話翻譯爲主，也研究文獻的作者、版本和科技内容。例如，潘吉星將《天工開物校注及研究》分爲上篇（研究）和下篇（校注），其中上篇包括時代背景，作者事迹，書的内容、刊行、版本、歷史地位和國際影響等方面。

《導讀叢書》、《譯注叢書》和《通彙》等爲讀者提供了便于利用的經典文獻校注本和研究成果，也爲科技史知識的傳播做出了重要貢獻。不過，可能由於整理目標與出版成本等方面的限制，這些整理成果不同程度地留下了文獻版本方面的缺憾。《導讀叢書》、《譯注叢書》和其他校注本基本上不提供保持原著全貌的高清影印本，并且録文時將繁體字改爲簡體字，改變版式，還存在截圖、拼圖、換圖中漢字等現象。《通彙》的編者們儘量選用文獻的善本，但《通彙》的影印質量尚需提高。

歐美學者在整理和研究科技文獻方面起步早於我國。他們整理的經典文獻爲科技史的各種專題與綜合研究奠定了堅實的基礎。有些科技文獻整理工作被列爲國家工程。例如，萊布尼兹（G. W. Leibniz）的手稿與論著的整理工作於一九〇七年在普魯士科學院與法國科學院聯合支持下展開，文獻內容包括數學、自然科學、技術、醫學、人文與社會科學，萊布尼兹所用語言有拉丁語、法語和其他語種。該項目因第一次世界大戰而失去法國科學院的支持，但在普魯士科學院支持下繼續實施。第二次世界大戰後，項目得到東德政府和西德政府的資助。迄今，這個跨世紀工程已經完成了五十五卷文獻的整理和出版，預計到二〇五五年全部結束。

二十世紀八十年代以來，國際合作促進了中文科技文獻的整理與研究。我國科技史專家與國外同行發揮各自的優勢，合作整理與研究《九章算術》、《黄帝内經素問》等文獻，并嘗試了新的方法。郭書春分别與法國科研中心林力娜（Karine Chemla）、美國紐約市立大學道本周（Joseph W. Dauben）和徐義保合作，先後校注成中法對照本《九章算術》（*Les Neuf Chapters*，二〇〇四）和中英對照本《九章算術》（*Nine Chapters on the Art of Mathematics*，二〇一四）。中科院自然科學史研究所與馬普學會科學史研究所的學者合作校注《遠西奇器圖説録最》，在提供高清影印本的同時，還刊出了相關研究專著《傳播與會通》。

按照傳統的説法，誰占有資料，誰就有學問，我國許多圖書館和檔案館都重『收藏』輕『服務』。在全球化與信息化的時代，國際科技史學者們越來越重視建設文獻平臺，整理、研究、出版與共享寶貴的科技文獻資源。德國馬普學會（Max Planck Gesellschaft）的科技史專家們提出『開放獲取』經典科技文獻整理計劃，以『文獻研究＋原始文獻』的模式整理出版重要典籍。編者盡力選擇稀見的手稿和經典文獻的善本，向讀者提供展現原著面貌的複製本和帶有校注的印刷體轉録本，甚至還有與原著對應編排的英語譯文。同時，編者爲每種典籍撰寫導言或獨立的學術專著，包含原著的内容分析、作者生平、成書與境及參考文獻等。

任何文獻校注都有不足，甚至引起對某些内容解讀的争議。真正的史學研究者不會全盤輕信已有的校注本，而是要親自解讀原始文獻，希望看到完整的文獻原貌，并試圖發掘任何細節的學術價值。與國際同行的精品工作相比，我國的科技文獻整理與出版工作還可以精益求精，比如從所選版本截取局部圖文，甚至對所截取的内容加以『改善』，這種做法使文獻整理與研究的質量打了折扣。

實際上，科技文獻的整理和研究是一項難度較大的基礎工作，對整理者的學術功底要求較高。他們須在文字解讀方面下足够的功夫，并且準確地辨析文本的科學技術内涵，瞭解文獻形成的歷史與境。顯然，文獻整理與學術研究相互支撑，研究決定着整理的質量。隨着研究的深入，整理的質量自然不斷完善。整理跨文化的文獻，最好藉助國際合作的優勢。如果翻譯成英文，還須解決語言轉换的難題，找到合適的以英語爲母語的合作者。

在我國，科技文獻整理、研究與出版明顯滯後於其他歷史文獻，這與我國古代悠久燦爛的科技文明傳統不相稱。相對龐大的傳統科技遺産而言，已經系統整理的科技文獻不過是冰山一角。比如《通彙》中的絶大部分文獻尚無校勘與注釋的整理成果，以往的校注工作集中在幾十種文獻，并且没有配套影印高清晰的原著善本，有些整理工作存在重複或雷同的現象。近年來，國家新聞出版廣电總局加大支持古籍整理和出版的力度，鼓勵科技文獻的整理工作。學者和出版家應該通力合作，借鑒國際上的經驗，高質量地推進科技文獻的整理與出版工作。

鑒於學術研究與文化傳承的需要，中科院自然科學史研究所策劃整理中國古代的經典科技文獻，并與湖南科學技術出版社合作出版，向學界奉獻《中國科技典籍選刊》。非常榮幸這一工作得到圖書館界同仁的支持和肯定，他們的慷慨支持使我們倍受鼓舞。國家圖書館、上海圖書館、清華大學圖書館、北京大學圖書館、日本國立公文書館、早稻田大學圖書館、韓國首爾大學奎章閣圖書館等都對『選刊』工作給予了鼎力支持，尤其是國家圖書館陳紅彦主任、上海圖書館黄顯功主任、清華大學圖書館馮立昇先生和劉薔女士以及北京大學圖書館李雲主任還慨允擔任本叢書學術委員會委員。我們有理由相信有科技史、古典文獻與圖書館學界的通力合作，《中國科技典籍選刊》一定能結出碩果。這項工作以科技史學術研究爲基礎，選擇存世善本進行高清影印和録文，加以標點、校勘和注釋，排版採用圖像與録文、校釋文字對照的方式，便於閲讀與研究。另外，在書前撰寫學術性導言，供研究者和讀者參考。受我們學識與客觀條件所限，《中國科技典籍選刊》還有諸多缺憾，甚至存在謬誤，敬請方家不吝賜教。

我們相信，隨着學術研究和文獻出版工作的不斷進步，一定會有更多高水平的科技文獻整理成果問世。

張柏春　孫顯斌

於中關村中國科學院基礎園區

二〇一四年十一月二十八日

目録

《中西數學圖説》校注　下

中西數學圖說 申

中西數學圖説 申

中西數學圖說

申集

商功

酉集 均輸

中西數學圖説

申集

商功

酉集

均輸

1 此篇有黄鍾法數、十二律隔八相生圖，前者爲表，後者爲圖，根據全書體例，表亦計入圖中，故此篇當有二圖。

第二均法　問十七　圖二

第三均法　　　問十七　　　圖三

中西數學圖說

申集

商功

商，度也。度量一切營造之事，故謂之商功。其所營之物有高深廣狹、道里尺寸之數，則少廣攝之矣。其用力之人有多寡久近、分撥損益之法，則衰分攝之矣。其所須之材用多寡、輕重低值貴賤之等，則粟布又攝之矣。但以事務重大，体國經野恒必由之，故自為一篇，裒然於九章之內。今就事類列之：一曰修築，所以為高；一曰開濬，所以為深；因而廣之，營壘社、流城郭、墾田畝、兼樹藝、與水利、編卒旅，一切諸務事不必備，惟其法耳。規摹既定，力役隨焉，以率齊之，則勞逸可得而均也，故課工次之殺。既興材用資焉，以率齊之，則參錯可得而衡也，故料計次之。此四者，商功之正法也。天時為人事之本，且推步之法鉅至億萬，細至分秒，筭家之用莫大於此，述推步一篇。黃鍾為萬事根本，筭家度長短、量多寡、權輕重，非黃鍾無所取之，述聲律一篇。此二題者，舊章不載，今具其大略，謂之廣商功。又制器尚象，聖人所以資利用也，考工所記可得而知，至於聰明智巧，逐事日新，如渾天之儀、指南之車、木牛流馬之法，斯類實之多，要之不越乎筭數也。但書既不備，解者又希，倘更文獻足徵，仍當勒成種耳。

商功

中西數學圖説

申集

商功

商，度也。度量一切營造之事，故謂之商功。其所營之物，有高深廣狹道里尺寸之數，則少廣攝之矣。其用力之人，有多寡久近分撥損益之法，則衰分攝之矣。至所須之材用，[有] 多寡輕重價值貴賤之等[1]，則粟布又攝之矣。但以事務重大，體國經野[2]，恒必由之。故自爲一篇，裒然於九章之内。今就事類列之，一曰修築，所以爲高；一曰開濬，所以爲深。因而廣之，營朝社，治城郭，墾田畝，廣樹藝，興水利，編卒旅，一切諸務，事不必備，惟其法耳。規摹既定[3]，力役隨焉，以率齊之，則勞逸可得而均也，故課工次之。力役既興，材用資焉，以率齊之，則參錯可得而衡也，故料計次之。此四者，商功之正法也。天時爲人事之本，且推步之法，鉅至億萬，細至分秒，筭家之用，莫大於此，述推步一篇。黄鍾爲萬事根本，筭家度長短，量多寡，權輕重，非黄鍾無所取之，述聲律一篇。此二題者，舊章不載，各具大略，謂之廣商功。又制器尚象[4]，聖人所以資□用也[5]，《考工》所記，可得而知。至於聰明智巧，逐事日新，如渾天之儀、指南之車、木牛流馬之法，斯類寔多，要之不越乎筭數也。但書既不脩，解者又希，倘文獻足徵，仍當勒成一種耳。

商功

---

1 有，據前文體例補。

2 體國經野，劃分國都，丈量田野。語出《周禮 · 天官 · 敘官》:“惟王建國，辨方正位，體國經野，設官分職，以爲民極。” 鄭玄注:“體猶分也，經謂爲之里數。”

3 規摹，制度，程式。

4 制器尚象，語出《周易 · 繫辭上》:“易有聖人之道四焉。以言者尚其辭，以動者尚其變，以制器者尚其象，以卜筮者尚其占。”

5 □，原字未能識别，或爲“之”字，或爲抄寫時塗抹之誤字。

第一篇

修築

商功原以計工爲主然所營之物不得盡實則工不可得而計也求積大段尚少所

通筭亦段尚裒分通法爲卷異惟以事類分之盖一曰修築

一凡方臺上下各自乘又上下相乘又以高乘以三歸之〇長形坊倍上長加下長以上廣乘之

倍下長加上長以下廣乘之併二數以高乘之以六歸之〇圓臺上下周各自乘又

相乘併之以高乘以三十六除之〇方錐自乘又高乘以三归之〇圓錐周自乘又高乘

以三十六除之

問今有方臺上方六尺下方八尺高十二尺求積若干

答五百九十二尺

法上自乘三十六下自乘六十四上下相乘四十八併三數共一百四十八尺以高十二乘之得一

千七百七十六尺以三归之合問

問今有長方臺上廣八尺長二丈下廣一丈八尺長三丈高一丈八尺求積若干

答六千尺

法倍上長四十尺加下長七十尺以上廣乘之得五百六十尺倍下長六十尺加上長得八十尺

以下廣乘之得一千四百四十尺併二數以高乘之得三萬六千尺以六归之合問

第一篇

修築

商功原以計工爲主，然所營之物，不得其實，則工不可得而計也。求積大段與少廣通[1]，算工大段與衰分通。法無甚異，惟以事類分之，其一曰修築。

一、凡方臺，上下各自乘，又上下相乘，又以高乘，以三歸之[2]。◎長形者，倍上長加下長，以上廣乘之；倍下長加上長，以下廣乘之。併二數，以高乘之，以六歸之[3]。◎圓臺，上下周各自乘，又相乘，併之以高乘，以三十六除之[4]。◎方錐，自乘又高乘，以三歸之[5]。◎圓錐，周自乘，又高乘，以三十六除之[6]。

1.問：今有方臺，上方六尺，下方八尺，高十二尺，求積若干？

答：五百九十二尺。

法：上自乘三十六，下自乘六十四，上下相乘四十八，併三數，共一百四十八尺。以高十二乘之，得一千七百七十六尺。以三歸之，合問。

2.問：今有長方臺，上廣八尺，長二丈；下廣一丈八尺，長三丈，高一丈八尺，求積若干？

答：六千尺。

法：倍上長四十尺，加下長七十尺，以上廣乘之，得五百六十尺；倍下長六十尺，加上長得八十尺，以下廣乘之，得一千四百四十尺。併二數，以高乘之，得三萬六千尺。以六歸之，合問。

---

1 大段，猶大體，大略。

2 方臺，上下底皆爲正方形，形如方窖。設方臺上底邊長爲 a_1，下底邊長爲 a_2，高爲 h，求積公式爲：

$$V=\frac{(a_1^2+a_2^2+a_1a_2)\ h}{3}$$

此式見《九章算術》卷五“商功章”方亭求積術。

3 長臺，上下底皆爲長方形，形如長窖。設長臺上濶爲 a_1，上長爲 b_1，下濶爲 a_2，下長爲 b_2，高爲 h，求積公式爲：

$$V=\frac{\left[(2b_1+b_2)\ a_1+(2b_2+b_1)\ a_2\right]h}{6}$$

此式見《九章算術》卷五“商功章”芻童求積術。

4 圓臺，上下底皆爲圓形，形如圓窖。設圓臺上周爲 C_1，下周爲 C_2，高爲 h，求積公式爲：

$$V=\frac{(C_1^2+C_2^2+C_1C_2)\ h}{36}$$

此式見《九章算術》卷五“商功章”圓亭求積術。

5 方錐，今謂之正四棱錐。設方錐底面邊長爲 a，高爲 h，求積公式爲：$V=\frac{a^2h}{3}$。此式見《九章算術》卷五“商功章”方錐求積術。

6 設圓錐底面周長爲 C，高爲 h，求積公式爲：$V=\frac{C^2h}{36}$。此式見《九章算術》卷五“商功章”圓錐求積術。

解方臺以此法求之亦得○或倍上底加下底又倍下廣加上廣各以考乘之併之以高
乘六归六得

问今有圓臺上周十八尺下周二十四尺高十二尺求積若干

答四百四十四尺

法上周自乘三百二十四下周自乘五百七十六上下二周相乘四百三十二併二数共一千
三百三十二以高十二尺乘之得一萬五千九百八十四以三十六除之合问

解或用方法求之周十八尺要径六自乘三十六周二十四要径八自乘六十四上下二径相乘
四十八共一百四十八以高乘之得一千七百七十六以三归之以七五乘之或用四归之以原有
三倍故補却三因也

问今有方錐下方二十四尺高三十二尺求積若干

答六千一百四十四尺

法方自乘得五百七十六以高乘得一萬八千四百三十二三归之合问

问今有圓錐高三十二尺下周七十二尺求積若干

答四千六百〇八尺

法周自乘五千一百八十四再以高乘之得一十六萬五千八百八十八以三十六除之合问

一

凡築堤倍東高加西高以東上下二廣折半乘之倍西高加東高以西上下二廣折半

解：方臺以此法求之亦得。◎或倍上廣加下廣，又倍下廣加上廣，各以長乘之，併之，以高乘，六歸亦得[1]。

3.問：今有圓臺，上周十八尺，下周二十四尺，高十二尺，求積若干？

答：四百四十四尺。

法：上周自乘三百二十四，下周自乘五百七十六，上下二周相乘四百三十二，併(二)[三]數，共一千三百三十二。以高十二尺乘之，得一萬五千九百八十四。以三十六除之，合問。

解：或用方法求之，周十八尺，其徑六，自乘三十六；周二十四，其徑八，自乘六十四；上下二徑相乘四十八，共一百四十八。以高乘之，得一千七百七十六。以三歸之，以七五乘之；或用四歸之，以原有三倍，故省却三因也[2]。

4.問：今有方錐，下方二十四尺，高三十二尺，求積若干？

答：六千一百四十四尺。

法：方自乘，得五百七十六，以高乘，得一萬八千四百三十二。三歸之，合問。

5.問：今有圓錐，高三十二尺，下周七十二尺，求積若干？

答：四千六百〇八尺。

法：周自乘五千一百八十四，再以高乘之，得一十六萬五千八百八十八。以三十六除之，合問。

一、凡築堤，倍東高加西高，以東上下二廣折半乘之；倍西高加東高，以西上下二廣折半

1 此解法可表示爲：

$$V=\frac{\left[(2a_1+a_2)\ b_1+(2a_2+a_1)\ b_2\right]h}{6}$$

2 此解法可表示爲：

$$V=\frac{\left[\left(\frac{C_1}{3}\right)^2+\left(\frac{C_2}{3}\right)^2+\frac{C_1}{3}\cdot\frac{C_2}{3}\right]h}{3}\times 0.75$$

$$=\frac{\left[\left(\frac{C_1}{3}\right)^2+\left(\frac{C_2}{3}\right)^2+\frac{C_1}{3}\cdot\frac{C_2}{3}\right]h}{4}$$

乘之併二數以長乘之以五除之

問今有堤一所東頭上廣八尺下廣十四尺高九尺西頭上廣二十尺下廣二十二尺高二十一尺長九十六尺求積若干

答二萬八千八百尺

法倍東高十八尺加西高二十一得三十九尺以上下二廣二十二尺折半一十一尺乘之得四百二十九倍西高四十二加東高九得五十一以上下二廣四十二尺折半二十一尺乘之得一千〇七十一尺併二數一千五百尺以長九十六尺乘之得一十四萬四千以五歸之合問

前列長方台法與堤法何以名同蓋長方但有上廣下廣之不同而堤之上廣下廣有兩端之不齊此其所以立法之異而要之以一律求之者也

若兩頭高廣俱同但將上廣下廣併而折半用高乘之再以長乘之即得以下列第一溝河之法互相為用蓋築堤則下闊而上狹溝河則下狹而上寬合而觀之高與深雖異其理則一也

乘之。併二數，以長乘之，以五除之[1]。

1.問：今有堤一所，東頭上廣八尺，下廣十四尺，高九尺；西頭上廣二十尺，下廣二十二尺，高二十一尺，長九十六尺，求積若干[2]？

答：二萬八千八百尺。

法：倍東高十八尺，加西高二十一，得三十九尺；以上下二廣二十二尺折半一十一尺乘之，得四百二十九。倍西高四十二，加東高九，得五十一；以上下二廣四十二尺折半二十一尺乘之，得一千〇七十一尺。併二數一千五百尺，以長九十六尺乘之，得一十四萬四千。以五歸之，合問。

前列長方臺法，與堤法何以不同？蓋長方但有上廣、下廣之不同，而堤之上廣、下廣又有兩端之不齊，此其所以立法之異，而不可以一律求之者也。

若兩頭高廣俱同，但將上廣、下廣併而折半，用高乘之，再以長乘即得。可以下列第一開河之法，互相爲用。蓋築堤必下盈而上縮，開河則下隘而上寬。合而觀之，高與深雖異其名，其理則一也。

---

1 長堤求積術，最早見於王孝通《緝古算經》。《緝古算經》第三問築堤附“求隄都積術”曰：“置西頭高倍之，加東頭高，又併西頭上下廣，半而乘之。又置東頭高倍之，加西頭高，又併東頭上下廣，半而乘之。并二位積，以正袤乘之，六而一，得隄積也。”如圖 9-1 所示，設長堤東頭上廣爲 a 、下廣爲 b 、高爲 h；西頭上廣爲 a' 、下廣爲 b' 、高爲 h'，東西長爲 l，長堤求積公式可表示爲：

$$V=\frac{l}{6}\left[\frac{(2h'+h)(a'+b')}{2}+\frac{(2h+h')(a+b)}{2}\right]$$

本書術文將六除誤作五除，沿《算法統宗》卷八“築堤歌”之誤。

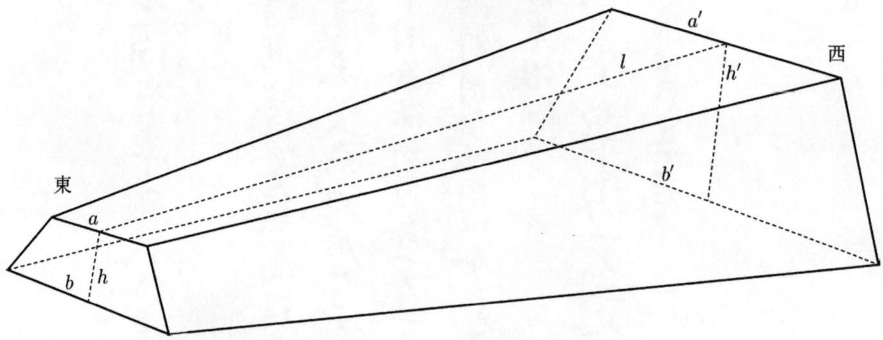

圖 9-1

2 此題見《算法統宗》卷八商功章。

商功

第二篇

高廣变法

凡修築之形皆下豐而上殺其豐殺之間有率藏焉得其率則高與底可互为盈縮为高底变法

一凡從築平形以上減下而得差以高除差得底法以差除高得高法以变底求变高以高法乘之或即以廣法除之以变高求变底以底法乘之或即以高法除之或增或減皆以此率求之若列率用每法則以每一为一率所得为二率今增損高底为三率應差为四率如單准例用全法則以全數为一率全差为二率今高底为三率應得若干为四率如累准例

問今有築墻上底二尺下底六尺高二丈假令從上而下高一丈二尺或高二丈四尺又令從下而上高一丈二尺或高二丈四尺求下底上底各若干

答從上而下高一丈二尺者下底四尺四寸

從下而上高一丈二尺者上底三尺六寸

從上而下高二丈四尺者下底六尺八寸

從下而上高二丈四尺者上底一尺二寸

商功

第二篇

高廣變法

凡修築之形，皆下豐而上殺[1]。其豐殺之間，有率藏焉。得其率，則高與廣可互爲盈縮，爲高廣變法。

一、凡諸築平形，以上減下而得差，以高除差得廣法，以差除高得高法。以變廣求變高，以高法乘之，或即以廣法除之；以變高求變廣，以廣法乘之，或即以高法除之。或增或減，皆以此率求之[2]。若列率用每法，則以每一爲一率，所得爲二率，今增損高、廣爲三率，應差爲四率，如單準例。用全法，則以全數爲一率，全差爲二率，今高、廣爲三率，應得若干爲四率，如纍準例。

1.問：今有築墻，上廣二尺，下廣六尺，高二丈。假令從上而下高一丈二尺，或高二丈四尺；又令從下而上高一丈二尺，或高二丈四尺，求下廣、上廣各若干？

答：從上而下高一丈二尺者，下廣四尺四寸；

從下而上高一丈二尺者，上廣三尺六寸。

從上而下高二丈四尺者，下廣六尺八寸；

從下而上高二丈四尺者，上廣一尺二寸。

---

1 豐，大，增。殺，讀 shài，減，小。

2 此即梯形截積，見《算法統宗》卷八商功章“築墻截高問今上廣”與“築墻截下廣問今高”。《同文算指通編》卷一“三率準測”收録兩道築墻以廣求高算題，分别爲第十六、十七問。如圖 9-2，築墻截面爲等腰梯形，原上廣爲 a，下廣爲 b，高爲 h；今廣爲 c，高爲 l。圖 9-2（1）爲截下廣，上廣不變，$|c-b|$ 爲變廣，$|l-h|$ 爲變高，由圖易得：

$$\frac{|c-b|}{|l-h|}=\frac{b-a}{h}$$

已知變廣，求得變高：

$$|l-h|=|c-b|\div\frac{b-a}{h}=|c-b|\times\frac{h}{b-a}$$

已知變高，求得變廣：

$$|c-b|=|l-h|\div\frac{h}{b-a}=|l-h|\times\frac{b-a}{h}$$

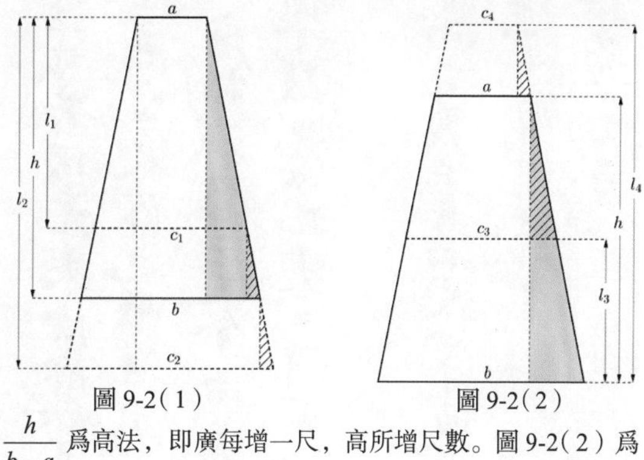

圖 9-2（1）　圖 9-2（2）

其中，$\frac{b-a}{h}$ 爲廣法，即高每增一尺，廣所增尺數；$\frac{h}{b-a}$ 爲高法，即廣每增一尺，高所增尺數。圖 9-2（2）爲截上廣，下廣不變，$|c-a|$ 爲變廣，$|l-h|$ 爲變高，解法同前。

增高一尺廿
必增廣二寸
減高一尺廿
必減廣二寸
差除高得
以高二丈除
差四尺也
差一尺高五
尺廿必須增
廣一尺則高亦
增五尺

法以上廣二尺減下廣六尺餘四尺為差與高二十尺相除高除差得每高一尺差二寸為廣法以差除高得每差一尺高五尺為高法○從上而下高一丈二尺者上廣仍二尺者但高不及原高八尺以廣法二寸乘之或以高法五尺除之俱得一尺六寸以減原下廣六尺合問○高二丈四尺者上廣仍二尺但高過於原高四尺以廣法二寸乘之以高法五尺除之俱得八寸以加原下廣六尺合問○從下而上高一丈二尺其下廣仍六尺但高不及原高八尺廣法二乘高法五除俱得一尺六寸加入原上廣二尺合問○高二丈四尺其下廣仍六尺但高過於原高四尺廣法二乘高法五除俱得八寸以減上原廣二尺合問

解此以高求廣○廣法用乘乃以高除差而得法也若用先乘後除如高一丈定其差八尺先以差四尺乘之得三十二然後以全高二十尺除之所得同還有零數也尤便假如上廣一尺下廣三尺高一丈二尺二廣相減餘二尺今與差九尺相求若先以高除差得每法一六六六不盡則有零數先以九乘之得一十八後以全高一丈二尺除之得一十五則整矣

問今有築墻上廣二尺下廣六尺高二丈假令從上而下或下廣四尺四寸或下廣三尺八寸從下而上或上廣三尺六寸或上廣一尺二寸求各高若干

答從上而下廣四尺四寸也從下而上廣三尺六寸也俱高一丈二尺

法：以上廣二尺減下廣六尺，餘四尺爲差，與高二十尺相除。高除差，得每高一尺差二寸，爲廣法；以差除高，得每差一尺高五尺，爲高法[1]。◎從上而下高一丈二尺者，上廣仍二尺，但高不及原高八尺，以廣法二寸乘之，或以高法五尺除之，俱得一尺六寸。以減原下廣六尺，合問。◎高二丈四尺者，上廣仍二尺，但高過於原高四尺，以廣法二寸乘之，以高法五尺除之，俱得八寸。以加原下廣六尺，合問。◎從下而上高一丈二尺者，下廣仍六尺，但高不及原高八尺，廣法二乘，高法五除，俱得一尺六寸。加入原上廣二尺，合問。◎高二丈四尺者，下廣仍六尺，但高過於原高四尺，廣法二乘，高法五除，俱得八寸。以減上原廣二尺，合問。

解：此以高求廣。◎廣法用乘，乃以高除差而得法者。若用先乘後除，如高一丈二尺者，差八尺，先以差四尺乘之，得三十二，然後以全高二十尺除之，所得同，遇有零數者尤便。假如上廣一尺，下廣三尺，高一丈二尺，二廣相減餘二尺，令與差九尺相求。若先以高除差，得每法一六六六不盡，則有零數。先以九乘二，得一十八，後以全高一丈二尺除之，得一十五，則整矣。

2.問：今有築墻，上廣二尺，下廣六尺，高二丈。假令從上而下，或下廣四尺四寸，或下廣六尺八寸；從下而上，或上廣三尺六寸，或上廣一尺二寸，求各高若干？

答：從上而下廣四尺四寸者，從下而上廣三尺六寸者，俱高一丈二尺。

---

1 原書天頭批註云："增高一尺者，必增廣二寸；減高一尺者，必減廣二寸。差除高，即以高二丈除差四尺也。差一尺高五尺者，謂若增廣一尺，則高必增五尺。"

從上而下廣六尺八寸者從下而上廣一尺二寸俱高二丈四尺。

法如前求得廣法二寸高法五尺下廣四尺四寸者不及原下廣一尺六寸上廣三尺六寸者過於原上廣一尺六寸以廣法除之或以高法乘之俱得八寸以減原高俱合向○下廣六尺八寸者過於原下廣八寸上廣一尺二寸者不及原上廣八寸以廣法除之或以高法乘之俱得四尺加入原高俱合向

解曰以廣求高○高與廣相為盈縮從上而下愈高愈闊從下而上愈高愈約○或以截高接高增廣減廣為向者即高之八寸與四尺廣之一尺二寸與八寸是也

○若立率用每法如單准用全法如累准

立率用每法如单准平法以高差相除為法

一率每高 一尺
二率得差 二寸 乘
三率今高 八尺 得
四率應差 一尺六寸

一率每差 一尺
二率得高 五寸 除
三率今高 八尺 得
四率應差 一尺六寸

立率用全法如累准平形高與差相求為法

一率高廿尺 除
二率差四尺 乘

一率差四尺 乘
二率高廿尺 除

從上而下廣六尺八寸者，從下而上廣一尺二寸［者］[1]，俱高二丈四尺。

法：如前求得廣法二寸，高法五尺。下廣四尺四寸者，不及原下廣一尺六寸；上廣三尺六寸者，過於原上廣一尺六寸。以廣法除之，或以高法乘之，俱得八（寸）［尺］。以減原高，俱合問。◎下廣六尺八寸者，過於原下廣八寸；上廣一尺二寸者，不及原上廣八寸。以廣法除之，或以高法乘之，俱得四尺。加入原高，俱合問。

解：此以廣求高。◎高與廣相爲盈縮，從上而下，愈高愈闊；從下而上，愈高愈約。◎或以截高接高、增廣減廣爲問者，即高之八（寸）［尺］與四尺，廣之一尺六寸與八寸是也。◎若立率，用每法如單準，用全法如纍準。

立率用每法如單準 平法以高差相除爲法

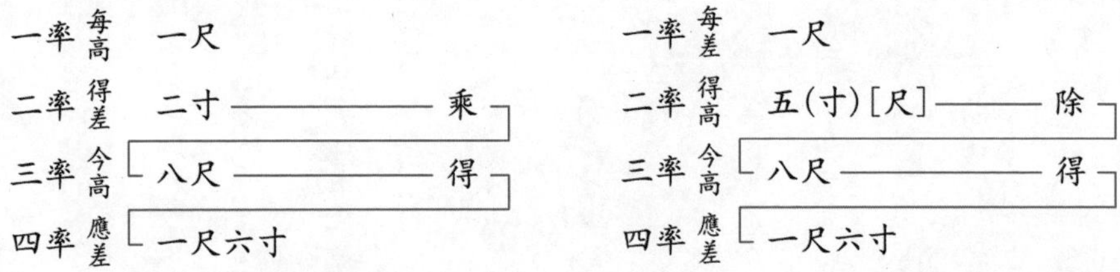

立率用全法如纍準 平形高與差相求爲法

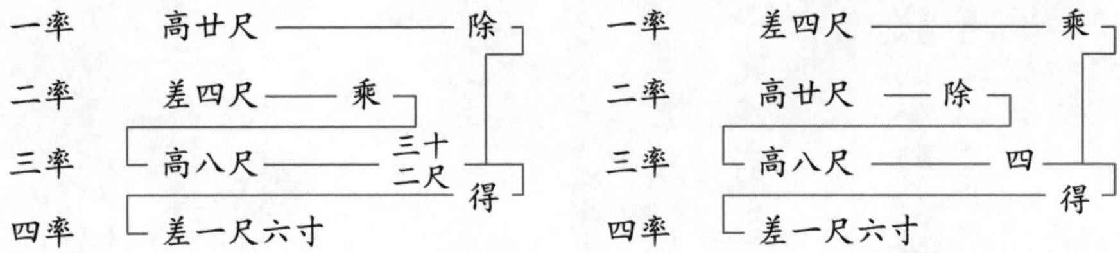

1 者，原書朱筆補。

三率高八尺
四率差一尺六寸
得 三十二尺

一凡錐形截高作臺及仍錐但加減下底比俱以全高與全方周相除為法

問今有方錐下方二十四尺高三十二尺欲截作方臺止高二十四尺求上方若干或仍
錐形增高為四十尺減高為二十八尺求下方若干

答臺形高二十四尺者上方六尺
錐形高四十尺者下方三十尺
錐形高二十八尺者下方二十一尺

法以高三十二除方二十四得每高一尺差七寸五分為底法以方二十四除高三十二得一
三三不盡為高法以今高減原高不及八尺或以底法乘之或以高法除之俱得六尺
○以原高減今高不及八尺以底法乘之得六尺加入原方○以今高減原高不及
四尺以底法乘之以減原方合問

解此以高與方○以高消底互盡故用全形相除為法○高法有零只用底法為便
立率用每法如單准錐形上底下有以全高底相除為法

一率每高 一尺
二率得差 七寸五分 乘

三率高八尺
四率差一尺六寸
得 四

一率每差 一尺
二率得高 一尺三三不盡 除

一、凡錐形截高作臺，及仍錐但加減下廣者，俱以全高與方、周相除爲法[1]。

1.問：今有方錐，下方二十四尺，高三十二尺。欲截作方臺，止高二十四尺，求上方若干？或仍錐形，增高爲四十尺，減高爲二十八尺，求下方若干？

答：臺形高二十四尺者，上方六尺；

錐形高四十尺者，下方三十尺；

錐形高二十八尺者，下方二十一尺。

法：以高三十二除方二十四，得每高一尺差七寸五分，爲廣法；以方二十四除高三十二，得一三三不盡，爲高法。以今高減原高，不及八尺，或以廣法乘之，或以高法除之，俱得六尺。◎以原高減今高，不及八尺，以廣法乘之，得六尺，加入原方。◎以今高減原高，不及四尺，以廣法乘之，以減原方，合問。

解：此以高問方。◎以高消廣至盡，故用全形相除爲法。◎高法有零，只用廣法爲便。

立率用每法如單準 錐形上無下有，以全高廣相除爲法。

一率	每高	一尺	
二率	得差	七寸五分	乘
三率	今高	八尺	得
四率	得差	六尺	

一率	每差	一尺	
二率	得高	一尺三三不盡	除
三率	今高	八尺	得
四率	得差	六尺	

---

1 錐形，包括方錐和圓錐。方錐截臺，見《算法統宗》卷八商功章“築方錐丈尺今改作方臺”。圓臺截錐與方臺截錐解法同。以方錐爲例，如圖 9-3(1)，方錐截作方臺，方錐下方爲 a，高爲 h，以 $\frac{a}{h}$ 爲廣法，$\frac{h}{a}$ 爲高法。已知臺高爲 l，求得方臺上方 b 爲：

$$b=(h-l)\div\frac{h}{a}=(h-l)\times\frac{a}{h} \quad 或 \quad b=a-l\div\frac{h}{a}=a-l\times\frac{a}{h}$$

若增減下廣，仍爲方錐。如圖 9-3(2)，新錐高爲 l，求得新錐下方 b 爲：

$$b=l\div\frac{h}{a}=l\times\frac{a}{h} \quad 或 \quad |a-b|=|h-l|\div\frac{h}{a}=|h-l|\times\frac{a}{h}$$

以上以高求方。以方求高解法同。

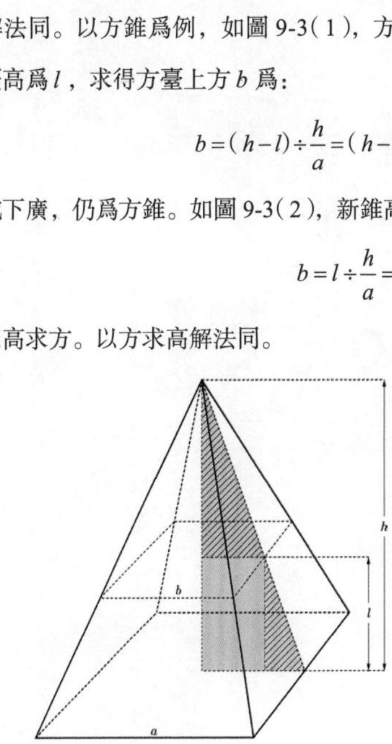

圖 9-3(1)

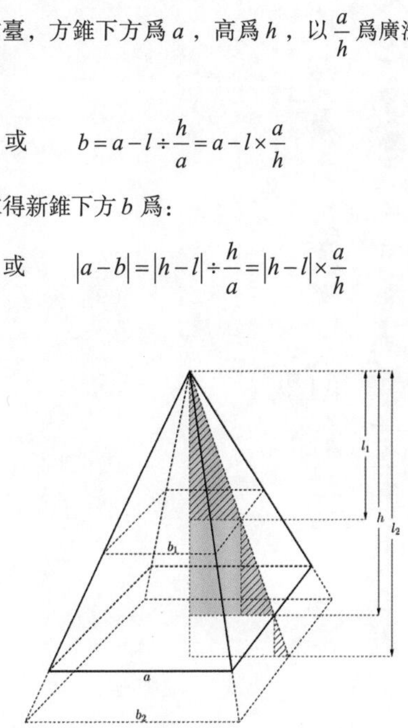

圖 9-3(2)

三率今高 八尺 得
四率得差 六尺

立率用全法如累准錐形〻無下有以全高底相求為法

一率方 卄四尺
二率高 卅二尺 乘
三率方 六尺 一百九十二 得
四率高 八尺減原高得廿四尺

三率今高 八尺 得
四率得差 六尺

一率高 卅二尺
二率方 廿四尺 除
三率高 六尺 二五 得
四率方 八尺

問今有方錐下方二十四尺高三十二尺欲截作方臺〻方六尺或下方至三十尺或只二十一尺求各高若干

荅臺形〻方六尺者高二十四尺
錐形下方三十尺者高四十尺
錐形下方二十一尺者高二十八尺

法如〻法求得底法七五高法一三三以〻方六尺視原方不及十八尺以底法七五除之得二十四尺或以高法乘之同〇下方三十尺过原方六尺以底法七五除之得八尺加入原高〇下方二十一尺不及原方三尺以底法七五除之得四尺以減原高合問

解此以方間高〇錐形〻再而不有臺〻方六尺即係比上多八尺也試以底法除之得八

立率用全法如纍準 錐形上無下有，以全高廣相求爲法。

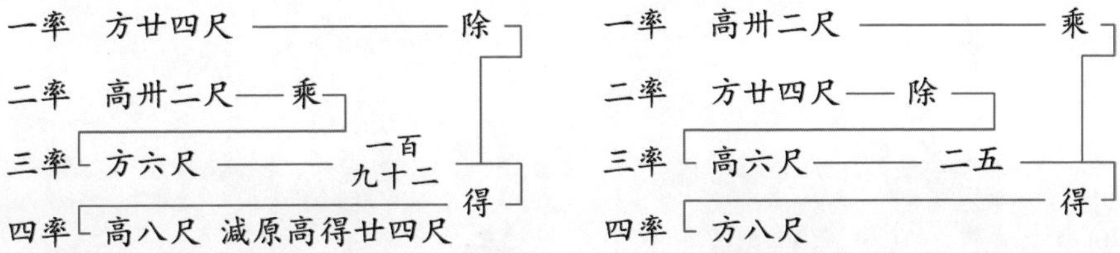

2.問：今有方錐，下方二十四尺，高三十二尺。欲截作方臺，上方六尺，或下方至三十尺，或只二十一尺，求各高若干？

答：臺形上方六尺者，高二十四尺；

錐形下方三十尺者，高四十尺；

錐形下方二十一尺者，高二十八尺。

法：如上法求得廣法七五，高法一三三。以上方六尺，視原方不及十八尺，以廣法七五除之，得二十四尺。或以高法乘之，同。◎下方三十尺，過原方六尺，以廣法七五除之，得八尺，加入原高。◎下方二十一尺，不及原方三尺，以廣法七五除之，得四尺。以減原高，合問。

解：此以方問高。◎錐形上無而下有，臺上方六尺，即係比上多六尺也。試以廣法除之得八，

以減原高同盖原形即係下比上多二十四尺多二十四共既高三十二則多十八共当
高二十四共率一也
問今有圓錐下周七十二尺高三十二尺欲截作圓臺高二十四尺求上周若干或高
至四十尺或止高二十尺求下周若干
答高二十四尺共上周一十八尺
高四十尺共下周九十尺
高二十尺共下周四十五尺
法周除高得四四四為高法高除周得二二五為周法高二十四尺共不及原高八尺
以周法乘之得一丈八尺○高四十尺共過已原高八尺以周法乘之得一十八尺加入原高
○高二十尺共不及原高一十二尺以周法乘之得二十七以減原周合問
解曰高求周
問今有圓錐下周七十二尺高三十二尺欲作臺形上周一十八尺或加周至九十尺減
周止四十五尺求各高若干
答上周十八尺共高二十四尺
下周九十尺共高四十尺
下周四十五尺共高二十尺

以減原高，同。蓋原形即係下比上多二十四尺，多二十四者，既高三十二；則多十八者，當高二十四，其率一也。

3.問：今有圓錐，下周七十二尺，高三十二尺，欲截作圓臺，高二十四尺，求上周若干？或高至四十尺，或止高二十尺，求下周若干？

答：高二十四尺者，上周一十八尺；

高四十尺者，下周九十尺；

高二十尺者，下周四十五尺。

法：周除高，得四四四爲高法；高除周，得二二五爲周法。高二十四尺者，不及原高八尺，以周法乘之，得一丈八尺。◎高四十尺者，過原高八尺，以周法乘之，得一十八尺，加入原高。◎高二十尺者，不及原高一十二尺，以周法乘之，得二十七。以減原周，合問。

解：此以高求周。

4.問：今有圓錐，下周七十二尺，高三十二尺。欲作臺形，上周一十八尺，或加周至九十尺，減周止四十五尺，求各高若干？

答：上周十八尺者，高二十四尺；

下周九十尺者，高四十尺；

下周四十五尺者，高二十尺。

法如前求得高法四四四周法二二五置上周一十八尺以周法除之得八尺以減原高三十二合問〇下周九十尺過原周一十八尺以周法除之得八尺加入原高〇下周四十五尺不及原周二十七尺以周法除之得十二尺以減原高合問

解此以周求高〇臺形上問用二高相減然後用周法乘之此問徑用周法除之然後減高各舉其一寔可互參

一凡臺形欲作錐求接高者置上方周以底法除之以高法乘之加入原高

問今有方臺上方六尺下方二十四尺高二十四尺欲作方錐當高若干

答三十二尺

法以上方六尺減下方二十四尺得差一十八以差除高得一三三為高法以高除差得七五為底法置上方六尺以高法乘之得八尺為接數加入原高合問或以底法除之同

問今有圓臺上周一十八尺下周七十二尺高二十四尺欲作圓錐當高若干

答三十二尺

法二周相減餘五十四為差與高相除差除高得四四四為高法高除差得二二五為底法置上周以高法乘之或以底法除之得接高八尺併原高合問

圖四

法：如前求得高法四四四，周法二二五。置上周一十八尺，以周法除之得八尺。以減原高三十二，合問。◎下周九十尺，過原周一十八尺，以周法除之，得八尺，加入原高。◎下周四十五尺，不及原周二十七尺，以周法除之，得一十二尺。以減原高，合問。

解：此以周求高。◎臺形上問用二高相減，然後用周法乘之。此問徑用周法除之，然後減高。各舉其一，寔可互參。

一、凡臺形欲作錐求接高者，置上方、周，以廣法除之、以高法乘之，加入原高[1]。

1.問：今有方臺，上方六尺，下方二十四尺，高二十四尺，欲作方錐，當高若干？

答：三十二尺。

法：以上方六尺減下方二十四尺，得差一十八。以差除高，得一三三爲高法；以高除差，得七五爲廣法。置上方六尺，以高法乘之，得八尺，爲接數。加入原高，合問。或以廣法除之，同。

2.問：今有圓臺，上周一十八尺，下周七十二尺，高二十四尺，欲作圓錐，當高若干？

答：三十二尺。

法：二周相減，餘五十四爲差。與高相除，差除高，得四四四爲高法；高除差，得二二五爲廣法。置上周，以高法乘之，或以廣法除之，得接高八尺。併原高，合問。

圖四

1 臺形作錐求接高，見《算法統宗》卷八商功章“築方臺丈尺今改作方錐接高”。如圖 9-4，方臺上方爲 a，下方爲 b，高爲 h，欲接高作方錐，求接高 l。由圖易知：

$$\frac{h}{b-a}=\frac{l}{a}$$

求得接高：

$$l=a\times\frac{h}{b-a}=a\div\frac{b-a}{h}$$

加入原高 h，得方錐通高。

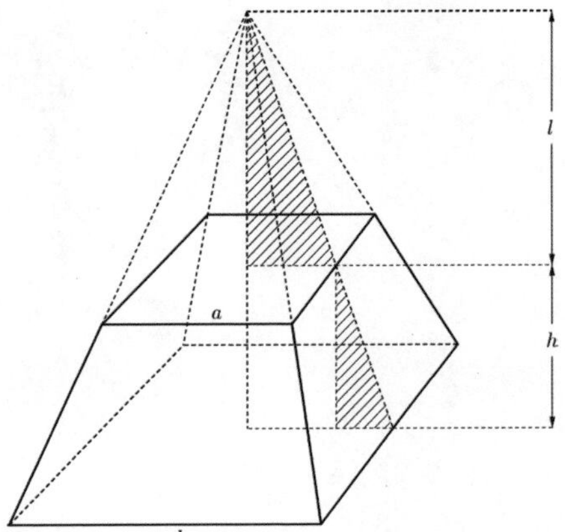

圖 9-4

商功

第三篇

開濬

修築为高開濬为深其率大同而小異列之为次

一凡疏溝開河以兩廣相折为底以深乘之又以長乘为積

問今有開河長七千五百五十尺上底五十四尺下底四十尺深一十二尺求積若干

答四百二十五萬八千二百尺

法二底折半得四十七尺以深十二尺乘之得五百六十四尺以長乘之合問

一凡穿地四尺为壤五尺为堅三尺

問今有穿地一萬尺求壤土若干堅土若干

答壤一萬二千五百尺

堅七千五百尺

法置穿一萬尺以四歸之得二千五百尺以五因之得壤以三因之得堅合問

解約其大略地有虛實築有疎密隨宜酌之〇若壤求穿五歸四因求堅五歸三因

〇若堅求穿三歸四因求壤三歸五因

一凡拋土計方以四面相折以深乘之以方法除之

商功

第三篇

開濬

修築爲高，開濬爲深，其率大同而小異，列之爲次。

一、凡疏溝開河，以兩廣相折爲廣，以深乘之，又以長乘爲積。

1.問：今有開河長七千五百五十尺，上廣五十四尺，下廣四十尺，深一十二尺，求積若干[1]？

答：四百二十五萬八千二百尺。

法：二廣折半，得四十七尺，以深十二尺乘之，得五百六十四尺，以長乘之。合問。

一、凡穿地四尺，爲壤五尺，爲堅三尺[2]。

1.問：今有穿地一萬尺，求壤土若干？堅土若干？

答：壤一萬二千五百尺；　　　　　　　　堅七千五百尺。

法：置穿一萬尺，以四歸之，得二千五百尺。以五因之得壤，以三因之得堅。合問。

解：約其大略，地有虛實，築有疎密，隨宜酌之。◎若壤求穿，五歸四因；求堅，五歸三因。◎若堅求穿，三歸四因；求壤，三歸五因。

一、凡挑土計方，以四面相折，以深乘之，以方法除之[3]。

1 此題據《算法統宗》卷八商功章“堅河渠濠”第二題改編，原題設有“每日一工開三百尺”，問用工若干。此書分成兩問，即此問與第四篇“課工”第一問。此問求河積，“課工”篇第一問求用工。

2《九章算術》卷五商功章第一問術文曰：“穿地四，爲壤五，爲堅三，爲墟四。”穿，李籍音義：“掘地也。”壤，松散的泥土。堅，夯實的泥土。《算法統宗》卷八商功章云：“壤是虛土也，堅是實土也。”

3 法見《算法統宗》卷八商功章“挑土計方歌”：“東西併折半，南北亦如斯。互乘爲實位，深數再乘之。”

问今有田中挑土东六丈五尺西七丈五尺南八丈北九丈深二尺以五尺为方应若干

答四百七十六方

法东西併得十四丈折半七丈南北併得十七丈折半八丈五尺相乘得五十九丈五尺以深二尺乘之得一百一十九丈每丈百尺得一萬一千九百尺以五尺自乘二十五尺为法除之

　得数合问

解

方法随時

1.問：今有田中挑土，東六丈五尺，西七丈五尺，南八丈，北九丈，深二尺。以五尺爲方，應若干[1]？

答：四百七十六方。

法：東西併得十四丈，折半七丈；南北併得十七丈，折半八丈五尺。相乘得五十九丈五尺，以深二尺乘之，得一百一十九丈。每丈百尺，得一萬一千九百尺。以五尺自乘二十五尺爲法除之，得數合問。

解：方法隨時。

---

1 此題見《算法統宗》卷八商功章“挑土論方”，彼以“長闊各一丈高一尺”爲一方，方積爲一百立方尺；此以五尺爲一方，即長闊各五尺、高一尺，方積爲二十五立方尺。

商功

第四篇

課工

計工者以一人一日為率力聚則速可以為速時久則少可以當衆為課工法

一凡修築閘濬等功先得積後派工以每人每日若干尺為法除之而得工數若人多或時久則相乘以為法用准測求之

問今有閘河四百二十五萬八千二百尺每人每日三百尺求工若干

答一萬四千一百九十四工

[redacted]

法置總尺數以三百除之

解以積求工修築等一切工皆可推每工隨時估其定則

列率如单准之法

一率	三百尺	除
二率	一工	
三率	四百廿五萬八千二百尺	得
四率	一萬四千一百九十四工	

問今有人七日行二千一百里假令行一月当若干里

商功

第四篇

課工

計工者，以一人一日爲率，力聚則遲可以爲速，時久則少可以當衆，爲課工法。

一、凡修築開濬等功，先得積，後派工，以每人每日若干尺爲法除之，而得工數。若人多或時久，則相乘以爲法，用準測求之。

1.問：今有開河四百二十五萬八千二百尺，每人每日三百尺，求工若干？

答：一萬四千一百九十四工。

法：置總尺數，以三百除之。

解：以積求工，修築等一切諸工皆可推。每工隨時估，無定則。

列率如單準之法

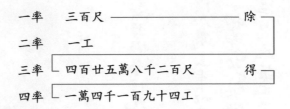

一率	三百尺	除
二率	一工	
三率	四百廿五萬八千二百尺	得
四率	一萬四千一百九十四工	

2.問：今有人七日行二千一百里，假令行一月，當若干里？

答九千里
法以一月三十日乘二千一百里相乘六萬三千以七日除之合問
解以日計里
列率如累准之法
一率　七日　除
二率　二千一百里　乘
三率　三十日　六萬三千
四率　九千里　得

問今有人行二千一百里計七日假令行九千里汲幾日
答一月
法以七日乘九千里相乘得六萬三千以二千一百里除之得三十日合問
解以里計日〇凡修築一切等功俱倣此
問今有開濬功四百二十三萬尺每工三百尺今有人一百五十名幾時完
答九十四日
法以一百五十名乘三百尺得每日四萬五千尺以除總尺合問
解此以人求時

答：九千里。

法：以一月三十日與二千一百里相乘，［得］六萬三千，以七日除之，合問。

解：以日計里。

列率如累準之法

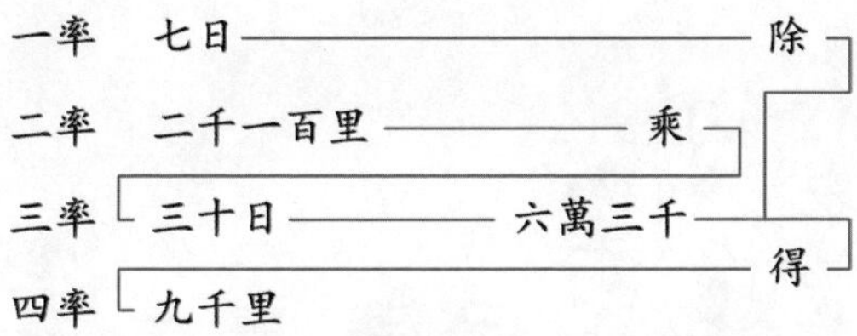

3.問：今有人行二千一百里，計七日。假令行九千里，須幾日[1]？

答：一月。

法：以七日與九千里相乘，得六萬三千，以二千一百里除之，得三十日，合問。

解：以里計日。◎凡修築一切等功，俱倣此。

4.問：今有開濬功四百二十三萬尺，每工三百尺。今有人一百五十名，求幾時完[2]？

答：九十四日。

法：以一百五十名乘三百尺，得每日四萬五千尺，以除總尺，合問。

解：此以人求時。

1 此題爲《同文算指通編》卷一“三率準測”第七題，題設數據略有不同。

2《算法統宗》卷八商功章“堅河渠濠”第四題與此題類型相同，題設云：“今有開壕上廣七尺，下廣九尺，深四尺，長一千八百尺。每人日穿一百四十四尺，今用人夫二百名，問幾日畢？”《同文算指通編》卷一“重準測法”第十六題同。

問今有修築工四百三十二萬尺每工三百尺今要三月完工求用夫若干

答一百六十名

法以九十日乘三百尺得每人二萬七千尺以除摠尺合問

解此以時求人○若以相乘為首率則如單准次第求則如重准

單准 一率除三率

一率 二萬七千尺 除
二率 一工
三率 四百三十二萬尺
四率 一百六十工 得

重准 初測 二三相乘

一率 一工 乘
二率 三百尺
三率 九十工
四率 二萬七千尺 得

再測 一率除三率

一率 二萬七千尺 除
二率 一名
三率 四百三十二萬尺
四率 一百六十名 得

一凡兩工相比以同求差比除同不用只以原今兩数相求如累准之法

問原有夫三百名七個月修过墩臺十五座今添至夫二千七百八十名亦七個月求修若干

答二百六十七座

法以三百名除四十五得一五以乘今人数合問或先以四十五乘人数得八〇一以三百除之同

解以月同故不入率

5.問：今有修築工四百三十二萬尺，每工三百尺。今要三月完工，求用夫若干？

答：一百六十名。

法：以九十日乘三百尺，得每人二萬七千尺，以除總尺，合問。

解：此以時求人。◎若以相乘爲首率，則如單準；次第求，則如重準。

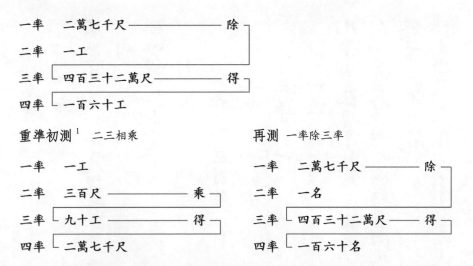

單準 一率除三率

一率　二萬七千尺————除

二率　一工

三率　四百三十二萬尺————得

四率　一百六十工

重準初測[1] 二三相乘

一率　一工

二率　三百尺————乘

三率　九十工————得

四率　二萬七千尺

再測 一率除三率

一率　二萬七千尺————除

二率　一名

三率　四百三十二萬尺————得

四率　一百六十名

一、凡兩工相比，以同求差者，除同不用，只以原今兩數相求，如累準之法。

1.問：原有夫三百名，七個月修過墩臺［四］十五座[2]。今添至夫一千七百八十名，亦七個月，求修若干[3]？

答：二百六十七座。

法：以三百名除四十五，得一五，以乘今人數，合問。或先以四十五乘人數，得八〇一［〇〇］[4]，以三百除之，同。

解：以月同，故不入率。

---

1 原圖以一率與三率相乘，連線有誤，今依法校改。

2 十五，當作“四十五”，“四”字脱落，據後文補。

3 此題爲《同文算指通編》卷一“重準測法”第十二題。

4 八〇一，當作“八〇一〇〇”。後列率圖亦誤，徑改。

问原有夫三百名七個月修过墩臺四九座今修五一年零九個月亦用夫三百名求修若干

答一百四十七座

法以七個月除四九得七以一年零九個月化为二十一個月乘之合问或先乘後除同

解以人同故不入率

列率

一率	三百名	除
二率	四十五座	乘
三率	一千七百八十名	一八〇
四率	一百六十七座	得

一率	七個月	除
二率	四十九座	乘
三率	二十一個月	一〇二九
四率	一百四十七座	得

一凡原率既有多數今率又有多數者用重准之法

问今有六人每两月織絹二十四疋假令八人織四年当織若干

答二千三百〇四疋

法先以六人为一率二十四为二率八人为三率二三相乘得一百九十二以一率除之得九十六疋次以两月为一率九十六疋为二率四十八個月为三率二三相乘得四千六百〇八

2.問：原有夫三百名，七個月修過墩臺四十九座。今修至一年零九個月，亦用夫三百名，求修若干？

答：一百四十七座。

法：以七個月除四十九得七，以一年零九個月化爲二十一個月乘之，合問。或先乘後除，同。

解：以人同，故不入率。

列率

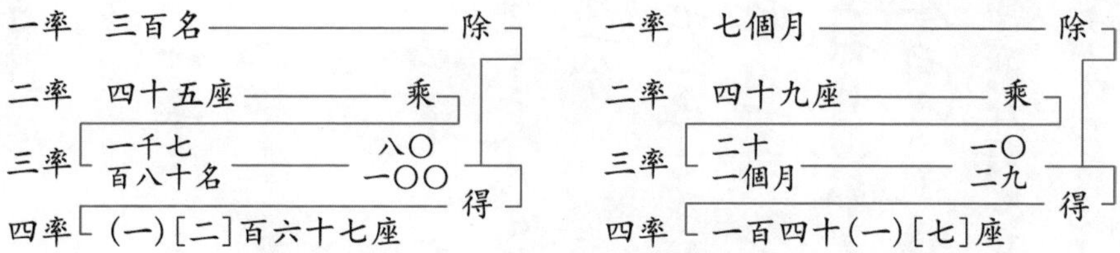

一、凡原率既有多數，今率又有多數者，用重準之法。

1.問：今有二人每兩月織絹二十四疋，假令八人織四年，當織若干？

答：二千三百〇四疋。

法：先以二人爲一率，二十四爲二率，八人爲三率。二三相乘，得一百九十二，以一率除之，得九十六疋。次以兩月爲一率，九十六疋爲二率，四十八個月爲三率。二三相乘，得四千六百〇八，

1 此題爲《同文算指通編》卷一"重準測法"第一題。題設"二人每兩月織絹二十四疋"，《同文算指通編》作"每人每月織絹六疋"。

以一率除之合問

解以日計工

列率

一率 二人 除

二率 廿四足 乘

三率 八人 九二 得

四率 九十六足

一率 兩月 除

二率 九十六足 乘

三率 四十八月 四六〇八 得

四率 二千三百四品

問今有十二人九日刈麥二十畝假令三十人刈麥四十五畝求幾日

答八日一分

法十二人一率 二十畝二率 三十人三率 二三相乘得六百以十二除之得五十畝次以五十畝為一率 九日為二率 四十五畝為三率 二三相乘得四百〇五以一率除之合問

解以工計日〇解見重測 列率如前

一凡原今兩工人物時俱不同而可以交互相抵者用變准之法

問今有一臺用三十工築之四年而成今用五十工或二十工各該幾年幾月幾日成

答五十工者二年四個月二十四日

二十工者六年

以一率除之，合問。

解：以日計工。

列率

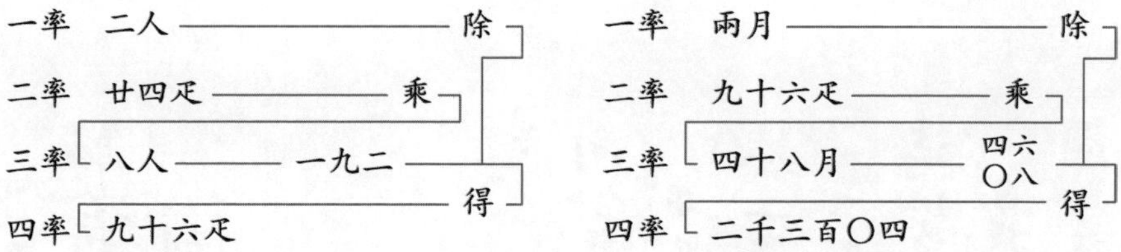

2.問：今有十二人九日刈麥二十畝，假令三十人刈麥四十五畝，求幾日[1]？

答：八日一分。

法：十二人一率，二十畝二率，三十人三率。二三相乘，得六百，以十二除之，得五十畝。次以五十畝爲一率，九日爲二率，四十五畝爲三率。二三相乘，得四百〇五，以一率除之，合問。

解：以工計日。◎解見重測，列率如前。

一、凡原今兩工人與時俱不同，而可以交互相抵者，用變準之法。

1.問：今有一臺，用三十工築之，四年而成。今用五十工或二十工，各該幾年幾月幾日成[2]？

答：五十工者二年四個月二十四日；　　二十工者六年。

1 此題爲《同文算指通編》卷一“重準測法”第十七題。

2 此題爲《同文算指通編》卷一“變測法”第七題第一問。

法四年計一千四百四十日以三十乘之得四萬三千二百工以五十除之得八百六十四日以二十除之得二千一百六十日各以年月法除之合問

解全如粟布交准者兩相折之法○所藏是同假如每工三百尺則同得一百二十九萬六千尺

列率

一率 三十工
二率 一千四百四十日
三率 五十工
四率 八百六十四日

乘 四萬三千二百
除 得

一率 三十工
二率 一千四百四十日
三率 二十工
四率 二千一百六十日

乘 四萬三千二百
除 得

問今有一臺用三十工築之四年而成今二年四個月廿四日而成或六年而成各該用工若干名

答二年四個月二十四日者五十工

六年者二十工

法如前三十與四年相乘得實四萬三千二百以二年化七百二十日四個月化一百二十日加二十四日共八百六十四日以除實得五十以六年化二千一百六十日以除實得二十合問

問今有兵八千五百守隘糧可支十二個月若待餽運五日尚該二十五個月計撤兵若干

法：四年計一千四百四十日，以三十乘之，得四萬三千二百工。以五十除之，得八百六十四日；以二十除之，得二千一百六十日。各以年月法除之，合問。

解：全如“粟布・變準”長闊相折之法。◎所藏是同，假如每工三百尺，則同得一百二十九萬六千尺。

列率

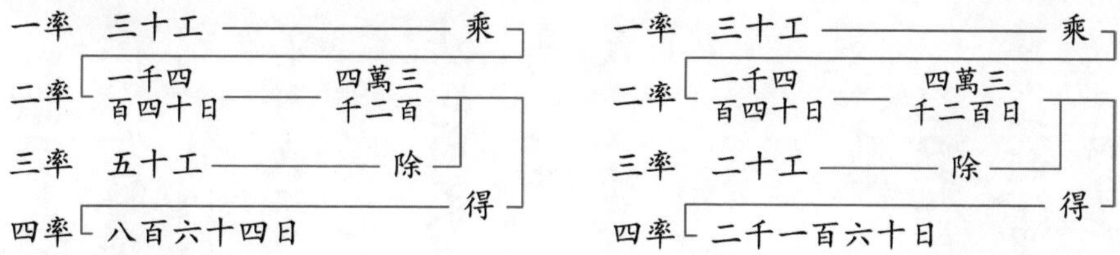

2.問：今有一臺，用三十工築之，四年而成。今二年四個月廿四日而成，或六年而成，各該用夫若干名？

答：二年四個月二十四日者五十工；　　　六年者二十工。

法：如前三十與四年相乘，得寔四萬三千二百。以二年化七百二十日，四個月化一百二十日，加二十四日，共八百六十四日，以除寔，得五十。以六年化二千一百六十日，以除寔，得二十。合問。

3.問：今有兵八千五百守隘，糧可支十一個月。若待餽運至日，尚須二十五個月，計撤兵若干？

1 此題爲《同文算指通編》卷一“變測法”第七題第二問。題設數據略異。

2 此題爲《同文算指通編》卷一“變測法”第八題。

答留三千七百四十名

撤四千七百六十名

法以兵數乘十一月得九萬三千五百以二十五月除之合問

問今有兵八千五百粮足支一十一個月今只有兵三千七百四十名計剩支幾月

答可支二十五月

餘糧足十四月之用

法如前求得實之九萬三千五百以三千七百四十除之合問

解以上列率俱同

一凡兩工齊營遲速不等欲求至齊者以相減為差法求之

問今有甲快行日行一百里乙緩行日行八十里假令乙先行十五日甲追之幾日可及

答六十日　甲六千里

乙四千八百里先行十五日一千二百里在外計乙七十五日行六千里

法以緩行八十里乘十五日得一千二百里以快與緩之數相減差二十里為法除之合問

解曰問日者若問里以日法百里乘之

問今有甲快行日行百里乙緩行日行八十里假令乙已行一千二百里甲追之幾里可及

答：留三千七百四十名；　　　　　　　　　　撤四千七百六十名。

法：以兵數乘十一月，得九萬三千五百，以二十五月除之，合問。

4.問：今有兵八千五百，糧足支一十一個月。今只有兵三千七百四十名，計剩支幾月？

答：可支二十五月；　　　　　　　　　　餘糧足十四月之用。

法：如前求得寔九萬三千五百，以三千七百四十除之，合問。

解：以上列率俱同。

一、凡兩工齊營，遲速不等，欲求其齊者，以相減爲差法求之。

1.問：今有甲快行，日行一百里；乙緩行，日行八十里。假令乙先行十五日，甲追之，幾日可及[1]？

答：六十日。　　　　　　　　　　甲六千里；

乙四千八百里。先行十五日一千二百里在外，計乙七十五日行六千里。

法：以緩行八十里乘十五日，得一千二百里，以快與緩二數相減差二十里爲法除之，合問。

解：日問日。若問里，以日法百里乘之。

2.問：今有甲快行，日行百里；乙緩行，日行八十里。假令乙已行一千二百里，甲追之，幾里可及[2]？

1 行程算題，《算法統宗》入卷八商功章，《九章算術》入卷六均輸章，《同文算指通編》卷一"三率準測"收録兩道。此題與《算法統宗》卷八商功章"開渠"雜問第一題類型相同，題設數據不同。

2 此題與《算法統宗》卷八商功章"開渠"雜問第三題、《同文算指通編》卷一"三率準測"第十九題類型相同，題設數據不同。

答六千里　甲六十日

乙七十五日　若除乙先十五日一千二百里　并後追行六十日四千八百里

法置一千二百里以甲行百里乘之得十二萬里以遲速二率相減差二十為法除之合問

解里問里若問日以日法百里除之

問今有甲緩行已去七日乙快行以六日追及之共程一千一百七十里求差若干

答甲日行一百九十五里

乙日行九十里　差一百○五里

法置一千一百七十里為實以六日為法除之得乙行數以併六日七日共十三為法除之得甲行數

解此里數求差謂之倒求

問今有甲緩行已行六百三十里乙方追之行七百八十里尚不及二百一十里求再追幾里而及

答三百九十里

前後共行一千一百七十里

法置六百卅里減不及二百一十里餘四百廿里是為趕過之數是七百八十里能多四百廿里也

以七百八十除四百廿得每行一里能多五分三厘八毫四絲六忽一微不盡以除二百一十里

合問○或以四百二十里除七百八十得每多一里須行一里八分五厘七毫一絲四忽三微

答：六千里。　　　　　　　　　　　甲六十日；

乙七十五日。若除乙先十五日一千二百里，趕後寔行六十日四千八百里。

法：置一千二百里，以甲行百里乘之，得十二萬里，以遲速二率相減差二十爲法除之，合問。

解：里問里。若問日，以日法百里除之。

3.問：今有甲緩行，已去七日，乙快行，以六日追及之，其程一千一百七十里，求差若干[1]？

答：乙日行一百九十五里；　　　　　　甲日行九十里。

差一百〇五里。

法：置一千一百七十里爲寔，以六日爲法除之，得乙行數。以併六日、七日共十三爲法除之，得甲行數。

解：此以里數求差，謂之倒求。

4.問：今有甲緩行，已行六百三十里，乙方追之，行七百八十里，尚不及二百一十里。求再追幾里可及[2]？

答：三百九十里；　　　　　　　　　前後共行一千一百七十里。

法：置六百卅里，減不及二百一十里，餘四百廿里，是爲趕過之數，是七百八十里能多四百廿里也。以七百八十除四百廿，得每行一里，能多五分三厘八毫四絲六忽一微不盡。以除二百十里，合問。◎或以四百二十里除七百八十，得每多一里，須行一里八分五厘七毫一絲四忽二微，

1 此題爲《算法統宗》卷八商功章"開渠"雜問第二題。

2 此題與《算法統宗》卷八商功章"開渠"雜問第四題、《同文算指通編》卷一"三率準測"第十八題類型相同。

自分下而長以乘二百一十里同

或先以二百一十里乘七百八十里得一十六萬三千八百以四百二十除之更整

解此以半差乘全差知其已行若干里解題若干里即知未及若干里須行若干里

方可及也

列率用準測以四百二十爲一率七百八十爲二率二百一十爲三率相乘一除之

凡行程與夫做工稍異別工遲者幾工完合速者爲之少者幾日或速者幾工完合

遲者爲之當多幾日若行則彼此俱不住如每日三十里速者日行一百九十五里只須

三日有奇者因俱行囘須每日若行程已到地頭則如別工要算若干別工之後焉

作則與夫行程亦同矣

一凡做工遲速不等合併一處共用合率衰分之法

問今自京師至盛京一千九百五十里快行者從京啟程每日行一百二十五里緩行者從盛京

由盛京北日行七十五里求幾日相會各離原地若干

答九日九時　合地離京一千二百一十八里七分五厘　離盛京七百三十一里二分五厘

法置總路爲實併快緩二數二百里爲法除之得九日七分五厘以快行一百二十

五乘之得離京里數以緩行七十五里乘之得離盛京里數置七分五厘以

時法十二乘之得九時

自八以下不盡。以乘二百一十里，同。

或先以二百一十里乘七百八十里，得一十六萬三千八百，後以四百二十除之，更整。

解：此以半差求全差，知其已行若干里，能趕若干里，即知未及若干里，須行若干里方可及也。

列率用準測，以四百二十爲一率，七百八十爲二率，二百一十爲三率。二三相乘，一除之。

凡行程與諸工稍異，別工遲者幾工完，令速者爲之，當少幾日；或速者幾工完，令遲者爲之，當多幾日。若行則彼此俱不住，如六百三十里，速者日行一百九十五里，只須三日有奇耳，因俱行，固須六日。若行程已到地頭，則如別工無異；若別工二役齊作，則與行程亦同矣。

一、凡諸工遲速不等，合併一處者，用合率衰分之法。

1.問：今自京師至登州一千九百五十里，快行者從京而南，日行一百二十五里，緩行者自登州而北，日行七十五里。求幾日相會？各離原地若干[1]？

答：九日九時。

會地離京一千二百一十八里七分五厘，離登州七百三十一里二分五厘。

法：置總路爲實，併快緩二數二百里爲法除之，得九日七分五厘。以快行一百二十五乘之，得離京里數；以緩行七十五里乘之，得離登州里數。置七分五厘，以時法十二乘之，得九時。

1 此題見《算法統宗》卷八商功章“開渠”雜問第五題，題設數據不同。

解里數如物行升同各衰分之

問今有米雖無付甲日食七石乙日食五石丙日食四石丁日食三石戊日食一石假令五雖各半無食糧二千五百石求幾何日完各食若干

答一百二十五日

甲八百七十五石　乙六百二十五石

丙五百石　丁三百七十五石

戊一百二十五石

法併五衰二十石為法除總糧得日數以各衰乘之得各數

解糧如物雖如人分之

一凡工程加減不一升用等級衰分之法

問今有行程三百七十八里六日行到每日減半求各日行若干

答首日一百九十二里　二日九十六里

三日四十八里　四日二十四里

五日十二里　六日六里

法首日一衰五日二四日四三日八二日十六初日三十二共六十三衰以除總里得第首日之數以次遞倍之合問

解：里數如物，行者以各率分之。

2.問：今有水碓五付，甲日舂七石，乙日舂五石，丙日舂四石，丁日舂三石，戊日舂一石。假令五碓齊舉，要舂粮二千五百石，求幾時可完？各舂若干[1]？

答：一百二十五日。

甲八百七十五石；　乙六百二十五石；

丙五百石；　丁三百七十五石；

戊一百二十五石。

法：併五衰二十石爲法，除總粮，得日數。以各衰乘之，得各數。

解：粮如物，碓如人分之。

一、凡工程加減不一者，用等級衰分之法。

1.問：今有行程三百七十八里，六日行到，每日減半，求各日行若干？

答：初日一百九十二里；　二日九十六里；

三日四十八里；　四日二十四里；

五日十二里；　六日六里。

法：六日一衰，五日二,四日四,三日八,二日十六，初日三十二，共六十三衰。以除總里，得第六日之數。以次遞倍之，合問。

1 此題爲《同文算指通編》卷三“借衰互徵”第九題，題設數據略異。

解此以減爲衰

問今有孟子三萬四千六百八十五字令以學生三日誦之日加一倍問每日誦幾字

答初日四千九百五十五　次日九千九百一十

三日一萬九千八百二十

法初一衰次二三四共七衰以除總字得四千九百五十五字爲初日之數以次遞

倍之合問

解此以加爲衰

一凡工數參差雜和其以相乘爲實相併爲法除之一數遞次減之如借徵之法

問今有耕田一日三畝種田一日五畝耘田一日七畝今一夫耕并種并耘用過一百四十

二工應治若干畝又治田五十二畝半應用若干工

答一百四十二工共治田二百一十畝　耕七十工　種四十二工

耘三十工

治田五十二畝半共用三十五工半　耕十七工半　種十工半

耘七工半

法三七五遞乘得一百零五以耕法三除之得三十五工以種法五除之得二十一工以

耘法七除之得一十五工併之得七十一工是七十一工方治田一百零五畝也以一百四十二工

解：此以減爲衰。

2.問：今有《孟子》三萬四千六百八十五字，令學生三日誦之，日加一倍，求每日若干？

答：初日四千九百五十五；　　　　次日九千九百一十；

三日一萬九千八百二十。

法：初一衰，次二，三四，共七衰。以除總字，得四千九百五十五字，爲初日之數。以次遞倍之，合問。

解：此以加爲衰。

一、凡工數參差雜和者，以相乘爲實，相併爲法，虚立一數，然後求之，如借徵之法。

1.問：今有耕田一日三畝，種田一日五畝，耘田一日七畝。令一夫自耕自種自耘，用過一百四十二工，應治若干畝？又治田五十二畝半，應用若干工[1]？

答：一百四十二工者，治田二百一十畝，耕七十工，種四十二工，耘三十工。

治田五十二畝半者，用三十五工半，耕十七工半，種十工半，耘七工半。

法：三、七、五遞乘，得一百零五。以耕法三除之，得三十五工；以種法五除之，得二十一工；以耘法七除之，得一十五工。併之得七十一工，是七十一工方治田一百零五畝也。以一百四十二工

1 此題據《算法統宗》卷八商功章“開渠”雜問第六題改編。原題云：“原有一夫日耘田七畝，一夫日耕三畝，一夫日種五畝。今令一夫自耕自種，問治田若干？”原爲《九章算術》卷六均輸章第二十五題。

乘一百〇五畝，得一萬四千九百一十，以七十一工除之，得田數。以田五十二畝半乘七十一工，得三千七百二十七有半，以一百〇五畝除之，得工數。

解曰：一除一〇五，得一四七八八七有奇，為每工之田法；以一〇五除七一，得六七六二九有奇，為每田之工法。數不整，故用先乘後除。

舊法每一工治田一畝四分七厘，率篇不善，然一日之間，如何耕種耘耔，俱無用率？今為改法，庶於理可通。

列率隨所求歸之。

工求田

一率	七十一工	除
二率	一百〇五畝	乘
三率	一百四十二工	一萬四千九百一十
四率	二百一十畝	得

田求工

一率	一百〇五畝	除
二率	七十一工	乘
三率	五十二畝半	三千七百二十七五分
四率	三十五工半	得

問今有三女納錦，手快者五日一方，中者七日一方，遲者九日一方。假令三女齊工六百三十日，當於千方。又令納四百二十九方，當於千日。

答六百三十日，應納錦二百八十六方。

甲女一百二十六方

乙女九十方

丙女七十方

乘一百零五畝，得一萬四千九百一十，以七十一工除之，得田數。以田五十二畝半乘七十一工，得三千七百二十七有半。以一百零五畝除之，得工數。

解：以七一除一零五，得一四七八八七有奇，爲每工之田法；以一零五除七一，得六七六一九有奇，爲每田之工法。數皆不整，故用先乘後除。

舊法每夫治田一畝四分七厘，率雖不差，然一日之間，如何耕種耘併時而用乎？今爲改法，庶於理可通。

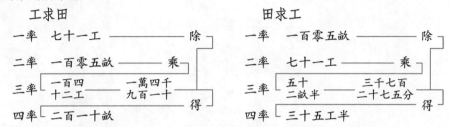

列率隨所求布之

工求田

一率	七十一工		除
二率	一百零五畝		乘
三率	一百四十二工	一萬四千九百一十	
四率	二百一十畝		得

田求工

一率	一百零五畝		除
二率	七十一工		乘
三率	五十二畝半	三千七百二十七五分	
四率	三十五工半		得

2.問：今有三女納錦，手快者五日一方，中者七日一方，遲者九日一方。假令三女齊工，六百三十日當若干方？又令納四百二十九方，當若干日？

答：六百三十日應納錦二百八十六方。

甲女一百二十六方；　　乙女九十方；

丙女七十方。

1 此題據《算法統宗》卷八商功章“開渠”雜問第七題改編，原題云：“原有三女各納錦一方，長女五日完，中女七日完，小女九日完。今令三女共納錦一方，何日可畢？”原爲《張丘建算經》卷中第十五題，題設數據略有改動。

甲如一百八十九方
丙如一百零五方
四百二十九方應用九百四十五日
乙如一百三十五方

法五七九遞乘得三百一十五日以五除之得六十三以七除之得四十五以九除之得三十五併之得一百四十三方是三百一十五日納通一百四十三方也以三百三十日乘一百四十三方是四萬七千一百九十以三百一十五日除之得錦數以四百二十九方乘三百一十五日得一十三萬五千一百三十五以一百四十三方除之得工數

解曰此與上同法但前後之併於一此一之分於衆也

若先除者以三百一十五日除一百四十三得四分五厘為長三百一十五之一百二十五為方法以一百四十三除三百一十五得二日二分為長一百四十三之四為法亦然

乘之整列章如前

圖七

四百二十九方應用九百四十五日。

甲女一百八十九方； 乙女一百三十五方；

丙女一百零五方。

法：五、七、九遞乘，得三百一十五日。以五除之得六十三，以七除之得四十五，以九除之得三十五。併之得一百四十三方，是三百一十五日納一百四十三方也。以六百三十日乘一百四十三方，得九萬零零九十，以三百一十五日除之，得錦數。以四百二十九方乘三百一十五日，得一十三萬五千一百三十五，以一百四十三方除之，得工數。

解：與上同法，但前多工併於一，此一工分於衆也。

若先除者，以三百一十五日除一百四十三，得四分五厘不盡三百一十五之一百二十五，爲方法；以一百四十三除三百一十五，得二日二分不盡一百四十三之四，爲日法，亦不如先乘之整。列率如前。

圖七

商功

第五篇

料計

料計之法價值貴賤則要抑攝之数自多少則衰分移之形積盈縮則少廣移之説係商功此数種皆可出法也豈可以瀾計聊舉数端以資説則計多者其則可指前三章在也

一凡計物長差必有術其實其原合所有数先可相乗以原為實合為法於定準之例

假令有頭號木圍一丈二尺長八丈有三號木圍六尺長三丈用二號木圍九尺長五丈一千二百根折算頭號若干三號若干

答頭號五千六百二十五根

三號三千根

法用径一圍三之法圍一丈二尺其径四尺以長八丈乘之得三百二十尺為大積圍六尺其径二尺以長三丈乘之得六十尺為小積却以圍九尺其径三尺以長五丈乘之得一百五十尺又以一千二百根乘之得十八万尺為中積以大小積各除之合問

解或径用圍長相乘亦得以二號為根数被為原一三號為今所求所得

商功

第五篇

料計

料計之法，價值貴賤，則粟布攝之；數目多少，則衰分攝之；形積盈縮，則少廣攝之。既係商功，此數種者，皆正法也，豈得闕諸？聊舉數端，以見規則。諸不盡者，則自有前三章在也。

一、凡諸物參差，欲求其率者，原今所有數先自相乘，以原爲實、今爲法，如變準之例。

1.問：今有頭號木圍一丈二尺、長八丈，有三號木圍六尺、長三丈。用二號木圍九尺、長五丈一千二百根，折筭頭號若干？三號若干？

答：頭號（五千六百二十五根）[五百六十二根半][1]；

三號三千根。

法：用徑一圍三之法，圍一丈二尺者徑四尺，以長八丈乘之，得三百二十尺，爲大積。圍六尺者徑二尺，以長三丈乘之，得六十尺，爲小積。却將以圍九尺者徑三尺，以長五丈乘之，得一百五十尺。又以一千二百根乘之，得十八萬尺，爲中積。以大小積各除之，合問。

解：或徑用圍、長相乘，亦得。二號有根數，故爲原，一、三號爲今所求，所謂

1 據法文，求得頭號木根數爲：

$$\frac{中積}{大積}=\frac{180000}{320}=562.5\text{根}$$

“五千六百二十五根”當作“五百六十二根半”，據演算校改。

同乘異除也

問今有頭號木圓四丈五尺者十五丈三千五百根又有二號木圓二丈五尺者八丈
一萬二千根若用三號圓三丈五尺者十二丈以折之各應若干

答折頭號用五千六百二十五根

折三號用五千七百一十四根有奇

法頭號者圓根數遞乘得二千三百六十二萬五千尺三號者圓根數遞乘
得二千四百八萬尺各為實卻將二號者圓相乘得四千二百尺以除頭號三
號合問

問今有頭號木圓四丈五尺者十五丈價銀三百兩將二號木圓三丈五尺者一十二丈五
百根折算求該價若干

答九萬三千三百三十三兩三錢有奇

法者圓乘得頭號積六千七百五十尺為法二號者圓乘得四千二百尺又以五百
根乘之得二百一十萬為實法除實得三百一十一根一分一厘有長以價乘之合問

一凡一物相求以先以多見積以一物為法除之亦是此之例

問用磚砌海九里每磚六寸求每層該若干

答二萬七千個

同乘異除也。

問：今有頭號木圍四丈五尺、長十五丈三千五百根，又有三號木圍二丈五尺、長八丈一萬二千根。各用二號圍三丈五尺、長十二丈者折之，各應若干？

答：折頭號用五千六百二十五根；

　　折三號用五千七百一十四根有奇。

法：頭號長、圍、根數遞乘，得二千三百六十二萬五千尺；三號長、圍、根數遞乘，得二千四百萬，各爲實。却將二號長、圍相乘，得四千二百尺，以除頭號、三號，合問。

問：今有頭號木圍四丈五尺、長十五丈，價銀三百兩，將二號木圍三丈五尺、長一十二丈五百根折筭，求該價若干？

答：九萬三千三百三十三兩三錢有奇。

法：長、圍乘得頭號積六千七百五十尺爲法，二號長、圍乘得四千二百尺，又以五百根乘之，得二百一十萬爲實。法除實，得三百一十一根一分一一不盡。以價乘之，合問。

一、凡一多相求，皆先以多見積，以一物爲法除之，亦如變準之例。

1.問：用鏄砌溝九里，每鏄六寸，求每層若干[1]？

答：二萬七千個。

---

1 此題爲《同文算指通編》卷一“重準測法”第十題。

法每里三百六十步每步五尺該一千八百尺是一萬八千寸也以九乘之得十六萬二千寸以
六寸除之合問
解假以個數問寸則以六萬七千除之得里寸
問米橢圓一丈一尺七寸替一百三十里該若干圓
答二萬圓
法如前法推之一百三十里該二百三十四萬寸以圓邊一丈七寸除之合問
解假以圓邊問里則以二萬乘一百一十七之得寸數以里法一萬八千寸除之得里數
問今有磚一堆長三丈高九尺闊四尺每塊長二尺闊五寸厚二寸求該若干
答一萬零八百個
法以九尺乘三丈得二百七十尺又以闊四尺乘之得一千零八十尺以寸法計之每尺十寸當一
百零八萬寸為實却以二尺乘五寸得五十寸再以厚二寸乘得一百寸為法除之合問
解立方一尺千寸若以千寸為尺則該邊乘
問今有芻甍一堆下長二十丈上長十五丈廣五丈高五丈求積若干
答一百三十七萬五千尺
法倍下長四百尺加上長一百五十尺得五百五十尺以廣五十尺乘之得二萬七千五百
尺以高五十尺乘之合問〇以積則以錢求每乘六之法除之

法：每里三百六十步，每步五尺，該一千八百尺，是一萬八千寸也。以九乘之，得十六萬二千寸。以六寸除之，合問。

解：假以個數問寸，則以二萬七千除之，得六寸。

2.問：車輪圍一丈一尺七寸，轉一百三十里，該若干週[1]？

答：二萬週。

法：如前法推之，一百三十里該二百三十四萬寸，以一週［一百］一十七寸除之[2]，合問。

解：假以週問里，則以二萬乘一百一十七，亦得前數。以里法一萬八千寸除之，得里數。

3.問：今有餺一堆，長三丈、高九尺、闊四（寸）［尺］[3]，每塊長一尺、闊五寸、厚二寸，求該若干[4]？

答：一萬零八百個。

法：以九尺乘三丈，得二百七十尺，又以闊四尺乘之，得一千零八十尺。以寸法計之，每尺十寸，當一百零八萬寸[5]，爲實。却以一尺乘五寸，得五十寸，再以厚二寸乘，得一百寸，爲法除之。合問。

解：立方一尺千寸，若以十寸爲尺，則誤遠矣。

4.問：今有芻蕘一堆[6]，下長二十丈，上長十五丈，廣五丈，高五丈，求積若干？

答：一百三十七萬五千尺[7]。

法：倍下長四百尺，加上長一百五十尺，得五百五十尺。以廣五十尺乘之，得二萬七千五百尺。以高五十尺乘之，合問。◎得積則以現求每束大小之法除之。

1 此題據《同文算指通編》卷一“重準測法”第九題改編，原題云：“問車輪即半徑一尺九寸五分，假令一日轉二萬周，該幾里？”按：半徑一尺九寸五分，全徑得三尺九寸，乘以圓率三，即得車輪圓周爲一丈一尺七寸。《同文算指通編》以周問里，此題以里問周。《算法統宗》卷九均輪章第二十題與此相類，原題云：“今有車一輪，輪高六尺，推行二十里，問輪轉若干？”高六尺即車輪直徑。

2 一十七寸，當作“一百一十七寸”，“一百”二字脱落，據題設“一丈一尺七寸”補。

3 寸，《算法統宗》卷八商功章與後法文皆作“尺”，據改。

4 此題爲《算法統宗》卷八商功章“堆垛”第九題。

5 即 1080 立方尺 =1080000 立方寸。

6 芻，《説文 · 艸部》：“刈草”，亦指餵養牲口的草料。蕘，《説文 · 艸部》：“薪也”，指用於燒火的柴草。芻蕘泛指柴草。按：《算法統宗》卷八商功章：“芻蕘，倍下長加上長，以廣乘之，又以高乘，用六歸之。如屋脊，上斜下平。”《算法統宗校釋》以爲“芻蕘”係“芻甍”之誤（《算法統宗校釋》第 631 頁），所見極是。《九章算術》卷五商功章“芻甍”求積術云：“倍下袤，上袤從之，以廣乘之，又以高乘之，六而一。”劉徽注云：“舊説云：凡積芻有上下廣曰童，甍謂其屋蓋之茨也。是故甍之下廣、袤，與童之上廣、袤等。”芻童、芻甍之形如圖 9-5 所示，下爲童，上爲甍。設芻甍下袤（長）爲 a，下廣爲 b，上袤（長）爲 c，高爲 h_1，芻甍求積公式爲：

$$V=\frac{(2a+c)\ bh_1}{6}$$

蕘、甍形近，又“芻蕘”一詞於經史中常見，《算法統宗》遂誤“芻甍”作“芻蕘”。本書因循《算法統宗》之訛，且將“芻蕘”理解爲一般的柴草垛，遂有“芻蕘一堆”的説法。

7 根據芻甍求積公式，求得芻積：

$$V=\frac{(2a+c)\ bh_1}{6}=\frac{(2\times200+150)\times50\times50}{6}=\frac{137500}{6}=229166\frac{4}{6}$$

本題解法少了 6 除一步，所得結果誤。

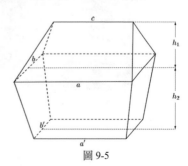

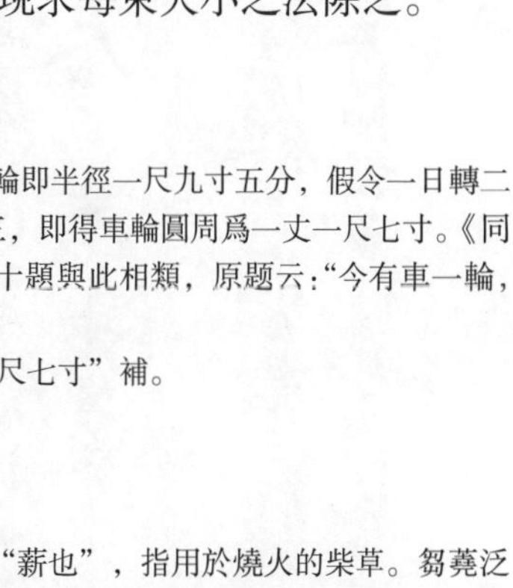

圖 9-5

一

解削如屋脊四面條收

一凡堂木捆共各以相乘爲積一封書捆加深方捆加濶並排三歸其除以加之

問今有一封書捆深七尺五寸濶四丈七尺長九丈每根五寸長一丈五尺求木若干

答一萬四千八百零五根

法置深七尺五寸以每尺二根計之得十五根以濶四丈七尺倍作九十四根相乘得

一千四百一十根爲實另置長九丈以每根長一丈五尺除之得六根爲法乘實得

八千四百六十根又以深七尺五寸加之成用十丈五乘六百合問

問今有方捆深七尺濶五丈長六丈求木若干

答八千四百根

法置深七尺倍作一十四根又以濶五丈倍作一百根相乘得一千四百根爲實另置長六

丈以一丈五尺除之得四根爲法乘實得五千六百根又以濶五丈加之合問

問今有並排深二丈一尺濶四丈四尺長六丈求木若干

答八千三百七十七根六分

法置深二丈一尺以三歸得七尺倍作一十四根又以濶四丈四尺倍作八十八根相乘得一千二百三

十二根爲實另以長六丈以一丈五尺除之得四根爲法乘之得四千九百二十八根又以深二丈一

尺用三歸得七尺加之合問

解：形如屋脊，四面俱收。

一、凡量木捆者，各以相乘爲積，一封書捆加深，方捆加闊，荒排三歸其深以加之[1]。

1.問：今有一封書捆，深七尺五寸，闊四丈七尺，長九丈。每根五寸，長一丈五尺，求木若干？

答：一萬四千八百零五根。

法：置深七尺五寸，以每尺二根計之，得一十三根；即以闊四丈七尺倍作九十四根，相乘得一千四百一十根爲實。另置長九丈，以每根長一丈五尺除之，得六根爲法，乘實得（八百四十六根）［八千四百六十根］[2]。又以深七尺五寸加之，或用十七五乘[3]，亦可。合問。

2.問：今有方捆，深七尺，闊五丈，長六（尺）［丈］[4]，求木若干？

答：八千四百根。

法：置深七尺，倍作一十四根；又以濶五丈倍作一百根，相乘得一千四百根爲實。另置長六丈，以一丈五尺除之，得四根爲法，乘實得五千六百根。又以闊五丈加之[5]，合問。

3.問：今有荒排，深二丈一尺，闊四丈四尺，長六丈，求木若干？

法：置深二丈一尺，以三歸得七尺，倍作一十四根；又以闊四丈四尺倍作八十八根，相乘得一千二百二十二根爲實。另以長六丈以一丈五尺除之，得四根爲法，乘之得四千九百二十八根。又以深二丈一尺用三歸，得七尺加之，合問。

1《算法統宗》卷八商功章有“量木捆”歌訣：“捆有封書模樣，深闊各倍相乘。丈五除長再乘行，書捆加深爲定。方捆須知加濶，荒深三折倍成。濶長皆是照前因，三折一加有準。”一封書、方捆與荒排，是堆積木頭的三種方式。三種木捆的形狀，據李長茂《算海説詳》卷五測貯章“荒排法”解義云：“横直間排爲方，順排無横爲一封書，亂排爲荒。”已知每根木頭直徑爲5寸、長爲15尺，設木捆深爲h尺、闊爲a尺、長爲b尺，三種木捆的經驗求和公式爲：

一封書：

$$S = 2h \cdot 2a \cdot \frac{b}{15}\left(1+\frac{h}{10}\right)$$

方捆：

$$S = 2h \cdot 2a \cdot \frac{b}{15}\left(1+\frac{a}{100}\right)$$

荒排：

$$S = \frac{2h}{3} \cdot 2a \cdot \frac{b}{15}\left(1+\frac{h}{30}\right)$$

2 八百四十六，當作“八千四百六十”，據演算改。

3 以深七尺五寸加之，猶言加百分之七十五，即用原數乘以1.75。十七五，《算法統宗》如此，本書因循未改。按：《增删算法統宗》賈步緯校改作“一七五”，即1.75，是。參《算法統宗校釋》第641頁。

4 尺，當作“丈”，據後法文“置長六丈”改。此本《算法統宗》而誤。

5 以闊五丈加之，即用原數乘以1.5。

商功

第六篇

推步

律曆名爲宗而究其之內流係算術何能瀾於此此商功則與所附者參數

條以便初學入手求其全當各成一書乃可耳

一

凡求冬至置歲周三百六十五萬二千四百二十五分以積年減一算乘之爲中積中積

和氣策應五十五萬零六百○○爲通積以紀法六十萬累減之至不滿六十萬餘數以萬

定日從己丑日數起以秒數萬以紀日也其一萬則爲甲子日以千定時將萬下所餘千數

以千二乘之以數從丑時數起以秒數以紀其時也其一千則爲子時以百定刻將千下

所餘百數滿五百則進一時百則不滿五百則爲正若以一百二十除之爲幾刻其一

百二十爲初初刻再遇百進一子則爲初

問假如崇禎二年己巳距元至元辛巳曆元三百四十九年求元年冬至某日

某時某刻

答曰某日己時正三刻

法置歲周以三百四十八年乘之得中積一十二億七千一百零四萬三千九百加氣應

得一十二億七千一百五十九萬四千五百爲通積以紀法除之餘二十九萬四千五百從

商功

第六篇

推步

律曆各爲家，不在九章之内，既係筭術，何獨闕如？然非商功，則無所附。各舉數條，以便初學入手。求其大全，當各成一書乃可耳。

一、凡求冬至，置歲周三百六十五萬二千四百二十五分[1]，以積年減一筭乘之，爲中積。中積（和）［加］[2]氣應五十五萬零六百分[3]，爲通積。◎以紀法六十萬累去之[4]，至不滿六十萬，餘數以萬定日，從乙丑日數起，得幾萬即某日也，不足萬則爲甲子日。以千定時，將萬下所餘千數以十二乘之，得數從丑時數起，得幾千即某時也，不足千則爲子時[5]。以百定刻，將千下所餘百數，滿五百則進一時爲初，不滿五百者爲正[6]。各以一百二十除之爲幾刻，不足一百二十爲初初刻[7]。遇亥進子，則爲夜子 。

1.問：假如崇禎二年己巳，距元至元辛巳曆元三百四十九年，求元年冬至某日某時某刻？

答：癸未日巳時正三刻。

法：歲周以三百四十八年乘之，得中積一十二億七千一百零四萬三千九百。加氣應，得一十二億七千一百五十九萬四千五百，爲通積。以紀法除之，餘一十九萬四千五百，從

---

1 歲周，又稱歲實，古曆法中對回歸年長度值的專稱，即今歲冬至至來歲冬至的積數。《授時曆》實測歲周值爲 365.2425 日，一日爲一萬分，即 3652425 分。

2 和，當作“加”，形近訛字。

3 氣應，爲至元辛巳（1281）曆元歲前冬至（己未日丑初一刻）至其前甲子夜半（子正初刻）的積數。《授時曆》實測氣應值爲 55 日 6 刻，即 550600 分。

4 紀法，又稱“旬周”。是上一個甲子日子正初刻至下一個甲子日子正初刻的積數，即六十日。若以分計，爲六十萬分。

5 一日爲一萬分，以萬定日。一日分十二時，以日餘分乘以 1.2，得數以千定時。如例問日餘分 4500，乘 1.2 得 5400，千位得 5，以丑時爲 1，順數 5 位爲丑時。若日餘分不滿千，則爲子時。

6 每個時辰分初、正兩半時，千分爲一時辰，則五百分爲半時。因起算時刻爲子正初刻，故不滿 500 分爲子正，滿 500 分爲丑初，滿 1000 分爲丑正，滿 1500 分爲寅初，滿 2000 分爲寅正，以此類推。

7 一日爲一百刻，以一日萬分計，一刻得一百分。之前日餘分乘以 1.2 化爲時分，此復將時餘分除以 1.2 化作日分，再除以 100，化作刻分，即用時餘分除以 120，所得整數即爲刻。如例問時分 5400，減去整千，得日餘分 400，除以 120，得整數 3，即三刻。不滿 120 之數者，則爲初初刻。

8 法見《元史 · 曆志三》。如圖 9-6，據術文得：

$$所求年歲前冬至日分 = 通積\ mod\ 紀法 = (氣應 + 中積)\ mod\ 紀法$$

求得日分，依法化爲日、時、刻，得所求年歲前冬至時刻。

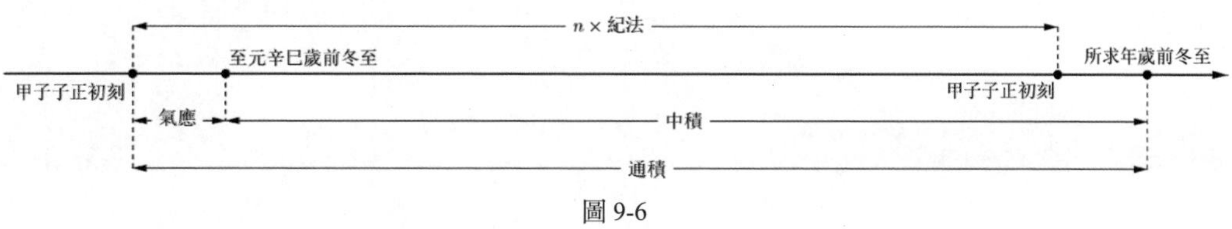

圖 9-6

乙丑日數起丑一十九以常朔日餘四千五百以十二乘之得五千四百法除之丑時數起丑

丑得正時餘四百以千二除得三百正三刻

解曰前建寅而失氣者則以其時為始故曆法必以推其五更首以滿年推前年

故減一算

積年用授時曆以至元辛巳至崇禎三年三百四十九減一為三百四十八

氣策在其六作曆時推得閏余行度之外更有所積餘分故加之為通積

紀法六十策者曆法以紀為日以甲子至癸亥六十之數也

干數以十二乘之者通積化為時數者時法每日十二故乘之以從宜也

滿五百進一時者通五時則進位者其五百之外每一百二十以為一刻如二百四十則為

初二刻三百六十以為初三刻每至滿五百則二百四十為正二三百六十為正三是也

一凡冬至求之書所求冬至通積三加氣策求之

問假如崇禎三年之前冬至通積一十二億七千一百萬五千九萬四千五百求之

答某日某時某刻

答乙巳日丑正二刻

法三因氣策四十五萬六千五百五十三分一十一秒加冬至通積得十二億七千二百

除五萬一千零五十三分一十一秒以紀法除之餘五萬一千零五十三分乙丑

乙丑日數起，至一十九得癸未日。餘四千五百，以十二乘之，得五千四百，從丑時數起，至五得巳時。餘四百，以十二除得三，爲正三刻[1]。

解：歲首建寅[2]，而天氣則以冬時爲始，故曆法必以推冬至爲首。以次年推前年，故減一筭。

積年用《授時曆》，以至元辛巳爲元，至崇禎二年三百四十九，減一爲［三百］四十八[3]。

氣應者，亦作曆時推得周天行度之外，更有所積餘分，故加之爲通積。

紀法六十萬者，曆法以萬爲日，即甲子至癸亥之數也。

千數以十二乘之者，通積皆取整數。至時法，每日十二，故乘之而後定也。

滿五百進一時，如遇丑時，則進爲子。其五百之外，每一百二十即爲一刻，如二百四十則爲初二刻，三百六十即爲初三刻。原不滿五百，則二百四十爲正二，三百六十爲正三是也。

一、凡冬至求立春，將所求冬至通積，三加氣策求之[4]。

1.問：假如崇禎二年年前冬至通積一十二億七千一百五十九萬四千五百，求立春某日某時某刻？

答：己巳日丑正二刻。

法：三因氣策四十五萬六千五百五十三分一十一秒[5]，加入通積，得十二億七千二百零五萬一千零五十三分一十一秒。以紀法除之，餘五萬一千零五十三分[6]。乙丑

---

1 據術文得：

$$通積 = 氣應 + 中積 = 氣應 + 歲周 \times (積年 - 1)$$
$$= 550600 + 3652425 \times (349 - 1) = 550600 + 1271043900 = 1271594500 分$$

以紀法 60 萬分約通積，求得日分爲：

$$1271594500 - 2119 \times 600000 = 194500 分$$

爲 19 萬分，以乙丑日爲 1，順數至 19，爲癸未日。日分除去整萬，得日餘分 4500，求得時分爲：

$$4500 \times 1.2 = 5400 分$$

千位爲 5，以丑時爲 1，順數至 5，爲巳時。百位不滿 5，爲巳正。復以時餘分 400 除以 120，得整數 3，即爲三刻。求得冬至時刻爲：癸未日巳時正三刻。

2 寅，指寅月，即正月。歲首建寅，指以正月爲歲首。先秦三代曆法中，夏曆建寅，殷曆建丑，周曆建子。

3 至元辛巳爲 1281 年，崇禎二年爲 1629 年。從至元辛巳年數至崇禎二年，首尾皆入算，得 349 年，減去 1 年，得 348 年。

4 氣，節氣；策，數也。氣策，即一個節氣的日數，又稱“恒氣”。一年分爲二十四節氣，用歲實除以二十四，所得即氣策：

$$氣策 = \frac{歲實}{24} = \frac{365.2425}{24} = 15.2184375 日 = 152184.375 分$$

冬至至立春，相差三個節氣，故“三加氣策”而得立春。

5《元史 · 曆志三 · 授時曆經上》“步氣朔第一”：“氣策，十五日二千一百八十四分三十七秒半”，一日爲一萬分，一分爲一百秒，一秒爲五十微，算得氣策爲十五萬二千一百八十四分三十七秒五十微。三因氣策，得：

$$152184.375 \times 3 = 456553.125 分$$

即四十五萬六千五百五十三分十二秒五十微。本書取氣策爲十五萬二千一百八十四分三十七秒。

6 “分”下當有“十一秒”，因不影響計算結果，原文省。

起甲子至己巳餘一千零五十三分十二秒五十微之得一千二百五十三分一千以丑時餘二百六
十三分十二除之得四十二刹

解曰此距之首凡三氣策故三加氣策每年二十四氣策一氣策爲十五日有奇故謂之
氣策以二十四分除歲周而得者也又法見前各至經朔之首但從三元甲子起
算如甲子至乙丑爲二算丙寅爲三算是也蓋全用歲實但用歲餘五萬二千
四百二十五以積算求之加入節準滿紀法去之餘如前法
上關歲實除二算是爲己巳距首階四算甲子凡六算以六乘歲餘得三十一萬四千
五百五十算加下元節準三十三萬六千五百零三分一十二秒五十微共得六十五萬一
千零五十三分一十二秒五十微以紀法除之餘數皆同
所得歲餘卅以氣策通之數也歲實以萬爲日千爲時百爲刻五萬二千四百二十五
即五日二十四刻二十五分也歲以三百六十五日常全周二十四氣策凡三百六十五日二十四刻
二十五分多於歲五日二十四刻二十五分故謂之氣策盈也求積算法皆用全周乘
距歲今止用歲餘廿歲實以六十萬爲紀法滿則去之三百六十五萬數亦累加之
仍與累歲之故減整存零從省便也
節準卅從往昔以來所多得之成數也三元各有準上元準四萬五千五百零三分
一十二秒五十微中元準一十九萬八千零三分一十二秒五十微如前所用即下元準也

起至五得己巳，餘一千零五十三分，以十二乘之，得一千二百六十三分[1]。一千即丑時，餘二百六十三分，十二除之，得正二刻。

解：冬至距立春凡三氣，故三加氣策。每年二十四氣，一氣當十五日有奇，故謂之氣策，即二十四分除歲周而得者也。又法不求冬至，徑求立春，但從三元甲子起筭，如甲子至乙丑爲二筭，丙寅爲三筭是也。亦不全用歲實，但用歲餘五萬二千四百二十五，以積筭求之[2]，加入節準，滿紀法去之，餘如前法。

上問崇禎二年，是爲己巳，距天啟四年甲子[3]，凡六筭。以六乘歲餘[4]，得三十一萬四千五百五十，加下元節準三十三萬六千五百零三分一十二秒五十微，共得六十五萬一千零五十三分一十二秒五十微。以紀法除之，餘數正同。

所謂歲餘者，即氣盈之數也。曆家以萬爲日，千爲時，百爲刻，五萬二千四百二十五即五百二十四刻二十五分也。歲以三百六十爲常，全周二十四氣，凡三百六十五日二十四刻二十五分，多於歲五日二十四刻二十五分，故謂之氣盈也。求積筭法當用全周乘距歲，今止用歲餘者，曆家以六十萬爲紀法，滿則去之，三百六十皆整數，若累加之，仍當累去之，故減整存零，從省便也。

節準者，從往昔以來所步得之成數也。三元各有準，上元準四萬五千五百零三分一十二秒五十微，中元準一十九萬一千零零三分一十二秒五十微，如前所用，即下元準也。

1“分”下當有“六秒”，因不影響計算結果，原文省。

2 求之，據文意，“求”当作“乘”。

3 陰陽家以三甲子一百八十年爲一周，稱第一個甲子爲“上元”，第二個甲子爲“中元”，第三個甲子爲“下元”。弘治十七年（1504）甲子爲上元，嘉靖四十三年（1564）甲子爲中元，天啟四年（1624）甲子爲下元。

4 歲餘，以歲實減去 360 日所得之數，即：

$$歲餘 = 歲實 - 360 = 5.2425日 = 52425分$$

自黃帝元年甲子至國朝康熙十七年第七十一甲子上距元郭守敬授時曆以至元辛巳爲元積二百二十四年減一年以二百二十三年乘歲實三百六十五萬二千四百二十五得八億一千七百四十九萬零七百七十五加氣應五十五萬零六百分得八億一千八百零四萬一千三百七十五分滿紀法去之餘二十四萬一千三百七十五分爲弘治十六年歲前冬至之算三加氣策乘四十五萬六千五百五十三分一十二秒五十微滿紀法去之餘九萬七千九百二十八分一十二秒五十微再減歲餘五萬二千四百二十五分餘四萬五千五百零三分一十二秒五十微是爲上元之節準也求甲子立春則仍以歲餘加之求乙丑立春則再加歲餘向後每年但加歲餘至嘉靖四十三年第七十二甲子以六千乘歲餘得三百一十四萬五千五百加上元節準得三百一十九萬一千零三分一十二秒五十微滿紀法減之餘一十九萬一千零三分一十二秒五十微是爲中元之節準也至天啟四年第七十三甲子再以六千乘歲餘加中元節準得三百二十三萬六千五百零三分一十二秒五十微滿紀法減之餘二十三萬六千五百零三分一十二秒五十微是爲下元之節準也蓋從曆元起算百千歲其數繁多故隨甲子立爲準法以省繁也六甲首便之法也從此推至億萬年隨所立準也餘類推也

一凡求次冬至則求次氣者以氣策累一十五萬二千一百八十四分三十七秒半加所求累

自黄帝元年甲子，至國朝（宏）［弘］治十七年第七十一甲子，上距元郭守敬《授時曆》以至元辛巳爲元，積二百二十四年，減一年，以二百二十三年乘歲實三百六十五萬二千四百二十五，得八億一千（七）［四］百四十九萬零七百七十五，加氣（盈）［應］五十五萬零六百分[1]，得八億一千（八）［五］百零四萬一千三百七十五分。滿紀法去之，餘二十四萬一千三百七十五分，爲弘治十六年癸亥冬至之筭。三加氣策四十五萬六千五百五十三分一十二秒五十微，滿紀法去之，餘九萬七千九百二十八分一十二秒五十微。再減歲餘五萬二千四百二十五分，餘四萬五千五百零三分一十二秒五十微，是爲上元之節準也。求甲子立春，則仍以歲餘加之；求乙丑立春，則再加歲餘，向後每年但加歲餘[2]。步至嘉靖四十三年第七十二甲子，以六十乘歲餘，得三百一十四萬五千五百，加上元節準，得三百一十九萬一千零零三分一十二秒五十微。滿紀法減之，餘一十九萬一千零零三分一十二秒五十微，是爲中元之節準也[3]。步至天啟四年第七十三甲子，再以六十乘歲餘，加中元節準，得三百三十三萬六千五百零三分一十二秒五十微，滿紀法減之，餘三十三萬六千五百零三分一十二秒五十微，是爲下元之節準也。蓋從曆元步起，動百千歲，其數繁多，故隨甲子立爲準法，多不過六十，亦省便之法也。從此推至億萬年，隨時立準，皆可類推也。

一、凡求得冬至，欲求得次氣者，以氣策一十五萬二千一百八十四分三十七秒，如所求累

---

1 氣盈，“盈”當作“應”，音近而訛，據文意改。

2 依前法求得弘治十七年上元甲子節準爲：

$$上元甲子節準 =（通積 + 3\,氣策）mod\,紀法 - 歲餘$$
$$=（15041375 + 456553.125）mod\,600000 - 52425 = 45503.125\,分$$

如圖 9-7，由甲子節準可以求出任意年的立春，不必由歲前冬至推求。設上元甲子節準爲 A，所求年干支次序爲 m，如甲子年 $m=1$，乙丑年 $m=2$，以此類推。由節準求各年立春日分如下所示：

$$立春日分 =［A + 歲餘 +（m-1）\times 歲周］mod\,紀法$$
$$=［A + 歲餘 +（m-1）\times（360000 - 歲餘）］mod\,紀法$$
$$=（A + m\times 歲餘）mod\,紀法$$

滿紀法去之，餘即所求年立春日分。求得立春日分，累加氣策，可得各節氣日分。

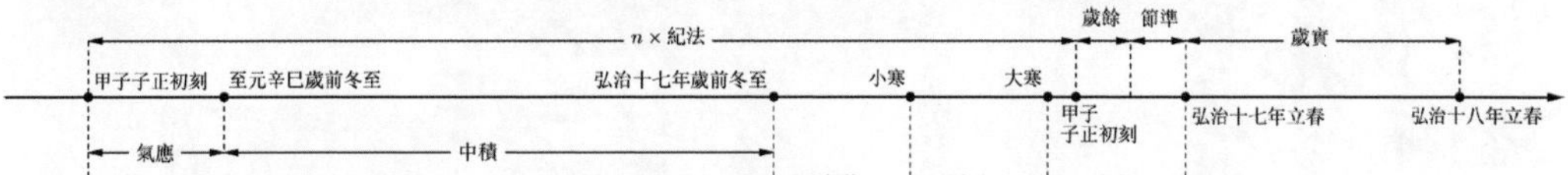

圖 9-7

3 據上元甲子節準求得嘉靖四十三年甲子節準爲：

$$中元甲子節準 =［（立春日分 - 歲餘）mod\,紀法$$
$$=（A + m \times 歲餘 - 歲餘）mod\,紀法 =［A +（m-1）\times 歲餘］mod\,紀法$$
$$=（45503.125 + 60 \times 52425）mod\,600000 = 191003.125\,分$$

又據中元甲子節準，同法可求下元甲子節準。

加之遂求戊寅歲之總積如上法求之

問崇禎元年戊辰通積一十二億七千一百五十九萬四千五百求本年十一月小寒某日某時某刻

答戊戌日申時正初刻

法以上所求首通積一十二億七千一百五十九萬四千五百加氣策得一十二億七千一百七十四萬六千六百八十四分三十七秒以紀法除之餘三十四萬六千六百八十四分三十七秒從乙丑數起至三十四得戊戌日餘六千六百八十四分三十七秒以十二乘之得八萬零二百一十二分四十四秒從丑數起至八得申時餘二十一分不足一百二十五為正初刻

解此係順求每節加一每隔一月則加二隔一歲則用全周

問假如崇禎元年戊辰通積一十二億七千一百五十九萬四千五百求本年立春某日某時某刻

答癸亥日戌時正二刻

法二十一個氣策共得三百一十九萬五千八百七十一分七十七秒以減首通積餘一十二億六千八百三十九萬八千六百二十八分二十三秒以紀法除之餘五十九萬八千六百二十八分二十三秒從乙丑數起至五十九得癸亥日餘八千六百二十八分二十三秒以十二乘之得一十萬零三千五百三十八分七十六秒六千微從丑數起至十得戌餘三千五百三十八分有

加之，逆求者累減之，得積，如上法求之。

1.問：崇禎元年冬至通積一十二億七千一百五十九萬四千五百，求本年十二月小寒某日某時某刻？

答：戊戌日申時正初刻。

法：如上所求，通積一十二億七千一百五十九萬四千五百，加氣策得一十二億七千一百七十四萬六千六百八十四分三十七秒。以紀法除之，餘三十四萬六千六百八十四分三十七秒。從乙丑數起，至三十四得戊戌日。餘六千六百八十四分三十七秒，以十二乘之，得八千零二十一分（四十四秒）[二十四秒四十微][1]，從丑數起，至八得申時。餘二十一分，不足一百二十，爲正初刻。

解：此係順求。每節加一，每隔一月則加二，隔一歲則用全周。

2.問：假如崇禎元年冬至通積一十二億七千一百五十九萬四千五百，求本年立春某日某時某刻？

答：癸亥日戌時正二刻。

法：二十一因氣策，得三百一十九萬五千八百七十一分七十七秒，以減通積，餘一十二億六千八百三十九萬八千六百二十八分二十三秒。以紀法除之，餘五十九萬八千六百二十八分二十三秒。從乙丑數起，至五十九得癸亥日。餘八千六百二十八分二十三秒，以十二乘之，得一萬零三百五十三分八十七秒六十微，從丑數起，至十得戌。餘三百五十三分有

---

1 以日餘分求得時分爲：

$$6684.37 \times 1.2 = 8021.244 \text{分}$$

即 8021 分 24 秒 40 微。原文“四十四秒”當作“二十四秒四十微”，據演算改。

奇以十二除之得正二刻

解此係逆術

一凡求以後某年節氣則知次年者以常實累加之若逆求先年者以常實累減之得積如

法求之

問假如崇禎元年立春通積一十二億六千八百三十九萬八千六百二十八分二十三秒求

三年立春某日某時某刻

答甲戌日辰時正一刻

法置前通積以二因常實七百三十萬零四千八百五十分加之得一十二億七千五百七十萬

零三千四百七十八分二十三秒以紀法除之餘一十萬零三千四百七十八分二十三秒從

乙丑起數去十得甲戌餘三千四百七十八分二十三秒以十二乘之得四萬一千七百三十八分八十

七秒八十九從丑數起至四得辰餘一百七十三分以十二除之得正一刻

解此係順術

問假如崇禎三年立春通積一十二億七千五百七十萬零三千四百七十八分二十三秒求

天啓六年丙寅立春某日某時某刻

答癸丑日巳時初初刻

法四因常實一千四百六十萬零九千七百以減通積餘一十二億六千一百零九萬三千七

奇，以十二除之[1]，得正二刻。

解：此係逆求。

一、凡求得本年節氣，欲知次年者，以歲實累加之；逆求先年者，以歲實累減之，得積，如法求之。

1.問：假如崇禎元年立春通積一十二億六千八百三十九萬八千六百二十八分二十三秒，求三年立春某日某時某刻？

答：甲戌日辰時正一刻。

法：置前通積，以二因歲周七百三十萬零四千八百五十加之，得一十二億七千五百七十萬零三千四百七十八分二十三秒。以紀法除之，餘一十萬零三千四百七十八分二十三秒，從乙丑起，數至十得甲戌。餘三千四百七十八分二十三秒，以十二乘之，得四千一百七十三分八十七秒（八十几）［六十微］[2]，從丑數起，至四得辰。餘一百七十三分，以十二除之，得正一刻。

解：此係順求。

2.問：假如崇禎三年立春通積一十二億七千五百七十萬零三千四百七十八分二十三秒，求天啟六年丙寅立春某日某時某刻？

答：癸丑日巳時初初刻。

法：四因歲周一千四百六十萬零九千七百，以減通積，餘一十二億六千一百零九萬三千七

---

1 十二，當爲"一百二十"。以下兩問同。

2 以日餘分求得時分爲：

$$3478.23 \times 1.2 = 4173.876\text{分}$$

即 4173 分 87 秒 60 微。原文"八十几"當作"六十微"，據演算改。

百一萬七千八百二十三秒以紀法除之餘四萬九萬三千七百七十八分以乙丑歲起算四萬九百
紫丑日餘以六十二乘之得四千五百三十三分以己丑歲起算四日辰時餘滿五百進一
卅作已餘以六十二除之不滿一百二十為初初刻

解此係遲原

一　凡推經朔者先求閏餘求閏餘法置距前冬至中積加閏應二十四萬零二千零
五十分以紀法以朔策二十九萬五千三百零五十分九十三秒四去之不滿朔策為年
首閏餘分以減通積餘者滿旬周去之不及者以日周約之為日不滿為分秒
前千分百刻之法
假如崇禎二年己巳年前冬至中積一十二億七千三百零四萬三千九百求所月經
朔　求年
答五千三萬五千八百八千四分五十八秒
法求閏餘法置中積加閏應二十四萬零二千零五十分得一十二億七千一百二十四萬
五千九百五十分以朔策二十九萬五千三百零五分九十三秒累去之餘二十四萬
九千二百六十七分六十八秒是為閏餘分即以中積仍加氣應五十五萬零六百分
得一十二億七千一百五十九萬四千五百為通積減閏餘分餘一十二億七千一百三十四萬
五千二百七千二分七十二秒以紀法除之餘五千四萬五千二百七十二分七十二秒為年

百七十八分二十三秒。以紀法除之，餘四十九萬三千七百七十八分[1]，從乙丑數起，至四十九得癸丑日。餘以十二乘之，得四千五百三十三分[2]，從丑數起，至四得辰時。餘滿五百，進一時作巳，餘以十二除之，不滿一百二十，爲初初刻。

解：此係逆求。

一、凡推經朔者[3]，先求閏餘。求閏餘法：置歲前冬至中積，加閏應二十萬零二千零五十分[4]，得數以朔策二十九萬五千三百零五（十）分九十三秒累去之[5]，至不滿朔策，爲十一月閏餘分[6]。以減通積，餘者滿旬周去之，不盡者以日周百刻約之爲日，不滿爲分，如前千時百刻之法[7]。

1.問：假如崇禎二年己巳年前冬至中積一十二億七千一百零四萬三千九百，求正月經朔若干？

答：五十三萬五千八百八十四分五十八秒。

法：求閏餘法：置中積，加閏應二十萬零二千零五十分，得一十二億七千一百二十四萬五千九百五十分，以朔策二十九萬五千三百零五分九十三秒累去之，餘二十四萬九千二百二十七分二十八秒，是爲閏餘分。却將中積仍加氣應五十五萬零六百分，得一十二億七千一百五十九萬四千五百爲通積。減閏餘分，餘一十二億七千一百三十四萬五千二百七十二分七十二秒。以紀法除之，餘五十四萬五千二百七十二分七十二秒，爲十一

1“分”下當有“二十三秒”，因不影響計算結果，原文省。

2“分”下當有“八十七秒六十微”。因不影響計算結果，原文省。

3經朔，梅文鼎《曆學駢枝》卷一“步氣朔法”云：“朔者，日月同度之日。經者，常也。經朔者，朔之常數，所以别于定朔也。”經朔，是根據日月運行週期，推算得出的通常的日月交會時刻。定朔是在經朔基礎之上，根據月行疾遲、日行盈縮等修正值，推算得出的日月實際交會時刻。

4閏應，爲至元辛巳曆元歲前冬至（即庚辰年冬至，己未日丑初一刻）至庚辰十一月經朔（戊戌日戌正二刻）之積數。《授時曆》實測閏應爲 20.2050 日，即 202050 分。此即至元辛巳年天正（即十一月）閏餘也。

5朔策，爲月亮自晦至朔運行一周之積數。“五十分”，當作“五分”，“十”係衍文，據《元史·曆志三》刪。

6十一月閏餘，爲歲前天正（十一月）冬至距天正經朔之數，又稱“天正閏餘”。用天正閏餘累加閏策 9062.82 分，得每月閏餘。若某月閏餘大於朔策 295305.93 分，該月即閏月。此與後文用正月閏餘累加閏策解法相同。

7如圖 9-8，根據術文，先求閏餘：

$$閏餘=(閏應+中積)\ mod\ 朔策$$

即所求年歲前冬至距天正經朔之積數。再由閏餘求得經朔爲：

$$經朔=(通積-閏餘)\ mod\ 紀法$$

若求十二月經朔，則用十一月經朔加朔策，滿紀法（即旬周）去之；求次年正月經朔，則加二倍朔策。餘可類推。化日化時化刻，俱如前法。

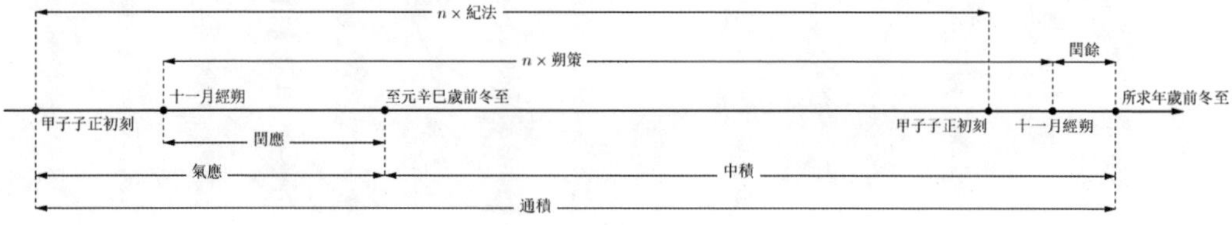

圖 9-8

月徑朔以三周朔策五十九萬零六百一十一分八千六百秒加之得一百七十三萬五千八
百八十四萬零一百五十八秒以己法除之餘五十三萬五千八百八十四萬零一百五十八秒爲實月徑
朔分以己丑起點五十三日丁巳丙寅朔日爲閏準法以己巳距甲子六十年
以乘通閏十萬零八千七百五十三分八十四秒得八千五百零二十五萬二千二百二十三分零
四秒加元甲子準二十六萬零五千四百四十一分七千四百秒共得八千五百萬零九千
百六十四萬零七千秒以朔策除之餘二十六萬七千二百五十二分九十二秒爲閏餘
分以加實月徑朔策以餘五萬二千四百二十五分以六乘之得三十三萬四千五
百五十四分零元甲子朔準四十萬八千六百八十七分五千秒共得八千萬三千二百
三十七分五千秒減去閏餘分數因

解 徑朔者月與日合之度也每月二十九日五十三刻又五十分九十三秒故謂之朔策
合十二日二百五十四日三十六刻七千二百一十六秒以一年之日數也謂之朔閏
餘分者氣朔之差天氣多於月朔之數也閏應者乃以本年甲子之歲數首
宗其數以求所以求歲之首歲應其例同也所以減閏餘定朔者朔數首爲年
以二十九日有奇爲準其氣朔之差月積朔如以減去餘氣數以每月之定朔也
以二十九日爲實月故三周朔策每求百則加一次求閏月則全加以朔
以求之也

月經朔。以二因朔策五十九萬零六百一十一分八十六秒加之，得一百一十三萬五千八百八十四分五十八秒。以紀法除之，餘五十三萬五千八百八十四分五十八秒，爲正月經朔分。從己丑數起，至五十三得丁巳，爲正月朔日。若用準法者，以己巳距甲子六筭，以乘通閏十萬零八千七百五十三分八十四秒[1]，得六十五萬二千五百二十三分零四秒。加下元甲子準二十萬零五千四百四十一分七十四秒[2]，共得八十五萬七千九百六十四分七十八秒。以朔策除之，餘二十六萬七千三百五十二分九十二秒，爲閏餘分。如求正月經朔，置歲餘五萬二千四百二十五分，以六乘之，得三十一萬四千五百五十。加下元甲子朔準四十八萬八千六百八十七分五十秒[3]，共得八十萬三千二百三十七分五十秒，減去閏餘分，數同[4]。

解：經朔者，月與日會之度也。每月二十九日五十三刻又五十分九十三秒，故謂之朔策。合十二月得三百五十四日三十六刻七十一分一十六秒，即一年之日數也，謂之歲朔。閏餘分者，氣朔參差，天氣多於月朔之數也。閏應者，乃從來步得之成數。曆家諸數皆有應，如求氣之有氣應，其例同也。所以減閏餘定朔者，朔數有常，每以二十九日有奇爲準；節氣則游移於一月之内，減去餘氣，即每月之定朔也。

從十一月至正月，隔兩月，故二因朔策，每求一月則加一次。若求隔年，則全加歲朔以求之也。

---

1 通閏，又稱“歲閏”，爲歲實與歲朔（又稱“歲策”）之差：通閏＝歲實－歲朔＝$3652425-3543671.16=108753.84$，即十二閏策之積。

2 如圖 9-9，由前法求得天啟四年歲前天正閏餘爲：

$$\text{天正閏餘}=[\,(1624-1281)\times\text{歲實}+\text{閏應}\,]\ mod\ \text{朔策}=(343\times3652425+202050)\ mod\ \text{朔策}=764.01$$

天啟四年正月閏餘爲：正月閏餘＝$764.01+2\times$閏策＝$764.01+2\times9062.82=18889.65$；

求得下元甲子準爲：上元甲子準＝朔策＋正月閏餘－通閏＝$295305.93+18889.65-108753.84=205441.74$。

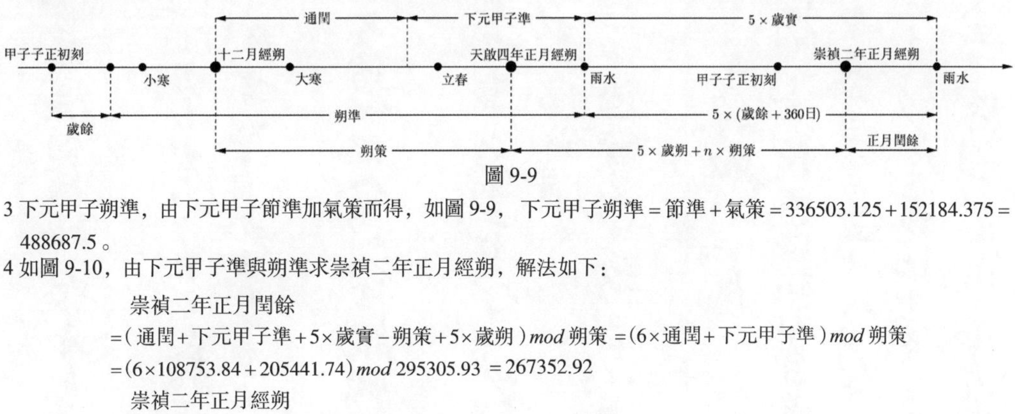

圖 9-9

3 下元甲子朔準，由下元甲子節準加氣策而得，如圖 9-9，下元甲子朔準＝節準＋氣策＝$336503.125+152184.375=488687.5$。

4 如圖 9-10，由下元甲子準與朔準求崇禎二年正月經朔，解法如下：

崇禎二年正月閏餘

$$=(\text{通閏}+\text{下元甲子準}+5\times\text{歲實}-\text{朔策}+5\times\text{歲朔})\ mod\ \text{朔策}=(6\times\text{通閏}+\text{下元甲子準})\ mod\ \text{朔策}$$

$$=(6\times108753.84+205441.74)\ mod\ 295305.93=267352.92$$

崇禎二年正月經朔

$$=(\text{歲餘}+\text{朔準}+5\times\text{歲實})\ mod\ \text{紀法}-\text{正月閏餘}=6\times\text{歲餘}+\text{朔準}-\text{正月閏餘}$$

$$=6\times52425+488687.5-267352.92=535884.58$$

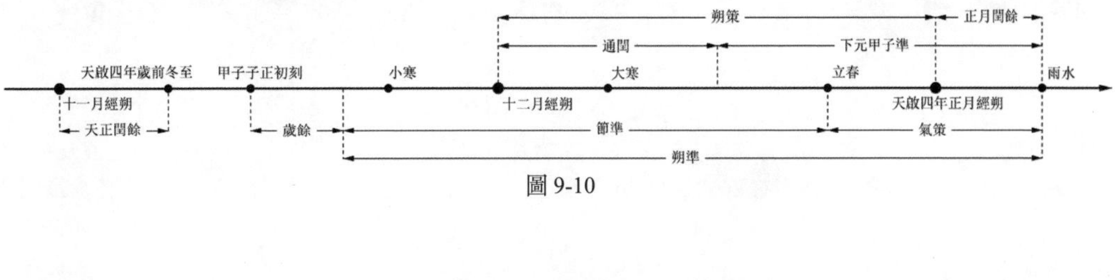

圖 9-10

的周紀法以其編度一千日故謂之的周以其滿則循環為一萬日之式故謂
之紀法其實一也
設法用推六十去頭以前省全如求氣之例通閏十萬零八千六百六十之數乃合其氣
盈朔虛每年之共數以處後所積一歲之閏率則十日九百四十分日之八百二
十七分也
右法推從古田暑其用此推朔之法始差一日於須細求入氣入轉朓朒加減之方
確詳於全書中
一凡推閏月於置年求四月閏餘分累加閏策九千零六十二分八千二秒加之至加
滿朔策二十九萬五千三百零五十分九十三秒為閏月
閏假如崇禎二年四月閏餘分二十八萬七千三百五十二分九十三秒所閏其月
若閏四月
法四加閏策總得三十萬零三千七百零四分二十秒加閏四月
解閏策以每月氣盈朔虛之策以千二除通閏即得又法推得月無中氣為閏
閏如前推得四月朔日丁巳之虛日己巳朔分五千三百五十八百八千四百五千
朔以三因朔策八千八萬五千九百一十七分七十九秒加之共得五百零三萬一千八百
零二分三十七秒以的周日去之餘二千二百五十千零推得四戊為四月朔再加朔

旬周即紀法，以其徧歷六十日，故謂之旬周；以其滿則循環爲筭日之式，故謂之紀法，其實一也。

後法用準，亦去煩從省，全如求氣之例。通閏十萬零八千云云之數，乃合氣盈朔虚每年之共數，即蔡《傳》所稱一歲之閏率，則十日九百四十分日之八百二十七者也[1]。

右法惟取大畧，若用此推朔，亦間有差一日者，須細求入氣入轉朓朒，加減之方確，詳於全書中。

一、凡推閏月者，置本年正月閏餘分，累以閏策九千零六十二分八十二秒加之[2]，至加滿朔策二十九萬五千三百零五（十）分九十三秒，爲閏月。

1.問：假如崇禎二年正月閏餘分二十六萬七千三百五十二分九十二秒，求閏某月？

答：閏四月。

法：四加閏策，始得三十萬零三千六百零四分二十秒，知閏四月。

解：閏策即每月氣盈朔虚之策，以十二除通閏而得。又法推得月無中氣爲閏[3]，如前推得正月朔日丁巳，立春日己巳，朔分五十三萬五千八百八十四分五十八秒，以三因朔策八十八萬五千九百一十七分七十九秒加之，共得一百四十二萬一千八百零二分三十七秒。以旬周累去之，餘二十二萬一千零，推得丙戌爲四月朔。再加朔

1 宋蔡沈《書集傳》卷一注云："日與天會，而多五日九百四十分日之二百三十五者，爲氣盈；月與日會，而少五日九百四十分日之五百九十二者，爲朔虚。合氣盈朔虚，而閏生焉。故一歲閏率則十日九百四十分日之八百二十七。"按：閏率十日九百四十分日之八百二十七，出自《淮南子·天文訓》，約 10.879779 日。

2 閏策，又稱"月閏"，爲兩氣策與一朔策相差之數：

$$
\begin{aligned}
\text{閏策} &= 2\times\text{氣策} - \text{朔策}\\
&= 2\times 152184.375 - 295305.93\\
&= 9062.82
\end{aligned}
$$

十二閏策之積爲通閏。

3 中氣，二十四節氣與陰曆十二月相配，每月二氣，月初者稱作節令，月中以後者稱作中氣。如立春、驚蟄，是爲節令；雨水、春分，是爲中氣。在有閏的年份，推得第一個沒有中氣的月份，即爲閏月。

策得五十六萬六千六百零八分二十五秒，推得丙辰為部首入一月之朔，再加朔策得六十一萬一千九百一十四分一十八秒，滿紀法去之，餘二十一萬一千九百有奇，推得乙丑為部首入二月之朔。○氣策八分五萬二千零五十二分，以六周歲策九十六萬三千一百六十六分二千二秒加之，得九十六萬四千一百五十九分二十二秒，滿紀法去之，餘三十六萬四千有奇，推得庚申日為立春正月節，即從朔日丙戌起算，至此為十五日，再加氣策得五十六萬六千，推得乙卯日為雨水正月中，先丙辰一日，實為正月之晦，再加氣策得六十六萬八千五百二十七分九十六秒，滿紀法去之，餘六萬八千五百有奇，推得庚午日為芒種五月節，即從丙辰五百乃部首入一月驚蟄之日，再加氣策得二十二萬零七百一十二分三十三秒，推得丙戌日為春分二月中，後乙丑一日，在部首入兩月之第二日是兩月之後一月全無中氣，故知閏也。

以上求氣、求朔、求閏三法，粗見古曆甚多，其詳在大氣策、大轉策法中見矣。

全書

策，得五十一萬六千六百零八分二十五秒，推得丙辰爲却後一月之朔。再加朔策，得八十一萬一千九百一十四分一十八秒，滿紀法去之，餘二十一萬一千九百有奇，推得乙酉爲却後二月之朔。◎氣分五萬一千零五十三分，以六因氣策九十一萬三千一百六十分二十二秒加之，得九十六萬四千一百五十九分二十二秒。滿紀法去之，餘三十六萬四千有奇，推得庚子日爲立夏四月節，從朔日丙戌數至此，爲十五日。再加氣策，得五十一萬六千，推得乙卯日爲小滿四月中，先丙辰一日，實爲四月之晦。再加氣策，得六十六萬八千五百二十七分九十六秒，滿紀法去之，餘六萬八千五百有奇，推得庚午日爲忙種五月節[1]，後丙辰十五日，乃却後一月既望之日。再加氣策，得二十二萬零七百一十二分三十三秒，推得丙戌日爲夏至五月中，後乙丙一日，在却後兩月之第二日。是正四月之後一月，全無中氣，故知閏也[2]。

以上求氣、求朔、求閏三法，粗見大畧。其交會、交食、入氣、入轉等法，自具全書。

---

1 忙種，今作“芒種”。

2 如圖 9-11 所示，求得崇禎二年四月後的一個月，恰在兩個中氣“小滿”與“夏至”之間，僅有一個節令芒種，而無中氣，故以之爲閏四月。

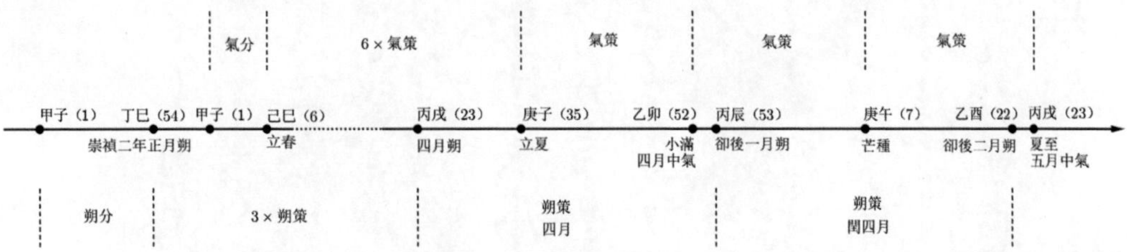

圖 9-11

商功

第七篇

一

書帝曰咨汝羲暨和朞三百有六旬有六日以閏月定四時成歲允釐百工庶績咸熙

蔡注曰天體至圓周圍三百六十五度四分度之一繞地左旋常一日一周而過一度日

麗天而少遲故日行一日亦繞地一周而在天為不及一度積三百六十五日九百四十分日之

二百三十五而與天會是一歲日行之數也月麗天而尤遲一日常不及天十三度十九分度

之七積二十九日九百四十分日之四百九十九而與日會十二會得全日三百四十八餘分之積又五千

九百八十八如日法九百四十而一得六不盡三百四十八通計得日三百五十四九百四十分日之三百四十

八是一歲月行之數也歲有十二月月有三十日三百六十者一歲之常數也故日與天會而多

五日九百四十分日之二百三十五者為氣盈月與日會而少五日九百四十分日之五百九十二

者為朔虛合氣盈朔虛而閏生焉故一歲閏率則十日九百四十分日之八百二十七三歲一閏

則三十二日九百四十分日之六百單一五歲再閏則五十四日九百四十分日之三百七十五十有九歲七閏則氣朔分齊是為一章也

解曰古之言天者有三家一曰周髀二曰宣夜三曰渾天宣夜無師說周髀即蓋天之說謂

天形似蓋中高而四邊下日月旁行繞之日近而見為晝日遠而不見為夜此蓋天者也

渾天之說謂天形似鳥卵天包地外如卵裹黃所傳渾天之說也今蔡注云天體至圓

又云繞地左旋蓋渾天之說也周圍三百六十五度四分度之一者以一度分為四分三百六十

商功

第七篇

［曆法論］

《書》:“帝曰：咨！汝羲暨和，朞三百有六旬有六日，以閏月定四時成歲，允釐百工，庶績咸熙。”蔡注曰[1]:“天體至圓，周圍三百六十五度四分度之一。繞地左旋[2]，常一日一周而過一度。日麗天而少遲，故日行一日，亦繞地一周，而在天爲不及一度。積三百六十五日九百四十分日之二百三十五，而與天會，是一歲日行之數也。月麗天而尤遲，一日常不及天十三度十九分度之七，積二十九日九百四十分日之四百九十九，而與日會。十二會得全日三百四十八，餘分之積（又）五千九百八十八[3]，如日法九百四十而一得六，不盡三百四十八，通計得日三百五十四九百四十分日之三百四十八，是一歲月行之數也[4]。歲有十二月，月有三十日，三百六十者，一歲之常數也。故日與天會，而多五日九百四十分日之二百三十五者，爲氣盈；月與日會，而少五日九百四十分日之五百九十二者，爲朔虛。合氣盈朔虛，而閏生焉。故一歲閏率，則十日九百四十分日之八百二十七；三歲一閏，則三十二日九百四十分日之六百單一；五歲再閏，則五十四日九百四十分日之三百七十五；十有九歲七閏，則氣、朔分齊，是爲一章也[5]。”

解：自古言天體者三家，一曰周髀，二曰宣夜，三曰渾天。宣夜無師說。周髀即蓋天之説，謂天形似蓋，中高而四邊下，日月旁行繞之，日近而見爲晝，日遠而不見爲夜[6]，其大畧如此。渾天之説，謂天形似鳥卵，天包地外，如卵裹黄，形體渾渾然也[7]。今蔡注云“天體至圓”，又云“繞地左旋”，蓋渾天之説也。周圍三百六十五度四分度之一者，將一度分爲四分，三百六十

---

1 蔡注，指宋蔡沈《書集傳》，以下内容出自《書集傳》卷一《堯典》。

2 左旋，順時針旋轉。

3 又，《書集傳》無，後解文亦無，據刪。

4 一歲月行之數運算如下：

$$12\times 29\frac{499}{940}=12\times 29+12\times\frac{499}{940}=348+\frac{5988}{940}=348+6\frac{348}{940}=354\frac{348}{940}$$

5 天周 360 度，日行一周 $365\frac{235}{940}$ 日，較天周多 $5\frac{235}{940}$ 日，稱作“氣盈”；一歲月行 $354\frac{348}{940}$ 日，較天周少 $5\frac{592}{940}$，稱作“朔虛”。氣盈、朔虛相併，即一歲閏率：

$$5\frac{235}{940}+5\frac{592}{940}=10\frac{827}{940}$$

三年閏積爲：

$$10\frac{827}{940}\times 3=\frac{30681}{940}=32\frac{601}{940}=29\frac{499}{940}+3\frac{102}{940}$$

滿一個月行週期，置一閏；五年閏積爲：

$$10\frac{827}{940}\times 5=\frac{51135}{940}=54\frac{375}{940}=29\frac{499}{940}+24\frac{816}{940}$$

（轉一三八五頁）

五度之外有四分之一也。天體渾之然，所以知有度數者，以經星二十八宿所定之也。統地左旋，常一日一周而過一度，而其月不及天十三度十九分度之七，其行就日而左日右行。曆之綱也。而其不及，從日而見者也。蓋天之旋運無停，無所準也，日躔天無不及無謂。其不及之數，惟以日為準，曩書述之，祖沖之顯為周而通，計百刻不滿，以之揆天，則知其每日之間過一度，以之揆月，則知月每日之間不及天十三度十九分度之七也。日法所見九百四十，蓋天體之零，日四分度之一，月不及天之零，日十九分度之七，而數多錯，以化法通之。以四乘十九，是七十六，以四乘七得二十八，是月不及天十三度七十六分度之二十八也。天之過日一度，是月之不及日十二度七十六分度之二十八也。置十二度，以七十六化之，得九百十二分，加入二十八分，除得九百四十，故以此為日法也。積之三百六十五日九百四十分日之二百三十五，而與其會。其曆家謂天左行，日月右行，以日月果右行，每日不及天度，漸差而西，日月漸差而東，故曰右行也。差之積，復歸於初，故與其天會。以其二百三十五，與九百四十分以四歸之，而得四分日之一也。以時計之為三，以刻計之為二十五。每日不及一度，歷三百六十五日，則不及三百六十五度，歷四分日之一，則不及四分度之一。如是，周而復始，故曰積三百六十五日九百四十分日之二百三十五，而與其會也。積之二十九日九百四十分日四百九十九，而與日會，計一周天三百六十五度，以化法七十六乘之，得二萬七千七百四十，又加四分度之一，全度為七十六，則四之一為十九，共得二萬七千七百五十九，分再以卻置十三度，以七十六乘之，得九百八十八，加入二十九分度

五度之外，又有四分中之一也。天體渾渾然，所以知有度數者，以經星二十八宿而定之也[1]。“繞地左旋，常一日一周而過一度”，與夫“月不及天十三度十九分度之七”者，皆就日而言。日爲作曆之綱，過與不及，從日而見者也。蓋天疾運無停，無所謂過；日麗天雖不及，亦無從知其不及之數。惟以日爲準，雖晝夜長短不同，而通計百刻不渝。以之揆天，則知天每日之間，過者一度；以之揆月，則知月每日之間，不及天者十三度十九分度之七也。日法所以九百四十者，蓋天體之零曰四分度之一，月不及天之零曰十九分度之七。兩數參錯，以化法通之，以四乘十九，得七十六；以四乘七，得二十八，是月不及天十三度七十六分度之二十八也。天過日一度，是月之不及日者十二度七十六分度之二十八也。置十二度，以七十六化之，得九百一十二分，加入二十八分，恰得九百四十，故以此爲日法也。“積三百六十五日九百四十分日之二百三十五而與天會”者，曆家謂天左行，日月右行，非日月果右行，每日不及天，漸差而西，日月漸差而東，故曰右行也。差之極，復歸於初，故與天會矣。二百三十五者，置九百四十分，以四歸之而得，即四分日之一也。以時計之爲三，以刻計之爲二十五。每日不及一度，歷三百六十五日，則不及三百六十五度矣。歷四分日之一，則又不及四分度之一矣。周而復始，故曰“積三百六十五日九百四十分日之二百三十五而與天會”也。“積二十九日九百四十分日之四百九十九而與日會”者，置周天三百六十五度，以化法七十六乘之，得二萬七千七百四十分，又加入四分度之一，全度爲七十六，則四之一爲一十九，共得二萬七千七百五十九分爲實。却置十三度，以七十六乘之，得九百八十八，加入十九分度

1 經，恒也，常也。經星與緯星相對，因相對位置固定不變，故名。即今之恆星。

（接一三八三頁）

不滿兩個月行週期，而置兩閏者，《周易 · 系辭上》“五歲再閏”王弼注云：“五歲再閏者二，故略舉其凡也。”孔穎達疏：“五歲再閏者，凡前閏後閏相去大略三十二月，在五歲之中，故五歲再閏。”十九年閏積爲：

$$10\frac{827}{940}\times 19=\frac{194313}{940}=206\frac{673}{940}=29\frac{499}{940}\times 7$$

恰滿七個月行週期，置七閏。古曆以十九年爲一章，《後漢書 · 律曆志下》：“月分成閏，閏七而盡，其歲十九，名之曰章。”

6 蓋天説，出《周髀算經》卷下。

7 渾天説，出張衡《渾天儀注》。《晉書 · 天文志上》引云：“天如雞子，地如雞中黄，孤居於天内，天大而地小。天表裏有水，天地各乘氣而立，載水而行。”

之七化法二十分以一千零一十二分爲法除實得二十七日一千一十六分日之三百二十七是月與天
會之數也日分及天一度法當減去七十六分以爲法以除二萬七千七百五十九得二十九
日九百四十分日之四百九十九而與日會也十二會得全日
三百四十八分置二十九日以十二乘之而得餘分之積五千九百八十八置四百九十九以十二乘之
而得置五千九百八十八以九百四十除之得日六以加三百四十八得三百五十四日三百四十八故
日三百五十四日九百四十分日之三百四十八也當有十二月月加三十日則三百六十者一歲之常數也日與
天會得多五日九百四十分日之二百三十五月與日會乃每月少九百四十分日之四百四
十一積少五日九百四十分日之五百九十二故十二月約以三百五十四日也其大小係合朔之遲早
而閏其有餘而消息之也五百九十二分[illegible]於三百六十日中月實少二百五十四又於一日
中少三百四十八分餘仍得五百九十二分也氣盈分者天之氣盈於三百六十五日之外也蓋天
積爲三百六十五度四分度之一天行氣盈爲四時一周之度而其差二十四氣者是也積周天
氣徧四時相和而差者由朔虛與日月相會十二次據計減於三百六十之兩邑十二次
如每月會於二月會戌以次漸移得十二辰也合氣盈朔虛而閏生焉據之一歲之
日比天氣多十日九百四十分日之八百二十七是爲閏率積至一月之數則置閏以追之也
十日其盈五日朔虛五日八百二十七以二百三十五加五百九十二而得也閏月統以八之加之每月其節
氣在前中氣在後而閏月無中氣故置閏一周年有節氣之月無也每歲此書以古之人全

之七，化法二十八分，得一千零一十六分爲法，除實得二十七日一千一十六分日之三百二十七，是月與天會之數也[1]。日不及天一度，法當減去七十六分，以九百四十分爲法，以除二萬七千七百五十九，得二十九日九百四十分日之四百九十九[2]，故曰“積二十九日九百四十分日之四百九十九而與日會”也。“十二會得全日三百四十八”者，置二十九日，以十二乘之而得。“餘分之積五千九百八十八”者，置四百九十九，以十二乘之而得。置五千九百八十八，以九百四十除之，得六日，以加入三百四十八，得三百五十四日，不盡三百四十八，故曰“三百五十四日［九百］四十分日之三百四十八[3]”也。歲有十二月，月有三十日，三百六十者，一歲之常數也。日與天會，係總多五日九百四十分日之二百三十五；月與日會，乃每月少九百四十分日之四百四十一，積少五日九百四十分日之五百九十二，故十二月約以六大六小也。其大小係合朔之遲早，皆因其自然而消息之也。“五百九十二”者，於三百六十日中，月實占三百五十四，又於一日中占三百四十八分，餘仍得五百九十二分也。“氣盈”者，天之氣溢於三百六十之外也。蓋天體爲三百六十五度四分度之一，天氣爲四時一匝，立春、雨水等二十四氣是也。體周而氣徧，兩者相配而不差者也。“朔虛”者，日月相合十二次，總計減於三百六十之内也。十二次如正月會亥，二月會戌，以次漸移，即十二辰也。“合氣盈朔虛而閏生”者，總之一歲之日，比天氣少十日九百四十分日之八百二十七，是爲閏率。積至一月之數，則置閏以追之也。“十日”者，盈五日，虛五日；“八百二十七”者，以二百三十五加五百九十二而得也。閏月非以人意加之，每月節氣在首，中氣在正，至閏月無中氣，故置閏一因乎天氣之自然也。每讀此書，嘆古聖人立

1 月與天會之數運算如下：

$$\frac{365\frac{1}{4}}{13\frac{7}{19}}=\frac{365\frac{1}{4}\times 76}{13\frac{7}{19}\times 76}=\frac{365\times 76+\frac{1}{4}\times 76}{13\times 76+\frac{7}{19}\times 76}=\frac{27740+19}{988+28}=\frac{27759}{1016}=27\frac{323}{1016}$$

2 月與日會之數運算如下：

$$\frac{365\frac{1}{4}}{12\frac{7}{19}}=\frac{365\frac{1}{4}\times 76}{12\frac{7}{19}\times 76}=\frac{365\times 76+\frac{1}{4}\times 76}{12\times 76+\frac{7}{19}\times 76}=\frac{27740+19}{912+28}=\frac{27759}{940}=29\frac{499}{940}$$

3 “四十分”前脱“九百”二字，據前引蔡注增。

言之甚明以朞為主曰朞三百有六旬有六日以閏月定四時成歲讀之今之言歲者
詳從而推之閏明而閏甚也三歲一閏三十二日九百四十分日之六百單一其每歲十日得三十日
每歲餘分八百二十七以三因之得二千四百八十一為實以九百四十分為法除之得二日不盡
六百單一也兩氣朔之多三十二日九百四十分日之六百單一閏一月止得二十九日九百四十分日
之四百九十九仍餘二日九百四十分日之一百單二其氣朔有餘兩朔不足也五歲再閏五十四
日九百四十分日之三百七十五所每歲十日得五十日每歲餘分八百二十七以五因之得四千一百三
十五為實以九百四十分為法除之得四日而長三百七十五也兩氣朔之多五十四日九百四十分日之
三百七十五兩閏卻指五十八日餘分四百九十九以二因之得九百九十八以九百四十分為法除之得
一日不盡五十八共得五十九日九百四十分日之五十八多卻四日九百四十分日之六百二十三是朔
反有餘而氣朔不足也自是遞推惟入又有十九歲七閏每歲十日得一百九十日以九百
四十分乘之得十七萬八千六百又置閏實餘分八百二十七以十九乘之得一萬五千七百一
十三加入十七萬八千六百共得十九萬四千三百一十三為實卻取每月二十九日以九百四十分乘之
得二萬七千二百六十加入餘分四百九十九共得二萬七千七百五十九為法除實恰得七天氣氣朔
朔兩相符合故曰氣朔分齊是為一章也
唐虞之以為最為精細所可易言儒先筆肆業此時恭相閱難輒以臆參
以為乃尋文剖義久而得之後見諸家之說乃暗合其日法九百四十之說分月分天

言之妙。以朞爲主，曰“朞三百有六旬有六日”；以閏爲要，曰“以閏月定四時成歲”。後之人千言萬語，終不如此簡明而周悉也。“三歲一閏，三十二日九百四十分日之六百單一”者，每歲十日，得三十日；每歲餘分八百二十七，以三因之，得二千四百八十一爲實，以九百四十分爲法除之，得二日，不盡六百單一也。天氣已多三十二日九百四十分日之六百單一，閏一月止得二十九日九百四十分日之四百九十九，仍餘三日九百四十分日之一百單二，是氣有餘而朔不足也。“五歲再閏，五十四日九百四十分日之三百七十五”者，每歲十日，得五十日；每歲餘分八百二十七，以五因之，得四千一百三十五爲實，以九百四十分爲法除之，得四日不盡三百七十五也。天氣止多五十四日九百四十分日之三百七十五，兩閏却有五十八日，餘分四百九十九，以二因之，得九百九十八，以九百四十分爲法除之，得一日不盡五十八，共得五十九日九百四十分日之五十八，多却四日九百四十分日之六百二十三，是朔反有餘而氣不足也。自是遞推，出入不齊，必至十有九歲，每歲十日，得一百九十日，以九百四十分乘之，得一十七萬八千六百分；又置閏率餘分八百二十七，以十九乘之，得一萬五千七百一十三。加入一十七萬八千六百，共一十九萬四千三百一十三爲實。却將每月二十九日，以九百四十乘之，得二萬七千二百六十，加入餘分四百九十九，共得二萬七千七百五十九爲法，除實，恰得七[1]。天氣與朔，兩相符會，故曰“氣朔分齊，是爲一章也”。

曆象之學，最爲精細，非可易言。緣兒輩肄業至此，舉相問難，輒茫然無以應。乃尋文剖義，久而得之。後見諸家之説，皆暗合。其日法九百四十之説，與月與天

1 十九年七閏運算過程如下：

$$\frac{10\frac{827}{940}\times 19}{29\frac{499}{940}}=\frac{\frac{10\times 19+\frac{827}{940}\times 19}{1}}{\frac{29\times 940+499}{940}}=\frac{190+\frac{15713}{940}}{\frac{27260+499}{940}}$$

$$=\frac{\frac{190\times 940+15713}{940}}{\frac{27759}{940}}=\frac{194313}{27759}=7$$

会〻数一閏再閏〻〻有餘而置之保未見一隔三隔當無誤輙錄而存之

會之數，一閏再閏有餘不足，俱未見一隅，三隅當無誤，輒錄而存之。

商功

第八篇

聲律

律與曆相表裏，詳究之不勝其煩，取其大略，若其精蘊，考其大全，當有專書焉

一 求黃鐘之實寸分釐毫絲數，以九為法

則黃鐘長九寸，其圍九分，積八百十分

答七百二十九分

法依立圓用法，圓三方四，置九分三歸四因之，得十二，平開之，得三分四釐六毫有奇，為

方圓之同徑，自乘得十二，為方積，以每寸九分，除一分乘之，得九百七十二，為方積，四歸三因

之，或七五乘，合問

解曰：古以白黍中者之廣，以為黃鐘九十分，乘十二分，得一千八十分，為實積，四分之三為容，一

十分可知也。蓋分法當用九，若用十分之寸，則圍以九分為寸，其積分之三，以十分為寸，其

豎分短，立方上下四旁以均，其為容，由以成數，則黃鐘之積，數可為七百二十九，若以百一

十之說云云，余以為十分為度，以三分之一為長，故辭而難求，九分為度，以數而易辨，施之

三分，損益極便極捷，以每十分，備作九分乘，當為通說，九分之說，從古已然乎

黃鐘法數

商功

第八篇

聲律[1]

律與曆相表裡，諸家紛紛，不勝其煩，取其大畧著於篇。若考其大全，亦當自爲一書耳。

一、求黃鍾之實，寸分厘毫絲數皆以九爲法[2]。

1.問：黃鍾長九寸，空圍九分[3]，積若干？

答：七百二十九分。

法：依古圓田法“圓三方四”，置九分，三歸四因之，得一十二。平開之，得三分四厘六毫不盡二八四[4]，爲方圓之同徑。徑自乘得十二，爲方積。以每寸九分八十一分乘之[5]，得九百七十二爲方積。四歸三因之，或七五乘，合問[6]。

解：邢士登曰：“蔡季通以爲管長九十分[7]，乘十二分，得一千八十分爲方積，四分之三爲八百一十分者[8]，非也。蓋分法當用九，若用十分之寸，則圍以九分爲寸，其橫分長；長以十分爲寸，其竪分短。立方上下、四旁皆均，若不齊，何以成數？則黃鍾之積，斷乎爲七百二十九，無八百一十之説”云云[9]。余以爲十分爲度，以三分之不可盡，故碎而難求。九分爲度，即整而易辨，施之三分損益，極便極捷。即本係十分，借作九分，未嘗不可。況九分之説，從古已然乎！

黃鍾法數[10]

---

1 本篇内容出邢雲路《古今律曆考》卷二十九至三十、蔡元定《律呂新書》卷上。

2 即：1 寸 = 9 分，1 分 = 9 厘，1 厘 = 9 毫，1 毫 = 9 絲。

3 空圍，指黃鐘律管内截面積。

4 蔡元定《律呂新書》卷上“律呂本原”云：“［一十二］以開方法除之，得三分四釐六毫强，爲實徑之數，不盡二毫八絲四忽。今求圓積之數，以徑三分四釐六毫自相乘，得十一分九釐七毫一絲六忽，加以開方不盡之數二毫八絲四忽，得一十二分。”據此可知，“不盡二八四”爲開方不盡之數，即十二分内減二毫八絲四忽，得十一分九厘七毫一絲六忽，開方得三分四釐六毫，還原爲：$3.46^2+0.0284=11.9716+0.0284=12$。

5 黃鐘長九寸，每寸九分，得長九九八十一分。

6 黃鍾空圍 9 分，即律管内截面積爲 9 平方分，求得外接正方面積爲 12 平方分；律管長 9 寸，即 81 分，則方管容積爲：$12\times81=972$ 立方分。三因四歸，求得圓形律管容積爲：$927\times\frac{3}{4}=729$ 立方分。實際上，律管容積可直接由空圍乘以管長得出，即：$9\times81=729$ 立方分。

7 蔡季通，即蔡元定，季通其字也，學者稱西山先生。南宋建陽人。著名理學家，著有《律呂新書》二卷。

8 此以十分爲一寸，則黃鐘管長 9 寸，即 90 分。求得黃鍾律管容積爲：$9\times90=810$ 立方分。

9 邢士登，即邢雲路，字士登。明安肅（今河北徐水）人。著《古今律曆考》七十二卷。該書第二十九至三十三卷“律呂”部分，係評註《律呂新書》。其中卷二十九、三十對應《律呂新書》上卷；卷三十一至三十三對應《律呂新書》下卷。以上所引，出《古今律曆考》卷二十九“律呂 · 黃鐘”。引文與原書文字多有出入。

10《律呂新書》卷一、《古今律曆考》卷二十九作“黃鐘之實”。

子一　三其子
丑三　三其丑
寅九　三其寅
卯二十七　三其卯
辰八十一　三其辰
巳二百四十三　三其巳
午七百二十九　三其午
未二千一百八十七　三其未
申六千五百六十一　三其申
酉一萬九千六百八十三　三其酉
戌五萬九千零四十九　三其戌
亥一十七萬七千一百四十七

為絲法　以三除全實得絲數以戌實五萬九千零四十九
為寸數　以寸計全實有此數以酉實一萬九千六百八十三除之而得
為毫法　以二十七除全實得毫數以申實六千五百六十一
為分數　以分計之全實有此數以未實二千一百八十七除之而得
為釐法　以二百四十三除全實得釐數以午實七百二十九
為釐數　以釐計之全實有此數以巳實二百四十三除之而得
為分法　以二千一百八十七除全實得分數以辰實八十一
為毫數　以毫計之全實有此數以卯實二十七除之而得
為寸法　以一萬九千六百八十三除全實得寸數以寅實九
為絲數　以絲計之全實有此數以丑實三除之而得
全實

一前黃鐘生十一律置一歷十二辰遞三之至亥得一十七萬七千一百四十七為黃鐘之實以陽辰為寸分釐毫絲之數以陰辰為寸分釐毫絲之法黃鐘子大呂丑太簇寅夾鐘卯姑洗辰仲呂巳蕤賓午林鐘未夷則申南呂酉無射戌應鐘亥隔八位相生以三分為損益陽生陰為下生倍其實三其法陰生陽為上生四其實三其法蕤

子一		
丑三三其子	爲絲法	以三除全實，得絲數，如戌實五萬九千零四十九。
寅九三其丑	爲寸數	以寸計，全實有此數，以酉實一萬九千六百八十三除之而得。
卯二十七三其寅	爲毫法	以二十七除全實，得毫數，如申實六千五百六十一。
辰八十一三其卯	爲分數	以分計之，全實有此數，以未實二千一百八十七除之而得。
巳二百四十三三其辰	爲厘法	以二百四十三除全實，得厘數，如午實七百二十九。
午七百二十九三其巳	爲厘數	以厘計之，全實有此數，以巳實二百四十三除之而得。
未二千一百八十七三其午	爲分法	以二千一百八十七除全實，得分數，如辰實八十一。
申六千五百六十一三其未	爲毫數	以毫計之，全實有此數，以卯實二十七除之而得。
酉一萬九千六百八十三三其申	爲寸法	以一萬九千六百八十三除全實，得寸數，如寅實九。
戌五萬九千零四十九三其酉	爲絲數	以絲計之，全實有此數，以丑實三除之而得。
亥一十七萬七千一百四十七三其戌	全實	

一、求黃鍾生十一律，置一，歷十二辰，遞三登之，至亥得一十七萬七千一百四十七，爲黃鍾之實[1]。六陽辰，爲寸分厘毫絲之數；六陰辰，爲寸分厘毫絲之法[2]。黃鍾子，大呂丑，太簇寅，夾鍾卯，姑洗辰，仲呂巳，蕤賓午，林鍾未，夷則申，南呂酉，無射戌，應鍾亥。隔八位相生，以三分爲損益[3]。陽生陰爲下生，倍其實，三其法；陰生陽爲上生，四其實，三其法。蕤

1《淮南子·天文訓》云："律之數六，分爲雌雄，故曰十二鐘，以副十二月。十二各以三成，故置一而十一三之，爲積分十七萬七千一百四十七，黃鐘大數立焉。"按："置一而十一三之"，即置一，用三乘十一次：

$$3^{11}=177147$$

與此文"置一，歷十二辰，遞三登之"同。又見《漢書·律曆志上》："行於十二辰，始動於子。參之於丑，得三。又參之於寅，得九。又參之於卯，得二十七。又參之於辰，得八十一。又參之於巳，得二百四十三。又參之於午，得七百二十九。又參之於未，得二千一百八十七。又參之於申，得六千五百六十一。又參之於酉，得萬九千六百八十三。又參之於戌，得五萬九千四十九。又參之於亥，得十七萬七千一百四十七。"參即三。參之，即以三乘。

2 六陽辰，子、寅、辰、午、申、戌；六陰辰，丑、卯、巳、未、酉、亥。

3 三分損益，三分加一分，爲三分益一，即以三分之四乘，術文"四其實，三其法"是也；三分減一分，爲三分損一，即以三分之二乘，術文"倍其實，三其法"是也。

宮以陰陽反下生陽反上生以各律係以其分度遞減之法[illegible]

十二律隔八相生圖

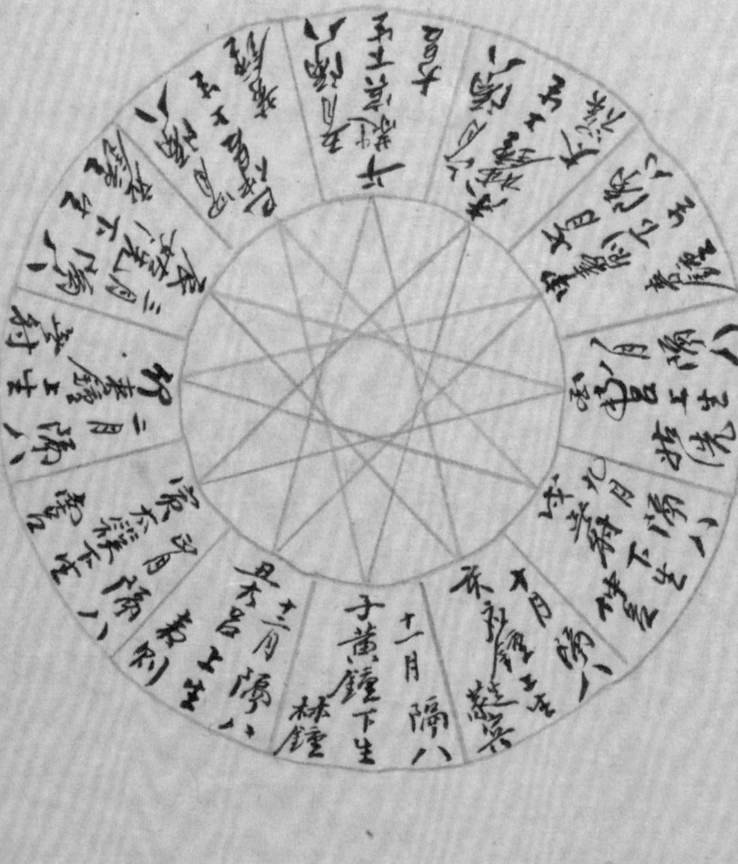

賓以後，陰反下生，陽反上生[1]。得各實，俱以寸分厘毫絲之法而約之[2]。

十二律隔八相生圖

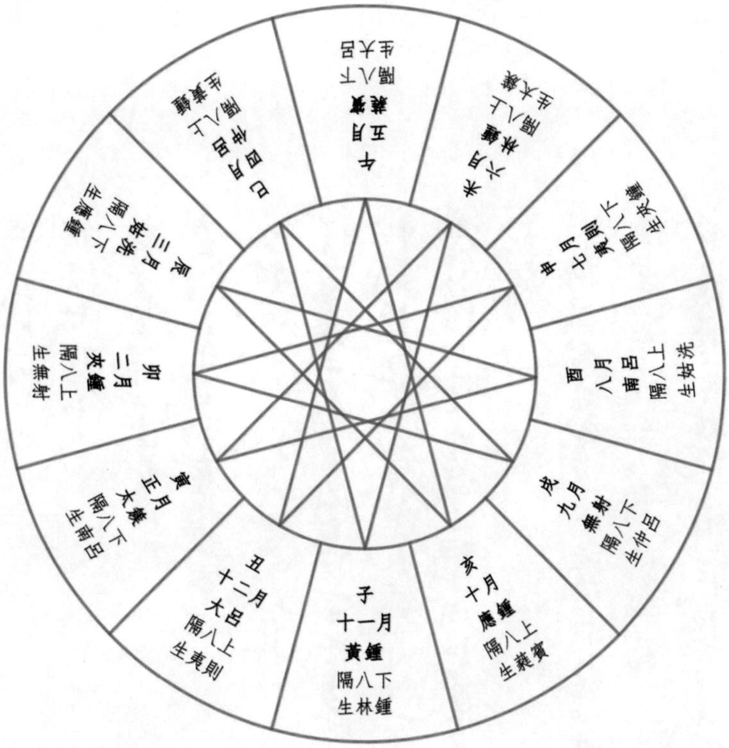

1《淮南子 · 天文訓》云："黃鐘爲宮，……其數八十一，主十一月，下生林鐘。林鐘之數五十四，主六月，上生太蔟。太蔟之數七十二，主正月，下生南呂。南呂之數四十八，主八月，上生姑洗。姑洗之數六十四，主三月，下生應鐘。應鐘之數四十二，主十月，上生蕤賓。蕤賓之數五十七，主五月，上生大呂。大呂之數七十六，主十二月，下生夷則。夷則之數五十一，主七月，上生夾鐘。夾鐘之數六十八，主二月，下生無射。無射之數四十五，主九月，上生仲呂。仲呂之數六十，主四月，極不生。"《漢書 · 律曆志》"蕤賓"以後，損益與《淮南子》相反。此處本《淮南子》。

2 寸分厘毫絲之法，詳前"黃鍾法數"。寸法爲 19683，分法爲 2187，厘法爲 243，毫法爲 27，絲法爲 3。由黃鍾之實 177147，三分損益，遞求其餘十一律之實。求得各律之實，以分法約之，約之不盡，餘數以厘法約之，不盡，依次以毫法、絲法約之。所得之數，即各律律管之長。

問黃鍾九寸生十一律三分損益隔八相生其各律若干

答黃鍾九寸　林鍾六寸

太簇八寸　南呂五寸三分

姑洗七寸一分　應鍾四寸六分六釐

蕤賓六寸二分八釐　大呂八寸三分七釐六毫

夷則五寸五分五釐一毫　夾鍾七寸四分三釐七毫三絲

無射四寸八分八釐四毫八絲　仲呂六寸五分八釐三毫四絲又三分之二算

法以一爲十二辰以三因之得一十七萬七千一百四十七爲黃鍾之實隔八下生林鍾三

歸二因得一十一萬八千零九十八以寸法一萬九千六百八十三約之得六寸

林鍾隔八上生太簇三歸四因得一十五萬七千四百六十四以寸法一萬九千六百八十三約之

得八寸

太簇隔八下生南呂三歸二因得一十萬零四千九百七十六以寸法約之得五寸餘實六千五

百六十一以分法二千一百八十七約之得三分

南呂隔八上生姑洗三歸四因得一十三萬九千九百六十八以寸法約之得七寸餘二千一百八十七

恰分法爲一分

姑洗隔八下生應鍾三歸二因得九萬三千三百一十二以寸法約之得四寸餘一萬四千

1.問：黃鍾九寸生十一律，三分損益，隔八相生，其各律若干？

答：黃鍾九寸；林鍾六寸；

太簇八寸；南呂五寸三分；

姑洗七寸一分；應鍾四寸六分六厘；

蕤賓六寸二分八厘；大呂八寸三分七厘六毫；

夷則五寸五分五厘一毫；夾鍾七寸四分三厘七毫三絲；

無射四寸八分八厘四毫八絲；仲呂六寸五分八厘三毫四絲不盡二筭。

法：從一歷十二辰，以三因之，得一十七萬七千一百四十七，爲黃鍾之實。隔八下生林鍾，三歸二因，得一十一萬八千零九十八。以寸法一萬九千六百八十三約之，得六寸[1]。

林鍾隔八上生太簇，三歸四因，得一十五萬七千四百六十四。以寸法一萬九千六百八十三約之，得八寸。

太簇隔八下生南呂，三歸二因，得一十萬零四千九百七十六。以寸法約之，得五寸，餘實六千五百六十一；以分法二千一百八十七約之，得三分[2]。

南呂隔八上生姑洗，三歸四因，得一十三萬九千九百六十八。以寸法約之，得七寸，餘二千一百八十七，於分法爲一分。

姑洗隔八下生應鍾，三歸二因，得九萬三千三百一十二。以寸法約之，得四寸，餘一萬四千

---

1 黃鍾三分損一，下生林鍾，求得林鍾實爲：

$$黃鍾實\times\frac{2}{3}=177147\times\frac{2}{3}=118098$$

以寸法 19683 約之：

$$118098=19683\times6$$

得林鍾管長爲 6 寸。

2 太簇三分損一，下生南呂，求得南呂實爲：

$$太簇實\times\frac{2}{3}=157464\times\frac{2}{3}=104976$$

以寸法 19683 約之：

$$104976=19683\times5+6561$$

得 5 寸，餘數以分法 2187 約之：

$$6561=2187\times3$$

得南呂管長爲 5 寸 3 分。以下依法可推。

五百八十以分法約之得七分餘一千四百五十八以釐法二百四十三約之得六釐
應鐘隔八上生蕤賓三歸四因得一千二萬四千四百一十六以寸法約之得八寸餘六千三百
一十八以分法約之得三分餘一千九百四十四以釐法約之得八釐
蕤賓隔八應下生反上生大呂三歸四因得二千六萬五千六百八十八以寸法約之得八寸
餘八千四百二十四以分法約之得三分餘一千八百六十三以釐法約之得七釐餘一百二十二以毫
法約之得六毫
大呂隔八下生夷則三歸二因得一千七百萬零五百九十二以寸法約之得五寸餘一萬二千
一百七十七以分法約之得五分餘一千二百四十二以釐法約之得五釐餘二十七於毫法
為一毫
夷則隔八上生夾鐘四因三歸得一千四百零七萬四百五十八以寸法約之得七寸餘九千六百
七十五以分法約之得四分餘九百二十七以釐法約之得三釐餘一百九十八以毫法約之得八毫
餘九以絲法約之得三絲
夾鐘隔八下生無射三歸二因得九萬八千三百零四以寸法約之得四寸餘一萬九千五百七
十二以分法約之得八分餘二千零七十六以釐法約之得八釐餘一百三十二以毫法約之得四毫
餘二十四以絲法約之得八絲
無射隔八上生仲呂三歸四因得一千三百一十萬七千零七十二以寸法約之得六寸餘一萬二

五百八十；以分法約之，得六分，餘一千四百五十八；以釐法二百四十三約之，得六厘。

應鍾隔八上生蕤賓，三歸四因，得一十二萬四千四百一十六。以寸法約之，得六寸，餘六千三百一十八；以分法約之，得二分，餘一千九百四十四；以厘法約之，得八厘。

蕤賓隔八應下生，反上生大吕，三歸四因，得一十六萬五千八百八十八。以寸法約之，得八寸，餘八千四百二十四；以分法約之，得三分，餘一千八百六十三；以厘法約之，得七厘，餘一百六十二；以毫法約之，得六毫。

大吕隔八下生夷則，三歸二因，得一十一萬零五百九十二。以寸法約之，得五寸，餘一萬二千一百七十七；以分法約之，得五分，餘一千二百四十二；以厘法約之，得五厘，餘二十七，於毫法爲一毫。

夷則隔八上生夾鍾，四因三歸，得一十四萬七千四百五十六。以寸法約之，得七寸，餘九千六百七十五；以分法約之，得四分，餘九百二十七；以厘法約之，得三厘，餘一百九十八；以毫法約之，得七毫，餘九；以絲法三約之，得三絲。

夾鍾隔八下生無射，三歸二因，得九萬八千三百零四。以寸法約之，得四寸，餘一萬九千五百七十二；以分法約之，得八分，餘二千零七十六；以厘法約之，得八厘，餘一百三十二；以毫法約之，得四毫，餘二十四；以絲法約之，得八絲。

無射隔八上生仲吕，三歸四因，得一十三萬一千零七十二。以寸法約之，得六寸，餘一萬二

千九百七十四以分法約之得五分餘二千零三十九以厘法約之得八厘餘九十五以毫法約之得三毫餘一千四百以絲法約之得四絲不盡二算

解　所以應十二辰爲法者蓋以三爲法除積數至不盡故三三之又三三之以至於十二度得黃鐘之細之數然後便於分析也所以五寸分厘毫絲之數者黃鐘之數至子得九爲分十八十二爲厘廿七爲二千九爲毫廿六千五百六十一爲絲廿五萬九千零四十九故神之數所以五寸分厘毫絲之法廿黃鐘之實一十七萬七千一百四十七以一萬九千六百八十三爲法除之而得寸以二千一百八十七爲法除之而得分以二百四十三爲法除之而得厘以二十七爲法除之而得毫以三爲法除之而得絲故神之法其寸分厘毫絲之法必用九而用十也

陽以下生倍其實而損陰以上生四其實而益蕤賓以後陽反四上生益而陰反陽倍下生損四也蓋從子至亥黃鐘太簇姑洗陽之陽也林鐘南呂應鐘陰之陰也陽生陰退故律生呂言下生呂生律言上生蕤賓夷則無射陰之陽也大呂夾鐘仲呂陽之陰也陰升陽退故律生呂言上生呂生律言下生

十二律之實約以寸法則黃鐘林鐘太簇得全寸約以分法則南呂姑洗得全分約以厘法則應鐘蕤賓得全厘約以毫法則大呂夷則得全毫約以絲法則夾鐘無射得全絲而仲呂之實不盡二算

十二辰之數不過倍此而加倍之法耳然其本實以黃鐘爲本而五之數其具定法

千九百七十四；以分法約之，得五分，餘二千零三十九；以厘法約之，得八厘，餘九十五；以毫法約之，得三毫，餘一十四；以絲法約之，得四絲，不盡二筭。

解：所以歷十二辰爲法者，蓋以三爲法，除整數多不盡，故三之又三之，以至十二度，得其最細之數，然後便於分析也。所以云寸分厘毫絲之數者，黄鍾之數爲寸者九，爲分者八十一，爲厘者七百二十九，爲毫者六千五百六十一，爲絲者五萬九千零四十九，故謂之數。所以云寸分厘毫絲之法者，黄鍾之實一十七萬七千一百四十七，以一萬九千六百八十三爲法除之而得寸，以二千一百八十七爲法除之而得分，以二百四十三爲法除之而得厘，以二十七爲法除之而得毫，以三爲法除之而得絲，故謂之法。其寸分厘毫絲之法，皆用九，不用十也。

陽皆下生，倍其實而損；陰皆上生，四其實而益。蕤賓以後，陽反四上生益，而陰反倍下生損，何也？蓋從子至亥，黄鍾、太簇、姑洗，陽之陽也；林鍾、南吕、應鍾，陰之陰也。陽生陰退，故律生吕，言下生；吕生律，言上生。蕤賓、夷則、無射，陰之陽也；大吕、夾鍾、仲吕，陽之陰也。陰升陽退，故律生吕，言上生；吕生律，言下生。

十二律之實，約以寸法，則黄鍾、林鍾、太簇得全寸；約以分法，則南吕、姑洗得全分；約以厘法，則應鍾、蕤賓得全厘；約以毫法，則大吕、夷則得全毫；約以絲法，則夾鍾、無射得全絲。至仲吕之實，不盡二筭。

十二辰之數，不過借此爲加倍之法耳。至其本屬，如黄鍾子、大吕丑之類，自是定法，

於倍法無變得也有而陽得算信陰居其衡之說詳見全部今無敢焉

一求應律仲呂之實一十三萬一千零七十二以三分之兩兵二算復上生黃鍾無置一而三之
再三之再三之共六轉得七百二十九為通法以乘仲呂之實為實如用三分損益之法以七
百二十九通分法一萬九千六百八十三得一千四百三十四萬八千九百零七為寸法遞以
九歸之為分為釐為毫為絲為忽為初為秒惟應鍾而止則逐律數何以七百
二十九歸之

如仲呂上生黃鍾之後下生林鍾之後上生太簇之後下生南呂之後上生姑洗之後下
生應鍾無數焉

若黃鍾八寸七分八釐一毫六絲二忽
林鍾五寸八分二釐四毫一絲七忽三初
太簇七寸八分零二毫四絲四忽七初
南呂五寸二分三釐一毫六絲零一初六秒
姑洗七寸零一釐二毫二絲零二初二秒

法以仲呂上生黃鍾置仲呂之實以七百二十九乘之得九千五百五十五萬一千四百八十
八三歸四因得一萬二千七百四十萬一千九百八十四以七百二十九通分法一萬九千
六百八十三得一千四百三十四萬八千九百零七為寸法除之得八寸餘一千二百六十一萬

於倍法無交涉也。有爲陽得本位，陰居其衡之説[1]，詳見全書，今無取焉。

一、求變律[2]，仲吕之實一十三萬一千零七十二，以三分之，不盡二筭。復上生黄鍾者，置一而三之，再三之，至六轉得七百二十九，爲通法[3]，以乘仲吕之實爲實。然後用三分損益之法，以七百二十九通寸法一萬九千六百八十三，得一千四百三十四萬八千九百零七，爲寸法。遞以九歸之，爲分，爲厘，爲毫，爲絲，爲忽，爲初，爲秒[4]。推至應鍾而止。欲返原數，仍以七百二十九歸之。

1.問：仲吕上生黄鍾，黄鍾復下生林鍾，林鍾復上生太簇，太簇復下生南吕，南吕復上生姑洗，姑洗復下生應鍾，各數若干？

答：黄鍾八寸七分八厘一毫六絲二忽；

林鍾五寸八分二厘四毫一絲一忽三初；

太簇七寸八分零二毫四絲四忽七初；

南吕五寸二分三厘一毫六絲零一初六秒；

姑洗七寸零一厘二毫二絲零二初二秒。

法：仲吕隔八上生黄鍾，置仲吕之實，以七百二十九乘之，得九千五百五十五萬一千四百八十八，三歸四因，得一萬二千七百四十萬零一千九百八十四。以七百二十九通寸法一萬九千六百八十三，得一千四百三十四萬八千九百零七爲寸法，除之得八寸，餘一千二百六十一萬

1《古今律曆考》卷二十九："黄鍾生十一律，子、寅、辰、午、申、戌六陽辰，皆下生；丑、卯、巳、未、酉、亥六陰辰，皆上生。其上以三歷十二辰者，皆黄鍾之全數。其下陰數以倍者，倍其實三分本律而損其一也；陽數以四者，四其實三分本律而益其一也。六陽辰當位自得，六陰辰則居其衡。"原出《律吕新書》卷一"黄鍾生十一律"。

2 變律，與正律相對而言。依據三分損益之法，仲吕之後産生的各律，稱作變律。

3 變律有六，故以 $3^6=729$ 爲通法，去乘仲吕之實與正律寸、分諸法，以保證求得的變律諸實皆爲整數。

4 以 729 乘正律寸法 19683，得變律寸法爲：$729\times19683=14348907$。遞以 9 除，得變律分秒各法依次爲：

$$分法=\frac{14348907}{9}=1594323$$

$$厘法=\frac{1594323}{9}=177147$$

$$毫法=\frac{177147}{9}=19683$$

$$絲法=\frac{19683}{9}=2187$$

$$忽法=\frac{2187}{9}=243$$

$$初法=\frac{243}{9}=27$$

$$秒法=\frac{27}{9}=3$$

變律分、厘、毫、絲法，亦可由正律分法 2187、厘法 243、毫法 27、絲法 3 乘以 729 而得。

零七百二十八以九歸寸法得七百五十九萬四千三百二十三為分法除之得七分餘一百四

十五萬零四百六十七以九歸分法得八十四萬三千七百一十四為釐法除之得八釐餘三

萬三千二百九十一以九歸釐法得九萬三千七百一十二為毫法除之得一毫餘一萬三

千六百零八以九歸毫法得一萬零四百一十三為絲法除之得一絲餘三千一百九十五以九歸絲法得一千一百

五十七為忽法除之得二忽

黃鐘隔八下生林鐘三歸二因得八千四百九十三萬四千六百五十六以寸法約之得五寸餘一

千三百一十九萬零一百二十一以分法約之得八分餘四千三百萬五千五百三十七以釐法約之

得八釐餘八萬一千二百四十三以毫法約之得四毫餘二千五百一十一以絲法約之得一絲餘

三百二十四以忽法二百四十三約之得一忽餘八十一九歸忽法得二十七為初法約之得三初

林鐘隔八上生太簇三歸四因得一萬一千三百二十四萬八千二百零八以寸法約之得七

寸餘一千三百八十萬零三千八百五十九以分法約之得八分餘四萬九千二百七十五以釐法

約之為滿法以毫法約之得一毫餘九千九百零九以絲法約之得四絲餘一千一百六十一以

忽法約之得四忽餘一百六十九以初法約之得七初

太簇隔八下生南呂三歸二因得七千五百四十九萬七千四百七十二以寸法約之得五寸餘

三百七十五萬二千九百三十七以分法約之得二分餘五十六萬四千二百九十一以釐法約之

得二釐餘三萬二千八百五十四以毫法約之得一毫餘一萬三千一百六十七以絲法約之得六

零七百二十八。以九歸寸法，得一百五十九萬四千三百二十三爲分法，除之得七分，餘一百四十五萬零四百六十七。以九歸分法，得一十七萬七千一百四十七爲厘法，除之得八厘，餘三萬三千二百九十一。以九歸厘法，得一萬九千六百八十三爲毫法，除之得一毫，餘一萬三千六百零八。以九歸毫法，得二千一百八十七爲絲法，除之得六絲，餘四百八十六。以九歸絲法，得二百（一）［四］十三爲忽法，除之得二忽[1]。

黃鍾隔八下生林鍾，三歸二因，得八千四百九十三萬四千六百五十六。以寸法約之，得五寸，餘一千三百一十九萬零一百二十一。以分法約之，得八分，餘四十三萬五千五百三十七。以厘法約之，得二厘，餘八萬一千二百四十三。以毫法約之，得四毫，餘二千五百一十一。以絲法約之，得一絲，餘三百二十四。以忽法二百四十三約之，得一忽，餘八十一。九歸忽法，得二十七爲初法，約之得三初。

林鍾隔八上生太簇，三歸四因，得一萬一千三百二十四萬六千二百零八。以寸法約之，得七寸，餘一千（三）［二］百八十萬零三千八百五十九[2]。以分法約之，得八分，餘四萬九千二百七十五。以厘法約之，不滿法；以毫法約之，得二毫，餘九千九百零九。以絲法約之，得四絲，餘一千一百六十一。以忽法約之，得四忽，餘一百八十九。以初法約之，得七初。

太簇隔八下生南呂，三歸二因，得七千五百四十九萬七千四百七十二。以寸法約之，得五寸，餘三百七十五萬二千九百三十七。以分法約之，得二分，餘五十六萬四千二百九十一。以厘法約之，得三厘，餘三萬二千八百五十。以毫法約之，得一毫，餘一萬三千一百六十七。以絲法約之，得六

1 仲呂三分益一，上生黃鍾，求得黃鍾實爲：

$$仲呂實\times 729\times \frac{4}{3}=131072\times 729\times \frac{4}{3}=127401984$$

以變律寸法 14348907 約之：

$$127401984=14348907\times 8+12610728$$

得 8 寸，餘數以變律分法 1594323 約之：

$$12610728=1594323\times 7+1450467$$

得 7 分，餘數以變律厘法 177147 約之：

$$1450467=177147\times 8+33291$$

得 8 厘，餘數以變律毫法 19683 約之：

$$33291=19683\times 1+13608$$

得 1 毫，餘數以變律絲法 2187 約之：

$$13608=2187\times 6+486$$

得 6 絲，餘數以變律忽法 243 約之：

$$486=243\times 2$$

得 2 忽。綜上，求得黃鍾管長爲 8 寸 7 分 8 厘 1 毫 6 絲 2 忽。以下解法同。

2 按：$太簇實-7\times 寸法=113246208-7\times 14348907=12803859$，原文“三百”，“三”當作“二”，據演算改。

然餘四千五以忽法約之爲滿數以初法約之得一初餘一十八置初法九歸之得二爲秒法
約之得二秒
南呂律全生姑洗三歸四因得一萬零六千六萬三千二百九十八以分法約之得七分
餘二千二萬零九百四千七以釐法約之爲滿法以毫法約之得一釐餘四萬三千八以
毫法約之得二毫餘四千四百二十四以絲法約之得五絲餘六千以忽法約之爲滿法以
初法約之得二初餘六以秒法約之得二秒
姑洗律全生應鐘三歸二因得六千七百二千萬零八千八百六千四以分法約之得四分
餘九百六十二萬三千二百三十六以分法約之得一分餘一十四萬七千二百九十八以釐法
約之爲滿法以毫法約之得七毫餘九千五百一十七以絲法約之得四絲餘七百六十九以忽
法約之得三忽餘四千以初法約之得一初餘一十三以秒法約之得四秒不盡一算
蕤賓律法約之置本數以七百二十九歸之黃鐘一萬二千七百四千六萬零一千九百八千四
歸得十七萬四千七百六十二不盡八分之四百八千六
林鐘八千零百九十三萬四千六百五千六八歸得十一萬六千五百八不盡八分之三百二千四
太簇一萬一千三百二十四萬六千二百零八歸得十五萬五千三百四十四不盡八分之四百三十三
南呂七千五百四千九萬七千四百七千二歸得十六萬三千五百六千三不盡八分之四千五
姑洗一萬零六十六萬三千二百九十八歸得十三萬八千零八十四不盡八分之六千

絲，餘四十五。以忽法約之，不滿數；以初法約之，得一初，餘一十八。置初法九歸之，得三爲秒法，約之得六秒。

南呂隔八上生姑洗，三歸四因，得一萬零零六十六萬三千二百九十六。以寸法約之，得七寸，餘二十二萬零九百四十七。以分法約之，不滿法；以厘法約之，得一厘，餘四萬三千八百。以毫法約之，得二毫，餘四千四百三十四。以絲法約之，得二絲，餘六十。以忽法約之，不滿法；以初法約之，得二初，餘六。以秒法約之，得二秒。

姑洗隔八下生應鍾，三歸二因，得六千七百一十萬零八千八百六十四。以寸法約之，得四寸，餘九百七十一萬三千二百三十六。以分法約之，得六分，餘一十四萬七千二百九十八。以厘法約之，不滿法；以毫法約之，得七毫，餘九千五百一十七。以絲法約之，得四絲，餘七百六十九。以忽法約之，得三忽，餘四十。以初法約之，得一初，餘一十三。以秒法約之，得四秒，不盡一筭。

若以正律法約之，置各數，以七百二十九歸之。黃鍾一萬二千七百四十萬零一千九百八十四，歸得十七萬四千七百六十二，不盡小分四百八十六 。

林鍾八千四百九十三萬四千六百五十六，歸得十一萬六千五百八，不盡小分三百二十四。

太簇一萬一千三百二十四萬六千二百零八，歸得十五萬五千三百四十四，不盡小分四百三十二。

南呂七千五百四十九萬七千四百七十二，歸得十萬三千五百六十三，不盡小分四十五。

姑洗一萬零零六十六萬三千二百九十六，歸得十三萬八千零八十四，不盡小分六十。

---

1 即：

$$\frac{127401984}{729}=174762\frac{486}{729}$$

小分即除不盡之餘數。

應鐘六千七百一十二萬零八千八百六十四萬八千九百二十萬零五千八百六十分四厘

解　所以有變律者，十二律各自為宮，以生徵商羽角及變宮變徵共七聲。如黃鐘、林鐘、太簇、南呂、姑洗、應鐘六律，則循序是。黃鐘為宮，則林鐘為徵，太簇為商，南呂為羽，姑洗為角，應鐘為變宮，蕤賓為變徵。林鐘為宮，則太簇為徵，南呂為商，姑洗為羽，應鐘為角，蕤賓為變宮，大呂為變徵。十二律中之循序是五聲二變，各得其正。若大呂、蕤賓為宮，夷則、夾鐘、無射、仲呂六律，則以黃鐘、林鐘、太簇、南呂、姑洗、應鐘六律之聲少下不和，故有變律。變律之其聲近正而少高於正律。其他五聲下短，其聲高上，上律長下，下律短，以上役下，或以下役上，則適而和。所不得變，惟以下律役上律，故須變而使短，無從下役上，下律適也。相生之法至仲呂而窮，故更細分之以為法，無從而求也。再生之黃鐘不及九寸之數，其下五律亦各於正聲為減少數之所以然也。

一　求正聲者，以宮為八千一百，三分損益所生四聲。

問　宮數八千一百，其生四聲各若干？

答　商七千二　角六千四　徵五千四　羽四千八

法　置宮八千一百，二因三歸之，得五千四，為徵；置徵五千四，四因三歸之，得七千二，為商；置商七千二，二因三歸之，得四千八，為羽；置羽四千八，四因三歸之，得六千四，為角。合問。

應鍾六千七百一十萬零八千八百六十四，歸得九萬二千零五十六，不盡小分四十。

解：所以有變律者，十二律各自爲宫，以生徵、商、羽、角及變宫、變徵，共七聲。如黄鍾、林鍾、太簇、南吕、姑洗、應鍾六律，則能具足。黄鍾爲宫，則林鍾爲徵，太簇爲商，南吕爲羽，姑洗爲角，應鍾爲變宫，蕤賓爲變徵；林鍾爲宫，則太簇爲徵，南吕爲商，姑洗爲羽，應鍾爲角，蕤賓爲變宫，大吕爲變徵。十二律中，自能具足五聲二變，各得其正矣。至蕤賓、大吕、夷則、夾鍾、無射、仲吕六律，則取黄鍾、林鍾、太簇、南吕、姑洗、應鍾六律之聲。少下不和，故有變律。變律者，其聲近正而少高於正律者也。蓋長者聲下，短者聲高。上六律長，下六律短，以上役下，或以下役下，則通而和，皆不必變；惟以下律役上律，故須變而使短，然後與下律通也。相生之法，至仲吕而窮，故更細分之以爲法，然後可求也。再生之黄鍾，不及九寸之舊，其下五律亦各於舊爲減，皆數之自然也。

一、求正聲者，以宫爲八十一，用三分損益，以生四聲。

1.問：宫數八十一，其生四聲各若干？

答：商七十二；　　角六十四；
徵五十四；　　羽四十八。

法：置宫八十一，二因三歸之，得五十四爲徵。置徵五十四，四因三歸之，得七十二爲商。置商七十二，二因三歸之，得四十八爲羽。置羽四十八，四因三歸之，得六十四爲角。合問。

一求六宮之氣共角六千四百八十之算以法通之置一而三之再三之得九以乘角數滿度以用三分

損益之法

問角數六千四百生六宮六宮六徵各幾何

答六宮四千三百二十各九之六　六徵五千七百六十各九之八

法置一而三之再三之得九以乘角數六千四百得五萬八千三百二十以二因三歸得三萬八千八百八十以九歸之得六宮

餘六徵用置三萬八千八百以因三歸得五萬一千八十以九歸之得六徵餘八分用合問

解周語景王問於伶州鳩曰七律者何韋昭注曰周有七音黃鐘為宮太簇

為商姑洗為角林鐘為徵南呂為羽應鐘為變宮蕤賓為變徵然則五氣

二變始於此矣蓋五氣宮與商商與角徵與羽相去各一律角與變徵羽與變宮

相去乃二律若黃鐘為宮則相去一律而太簇為商之相去一律而姑洗為角之

相去二律姑洗林鐘之徵之相去一律而南呂為羽南呂之羽距黃鐘之宮又相

去二律是以相去一律則音節和相去二律則音節遠故角徵之間近徵收一聲

此徵少下謂之變徵羽宮之間近宮收一聲少高於宮謂之變宮也

以上惟明黃鐘之實正律呂律正氣六氣五條其用全周半旋宮任西

氣六十調及律呂乘除之說另存全書

黃鐘生度量衡

一、求變聲者，角六十四不盡二筭，以法通之，置一而三之，再三之，得九，以乘角實，然後用三分損益之法。

1.問：角數六十四，生變宫、變徵各若干？

答：變宫四十二，不盡九之六；

變徵五十六，不盡九之八。

法：置一而三之，再三之，得九。以乘角六十四，得五百七十六。二因三歸，得三百八十四，以九歸之，得變宫，餘六不用。置三百八十四，四因三歸，得五百一十二，以九歸之，得變徵，餘八不用。合問。

解：《國語》周景王問於泠州鳩曰[1]：“七律者何？”韋昭注曰：“周有七音，黄鍾爲宫，太簇爲商，姑洗爲角，林鍾爲徵，南吕爲羽，應鍾爲變宫，蕤賓爲變徵。”[2]然則五聲二變，有自來矣。蓋五聲宫與商、［商］與角[3]、徵與羽，相去各一律[4]；至角與徵、羽與宫，相去乃二律。如黄鍾爲宫，則相去一律而太簇，爲商；商相去一律而姑洗，爲角；角相去二律，始得林鍾之徵；徵相去一律而南吕，爲羽；南吕之羽距黄鍾之宫，又相去二律焉。相去一律則音節和，相去二律則音節遠。故角徵之間，近徵收一聲，此徵少下，謂之變徵；羽宫之間，近宫收一聲，少高於宫，謂之變宫也。

以上惟取黄鍾之實、正律、變律、正聲、變聲五條。至其用全用半，旋宫八十四聲、六十調[5]，及累黍[6]、飛灰之説[7]，具在全書。

黄鍾生度量衡[8]

---

1 泠，《國語》作“伶”。

2 語出《國語·周語下》。

3 宫與商與角，《古今律曆考》卷三十“變聲二”與《律吕新書》卷一“變聲”俱作“宫與商商與角”，此處脱一“商”字，據補。

4 相去一律，即間隔一律，如黄鍾之宫與太簇之商，中間隔一大吕；太簇之商與姑洗之角，中間隔一夾鍾，故云“相去一律”。

5 旋宫，亦稱“旋宫轉調”。以十二律與宫、商、角、變徵、徵、羽、變宫七聲相配，得八十四聲，每律均可爲宫音，旋相爲宫。此即“八十四聲”。因變宫、變徵不能爲調，以十二律與宫、商、角、徵、羽五聲之調式相配，得六十調。

6 累黍，古代用黍粒作爲計量基準，將黍粒按照一定順序排列，來制定律管的長度。同時，由黄鍾律管的長度，制定分、寸、尺、丈、引等長度單位；由黄鐘律管的容量，制定龠、合、升、斗、斛等容量單位；由黄鐘律管的容黍的重量，制定銖、兩、斤、鈞、石等重量單位。詳後文“黄鍾生度量衡”。

7 飛灰，律管中飛動的葭灰，古代用以候測節氣。《晉書·律曆志上》：“又叶時日於晷度，效地氣於灰管，故陰陽和則景至，律氣應則灰飛。灰飛律通，吹而命之，則天地之中聲也。”又《隋書·律曆志上》：“後齊神武霸府田曹參軍信都芳，深有巧思，能以管候氣，仰觀雲色。嘗與人對語，即指天曰：‘孟春之氣至矣。’人往騐管，而飛灰已應。每月所候，言皆無爽。”以上各説，俱詳《古今律曆考》與《律吕新書》。

8 見《古今律曆考》卷三十與《律吕新書》卷一“審度”“嘉量”與“謹權衡”。本出《漢書·律曆志》。

度者分寸尺丈引所以度長短也生於黃鐘之長以子穀秬黍中者九十取度之一為一分十分為寸十寸為尺十尺為丈十丈為引是為五度

量者龠合升斗斛所以量多少也生於黃鐘之容以子穀秬黍中者一千二百實其龠以井水準其槩以度數審其容合龠為合十合為升十升為斗十斗為斛是為五量

權衡者銖兩斤鈞石所以稱輕重也生於黃鐘之重以子穀秬黍中者一千二百實其龠百黍一銖一龠十二銖二十四銖為兩十六兩為斤三十斤為鈞四鈞為石是為五權

圖一

度者，分、寸、尺、丈、引，所以度長短也。生於黄鍾之長，以子穀秬黍中者九十枚度之[1]，一枚爲一分，十分爲寸，十寸爲尺，十尺爲丈，十丈爲引，是爲五度。

量者，龠、合、升、斗、斛，所以量多少也。生於黄鍾之容，以子穀秬黍中者一千二百實其龠，以井水準其槩[2]，以度數審其容。合龠爲合，十合爲升，十升爲斗，十斗爲斛，是爲五量。

權衡者，銖、兩、斤、鈞、石，所以權輕重也。生於黄鍾之重，以子穀秬黍中者一千二百實其龠，百黍一銖，一龠十二銖，二十四銖爲一兩，十六兩爲斤，三十斤爲鈞，四鈞爲石，是爲五權。

圖一

1《漢書·律曆志上》:“以子穀秬黍中者”，顏師古注曰:“子穀猶言穀子耳；秬即黑黍。……中者，不大不小也。言取黑黍穀子大小中者，率爲分寸。”

2《漢書·律曆志上》:“以井水準其槩”，孟康注曰:“槩欲其直，故以水平之。”顏師古注曰:“槩，所以槩平斗斛之上者也。”槩，爲量穀物時刮平斗斛的器具。

均輸

均輸之法，與衰分相表裏，但有聚散之異耳。以其為用之重，計民之急需，故特為一題。均，平也；輸，送也。故以戶數之多寡而定賦役，以道里之遠近而計傭值，此二者均輸之正法也。數整者其易知，紛則難求，有術以齊之為均法；數少者其易知，多則難求，有術以約之為加法。故有均法則高下無錯雜矣，有加法則高下無參差矣。此二者雖無所因之故，然亦隨乎可通。故不去之，為均輸而後也。

均輸

均輸之法，與衰分相表裡，但有聚散之異耳。以其爲國之重計，民之急需，故自爲一題。均，平也；輸，送也。故以户數之多寡而定賦役，以道里之遠近而計僦值[1]。此二者，均輸之正法也。數整者易知，紛則難求，有術以齊之，爲均法；數少者易知，多則難求，有術以約之，爲加法。故有均法，則天下無錯雜矣；有加法，則天下無繁賾矣。此二者，皆推其所以然之故。然亦隨事可通，故不專爲均輸而設也。

1 僦，租賃。僦值，即賃金。

均輸

第一篇

定賦役

均輸原為賦役而設也蓋以同法衰分較而出均輸斂而入其率一也

一凡園田起科照例派差以置糧為實併各率除之分各率乘之如合率衰分之法

問今有官糧八百四十石令四縣依地多寡納之甲縣田五百六十畝乙縣四百四十畝丙縣三百二十畝丁縣二百八十畝求各該若干

荅甲二百九十四石　乙二百三十一石
丙一百六十八石　丁一百四十七石

法併四等田共一千六百畝除糧總得每畝五石二斗五升以遍乘甲乙丙丁各田乘之合問

問今有三人以田多寡分應一年差役甲田三百十五畝乙田二十五畝丙田二十畝求各值月日若干

荅甲五個月七日半　乙三個月二十二日半　丙三個月

法置共田七百二十畝除三百六十日得一以每畝應得半日各以甲乙丙田乘之得甲一百五十七日半乙一百十二日半丙九十日各以月法除之合問

解以上二問全如合率衰分之法其除法不整者先乘之

均輸

第一篇

定賦役

均輸原爲賦役而設，與衰分同法。衰分散而出，均輸斂而入，其率一也。

一、凡因田起科，照則派差，皆置總爲實，併各率除之，分各率乘之，如合率衰分之法。

1.問：今有官粮八百四十石，令四縣依地多寡納之，甲縣田五百六十畝，乙縣田四百四十畝，丙縣三百二十畝，丁縣二百八十畝，求各該若干[1]？

答：甲二百九十四石；　　乙二百三十一石；

丙一百六十八石；　　丁一百四十七石。

法：併四等田共一千六百畝，除總粮，得每畝（五石二斗五升）[五斗二升五合][2]，以甲、乙、丙、丁各田乘之，合問。

2 問：今有三人以田多寡分應一年差役，甲田（三百十五）［三十五］畝[3]，乙田二十五畝，丙田二十畝，求各值月日若干[4]？

答：甲五個月七日半；　　乙三個月二十二日半；

丙三個月。

法：置共田八十畝，除三百六十（一），得每畝應四日半。各以甲乙丙田乘之，得甲一百五十七日半，乙一百一十二日半，丙九十日。各以月法除之，合問。

解：以上二問，全如合率衰分之法。若除法不整者，先乘之。

---

1 此題爲《算法統宗》卷九均輸章第五問，題設原作“甲縣田五十六畝”“乙縣四十四畝”“丙縣三十二畝”“丁縣十八畝”，所求結果同。《同文算指通編》卷二“合數差分上”第十九問與此題略同，題設數據有改動，四縣田畝分别作“三千六百三十五畝”“二千四百六十六畝”“三千五百七十七畝”“四千三百二十二畝”。

2 按：共田除總糧得：

$$\frac{840石}{1600畝}=0.525石/畝$$

原文“五石二斗五升”，當作“五斗二升五合”，據演算改。

3 三百五十，當作“三十五”，據《算法統宗》及本題計算結果改。

4 此題爲《算法統宗》卷九均輸章第三問。《同文算指通編》卷二“合數差分上”第十八問與此題略同，題設數據有改動。三十五畝、二十五畝、二十畝，《同文算指》分别作“三百五十畝”“二百八十畝”“一百七十畝”。

5 每年按三百六十日計算，八十畝除三百六十日，恰得每畝四日半。原文“三百六十一”當作“三百六十”，“一”係衍文，據演算删。

一凡照例攤派，屬數煩多，如照人數及有地數之類，則以乘法定衰；如照有糴價又

有腳價之類，則以倍法定衰；如以本色納以折價派之類，則以除法定衰。

假令有甲乙丙丁戊五戶，共納本色二千九百五十一石。甲戶一百五十丁，每丁上地一百畝，

中地二百畝，下地三百畝；乙戶一百二十丁，每丁上地二百畝，中地一百五十畝，下地二百五十畝；

丙戶九十丁，每丁上地七十畝，中地二百四十畝，下地二百八十畝；丁戶八十丁，每丁上地八十

畝，中地一百八十畝，下地四百畝；戊戶六十四丁，每丁上地九十畝，中地一百四十畝，下地三

百五十畝。其則例上地三分，中地二分，下地一分半，求各完米。

答：甲八百六十二石五斗　每人五石七斗五升

乙七百六十五石　每人六石三斗七升五合

丙四百九十九石五斗　每人五石五斗五升

丁四百八十石　每人六石

戊三百四十四石　每人五石三斗七升五合

上地一升五合　共八百六十一石九斗

中地一升　共九百二十九石六斗

下地七合五勺　共一千一百五十九石五斗

法置甲上地一百畝，以三因之，得三百分；中地二百畝，以二因之，得四百分；下地三百畝，以一五因之，

一、凡照則攤派，層數煩多。如既有人數，又有地數之類，則以乘法定衰；如既有糶價，又有脚價之類，則以併法定衰；如以本色納以折價派之類，則以除法定衰。

1.問：今有甲乙丙丁戊五户，共納本色二千九百五十一石。甲户一百五十丁，每丁上地一百畝，中地二百畝，下地三百畝；乙户一百二十丁，每丁上地二百畝，中地一百五十畝，下地二百五十畝；丙户九十丁，每丁上地七十畝，中地二百四十畝，下地二百八十畝；丁户八十丁，每丁上地八十畝，中地一百八十畝，下地四百畝；戊户六十四丁，每丁上地九十畝，中地一百四十畝，下地三百五十畝。其則例上地三分，中地二分，下地一分半。求各若干?

答：甲八百六十二石五斗，每人五石七斗五升；
乙七百六十五石，每人六石三斗七升五合；
丙四百九十九石五斗，每人五石五斗五升；
丁四百八十石，每人六石；
戊三百四十四石，每人五石三斗七升五合。
上地一升五合，共八百六十一石九斗；
中地一升，共九百二十九石六斗；
下地七合五勺，共一千一百五十九石五斗。

法：置甲上地一百畝，以三因之得三百分；中地二百畝，以二因之得四百分；下地三百畝，以一五因之

得四百五十分共得一千一百五十分為每丁數以甲戶一百五十乘之得一十七萬二千五百為甲衰
置乙上地二百畝以三因之得六百分中地一百五十畝以二因之得三百分下地二百五十畝以一五乘之得三百七十五分共得一千二百七十五分以乙戶一百二十乘之得一十五萬三千為乙衰
置丙上地七十畝三因之得二百一十分中地二百四十畝以二因之得四百八十分下地二百八十畝以一五乘之得四百二十分以丙戶九十乘之得九萬九千九百為丙衰
置丁上地八十畝三因之得二百四十分中地一百八十畝二因之得三百六十分下地四百畝以一五乘得六百共一千二百以丁戶八十乘之得九萬六千為丁衰
置戊上地九十畝三因之得二百七十分中地一百四十畝二因之得二百八十分下地三百五十畝以一五乘之得五百二十五共得一千〇七十五以戊戶六十四乘之得六萬八千八百為戊衰
併五衰共五十九萬〇二百衰以除總糧得五以各衰乘之合問
若知每人若干置甲糧八百六十二石五斗以甲戶人衰一百五十除之得每人五石七斗五升置乙糧七百六十五石以乙戶一百二十除之得每人六石三斗七升五合置丙糧四百九十石五斗以丙戶九十除之得每人五石四斗五升置丁糧四百八十石以丁戶八十除之得每人六石置戊糧三百四十四石以戊戶六十四除之得每人五石三斗七升五合

得四百五十分。共一千一百五十分，爲每丁數。以甲户一百五十乘之，得一十七萬二千五百，爲甲衰。

置乙上地二百畝，以三因之得六百分；中地一百五十畝，以二因之得三百分；下地二百五十畝，以一五乘之得三百七十五分，共一千二百七十五分。以乙户一百二十乘之，得一十五萬三千，爲乙衰。

置丙上地七十畝，三因之得二百一十分；中地二百四十畝，以二因之得四百八十分；下地二百八十畝，以一五乘之得四百二十分[1]。以丙户九十乘之，得九萬九千九百，爲丙衰。

置丁上地八十畝，三因之得二百四十；中地一百八十畝，二因之得三百六十；下地四百畝，以一五乘得六百，共一千二百。以丁户八十乘之，得九萬六千，爲丁衰。

置戊上地九十畝，三因之得二百七十；中地一百四十畝，二因之得二百八十；下地三百五十畝，以一五乘之得五百二十五，共一千零七十五。以戊户六十四乘之，得六萬八千八百，爲戊衰。

併五衰，共五十九萬零二百衰。以除總粮得五，以各衰乘之，合問[2]。

欲知每人者，置甲粮八百六十二石五斗，以甲户人衰一百五十除之，得每人五石七斗五升；置乙粮七百六十五石，以乙户一百二十除之，得每人六石三斗七升五合；置丙粮四百九十九石五斗，以丙户九十除之，得每人五石五斗五升；置丁粮四百八十石，以丁户八十除之，得每人六石；置戊粮三百四十四石，以戊户六十四除之，得每人五石三斗七升五合[3]。

1 據上下文例，此處當有“共一千一百一十”七字。

2 依法求得各衰爲：

$$甲衰=150\times(100\times3+200\times2+300\times1.5)=150\times1150=172500$$

$$乙衰=120\times(200\times3+150\times2+250\times1.5)=120\times1275=153000$$

$$丙衰=90\times(70\times3+240\times2+280\times1.5)=90\times1110=99900$$

$$丁衰=80\times(80\times3+180\times2+400\times1.5)=80\times1200=96000$$

$$戊衰=64\times(90\times3+140\times2+350\times1.5)=64\times1075=68800$$

併得：

$$共衰=172500+153000+99900+96000+68800=590200$$

求得各等糧爲：

$$甲糧=\frac{共糧\times甲衰}{共衰}=\frac{2951\times172500}{590200}=862.5石；乙糧=\frac{共糧\times乙衰}{共衰}=\frac{2951\times153000}{590200}=765石$$

$$丙糧=\frac{共糧\times丙衰}{共衰}=\frac{2951\times99900}{590200}=499.5石；丁糧=\frac{共糧\times丁衰}{共衰}=\frac{2951\times96000}{590200}=480石$$

$$戊糧=\frac{共糧\times戊衰}{共衰}=\frac{2951\times68800}{590200}=344石$$

3 以各等糧除以各等人數，得各等每人納糧數：

$$甲每人=\frac{甲糧}{甲人}=\frac{862.5}{150}=5.75石；乙每人=\frac{乙糧}{乙人}=\frac{765}{120}=6.375石$$

$$丙每人=\frac{丙糧}{丙人}=\frac{499.5}{90}=5.55石；丁每人=\frac{丁糧}{丁人}=\frac{480}{80}=6石$$

$$戊每人=\frac{戊糧}{戊人}=\frac{344}{64}=5.375石$$

假如每地數共置甲每人五石七斗五升以共地衰一千一百五十除之得五以上地法三百分乘之得一石五斗以一百畝除之得一升五合為上地之數以中地法四百分乘之得二石以二百畝除之得一升為中地之數以下地法四百五十分乘之得二石二斗五升以三百畝除之得七合五勺為下地之數以下俱同

解曰有人數有地數用衰分法以定衰其數上中下共為數乃併法也蓋每人有家千地每地又有定年糧重差宜生數故用乘法上中與中下各不相干特用兼於一人名下故用併法耳

答如照算分法之頂房數共上中下則例如某戶低分

問今有五縣輸粟二萬石照人戶多少道里遠近價值上下而均輸之每車載二十五石行道一里與僦里錢一錢甲縣二萬零五百二十戶粟石價二兩乙縣一萬二千三百一十二戶粟石價一兩遠輸所二百里丙縣七千一百八十二戶粟石價一兩二錢遠輸所一百五十里丁縣一萬三千三百三十八戶粟石價一兩七錢遠輸所二百五十里戊縣五千一百三十戶價一兩三錢遠輸所一百五十里求各輸粟定率

答甲七千一百四十二石三斗五升九合九勺零　價一萬四千二百八十四兩七錢一分九厘九毫　里僦無　每戶三斗四升八合零六秒有奇

乙四千七百六十一石五斗七升三合三勺　價四千七百六十一兩五錢七分三厘

欲知每地數者，置甲每人五石七斗五升，以共地衰一千一百五十除之，得五。以上地法三百分乘之，得一石五斗，以百畝除之，得一升五合，爲上地之數；以中地法四百分乘之，得二石，以二百畝除之，得一升，爲中地之數；以下地法四百五十分乘之，得二石二斗五升，以三百畝除之，得七合五勺，爲下地之數[1]。以下俱同。

解：既有人數，又有地數，用乘法以定衰者，其上中下共爲數，乃併法也。蓋每人有若干地，每地又有若干粮，重疊生出，故用乘。至上中與下各不相干，特因萃於一人名下，故用併法耳。

此全如照本分法之有層數者，其上中下則例，如等級分。

2.問：今有五縣輸粟二萬石，照人户多少、道里遠近、價值上下而均輸之。每車載二十五石，行道一里，與僦里鈔一錢。甲縣二萬零五百二十户，粟石價二兩；乙縣一萬二千三百一十二户，粟石價一兩，遠輸所二百里；丙縣七千一百八十二户，粟石價一兩二錢，遠輸所一百五十里；丁縣一萬三千三百三十八户，粟石價一兩七錢，遠輸所二百五十里；戊縣五千一百三十户，價一兩三錢，遠輸所一百五十里。求各輸粟若干[2]？

答：甲七千一百四十二石三斗五升九合九勺零；

價一萬四千二百八十四兩七錢一分九厘九毫；

里僦無；

每户三斗四升八合零六抄有奇。

乙四千七百六十一石五斗七升三合三勺；

價四千七百六十一兩五錢七分三厘

1 各地之數，即各等地每畝納糧數。依法求得：

$$上地之數=\frac{甲每人}{甲地衰}\times 甲上地衰\div 甲上地畝=\frac{5.75}{1150}\times 300\div 100=0.015\text{石}$$

$$中地之數=\frac{甲每人}{甲地衰}\times 甲中地衰\div 甲中地畝=\frac{5.75}{1150}\times 400\div 200=0.01\text{石}$$

$$下地之數=\frac{甲每人}{甲地衰}\times 甲下地衰\div 甲下地畝=\frac{5.75}{1150}\times 450\div 300=0.0075\text{石}$$

各等地總畝數爲：

$$上地總畝=100\times 150+200\times 120+70\times 90+80\times 80+90\times 64=57460\text{畝}$$
$$中地總畝=200\times 150+150\times 120+240\times 90+180\times 80+140\times 64=92960\text{畝}$$
$$下地總畝=300\times 150+250\times 120+280\times 90+400\times 80+350\times 64=154600\text{畝}$$

求得各等地納糧總數爲：

$$上地總糧=57460\times 0.015=861.9\text{石}$$
$$中地總糧=92960\times 0.01=929.6\text{石}$$
$$下地總糧=154600\times 0.0075=1159.5\text{石}$$

2 此題爲《算法統宗》卷九均輸第六問。《同文算指通編》卷二“合數差分上”第二十問同。

三毫　里傚三千百零九兩二錢五分八厘六毫四絲　每戶三斗八升六合七勺有奇

丙二千七百六十七石五斗八升四合　價三千三百二十三兩一錢零八毫

里傚一千六百六十五兩五錢零四厘　每戶三斗八升六合七勺有奇

丁三千四百三十八石九斗一升四合　價五千八百四十六兩一錢五分三厘八毫

里傚三千四百三十八兩九錢一分四厘　每戶二斗五升七合八勺有奇

戊一千八百七十九石五斗六升八合四勺　價二千四百零三兩四錢三分八厘九毫二絲

里傚一千一百二十七兩七錢四分一厘零四絲　每戶三斗六升六合三勺有奇

搭銀四萬零七百一十兩零四錢零四厘四毫

每戶派銀六錢九分六厘一毫三絲有奇爲均法

法甲鄉乃因輸本縣無傚價只以價二兩除粟一石得每銀一兩粟五斗以得每人五斗爲乘法以乘戶數二萬零五百二十二戶得一萬零二百六十一石爲甲乘

乙行道二百里以每里傚價一錢乘之得二十兩爲脚價一乘二十五石應以二十五石除之得每石脚價八錢併入原價一兩共二兩八錢以除粟一石得五斗五升五合有奇以得每人五斗五升五合有奇爲乘法以乘戶數得六千八百零七石爲乙乘

丙行道一百五十里以每里傚價一錢乘得十五兩以二十五除之得每石脚價六錢

三毫；

里僦三千八百零九兩二錢五分八厘六毫四絲[1]；

每户三斗八升六合七勺有奇。

丙二千七百七十七石五斗八升四合；

價三千三百三十三兩一錢零零八毫；

里僦一千六百六十五兩五錢零四厘；

每户三斗八升六合七勺有奇。

丁三千四百三十八石九斗一升四合；

價五千八百四十六兩一錢五分三厘八毫；

里僦三千四百三十八兩九錢一分四厘；

每户二斗五升七合八勺有奇。

戊一千八百七十九石五斗六升八合四勺；

價二千四百四十三兩四錢三分八厘九毫二絲；

里僦一千一百二十七兩七錢四分一厘零四絲；

每户三斗六升六合三勺有奇。

總銀四萬零七百一十兩零四錢零四厘四毫。

每户派銀六錢九分六厘一毫三絲有奇，爲均法。

法：甲縣乃自輸本縣，無僦價。只以價二兩除粟一石，得每銀一兩粟五斗。即以每人五斗爲衰法，以乘户數二萬零五百二十户，得一萬零二百六十石，爲甲衰。

乙行道二百里，以每里僦價一錢乘之，得二十兩。原係一車二十五石，應以二十五石除之，得每石脚價八錢。併入原價一兩，共一兩八錢。以除粟一石，得五五五五不盡。即以每人五斗五升五五不盡爲衰法，以乘户數，得六千八百四十石，爲乙衰。

丙行道一百五十里，以每里僦價一錢乘，得十五兩，以二十五除之，得每石脚價六錢。

1《算法統宗》與《同文算指通編》所求乙縣僦里鈔爲二十兩，爲每車二十五石行二百里所用之僦里鈔，即：

$$0.1\text{錢}/\text{里}\times 200\text{里}=20\text{兩}$$

而本書所求則爲乙縣全部僦里鈔，由輸粟總數除以二十五石，乘以二十兩所得，即：

$$\frac{4761.5733\text{石}}{25\text{石}}\times 20\text{兩}=3809.258664\text{兩}$$

以下各縣同。

併丙原價一兩二錢共三兩八錢以除粟一石六斗得五乙五勺為衰法乘之戶數得三千九百九十石為丙衰

丁行當道二百五十里僦價該二十五兩以二十五除之得一兩併丁原價一兩七錢共二兩七錢以除粟乙石得三七零三七又三七為衰法以乘之戶數得四千九百零五石為丁衰

戊行當道一百五十里僦價十五兩以二十五除之六錢為腳價六錢併戊原價一兩三錢共一兩九錢以除粟一石得五二六三一五有奇為衰法以乘之戶數得二千七百石為戊衰

併五衰共二萬八千七百三十為總衰以除二萬石得每衰該六九六一三四九有奇

各以衰數乘之

求知粟價以各粮數以價乘之

求知里僦置各粮數以二十五除之以各里數乘之

合粟價里僦得各戶銀併五等各戶共人為法除之得每戶出銀之數

以各戶除各粮得每戶派粟之數

解此用除定衰者取價之均不取粟之均故以除法定其粟價乃為得其平也

其腳價按行里價乃併法也以前有若干之數故先乘後除也

一凡按派用實數以每一為法如以每石得幾斗幾升之類則單用乘以每幾為法

併入原價一兩二錢，共一兩八錢。以除粟一石，亦得五五不盡，爲衰法。乘户數，得三千九百九十石，爲丙衰。

丁行道二百五十里，僦價該二十五兩，以二十五除之，得一兩。併入原價一兩七錢，共二兩七錢。以除粟一石，得三七零三七不盡，爲衰法。以乘户數，得四千九百四十石，爲丁衰。

戊行道一百五十里，僦價十五兩，以二十五除之，亦得腳價六錢。併入原價一兩三錢，共一兩九錢。以除粟一石，得五二六三一乙有奇[1]，爲衰法。以乘户數，得二千七百石，爲戊衰。

併五衰，共二萬八千七百三十，爲總衰。以除二萬石，得每衰該六九六一三乙四有奇[2]，各以衰數乘之[3]。

欲知粟價，置各粮數，以價乘之。

欲知里僦，置各粮數，以二十五除之，以各里數乘之。

合粟價、里僦，得共粮；併五等户共人爲法除之，得每户出銀之數。

以各户除各粮，得每户派粟之數。

解：此用除定衰者。取價之均，不取粟之均，故以除法定其粟價，乃爲得其平也。其腳價入於粟價，乃併法也。內有不盡之數者，先乘後除可也。

一、凡攤派用實數，以每一爲法，如云每石得幾斗幾升之類，則單用乘[4]；以每幾爲法，

1 按：一兩九錢除一石，得：

$$\frac{1}{1.9} \approx 0.5263158$$

據此，原文“五二六三一乙有奇”，“乙”當作“六”。

2 按：總衰二萬八千七百三十除二萬石，得：

$$\frac{20000}{28730} \approx 0.6961364$$

據此，原文“六九六一三乙四有奇”，“乙”亦當作“六”。

3 按：

$$\text{各縣輸粟} = \text{各縣衰數} \times \text{每衰} = \text{各縣衰數} \times \frac{\text{總粟}}{\text{總衰}} = \frac{\text{各縣衰數} \times \text{總粟}}{\text{總衰}}$$

用先乘後除法，求得：

$$\text{甲縣輸粟} = \frac{\text{甲縣衰數} \times \text{總粟}}{\text{總衰}} = \frac{10260 \times 20000}{28730} \approx 7142.359903$$

與答數“甲七千一百四十二石三斗五升九合九勺零”相合。若徑用每衰乘以各縣衰數，得：

$$\text{甲縣輸粟} = \text{甲縣衰數} \times \text{每衰} \approx 10260 \times 0.6961364 \approx 7142.359464$$

與答數略異。以下求各縣輸粟，俱用先乘後除而得。

4 參例問一。

如云每幾石以上石之數則互用除用子母為法母一子多如云十分之幾之數則互用乘母多子一如云幾分之一之數則互用除用實數如云每幾以幾用子母如云幾分之幾之數則乘除兼用以實之順用則用每數除以數乘母數除子數乘倒用則亦倒其法

問今有糧三千六百石以百每石則例合三處倉上納本倉二斗三升四合西倉三斗四升五合南倉四斗二升一合依則均派求各倉該米若干

答本倉八百四十二石四斗

西倉一千三百四十二石

南倉一千五百一十五石六斗

法置總糧為實以各倉石則例數乘之合問

解此用實數為法以每一為母多子互用乘其兼以乘而仍當除也

問今有支稅麥二百七十四石三限催徵初限十分之五中限十分之三分半末限十分之一分半問各限該徵若干

答初限一百三十七石

中限九十五石九斗

末限四十一石一斗

法列三位一位以五分乘為初限數二位以三分半乘為中限數三位以一分半

如云每幾石得一石之類，則單用除[1]。用子母爲法，母一子多，如云十分之幾之類，則單用乘[2]；每多子一，如云幾分之一之類，則單用除[3]。用實數如云每幾得幾，用子母如云幾分之幾之類，則乘除兼用以求之[4]。順求則以每數除、得數乘，母數除、子數乘；倒求則亦倒其法。

1.問：今有粮三千六百石，只云每石則例，令三處倉上納。東倉二斗三升四合，西倉三斗四升五合，南倉四斗二升一合，依則均開，求各倉該米若干[5]？

答：東倉八百四十二石四斗；　　西倉一千（三）［二］百四十二石[6]；

南倉一千五百一十五石六斗。

法：置總粮爲實，以各倉則例數乘之[7]，合問。

解：此用實數爲法，以每一爲率單用乘者，蓋即乘可以當除也。

2.問：今有夏税麥二百七十四石，三限催徵。初限十分之五，中限十分之三分半，末限十分之一分半，問各限該徵若干[8]？

答：初限一百三十七石；　　中限九十五石九斗；

末限四十一石一斗。

法：列三位，一位以五分乘，爲初限數；二位以三分半乘，爲中限數；三位以一分半

1 參例問三。

2 參例問二。

3 參例問四。

4 用實數者，參例問五。用子母者，參例問六。

5 此題爲《算法統宗》卷九均輸第二十四問。

6 三，當作“二”，據《算法統宗》及演算改。

7 據題意，求得東倉納米：

$$\frac{0.234}{0.234+0.345+0.421}\times 3600=0.234\times 3600=842.4\text{石}$$

各倉則例之和爲1，故徑以各倉則例乘以總糧，得各倉納米數。西倉、南倉俱同。

8 此題爲《算法統宗》卷九均輸第二十五問。

乘爲末限數合問

解此用多母爲法母一千除異乘用乘者以母是一故爲母除

問今有糧三千六百石每三石起解一石求起解若干

答一千二百石

法置總數以三除之合問

解此用實數爲法以每三爲率異乘同除者蓋以除母同當乘也

問今有税糧二百七十三石初限徵三分之一中限三分之一末限三分之一求各若干

答每限九十一石

法置總數以三除之合問

解此以每爲法母多子一異乘同除者以子是一故爲母乘

問今有米三千六百石每正米三石耗米二斗一升求耗若干

答二百五十二石

法置總米以三除之得一千二百石以二一乘之合問

解此用實數爲法乘除並用此亦例而置耗以二一除之三乘之得正米

問今有糧二百七十四石以八分之五起解以八分之三存留求各若干

答起解一百七十一石二斗五升　存留一百零二石七斗五升

乘，爲末限數。合問。

解：此用子母爲法，母一子多單用乘者。以母是一，故不必除。

3.問：今有粮三千六百石，每三石起解一石，求起解若干？

答：一千二百石。

法：置總數，以三除之，合問。

解：此用實數爲法，以每三爲率單用除者，蓋即除可以當乘也。

4.問：今有税粮二百七十三石，初限徵三分之一，中限三分之一，末限三分之一，求各若干？

答：每限九十一石。

法：置總數，以三除之，合問。

解：此以子母爲法，母多子一單用除者。以子是一，故不必乘。

5.問：今有米三千六百石，每正米三石，耗米二斗一升，求耗若干[1]？

答：二百五十二石。

法：置總米，以三除之，得一千二百石，以二一乘之，合問。

解：此用實數爲法，乘除兼用者。若倒求，置耗以二一除之，三乘之，得正米。

6.問：今有粮二百七十四石，以八分之五起解，以八分之三存留，求各若干？

答：起解一百七十一石二斗五升； 存留一百零二石七斗五升。

1 耗，古代官府在征收糧食時，往往在正額之外，加征一部分，用來補償運輸過程中產生的損耗。這種以彌補損耗的名義加征的部分，稱作耗糧。而額定征收的部分，則稱作正糧。正糧與耗糧的比例，因時而異。《算法統宗》卷四粟米有“官糧帶耗歌”，下有三問，耗率爲正米一石耗米七升。此題正米三石，耗米二斗一升，耗率爲：

$$\frac{\text{耗米二斗一升}}{\text{正米三石}}=\frac{\text{耗米七升}}{\text{正米一石}}=\frac{0.07}{1}$$

與《算法統宗》耗率同。

法置總數以八除之得三十四石二斗五升以五乘之得起解數以三乘之得存留數

解此以每石法乘除並用此

並例求置起解數以五除八乘置存留數以三除八乘併得全數

一凡實有異數此用乘法實係衍數此用除法實有多種此用併法實分此法係

有層數此先用乘除仍無法實然後以除法除實而之

問今有馬七匹行道二千七百里實每十八人均騎之求每幾何

答一千零五十里

法以馬七匹乘二千七百得一萬八千九百以十八除之合問

解此以乘為實此為衍數排派法其以乘除定法此亦此下問乃以乘除定實

問今有官用黃蠟七百五十斤白蠟一千斤黃此每銀一兩買七斤白此每銀一兩

買二斤今十九人分之求每人出銀幾何

答三十二兩

法置黃蠟以七斤除之得價一百零八兩置白蠟以二斤除之得價五百兩共六百零

八兩以十九除之合問

解此以實為除此此有二種此係併法

問三人二日食米四升七合今十二人一年應食米幾何

法：置總數，以八除之，得三十四石二斗五升。以五乘之，得起解數；以三乘之，得存留數。

解：此以子母爲法，乘除兼用者。

若倒求，置起解數，以五除八乘；置存留數，以三除八乘，俱得全數。

一、凡實有累數者，用乘法[1]；實係折數者，用除法；實有多種者，用併法[2]；實與法俱有層數者，先用乘除，約其法實，然後以法除實求之[3]。

1.問：今有馬七匹，行道二千七百里，要十八人均騎之，求各若干[4]？

答：一千零五十里。

法：以馬七疋乘二千七百，得一萬八千九百，以十八除之，合問。

解：此以乘爲實者。前攤派法，是以乘除定法；此與下問，乃以乘除定實。

2.問：今有官用黃蠟七百五十六斤，白螨一千斤[5]。黃者每銀一兩買七斤，白者每銀一兩買二斤，令十九人辦之，每人出銀若干？

答：三十二兩。

法：置黃螨以七斤除之，得價一百零八兩；置白螨以二斤除之，得價五百兩，共六百零八兩。以十九除之，合問。

解：此以實爲除者，物有二種，亦係併法。

3.問：三人二日食米四升七合，今十三人一年，應食米若干[6]？

1 參例問一。

2 實係折數與實有多種者，俱參例問二。

3 法實俱用乘，參例問三；法實俱用除，參例問四、五。

4 此題據《算法統宗》卷十五均輸難題歌第十一題改編，原歌云："今有程途二千七，十八人騎馬七匹。言定十里輪轉騎，各人騎行怎得知？"

5 螨，"蠟"字俗體。

6 此題據《算法統宗》卷十五均輸難題歌第十二題改編，原歌云："（二）［三］人二日四升七，一十三口要糧喫。一年三百六十日，借問該糧幾多食？"

荅三十六石六斗六升

法以十三人三百六十日相乘得四千六百八十為實以三人二日相乘得六為法除之得七

百八十分以四升七合乘之合問

解此法實俱用乘升

問三人二日食米四升七合今一年食三十六石六斗六升求是幾人

荅一十三人

法以三百六十日除三十六石六斗六升得每日一斗零一合八勺三三不盡為實以三

人二日相乘得六除四升七合得每日一人七合八勺三三不盡為法除實合問

解此法實俱用除升

問三人二日同食米四升七合今十三人食三十六石六斗六升是支幾時

荅一年

法以十三人除三十六石六斗六升得每人食二石八斗二升為實以六除四升七合得每

人一日七合八勺三三不盡為法除實得三百六十日合問

解此法實俱用除升上以日法求人此以人法求日

答：三十六石六斗六升。

法：以十三人、三百六十日相乘，得四千六百八十爲實。以三人、二日相乘得六，爲法除之，得七百八十分。以四升七合乘之，合問。

解：此法實俱用乘者。

4.問：三人二日食米四升七合，今一年食三十六石六斗六升，求是幾人？

答：一十三人。

法：以三百六十日除三十六石六斗六升，得每日一斗零一合八勺三三不盡爲實。以三人、二日相乘得六，除四升七合，得每日一人七合八勺三三不盡，爲法除實，合問。

解：此法實俱用除者。

5.問：三人二日同食米四升七合，今十三人食三十六石六斗六升，足支幾時？

答：一年。

法：以十三人除三十六石六斗六升，得每人食二石八斗二升爲實。以六除四升七合，得每人一日七合八勺三三不盡，爲法除實，得三百六十日。合問。

解：此亦法實俱用除者，上以日法求人，此以人法求日。

均輸

第二篇

計僦里

李籍云一百里爲納程二百里納程三百里納結四百里爲案五百里爲來蓋行其遠近爲帶遞也以至商通百貨物價之外又有腳價其稱篇曰計僦里

一此貨重路遠計僦值并用準例之法其重與其遠相折并用交準之法

問肩挑九十斤腳價六錢今挑一百二十斤求價若干

答八錢

法九十斤爲一率價六錢爲二率一百二十斤爲三率二三相乘得七二以九十除之合問

問行五百里價九錢今行三百里該價若干

答五錢四分

法九錢乘三百里得二七以五除之合問

解同上二問係異準

問挑重九十斤行五百里腳價九錢今挑一百二十斤行三百里該價若干

答七錢二分

法先以九錢乘一百二十斤得一百零八以九十斤除之得一兩二錢次以一兩二錢乘三百里

均輸

第二篇

計僦里

《夏書》云：“百里賦納總，二百里納銍，三百里納秸，四百里粟，五百里米。”[1]蓋酌其遠近爲勞逸也。以至商通百貨，物價之外，又有腳價，著於篇曰計僦里。

一、凡負重致遠計僦值者，用準測之法；其重與遠相折者，用變準之法。

1.問：肩挑九十斤，腳價六錢。今挑一百二十斤，求價若干？

答：八錢。

法：九十斤爲一率，價六錢爲二率，一百二十斤爲三率。二三相乘，得七二，以九十除之，合問。

2.問：行五百里，價九錢。今行三百里，該價若干？

答：五錢四分。

法：九錢乘三百里，得二七，以五除之，合問。

解：以上二問，係纍準。

3.問：挑重九十斤，行五百里，腳價九錢。今挑一百二十斤，行三百里，該價若干[2]？

答：七錢二分。

法：先以九錢乘一百二十斤，得一百零八，以九十斤除之，得一兩二錢。次以一兩二錢乘三百里，

1 引文出《尚書·夏書·禹貢》。總，指連穗帶稈的禾把子。王先謙《尚書孔傳參正》引江永云：“納總是聚禾而束之，總其稃藁俱納。”銍，《禹貢》作“銍”。《説文·金部》：“銍，穫禾短鐮也。”本爲一種斷去禾藁、刈穫禾穗的短鐮，代指禾穗。秸，《禹貢》作“秸服”。《尚書孔傳參正》引陳奐云：“秸者，實也。秸服者，粟之皮也。”粟帶皮稱作“秸服”。粟爲米之帶殼者，宋羅願《爾雅翼·釋草一·粱》：“古不以粟爲穀之名，但米之有孚殼者皆稱粟。”自總至米，由遠至近，所納漸次爲精。

2 此題爲《算法統宗》卷九均輸第九問。

得三六以五百里除之合問

解曰用重准　蓋以九十乘五百得四萬五千為一率　併九錢為二率　以一百二十乘

三百得三萬六千為三率　二三相乘　一率除之　但如畧准之法

問行道二千里載重一千二百斤今重一千六百斤或行六百里該重若干

答重一千六百斤該行一千五百里

法以重與遠相乘得兩以一千六百斤除之得里數以六百里除之得斤數

解曰用反准

問行道二千里載重一千二百斤僦價一十五兩今行道一千七百里與價七兩六錢

五分該重若干　或載重一千六百斤與價六兩該行若干

答一千七百里該重七百二十斤

一千六百斤該行六百里

法先以行道二千里為一率　價十五兩為二率　今行一千七百里為三率　二三相乘

得二五五　以一率二千里除之　得價一十二兩七錢五分　次以價一十二兩七錢五分為一

率　重一千二百斤為二率　以今價七兩六錢五分為三率　二三相乘　得九一八　以一

率十二兩七錢五分除之　得重七百二十斤合問

先以重為一率　遠為二率　相乘得二四　以重一千六百斤為三率　除之　得行一千五百里

得三六，以五百里除之，合問。

解：此用重準。若以九十乘五百，得四萬五千爲一率，併九錢爲二率，以一百二十乘三百，得三萬六千爲三率。二、三相乘，一率除之，仍如纍準之法。

4.問：行道二千里，載重一千二百斤。今重一千六百斤，［該行若干？］或行六百里，該重若干？

答：重一千六百斤，該行一千五百里；

［行六百里，該重四千斤。］[1]

法：以重與遠相乘，得二四，以一千六百斤除之，得里數；以六百里除之，得斤數。

解：此用變準。

5.問：行道二千里，載重一千二百斤，僦價一十五兩。今行道一千七百里，與價七兩六錢五分，該重若干？或載重一千六百斤，與價六兩，該行若干[2]？

答：一千七百里者，該重七百二十斤；

一千六百斤者，該行六百里。

法：先以行道二千里爲一率，價十五兩爲二率，今行一千七百里爲三率。二、三相乘，得二五五，以一率二千里除之，得價一十二兩七錢五分。次以價一十二兩七錢五分爲一率，重一千二百斤爲二率，以今價七兩六錢五分爲三率。二、三相乘，得九一八，以一率十二兩七錢五分除之，得重七百二十斤。合問。

先以重爲一率，遠爲二率，相乘得二四。以重一千六百斤爲三率，除之得行一千五百里。

1 原題設與答文有抄脱，據法文，知該題當有兩問，與下題同。第一問以斤數問里數，第二問以里數問斤數，“今重一千六百斤”後，當有“該行若干”四字，是爲第一問；“或行六百里，該重若干”爲第二問。答文“重一千六百斤該行一千五百里”爲第一問之答，此後當有第二問之答“行六百里該重四千斤”。抄脱文字據演算補。

2 此題第一問與第二問，分别爲《算法統宗》卷九均輸第十一、十二題。題設數據略異，行道“二千里”、僦價“一十五兩”，《算法統宗》分别作“一千里”、“七兩五錢”。

次以千五兩為一率一千五百里為二率今價六兩為三率二三相乘得九千以一率一千五兩
除之得六百里
解此用重準先法初用異準所求者原重一千二百斤也後法初用定準所求者
原價十五兩也任便通融無不可者
問有人負米一石一斗二升行三十步日五十返今負米一石二斗行四十步求其幾返
或負一石二斗三十五返其行幾步或行四十步三十五返其負幾何
答負與行推得三十五返
負與返推得行四十步
行與返推得負一石二斗
法以一石一斗二升行三十步日五十返通乘得一六八以負行相乘四八除之得返
數以負返相乘四二除之得行數以行返相乘一四除之得負數
解此變準互用者

次以十五兩爲一率，一千五百里爲二率，今價六兩爲三率。二、三相乘得九，以一率一十五兩除之，得六百里。

解：此用重準。先法初用纍準，所藏者同重一千二百斤也；後法初用變準，所藏者同價十五兩也。任便通融，無不可者。

6.問：有人負米一石一斗二升，行三十步，日五十返。今負米一石二斗，行四十步，求是幾返？[1]或負一石二斗，三十五返，是行幾步？或行四十步，三十五返，是負幾何？

答：負與行推得三十五返；　負與返推得行四十步；

行與返推得負一石二斗。

法：以一石一斗二升、行三十步、日五十返遞乘，得一六八。以負、行相乘四八除之，得返數；以負、返相乘四二除之，得行數；以行、返相乘一四除之，得負數。

解：此變準互用者。

---

1 此題第一問爲《算法統宗》卷九均輸第十五題、《同文算指通編》卷一“重準測法”第十八題。

均輸

第三篇

均法

以求平攸平準之均法，義於中備之矣。然此以均輸為名者，當從其類，後列數種，以相參會，當益明析耳。

一 凡以每一為法，并益其數，為均法。

問：今有貴物價銀五錢，賤物價三錢，今銀四百四十八兩，求均若干。

答：貴賤各五百六十件。

貴價二百八十兩　賤價一百六十八兩

法：併三五得八，以除總數，得五百六十，以貴賤價各乘之，得各價。

解：三五併得二件為均。

一 凡以每多為法，并互其法，為均法。

問：今有貴物三件價一兩五錢，賤物六件價一兩八錢，今銀四百四十八兩，求均若干。

答：如前。

法：三六相乘得十八，三除之得六，以價一兩五錢乘之，得十八件價九兩；六除之得三，以價一兩八錢乘之，得十八件價五兩四錢，併之得十四兩四錢，為均價。置四百四十八兩，以均價除之。

均輸

第三篇

均法

以不平取平，謂之均法，衰分中備之矣。既以均輸爲名，當從其類，復列數種，以相參會，當益明析耳。

一、凡以每一爲法者，並其數爲均法。

1.問：今有貴物價銀五錢，賤物價三錢。今銀四百四十八兩，求均若干[1]？

答：貴賤各五百六十件。

貴價二百八十兩；　　賤價一百六十八兩。

法：併三、五得八，以除總數，得五六。以貴、賤價各乘之，得各價。

解：三、五併，得二件爲均。

一、凡以每多爲法者，互其法爲均法。

1.問：今有貴物三件，價一兩五錢；賤物六件，價一兩八錢。今銀四百四十八兩，求均若干？

答：如前。

法：三、六相乘得一十八，三除之得六，以價一兩五錢乘之，得十八件價九兩；六除之得三，以價一兩八錢乘之，得十八件價五兩四錢。併之得十四兩四錢，爲均價。置四百四十八兩，以均價除之，

1 此題與《算法統宗》卷九均輸第一題類型相同。彼云："今有銀二十二兩八錢，買黄、白蠟各要均平，其黄蠟每三斤價銀四錢，白蠟每斤價銀五錢。問黄、白蠟各若干？"

以答八乘之或先以八乘之以均價者除之合問

解一以三爲法一以六爲法互列乘集

一凡兩數求各廿以相乘爲均法須细数廿以细约之而得均

問今有二人同出一處一三日一往一八日一往求幾日相會

答二十四日

法三八相乘合問

解此相乘爲均廿甲八次乙三次

問今有物十件又有物十二件求若干相平

答六十

法十與十二乘得一百二十以相減二爲差除之合問

解此以二爲细廿以二除十得五以二除十二得六五個十二六個十則均矣干支相配六十花甲是也一百二十爲大均法以二除之則兩處均矣

問今有物三十五有物二十五求均幾斤

答一百七五

法二數相乘得八百七十五以對減差五除之合問

解此以五爲细廿一百五十爲三十廿五爲二十五廿六七百五十爲五度均

以各十八乘之；或先以十八乘之，以均價各除之。合問。

解：一以三爲法，一以六爲法，互則平矣。

一、凡兩數不齊者，以相乘爲均法；有紐數者，以紐約之而得均。

1.問：今有二人同至一處，一三日一往，一八日一往，求幾日相會？

答：二十四日。

法：三、八相乘，合問。

解：此相乘爲均者，甲八次，乙三次。

2.問：今有物十件，又有物十二件，求若干相平？

答：六十。

法：十與十二乘得一百二十，以相減二爲差除之，合問。

解：此以二爲紐者，以二除十得五，以二除十二得六，五個十二，六個十，則均矣。干支相配，六十花甲是也。一百二十爲大均法，以二除之，則兩度均矣。

3.問：今有物三十，又有物二十五，求均若干？

答：一百五十。

法：二數相乘，得七百五十，以對減差五除之，合問。

解：此以五爲紐者，一百五十爲三十者五，爲二十五者六，七百五十爲五度均。

一凡減法因母共子母除其加法因母共子母而均

設假如有糧銀一千二百兩例免三之一蠲免三之一恩免三之一其減若干

答減盡

法三三之一為四百三次而盡合問

解此以三為母故減三而盡之多共母雜

嘗記每邑應當銀四千二百餘兩舊例以蠲免三之一又以災免三之一後奉恩

詔免三之一奉府免其催徵不已及詢書役謂先免三之一一千四百兩存二

千八百兩將二千八百再免三之一九百三十餘兩存一千八百六十餘兩再減一千八百六十

餘兩免三之一六百二十二兩當該一千二百四十餘兩而不知何如詢此算法考部文三

分止擬原額蠲省遞減另為類之理並無別他處無例從二項共將免一千四百

百兩乎（此免六百二十二兩乎）豈息說有一所不均耶設令三分加派又將不擬原額遞以所加者重

加之乎小民無智上台莫問蒙免例以此在不蒙免例之者當甚耶

設假如買貨用價一千二百兩出腳用三之一陸腳用三之一抽稅用三之一求共銀若干

答四倍

法三三之一為四百三倍之為原價等合問

解此以三為母故三加而均

一、凡減法同母者，至母而盡；加法同母者，至母而均。

1.問：假如有粮銀一千二百兩，例免三之一，蠲免三之一，恩免三之一，是減若干？

答：減盡。

法：三之一爲四百，三次而盡。合問。

解：此以三爲母，故減三而盡。多者可推。

嘗記者，邑存留銀四千二百餘兩，舊例以疲免三之一，又以災免三之一，旋奉恩詔免三之一。本應免盡，然催徵不已。及詢書役，對云："先免三之一一千四百兩，存二千八百兩。將二千八百再免三之一九百三十餘兩，存一千八百六十餘兩。再將一千八百六十餘兩免三之一六百二十二兩，尚該一千二百四十餘兩。"不知何處得此筭法。夫部文三分，止據原額，豈有隨減另爲額之理？若然，則他處無例、災二項者，將免一千四百兩乎？將免六百二十二兩乎？豈恩詔亦有所不均耶？設令三分加派，又將不據原額，遞以所加者重加之乎？小民無智，上台莫問，發覺則以此應，不發覺則入之橐中耳。

2.問：假如置貨用價一千二百兩，水腳用三之一，陸腳用三之一，抽稅用三之一，求共銀若干？

答：兩倍。

法：三之一爲四百，三倍之，與原價等。合問。

解：此以三爲母，故三加而均。

一凡加用遞每益多寡以求無窮減用遞每益少以求無盡者

問今有物二十七件遞加三之一求三次加得若干更加至幾何

答六十四再推之無窮

法三除二十七得九加之得三十六又三除之得十二加之得四十八又三除之得十六加之得六

十四推之無窮以求其母原數作幾倍

解每遞子三分母又遞母三故無窮六十四視原二倍零再加三之一得八十五三三視

原三倍零再加三之一得一百一十三七七視原四倍零倍不竒

問今有物十件遞減二之一三減餘若干更減至幾何

答一分二釐五毫更減至無盡

法十減半餘五再減半餘二分五釐再減半餘一分二釐五毫以減之無盡

解今減至半之後不盡故無盡莊子所謂一尺之棰日取其半萬世不竭是也

一凡兩數參差以搭襍和難求者借用備徵均之

問每竹一根作筆管三作筆套五今有竹八萬三千根求作幾付各用竹若干

答一十五萬五千六百二十五付

管竹五萬一千八百七十五

套竹三萬一千一百二十五

一、凡加用遞母，益多而不可窮；減用遞母，益少而不可盡。

1.問：今有物二十七件，遞加三之一，求三次加若干？更加至幾何？

答：六十四。再推之無窮。

法：三除二十七得九，加之得三十六；又三除之得十二，加之得四十八；又三除之得十六，加之得六十四。推之無窮，皆不能與原數作幾倍。

解：母隨子長，子又隨母長，故無窮。六十四視原二倍零；再加三之一，得八十五三三，視原三倍零；再加三之一，得一百一十三七七，視原四倍零，終不齊。

2.問：今有物十件，遞減二之一，三減餘若干？更減至幾何？

答：一分二厘五毫。更減不可盡。

法：十減半餘五，再減半餘二分五厘，再減半餘一分二厘五毫，減之不盡。

解：全減爲半，半復爲全，故不盡。《莊子》所謂“一尺之捶，日取其半，萬世不竭”[1]者也。

一、凡兩數參差分搭雜和難求者，俱作借徵均之。

1.問：每竹一根作筆管三，作筆套五。今有竹八萬三千根，求作幾付？各用竹若干[2]？

答：一十五萬五千六百二十五付。

管竹五萬一千八百七十五；　　套竹三萬一千一百二十五。

1 引文出《莊子 · 天下篇》。捶，杖也。取，折也。

2 此題據《算法統宗》卷十四衰分難題歌第二十題“筆套取齊歌”改編，原歌云：“八萬三千短竹竿，將來要把筆頭安。管三套五爲期定，問君多少配成完？”

法三五相乘得十五為各一十五分均法以每三箇除之得用竹五根以每五箇除之得

用竹三根共每八根得五付也置總竹以八除之以十五乘之得總付以三归得

著竹以五归得羊竹合問

解此為差分本術知八得十五便知八分所得之數即以知多也故云借徵

問今有兵車日行七十里重載日行五十里十八日往返三次求里數若干

荅一百七十五里　往七日半　返十日半

法五十七十相乘得三百五十里為均法以七十除之為空車往應行五日以五十除之

為重車返應行七日是一往一返共十二日行三百五十里若三往三返應三十六日

以三百五十里為廣以三十六日為袤除之得每日往返九里七分二二不盡以十八日乘

之或先以十八日乘三百五十里以三十六日除之得一百七十五以三往返乘之得五

百二十五以七十除之得空往以五十除之得重返

解此為差分本術

假如一往返比如上問以三返因之比前多了一層乘和十二日為三百五十里因知

十八日所得之數

以日問里

假如求一日三往返則九里七分二二不盡是

法：三、五相乘，得管套各一十五，爲均法。以每三管除之，得用竹五根；以每五套除之，得用竹三根，是每八根得十五付也。置總竹，以八除之，以十五乘之，得總付。以三歸得管竹，以五歸得套竹。合問。

解：此參差取齊者，知八得十五，便知八萬所得之數。即少可以知多也，故云借徵。

2.問：今有空車日行七十里，重載日行五十里，十八日往返三次，求里數若干[1]？

答：一百七十五里。

往七日半；　　　　返十日半。

法：五十、七十相乘，得三百五十里，爲均法[2]。以七十除之，爲空車往應行五日；以五十除之，爲重車返應行七日。是一往一返，共十二日行三百五十里也。若三往三返，應三十六日。以三百五十里爲實，以三十六日爲法除之，得每日往返九里七分二二不盡，以十八日乘之；或先以十八日乘三百五十里，以三十六日除之，得一百七十五。以三往返乘之，得五百二十五。以七十除之，得空往；以五十除之，得重返。

解：此亦參差取齊者。

假如一往返，即與上問同。以三返因之，比前又多一層矣。知十二日爲三百五十，因知十八日所得之數。

以日問里。

假如求一日三往返，則九里七分二二不盡是。

1 此題爲《算法統宗》卷九均輸第十四題、《同文算指通編》卷一“變測法”第十一題，原爲《九章算術·均輸章》第九題。題設“十八日往返三次”，《算法統宗》《同文算指通編》《九章算術》均作“五日三返”。

2 此“三百五十里”爲五十與七十相會之數，即二者最小公倍數。

假如求十八日一往返，則以十八日乘三百五十得六千三百，以十二日除之，得五百二十五里是

假如求一日一往返，則以十二日除三百五十里，得二十九里一分六六不盡是

問：今有車日行七十里，重載日行五十里，空行一百七十五里，往返三次，求須幾日

答：十八日

法如前借法，推得二百五十里往返三次須二十六日，按其法三十六日乘一百七十五里得六千三百，以三百五十除之，合問

解曰：此以里問日

借法任意借兩用，以相乘為實，法并歸其數也，解見衰分

問：今有甲乙二人，各有羊一群，共一百八隻。甲以一分與廿乙則平，乙以一分與廿甲則甲二倍，求各實數若干，每分撥若干

答：甲六十三隻　乙四十五隻　各以九隻相撥

法：甲七乙五共十二，衰分法以除撥得九，甲以七乘之，乙以五乘之，以九相撥，合問

解：此分撥逆推，甲撥一與廿乙則平，乙撥一與廿甲則倍，惟七五為然，知其以十二以之相撥，則知共一百零八，以九相撥

問：今有甲乙各羊一群，甲以九與廿乙則平，乙以九與廿甲則甲二倍，求甲乙各若干

答：甲六十三　乙四十五

假如求十八日一往返，則以十八日乘三百五十，得六三，以十二日除之，得五百二十五里是。

假如求一日一往返，則以十二日除三百五十里，得二十九里一分六六不盡是。

3.問：今有空車日行七十里，重載日行五十里，欲行一百七十五里，往返三次，求須幾日？

答：十八日。

法：如前借法，推得三百五十里往返三次，須三十六日。變其法，三十六日乘一百七十五里，得六千三百，以三百五十除之，合問。

解：此以里問日。

借法任意俱可用，必以相乘爲法者，取其整也，解見“衰分”。

4.問：今有甲乙二人，各有羊一羣，共一百八隻。甲以一分與乙，則平；乙以一分與甲，則甲二倍。求各實數若干？每分撥若干[1]？

答：甲六十三隻；　　乙四十五隻。

各以九隻相撥。

法：甲七、乙五，共十二衰爲均法。以除總得九，甲以七乘，乙以五乘，互以九相撥。合問。

解：此分撥匿母者[2]。甲撥一與乙則平，乙撥一與甲則倍，惟七、五爲然。知共十二，以一相撥；則知共一百零八，以九相撥。

5.問：今有甲乙各羊一羣，甲以九與乙，則平；乙以九與甲，則甲二倍。求甲乙各若干[3]？

答：甲六十三；　　乙四十五。

1 此題據例問五改編。

2 法見本書衰分章第七篇“雜和衰分 · 相搭之和二種實撥”第三題。

3 此題據《算法統宗》卷十五均輸難題歌第九題“西江月”改編，原歌云：“甲乙隔溝牧放，二人暗裏条詳。甲云得乙九箇羊，多你一倍之上。乙説得甲九隻，兩家之数相當。二邊閑坐惱心腸，畫地筭了半晌。”亦見《同文算指通編》卷四“疊借互徵”第三題。

法置甲九以七因之乙九以五因之合問

解上問題總數逐分數此問題分數逐積數

假令以五數相攙則甲二十五乙二十五以七數相攙則甲四十九乙三十五任其安位

七五之并一也今用各倍數則在後

逐數分攙詳法略

- 甲四 乙二　甲攙一入乙則平乙攙一入甲則甲五倍
- 甲五 乙三　甲攙一入乙則平乙攙一入甲則甲三倍
- 甲八 乙四　甲攙二入乙則平乙攙一入甲則甲二倍
- 甲九 乙五　甲攙二入乙則平乙攙一入甲則甲二倍有半
- 甲七 乙五　甲攙一入乙則平乙攙一入甲則甲二倍
- 甲七 乙三　甲攙二入乙則平乙攙一入甲則甲四倍
- 甲十二 乙八　甲攙二入乙則平乙攙三入甲則甲三倍
- 甲十五 乙九　甲攙三入乙則平乙攙一入甲則甲二倍

問今有雞兔三十五首九十四足問各若干

荅兔十二隻足四十八　雞二十三隻足四十六

法以雞足二減兔足四餘二為差法置首數以四因之為兔足得一百四十多四十六以差法二除之得雞

或置首數以二因之為雞足得七十少二十四以差法除之得兔合問

法：置甲九以七因之，乙九以五因之。合問。

解：上問顯總數匿分數，此問顯分數匿總數。

假令以五數相撥，則甲三十五、乙二十五；以七數相撥，則甲四十九、乙三十五。任其變化，七五之率一也。今畧譜數則於後。

匿數分撥諸法畧

甲四 乙二 甲撥一入乙則平；乙撥一入甲，則甲五倍。	甲五 乙三 甲撥一入乙則平；乙撥一入甲，則甲三倍。	甲八 乙四 甲撥二入乙則平；乙撥一入甲，則甲三倍。	甲九 乙五 甲撥二入乙則平；乙撥一入甲，則甲二倍有半。
甲七 乙五 甲撥一入乙則平；乙撥一入甲，則甲二倍。	甲七 乙三 甲撥二入乙則平；乙撥一入甲，則甲四倍。	甲十二 乙八 甲撥二入乙則平；乙撥三入甲，則甲三倍。	甲十五 乙九 甲撥三入乙則平；乙撥一入甲，則甲二倍。

6.問：今有雞、兔三十五首，九十四足，求各若干[1]？

答：兔十二隻，　　足四十八；

　　雞二十三隻，　　足四十六。

法：以雞足二減兔足四，餘二爲差法。置首數，以四因之爲兔，得足一百四十，多四十六。以差法二除之，得雞。

或置首數，以二因之爲雞，得足七十，少二十四。以差法除之，得兔。合問[2]。

1 此題爲《算法統宗》卷九均輸第二十六題，原出《孫子算經》卷下。

2 據法文，解得：

$$雞數=\frac{35\times4-94}{4-2}=23$$

$$兔數=\frac{94-35\times2}{4-2}=12$$

解此雞和算題據遲分

此是借作兔放用四因借作雞放用二因即偏侯法也知每個差二即知多少

問鱉二眼三足龜六眼四足今有一百零二眼九十三足求龜鱉各若干

答鱉十五個　眼三十　足四十五
龜十二個　眼七十二　足四十八

法以眼爲偏法二眼六眼乘得一十二眼以除龜眼應有八足以除鱉眼應有十八足化爲相併之和同每差數之法如云貴物每十二兩買八件賤物每十二兩買十件今價一百零二兩買物九十三件求貴賤各若干用偏侯法十二兩俱貴則以十二除總價得八五以八乘之得六十八視原數九十三不足二十五以貴賤二數相減餘十爲差法除之仍得二五以每法十二乘之得三十眼爲賤或十二賤則以十二除總價得八五以十八乘之得一百五十三視原數九十三有餘六十以差法十除之仍得六以每法十二乘之得七十二眼爲龜

又法以六眼除四足得六六不盡矣以二眼除三足得一五化爲相併之和每一爲率之法如云貴物每銀一兩得六件六分六六不盡矣賤物每銀一兩得一五件今價一百零二兩得九十三件求各若干用立中法置九十三足爲實以六六六爲貴乘原價得六十八不足二十五以一五乘原價得一百五十三有餘六十併之得

解：此雜和者，顯總匿分。

將足盡借作兔，故用四因；盡借作雞，故用二因，即偏儘法也。知每個差二，即知多者。

7.問：（熊）［能］二眼三足[1]，亀六眼四足。今有一百零二眼、九十三足，求亀、能各若干[2]？

答：能十五個，　眼三十，　足四十五；

　　亀十二個，　眼七十二，　足四十八。

法：以眼爲約法，二眼、六眼乘得一十二眼，若係亀眼，應有八足；若係能眼，應有十八足。化爲相併之和，同母異數之法。如云貴物每十二兩買八件，賤物每十二兩買十八件，今價一百零二兩，買物九十三件，求貴賤各若干。用偏儘法，十二兩俱貴，則以十二除總價得八五，以八乘之得六十八，視原數九十三不足二十五。以貴賤二數相減，餘十爲差法除之，仍得二五，以每法十二乘之，得三十眼爲能。或十二兩俱賤，以十二除總價得八五，以十八乘之得一百五十三，視原數九十三有餘六十。以差法十除之，仍得六，以每法十二乘之，得七十二眼爲亀[3]。

又法：以六眼除四足，得六六六不盡；以二眼除三足，得一五。化爲相併之和，每一爲率之法。如云貴物每銀一兩得六件六分六六不盡，賤物每銀一兩得十五件。今價一百零二兩，得九十三件，求各若干。用立中法，置九十三足爲中，以六六六不盡乘原價，得六十八，不足二十五；以一五乘原價，得一百五十三，有餘六十。併之，得

1 熊，後文或作“能”。能，《廣韻》奴來切，音 nái。《爾雅 · 釋魚》：“鼈三足，能。”《算法統宗》卷十五均輸難題歌第八題“鷓鴣天”作“團魚”，團魚即鱉也。《文選》卷十二郭璞《江賦》：“有鼈三足，有龜六眸。”能即鱉，作“能”是。抄録者恐不曉“能”義，而妄改作“熊”，今據文意改。後文凡誤作“熊”者，皆徑改作“能”。

2 此題據《算法統宗》卷十五均輸難題歌第八題“鷓鴣天”改編，原歌云：“三足團魚六眼龜，共同山下一深池。九十三足亂浮水，一百二眼將人窺。或出沒，往東西，倚欄觀看不能知。有人筭得無差錯，好酒重斟贈數杯。”

3 據法文，解得：

$$能眼=\frac{93-8\times\frac{102}{12}}{18-8}\times12=30$$

$$亀眼=\frac{18\times\frac{102}{12}-93}{18-8}\times12=72$$

八千五百為積差以原價乘不足得二五五以積差除之得餘眼以原價乘有餘
得六二以積差除之得邑眼各以眼數除之得個數以各互乘之得邑數或
二物對減以六六減一五得八三三為兵以除有餘不足之數得數同合問
解此推和較均以多為母共前問每一得錢此問每錢得錢約之例同矣
此乘分中有借桃李梯果此問同法此以眼為約法共異以互為約法及
互求各法大要以分例推詳於本篇
前法每十二應得若干設法每一應得若干此少知多之捷徑之難也
問今有物甲乙二人分之甲視乙多三個若減甲之半乙反多三個求總數及
干各數若干
答甲十二　乙九　共二十一
法以甲四乙三為表法各以三因之甲得十二乙得九共二十一合問
解全甲視乙多一半甲視乙少一惟四與三為然假如全甲視乙多四半甲視乙
少四當甲十六乙十二也全甲視乙多五半甲視乙少五當甲二十乙十五也任其變
化無窮焉差
算法有一條字子一條索三比字子多一托折回索子却量字索比字子多
一托問此數也圖而算之甚諸數例如左

八十五爲積差。以原價乘不足，得二五五，以積差除之，得能眼；以原價乘有餘，得六一二，以積差除之，得亀眼。各以眼數除之，得個數。以各足乘之，得足數。或二物對減，以六六六減一五，得八三三不盡。以除有餘、不足之數，得數同。合問[1]。

解：此裸和求均，以多爲母者。前問每一得幾，此問每幾得幾，約之則同矣。與衰分中布絹、桃李、梔欒諸問同法[2]。姑舉以眼爲約法者，其以足爲約法，及互求各法甚多，皆可例推，詳於本篇。

前法每十二應得若干，後法每一應得若干，即少知多，亦借徵之類也。

8.問：今有物甲乙二人出之，甲視乙多三個，若取甲之半，乙反多三個，求總數若干？各數若干？

答：甲十二；　　乙九。

共二十一。

法：以甲四、乙三爲衰法，各以三因之，甲得十二，乙得九，共二十一。合問。

解：全甲視乙多一，半甲視乙少一，惟四與三爲然。假若全甲視乙多四，半甲視乙少四，必甲十六、乙十二也。全甲視乙多五，半甲視乙少五，必甲二十、乙十五也。任其變化，其率不差。

筭法有："一條竿子一條索，索比竿子長一托，折回索子却量竿，索比竿子少一托。"[3] 即此數也。因而廣之，畧譜數則如左。

---

1 據法文，解得：

$$能眼=\frac{102\times(93-0.666\times102)}{(93-0.666\times102)+(1.5\times102-93)}=\frac{102\times25}{25+60}=30$$

$$亀眼=\frac{102\times(1.5\times102-93)}{(93-0.666\times102)+(1.5\times102-93)}=\frac{102\times60}{25+60}=72$$

2 布絹、桃梨題，分别爲衰分章第七篇"雜和衰分 · 相併之和有累數"第一題與第二題；梔欒題，爲"雜和衰分 · 一物而具兩數"第一題。

3 此歌爲《算法統宗》卷十五均輸難題歌第十四題。一托爲五尺。索與竿子以四、三爲率，各乘五尺，得索長二十尺，竿長十五尺。

遞母相較法畧

甲四 乙三
全甲視乙多一
半甲視乙少一

甲六 乙五
全甲視乙多一
半甲視乙少二

甲八 乙七
全甲視乙多一
半甲視乙少三

甲十 乙九
全甲視乙多一
半甲視乙少四

右圖假如甲視乙多八個半甲視乙少二十四則以八歸二十四得三知為多一分三也因知為甲八乙七之率甲八八六十四乙七八五十六是也舉此餘可推此亦以少知多故附於借徵之類

圖三

匿母相較法畧

甲四	全甲視乙多一，	甲六	全甲視乙多一，	甲八	全甲視乙多一，	甲十	全甲視乙多一，
乙三	半甲視乙少一。	乙五	半甲視乙少二。	乙七	半甲視乙少三。	乙九	半甲視乙少四。

右圖假如甲視乙多八個半，半甲視乙少二十四，則以八歸二十四得三，知爲多一少三也。因知爲甲八、乙七之率，甲八八六十四，乙七八五十六是也。舉此，餘可推。此亦即少知多，故附於借徵之類。

圖三

中西數學圖説

酉

中西數學圖説 酉

中西數學圖說

酉集

中西數學圖説

酉集

南方均輪

第四篇

加法

一 數始於微積於鉅將一一而層累之而勝其繁也惟其漸加漸積又莫範也而知其所由出莫有甚於數之約而易操者也此之加法有順加有超加有倍加有層加

一凡順次加者自一而二而三以至無窮是也有從首起者有從中起者有從首起者以位數推總加一相乘折半而得者以總數推位者倍積作長方開之以一為帶縱者求闊之法

問今有物十八分各之遞加一求總數若干

答一百七十一

法十八加一為十九與十八相乘得三百四十二折半合問

解此以位推總數即堆垛雉法人如層數每人所得如每行之數□又如方田二闊

一邊一一邊十八長十八也

問今有物一百七十一件用遞加法分之求當幾位末位應得若干

答一十八位　末位一十八

法倍積三百四十二用四因法得一千三百六十八加一為帶縱共一千三百六十九平開之得三

均輸

第四篇

加法

數始於微，積於鉅，將一一而層累之，不勝其繁也。至其漸加漸賾，又茫然不知其所自出矣[1]。有自然之數，約而易操者，謂之加法。有順加，有超加，有倍加，有層加[2]。

【順加】

一、凡順次加，如自一而二而三，以至無窮是也。有從首起者，有從中起者。若從首起，欲以位數推總，加一相乘，折半而得；欲以總數推位者，倍積作長方開之，以一爲帶縱，如求闊之法[3]。

1.問：今有物十八人分之，遞加一，求總數若干？

答：一百七十一。

法：十八加一爲十九，與十八相乘，得三百四十二。折半，合問。

解：此以位推總數，即靠壁堆法，人如層數，每人所得如每行之數。◎又如方田二闊，一邊一，一邊十八，長十八也。

2.問：今有物一百七十一件，用遞加法分之，求是幾位？末位應得若干？

答：一十八位。　　　　　　　　末位一十八。

法：倍積三百四十二，用四因法，得一千三百六十八，加一爲帶縱，共一千三百六十九。平開之，得三

1《同文算指通編》卷五“遞加法第九”云：“數始于微，積于鉅，漸加漸賾，覽之茫如。”

2 順加，爲公差 $d=1$ 的等差數列；超加，爲公差 $d\geqslant 2$ 的等差數列；倍加，爲等比數列；層加，爲二階等差數列。順加、超加與倍加，見《同文算指通編》卷五“遞加法第九”與“倍加法第十”；層加係本書所增。

3 順加從首位起者，各項如下所示：

$$1,\ 2,\ 3,\ 4,\cdots\cdots,\ n$$

構成首項 $a_1=1$，公差 $d=1$，末項 $a_n=n$ 的等差數列，其求和公式爲：

$$S_n=\frac{n(n+1)}{2}$$

若已知數列和 S_n，求項數 n，以 $n+1$ 爲長，n 爲闊，$2S_n$ 爲長闊積，1 爲長闊較，如圖 10-1，用積較求和法，求得長闊和爲：

$$(n+1)+n=\sqrt{4\times 2S_n+1}$$

則闊爲：

$$n=\frac{\sqrt{4\times 2S_n+1}-1}{2}$$

即項數。

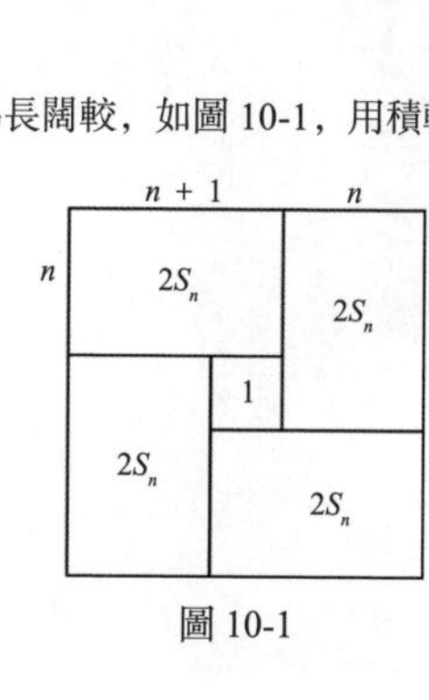

圖 10-1

十七減一折半合問

解此以總數推位從一而起位與數同故位之第幾即末位一人所得之第幾也此推垛法十八層

末層當得十八數

一凡價次加法中起於第一人先得幾個然後遞加一是也若以位知總共併首尾二數以位數乘之折半而得若以總知位共先取首位以前之數用以位求總之法求得總加入原積然後用倍積求濶加一爲總之法求得末位數以首位以前之數減之即位數也

問今有物五十三人分之其第一人八件遞加一求總數若干

答一千八百零二件

法以位從八起以前當有七位加入五十三得六十爲末位數併首尾爲六十八爲實

以五十三乘之得三千六百零四折半得數合問

解此以位推總

問今有物一千八百零二件照其第一分八件遞加一求是幾位末位若干

答五十三位末位六十

法第一人八數位前有七爲虛積即七人分法也加一爲八與七相乘得五十六折半得

二十八加入原積得一千八百三十件倍之得三千六百六十件四因之得一萬四千六

十七，減一折半，合問[1]。

解：此以總數推位，從一而起，位與數同，故位若干，即末一人所得若干也。如堆垛法十八層，末層當得十八數。

一、凡順次加從中起，如第一人先得幾個，然後遞加一是也。欲以位知總者，併首尾二數，以位數乘之，折半而得。欲以總知位者，先取首位以前之數，用以位求總之法，求得總，加入原積；然後用倍積長開加一爲縱之法，求得末位數。以首位以前之數減之，即位數也[2]。

1.問：今有物五十三人分之，其第一人八件，遞加一，求總數若干？

答：一千八百零二件。

法：入位從八起，以前尚有七位，加入五十三，得六十爲末位數。併首尾爲六十八爲實，以五十三乘之，得三千六百零四，折半得數。合問。

解：此以位推總。

2.問：今有物一千八百零二件，其第一分八件，遞加一，求是幾位？末位若干？

答：五十三位。　　　　　　末位六十。

法：第一人八數，位前有七爲虛積，即七人分法也。加一爲八，與七相乘，得五十六，折半得二十八。加入原積，得一千八百三十件，倍之得三千六百六十件。四因之得一萬四千六

---

1 依法求得項數爲：

$$n=\frac{\sqrt{4\times 2S_n+1}-1}{2}=\frac{37-1}{2}=18$$

2 順加從中起者，各項如下所示：

$$m,\ m+1,\ m+2,\ m+3,\cdots\cdots,m+n-1$$

構成首項爲 m，公差爲 1，末項 $a_n=m+n-1$ 的等差數列。其求和公式爲：

$$S_n=\frac{[m+(m+n-1)]n}{2}$$

若已知數列和 S_n 與首項 m，求項數 n。m 前各項構成首項爲 1，末項爲 $m-1$ 的等差數列，求得和爲：

$$S_{m-1}=\frac{(m-1)\ m}{2}$$

加入 S_n，得到以 1 爲首項，以 a_n 爲末項的等差數列全和：

$$S_{m+n-1}=S_{m-1}+S_n=\frac{a_n(a_n+1)}{2}=\frac{(m+n-1)(m+n)}{2}$$

即以 $m+n$ 爲長、$m+n-1$ 爲闊，以 $2S_{m+n-1}$ 爲長闊積，以 1 爲長闊較，由積較求和法，求得長闊和：

$$(m+n-1)+(m+n)=\sqrt{2S_{m+n-1}\times 4+1}$$

則闊爲：

$$m+n-1=\frac{\sqrt{2S_{m+n-1}\times 4+1}-1}{2}$$

即末項 a_n，求得原數列項數爲：

$$n=a_n-(m-1)$$

百零個人為從以一萬四千六百四十一平開之得一百二十一減一折半為末位所得之

數識位前七數以位數合問

解曰位起一而廿曰位起遞減其首與尾并其末則同故並為積所求之

凡一數遞加至易至簡本不必為法但多則不免於煩屢如有千人萬人遞一唱名給散者

欲日省繁勞以此法求之如有千人遞加一則以一千零一乘一千得一百萬零一千折半

得五十萬零五百為總數分作十宗第一宗以一百加一此一百乘得一萬零一百折半得

五千零五十為第一宗之數其末一位應多一百以一百為底數以一百人乘之得一萬再

加五千零五十共一萬五千零五十為第二宗之數其末一人應多二百以二百為底數以一百

乘之得二萬加五千零五十共二萬五千零五十為第三宗之數至第四宗三萬五千

零五十第五宗四萬五千零五十第六宗五萬五千零五十第七宗六萬五千零

五十第八宗七萬五千零五十第九宗八萬五千零五十第十宗九萬五千零五十

合十人唱散可以須刻而辦也

百四十，加一爲縱，得一萬四千六百四十一。平開之得一百二十一，減一折半，爲末位所得之數[1]。減位前七數，得位數。合問。

解：首位起一與首位起幾，其首雖異，其末則同，故兼虚積以求之。

凡一數遞加，至易至簡，本不必爲法，但多則不免於煩。譬如有千人萬人，逐一唱名給散[2]，雖終日不能辨。若以此法求之，如有千人，遞加一，則以一千零零一乘一千，得一百萬零零一千，折半得五十萬零五百，爲總數。分作十宗，第一宗以一百加一，與一百乘得一萬零一百，折半得五千零五十，爲第一宗之數。其末一位應分一百，即以一百爲底數，以一百人乘之得一萬，再加五千零五十，共一萬五千零五十，爲第二宗之數。其末一人應分二百，以爲底數，以一百乘之得二萬，加五千零五十，共二萬五千零五十，爲第三宗之數。至第四宗三萬五千零五十，第五宗四萬五千零五十，第六宗五萬五千零五十，第七宗六萬五千零五十，第八宗七萬五千零五十，第九宗八萬五千零五十，第十宗九萬五千零五十[3]。令十人唱散，可以頃刻而辨也。

---

1 已知數列和 $S_n=1802$，首項 $m=8$。依法求得 m 前各項數和爲：

$$S_{m-1}=\frac{(m-1)\,m}{2}=\frac{(8-1)\times 8}{2}=28$$

全和得：

$$S_{m+n-1}=S_{m-1}+S_n=28+1802=1830$$

以全和求得末項爲：

$$a_n=m+n-1=\frac{\sqrt{2S_{m+n-1}\times 4+1}-1}{2}=60$$

求得原數列項數爲：

$$n=a_n-(m-1)=60-7=53$$

2 給散，發放。

3 第 1 至 100 爲第一宗，求得第一宗各項和爲：

$$S_1=\frac{(100+1)\times 100}{2}=5050$$

第 101 至 200 爲第二宗，第二宗各項和爲：

$$\begin{aligned}S_2&=101+102+\cdots\cdots+200\\&=(100+1)+(100+2)+\cdots\cdots+(100+100)\\&=100\times 100+S_1\\&=15050\end{aligned}$$

類似地，第三宗各項和爲：

$$S_3=100\times 200+S_1=25050$$

第四宗各項和爲：

$$S_4=100\times 300+S_1=35050$$

以下依此類推。

順加位首起以位推積圖

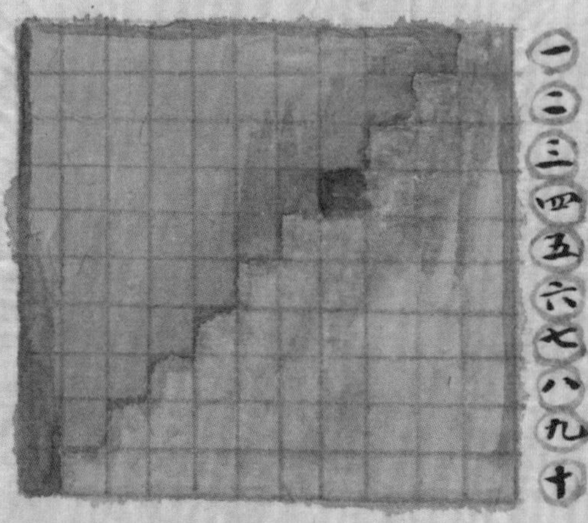

法用加一與此位數相乘折半而得

首一尾十共十位加一為十一與此十乘得一百一十為原實二積折半五十五為總積

順加從首起以位推總圖

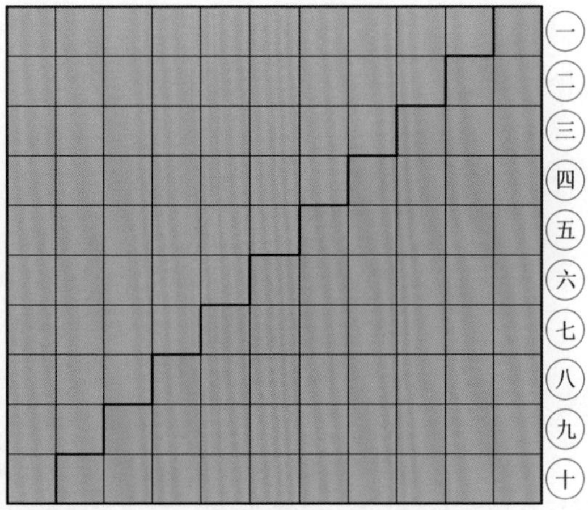

法用加一與位數相乘，折半而得。

首一尾十，共十位，加一爲十一，與十乘得一百一十，爲虛實二積。折半五十五，爲原積。

順加層首起以總排位圖

法用四圖以一為第縱
合為實一積縱橫差
一四圖得四百四十併一共為四
百四十一平開之得二十一減
一餘二十折半得十得尾
數以位數也

順加從首起以總推位圖

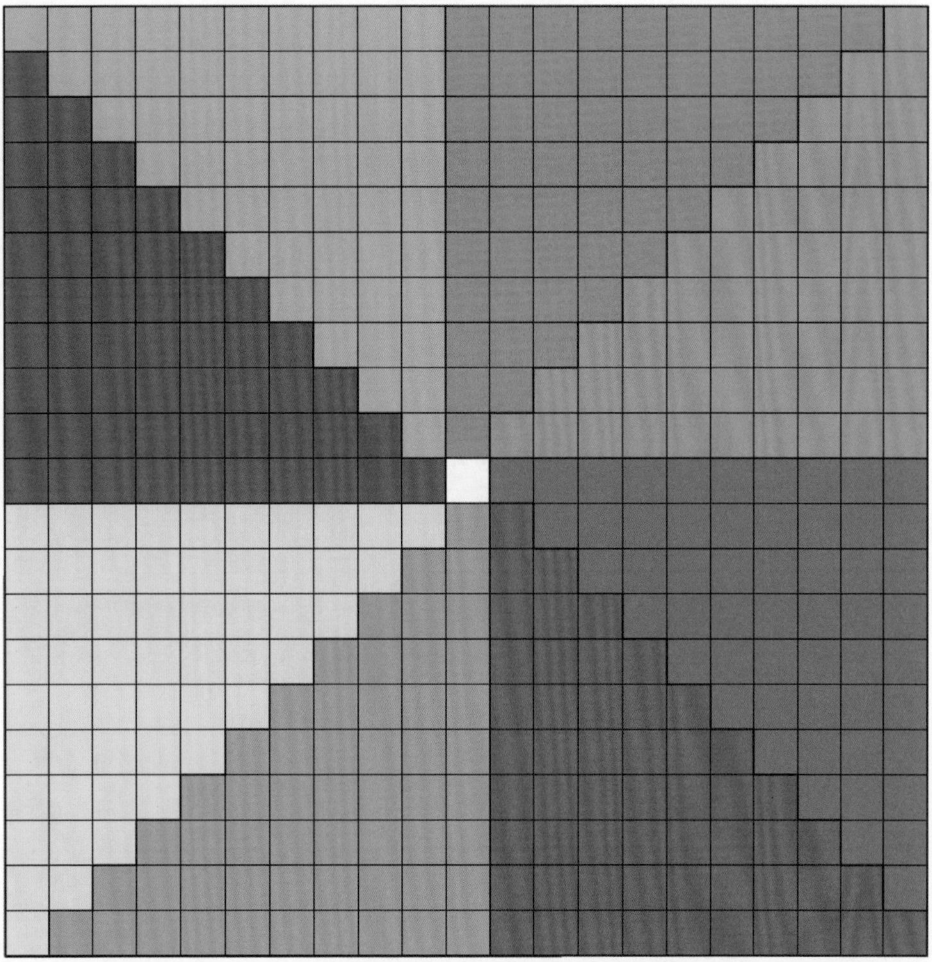

法用四因，以一爲帶縱，合虛實二積，縱横差一，四因得四百四十，併一，共四百四十一。平開之得二十一，減一餘二十，折半得十，得尾數，即位數也。

順加法中起以位排總

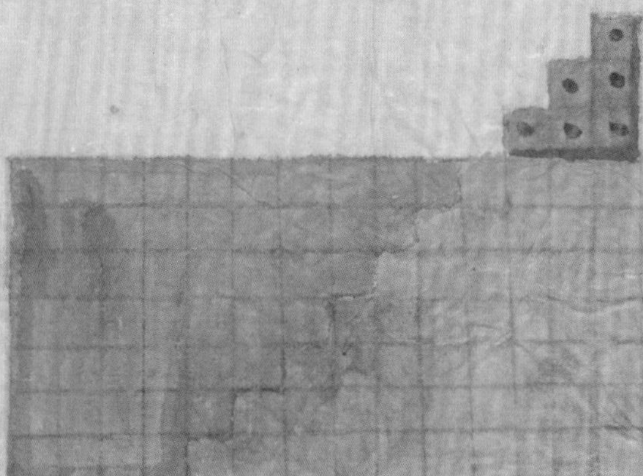

第積末位加入位前之積以為第總如
前法求得全位減位前之位得本位

法以法前之位加入現位為末位併入首位以現位乘之折半而得如七位從四起
前加三為位併入現七得十為末位合首位四共十四以七位乘之得九十八
折半得四十九為積

順加從中起以位推總

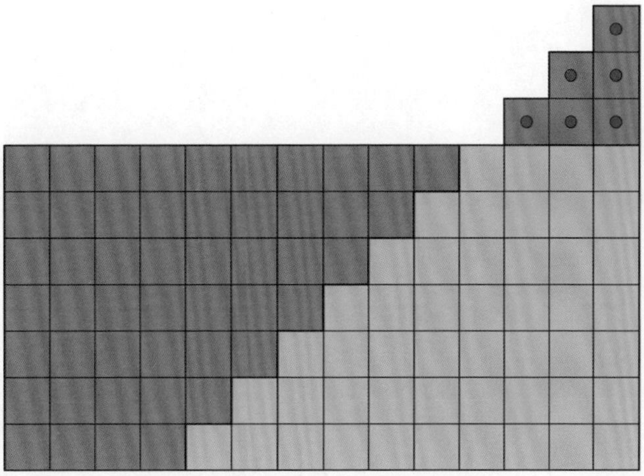

若積求位，加入位前之積，以一爲帶縱，如前法求得全位，減位前之位，得本位。

法以法前之位加入現位爲末位，併入首位，以現位乘之，折半而得。如七位從四起，前有三虛位，併入現七，得十爲末位，合首位四共十四，以七位乘之，得九十八，折半得四十九爲積。

一凡超位加者超二位者多超，其有從首位起者，有從中位起者，從首起超二位，如三五七九陽位超是也；從次起超二位，如二四六八陰位超，及從三從四從多數起首者亦從中超之類也。從首起超二位，求積以其乘兩除積求位，以平開兩除求末位則倍位數減一兩除；求中位則位數是末位數倍，則首尾二位與其中一位等

問有十一人，分物以陽超一三五七分之，求攝物幾許

答一百二十一件

法以十一位自乘合問

解此以位求積

問分有物一百二十一件，以陽超分之，求是幾人

答十一人

法置攝平開之合問

解此以積求位

所以用其乘開方爲法者，循次加逐位亦實，故實與位之半超一加者一半之數，故實與其位恰相當也

【超加】

一、凡超位加，有超二者，有多超者；有從首位起者，有從中位起者。從首起超二者，如一三五七九，陽位超是也；從次起超二者，如二四六八十，陰位超。及從三從四從多數起首者，皆從中超之類也。從首起超二者，位求積，以自乘而得；積求位，以平開而得。求末位，則倍位數，減一而得；求中位，則位數是。若位數偶，則首尾二位與中二位等[1]。

1.問：今有十一人分物，以陽超一三五七分之，求總物若干？

答：一百二十一件。

法：以十一位自乘，合問。

解：此以位求積。

2.問：今有物一百二十一件，以陽超分之，求是幾人？

答：十一人。

法：置總平開之，合問。

解：此以積求位。

所以用自乘開方爲法者，循次加逐位皆實，故實得位之半。超一加有一半之虚，故實與位恰相當也。

---

1 陽位，即奇數位；陰位，即偶數位。超二，即等差數列的公差 $d=2$。超二從首起者，即從 1 開始，各項遞加 2，如下所示：

$$1,\ 3,\ 5,\ 7,\cdots\cdots,\ 2n-1$$

構成首項 $a_1=1$，公差 $d=2$，末項 $a_n=2n-1$ 的等差數列。其求和公式爲：

$$S_n=\frac{\left[1+(2n-1)\right]n}{2}=n^2$$

若項數 n 爲奇數，數列中位得：

$$a_m=\frac{a_1+a_n}{2}=\frac{1+(2n-1)}{2}=n$$

其中，$m=\frac{n+1}{2}$。若項數 n 爲偶數，數列中二位相併得：

$$a_p+a_q=a_1+a_n=1+(2n-1)=2n$$

其中，$p=\frac{n}{2}$，$q=\frac{n+2}{2}$。

循次與陽超之算

一 二 三 四 五 六 七 八 九 十

十 九 八 七 六 五 四 三 二 一

循次加遞位以實豎看十位橫看對位以合成十一故十與廿十一相乘得之

百一十折半而得積五十五也

一（九） ○ 三（七） ○ 五 ○ 七（三） ○ 九（一） ○

一（十一） ○ 三（九） ○ 五（七） ○ 七（五） ○ 九（三） ○ 十一（一）

陽超加者一半之實起取首位一合末位九得五共二取次位三合四位七得五共二併中位

五為五個五得二十五假如六位取首位一合末位十一得六共二取次位三合五位九得六共

二取三位五合四位七得六共二為六個六得三十六故以首末而得積也

閱今有物十一個之用陽超為法其末位應得若干中位若干

答末位二十一　中位十一

循次與陽超之異

循次加逐位皆實，豎看十位，横看對位，皆合成十一。故十與十一相乘得一百一十，折半而得積五十五也。

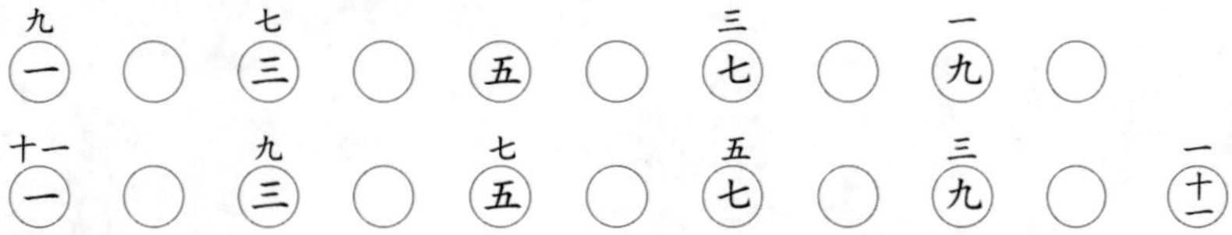

陽超加有一半之虚，取首位一，合末位九，得五者二；取次位三，合四位七，得五者二；併中位五，爲五個五，得二十五。假若六位，取首位一，合末位十一，得六者二；取次位三，合五位九，得六者二；取三位五，合四位七，得六者二。爲六個六，得三十六，故以自乘而得積也。

3.問：今有物十一人分之，用陽超爲法，其末位應得若干？中位若干？

答：末位二十一；　　　　中位十一。

法置十一倍之得二十二減一得二十一為末位中位第六恰得一十一合問

解合首尾二位半之得中位為通法不論越幾位也

若以尾數求位數則加一為二十二折半而得全位

一	二	三	四	五	六	七	八	九	十	十一
一	三	五	七	九	十一	十三	十五	十七	十九	二十一

問今有物十二人不用隔越法求中二位各若干

答第六位十一　第七位十三

法倍位二十四減一得二十三為末位　合首一末二十三共得二十四以第六位第七位二共數平分得十二撥第六之一入第七得上位十一下位十三合問

解凡越母同者不問幾位奇法則合首尾二數半之而得中一位等倍位則合首尾二數半之而得中二位等不拘隔越及越一為越也

置所餘位以倍數減一而取之如求第三位則倍三作六減一而得五求第九位則倍九作十八減一而得十七是也

奇位以中一位為主任取上下二位但相去均勻者倍於中位偶位以中二位為主任取上下二位但相去均勻者與中二位等如十一位為奇中位十一第二位三第十位一十九合之得二十二倍於中位十二位為偶中二位共得二十四第二位三第十一位二十一合

法：置十一倍之，得二十二，減一得二十一，爲末位。中位第六，恰得一十一。合問。

解：合首尾二位，半之得中位，爲通法，不論超幾俱然。

若以尾數求位數，則加一爲二十二，折半而得全位。

一	二	三	四	五	六	七	八	九	十	十一
一	三	五	七	九	十一	十三	十五	十七	十九	二十一

4.問：今有物十二人分，用陽超法，其中二位各若干？

答：第六位十一；　　　　　　　　　　第七位十三。

法：倍位二十四，減一得二十三，爲末位。合首一、末二十三，共得二十四，即第六位、第七位之共數，平分得十二。撥第六之一入第七，得上位十一，下位十三。合問。

解：凡超母同者，不問幾位，奇法則合首尾二數半之，必與中一位等；偶位則合首尾二數，必與中二位等，不獨順超及超一爲然也。

若求餘位，皆以倍數減一而取之。如求第三位，則倍三作六，減一而得五；求第九位，則倍九作十八，減一而得十七是也。

奇位以中一位爲主，任取上下二位，但相去均匀，必倍於中位；偶位以中二位爲主，任取上下二位，但相去均匀，必與中二位等。如十一位爲奇，中位十一，第二位三，第十位一十九，合之得二十二，倍於中位；十二位爲偶，中二位共二十四，第二位三，第十一位二十一，合

三三八二十四是也任取多少合併

陽數從此來為積平開為位圖

陽數順布青一黃三綠七紫九取一配九取七配三得五共四五自乘五共二十五故其乘而得積平開而得位取左例置於右成正方形

奇數上下二位視中一為倍偶數上下二位視中二位為等圖

一	一	二	一
二	三	四	四
三	五	六	七
四	七	八	十
五	九	十	十三
六	十一	十二	十六
七	十三	十四	十九
八	十五	十六	廿二
九	十七	十八	廿五
十	十九	二十	廿八

任取一位為主其上前後相去位均其和倍於此位

任取二位為主其上前後相去位均其和均與此二位等

舉數三多其可推

之亦二十四，是也。任取無不合者。

陽超以自乘爲積平開爲位圖

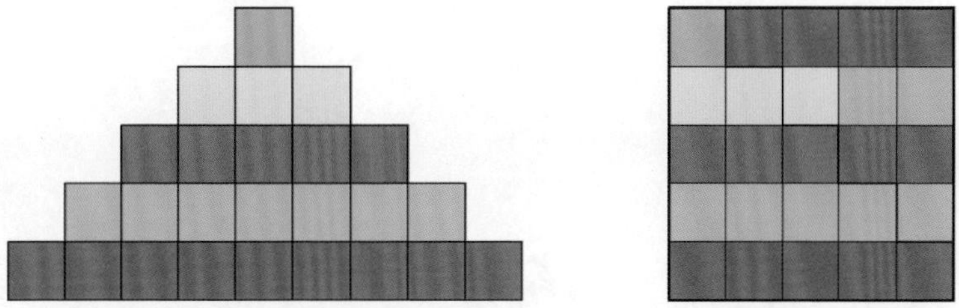

陽超順布，青一黄三緑七紫九，取一配九，取七配三，得五者四；五自爲五，共二十五。故自乘而得積，平開而得位。

取左倒置於右，成正方形。

奇數上下二位，視中一必倍；偶數上下二位，視中二位必等圖

一	二	三	四	五	六	七	八	九	十
一	三	五	七	九	十一	十三	十五	十七	十九
二	四	六	八	十	十二	十四	十六	十八	二十
一	四	七	十	十三	十六	十九	廿二	廿五	廿八

任取一位爲主，其前後相去位均者，必倍於此位。

任取二位爲主，其前後相去位均者，必與此二位等。

舉超三，多者可推。

一凡超位加超二隔二超者是位求積以位數自乘再加位數積求位者
作長方闊之以長為帶縱求本位則倍位數而上
問今有物十二人分之用隔位超法求總數若干
答一百五十六
法位自乘得一百四十四再加十二合問
解此位求積
或十二加一為十三以十二乘之得
問今有物一百五十六件用隔位超法求是幾人分
答十二人
法四因積得六百二十四加一得六百二十五平開之得二十五減一得二十四折半
合問
解此積求位
問今有物十二人以隔超法分之其本位應得若干
答二十四
法倍位合問
解此以位求本位

一、凡超位加超二從二起者，若位求積，以位數自乘，再加位數；積求位者，作長方開之，以一爲常縱。求末位，則倍位數而是[1]。

1.問：今有物十二人分之，用陰位超法，求總數若干？

答：一百五十六。

法：位自乘得一百四十四，再加十二，合問。

解：此位求積。

或十二加一爲十三，與十二乘，亦得。

2.問：今有物一百五十六件，用陰位超法，求是幾人分？

答：一十二人。

法：四因積得六百二十四，加一得六百二十五。平開之得二十五，減一得二十四，折半，合問[2]。

解：此積求位。

3.問：今有物十二人，以陰超法分之，其末位應得若干？

答：二十四。

法：倍位，合問。

解：此以位求末位。

---

1 超二從二起者，即從 2 開始，各項遞加 2，如下所示：

$$2，4，6，8，\cdots\cdots，2n$$

構成首項 $a_1=2$，公差 $d=2$，末項 $a_n=2n$ 的等差數列。求和公式爲：

$$S_n=\frac{(2+2n)\ n}{2}=n^2+n=n(n+1)$$

由和求項數，以 n 爲闊、$n+1$ 爲長，用長闊積較求闊法，求得闊：

$$n=\frac{\sqrt{4S_n+1}-1}{2}$$

即項數。

2 據術文解得：

$$n=\frac{\sqrt{4S_n+1}-1}{2}=\frac{\sqrt{4\times156+1}-1}{2}=12$$

若並積求廿置積以六歸之減二而得
若單知積先用積求位之法
若以第位求全位折半而得
陰超積求位圖

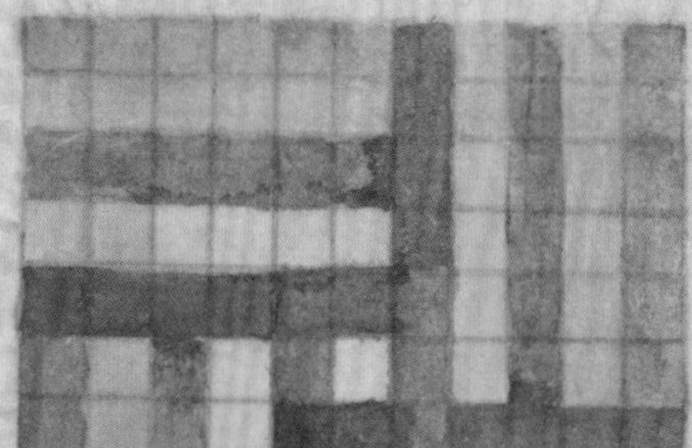

陰超如陽超位法青二黄四
赤六綠八紫十減十起二減八起
四得六并四六自乘八廿六得五個
六其餘得六并積得五其差二
故以一為第從此順加積求
位同法其五同廿順加減宜
此實相折為四圍實八圍也
此則實數首尾自相折故
為四倍積徑以四因法減之

一凡超之從第幾位起廿位求積以從之首起為全積以位前自為積減
之積求位以位前積加之求得全位減位前之位
假令有物六以人分用陽超法從十一起求其積若干

若兼積求者，置積，以六歸之，減二而得[1]。

若單知積，先用積求位之法。

若以末位求全位，折半而得。

陰超積求位圖

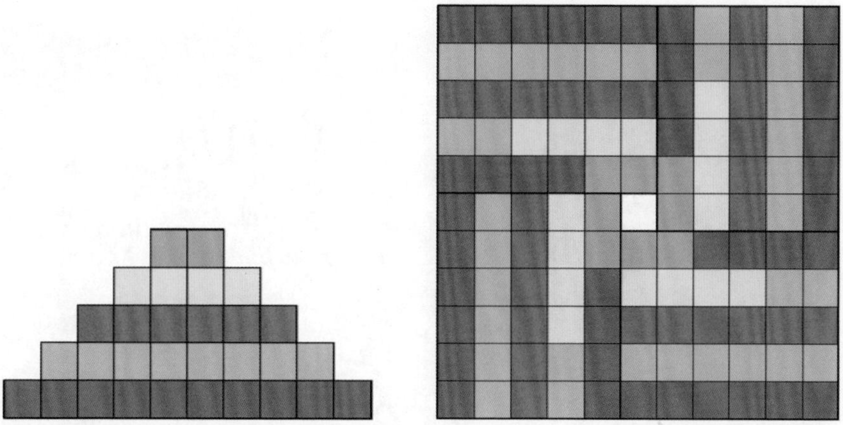

陰超如陽超位法，青二黃四赤六綠八紫十。取十配二，取八配四，得六者四，六自爲六，共得五個六。其縱得六，其橫得五，其差一，故以一爲帶縱，與順加積求位同法。其不同者，順加取虛，與實相折，雖四因，實八因也。此則實數，首尾自相折，故不必倍積，徑以四因法取之。

一、凡超二從第幾位起者，位求積，以從首起爲全積，以位前自爲積減之；積求位，以位前積加之，求得全位，減位前之位[2]。

1.問：今有物六人分，用陽超法，從十一起，求共積若干？

---

1 由等差數列求和公式 $S_n=\dfrac{(a_1+a_n)\,n}{2}$，得：

$$a_n=\frac{2S_n}{n}-a_1=\frac{S_n}{n/2}-a_1=\frac{156}{6}-2=24$$

2 超二從中起者，構成首項 $a_1=m$，公差 $d=2$，末項 $a_n=m+2(n-1)$，項數爲 n 的等差數列：

$$m,\ m+2,\ m+4,\ m+6,\cdots\cdots,\ m+2(n-1)$$

若 m 爲奇數，m 前各項構成首項爲 1，公差爲 2，末項爲 $m-2$ 的等差數列，項數爲 n_1，據“超二從首起”求積公式，求得 m 前各項和爲：$S_{n_1}=n_1^2$。a_m 前各項與原數列相併，構成全數列，首項爲 1，公差爲 2，末項爲 $m+2(n-1)$，項數爲 n_2，亦據前式求得全數列和爲：$S_{n_2}=n_2^2$。二和對減，得原數列和爲：$S_n=S_{n_2}-S_{n_1}=n_2^2-n_1^2$。其中，$m$ 前項數 $n_1=\dfrac{m-1}{2}$，全數列項數 $n_2=\dfrac{m-1}{2}+n$。若 m 爲偶數，m 前各項構成首項爲 2，公差爲 2，末項爲 $m-2$ 的等差數列，項數爲 n_1，據“超二從二起”求積公式，求得 m 前各項和爲：$S_{n_1}=n_1^2+n_1$。同法，求得全數列和爲：$S_{n_2}=n_2^2+n_2$。二和對減，求得原數列和爲：$S_n=S_{n_2}-S_{n_1}=(n_2^2+n_2)-(n_1^2+n_1)$。其中，$m$ 前項數 $n_1=\dfrac{m-2}{2}$，全數列項數 $n_2=\dfrac{m-2}{2}+n$。

答九十六
法第一人分十一其前一位應分九用末位求全位之法加一為十折半爲得
五位併現在六共十一位如前法十一自乘得一百二十一為全積以位前五位自乘
二十五減之合問
解位求積陽超
問今有物六人分用陰超法陰八起求共積若干
答七十八
法陰八起前位應六用末位求全之法折半得三位併現在爲九位如前法
九自乘得八十一加九得九十為全積以位前三自乘得九加三得十二減之
餘數合問
解位求積陰超
問今有物九十六併用陽超法第六位起求共幾位首尾各若干
答六人　十一起　二十一止
法六位起位前有五用位求積法自乘得二十五加入現積得一百二十一用積求位法平開
二得十一減位前五位餘合問
解積求位陽超

答：九十六。

法：第一人分十一，其前一位應分九。用末位求全位之法，加一爲十，折半而得五位，併現在六共十一位。如前法，十一自乘得一百二十一，爲全積，以位前五位自乘二十五減之。合問[1]。

解：位求積，陽超。

2.問：今有物六人分，用陰超法，從八起，求共積若干？

答：七十八。

法：從八起，前位應六，用末位求全之法，折半得三位，併現在爲九位。如前法，九自乘得八十一，加九得九十，爲全積。以位前三自乘得九，加三得十二減之，餘數合問[2]。

解：位求積，陰超。

3.問：今有物九十六件，用陽超，從第六位起，求是幾位？首尾各若干？

答：六人。

十一起，二十一止。

法：六位起，位前有五，用位求積法，自乘得二十五，加入現積得一百二十一；用積求位法，平開之得十一，減位前五位，餘合問[3]。

解：積求位，陽超。

---

1 已知首項 $m=11$，項數 $n=6$。首項爲奇數，係陽超，求得首項前項數爲：

$$n_1=\frac{m-1}{2}=5$$

全數列項數爲：

$$n_2=\frac{m-1}{2}+n=11$$

依法求得原數列和爲：$S_n=n_2^{\,2}-n_1^{\,2}=121-25=96$。

2 已知首項 $m=8$，項數 $n=6$。首項爲偶數，係陰超，求得首項前項數爲：

$$n_1=\frac{m-2}{2}=3$$

全數列項數爲：

$$n_2=\frac{m-2}{2}+n=9$$

依法求得原數列和爲：$S_n=(n_2^{\,2}+n_2)-(n_1^{\,2}+n_1)=90-12=78$。

3 已知等差數列和 $S_n=96$，首項前項數 $n_1=6-1=5$。係陽超，依法求得首項前數列和爲：

$$S_{n_1}=n_1^{\,2}=25$$

設全數列項數爲 n_2，全數列和爲：

$$S_{n_2}=n_2^{\,2}=S_n+S_{n_1}=96+25=121$$

求得全項數爲：

$$n_2=\sqrt{S_{n_2}}=\sqrt{121}=11$$

減去首項前項數，得原數列項數爲：$n=n_2-n_1=11-5=6$

問今有物七十八用隂超從第四位起求是幾人首尾若干

答六人　首八　末十八

法四位起位前有三用位求積法三因乘得九加三得十二加入現積得九十用積求位法

四因之得三百六十加一得三百六十一平開得十九減一餘十八折半得九位爲全減位

前三位餘合問

解積求位隂超共求末位之法俱用全數

陽超

十一　十三　十五　十七　十九　廿一

從十一起位六數九十六九爲位前之數

五爲位前之位

隂超

八　十　十二　十四　十六　十八

從八起位六數七十八六爲位前之

數三爲位前之位

一凡超位加超數多者有從首從中二種其從首起者以位求積置位數以超母因之得某

位數以超母爲首位併二數以位數乘之折半爲得以積求位位積以超母除之得數用

順次加以積求位之法

問今有物八人以超六分之求共物若干

4.問：今有物七十八，用陰超，從第四位起，求是幾人？首尾各若干？

答：六人。

首八，末十八。

法：四位起，位前有三，用位求積法，三自乘得九，加三得十二，加入現積，得九十。用積求位法，四因之得三百六十，加一得三百六十一，平開得十九，減一餘十八，折半得九位爲全。減位前三位，餘合問[1]。

解：積求位，陰超，其求末位之法，俱用全數。

陽超

十一　十三　十五　十七　十九　廿一

從十一起，位六、數九十六。九爲位前之數，五爲位前之位。

陰超

八　十　十二　十四　十六　十八

從八起，位六、數七十八。六爲位前之數，三爲位前之位。

一、凡超位加超數多者，有從首、從中二種。其從首起者，以位求積，置位數，以超母因之，得末位數，以超母爲首位，併二數，以位數乘之，折半而得。以積求位，（位）［置］積以超母除之[2]，得數用順次加以積求位之法[3]。

1.問：今有物，八人以超六分之，求共物若干？

---

1 已知等差數列和 $S_n=78$，首項前項數 $n_1=4-1=3$。係陰超，依法求得首項前數列和爲：$S_{n_1}=n_1^2+n_1=12$。設全數列項數爲 n_2，全數列和爲：

$$S_{n_2}=n_2^2+n_2=S_n+S_{n_1}=78+12=90$$

由“超二從二位起”積求項數公式，求得全項數爲：

$$n_2=\frac{\sqrt{4S_{n_2}+1}-1}{2}=9$$

減去 n_1，即得原數列項數：$n=n_2-n_1=6$。

2 位，當作“置”，涉前文“以積求位”而訛。據文意改。

3 超母，即等差數列的公差 d。多超從首起者，各項如下所示：

$$d，2d，3d，4d，\cdots\cdots，nd$$

構成首項 $a_1=d$，公差爲 d，末項 $a_n=nd$ 的等差數列，其求和公式爲：

$$S_n=\frac{n(nd+d)}{2}$$

若已知數列和 S_n，求項數 n。由項求積公式變换得：

$$n(n+1)=\frac{2S_n}{d}$$

以 n 爲闊、$n+1$ 爲長，$\frac{2S_n}{d}$ 爲長闊積，1 爲長闊較，用積較求闊法，求得闊即項數爲：

$$n=\frac{\sqrt{4\times\frac{2S_n}{d}+1}-1}{2}$$

參“順加從首起”積求項術文注釋。

荅二百一十六

法以八人以超每六因之得四十八為末位以六為首位併之得五十四以八位因之得四百三十二折半

合問

解位求積○以甲圜兩以兩圜一圓法以首位搭一折加之為二百一十六是也

問今有物二百一十六以超六分之問給幾人

荅八人

法倍積得四百三十二以超每六歸之得七十二四因之得二百八十八加一為實得二百八十九平開

之得十七減一折半合問

解積求位

問今有物九人分之以超八為法求共物幾何

荅三百六十

法以超每八因位數得七十二為末位以八為首位併得八十以九位因之得七百二十折半合問

解位求積○以廿方東以兩圜一圓法以首位搭一加一作三百六十是也

問今有物三百六十以超八分之問可給幾人

荅九人

法以超每八歸積得四十五倍之得九十四因之得三百六十加一為實得三百六十一平開

答：二百一十六。

法：八人以超母六因之，得四十八爲末位，六爲首位，併之得五十四。以八位因之，得四百三十二，折半，合問[1]。

解：位求積。◎與圓箭六而圍一同法。若首位有一者，加之爲二百一十七是也。

2.問：今有物二百一十六，以超六分之，可給幾人？

答：八人。

法：倍積得四百三十二，以超母六歸之，得七十二，四因之得二百八十八，加一爲縱，得二百八十九，平開之得一十七，減一折半，合問[2]。

解：積求位。

3.問：今有物九人分之，以超八爲法，求共物若干？

答：三百六十。

法：以超母八因位數，得七十二爲末位，以八爲首位，共八十。以九位因之，得七百二十，折半，合問[3]。

解：位求積。◎與方束八而圍一同法。若首位有一，加一作三百六十一是也。

4.問：今有物三百六十件，以超八分之，可給幾人？

答：九人。

法：以超母八歸積，得四十五，倍之得九十，四因之得三百六十，加一爲帶縱，共三百六十一，平

---

1 已知公差 $d=6$，項數 $n=8$，據術文，求得數列和爲：

$$S_n=\frac{n(nd+d)}{2}=\frac{8\times(8\times 6+6)}{2}=216$$

2 已知數列和 $S_n=216$，公差 $d=6$，據術文，求得項數爲：

$$n=\frac{\sqrt{4\times\frac{2S_n}{d}+1}-1}{2}=\frac{\sqrt{4\times\frac{2\times 216}{6}+1}-1}{2}=8$$

3 已知公差 $d=8$，項數 $n=9$，據術文，求得數列和爲：

$$S_n=\frac{n(nd+d)}{2}=\frac{9\times(9\times 8+8)}{2}=360$$

閏之得一十九減一折半合問

解積求位前六題先借之此先归之法所由也

所以為廿順次回借廿順次以為一此所以為一二位是二個八三位是三個八其次皆同

但每一中又涵八耳以上特舉題六題八之法其餘照論題幾皆同

題六

六　十二　十八　二四　三十　三六　四二　四八　位八　數二百十六

題八

八　十六　二四　三二　四十　四八　五六　六四　七二　位九　數三百六十

一凡題位加從中起廿先有均得之數然後以題法遞加之此所以位和總廿就全位減

一位餘以題母乘之得數再加首數為末位所得之數併入首數以位數乘之折半得全數

以總知位廿先求位前之數置均數減題母為首位前末位之數以題母除之看得幾

位卻以題母為首位併入末位以位乘之折半所得位前之數併入現數仍用從首題加

以積求位之法以總位減去位前之位餘為現位共均數用從題母乘則無首尾

二數定之以首位減末位餘以題母除之再加一為全位

開之得一十九，減一折半，合問[1]。

解：積求位。前六超先倍之，此先歸之，法則一也。

所以與順次同法者，順次以一爲一，此以八爲一，二位是二個八，三位是三個八，其次正同，但每一中又涵八耳。以上姑舉超六、超八二法，其餘無論超幾皆同。

超六

六　十二　十八　二四　三十　三六　四二　四八

位八、數二百一十六

超八

八　十六　二四　三二　四十　四八　五六　六四　七二

位九、數三百六十

一、凡超位加從中起者，先有均得之數[2]，然後以超法遞加之。若欲以位知總者，就全位減一位，餘以超母乘之，得數再加首數，爲末位所得之數；併入首數，以位數乘之，折半得全數[3]。以總知位者，先求位前之數。置均數，減超母，爲位前末位之數，以超母除之，看得幾位；却以超母爲首位，併入末位，以位乘之，折半而得位前之數。併入現數，仍用從首超加以積求位之法，得總位。減去位前之位，餘爲現位[4]。若均數不從超母而來，則兼首尾二數定之，以首位減末位，餘以超母除之，再加一爲全位[5]。

---

1 已知數列和 $S_n = 360$，公差 $d = 8$，據術文，求得項數爲：

$$n = \frac{\sqrt{4\times\frac{2S_n}{d}+1}-1}{2} = \frac{\sqrt{4\times\frac{2\times360}{8}+1}-1}{2} = 9$$

2 均得之數，後文亦稱“均數”，相當於等差數列的首項，以後各項皆在此基礎上遞加公差而得，均有此數，故名。參第一問解文。

3 超多從中起者，各項如下所示：m，$m+d$，$m+2d$，$m+3d$，……，$m+(n-1)d$，構成首項爲 $a_1 = m$，公差爲 d，末項爲 $a_n = m+(n-1)d$ 的等差數列。其求和公式爲：

$$S_n = \frac{(a_1+a_n)n}{2}$$

4 已知等差數列和 S_n，公差 d，首項 $m(m = pd)$，求項數 n。首項前各項構成如下數列：d，$2d$，$3d$，……，$m-d$，項數 $n_1 = \frac{m-d}{d}$，求得和爲：$S_{n_1} = \frac{d+(m-d)}{2}\cdot n_1$。設全數列項數爲 n_2，全數列和爲：$S_{n_2} = S_n + S_{n_1} = \frac{(d+n_2 d)n_2}{2}$。據“超多從首起”積求位公式，求得全項數爲：

$$n_2 = \frac{\sqrt{4\times\frac{2S_{n_2}}{d}+1}-1}{2}$$

減去 n_1，即原數列項數。

5 均數不從超母而來者，即等差數列首項（均數）非公差（超母）整數倍，即：$m = pd + q(p \neq q)$。依法求其項數爲：

$$n = \frac{a_n - a_1}{d} + 1$$

問今有牛四十遍其第一遍六千隻每遍加二十隻求總數若干

答一萬八千隻

法全位四十減一為三十九以遞數二十相乘得七百八十加入首位六千得六千七百八十為末位六千為首位併之得九百以全位四十乘之得三萬六千折半合問

解位求積從中數加也有二種一種從遞數累乘如無問六千隻以遞數二十除之得三百是第一位在二第二位在四十今特從第三位起耳一種不從遞數累乘如下問第一位三十起其是無首也方為圓前法為一其先同中當一其只首位為一下位必無第二位視首位若加八家止七家名加六家止五家從中數其先有底數徹底併有此數易從多外以遞母加之故神之均數也

又法以四十位乘首位六千得二十四萬為每位之均數然後用以位求積之法以遞母二十乘三十九得七百八十為末位以二十為首位併得八百以三十九位乘之得三萬一千二百半之得一萬五千六百合底數二十四萬合問所以用三十九者以首位無之均數故也

問今有牛一萬七千七百六十隻首遍一百二十用遞數二十加之求若干遍

答二十七遍

法置總數一百二十減遞數二十餘一百為首位前末位之數以遞母除之得五知是五位卻以末位一百併首位二十得一百二十以五位乘之得六百折半得三百為五位前之數加入總積得

1.問：今有牛四十區，其第一區六十隻，遞加二十隻，求總數若干？

答：一萬八千隻。

法：全位四十，減一爲三十九，與超母二十相乘，得七百八十，加入首位六十，得八百四十爲末位。六十爲首位，併之得九百，以全位四十乘之，得三萬六千，折半，合問[1]。

解：位求積，從中超加凡有二種：一種從超母而來，如此問六十隻，以超母二十除之得三，是第一位應二［十］，第二位應四十，今特從第三位起耳。一種不從超母而來，如下問第一位三十起者是也。其與方箭、圓箭中心有一者不同。中心有一者，只首位有一，下位皆無。第二位視首位，雖名加八，實止七；雖名加六，實止五。若從中超者，先有底數，徹底俱有此數，另從分外，以超母加之，故謂之均數也。

又法：以四十位乘首位六十，得二千四百，爲每位之均數。然後用以位求積之法，以超母二十乘三十九，得七百八十爲末位，以二十爲首位，併得八百。以三十九位乘之，得三萬一千二百，半之得一萬五千六百，合底數二千四百，合問[2]。所以用三十九者，以首位入之均數故也。

2.問：今有牛一萬七千七百六十隻，首區一百二十，用遞超二十加之，求是幾區？

答：三十七區。

法：置均數一百二十，減超母二十，餘一百，爲位前末位之數。以超母除之得五，知是五位。却以末位一百併首位二十，得一百二十，以五位乘之，得六百，折半得三百，爲位前之數。加入總積，得

---

1 已知首項 $m=60$，公差 $d=20$，項數 $n=40$。據術文，求得末項爲：

$$a_n=m+(n-1)\ d=60+(40-1)\times 20=840$$

數列和爲：

$$S_n=\frac{(60+840)\times 40}{2}=18000$$

2 原數列每項減去均數 60，餘數從第二項起，構成如下等差數列：

$$d,\ 2d,\ 3d,\ 4d,\cdots\cdots,\ (n-1)d$$

首項爲 d，項數爲 $n-1$，末項爲 $(n-1)\ d$，公差仍爲 d，求得新數列和爲：

$$S'=\frac{\left[d+(n-1)\ d\right](n-1)}{2}=\frac{(20+780)\times 39}{2}=15600$$

加入每項均數之和，得原數列和：

$$S_n=60n+S'=2400+15600=18000$$

一萬八千零六十隻以趣母二十除之得九百零三倍之得一千八百零六四因之得七千二百二十四加一得七千二百二十五平開之得八十五減一得八十四折半得四十二遍減位前五遍合問

解積求位首位從趣母而來

問今有物一萬六千八百以二十為加法分之其首遍三十末遍八百一十求幾何遍

荅四十遍

法以首遍三十減末遍八百一十餘七百八十以趣母二十除之得三十九加一合問

解積求位首位不從趣母而來者

此亦用尾位與首位法約之如先取十位為法以首位三十為底法以十位乘之得三百為共底數却以九位乘趣母得一百八十為末位以二十為首位併之得二百以九位乘之得一千八百折半得九百為加數合底加之數得一千二百為一宗再取十位以第十一位二百加三十為底法以十位乘之得二千三百加九百共三千二百為二宗再取十位以第二十一位四百加三十為底法以十位乘之得四千三百加九百共五千二百為三宗再取十位以第三十一位六百加三十為底法以十位乘之得六千三百加九百共七千二百為四宗合四宗得全數知為四十位或用二十位則二次而定或用五位則八次而定任取為法無不可也

一萬八千零六十隻。以超母二十除之，得九百零三分，倍之得一千八百零六，四因之得七千二百二十四，加一得七千二百二十五，平開之得八十五，減一得八十四，折半得四十二區。減位前五區，合問[1]。

解：積求位，首位從超母而來。

3.問：今有物一萬六千八百，以二十爲加法分之，其首區三十，末區八百一十，求若干區？

答：四十區。

法：以首區三十減末區八百一十，餘七百八十，以超母二十除之，得三十九，加一，合問[2]。

解：積求位，首位不從超母而來者。

若不用尾位，則以商法約之。如先取十位爲法，以首位三十爲底法，以十位乘之得三百，爲共底數。却以九位乘超母得一百八十，爲末位，以二十爲首位，併之得二百。以九位乘之，得一千八百，折半得九百，爲加數。合底、加二數，得一千二百爲一宗。再取十位，以第十一位二百加三十爲底法，以十位乘之得二千三百，加九百共三千二百，爲二宗。再取十位，以第二十一位四百加三十爲底法，以十位乘之，得四千三百，加九百共五千二百，爲三宗。再取十位，以第三十一位六百加三十爲底法，以十位乘之，得六千三百，加九百共七千二百，爲四宗。合四宗得全數，知爲四十位[3]。或用二十位，則二次而定；或用五位，則八次而定。任取爲法，無不可也。

---

1 已知等差數列和 $S_n=17760$，首項 $m=120$，公差 $d=20$，求項數 n。據術文，求得首項前項數爲：$n_1=\frac{m-d}{d}=5$。

首項前項數和爲：

$$S_{n_1}=\frac{\left[d+(m-d)\right]n_1}{2}=\frac{\left[20+(120-20)\right]\times 5}{2}=300$$

全數列和爲：

$$S_{n_2}=S_{n_1}+S_n=300+17760=18060$$

求得全項數爲：

$$n_2=\frac{\sqrt{4\times\frac{2S_{n_2}}{d}+1}-1}{2}=\frac{\sqrt{4\times\frac{2\times 18060}{20}+1}-1}{2}=42$$

則原數列項數爲：

$$n=n_2-n_1=42-5=37$$

2 已知等差數列和 $S=16800$，首項 $a_1=30$，末項 $a_n=810$，公差 $d=20$，求得項數爲：$n=\frac{a_n-a_1}{d}+1=40$。

3 設原數列項數 $n=10$，首項 $a_1=30$，公差 $d=20$，末項 $a_{10}=30+9\times 20=210$，a_1 至 a_{10} 構成如下等差數列：

$$30,\ 30+20,\ 30+40,\ 30+60,\ \cdots\cdots,\ 230+180$$

求得 a_1 至 a_{10} 數列和爲：

$$S_1=30\times 10+\frac{(20+180)\times 9}{2}=1200$$

再設項數 $n=20$，a_{11} 至 a_{20} 構成如下等差數列：

（轉一五〇五頁）

其位所積與所問首位之合法與此數同是一法並減首位而用故合超母不合超母一也

首位從超母來

一　二　三　四　五　六　七　八　九　十　十一　十二

○　○　六十　八十　百　百廿　百四十　百六十　百八十　二百　二百廿　二百四十

首位不從超母而來

一　二　三　四　五　六　七　八　九　十　十一

三十　五十　七十　九十　百十　百卅　百五十　百七十　百九十　二百十　二百卅

若積所位從首位超母來如六十起超母二十是第三位先取位前之積加入本身積

求得位數減去位前之位而得

首位不從超母而來如三十起並用首尾二數望之求得位又加一而得

其位所積同用一法也

一凡總加超加以位數首尾數求超母者置尾數以位數除之得超母從中起者先有

均數廿以首減尾餘以位數除之得超母

問今有物十八人分之末位十八

又有物十一人分之末位二十一

若位求積，則不問首位之合法與否，同是一法。蓋減首位不用，故合超母、不合超母一也。

首位從超母來

一	二	三	四	五	六	七	八	九	十	十一	十二
○	○	六十	八十	百	百廿	百四十	百六十	百八十	二百	二百廿	二百四十

首位不從超母而來

一	二	三	四	五	六	七	八	九	十	十一
三十	五十	七十	九十	百十	百卅	百五十	百七十	百九十	二百十	二百卅

右積求位，首位從超母來，如六十起，超母二十，是第三位。先求位前之積，加入本積，求得位數，減去位前之位而得。

首位不從超母而來，如三十起，兼用首尾二數定之，求得位，又加一而得。

其位求積，同用一法也。

一、凡順加超加以位數、首尾數求超母者，置尾數，以位數除之，得超母[1]。從中起先有均數者，以首減尾，餘以位數除之，得超母[2]。

1.問：今有物十八人分，末位十八；

又有物十一人分，末位二十一；

1 順加、超加從首位起者（不包括超二從首起），首項等於公差，實際構成如下數列：

$$d,\ 2d,\ 3d,\ 4d,\cdots\cdots,\ nd$$

末項 $a_n = nd$，以末項求公差（超母）爲：

$$d = \frac{a_n}{n}$$

其中，超二從首起者，其首項爲 1，公差 $d = 2$，不適用此式。其各項爲：

$$1,\ 1+2,\ 1+4,\ 1+6,\cdots\cdots,\ 1+(n-1)d$$

以末項求公差爲：

$$d = \frac{a_n - 1}{n-1}$$

2 已知等差數列首項 a_1、末項 a_n、項數 n，求公差 d，公式爲：

$$d = \frac{a_n - a_1}{n-1}$$

（接一五〇三頁）

$$230,\ 230+20,\ 230+40,\ 230+60,\cdots\cdots,\ 230+180$$

求得 a_{11} 至 a_{20} 數列和爲：

$$S_2 = 230\times10+\frac{(20+180)\times9}{2} = 3200$$

同法，依次求得 a_{21} 至 a_{30}、a_{31} 至 a_{40} 數列和分別爲：$S_3 = 5200$，$S_4 = 7200$。由於 $S_1+S_2+S_3+S_4 = S_n = 16800$，知項數 $n = 40$ 爲所求。

又首物十六尺，末位二十四
又首物八尺，末位四十八
又首物四十尺，末位八百一十，首位三十，求各數法算
答末位十八分順加
末位二十一分陽超
末位二十四分陰超
末位四十八分超六
首位三十，末位八百一十分，超二十
法：順加位數，與分末數同，十八分為順推
二十一分加一，以位十二除之，得二，知是陽超
二十四分，以位十二除之，得二，知是陰超
四十八分，以位八除之，得六，以為超數
八百一十分，減首位二十，餘七百九十分，以減一位，二十九除之，得二十七，為超數
解：順次加以為每，以位除尾，必得一，陽位超兼名超一，實以二為每，特首先有
一，與分超多先首物數分同例，陰超則末為超二，從首起，故共二十四分，為十二分
二四十八分為八分，共六倒之則為二分十二，為尾八分，八十分例同也，尾八百一十，首三十，以均陽超

又有物十二人分，末位二十四；

又有物八人分，末位四十八；

又有物四十人分，末位八百一十，首位三十。求各超法若干？

答：末位十八者順加；　　　　　　　末位二十一者陽超；

末位二十四者陰超；　　　　　　　末位四十八者超六；

首位三十，末位八百一十者，超二十。

法：順加，位數與末數同十八，不必用推。

二十一者，加一，以位十一除之得二，知是陽超。

二十四者，以位十二除之得二，知是陰超。

四十八者，以位八除之，得六爲超母。

八百一十者，減首位三十，餘七百八十，以減一位三十九除之，得二十爲超母。

解：順次加，以一爲母，以位除尾，正得一。陽位超，雖名超一，實以二爲母，特首先有一，與超多先有均數者同例。陰超則真爲超二從首起者矣。二十四爲十二者二，四十八爲八者六，倒之則是爲二者十二，爲六者八，其例同也。尾八百一十，首三十，與陽超尾二十一首亦一同，其用減法，尾二十一減首下位十一，亦減下，以十除二十，所得同也。大率從首數其位與其尾數，以右反復相求，從中起其則減去第一位，此要訣也。

一　凡數加知首尾共數、總數、數母，要知位數及首尾各數，其半首尾數，用除總戴倍總數，以首尾共數除之，所得位數。減全位之一，以數母乘之，所得數加入共數，半之為尾，以減共數，半之為首。

問：今有物一萬六千八百，遞數二十，首尾共數八百四十，求其幾位、首尾各數若干。

答：四十位。　首位三十，　末位八百一十。

法：半首尾共數四百二十，除總，得位數。減一為三十九，以數母二十乘之，得七百八十，加入共數，得一千六百二十，半之得尾。以減共數，餘六十，半之得首。合問。

解：此從中起首位，先有均數，其從首起總數、數母，便可推知之。不用餘法，亦但知尾位求首位，其於全位減一，以數母乘得之數，用減尾位，得首位。

一　凡倍加之法，與乘法同。如首位一，次位二，三位四，四位八，是二為母，其次位三，三位九，四位二十七，是三為母，其更多者仿此例也。亦有從首從中二種，並從首起位求數，其任取一位為主，以其數其乘，所得為前幾位，從幾位相乘之數，其任取二位為主，以其數相乘，所得為前位之前幾位，從後幾位相乘之數，其不問其多寡，遞得位數均勻，所得推也。以位求總數，其於二母任取一位減一

尾二十一、首一同。若用減法，尾二十一減首一，位十一亦減一，以十除二十，所得同也。大率從首超者，位與尾數皆可反復相求；從中起者，則減去第一位，此要訣也。

一、凡超加知首尾共數、總數、超母，而不知位數及首尾各數者，半首尾數以除總；或倍總數，以首尾共數除之，皆得位數。減全位之一，以超母乘之，得數加入共數，半之爲尾；以減共數，半之爲首[1]**。**

1. 問：今有物一萬六千八百，遞超二十，首尾共數八百四十，求是幾位？首尾各若干？

答：四十位。

首位三十；　　　　末位八百一十。

法：半首尾共數四百二十，除總得位數。減一爲三十九，以超母二十乘之，得七百八十，加入共數，得一千六百二十，半之得尾；以減共數，餘六十，半之得首。合問。

解：此從中起，首位先有均數者。若從首起，總數、超母便可推知之，不用餘法。若但知尾位求首位者，於全位減一，以超母乘得之數，用減尾位，得首位。

【倍加】

一、凡倍加之法，與乘法同。如首位一，次位二，三位四，四位八，是二爲母者。次位三，三位九，四位二十七，是三爲母者。更多者，皆此例也。亦有從首從中二種。若從首起，位求數者，任取一位爲主，以其數自乘，即與前幾位、後幾位相乘之數等；任取二位爲主，以其數相乘，即與前位之前幾位、後位之後幾位相乘之數等[2]**。不問去身遠近，但位數均勻，即可推也。以位求總數者，若係二母，任取一位減一，**

---

1 已知等差數列和 S_n，首位兩項和 a_1+a_n，公差 d，求項數 n、首項 a_1 與末項 a_n。依術文，求得項數爲：

$$n=\frac{S_n}{\frac{a_1+a_n}{2}}=\frac{2S_n}{a_1+a_n}$$

末項爲：

$$a_n=\frac{(a_1+a_n)+(n-1)\ d}{2}$$

首項爲：

$$a_1=\frac{(a_1+a_n)-(n-1)\ d}{2}$$

2 倍加，即等比數列。在等比數列中，若 $2r=m+n$，則：

$$a_r^{\ 2}=a_p\cdot a_q$$

若 $m+n=p+q$，則：

$$a_m\cdot a_n=a_p\cdot a_q$$

一以某位以前諸位之共數倍之減一，以從首至某位及諸位之共數為母，以減首一為實。三母作一，四母作三，不論何母，俱減一為法，歸之得數，再加某位為諸位之共數。若展轉求總數，其所前每位總數加一自乘，得首到後幾位。

問今有神十人，分之，從一起，以加倍為法，求第五位數、第八位數、第十位數各若干，及五位以前、八位以前與十位之共數各若干。

答：五位數十六，從一至五共數三十一。
八位數一百二十八，從一至八共數二百五十五。
十位數五百一十二，從一至十共數一千零二十三。

法：五位共數，其中在三，第三位是四，自乘得一十六，以第五位所得之數倍之得三十二，減一為五位以前共數。八位係數，其中在四與五，第四位是八，第五位是十六，相乘得一百二十八，四之前增三位，五之後亦三位，是八，知為第八位所得之數，倍之得二百五十六，減一為八位以前共數。十位係數，其中在五與六也，五位是十六，六之位是三十二，相乘得五百一十二，為第十位所得之數，倍之減一為十位以前之共數。若有五位總數三十一，加一得三十二，自乘得一千零二十四，減一得十位總數，合問。

解此位求數，從首起分其法，任取無定，合假如十位五百一十二，試取其第二位之二、第九位之二百五十六相乘，第三位之四、第八位之一百二十八相乘，第四位之八、第七位之

即本位以前諸位之共數；倍之減一，即從首至本位（及）諸位之共數[1]。多母者，減首一爲實，三母作（一）［二］，四母作三，不論何母，俱減一爲法歸之，得數再加本位，爲諸位之共數[2]。若展轉求總數者，取前幾位總數，加一自乘，即管到後幾位[3]。

1.問：今有物十人分之，從一起，以加倍爲法，求第五位數、第八位數、第十位數各若干？及五位以前、八位以前與十位之共數各若干？

答：五位數十六，　　　　　　　　從一至五共數三十一；

八位數一百二十八，　　　　　　從一至八共數二百五十五；

十位數五百一十二，　　　　　　從一至十共數一千零二十三。

法：五位奇數，其中在三，第三位是四，自乘得一十六，即第五位所得之數。倍之得三十二，減一爲五位以前共數。八位偶數，其中在四與五，第四位是八，第五位是十六，相乘得一百二十八。四之前有三位，五之後亦三位是八，知爲第八位所得之數。倍之得二百五十六，減一爲八位以前共數。十位亦偶數，其中在五與六，五位是十六，六位是三十二，相乘得五百一十二，爲第十位所得之數。倍之減一，爲十位以前之共數[4]。若以五位總數三十一加一得三十二，自乘得一千零二十四，減一即十位總數[5]。合問。

解：此位求數從首起者，其法任取，無不合。假如十位五百一十二，試取第二位之二、第九位之二百五十六相乘；第三位之四、第八位之一百二十八相乘；第四位之八、第七位之

1 二母，即等比數列公比 $q=2$ 。從首起者，即首項 $a_1=1$ 。相當於以下等比數列：

$$1，2，4，8,\cdots\cdots，2^{n-1}$$

等比數列和爲：$S_n=2a_n-1$ 。a_n 前各項和爲：$S_{n-1}=a_n-1$ 。

2 多母從首起者，構成如下等比數列（ $q>2$ ）：

$$1,q，q^2，q^3，\cdots\cdots，q^{n-1}$$

數列和爲：

$$S_n=\frac{a_n-1}{q-1}+a_n$$

即：

$$(S_n+1)^2=S_{2n}+1$$

3 此係首項 $a_1=1$ ，公比 $q=2$ 的等比數列。依法求得：

$$a_5=a_3{}^2=4^2=16；\ a_8=a_4\cdot a_5=8\times16=128；\ a_{10}=a_5\cdot a_6=16\times32=512$$

各項之和爲：

$$S_5=2a_5-1=2\times16-1=31$$
$$S_8=2a_8-1=2\times128-1=255$$
$$S_{10}=2a_{10}-1=2\times512-1=1023$$

4 據術文得：

$$S_{10}=(S_5+1)^2-1=(31+1)^2-1=1023$$

第四相乘之圖

又如第四位八自乘之第四前有三位即當列後三位第七位之數第五位乃八自乘

得二百五十六前有四位即當列後四位第九位之數又任取一位減一即此位以前

之總數也

又如先知前位倍之得後先知後位半之得前再倍則得後之後再二歸又得前

之前惟所在通用其以總數轉求如五位總推得十位總十位總加一自乘

又減一即二十位之總也此以倍法推之要旁

倍加

一	二		三	四	五	六	七	八	九	十
一	二	此總位	四	八	十六	三十二	六十四	百二十八	二百五十六	五百一十二

右任取一位減一即以前之共數如五位十六減一為十五即四位共數

單數相推如取三位四自乘一十六前有二位後亦當有二位知是五取四位八自乘六

十四前有三位後亦當三位知是七

總數相推如取三位一二四共七加一為八自乘得六十四減一得六十三即六位以前共數如

取四位一二四八共十五加一為十六自乘得二百五十六減一得二百五十五即八位以前共數

六十四相乘，皆同。

又如第四位八，自乘六十四，前有三位，即管到後三位第七位之數。第五位十六，自乘得二百五十六，前有四位，即管到後四位第九位之數。又任取一位減一，即此位以前之總數也。

又如先知前位，倍之得後；先知後位，半之得前。再倍則得後之後，再二歸又得前之前，惟所變通耳。其以總數轉求，如五位總推得十位總，十位總加一，自乘又減一，即二十位之總也。皆以倍法，推之無窮。

倍加

一	二	三	四	五	六	七	八	九	十
一	二	四	八	十六	三十二	六十四	百二十八	二百五十六	五百一十二

右任取一位，減一即以前之共數。如五位十六，減一爲十五，即四位共數。

單數相推，如取三位四自乘一十六，前有二位，後亦管二位，知是五；取四位八自乘六十四，前有三位，後亦管三位，知是七。

總數相推，如取三位一、二、四，共七，加一爲八，自乘得六十四，減一得六十三，即六位以前共數。如取四位一、二、四、八，共十五，加一爲十六，自乘得二百五十六，減一得二百五十五，即八位以前共數。

問今有十二人分物從一起以四倍法加之求第六位第九位第十二位各數及六位九位十二位以前全數各若干

答六位一千零二十四　共數一千三百六十五

九位六萬五千五百三十六　共數八萬七千三百八十一

十二位四百一十九萬四千三百零四　共數五百五十九萬二千四百零五

法取第三位四位相乘得六位數取第五位數自乘得九位數取第六第七二位數相乘得第十二位數取六位減一得一千零二十三三歸之得三百四十一九位減一三歸之得二萬一千八百四十五十二位減一三歸之得一百三十九萬八千一百零一各加本位合問

解此六位求數從首起計而以加倍為法此以四倍為法或三或五以至無窮均此例也

凡倍法不論何母但取兩位相乘合兩位減一即得其位之數如以二位四五位二百五十六相乘得一千零二十四合二與五得七減一為六乃六位之數也如以四位六十四五位二百五十六相乘得一萬六千三百八十四合四五為九減一為八知八位之數其一位自乘者倍之減一而合如三位十六自乘得二百五十六倍三作六減一知為五位之數

四倍加法

2.問：今有十二人分物，從一起，以四倍法加之，求第六位、第九位、第十二位各數，及六位、九位、十二位以前全數各若干？

答：六位一千零二十四，　　　　　　　　共數一千三百六十五；

九位六萬五千五百三十六，　　　　　　共數八萬七千三百八十一；

十二位四百一十九萬四千三百零四，共數五百五十九萬二千四百零五。

法：取第三位、四位相乘，得六位數；取第五位數自乘，得九位數；取第六、第七二位數相乘，得第十二位數。取六位減一，得一千零二十三，三歸之，得三百四十一；九位減一，三歸之，得二萬一千八百四十五；十二位減一，三歸之，得一百三十九萬八千一百零一。各加本位，合問[1]。

解：此亦位求數從首起者。前問以加倍爲法，此以四倍爲法。或三或五，以至無窮，皆此例也。凡倍法，不論何母，但取兩位相乘，合兩位減一，即得至某位之數。如以二位四、五位二百五十六相乘，得一千零二十四；合二與五得七，減一爲六，乃六位之數也。如以四位六十四、五位二百五十六相乘，得一萬六千三百八十四；合四、五爲九，減一，知爲八位之數。其一位自乘者，倍之減一而合。如三位十六，自乘得二百五十六，倍三作六，減一，知爲五位之數。

四倍加法

---

1 此係首項 $a_1=1$、等比 $q=4$ 的等比數列，依法求得：

$$a_6 = a_3 \cdot a_4 = 16 \times 64 = 1024$$
$$a_9 = {a_5}^2 = 256^2 = 65536$$
$$a_{12} = a_6 \cdot a_7 = 1024 \times 4096 = 4194304$$

各項和爲：

$$S_6 = \frac{a_6 - 1}{q-1} + a_6 = \frac{1024-1}{4-1} + 1024 = 1365$$
$$S_9 = \frac{a_9 - 1}{q-1} + a_9 = \frac{65536-1}{4-1} + 65536 = 87381$$
$$S_{12} = \frac{a_{12} - 1}{q-1} + a_{12} = \frac{4194304-1}{4-1} + 4194304 = 5592405$$

一 二 三 四 五 六 七 八 九 十 十一 十二

一 四 十六 六十四 二五六 一〇二四 四〇九六 一六三八四 六五五三六 二六二一四四 一〇四八五七六 四一九四三〇四

按任取二位相乘如三位十六八位一萬六千三百八十四相乘得十位數蓋三位前有二位八位後亦二位也如二位四五位二百五十六相乘得六位數蓋二位前止一位五位後亦止一位也其不知數位則併二位減一如三位八位共十一減一存十二位五位共七減一存六也若位自乘則倍之減一如五位二百五十六自乘得六萬五千五百三十六倍五得十減一得九也求總數任取一位減一三歸之又加本數如三位十六減一得十五三歸得五加十六得二十一即從一位起三位共數也

一凡倍加從中起位求數者以首位除之求總則減首位而除

假令有物十人分之第一人六數以倍法加之求第五人第十人所得若干各共數若干

答 五位九十六 以前共數一百八十六

十位三千零七十二 以前共數六千一百三十八

法取三位二十四自乘得五百七十六以首位六歸之得五位數倍之得一百九十二減六得總即以五位九十六自乘得九千二百一十六以六歸之得第九位之數再倍之得十位之數再倍之得六千一百四十四減六得總合問

一	二	三	四	五	六	七	八	九	十	十一	十二
一	四	十六	六四	二五六	一零二四	四零九六	一六三八四	六五五三六	二六二一四四	一零四八五七六	四一九四三零四

右任取二位相乘，如三位十六、八位一萬六千三百八十四相乘，得十位數。蓋三位前有二位，八位後亦二位也。如二位四、五位二百五十六相乘，得六位數。蓋二位前止一位，五位後亦止一位也。若不知數位，則併二位減一。如三位、八位共十一，減一爲十；二位、五位共七，減一爲六也。若一位自乘，則倍之而減一。如五位二百五十六，自乘得六五五三六，倍五爲十，減一得九也。求總數，任取一位，減一,三歸之，又加本數。如三位十六，減一得十五,三歸得五，加入十六，得二十一，即從一位至三位共數也。

一、凡倍加從中起，位求數者，皆以首位除之；求總則減首位而得[1]。

1.問：今有物十人分之，第一人六數，以倍法加之，求第五人、第十人所得若干？各共數若干？

答：五位九十六，以前共數一百八十六；

十位三千零七十二，以前共數六千一百三十（六）[八][2]。

法：取三位二十四自乘，得五百七十六，以首位六歸之，得五位數；倍之得一百九十二，減六得總。即以五位九十六自乘，得九千二百一十六，以六歸之，得九位之數，再倍之得十位之數；再倍之得六千一百四十四，減六得總。合問。

---

1 已知等比數列首項爲 a_1，公比 $q=2$，求任意項 a_n。若 n 爲奇數，設 $m=\frac{n+1}{2}$，則：

$$a_n=\frac{{a_m}^2}{a_1}$$

若 n 爲偶數，設 $m=\frac{n}{2}$，則：

$$a_n=\frac{{a_m}^2\cdot q}{a_1}$$

各項和爲：

$$S_n=2a_n-a_1$$

2 據術文，

$$S_{10}=2a_{10}-a_1=2\times3072-6=6138$$

原文“六千一百三十六”，後“六”係“八”字之誤，據演算改。

解此位求積從一起者

求每位積從六字來每加輒得六倍故以首位自之求總積推每位之原數與前同法但首是六如是一耳故用減不用除蓋從六起以六為首如從一起以一為首也舉從六起多此一推

六起倍加

一	二	三	四	五	六	七	八	九	十
六	十二	廿四	四八	九六	百九二	三八四	七六八	一五三六	三零七二

右任取一位自乘如四位四八自乘得二千三百零四以六歸之得八位以前後各三也

取二位相乘如三位二十四六位百九二相乘得四千六百零八以六歸之得八位以三之前六之後各三也

求總數任取後一位如第五位九十六減六餘九十即前四之總數如八位七百六十八減六餘七百六十二即前七之總數也

求此每位求總數求得以前之數再加本位之數而合或倍前位減六同

一凡倍加以積求位者置本數平開之視與某位相合其所合之位即於首幾位即知前非此數幾位其不合者必在兩位之中視前位之前幾位知後位之後幾位

解：此位求積從中起者。

求每位積從六而來，每加輒得六倍[1]，故以首法歸之。求總積，據本位之實數，與前同法。但首是六，非是一耳，故用減不用除。蓋從六起以六爲首，與從一起以一爲首，一也。舉從六起，多者可推。

六起倍加

一	二	三	四	五	六	七	八	九	十
六	十二	廿四	四八	九六	百九二	三八四	七六八	一五三六	三零七二

右任取一位自乘，如四位四八自乘，得二千三百零四，以六歸之得七位，以前後各三也。取二位相乘，如三位二十四、六位百九二相乘，得四千六百零八，以六歸之得八位，以三之前、六之後各二也。

求總數，任取後一位，如五位九十六，減六餘九十，即從一至四之總數；如八位七百六十八，減六餘七百六十二，即從一至七之總數也[2]。

若即本位求總數，求得以前之數，再加本位之數而合；或倍（前）[本]位，減六，同[3]。

一、凡倍加以積求位者，置本數平開之，視與某位相合，其所合之位，後於首幾位，即知前於此數幾位；其不合者，必在兩位之中，視前位之前幾位，知後位之後幾位。

1 六倍，意爲六的倍數。

2 據術文：

$$S_n = 2a_n - a_1$$

又$a_{n+1} = 2a_n$，故：

$$S_n = a_{n+1} - a_1$$

3 由於：

$$S_{n-1} = a_n - a_1$$

則：

$$S_n = S_{n-1} + a_n = (a_n - a_1) + a_n = 2a_n - a_1$$

a_n爲本位，原文“或倍前位減六”，“前”當作“本”，據改。

或任取前位以除本數任取後位以本數除之視其相去之遠近而取之

問今有物二百五十六數原係倍法分來是第幾人

答曰第九人

法置數平開得十六十六在倍法為第五位前有四位知後有四位合問

或任取四位之八以除二百五十六得三十二為第六位四之前有三位知六之後亦三位

或任取第十位之五百十二以二百五十六除之得二二為第二位去首止一知本數比於第十位差一位偶合問

解此數求位奇位也

問今有物一百二十八係倍法分來是第幾人

答曰第八人

法置數平開之得一十一有零是七視八有餘視十六不足知在二位之中以八為四位十六為五位四之前有三五之後亦三知為八位合問

解此數求位係偶位也凡係偶位平開必有零合平數在二位之中

若以揔數求位加一數半之如法求之以為本位如九位揔數五百一十一加一為五百一十二半之即見九位之數以法推之即見九位

或任取前位以除本數，任取後位以本數除之，視其相去之遠近而取之[1]。

1.問：今有物二百五十六數，原係倍法分，應是第幾人？

答：第九人。

法：置數平開，得一十六。十六在倍法爲第五位，前有四位，知後有四位。合問。

或任取四位之八，以除二百五十六，得三十二，爲第六位。四之前有三位，知六之後亦三位。

或任取第十位之五百一十二，以二百五十六除之，得二。二爲第二位，去首止一，知本數止與第十位差一位。俱合問。

解：此數求位奇位者。

2.問：今有物一百二十八，係倍法分，應是第幾人？

答：第八人。

法：置數平開之，得一十一不盡七[2]，視八有餘，視十六不足，知在二位之中。八爲四位，十六爲五位，四之前有三，五之後亦三，知爲八位。合問。

解：此數求位偶位者。凡偶位平開，必不合，平數在二位之中。

若以總數求位者，加一數半之，如法求之，即爲本位[3]。如九位總數五百一十一，加一爲五百一十二，半之即得九位之數，以法推之，得九位。

---

1 在首項 $a_1=1$，公比 $q=2$ 的等比數列中，由 a_n 求項數 n。若 $\sqrt{a_n}=a_m$，則：

$$n=2m-1$$

若 $a_m<\sqrt{a_n}<a_{m+1}$，則：

$$n=2m$$

或任取 a_n 前某項 a_k，與 a_n 相除，得 $\frac{a_n}{a_k}=a_l$，則：

$$n=k+l-1$$

或任取 a_n 後某項 a_p，與 a_n 相除，得 $\frac{a_p}{a_n}=a_q$，則：

$$n=p+1-q$$

2 即：

$$\sqrt{128}=\sqrt{11^2+7}$$

3 已知 S_n，求得 a_n 爲：

$$a_n=\frac{S_n+1}{2}$$

奇位

一　二　三　四　五　六　七　八　九

一　二　四　八　十六　三十二　六十四　一百廿八　二百五十六

以九位數平衡得十六層第五位

偶位

一　二　三　四　五　六　七　八

一　二　四　八　十六　三十二　六十四　一百廿八

以八位數平衡得一十六層第四位

二段五位之前

一凡層加者加法之外又層層而加之也如順加一位一二位二三位三層加則一位爲一二位加二爲三三位又加三爲六如隔一位一二位三三位五層加則一位一二位加三作四三位加五作九是也層加用順次者位求積加一而加二相乘以六歸之積求位先定其積以六之爲方廉之又三倍商數再加二之以爲帶縱層加用隔超者位求積加一而加半相乘以三歸之積求位三其積作立方法之又倍半商數再加半之以爲帶縱

問今有按次層加積一十六位或九位求積各若干

答九位共一百六十五　十六位共八百一十六

法九位加一作十乘之得九十又加二作十一乘之得九百九十以六歸之十六位亦加一

奇位

一	二	三	四	五	六	七	八	九
一	二	四	八	十六	三十二	六十四	一百廿八	二百五十六

以九位數平開，得十六，在第五位。

偶位

一	二	三	四	五	六	七	八
一	二	四	八	十六	三十二	六十四	一百廿八

以八數平開，得一十一不盡，在四位之後、五位之前。

【層加】

一、凡層加者，加法之外，又層層而加之也。如順加一位一，二位二，三位三；層加則一位爲一，二位加二爲三，三位又加三爲六。如陽一位一，二位三，三位五；層加則一位一，二位加三作四，三位加五作九，是也。層加用順次者，位求積，加一又加二相乘，以六歸之；積求位，先六其積，以立方開之，又三倍商數，更加二焉，爲帶縱。層加用陽超者，位求積，加一又加半相乘，以三歸之；積求位，三其積，作立方開之，又倍半商數，更加半焉，爲帶縱[1]。

1.問：今有挨次層加積一十六位或九位，求積各若干？

答：九位者一百六十五；　　　十六位者八百一十六。

法：九位者，加一作十乘之，得九十；又加二作十一乘之，得九百九十，以六歸之。十六位者，加一

1 層加，即二階等差數列。順次層加從首起者，構成如下二階等差數列：

$$1,\ 3,\ 6,\ 10,\ 15,\cdots\cdots,\ a_{n-1}+n$$

一階差 $b=n$，二階差 $d=1$。求和公式爲：

$$S_n=\frac{n(n+1)(n+2)}{6}$$

和求項數，上式變换得：

$$n^3+3n^2+2n=6S_n$$

開帶縱立方，得項數。陽超層加從首起者，構成如下二階等差數列：

$$1,\ 4,\ 9,\ 16,\ 25,\cdots\cdots,\ a_{n-1}+(2n-1)$$

一階差 $b=2n-1$，二階差 $d=2$。求和公式爲：

$$S_n=\frac{n(n+1)\left(n+\frac{1}{2}\right)}{3}$$

和求項數，上式變换得：

$$n^3+\frac{3}{2}n^2+\frac{1}{2}n=3S_n$$

開帶縱立方，得項數。

作十七乘得二百七十二，又加二作十八乘之，得四千八百九十六，以六歸之合問

解此係求積以三角堆法也

問今有積八百一十六，又有積一百六十五，係挨次層加，求是幾位

答一百六十五共九位　八百一十六共十六位

法置一百六十五，六因之得九百九十，作立方開之，商九，自乘八十一，再九乘得七百二十九，除積餘二百六十一，三倍商九二十七，加二得二十九，以商九對呼除盡

置八百一十六，六因之得四千八百九十六，作立方開之，先商一十，自乘得百，再乘得千，除積餘三千八百九十六，續商六，平廉一千八百，立廉一千八十，六自乘再乘二百一十六為隅，除餘積八百，三倍商四十八，加二得五十，以商十六對呼除積合問

解此積求位以三角堆法還原也，步於中以兩商為左法，加一與加二相乘為右法求之

六因但多則難推，莫如先用立方為便

層加挨次

一	二	三	四	五	六	七	八	九	十	十一	十二	十三	十四	十五	十六
一	三	六	十	十五	廿一	廿八	三十六	四十五	五十五	六十六	七十八	九十一	百零五	百廿	百卅六

右任取一位，如四位加一為五，相乘得二十，又加一為六，相乘得一百二十，以六歸之，得四位全數，如五位加一為六，相乘得三十，又加一為七，相乘得二百一十，以六歸之，得五位全數

作十七，乘得二百七十二；又加二作十八，乘之得四千八百九十六。以六歸之，合問[1]。

解：此位求積，即三角堆法也。

2.問：今有積八百一十六，又有積一百六十五，係挨次層加，求是幾位？

答：二百六十五者九位；　　　　　　　　八百一十六者十六位。

法：置一百六十五，六因之得九百九十，作立方開之。商九，自乘八十一，再九乘得七百二十九，除積，餘二百六十一。三倍商九二十七，加二得二十九，與商九對呼，恰盡。

置八百一十六，六因之得四千八百九十六，作立方開之。先商一十，自乘得百，再乘得千，除積，餘三千八百九十六。續商六，平廉一千八百，立廉一千八十，六自乘再乘二百一十六爲隅，餘積八百。三倍商四十八，加二得五十，與商十六對呼除積，合問[2]。

解：此積求位，即三角堆法還原也。少廣中以所商爲左法，加一與加二相乘爲右法，求之亦得。但多則難推，不如先用立方爲便。

層加挨次

一	二	三	四	五	六	七	八	九	十	十一	十二	十三	十四	十五	十六
一	三	六	十	十五	廿一	廿八	三六	四五	五五	六六	七八	九一	百零五	百廿	百卅六

右任取一位，如四位，加一爲五，相乘得二十；又加一爲六，相乘得一百二十，以六歸之，即四位全數。如五位，加一爲六，相乘得三十；又加一爲七，相乘得二百一十，以六歸之，即五位全數。

---

1 此爲順次層加從首起者，據術文，解得：

$$S_9=\frac{9\times(9+1)\times(9+2)}{6}=165$$

$$S_{16}=\frac{16\times(16+1)\times(16+2)}{6}=816$$

2 據等比數列求和公式得：

$$n(n+1)(n+2)=n^3+n(3n+2)=6S_n=4896$$

如圖 10-2，長立方積爲 4896，底闊爲 n，長爲 $n+2$，高爲 $n+1$。白色部分爲立方積 n^3，彩色部分爲縱積 $n(3n+2)$。約初商 $a=10$，次商 $b=6$，立方積爲：

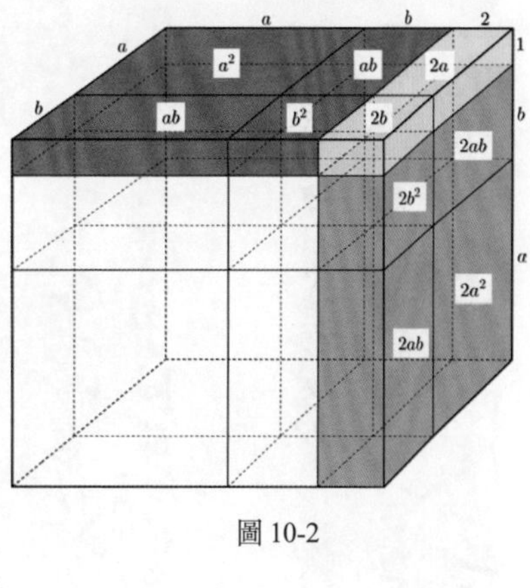

圖 10-2

$$n^3=(a+b)^3=a^3+3a^2b+3ab^2+b^3=4096$$

縱積爲：

$$n(3n+2)=(a+b)(3a+3b+2)=3a^2+6ab+3b^2+2a+2b=800$$

二者併得原長立方積，故帶縱方根 $n=16$ 即所求。

求位法如一百二十商四四自乘得十六再乘得六十四減積餘五十四三倍商四得十二再加
二得十四以廿商四對呼除積得第四位
問今有陽數盤屬加積一十六位或九位求積各若干
荅九位共二百八十五　十六位共一千四百九十六
法十六位加一為十七相乘得二百七十二又加半作十六個半乘之得四千四百八十八三歸之
合問
九位加一得十相乘得九十又加半作九個半乘之得八百五十五三歸之合問
解此位用積即四角堆法也以加數論之為陽數以加位論之即順次加一濶方也
問今有順次加一濶方積二百八十五又有積一千四百九十六求各幾位
荅二百八十五共九位　一千四百九十六共一十六位
法置二百八十五三因之得八百五十五作立方濶之商九九自乘得八十一再乘得七百二十九除
積餘一百二十六商九半之得四五加九得一十三個五分再加五分得一十四以乘商九對呼
除積合問
置一千四百九十六三因之得四千四百八十八作立方濶之商十十自乘得百再乘得千除積
餘三千四百八十八倍半商十得一十五加半作一十五個半以廿對呼除一百五十五餘三
千三百三十三隔商六平廉三除一千八百立廉三除一千零八十隅法二百一十六除積

求位法。如一百二十，商四，自乘得十六，再乘得六十四，減積餘五十四。三倍商四得十二，再加二得十四，與商四對呼除積，得第四位。

3.問：今有陽超層加積一十六位或九位，求積各若干？

答：九位者二百八十五；　　十六位者一千四百九十六。

法：十六位加一爲十七，相乘得二百七十二；又加半作十六個半，乘之得四千四百八十八。三歸之，合問。

九位加一爲十，相乘得九十；又加半作九個半，乘之得八百五十五。三歸之，合問。

解：此位求積，即四角堆法也。以加數論之，爲陽超；以加位論之，即順次加一開方也。

4.問：今有順次加一開方積二百八十五，又有積一千四百九十六，求各幾位？

答：二百八十五者九位；　　一千四百九十六者一十六位。

法：置二百八十五，三因之得八百五十五，作立方開之。商九，自乘得八十一，再乘得七百二十九，除積餘一百二十六。商九半之得四五，加入九，得一十三個五分。再加五分，得一十四，與商九對呼除積，合問[1]。

置一千四百九十六，三因之得四千四百八十八，作立方開之。商十，自乘得百，再乘得千，除積餘三千四百八十八。倍半商十得一十五，加半作一十五個半，與十對呼，除一百五十五，餘三千三百三十三。續商六，平廉三除一千八百，立廉三除一千零八十，隅法二百一十六，除積

1 據術文陽超層加求和公式得：

$$n(n+1)\left(n+\frac{1}{2}\right)=n^3+n\left(\frac{3}{2}n+\frac{1}{2}\right)=3S_n=855$$

n^3 爲立方積，$n\left(\frac{3}{2}n+\frac{1}{2}\right)$ 爲縱積。約商 $n=9$，立方積得：

$$n^3=9^3=729$$

縱積得：

$$n\left(\frac{3}{2}n+\frac{1}{2}\right)=9\times\left(\frac{3}{2}\times9+\frac{1}{2}\right)=126$$

併得原積，$n=9$ 即所求。

餘二百三十七倍半，前二商作二十四，再加入前法十五個半，共三十九個半，以廉商六

對呼除積合問

解此積術位以四因雖法還原也，少府篇雖法解中亦有其法，而非此便。

前問立方濶與方用第縱倍位，此則遞濶一位，以縱隨之，其實一也。後縱

又第入前縱廿，以前法只能以其前商相除，不能以其後商相除，故第入之。此後法

此實相稱耳。

以上所加超加倍加併要必要天增廣加一條，並雖而演之，固不止此，是在觸

類而長之耳。

廣加隔超

一	二	三	四	五	六	七	八	九	十	十一	十二	十三	十四	十五	十六
1	4	9	16	25	36	49	64	81	100	121	144	169	196	225	256

如以加一濶方也，任取一位，如六位加一為七，相乘得四十二，又加半得六個半，乘之得二百七十三，

三歸之得九十一，即六位之全數也。如四位加一為五，相乘得二十，又加半得四個半，乘之得九十，三歸之

得三十，即四位之全數也。

術從法，如二百七十三，商六，可乘得三十六，再以商六乘之得二百一十六，除積餘五十七，置商六，其半為

三，合六為九，又加半共九個半，以商六對呼除積，即五十七也。

餘二百三十七。倍半前二商，作二十四，再加入前法十五個半，共三十九個半，與續商六對呼除積，合問[1]。

解：此積求位，即四角堆法還原也。少廣篇“堆法”解中亦有其法，不如此便。

前問立方開畢，方用帶縱倍位；此則逐開一位，即以縱隨之，其實一也。後縱又帶入前縱者，以前法只能與前商相除，不能與後商相除，故帶入之，然後法與實相稱耳。

以上順加、超加、倍加，俱出西書。又增層加一條，若推而演之，固不止此，是在觸類而長之耳。

層加陽超

一	二	三	四	五	六	七	八	九	十	十一	十二	十三	十四	十五	十六
一	四	九	十六	二五	三六	四九	六四	八一	一百	百二一	百四四	一六九	一九六	二二五	二五六

右即加一開方也。任取一位，如六位，加一爲七，相乘得四十二；又加半得六個半，乘之得二百七十三。三歸之得九十一，即六位之全數也。如四位，加一爲五，相乘得二十；又加半得四個半，乘之得九十。三歸之得三十，即四位之全數也。

求位法。如二百七十三，商六，自乘得三十六，再六因之，得二百一十六，除積餘五十七。置商六，其半爲三，合六爲九，又加半，共九個半，與商六對呼除積，得六是也。

圖〢十〤[2]

---

1 據陽超層加求和公式得：

$$n(n+1)\left(n+\frac{1}{2}\right)=n^3+n\left(\frac{3}{2}n+\frac{1}{2}\right)=3S_n=4488$$

n^3 爲立方積，$n\left(\frac{3}{2}n+\frac{1}{2}\right)$ 爲縱積。約初商 $a=10$，如圖 10-3，初商小立方積爲：

$$a^3=1000$$

初商縱方，即圖中紅黃藍部分之積：

$$a^2+\frac{1}{2}a^2+\frac{1}{2}a=155$$

併得 1155，減原積，餘積 3333。約次商 $b=6$，次商廉隅積爲：

$$3a^2b+3ab^2+b^3=1800+1080+216=3096$$

次商縱廉隅，即圖中灰色部分之積：

$$3ab+\frac{3}{2}b^2+\frac{1}{2}b=237$$

併得 3333，減餘積恰盡。$n=16$ 即所求。

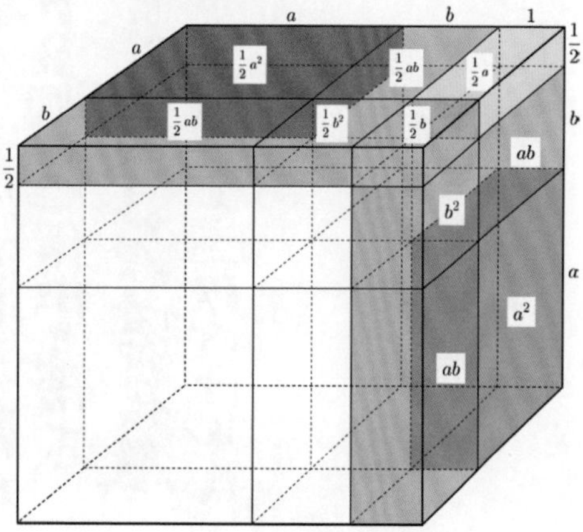

圖 10-3

2 此係暗碼記數，〢表示數字 2，〤表示數字 4，〢十〤表示 24。

中西數學圖說

盈朒

凡物有形有數者必求以法御之，自方田以至均輸必以法而御物者也。必若條條横其法而以其自然之數，則有盈朒有方程有勾股，此五法之法也。盈者餘也，朒者不足也。以兩兩相比而求之，有一盈一朒者以借為法，比而得其總；有兩盈兩朒者以減為法，比而得其差；有一盈一足一朒一足者以偏乘為法，比而得其過不及之數。此三者盈朒之正法也。凡盈朒之法詳章以明之，惟其所有積有徑因邊以求中，神之測者盈朒寔布有奇有總，因并以知全，神之至每盈朒，此三者盈朒之定法也。此法舊有定有變，總之名說有盈朒而言過數之隱者，標者於未有盈朒之前設為盈朒而取之，神之借徵。盈朒此法出於西者，西土有借徵，有疊借互徵，此盈朒法也。借徵者，借一以定之，一表如鏡之現形之無藏焉；疊借者，借而比以求一是，如箭之取物之無遁焉。余嘗謂借徵算之實也，因此識彼，觸類而旁通；疊借互徵算之虛也，信手拈來，頭頭是道，殊所謂撓其兩端，從心而不踰者乎。

中西數學圖説

盈朒

凡物有形有數者，皆必以法御之，自方田以至均輸，皆以法而御物者也。若夫縱横其法，而得其自然之故，則有盈朒，有方程，有句股，此又法之法也。盈，有餘也；朒，不足也[1]，皆兩兩相比而求之。有一盈一朒者，以併爲法，比而得其懸；有兩盈、兩朒者，以減爲法，比而得其差；有一盈一足、一朒一足者，以偏乘爲法，比而得其過不及之數。此三者，盈朒之正法也。凡盈朒之法，諸章皆可用之。惟"少廣"有積有徑，因邊以求中，謂之"開方盈朒"。"粟布"有零有總，因半以知全，謂之"子母盈朒"。此二者，盈朒之變法也。諸法雖有正有變，總之爲既有盈朒而言也。數之隱者褋者，於未有盈朒之前，設爲盈朒而取之，謂之"借徵盈朒"。此法出於西書。西書有借徵[2]，有疊借互徵[3]，即盈朒法也。借徵者，借一似以定一真，如鏡之現形，形無藏焉；疊借者，借兩非以求一是，如箝之取物，物無遁焉。余嘗謂借徵，筭之賢也，因此識彼，觸類而旁通；疊借互徵，筭之聖也，信手拈來，頭頭是道。殆所謂執其兩端，從心而不踰者乎？

1 盈朒，《九章算術》作"盈不足"。朒，《説文·月部》："朔而月見東方謂之縮朒"，月相虧缺謂之朒，引申爲不足之義。盈，張家山漢簡《筭數書》、嶽麓秦簡《數》、北大秦簡《算書》俱作"贏"。《説文·貝部》："贏，有餘。"《皿部》："盈，滿器也。"贏本義爲有餘，正與不足相對。在表示"有餘"這一義項時，"贏"當爲本字，盈爲借字。

2 借徵，又稱"借衰互徵"，出《同文算指通編》卷三。借助虚數，徵求實數。《同文算指通編》云："數有隱伏，非衰分可得者，則别借虚數以類徵之。或合率增減，或母子射覆，如藏鬮然。借彼徵此，借虚徵實。"

3 疊借互徵，出《同文算指通編》卷四。疊，累次。兩次借助虚數，互相徵求，以求實數。《同文算指通編》云："又有子母雜互隱奥難知者，則兩借虚數以徵之。"即中算之盈不足術。

盈朒

第一篇

盈不足

一 還其原數設為有餘不足兩數處之有買物有分物盈朒相反其實一也

凡盈朒不足之法出係買物出多則有餘出少則不足如先知人數則併盈不足為實如先知物數則以所出互乘盈不足以較併之為實俱以出數相減餘為法除之而得所求係分物分多則不足分少則有餘其法同也

設今有人買物每人出銀五兩盈六兩每人出銀三兩不足四兩求人物各若干

答共五人　共價一十九兩　每人出銀三兩八錢

法如先知人數併盈不足共十兩為實以出三兩減去五兩其較二為法除之得人數五却以出五兩乘之得二十五兩減盈六或以出三兩乘之得十五兩加不足四得物價

如先知物價以出五兩乘不足四得二十以出三兩乘盈六得一十八併之得三十八仍以前較二為法除之得物價一十九加六兩得二十五以出五兩除之或減四兩得一十五以出三兩除之俱得人數○以人除價得三兩八錢為物價合問

解曰併盈朒為人實者此得其相應之數也蓋盈數多於原數之外者也不足數少於原數之內者也視原數相去則為六為四兩數自相去則為十矣故合之而後得其差也所

盈朒

第一篇

盈不足

匿其本數，設爲有餘、不足兩數而取之，有買物，有分物，盈朒相反，其率一也。

一、凡（盈求）［求盈］不足之法，若係買物，出多則有餘，出少則不足。欲先知人數，則併盈、不足爲實；欲先知物數，則以所出互乘盈不足，得數併之爲實，俱以出數相減餘爲法除之而得[1]。若係分物，分多則不足，分少則有餘，其法同也。

1.問：今有人買物，每人出銀五兩，盈六兩；每人出銀三兩，不足四兩。求人、物各若干[2]？

答：共五人。　　　　　　　　　　　　　共價一十九兩。

每人出銀三兩八錢。

法：欲先知人數，併盈不足共十兩爲實，以出三兩減去五兩，其較二爲法除之，得人數五。却以出五兩乘之，得二十五兩，減盈六；或以出三兩乘之，得一十五兩，加不足四，得物價。

欲先知物價，以出五兩乘不足四得二十，以出三兩乘盈六得一十八，併之得三十八，仍以前較二爲法除之，得物價。一十九加六兩得二十五，以出五兩除之；或減四兩得一十五，以出三兩除之，俱得人數[3]。◎以人除價，得三兩八錢爲均法[4]。合問。

解：所以併盈朒爲人實者，欲得其相懸之數也。蓋盈數多於原數之外者也，不足歉於原數之內者也。視原數相去，則爲六爲四；兩數自相去，則爲十矣，故合之而後得其差率也。所

---

1 盈不足術，是中國傳統算學的重要科目。用於解決如下問題：設人共出錢買物，若每人出錢 a_1，所出總錢較物價盈 b_1；若每人出錢 a_2，所出總錢較物價不足 b_2。求物價 M、人數 n。列式如下（$a_1 > a_2$）：$\begin{cases} na_1 = M + b_1 \\ na_2 = M - b_2 \end{cases}$，解得：

$$M = \frac{a_2 b_1 + a_1 b_2}{a_1 - a_2};\ n = \frac{b_1 + b_2}{a_1 - a_2}$$

2 此題爲《算法統宗》卷十盈朒章“盈朒法”第一題、《同文算指通編》卷四“疊借互徵”附第一題。

3 據盈不足術文，求得人數爲：$n = \frac{b_1 + b_2}{a_1 - a_2} = \frac{6+4}{5-3} = 5$人，物價爲：$M = \frac{a_2 b_1 + a_1 b_2}{a_1 - a_2} = \frac{3\times 6 + 5\times 4}{5-3} = 19$兩。或由人數求物價：$M = na_1 - b_1 = na_2 + b_2 = 19$兩，由物價求人數：$n = \frac{M + b_1}{a_1} = \frac{M - b_2}{a_2} = 5$人。

4 均法，亦稱“均數”，這裏指每人實際出錢數：

$$p = \frac{M}{n} = \frac{a_2 b_1 + a_1 b_2}{b_1 + b_2} = \frac{19}{5} = 3.8\text{兩}$$

以相減為法，共出五出三每人之數也，盈六歉四共併之數也，每數其差二，故知為五人也。
求物價所以互乘為法，共三五相乘得十五兩為率，以所出之五乘不足之四得不足二十，是
每人出十五兩買原物五倍所歉之數五人，每人十五兩，是七十五兩原價五倍，既七十五兩，故不
足二十也。以所出之三乘有餘之六得盈一十八，是每人出十五兩買原物三倍所餘之數五人每
人一十五兩，是七十五兩原價三倍，是五十七兩，故有餘一十八兩也。出數既約為價，以買五倍不足
二十，以買三倍反多十八，共三十八，是五之差，原從出數而來，故亦以較二為法也。
人數物數既已便可推知，並舉以見其全耳。
後同此例，只舉一法，不備舉。

較二為法

五兩	盈	六兩 得十八
	乘	人實十
三兩	朒	四兩 得二十

共實三十八

併盈朒為人實，以出分互乘盈朒又併之為物實，以出分相較之差為法。

設今有人分物，每人五兩不足六兩，每人三兩有餘四兩，求人物各若干。

答如前

法如前

解：買物出多則數多，出少則數少，分物取多則不足，取少則有餘，故相反也。分物就所出論之，原
數不足係所取之有餘，原數有餘係所取之不足，以分物就原物論之，盈此即係原物不足，不足此

以相減爲法者，出五出三，每人之數也；盈六歉四，共集之數也。每數共差二，故知爲五人也。

求物實所以互乘爲法者，三五相乘得十五兩爲平率。以所出之五乘不足之四，得不足二十，是每人出十五兩，買原物五倍所歉之數。五人每人十五兩，得七十五兩；原價五倍得九十五兩，故不足二十兩也。以所出之三乘有餘之六，得盈一十八，是每人出十五兩，買原物三倍所餘之數。五人每人一十五兩，得七十五兩；原價三倍得五十七兩，故有餘一十八兩也。出數既約爲同，以買五倍，不足二十；以買三倍，反多十八。其三與五之差，原從出數而來，故亦以較二爲法也。

人數、物數，得一便可推知，並舉以盡其變耳。

後同此例，只舉一法，不備舉。

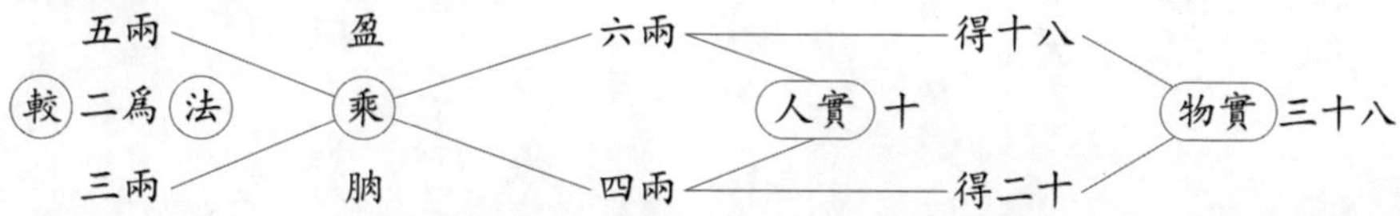

併盈朒爲人實，以出分互乘盈朒又併之爲物實，以出分相較之差爲法。

2.問：今有人分物，每人五兩，不足六兩；每人三兩，有餘四兩。求人、物各若干[1]？

答：如前。

法：如前。

解：買物出多則數多，出少則數少。至分物，取多則不足，取少則有餘，故相反也。若分就所出論之，原數不足，緣所取之有餘；原數有餘，緣所取之不足。若買物就原物論之，盈者即係原物不足，不足者

1 人分物題，見《算法統宗》卷十盈朒章“盈朒法”第二、四題;《同文算指通編》卷四“疊借互徵”附第二題。題設數據不同。

以借虛物抵餘其實抵補而也
實物務實抵之物務虛之其餘皆可通也

凡以物分人定盈朒求其人與物總法

問今有銀每兩給八人盈九十五分每兩給二人不足一十九分求人與銀各若干

答銀一十九兩　分五十七人　每銀一兩給三人

法併盈不足一百一十四以二減八餘六以為法除之得銀數以八人乘之得一百五十二減九十五或以二人乘之得三十八加入一十九併得人數以銀十九除人數得每兩所給之人合問

解此與第一問相表裡彼以每人為率此以每銀為率求合前法先求得人數加盈得一百五十二以八除之減不足得三十八以二除之俱得銀數

等如有一房七客多七客一房九客一房虛八一房只廿得此九人也併七九得十六以七減九餘二為法除得房八口以七乘之得五十六加七或以九乘之得七十二減九俱得六十三人得此例也

以法除實各得人物之數

凡以物分人數定盈朒者有二種一以總數為盈朒如云幾人分則少幾兩幾人分則多幾兩是也以盈

亦係原物有餘，其實非有兩也。

買物攝粟布，分物攝衰分，其餘皆可通也。

凡以物分人定盈朒者，與人分物同法。

1.問：今有銀每兩給八人，盈九十五分；每兩給二人，不足一十九分。求人與銀各若干？

答：銀一十九兩。　　　　　　　　　分五十七人。

每銀一兩給三人。

法：併盈不足一百一十四，以二減八餘六爲法除之，得銀數。以八人乘之，得一百五十二，減九十五；或以二人乘之，得三十八，加入一十九，俱得人數。以銀十九除人數，得每兩所給之人。合問[1]。

解：此與第一問相表裡，彼以每人爲率，此以每銀爲率。若用互乘，如前法，先求得人數，加盈得一百五十二，以八除之；減不足，得三十八，以二除之，俱得銀數。

筭書有“一房七客多七客，一房九客一房空”[2]，一房空者，即少九人也。併七、九得十六，以七減九餘二爲法，除得（一）房八口[3]。以七乘之得五十六，加七；或以九乘之，得七十二，減九，俱得六十三人。即此例也。

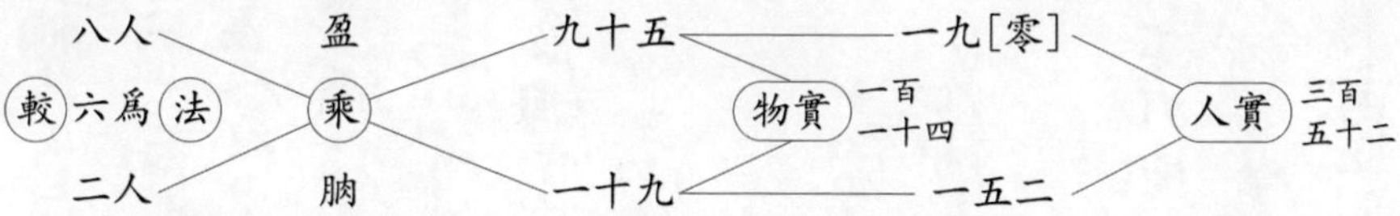

以法除實，各得人、物之數。

凡以分物之人數定盈朒者，有二種：一以總數爲盈朒，如云幾人分則少幾兩，幾人分則多幾兩是也，以盈

1 此題中，銀數（總物）相當於人共買物之人數 n，人數相當於人共買物之物價 M。據題意列：

$$\begin{cases}8n-95=M\\2n+19=M\end{cases}$$

據盈不足術文求得銀數、人數分別爲：

$$n=\frac{b_1+b_2}{a_1-a_2}=\frac{95+19}{8-2}=19\text{兩}$$

$$M=\frac{a_2b_1+a_1b_2}{a_1-a_2}=\frac{2\times95+8\times19}{8-2}=57\text{人}$$

每兩所給人數即均數爲：

$$p=\frac{M}{n}=\frac{57}{19}=3\text{人}$$

2 見《算法統宗》卷十六盈朒難題歌第三題：“我問開店李三公，衆客都來到店中。一房七客多七客，一房九客一房空。”此題中，總客數相當於人共買物之物價 M，房間數相當於人共買物之人數 n，出數 $a_1=7$，$a_2=9$，盈 $b_1=7$，不足 $b_2=9$，各項依法可求。

3 口，《算法統足宗》作“眼”，皆量詞，“房八口”“房八眼”即房八間。原文“一房八口”，“一”係衍文，據文意刪。

朒法求之得分數以分數爲盈朒若干若干錢人分則比原數少若干錢人分則比原數多若干是也先

以人數乘分數然後以盈朒法求之得分數既得分數以人乘之以盈不足加減之

問今有銀不知其數皆人分之盈三兩八錢以八人分之不足一十一兩四錢求原銀人數分數各若干

答銀一十九兩 五人分每人應分銀三兩八錢

法併盈不足一十五兩二錢以四減八餘四除之得三兩八錢爲均數以四人乘之得一十五兩二錢加盈

得原數以八人乘之得三十兩四錢減不足亦得原數以均法除原數得人數合問

解此人爲分法以總數爲盈朒若干先求物實用互乘法

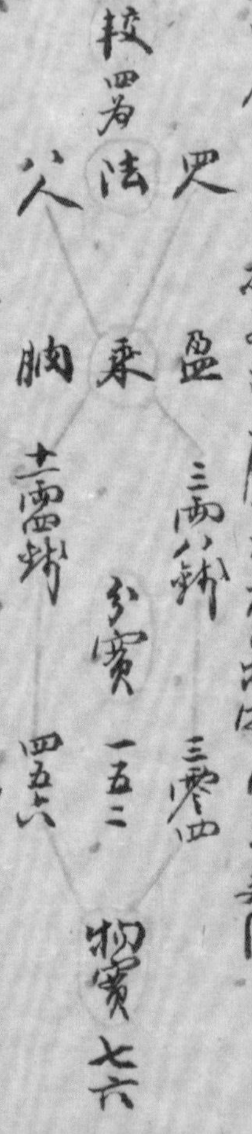

問今有銀皆四人分之比舊多九錢五分以八人分之比舊少一兩四錢二分五釐求分數銀數人數各若干

答每人分三兩八錢 銀一十九兩 五人分

法以四乘九錢五分得三兩八錢爲有餘以八乘一兩四錢二分五釐得一十一兩四錢爲朒併之得一十五兩二錢以四減八餘四爲法除之得三兩八錢爲原分得之數以四乘朒一十一兩四錢得四十五兩六錢以八乘三兩八錢得三十兩四錢併之得七十六兩以四爲法除之得原銀以三兩八錢除之得人數合問

朒法求之，得分數；以分數爲盈朒者，如云幾人分則比原數少若干，幾人分則比原數多若干是也，先以人數乘分數，然後以盈朒法求之，得分數。既得分數，以人乘之，以盈不足加減之[1]**。**

1.問：今有銀不知其數，以四人分之，盈三兩八錢；以八人分之，不足一十一兩四錢。求原銀、人數、分數各若干？

答：銀一十九兩。　　五人分。

每人應分銀三兩八錢。

法：併盈不足一十五兩二錢，以四減八餘四除之，得三兩八錢爲均數。以四人乘之得一十五兩二錢，加盈得原數；以八人乘之得三十兩四錢，減不足，亦得原數。以均法除原數，得人數。合問[2]。

解：此以人爲分法，以總數爲盈朒者。若先求物實，用互乘法。

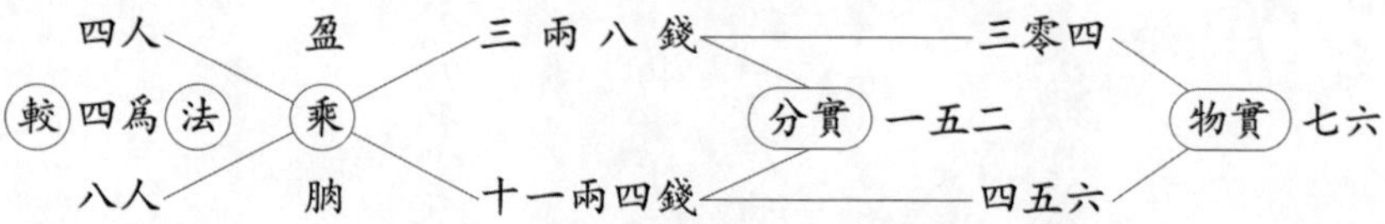

法除實，各得人、物數。

2.問：今有銀以四人分之，比舊多九錢五分；以八人分之，比舊少一兩四錢二分五厘。求分數、銀數、人數各若干？

答：每人分三兩八錢。　　銀一十九兩。

五人分。

法：以四乘九錢五分，得三兩八錢爲有餘；以八乘一兩四錢二分五厘，得一十一兩四錢爲朒，併之得一十五兩二錢。以四減八餘四爲法除之，得三兩八錢，爲原分得之數。以四乘朒一十一兩四錢，得四十五兩六錢；以八乘三兩八錢，得三十兩四錢，併之得七十六兩。以四爲法除之，得原銀。以三兩八錢除之，得人數。合問[3]。

---

1 以總數爲盈朒者，設有物若干分給若干人，若 a_1 人分，所分總物較原總物盈 b_1；若 a_2 人分，所分總物較原總物不足 b_2。原總物相當於人共買物之物價 M，每人應分之數（即術文“分數”）相當於人共買物之人數 n，總人數則相當於人共買物之人均出錢數 p。據盈不足術求得每人應分之數爲（$a_1 > a_2$）：$n=\dfrac{b_1+b_2}{a_1-a_2}$，原總物爲：$M=\dfrac{a_2b_1+a_1b_2}{a_1-a_2}$，總人爲：$p=\dfrac{M}{n}$。

以分數爲盈朒者，設有物若干分給若干人，若 a_1 人分，每人所分較每人應分之數盈 c_1；若 a_2 人分，每人所分較每人應分之數不足 c_2。先求總盈不足：$b_1=a_1\cdot c_1$，$b_2=a_2\cdot c_2$，再依前法求各項。

2 據術文求得每人應分銀數爲：$n=\dfrac{b_1+b_2}{a_1-a_2}=\dfrac{3.8+11.4}{4-8}=3.8$ 兩，以每人應分求得總銀數爲：$M=a_1n+b_1=4\times3.8+3.8=19$ 人，或：$M=a_2n-b_2=8\times3.8-11.4=19$ 人。求得總人數爲：$p=\dfrac{M}{n}=\dfrac{19}{3.8}=5$ 人。

3 據術文，先求總盈與總不足：$b_1=a_1\cdot c_1=4\times0.95=3.8$；$b_2=a_2\cdot c_2=8\times1.425=11.4$。再依盈不足術求解。

解此人爲分法，以分定盈朒並盈朒之數，亦以每人爲率，故用乘法並除法見樣

算此有絹帳，比摺作六幅，比床長六寸，摺作七幅，比床短四寸，求絹床各若干

法以六幅乘六寸得三尺六寸，以七幅乘四寸得二尺八寸，併盈不足得六尺四寸，互乘得

一百六十八與二百五十二，併之得四百二十，以六尺減七尺餘一爲法除之，得床六尺四寸，絹四十二尺

以此例也

凡求盈朒者，出分有盈不足數者，如云每幾人出幾兩者是也，其盈不足數同者，如單數法求之，但以盈不足數乘

之，若盈不足數異，則先以互乘法通之

問今有衆人買物，每四人出銀五兩，有餘六兩，每四人出三兩，不足四兩，求人價各若干

答二十人　價一十九兩　每人九錢五分

法併盈朒得十兩，以三減五餘二爲法除之得五人，以四因之得人數，四除五乘得二十五，減六，四除三

乘得十五，加四得人數，以人除銀得物數合問

解此盈朒之有異數者，以同係四人，仍用前法，此以四因之，異者則通之如後法

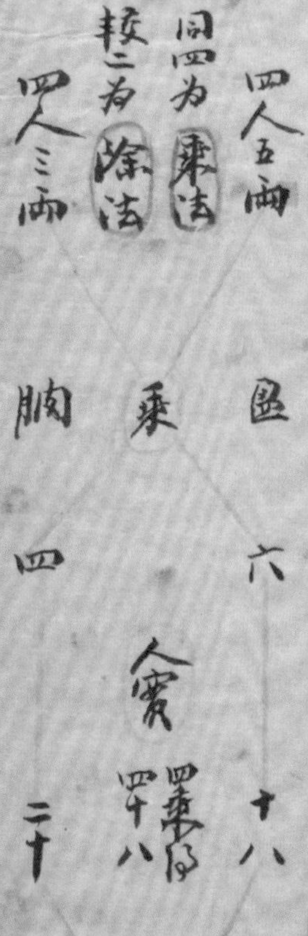

解：此以人爲分法，以分定盈朒者。盈朒之數，皆以每人爲率，故用乘法，然後見總。

筭書有絹帳問：摺作六幅，比床長六寸；摺作七幅，比床短四寸。求絹、床各若干[1]？

法：以六幅乘六寸，得長三尺六寸；以七幅乘四寸，得短二尺八寸。併盈不足，得六尺四寸。互乘得一百六十八與二百五十二，併之得四百二十。以六尺減七尺餘一尺爲法除之，得床六尺四寸，絹四十二尺。即此例也。

凡求盈朒，若出分有累數者，如云每幾人出幾兩是也，其累數同者，如單數法求之，但以累數乘之；若累數異，則先以互乘法通之[2]。

1.問：今有衆人買物，每四人出銀五兩，有餘六兩；每四人出三兩，不足四兩。求人、價各若干？

答：二十人。　　　　　　　　　　　　價一十九兩。

每人九錢五分。

法：併盈朒得十兩，以三減五餘二爲法除之，得五人。以四因之，得人數。四除五乘得二十五，減六；四除三乘得十五，加四，得（人）［銀］數。以人除銀，得均數。合問[3]。

解：此盈朒之有累數者，以同係四人，仍用前法，止以四因之。異者則通之，如後法。

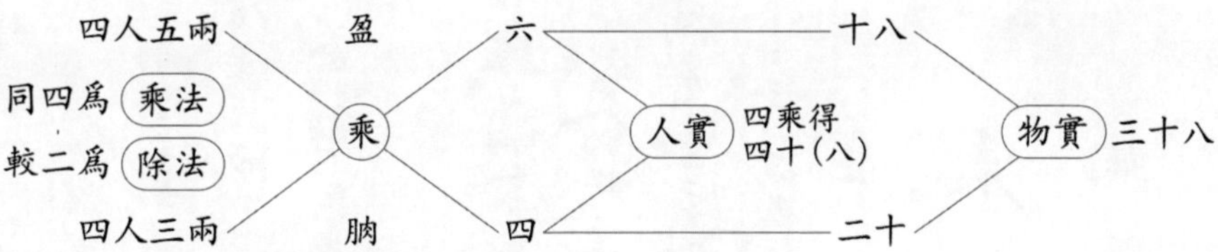

1 見《算法統宗》卷十盈不足第五題："（人）［今］有絹一疋，欲作帳幅，先摺作六幅，比舊帳長六寸；後摺作七幅，比舊帳短四寸。問絹及舊帳幅長各若干？"《同文算指通編》卷四"疊借互徵"附第三題同。

2 出分有累數者，《算法統宗》等傳統算書稱作"雙套盈不足"。分爲累數相同與累數不同兩種，累數同者，設人共買物，若每 m 人出錢 k_1，所出總錢較物價盈 b_1；若每 m 人出錢 k_2，所出總錢較物價不足 b_2。物價爲 M，共人爲 n，依題意列式如下（$k_1 > k_2$）：

$$\begin{cases} \frac{k_1}{m} \cdot n = M + b_1 \\ \frac{k_2}{m} \cdot n = M - b_2 \end{cases}$$

$\frac{k_1}{m}$ 與 $\frac{k_2}{m}$ 即每人所出錢數。依盈不足術文求得共人、物價分別爲：

$$n = \frac{b_1 + b_2}{k_1 - k_2} \cdot m \text{；} M = \frac{k_2 b_1 + k_1 b_2}{k_1 - k_2}$$

累數不同者，設每 m_1 人出錢 k_1，盈 b_1；每 m_2 人出錢 k_2，盈 b_2。先轉化成累數相同問題：每 $m_1 m_2$ 人出錢 $k_1 m_2$，盈 b_1；每 $m_1 m_2$ 人出錢 $k_2 m_1$，不足 b_2。依前法求得共人、物價分別爲：

$$n = \frac{b_1 + b_2}{k_1 m_2 - k_2 m_1} \cdot m_1 m_2 \text{；} M = \frac{k_2 m_1 b_1 + k_1 m_2 b_2}{k_1 m_2 - k_2 m_1}$$

3 此爲累數相同盈朒問題。設共人爲 n，物價爲 M，每人出錢爲 q。依術文求得：

$$n = \frac{b_1 + b_2}{k_1 - k_2} \cdot m = \frac{6+4}{5-3} \times 4 = 20\text{人；} M = \frac{k_2 b_1 + k_1 b_2}{k_1 - k_2} = \frac{3 \times 6 + 5 \times 4}{5-3} = 19\text{兩；} q = \frac{M}{n} = \frac{19}{20} = 0.95\text{兩}$$

問今有衆人買物，每人出五兩盈六兩，每人出四兩五錢不足四兩，求人價各若干

答二十人　價一十九兩　每人九錢五分

法以四六相乘得二十四，以六人乘五兩得三十兩，以四人乘四兩五錢得十八兩。如問之，每二十四人出三十兩多六兩，出十八兩少四兩。如以用前法，併四六得十，以二十四因之得二百四十，以十八減三十餘十二，除之得人數，餘同前法

解　此盈朒異數之算法，其以每四每六之算法，故合通為二十四，然後以四六乘之也。先以十二除實，得八二三五矣

以二十四乘之同

凡求差法，以論出率之分數，不論人之多少，蓋所求之實不[illegible]差，則任設一數出，不可以比類而得

共如前問，以每一為法，每人出五兩五人，則出二十五兩，故多六；每人出三兩五人，則出十五兩，故少四，共得二十四為法，以二十四人除三十，得每人一兩二錢五分；若二十人，以一兩二錢五分乘之，亦得二十五兩。以二十四人除一十八，得每人七錢五分；若二十人，以七錢五分乘之，亦得一十五。任其化又其率不差

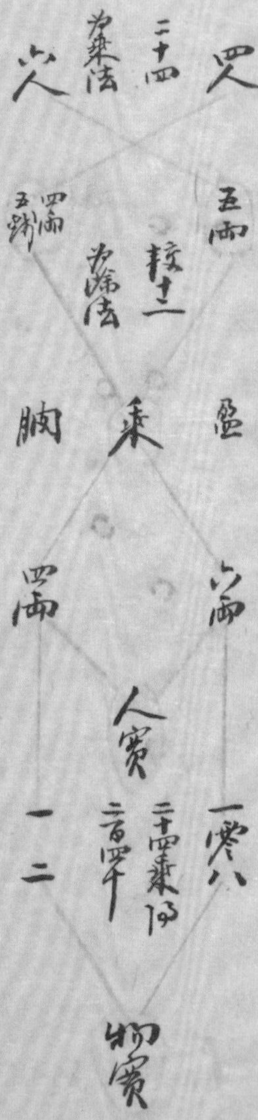

圖五

2.問：今有眾人買物，每四人出五兩，盈六兩；每六人出四兩五錢，不足四兩。求人、價各若干？

答：二十人。　　　　　　　　　　價一十九兩。

　　每人九錢五分。

法：四、六相乘得二十四，以六人乘五兩得三十兩，以四人乘四兩五錢得一十八兩。如問云：每二十四人出三十兩，多六兩；出十八兩，少四兩。然後用前法，併四與六得十，以二十四因之，得二百四十。以十八減三十餘十二除之，得人數[1]。餘同前法。

解：此盈朒累數之異法者。以每四每六異法，故會通爲二十四，然後可求也。先以十二除實，得八三三三不盡，以二十四乘之，同。

凡求差法，只論出率之分數，不論人之多少。蓋所藏之實不差，則任設一數，無不可以比類而得者。如初問以每一爲法，每人出五兩，五人則出二十五兩，故多六；每人出三兩，五人則出十五兩，故少四。此以二十四爲法，以二十四人除三十，得每人一兩二錢五分，若二十人以一兩二錢五分乘之，亦得二十五兩；以二十四人除一十八，得每人七錢五分，若二十人以七錢五分乘之，亦得一十五。任其變化，其率不差。

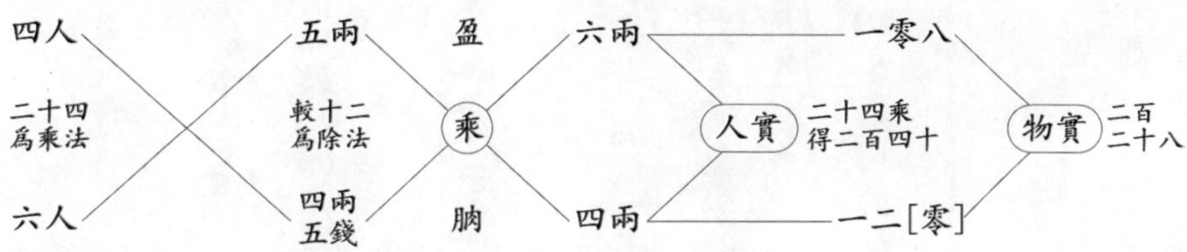

1 此爲累數不同盈朒問題。設共人爲 n，物價爲 M，每人出錢爲 q。依術文求得：

$$n=\frac{b_1+b_2}{k_1m_2-k_2m_1}\cdot m_1m_2=\frac{6+4}{5\times6-4.5\times4}\times(4\times6)=20\text{人}$$

$$M=\frac{k_2m_1b_1+k_1m_2b_2}{k_1m_2-k_2m_1}=\frac{5\times6\times4+4.5\times4\times6}{5\times6-4.5\times4}=19\text{兩}$$

$$q=\frac{M}{n}=\frac{19}{20}=0.95\text{兩}$$

盈朒

第二篇

兩盈兩不足

所設之數有兩盈兩不足者又作一法

凡求兩盈兩不足之法則先知人數以兩數相減爲實則先知物數以兩數互乘出數以兩數相減爲實俱以出數相減爲法除之

設今有人買物每人出銀三兩五錢盈六兩每人出三兩三錢盈二兩八錢求人數物價各若干

答一十六人　物價五十兩

法以二兩八錢減六兩餘三兩二錢爲實以三兩三錢減三兩五錢餘二錢爲法除之得人數以三兩五錢乘之

得五十六以三兩三錢乘之得五十二兩八各減盈得物價

解多出則多餘少出則少餘故以相減爲法

若求人則物不能知則先知物則互乘相減爲實以較除之

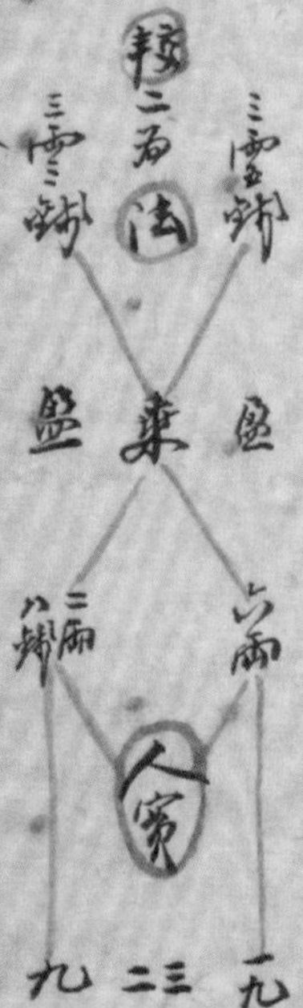

人物數俱以相減爲實較二爲法

設今有人分物各分五十件不足四十件各分五十四件不足六十件求人數物數各若干

盈朒

第二篇

兩盈兩不足

所設之數有兩盈兩不足者，又作一法。

凡求兩盈兩不足之法，欲先知人數，以兩數相減爲實；欲先知物數，以兩數互乘出數，得數相減爲實，俱以出數相減爲法除之[1]。

1.問：今有人買物，每人出銀三兩五錢，盈六兩；每人出三兩三錢，盈二兩八錢。求人數、物價各若干[2]？

答：一十六人。　　　　　　　　　　　　　物價五十兩。

法：以二兩八錢減六兩，餘三兩二錢爲實；以三兩三錢減三兩五錢，餘二（兩）［錢］爲法除之，得人數。以三兩五錢乘之得五十六，以三兩三錢乘之得五十二兩八，各減盈，得物價[3]。

解：多出則多餘，少出則少餘，故以相減爲法。

舉求人，則物可推知。欲先知物，則互乘相減爲實，以較除之。

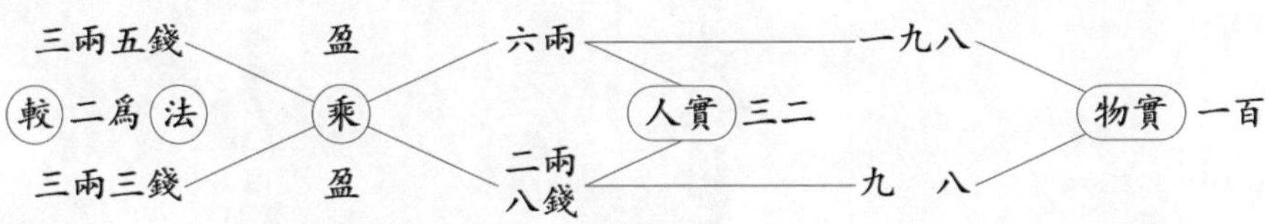

人、物數俱以相減爲實，以較二爲法。

2.問：今有人分物，各分五十件，不足四十件；各分五十四件，不足六十件。求人數、物數各若干？

---

1 設人共出錢買物，每人出錢 a_1，所出總錢較物價盈 b_1；若每人出錢 a_2，所出總錢較物價盈 b_2。求物價 M、人數 n。列式如下（$a_1>a_2$）：$\begin{cases}na_1=M+b_1\\na_2=M+b_2\end{cases}$，解法爲：

$$M=\frac{a_2b_1-a_1b_2}{a_1-a_2};\ n=\frac{b_1-b_2}{a_1-a_2}$$

此爲兩盈。若兩不足，設各數如前，列式如下（$a_1>a_2$）：$\begin{cases}na_1=M-b_1\\na_2=M-b_2\end{cases}$，解法爲：

$$M=\frac{a_1b_2-a_2b_1}{a_1-a_2};\ n=\frac{b_2-b_1}{a_1-a_2}$$

2 此題爲《算法統宗》卷十盈朒章“兩盈兩不足”第一題，《同文算指通編》卷四“疊借互徵”附第五題。

3 此爲兩盈題，依術文求得人數：$n=\frac{b_1-b_2}{a_1-a_2}=\frac{6-2.8}{3.5-3.3}=16$ 人。由人數求得物價：$M=a_1n-b_1=3.5\times16-6=50$ 兩，或 $M=a_2n-b_2=3.3\times16-2.8=50$ 兩，或由術文公式徑求物價：

$$M=\frac{a_2b_1-a_1b_2}{a_1-a_2}=\frac{3.3\times6-3.5\times2.8}{3.5-3.5}=50\text{兩}$$

答五人 物一百一十件

法以四十減不足六十餘二十為人實以分數相減餘四為法除之得人數以五十乘之得二百五十以五十四乘之得二百七十合減不足得原物合問

解分多則不足者多分少則不足者少故以相減為法假令實物則為兩盈矣必先求物當

互乘

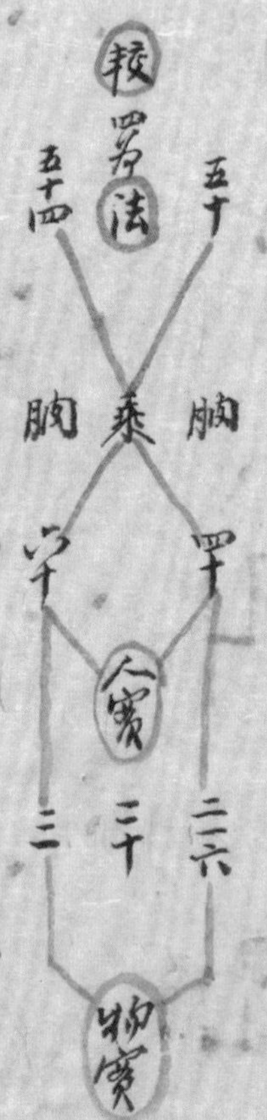

人數係以相減為實以較四為法

以上兩盈兩朒各舉一問並其例亦累數從法止如盈朒之例但相減與相併異

圖二

答：五人。　　　　　　　　　　　　　物（一）［二］百一十件。

法：以四十減不足六十，餘二十爲人實，以分數相減餘四爲法除之，得人數。以五十乘之得二百五十，以五十四乘之得二百七十，各減不足，得原物。合問[1]。

解：分多則不足者多，分少則不足者少，故以相減爲法。假令買物，則爲兩盈矣。若先求物，亦用互乘。

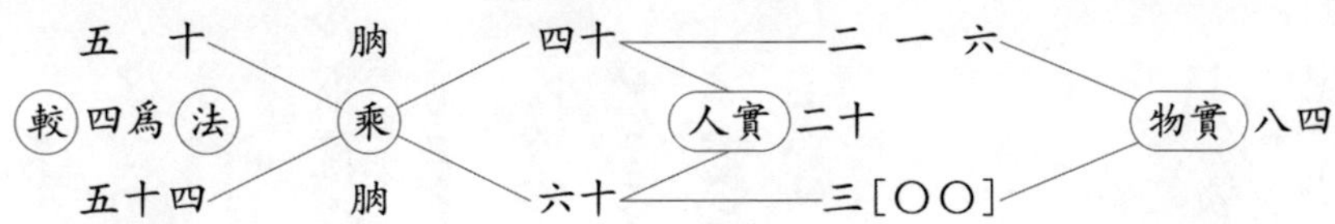

人、物數俱以相減爲實，以較四爲法。

以上兩盈兩朒，各舉一問。至其倒求累數諸法，皆如盈朒之例，但相減與相併異耳。

圖二

1 以人分物兩不足，相當於人共買物兩盈題。據術文求得人數：

$$n=\frac{b_1-b_2}{a_1-a_2}=\frac{60-40}{54-50}=5\text{ 人}$$

由人數求得物數：

$$M=a_1n-b_1=54\times5-60=210\text{ 件}$$

或：

$$M=a_2n-b_2=50\times5-40=210\text{ 件}$$

或由術文公式徑求物數：

$$M=\frac{a_2b_1-a_1b_2}{a_1-a_2}=\frac{50\times60-54\times40}{54-50}=210\text{ 件}$$

盈朒

第三篇

盈足朒足

所設之數又有適足者故盈朒對求之又是一法

凡求盈與適足之法單置盈數以出率相減為法除之得人數引先知物數則以適足之出率乘盈為實以出率相減為法其求不足與適足之法亦如之

問今有人買物每人出銀二兩五錢盈六兩每人出二兩三錢適足求人與物價各若干

答三十人　物價六十九兩

法置六兩為人實以出率相減餘二為法除之得人數以二兩三錢乘之得物價合問

解適足乃無餘分故單取盈為法先求物數則以出二兩三錢乘六兩為實

二兩五錢　盈　六兩　人實　十三兩八錢　物實　取盈六兩為人實以二三乘之為物實

較二為法　二兩三錢　足　以較為法

問今有人買物每人出銀七兩不足十四兩每人出九兩適足求人與物價各若干

答七人　物價六十三兩

法以不足十四兩為實以出率相減餘二為法除之得人數以九兩乘之得物價合問

盈朒

第三篇

盈足朒足

所設之數又有適足者，取盈朒對求之，又是一法。

凡求盈與適足之法，單置盈數，以出率相減爲法除之，得人數。欲先知物數，則以適足之出分乘盈爲實，以出率相減爲法。其求不足與適足之法，亦如之[1]。

1. 問：今有人買物，每人出銀二兩五錢，盈六兩；每人出二兩三錢，適足。求人與物價各若干[2]？

答：三十人。　　　　　　　　　　　物價六十九兩。

法：置六兩爲人實，以出率相減餘二爲法除之，得人數。以二兩三錢乘之，得物價。合問[3]。

解：適足乃其本分，故單取盈爲法。先求物數，則以出二兩三錢乘六兩爲實。

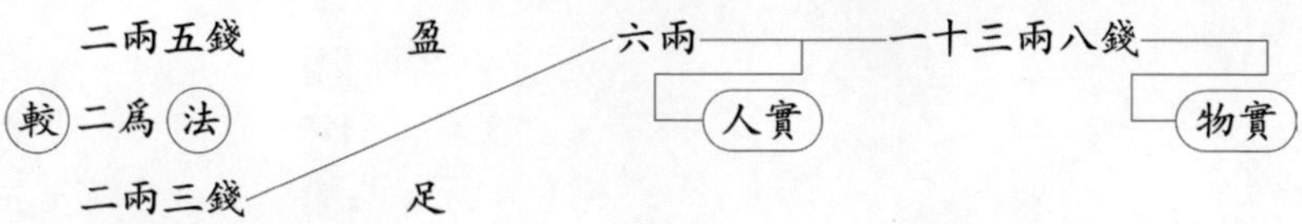

取盈六爲人實，以二三乘之爲物實，以較爲法。

2.問：今有人買物，每人出銀七兩，不足十四兩；每人出九兩，適足。求人與物價各若干[4]？

答：七人。　　　　　　　　　　　物價六十三兩。

法：以不足十四兩爲實，以出分相減餘二爲法除之，得人數。以九兩乘之，得物價。合問。

---

1 設人共出錢買物，每人出錢 a_1，所出總錢較物價盈 b_1；若每人出錢 a_2，所出總錢恰得物價。設物價爲 M、共人爲 n。列式如下（$a_1 > a_2$）：$\begin{cases} na_1 = M + b_1 \\ na_2 = M \end{cases}$，解法爲：$M = \dfrac{a_2 b_1}{a_1 - a_2}$，$n = \dfrac{b_1}{a_1 - a_2}$。此爲盈適足。若爲不足適足，設數如前，列式如下（$a_1 < a_2$）：$\begin{cases} na_1 = M - b_1 \\ na_2 = M \end{cases}$，解法爲：$M = \dfrac{a_2 b_1}{a_2 - a_1}$，$n = \dfrac{b_1}{a_2 - a_1}$。

2 此題爲《算法統宗》卷十盈朒章"盈適足不足適足"第一題，《同文算指通編》卷四"疊借互徵"附第八題。

3 此爲盈適足，$a_1 = 2.5$，$b_1 = 6$，$a_2 = 2.3$，據術文求得人數：$n = \dfrac{b_1}{a_1 - a_2} = \dfrac{6}{2.5 - 2.3} = 30$ 人，由人數求得物價：$M = a_2 n = 2.3 \times 30 = 69$ 兩，或徑由術文公式求得物價：$M = \dfrac{a_2 b_1}{a_1 - a_2} = \dfrac{2.3 \times 6}{2.5 - 2.3} = 69$ 兩。

4 此題爲《算法統宗》卷十盈朒章"盈適足不足適足"第二題，《同文算指通編》卷四"疊借互徵"附第九題。

解將先期物數列以九兩乘十四兩爲實

七兩　不足　十四兩　人實　一百二十六　物實

較二爲法　乘

九兩　足

以上舉二問其例求每數術法皆可類推

凡十四不足爲人實

以九乘之爲物實

以較爲法

圖二

解：欲先知物數，則以九兩乘十四兩爲實。

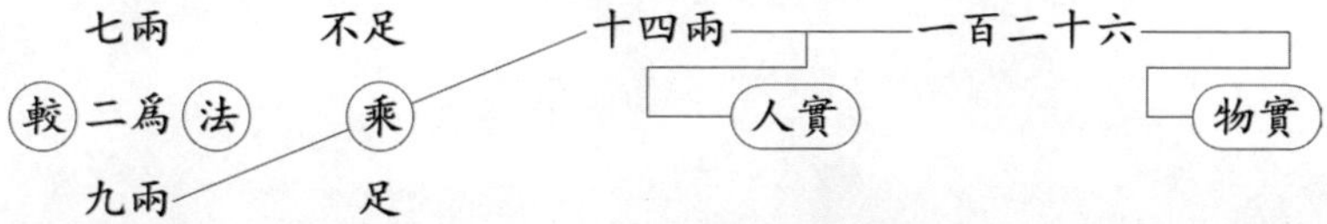

取十四不足爲人實，以九乘之爲物實，以較爲法。

以上舉二問，其倒求異數諸法，皆可類推。

圖二

盈朒

第四篇

開方盈朒

盈朒之法，設問用之，惟開方獨異，以其以自乘為算本也。如用法以三為三開方，則以九為三；則法以四為四開方，則以十六為四，故自為一法。

凡開方用盈朒法，其任設之數自之，與原數比，當其盈朒以為實，倍所設之數以為法。盈視其不足，朒視其有餘，實視法，較一者差一，倍之而較四者差二，三之而較九者差三，逆算而上之，以為自乘之數，定其差數。置盈朒之實，不足者如其數更減之，有餘者如其數更加之，倍其差為法除之，得所開之正數。若盈朒兼用，則併實以為實，併法以為法。盈朒均等，則無加減；而其多而參差者，加減之數視其多少為消息。

問：今有三百六十一數，求開方各面若干？

答：一十九。

法用盈法，設每面二十，自之得四百，視原數盈三十九為實，倍設數四十為法，實視法不足一，知差一，倍之得二，以為法，於三十九內減一，餘三十八為實，法除實合問。

設每面二十一，自之得四百四十一，視原盈八十為實，倍設數四十二為法，歸實得二，應除四不足四，知差二，倍之得四以為法，於八十內減四，餘七十六為實，法除實合問。

盈朒

第四篇

開方盈朒

盈朒之法，諸章皆可用之，惟開方獨異，以其以自乘爲幕也[1]。如別法以三爲三，開方則以九爲三；別法以四爲四，開方則以十六爲四，故當自爲一法。

凡開方用盈朒法者，任設一數自之[2]，與原數比，而得其盈朒以爲實，倍所設之數以爲法。盈視其不足，朒視其有餘。實視法較一，必差一；倍之而較四，必差二；三之而較九，必差三也。等而上之，皆以自乘之數定其差數。置盈朒之實，不足者，如其數更減之；有餘者，如其數更加之。倍其差以爲法，除之得所開之正數。若盈朒兼用，則併實以爲實，併法以爲法。盈朒均等，則無加減焉；其多而參差者，加減之數視其多少爲消息[3]。

1.問：今有三百六十一數，求開方各面若干？

答：一十九。

法：用盈法。設每面二十，自之得四百，視原數盈三十九爲實。倍設數四十爲法，實視法不足一，知差一。倍之得二以爲法，於三十九内減一，餘三十八爲實。法除實，合問。

設每面二十一，自之得四百四十一，視原盈八十爲實。倍設數四十二爲法，歸實得二，應除四，不足四，知差二。倍之得四以爲法，於八十内減四，餘七十六爲實。法除實，合問。

---

1 幕，通“冪”，本義爲覆蓋東西的毛巾，引申爲面積。劉徽《九章算術 · 方田》“方田術”注：“凡廣從相乘謂之冪”。廣從，指方田的闊與長。方田面積謂之冪，凡兩數相乘亦謂之冪，這裏特指同數自乘。

2 自之，即自乘。

3 如圖 10-4，已知原方積爲 S，求方面 x。任取一數 m 爲設方，求得：$\left|m^2-S\right|=t$。設 $\left|m-x\right|=n$，當時 $m^2>S$ 時，由 $n=\frac{t+n^2}{2m}$ 約得 n 值，則所求方面爲：

$$x=m-n=\frac{t-n^2}{2n}$$

當 $m^2<S$ 時，由 $n=\frac{t-n^2}{2m}$ 約得 n 值，則所求方面爲：

$$x=m+n=\frac{t+n^2}{2n}$$

以上單用盈或朒。若盈朒兼用，以 m_1 爲盈法設數、n_1 爲盈差；m_2 爲朒法設數、n_2 爲朒差。若 $n_1=n_2$，則：$x=\frac{t_1+t_2}{4n}$；若 $n_1\neq n_2$，則：

$$x=\frac{(t_1+t_2)+(n_2^2-n_1^2)}{2n_1+2n_2}$$

其中，盈實 $t_1=m_1^2-S$，朒實 $t_2=S-m_2^2$。

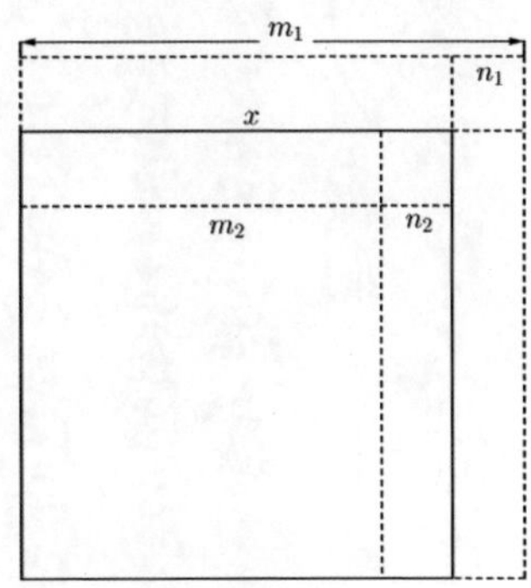

圖 10-4

設每面二十二自之得四百八十四，視原數盈一百二十三爲實，倍設數四十四爲法，歸之得二，應除一十二，餘止三，不足九，知差三。倍之得六以爲法，於一百二十三之內減九，餘一百一十四爲實，法除實合問。

用朒法：設每面十八自之得三百二十四，視原數朒三十七爲實，倍設數三十六爲法，實視法餘一，知差一。倍之得二爲法，於朒實加一得三十八爲實，法除實合問。

設每面十七自之得二百八十九，視原數朒七十二爲實，倍設數三十四爲法，以除之得二，餘四，知差二。倍之得四爲法，於朒實加四得七十六爲實，法除實合問。

設每面十六自之得二百五十六，朒一百零五爲實，倍設數三十二爲法，除之得三，餘九，知差三。倍之得六，於朒實加九得一百一十四爲實，法除實合問。

若盈朒兼用，如盈三十九朒三十七，併之得七十六，倍二法爲四除之；盈八十朒七十二，併之得一百五十二，倍四法爲八除之；盈一百二十三朒一百零五，併之得二百二十八，倍六法爲十二除之。

若盈朒不齊，盈三十九朒七十二，併之得一百一十一，應減一加四，相準只加三，得一百一十四，盈法二朒法四，共六除之；盈三十九朒一百零五，併之一百四十四，應減一加九，相準只加八，得一百五十二，盈法二朒法六，共八除之；盈八十朒三十七，併之得一百一十七，應減四加一，相準只減三，得一百一十四，以六除之；盈一百二十三朒三十七，併之得一百六十，應減九加一，相準只減八，餘一百五十二，以八除之，俱同。

解開方之法，以倍爲廉，以自乘爲隅，如盈三十九，廿乃兩廉，依正數十九，倍之得三十八，加一隅，實爲三

設每面二十二，自之得四百八十四，視原數盈一百二十三爲實。倍設數四十四爲法，歸之得三。應除一十二，餘止三，不足九，知差三。倍之得六以爲法，於一百二十三之内，減九餘一百一十四爲實。法除實，合問[1]。

用朒法。設每面十八，自之得三百二十四，視原數朒三十七爲實。倍設數三十六爲法，實視法餘一，知差一。倍之得二爲法，於朒實加一，得三十八爲實。法除實，合問。

設每面十七，自之得二百八十九，視原數朒七十二爲實。倍設數三十四爲法，以除之得二，餘四，知差二。倍之得四爲法，於朒實加四，得七十六爲實。法除實，合問。

設每面十六，自之得二百五十六，朒一百零五爲實。倍設數三十二爲法，除之得三，餘九，知差三。倍之得六，於朒實加九，得一百一十四爲實。法除實，合問[2]。

若盈朒兼用，如盈三十九，朒二十七，併之得七十六，倍二法爲四除之[3]；盈八十，朒七十二，併之得一百五十二，倍四法爲八除之；盈一百二十三，朒一百零五，併之得二百二十八，倍六法爲十二除之。

若盈朒不齊，盈三十九，朒七十二，併之得一百一十一。應減一加四相準，只加三，得一百一十四。盈法二，朒法四，共六除之[4]。盈三十九，朒一百零五，併之一百四十四。應減一加九相準，只加八，得一百五十二。盈法二，朒法六，共八除之。盈八十，朒三十七，併之得一百一十七。減四加一相準，只減三，得一百一十四，以六除之。盈一百二十三，朒三十七，併之得一百六十。應減九加一相準，只減八，餘一百五十二，以八除之。俱同。

解：開方之法，以倍爲廉，以自乘爲隅。如盈三十九者，乃兩廉依正數十九倍之得三十八，加一隅而爲三

---

1 用盈法，原積 $S=361$，設數 $m=20$，盈實 $t=m^2-S=400-361=39$，由 $n=\frac{t+n^2}{2m}=\frac{39+n^2}{40}$ 約得差數 $n=1$。求得原開方數：$x=\frac{t-n^2}{2n}=\frac{39-1}{2}=19$。同理，設數 $m=21$，求得 $t=441-361=80$，由 $n=\frac{80+n^2}{42}$ 約得差數 $n=2$，求得原開方數：$x=\frac{80-4}{4}=19$。設數 $m=22$，求得 $t=484-361=123$，由 $n=\frac{123+n^2}{44}$ 約得差數 $n=3$，求得原開方數：$x=\frac{123-9}{6}=19$。

2 用朒法，原積 $S=361$，設數 $m=18$，朒實 $t=S-m^2=361-324=37$，由 $n=\frac{t-n^2}{2m}=\frac{37-n^2}{36}$ 約得差數 $n=1$。求得原開方數：$x=\frac{t+n^2}{2n}=\frac{37+1}{2}=19$。同理，設數 $m=17$，求得 $t=361-289=72$，由 $n=\frac{72-n^2}{34}$ 約得差數 $n=2$，求得原開方數：$x=\frac{72+4}{4}=19$。設數 $m=16$，求得 $t=361-256=105$，由 $n=\frac{105-n^2}{32}$ 約得差數 $n=3$，求得原開方數：$x=\frac{105+9}{6}=19$。

3 盈朒兼用，若差數相同，設數 $m_1=20$，$m_2=18$，差數 $n_1=n_2=1$，實數 $t_1=400-361=39$，$t_2=361-324=37$，求得原開方數：$x=\frac{t_1+t_2}{4n}=\frac{39+37}{4}=19$。

4 若盈朒差數不同，設數 $m_1=20$，$m_2=17$，差數 $n_1=1$，$n_2=2$，實數 $t_1=400-361=39$，$t_2=361-289=72$，求得原開方數：$x=\frac{(t_1+t_2)+({n_2}^2-{n_1}^2)}{2n_1+2n_2}=\frac{(39+72)+(4-1)}{2+4}=19$。

九八十廿乃兩廉依正數四四之邊廿六加一隔二三四為廿也朒三十七邊廿乃兩廉依設數十八倍之共三十六並一隔為三十七之十二乃兩廉依設數十七四之為廿八並隔四為七十二也餘做此盈而不足朒而有餘廿差盈廿正兩之外其一邊一廉連一隔方滿所設之數其一邊有廉無隔故反不足朒廿設兩之外其正兩之兩廉已滿所設之數又多一隔故有餘也不足而更減有餘而更加廿差盈以設數自求少一隔以視正數實多一隔故減之而後合正數視設數多一隔自求則少一隔故加之而後合也

加減為實借差為法皆以所自乘之數其實以差之與盈與損之朒與益之已得本數不係再設法也

蓋用廿盈朒之差其去本位均等則有餘不足相準故不用加減乘差廿須審其相隔之遠近隨其多少而加減之然後得其平也盈朒二法用其一便得本數亦不必多用並用備之以長其變化耳

若舉上下各三位等而上之如四之一十六五之二十五六之三十六以至無窮皆可類推然設法亦約略相近不必取其相懸遠者求之也

問今有數一十三萬三千二百二十五求開方若干

荅三百六十五

法設三百七十自之得一十三萬六千九百盈三千六百七十五倍設法七百四十歸之得五次位應

十九。八十者，乃兩廉依正數四之得七十六，加一隅二二如四，爲八十也。朒三十七者，乃兩廉依設數十八倍之共三十六，並一隅爲三十七。七十二者，乃兩廉依設數十七四之爲六十八，並隅四爲七十二也。餘倣此。盈而不足，朒而有餘者，蓋盈者正面之外，其一邊一廉連一隅，方滿所設之數；其一邊有廉無隅，故反不足。朒者設面之外，其正面之兩廉，已滿所設之數，又多一隅，故有餘也。不足而更減，有餘而更加者，蓋盈以設數自求少一隅，以視正數，實多一隅，故減之而後合；正數視設數多一隅，自求則少一隅，故加之而後合也。

加減爲實，倍差爲法，皆以明自然之數。其實得差之時，盈者損之，朒者益之，已得本數，不俟再設法也。

兼用者，盈朒之差其去本位均等，則有餘不足相準，故不用加減；參差者，須審其相隔之遠近，隨其多少而加減之，然後得其平也。盈朒二法，用其一便得本數，亦不必多用兼用，備之以盡其變化耳。

姑舉上下各三位，等而上之，如四四一十六，五五二十五，六六三十六，以至無窮，皆可類推。然設法亦約畧相近，不必取甚相懸遠求之也。

2.問：今有數一十三萬三千二百二十五，求開方若干？

答：三百六十五。

法：設三百七十，自之得一十三萬六千九百，盈三千六百七十五。倍設法七百四十，歸之得五，次位應

除二百今只一百七十五少二十五知空差五減五合問

用朒法三百六十二自之得一十三萬一千零四十四朒二千一百八十一倍設數七百二十四減之一轉餘一千四百五十七二轉餘七百三十三三轉餘九空差三加三合問

設三百六十自之得一十二萬九千六百朒三千六百二十五倍設數七百二十歸之得五餘二十五空差五加五合問

用盈朒兼用盈實三千六百七十五朒實三千六百二十五共七千三百以二十除之

解轉減法與除法同惟所用之徑數三百為首位然以初商四則一十六萬今無此數粗而易曉故徑數三百起也其實極多少可隨便立法但位數則除數太多難算不如約略大勢取其近耳

所差數只加減所設之數空之從省也若加減盈朒之實以法除之俱如前例

問今有一百三十三萬一千七百一十六求開方幾何

答一千一百五十四

法設一千一百五十六自之得一百三十三萬六千三百三十六盈四千六百二十倍設數二千三百一十二減之一轉餘二千三百零八視法少四空差二於設數內減二合問

設一千一百五十一自之得一百三十二萬四千八百零一朒六千九百一十五倍設法二千三百零二減之三轉餘九空差三於設法加三合問

除二百，今只一百七十五，少二十五，知定差五，減五合問[1]。

用朒法三百六十二，自之得一十三萬一千零四十四，朒二千一百八十一。倍設數七百二十四減之，一轉餘一千四百五十七，二轉餘七百三十三，三轉餘九，定差三，加三合問。

設三百六十，自之得一十二萬九千六百，朒三千六百二十五。倍設數七百二十，歸之得五，餘二十五，定差五，加五合問。

若盈朒兼用，盈實三千六百七十五，朒實三千六百二十五，共七千三百，以二十除之。

解：轉減法，與除法同，惟所用之。

徑取三百爲首位者，以初商四，則一十六萬。今無此數，粗而易曉，故徑取三百起也。其實極少極多，皆可隨便立法。但位懸則隅數太多難筭，不如約畧大勢，取其近者耳。

得差數，即加減所設之數定之，從省也。若加減盈朒之實，以法除之，俱如前例。

3.問：今有一百三十三萬一千七百一十六，求開方若干？

答：一千一百五十四。

法：設一千一百五十六，自之得一百三十三萬六千三百三十六，盈四千六百二十。倍設數二千三百一十二減之，一轉餘二千三百零八，視法少四，定差二。於設數內減二，合問。

設一千一百五十一，自之得一百三十二萬四千八百零一，朒六千九百一十五。倍設法二千三百零二減之，三轉餘九，定差三。於設法加三，合問。

---

1 用盈法，原積$S=133225$，設數$m=370$，盈實$t=m^2-S=136900-133225=3675$，由

$$n=\frac{t+n^2}{2m}=\frac{3675+n^2}{740}$$

約得差數$n=5$。設數減去差數，即得原開方數：

$$x=m-n=370-5=365$$

以下朒法、盈朒兼用諸法，俱參前題注釋。

解實百萬自有空千無積其徑以次位為一百三位為五十并益首位千次位百兩廉皆二十萬
隅皆一萬是二十一萬方加一算也除首百萬次位實止三十三萬有奇以空二百則廉四十萬隅
四萬無此數知為無積三位十兩廉皆二萬二千隅皆一百是二萬二千一百方加一算也除次位二十
一萬餘實止十二萬一千有奇以空六千則廉十三萬二千隅三千六百無此數知為五無積故從第
四位設法耳從第二位設法試以一千二百自乘得一百四十四萬盈一十萬零八千二百八十四倍設
法二千四百餘止二百八千四不足二千一百五十六空以益為十六或於設法內減四十六或於盈數十萬八千二百
八十四減二千一百五十六餘十萬零六千一百二十八倍四十六為九十二除之等盈知朒從第三位設
法試以一千一百四十自乘得一百二十九萬九千六百朒三萬二千一百一十六倍設法二千二百八十除之
得一十四餘一百九十六空差十四或於設數加四或於朒數三萬二千一百一十六加一百九十六得三萬
二千三百一十二倍一千一百四十為二千二百八十除之等朒知盈隨便立法無不可通

凡開方帶縱用盈朒法者任設一數為濶加較以為長或任設一數為長減較以為濶視其
盈朒有實以長濶相併為法除之仍以除得之數自乘為隅法以盈朒之空數

問今有田積八百六十四步其較十二求長濶各幾何

答長三十六　濶二十四

法任設二十為濶加較十二得三十二為長相乘得六百四十步不足二百二十四步併長濶五十二步
除之得四餘一十六步為隅知櫛濶長俱少四步加入櫛數合問

解：實百萬，自應定千無疑。其徑以次位爲一百，三位爲五十者，蓋首位千，次位百，兩廉當二十萬，隅當一萬，是二十一萬方加一筭也。除首百萬，次位實止三十三萬有奇。若定二百，則廉四十萬，隅四萬。無此數，知爲一無疑。三位十，兩廉當二萬二千，隅當一百，是二萬二千一百方加一筭也。除次位二十一萬，餘實止十二萬一千有奇。若定六十，則廉十三萬二千，隅三千六百。無此數，知爲五無疑。故從第四位設法耳。

若從第二位設法，試以一千二百自乘，得一百四十四萬，盈一十萬零八千二百八十四。倍設法二千四百，餘止二百八十四，不足二千一百一十六，定差四十六。或於設法内減四十六；或於盈數十萬八千二百八十四内減二千一百一十六，餘十萬零六千一百六十八，倍四十六爲九十二除之。舉盈知朒。

若從第三位設法，試以一千一百四十自乘，得（一十二萬九千九百六十）[一百二十九萬九千六百]，朒三萬二千一百一十六。倍設法二千二百八十，除之得一十四，餘一百九十六，定差十四。或於設數加十四；或於朒數三萬二千一百一十六加一百九十六，得三萬二千三百一十二，倍一十四爲二十八除之。舉朒知盈。隨便立法，無不可也。

凡開方帶縱用盈朒法者，任設一數爲闊，加較以爲長；或任設一數爲長，減較以爲闊。視其盈若干爲實，以長闊相併爲法除之。仍以除得之數自乘爲隅法，得盈朒之定數[1]。

1.問：今有田積八百六十四步，其較十二，求長闊各若干？

答：長三十六；　　　　闊二十四。

法：任設二十爲闊，加較十二得三十二爲長，相乘得六百四十步，不足二百二十四步。併長闊五十二步，除之得四，餘一十六步爲隅。知擬闊長俱少四步，加入擬數，合問[2]。

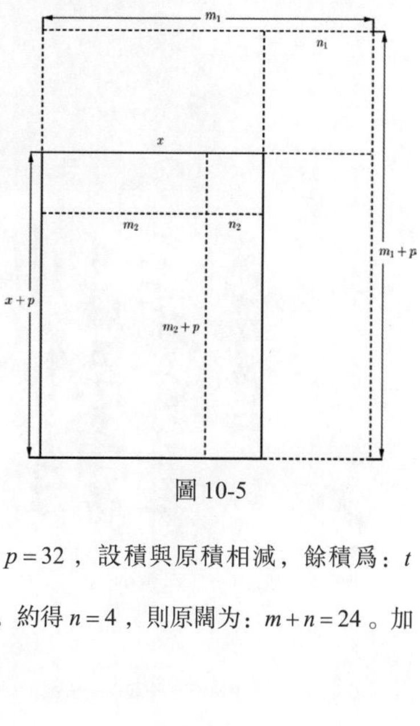

圖 10-5

1 如圖 10-5，已知長方積爲 S，長闊較爲 p，求原闊 x。任取一數 m 爲設闊，$m+p$ 爲設長，$m(m+p)$ 爲設積，與原積 S 相減，餘實：$|m(m+p)-S|=t$。設 $|m-x|=n$，當 $m(m+p)>S$ 時，由 $t=mn+(m+p)n+n^2$ 得：

$$n=\frac{t-n^2}{m+(m+p)}$$

約得 n 值，求得原闊爲：$x=m-n$。當 $m(m+p)<S$ 時，由 $t=mn+(m+p)n-n^2$ 得：

$$n=\frac{t+n^2}{m+(m+p)}$$

約得 n 值，求得原闊爲：$x=m+n$。若設 m 爲長，$m-p$ 爲闊，法同不贅。

2 長方積 $S=864$，長闊較 $p=12$，求長闊。擬闊 $m=20$，擬長 $m+p=32$，設積與原積相減，餘積爲：t $t=S-m(m+p)=224$。擬闊小於原闊，由 $n=\frac{t-n^2}{m+(m+p)}=\frac{224-n^2}{52}$，約得 $n=4$，則原闊为：$m+n=24$。加較 12，得原長爲 36。

任意設四十步為長，減較十二步，得二十八步為濶，相乘得千一百二十步，盈二百五十六步，併長濶六十四步為法，除之得四餘一十六步，為法知較濶之併多四步，以減較數合濶

解此與平濶同理，無不用加減，此以平濶兩廉相等，外偏一隅，故或加以為之，或減以為之，帶縱則兩廉長短原不齊，故留隅於外耳，自與互通，然有二也

如步積三十六，加四得四十，多積四十四，減四得四十，各加倍差四為法，除之得實數

開方盈朒圖　方十步，積一百，為實數，青衆是

開方帶縱盈朒圖　長十二，濶十，積一百二十，為實數，青衆是

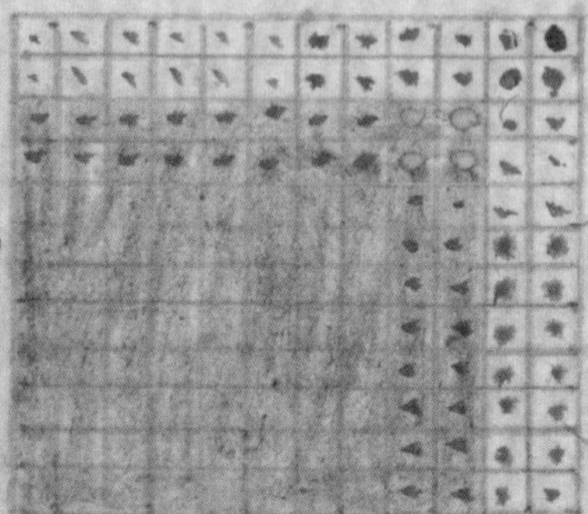

商十二為盈，多積四十四，倍商二十四除之得二不足四，知商多二

商八為朒，少積三十六，倍商十六除之得二餘四，知商少二

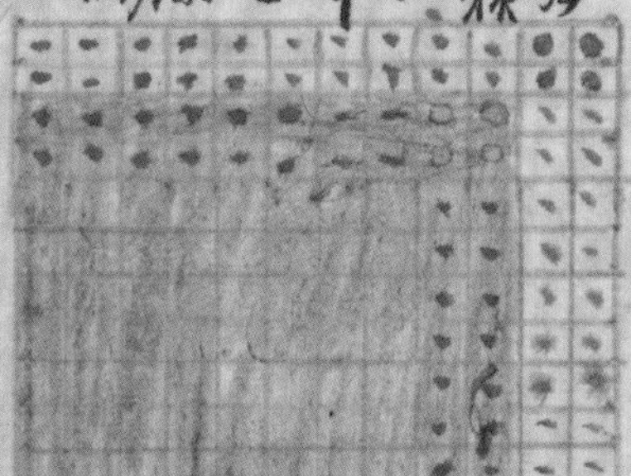

商八，加較三得十一，少積四十二，長濶併十九除之得二餘四，知商少二

商十二，加較三得十五，多積五十，長濶併二十七除之得二不足四，知商多二

圖二

任意設四十步爲長，減較十二步，得二十八步爲闊。相乘得一千一百二十步，盈二百五十六步。併長闊六十四步爲法，除之得四，餘一十六步爲隅。知擬闊長俱多四步，以減擬數，合問[1]。

解：此與平開同理，然不用加減者，以平開兩廉相等，外偏一隅，故或加以齊之，或減以齊之；帶縱則兩廉長短原不齊，故留隅於外耳。自可互通，非有二也。

如少積三十六，加四得四十；多積四十四，減四得四十。各加倍差四，爲法除之，得正數。

開方盈朒圖 方十步，積一百爲實數。青實是。

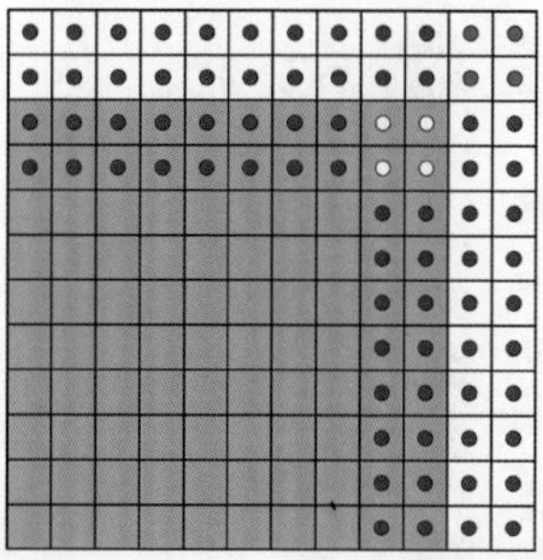

商八爲朒，少積三十六。倍商十六，除之得二，餘四，知商少二。

商十二爲盈，多積四十四。倍商二十四，除之得二，不足四，知商多二。

開方帶縱盈朒圖 長十三闊十，積一百三十爲實數。青實是。

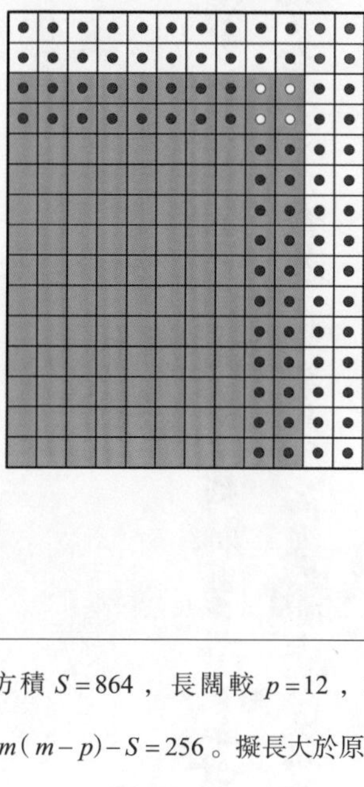

商八，加較三得十一，少積四十二。長闊併十九，除之得二，餘四，知商少二。

商十二，加較三得十五，多積五十，長闊併二十七，除之得二，不足四，知商多二。

圖二

1 長方積 $S=864$，長闊較 $p=12$，求長闊。擬長 $m=40$，設闊 $m-p=28$，設積與原積相減，餘積爲：$t=m(m-p)-S=256$。擬長大於原長，由 $n=\frac{t+n^2}{m+(m+p)}=\frac{256+n^2}{68}$，約得 $n=4$，則原長爲：$m-n=36$。減去較 12，得原闊爲 24。

盈朒

子母盈朒　第五篇

凡不用全數而用奇數如若或幾分之幾盈若干或幾分之幾朒若干謂之子母盈朒

凡子母盈朒以母母相乘為共母以母交乘子為各子以定盈朒或盈朒之實又以共母乘之為實數以各子相減為法除之

問今有銀不知數若買一物或其三分之二買之盈三兩或其五分之三買之不足一兩求銀与物價若干

答銀六十兩　物價三十七兩

法二母相乘得一十五以盈母三乘子三得十五分之九以朒母五乘子二得十五分之十是為一十五分之十盈三兩一十五分之九不足一兩也併盈不足得四兩以十五乘之得六十兩為實九減十餘一為法除之仍得六十兩為銀數三歸之得二十兩二因之得四十兩減盈三兩五歸之得十二兩三因之得三十六兩加不足一兩得物價合問

解此子母法一盈一朒者若先求物價十五為共母兩子互乘盈子十以乘不足一兩得一十盈子九以乘盈三兩得二十七併之得三十七以一為法除之

或以盈三兩以盈子十化之為三十兩以不足一兩以朒子九化之為九兩然後互乘以十乘

盈朒

第五篇

子母盈朒

凡不用全數而用半數，如云取幾分之幾盈若干，取幾分之幾朒若干，謂之子母盈朒。

凡子母盈朒，以兩母相乘爲共母，以兩母交乘兩子爲各子，以定盈朒。取盈朒之實，又以共母乘之爲實數，以各子相減爲法除之[1]。

1. 問：今有銀不知數，欲買一物，取其三分之二買之，盈三兩；取其五分之三買之，不足一兩。求銀與物價各若干[2]？

答：銀六十兩。　　　　　　　　　　物價三十七兩。

法：二母相乘得一十五，以盈母三乘子三，得十五分之九；以朒母五乘子二，得十五分之十。是爲一十五分之十盈三兩，一十五分之九不足一兩也。併盈不足得四兩，以十五乘之，得六十兩；以九減十餘一爲法除之，仍得六十，爲銀數。三歸之得二十兩，二因之得四十兩，減盈三兩；五歸之得十二兩，三因之得三十六兩，加不足一兩，得物價[3]。合問。

解：此子母法一盈一朒者。若先求物價，十五爲共母。兩子互乘，盈子十以乘不足一兩得一十，盈子九以乘盈三兩得二十七。併之得三十七，亦以一爲法除之。

或取盈三兩，以盈子十化之，爲三十兩；取不足一兩，以朒子九化之，爲九兩。

1《算法統宗》卷十盈朒章有“取錢買物歌”，即本書子母盈朒。以盈不足爲例，設取銀 $\frac{k_1}{m_1}$ 買物，所出銀較物價盈 b_1；取銀 $\frac{k_2}{m_2}$ 買物，所出銀較物價不足 b_2。求銀數 n、物價 M。據題意列式如下：

$$\begin{cases} \frac{k_1}{m_1}\cdot n - b_1 = M \\ \frac{k_2}{m_2}\cdot n + b_2 = M \end{cases}$$

求得銀數、物價分別爲：

$$n = \frac{m_1 m_2 (b_1 + b_2)}{k_1 m_2 - k_2 m_1}\ ;\ M = \frac{k_1 m_2 b_2 + k_2 m_1 b_1}{k_1 m_2 - k_2 m_1}$$

其中，$m_1 m_2$ 爲共母，$k_1 m_2$ 與 $k_2 m_1$ 爲各子，b_1 與 b_2 爲盈朒之實。子母盈朒與累數盈朒（即雙套盈朒）解法相同，可互相參看。

2 此題爲《算法統宗》卷十盈朒章“取錢買物盈朒”第一題，《同文算指通編》卷四“疊借互徵”附第十四題。

3 此題爲子母一盈一不足算題，據術文求得銀數：$n = \frac{m_1 m_2 (b_1 + b_2)}{k_1 m_2 - k_2 m_1} = \frac{3\times5\times(3+1)}{2\times5-3\times3} = 60$ 兩，由銀數求得物價：$M = \frac{k_1}{m_1}\times n - b_1 = \frac{2}{3}\times60-3=37$ 兩，或 $M = \frac{k_2}{m_2}\times n + b_2 = \frac{3}{5}\times60+1=37$ 兩，或徑用術文公式求得物價：

$$M = \frac{k_1 m_2 b_2 + k_2 m_1 b_1}{k_1 m_2 - k_2 m_1} = \frac{2\times5\times1+3\times3\times3}{2\times5-3\times3} = 37\text{兩}。$$

九兩是九十兩以九乘三十得二百七十兩併之得三百六十兩取原子二三相乘得六為法除之
得六十兩為實以出率相減較一為法除之同然不如共母乘之為捷也

用母乘法

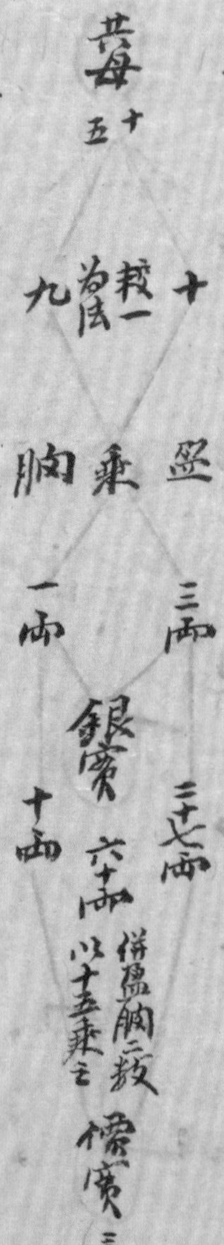

用子除法

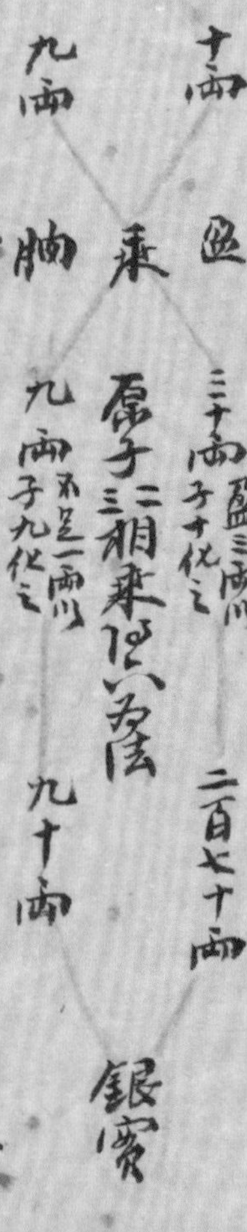

問今有銀不知數取六分之四買物盈二兩取四分之三買物盈三兩五錢求銀數物價各若干

答銀十八兩　物價十兩

法取六四二母相乘得二十四以六母乘三分得一十八以四母乘四分得一十六如法列位作一十八兩盈三兩五錢一十六兩盈二兩二盈相減餘一兩五錢以二十四乘之為銀實互乘相減為價實以十六減十八餘二為法除之合問

解此子母法兩盈兩不足同[redacted]

九兩得九十兩，以九乘三十得二百七十兩，併之得三百六十兩。取原子二三相乘得六爲法除之，得六十兩爲實，以出率相減較一爲法除之，同。然不如共母乘之爲捷也。

用母乘法

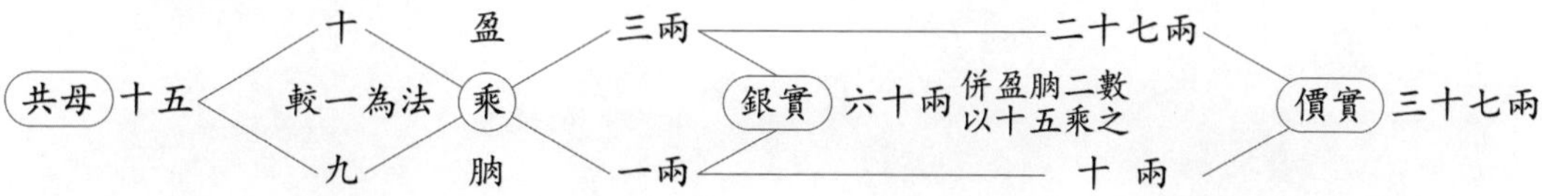

用子除法

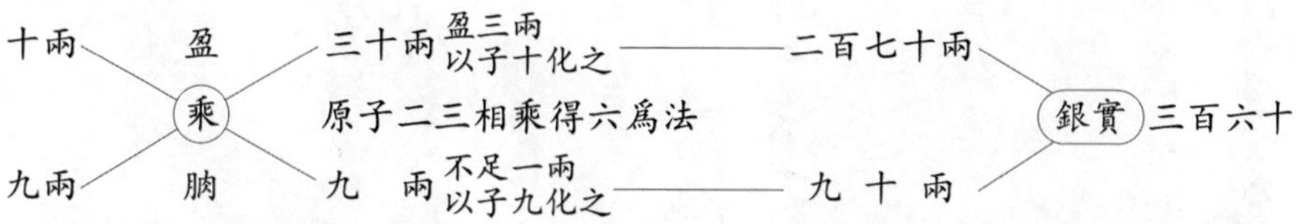

2. 問：今有銀不知數，取六分之四買物，盈二兩；取四分之三買物，盈三兩五錢。求銀數、物價各若干[1]？

答：銀十八兩。　　　　　　　　　　　　物價十兩。

法：取六、四二母相乘，得二十四。以六母乘三子，得一十八；以四母乘四子，得一十六。如法列位，作一十八兩，盈三兩五錢；一十六兩，盈二兩。兩盈相減，餘一兩五錢。以二十四乘之爲銀實，互乘相減爲價實。以十六減十八餘二，爲法除之。合問[2]。

解：此子母法兩盈者，兩不足同。

---

1 此題爲《算法統宗》卷十盈朒章“取錢買物兩盈”第一題，《同文算指通編》卷四“疊借互徵”附第十五題。

2 此爲子母兩盈題。依法求得銀數、物價分別爲：

$$n=\frac{m_1m_2(b_1-b_2)}{k_1m_2-k_2m_1}=\frac{4\times6\times(3.5-2)}{3\times6-4\times4}=18\text{兩}$$

$$M=\frac{k_2m_1b_1-k_1m_2b_2}{k_1m_2-k_2m_1}=\frac{4\times4\times3.5-3\times6\times2}{3\times6-4\times4}=10\text{兩}$$

置銀十八兩六歸四因得十二兩歸三因得一十二兩為錢母其子除法如前例可推

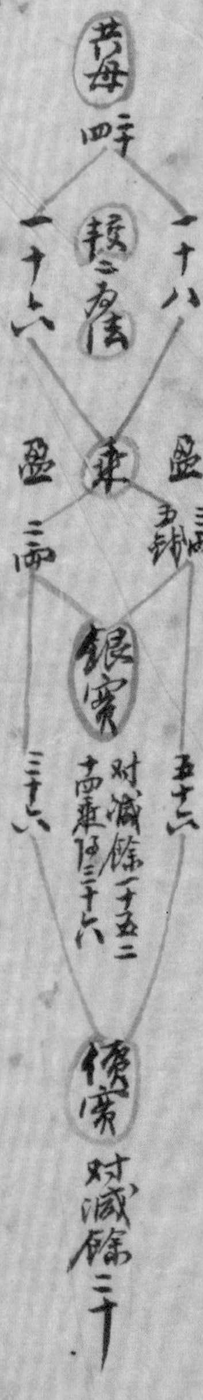

假令有錢不知數取二分之一買物盈四文取七分之三買物適足求錢數物價各幾何

答錢五十六文　物價二十四文

法二七相乘得一十四為共母以二乘三得六為足子以七乘一仍得七為盈子單盈四文以共母十四乘之得五十六以六七相減較一為法除之仍得五十六為錢實以二除之得二十八減四文或三因七

歸得物價

解此子母法一盈一足其不足適足圖

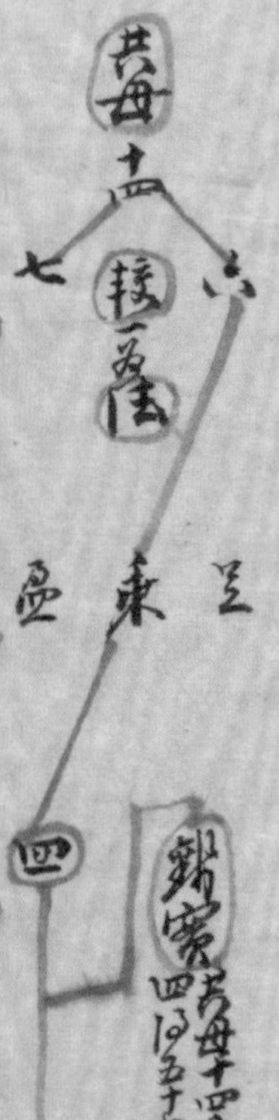

凡價有子母者有物數其錢數同置共母但得價之幾以物數除之其數其用價求之法

假令有粟不知數取四分之三糴銀六十兩為足二十石取八分之七糴之餘十石求原粟

石價各幾何

置銀十八兩，六歸四因得一十二，四歸三因得一十三兩五錢。◎其子除法如前例可推。

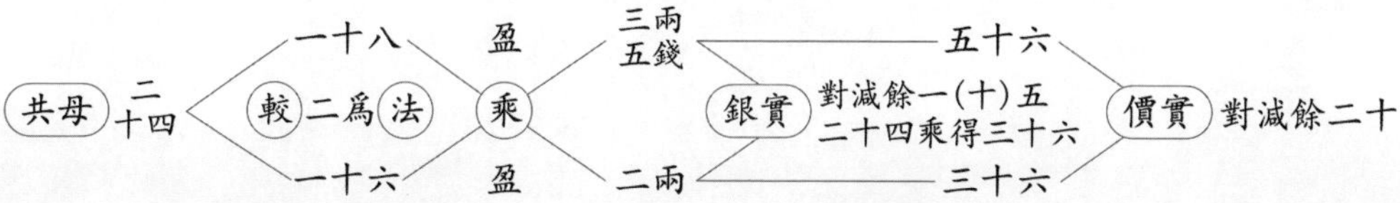

3.問：今有錢不知數，取二分之一買物，盈四文；取七分之三買物，適足。求錢數、物價各若干[1]？

答：錢五十六文。　　　　　　　　物價二十四文。

法：二、七相乘得一十四，爲共母。以二乘三得六，爲足子；以七乘一仍得七，爲盈子。單置四文，以共母十四乘之，得五十六。以六、七相減較一爲法除之，仍得五十六，爲錢實。以二除之得二十八，減四文；或三因七歸，俱得物價[2]。

解：此子母法一盈一足者，不足適足同。

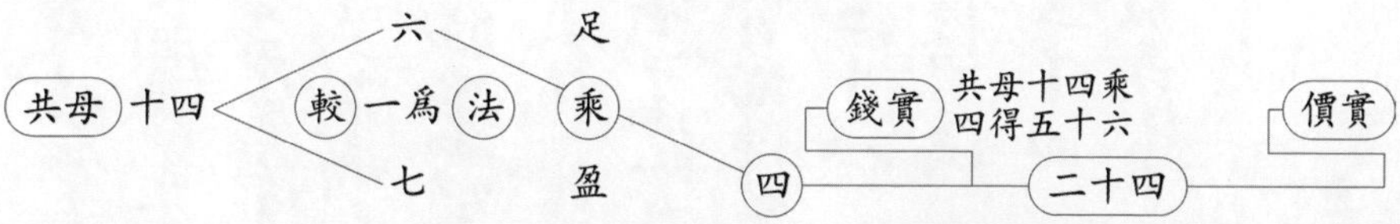

凡價有子母，又有物數者，若數同，置不用，但得價之後，以物數除之；異數者，用層求之法[3]。

1.問：今有粟不知數，取四分之三糶銀六十兩，不足二十石；取八分之（十）［七］糶之[4]，餘十石。求原粟、石價各若干？

---

1 此題爲《算法統宗》卷十盈朒章“取錢買物盈適足”第一題，《同文算指通編》卷四“疊借互徵”附第十七題。

2 此爲子母一盈一適足題。依法求得銀數爲：

$$n=\frac{m_1m_2b_1}{k_1m_2-k_2m_1}=\frac{2\times7\times4}{1\times7-3\times2}=56\text{文}$$

由銀數求得物價爲：

$$M=\frac{k_1}{m_1}\cdot n-b_1=\frac{1}{2}\times56-4=24\text{文}$$

或：

$$M=\frac{k_2}{m_2}\cdot n=\frac{3}{7}\times56=24\text{文}$$

或徑由公式求得物價爲：

$$M=\frac{k_2m_1b_1}{k_1m_2-k_2m_1}=\frac{3\times2\times4}{1\times7-3\times2}=24\text{文}$$

3 價有子母又有物數，相關算題及解法見《算法統宗》卷十盈朒章“取錢買物盈適足”第二題、《同文算指通編》卷四“疊借互徵”附第十八題，爲異數一盈一適足算題。

4 十，當作“七”，據後文改。

答原粟二百四十石　　均數二百石　　每價銀三錢
四之三一百八十石　值銀五十四兩　八之七二百一十石　值銀六十三兩
法母相乘三十二以朒母四乘盈子七得二十八以盈母八乘朒子三得二十四併盈朒三十石以三十
二乘之得九百六十石為粟實以二十八乘不足二十得五百六十以二十四乘盈十得二百四十併之得八
百為均實係以二十四減二十八餘四為法除之得總粟二百四十均數二百以均數除六十兩得
每價三錢置總粟四歸三因八歸七因以各分之各得之數以每價乘之得各價合問
解曰是六十兩故不入法得數後只用除法耳若以六十除均數得每銀一兩該粟三石三斗三升三合有奇
理之均數其於值六十兩者為盈為朒之數也凡子母盈朒以約全數求均為主但不題物數如上問
物價二十四兩之類得均價也其本當指物若幾何此則題其數目耳

共母三十二　　二十八　盈　十　二百四十
較四為法　乘　粟實九百六十　併三十以三十二乘之　均實八百
二十四　朒　二十　五百六十

問今有銀不知數取其四分之三糴粟一百九十石不足銀三兩取其八分之七糴之餘銀六兩
原銀粟各若干
答總銀七十二兩　粟每石價三錢
四分之三五十四兩糴粟一百八十石　八分之七六十三兩糴粟二百一十石

答：原粟二百四十石。　　　　　　　　均數二百石。

石價銀三錢。

四之三，一百八十石，　　　　　　　值銀五十四兩；

八之七，二百一十石，　　　　　　　值銀六十三兩。

法：二母相乘三十二。以朒母四乘盈子七，得二十八；以盈母八乘朒子三，得二十四。併盈朒三十石，以三十二乘之，得九百六十，爲粟實。以二十八乘不足二十，得五百六十；以二十四乘盈十，得二百四十，併之得八百，爲均實。俱以二十四減二十八餘四爲法除之，得總粟二百四十，均數二百。以均數除六十兩，得石價三錢[1]。置總粟，四歸三因、八歸七因，得各分應得之數。以每價乘之，得各價。合問。

解：以同是六十兩，故不入法，得數後只用除法耳。若以六十除均數，得每銀一兩該粟三石三斗三三不盡。謂之均數者，恰值六十兩，無盈無朒之數也。凡子母盈朒，皆以全數求均爲主，但不顯物數，如上問物價二十四文之類，即均價也。然未嘗指物爲幾何，此則顯其數目耳。

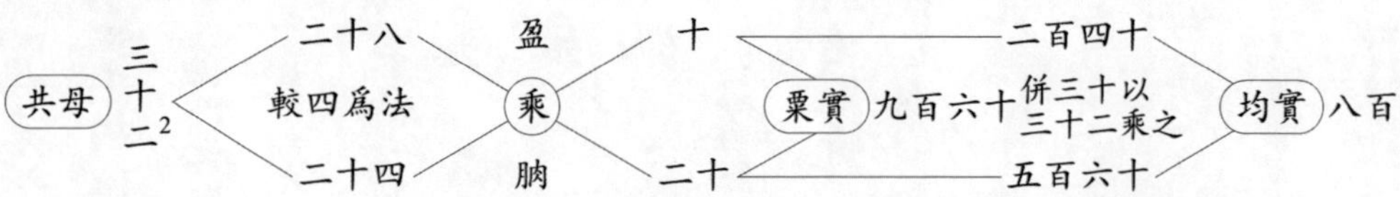

2.問：今有銀不知數，取其四分之三糴粟一百九十石，不足銀三兩；取其八分之七糴之，餘銀六兩。求原銀、粟各若干？

答：總銀七十二兩。　　　　　　　　粟石價二錢。

四分之三，五十四兩，　　　　　　　糴粟一百八十石；

八分之七，六十三兩，　　　　　　　糴粟二百一十石。

---

1 設銀 60 兩所糴粟數（均數）爲 M，原粟數爲 n，據題意列：

$$\begin{cases}\frac{3}{4}n+20=M\\ \frac{7}{8}n-10=M\end{cases}$$

據子母盈朒公式，求得：

$$n=\frac{m_1m_2(b_1+b_2)}{k_1m_2-k_2m_1}=\frac{8\times4\times(10+20)}{7\times4-3\times8}=240\text{石}$$

$$M=\frac{k_1m_2b_2+k_2m_1b_1}{k_1m_2-k_2m_1}=\frac{7\times4\times20+3\times8\times10}{7\times4-3\times8}=200\text{石}$$

每石粟價爲：

$$\frac{60\text{兩}}{200\text{石}}=3\text{錢}$$

2 三十二，原文誤作“五十四”，據法文徑改。

法二母相乘三十二為共母，以四母乘七，得二十八；以八母乘三，得二十四，併為盈不足九兩，以共母乘之，得二百八十八為銀實；以二十四、二十八相減餘四為法除之，得七十二兩為總銀；置總銀四歸三因，得五十四，加三兩，或八歸七因，得六十三，減六兩，俱得五十七，為物數；以一百九十除之，得石價三錢；置五十四與六十三，各以石法三歸之，得各分應得之數。合問

解 前問推物，此問推價，其例正也

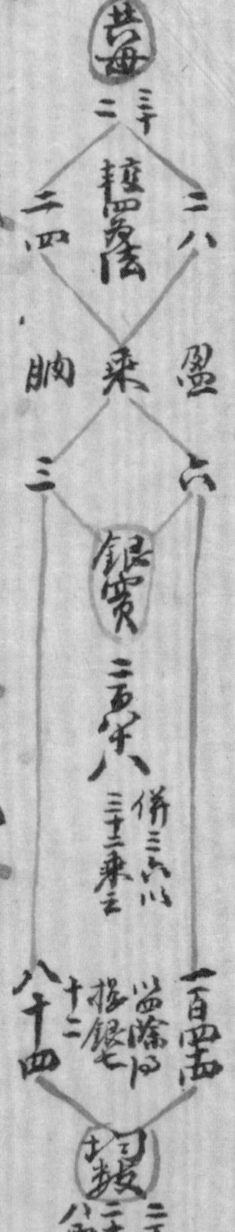

問今有銀，不知數，欲其四分之三糴粟一百五十石，餘銀九兩；欲其八分之七糴粟二百二十石，不足銀三兩。問原銀、石價各若干

荅 銀七十二兩　粟石價三錢

四之三五十四兩，減九，餘四十五　粟一百八十石　照減應一百五十石

八之七六十三兩，加三，得六十六兩　粟二百一十石　照加應二百二十石

法作二次互乘：第一遍，四母乘七，得二十八；八母乘三，得二十四；列二十八與二十四為二位，與其粟數互乘，二十八乘一百五十，得四千二百；二十四乘二百二十，得五千二百八十；又與其盈不足互乘，二十八乘九兩，得二百五十二；二十四乘三兩，得七十二。第二遍，列四千二百與五千二百八十為二位，與其乘出盈不足之數互乘，以四千二

法：二母相乘三十二，爲共母。以四母乘七子得二十八，以八母乘三子得二十四。併盈不足九兩，以共母乘之，得二百八十八，爲銀實。以二十四、二十八相減餘四，爲法除之，得七十二兩，爲總銀。置總銀，四歸三因得五十四，加三兩；或八歸七因得六十三，減六兩，俱得五十七，爲均數。以一百九十除之，得石價三錢[1]。置五十四與六十三，各以石法三歸之，得各分應得之數。合問。

解：前問推物，此問推價，其例一也。

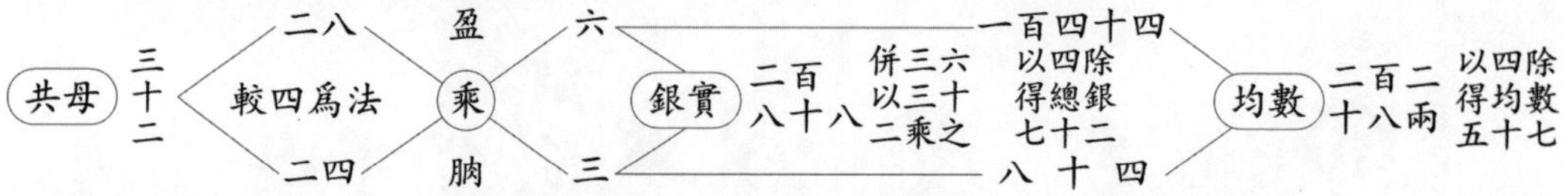

3.問：今有銀不知數，取其四分之三糴粟一百五十石，餘銀九兩；取其八分之七糴粟二百二十石，不足銀三兩。求原銀、石價各若干？

答：銀七十二兩。　　粟石價三錢。

四之三，五十五兩，減九餘四十五；　粟一百八十石，照減應一百五十石。

八之七，六十三兩，加三得六十六兩；　粟二百一十石，照加應二百二十石。

法：作二次互乘。第一遍四母乘七子得二十八，八母乘三子得二十四。列二十八與二十四爲二位，與粟數互乘，二十八乘一百五十，得四千二百；二十四乘二百二十，得五千二百八十。又與盈不足互乘，二十八乘九兩，得二百五十二；二十四乘三兩，得七十二。第二遍列四千二百與五千二百八十爲二位，與乘出盈不足之數互乘。以四千二

---

1 設粟 190 石所值銀數（均數）爲 M，原銀數爲 n，據題意列：

$$\begin{cases}\frac{3}{4}n+3=M\\ \frac{7}{8}n-6=M\end{cases}$$

據子母盈朒公式，求得原銀數：

$$n=\frac{m_1m_2(b_1+b_2)}{k_1m_2-k_2m_1}=\frac{8\times4\times(6+3)}{7\times4-3\times8}=72\text{兩}$$

以原銀求得均數：

$$M=\frac{3}{4}n+3=\frac{3}{4}\times72+3=57\text{兩}$$

或：

$$M=\frac{7}{8}n-6=\frac{7}{8}\times72-6=57\text{兩}$$

或徑由公式求得均數爲：

$$M=\frac{k_1m_2b_2+k_2m_1b_1}{k_1m_2-k_2m_1}=\frac{7\times4\times3+3\times8\times6}{7\times4-3\times8}=57\text{兩}$$

每石粟價爲：

$$\frac{57\text{兩}}{190\text{石}}=3\text{錢}$$

各乘七十二得三十萬零一千四百以五千二百八千乘二百五十二得一百三十三萬零五百六千併之得一百八十三萬二千九百六千以二十四兩八十八相乘得二百七十二除之得二萬四千二百以四千二百減五千二百八千餘一千零八十爲法除之得二十五以三十二乘之得銀七十二兩四歸三因得五十四兩減盈九兩餘四十五兩以乘一百五十除之得三八歸七因得六十三加不足三得六十六兩以乘二百二十除之得三和衆價各三錢成五十四兩共六十三兩併以三歸之得各價應得之數合問

解一百五十物二百二十數不同故作兩遍以求其通率所謂層乘遞增價準其數其以物爲分

數竹例同

第一遍

第二遍

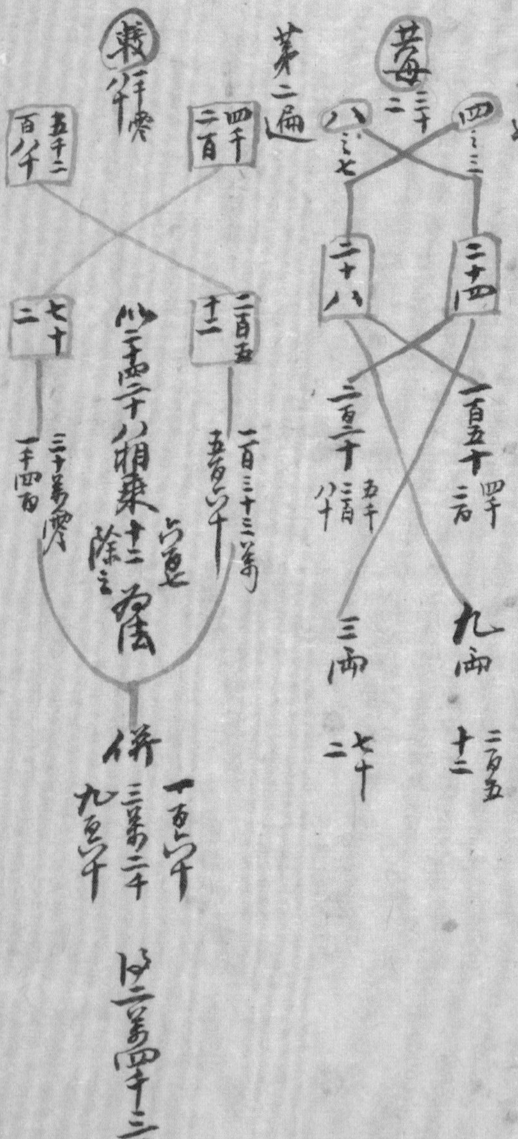

百乘七十二，得三十萬零（一）［二］千四百[1]；以五千二百八十乘二百五十二，得一百三十三萬零五百六十，併之得一百六十三萬二千九百六十。以二十四與二十八相乘得六百七十二除之，得（二萬四千三百）［二千四百三十］[2]。以四千二百減五千二百八十餘一千零八十爲法除之，得二二五。以三十二乘之，得銀七十二兩。四歸三因，得五十四兩，減盈九兩，餘四十五兩，以粟一百五十除之得三；八歸七因，得六十三，加不足三，得六十六兩，以粟二百二十除之，亦得三。知粟價石三錢。取五十四兩與六十三兩，俱以三歸之，得各價應得之數。合問[3]。

解：一百五十與二百二十數不同，故作兩遍以求其通率，所謂層乘也。舉價爲分數。其以物爲分數者，例同。

第一遍

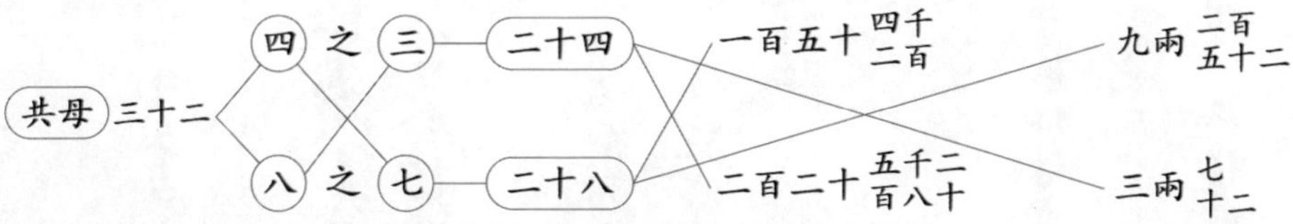

第二遍

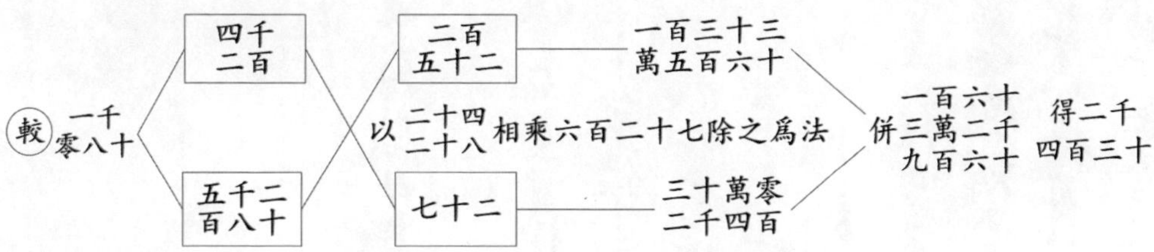

1 一，當作“二”，據演算改。後圖亦誤，徑改。

2 二萬四千三百，當作“二千四百三十”，據演算改。後圖亦誤，徑改。

3 設原銀爲 n，每石粟價爲 p，據題意列：

$$\begin{cases}\frac{3}{4}n-9=150p & ① \\ \frac{7}{8}n+3=220p & ②\end{cases}$$

兩分數通分，以 $4\times7=28$ 乘①式、以 $3\times8=24$ 乘②式，得：

$$\begin{cases}\frac{28\times24}{32}n-252=4200p & ③ \\ \frac{28\times24}{32}n+72=5280p & ④\end{cases}$$

又以 5280 乘③式、以 4200 乘④式，得：

$$\begin{cases}\frac{28\times24\times5280}{32}n-1330560=(4200\times5280)p \\ \frac{28\times24\times4200}{32}n+302400=(4200\times5280)p\end{cases}$$

此即後文子母盈朒同母異子者，求得原銀：$n=\frac{1330560+302400}{28\times24\times(5280-4200)}\times32=72$ 兩。代入原式①或②，解得每石粟價：

$$p=\frac{\frac{3}{4}\times72-9}{150}=\frac{\frac{7}{8}\times72+3}{220}=3\text{錢}$$

第一遍母三十二爲乘法

二萬四千三百

先乘得
七七七六〇〇
用除先除
得二二五〇〇
用乘

價銀七十二

第二遍較一千零八十爲除法

凡物價帶有子母者合物價兩母爲母以兩母互乘兩子爲子故盈朒之數以其母乘之以子法相
減爲法除之

假令有物價銀不知數欲價三分之二買物五分之三盈銀四兩八錢原物不足一十六件
又以欲價八分之七買物六分之五盈銀三兩原物不足十件求物價實數各若干

答價銀七十二　價物二百四十

三分之二　四十八　　五分之三　一百四十四
八分之七　六十三　　六分之五　二百

法以價母三乘物母五得一十五以價母三乘物子三得九以物母五乘價子二得一十是爲率
十五分之十買十五分之九盈四兩八錢不足一十六件也
再以價母八乘物母六得四十八以價母八乘物子五得四十以物母六乘價子七得四十二是爲
四十八之四十二買四十八之四十盈三兩不足十件也

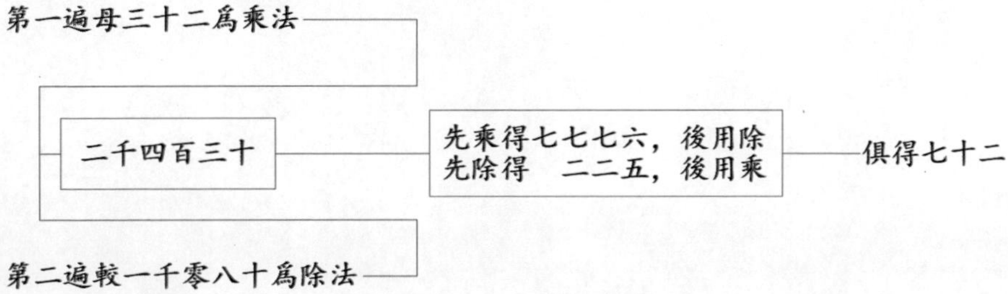

凡物、價俱有子母者，會物、價兩母爲母，以兩母互乘兩子爲子，取盈朒之數，以共母乘之，以子法相減爲法除之。

1.問：今有物、價俱不知數，取價三分之二買物五分之三，盈銀四兩八錢，原物不足一十六件[1]；又有取價八分之七買物六分之五，盈銀三兩，原物不足十件。求物、價實數各若干？

答：總銀七十二。　總物二百四十。

三分之二，四十八；　五分之三，一百四十四；

八分之七，六十三；　六分之五，二百。

法：取價母三乘物母五得一十五，以價母三乘物子三得九，以物母五乘價子二得一十。是爲十五分之十買十五分之九，盈四兩八錢，不足一十六件也。

再以價母八乘物母六得四十八，以價母八乘物子五得四十，以物母六乘價子七得四十二。是爲四十八之四十二買四十八之四十，盈三兩，不足十件也。

1 總價三分之二應買總物三分之二，今只買總物五分之三，則不足 16 件即總物三分之二與總物五分之三之差。同理，盈銀 4.8 兩即總價三分之二與總價五分之三之差。據此可求總價、總物分别爲：

$$總價=\frac{4.8}{\frac{2}{3}-\frac{3}{5}}=72\text{兩}$$

$$總物=\frac{16}{\frac{2}{3}-\frac{3}{5}}=240\text{件}$$

或據題設第二條件，同理可推。

盈四兩八錢，以十五乘之，得七十二兩一十二分，併以十五乘之，得二百四十兩，減十餘一為法除之，仍得本數。

取三兩，以十八乘之，得五十四兩，併以十八乘之，得四百八十，以十八減四十二，餘二為法除之，得

銀七十二兩，物價二百四十兩，乃取若干，以若干母除之，以若干子乘之，合問。

解：凡子母法以併各位同子數為實數，須以實數照之，如盈四兩八錢，不足一十六，併併顯之。

然後得其各定數，亦然此知其兩盈分之錢，而不當為何數也。

又草出一數，即其齊分從比有通之數也，如十五為母，物價錢十條九，則為通矣。

共母十五　較一為除
十　盈
九　朒
母十五為乘
四八
一六

共母四八　較二為除
四二　盈
四十　朒
母四八為乘
三
十
一百四十四
四百二十

凡同母異子，單用子為法，以定盈朒得數，以母乘之；若異母同子，互換之得價，以子除母乘，而得原數。

問：今有銀不知數，取五分之二買物，不足一兩；取五分之四買之，盈三兩。求總銀、物價各若干。

答：總銀十兩　物價五兩

法：置母分用子，以二乘三得六，以四乘一仍得四，併之得十，以二減四餘二為法除之，

得物價；併盈不足得四，以二除之得二，以母五乘之，得總銀，合問。

解：母同論子

取四兩八錢，以十五乘之得七十二；取（七）[一]十六件，以十五乘之得二百四十。以九減十餘一爲法除之，仍得本數。

取三兩，以四十八乘之得一百四十四；取十件，以四十八乘之得四百八十。以四十減四十二餘二爲法除之，得總銀七十二，總物二百四十。乃取各總，以各母除之，以各子乘之。合問。

解：凡子母法皆係虛位，有分數無實數，須以實數照之。如盈四兩八錢，不足一十六件，俱顯之，然後能得其定數。不然止知其爲幾分之幾耳，不審爲何數也。

又單出一數即可求，以所藏者有適足之數也。如十五爲母，物、價俱十俱九，則爲適足矣。

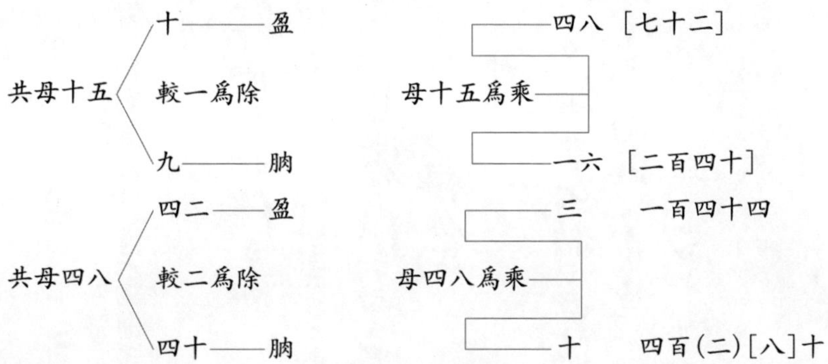

凡同母異子，單用子爲法，以定盈朒，得數以母乘之。若異母同子者，互換之，得價以子除母乘而得原數[1]。

1.問：今有銀不知數，取五分之二買物，不足一兩；取五分之四買之，盈三兩。求總銀、物價各若干？

答：總銀十兩。　　物價五兩。

法：置母不用，只以二乘三得六，以四乘一仍得四，併之得十。以二減四餘二爲法除之，得物價。併盈不足得四，以二除之得二，以母五乘之，得總銀。合問[2]。

解：母同論子。

---

1 以盈不足爲例，同母異子，設取銀 $\frac{k_1}{m}$ 買物，所出銀較物價盈 b_1；取銀 $\frac{k_2}{m}$ 買物，所出銀較物價不足 b_2。求銀數 n、物價 M。求解公式如下（$k_1 > k_2$）：$n=\frac{m(b_1+b_2)}{k_1-k_2}$；$M=\frac{k_1b_2+k_2b_1}{k_1-k_2}$。

異母同子，設取銀 $\frac{k}{m_1}$ 買物，所出銀較物價盈 b_1；取銀 $\frac{k}{m_2}$ 買物，所出銀較物價不足 b_2。求銀數 n、物價 M。求解公式如下（$m_2 > m_1$）：$n=\frac{m_1m_2(b_1+b_2)}{k\cdot(m_2-m_1)}$；$M=\frac{m_2b_2+m_1b_1}{m_2-m_1}$。

2 設總銀爲 n，物價爲 M，據題意列：$\begin{cases}\frac{2}{5}n+1=M\\ \frac{4}{5}n-3=M\end{cases}$，據術文解得：

$$M=\frac{k_1b_2+k_2b_1}{k_1-k_2}=\frac{4\times1+2\times3}{4-2}=5\text{兩}；n=\frac{m(b_1+b_2)}{k_1-k_2}=\frac{5\times(3+1)}{4-2}=10\text{兩}$$

換二爲法

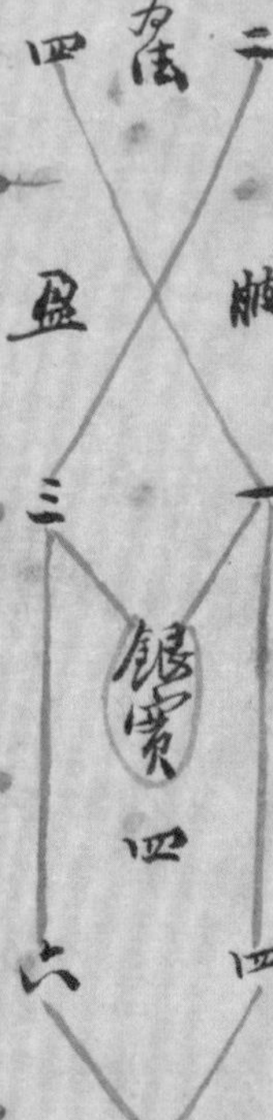

以二除銀實得二以五乘之得以二除價實得五

假令有銀不知數，配四分之三買物盈二兩五錢；配八分之三買之不足一兩二錢五分。求總銀、物價。

答曰

答總銀十兩　物價五兩

法曰：用以兩母互換，作八分盈二兩五錢，四分不足一兩二錢五分。却以八乘一二五得十兩，以四乘二兩五錢亦得十兩，併之得二十兩；以四減八餘四爲法，除之得五兩爲物價；置五兩加二兩五錢三除四乘，併得總銀合問。

解曰同論母

依母大子小母小子大換之爲法

求物實只以四除以求總銀則以三除之以五母三十二乘之

換四爲法

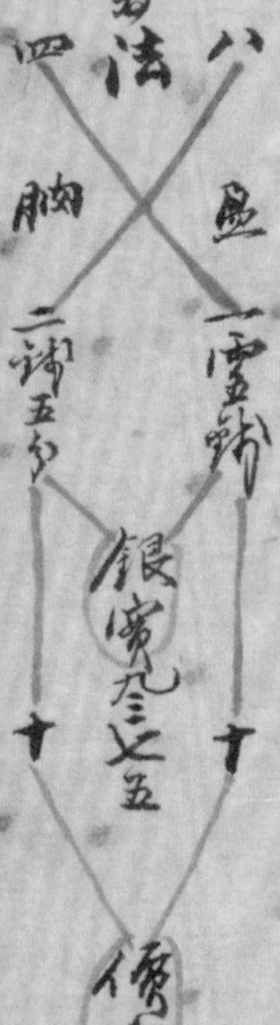

以四除價實得五以四除銀實得九三七五以子三除之得三一二五以母三十二乘之得總銀十兩

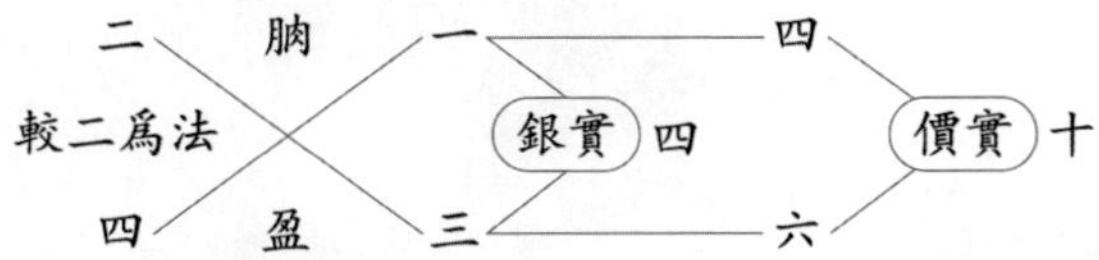

以二除銀實得二，以五乘之得十；
以二除價實得五

2.問：今有銀不知數，取四分之三買物，盈二兩五錢；取八分之三買之，不足一兩二錢五分。求總銀、物價各若干?

答：總銀十兩。　　物價五兩。

法：子不用，以兩母互換，作八分盈二兩五錢，四分不足一兩二錢五分。却以八乘一二五，得十兩；以四乘二兩五錢，亦得十兩，併之得二十兩。以四減八餘四爲法除之，得五兩爲物價。置五兩，加二兩五錢，三除四乘；[或減一兩二錢五分，三除八乘][1]，俱得總銀。合問[2]。

解：子同論母。

凡母大子小，母小子大，换之爲法。

求物實，只以四除。若求總銀，則以三除之，以共母三十二乘之。

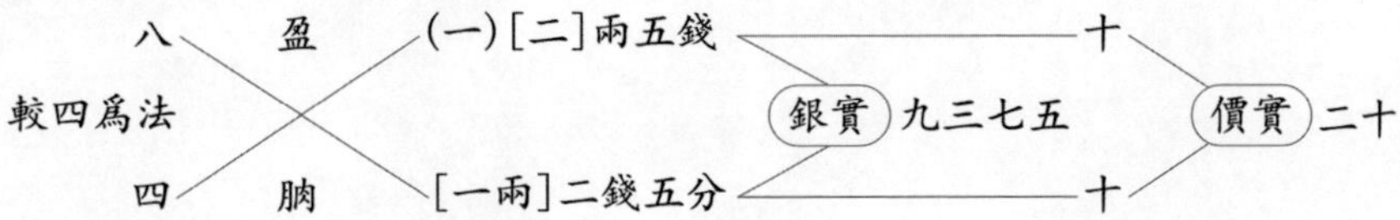

以四除價實得五；以四除銀實得九三七五，以子三除之，得三一二五，以母三十二乘之，得總銀十兩。

1 原文僅給出一種求總銀方法，不合下文“俱得總銀”之意。此處當有抄脱，兹據文意校補。

2 設總銀爲 n，物價爲 M，據題意列：

$$\begin{cases}\frac{3}{4}n-2.5=M\\ \frac{3}{8}n+1.25=M\end{cases}$$

據術文解得：

$$M=\frac{m_2b_2+m_1b_1}{m_2-m_1}=\frac{8\times1.25+4\times2.5}{8-4}=5\text{兩}$$

$$n=\frac{m_1m_2(b_1+b_2)}{k\cdot(m_2-m_1)}=\frac{4\times8\times(2.5+1.25)}{3\times(8-4)}=10\text{兩}$$

或由物價求總銀：

$$n=(5+2.5)\times\frac{4}{3}=(5-1.25)\times\frac{8}{3}=10\text{兩}$$

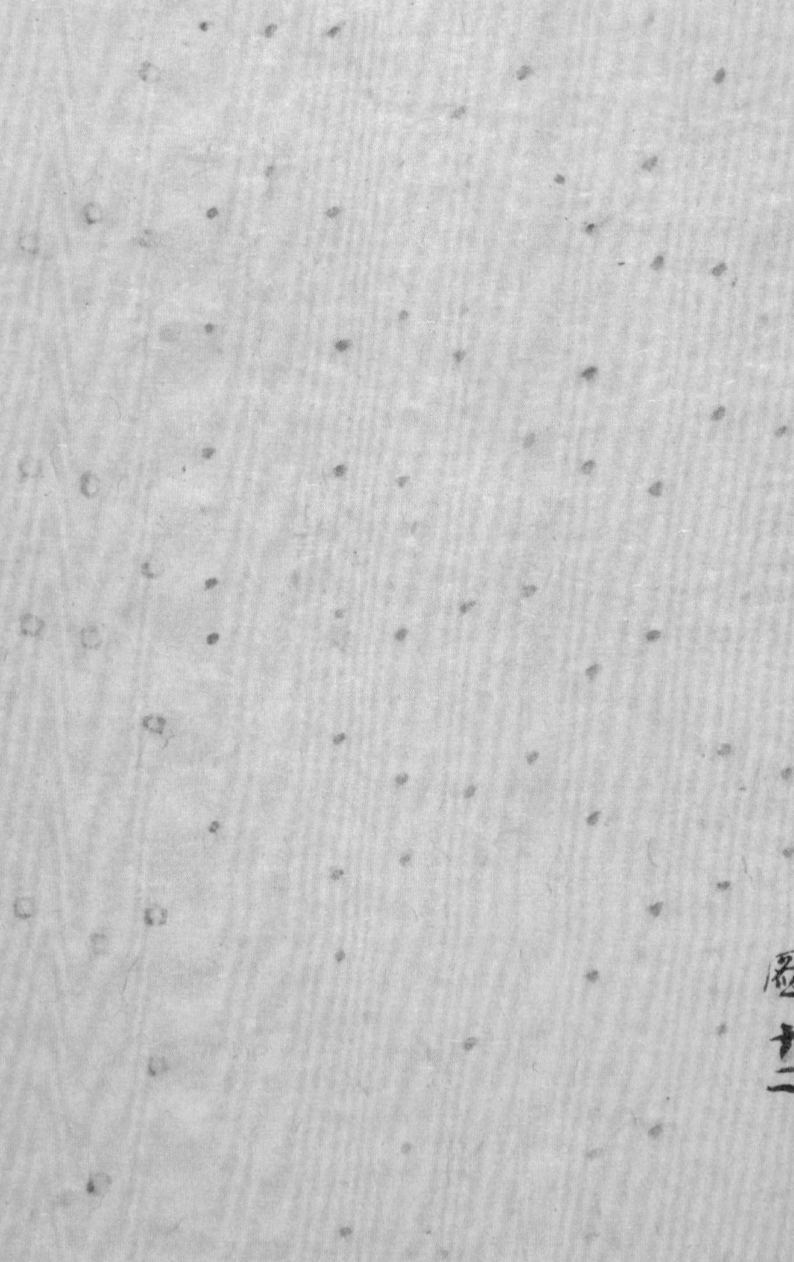

圖十二

圖十二

盈朒

第六篇

借徵盈朒

於未有盈朒之先設爲盈朒而取之曰借徵盈朒西名謂之疊借互徵

凡數之隱襍難求者任意設爲兩數以乘之以盈朒爲法以撥齊互乘盈朒爲實法除實而得其切一盈一朒者法實俱相併兩盈兩朒者法實俱對減惟無適足以適足只存數不必另求也

問今有銀三百兩係原數內減三之一又減四之一尚存求原數若干

答七百二十兩

法任意置二數先設二十四三之一爲八四之一爲六共得一十四以減原數餘一十以比三百不足二百九十又設九十六三之一爲三十二四之一爲二十四共得五十六以減原數餘四十以比三百不足二百六十是爲兩不足對減餘三十爲法以二十四乘二百六十得六千二百四十以九十六乘二百九十得二萬七千八百四十對減餘二萬一千六百爲實法除實得七百二十

又如設二千四百以減原數餘一千視三百多七百設一千二百三之一爲四百四之一爲三百共七百以減原數餘五百視三百多二百是爲兩盈宜差數相減爲法以二千四百乘二百得四十八萬以一千二百乘七百得八十四萬對減餘三十六萬爲實法除實亦得前數

又如以前法之二十四不足二百九十與次法之二千四百盈七百對列是爲一盈一朒以差數相併

盈朒

第六篇

借徵盈朒

於未有盈朒之先，設爲盈朒而取之，曰借徵盈朒，西書謂之疊借互徵[1]。

凡數之隱雜難求者，任意設爲兩數以求之。以盈朒爲法，以擬率互乘盈朒爲實，法除實而得其均。一盈一朒者，法實俱相併；兩盈兩朒者，法實俱對減。惟無適足，以適足即本數，不必另求也。

1.問：今有銀三百兩，係原數内減三之一，又減四之一而得，求原數若干[2]？

答：七百二十兩。

法：任意置二數，先設二十四，三之一爲八，四之一爲六，共得一十四，以減原數，餘一十，以比三百，不足二百九十；又設九十六，三之一爲三十二，四之一爲二十四，共得五十六，以減原數，餘四十，以比三百，不足二百六十。是爲兩不足，對減餘三十爲法。以二十四乘二百六十，得六千二百四十；以九十六乘二百九十，得二萬七千八百四十，對減餘二萬一千六百爲實。法除實，得七百二十[3]。

又如設二千四百，［三之一爲八百，四之一爲六百，共一千四百］[4]，以減原數，餘一千，視三百多七百；設一千二百，三之一爲四百，四之一爲三百，共七百，以減原數，餘五百，視三百多二百。是爲兩盈，亦以差數相減爲法。以二千四百乘二百，得四十八萬；以一千二百乘七百，得八十四萬，對減餘三十六萬爲實。法除實，亦得前數[5]。

又如以前法之二十四不足二百九十，與次法之二千四百盈七百對求，是爲一盈一朒，以差數相併

---

1 疊借互徵，見《同文算指通編》卷四。

2 此題爲《同文算指通編》卷四“疊借互徵”第一題。

3 任設兩數 $a_1 = 24$，$a_2 = 96$，分別求得盈不足數爲：

$$b_1 = 300 - \left(24 - 24 \times \frac{1}{3} - 24 \times \frac{1}{4}\right) = 290$$

$$b_2 = 300 - \left(96 - 96 \times \frac{1}{3} - 96 \times \frac{1}{4}\right) = 260$$

皆不及原數，是爲兩不足。由兩盈兩朒公式求得原數：

$$p = \frac{a_2 b_1 - a_1 b_2}{b_1 - b_2} = \frac{96 \times 290 - 24 \times 260}{290 - 260} = 720\text{兩}$$

4 抄脱文字據演算補。

5 任設兩數 $a_1 = 2400$，$a_2 = 1200$，依法求得盈數 $b_1 = 700$，$b_2 = 200$，由兩盈兩朒公式求得原數：

$$p = \frac{a_2 b_1 - a_1 b_2}{b_1 - b_2} = \frac{1200 \times 700 - 2400 \times 200}{700 - 200} = 720\text{兩}$$

為法以互乘相併為實亦得前數合問

解　此若用疊借單用一數如二十四為原數減八又減六餘一十是為每二十四餘一十也置三百以二十四乘之以十除之亦得即原數亦即借徵法也

凡盈朒只用一法便可求之今借舉一盈一朒者而盈兩朒者以為通例以從簡捷

此減法用盈朒者

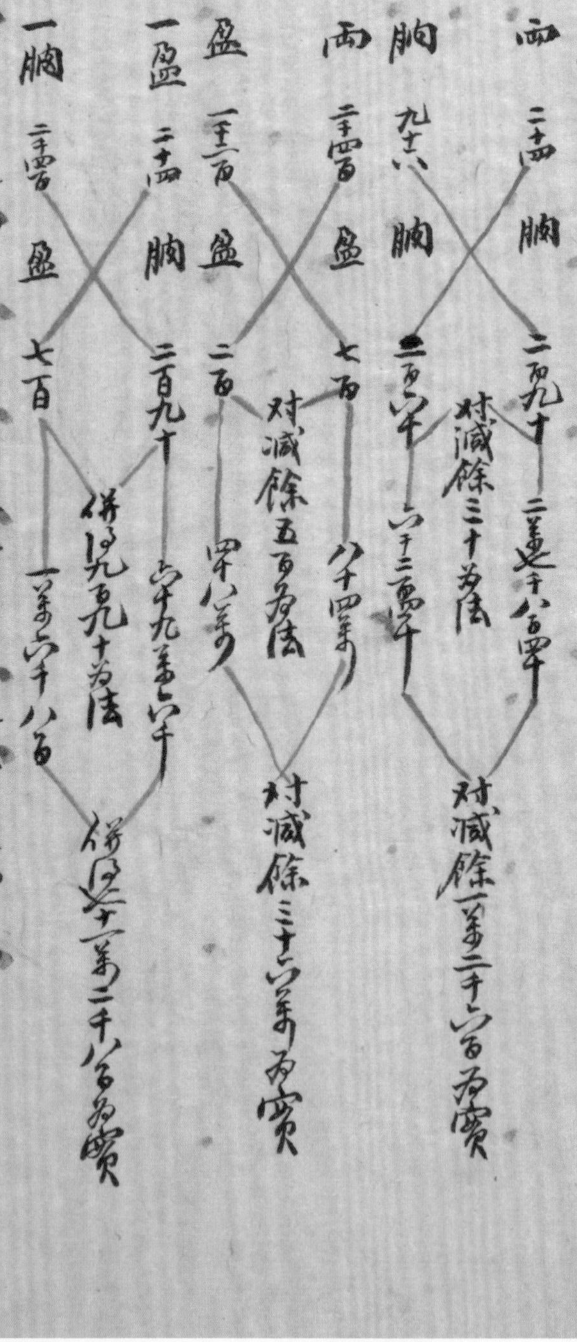

問今有物不知數加二之一加三之一加四之一再加二十五得一百求原數幾何

答三十六

爲法，以互乘相併爲實，亦得前數。合問。

解：若不用疊借，單用一數，如二十四爲原數，減八又減六，餘一十，是爲每二十四餘一十也。置三百，以二十四乘之，以十除之而得[1]。即衰分中借徵法也。

凡盈朒只用一法，便可求之。今備舉一盈一朒者、兩盈兩朒者，以爲通例，以後可推。

此減法用盈朒者。

兩朒

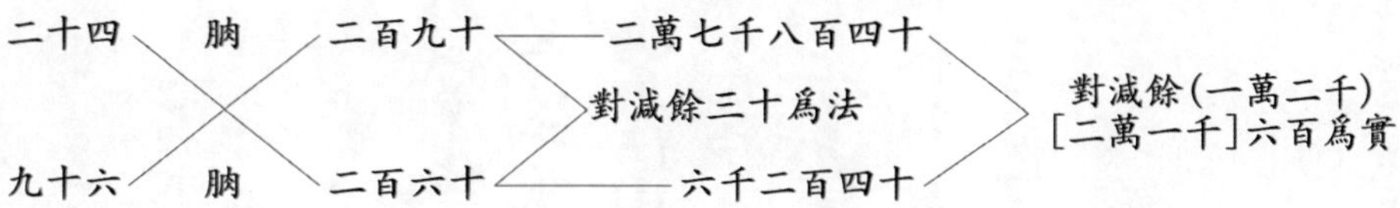

兩盈

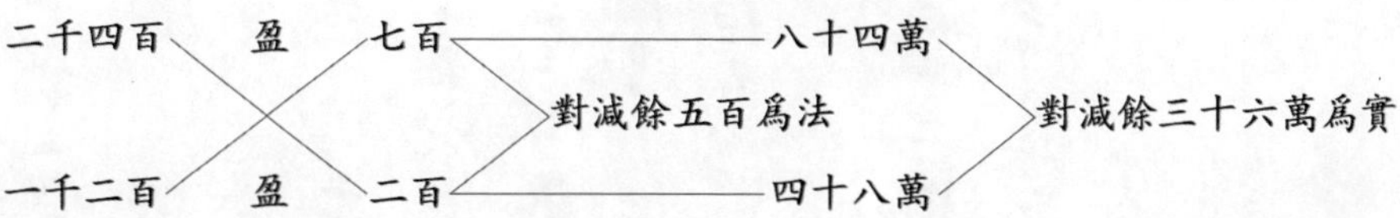

一盈一朒

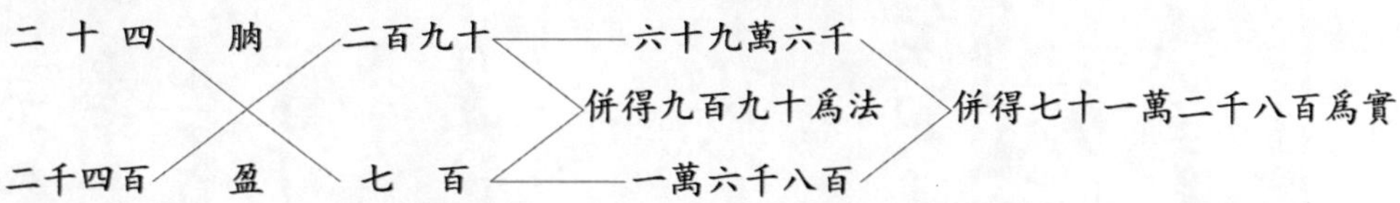

2.問：今有物不知數，加二之一，加三之一，加四之一，再加二十五，得一百。求原數若干[2]？

答：三十六。

1 設原數爲 p，減三之一、四之一，餘 300；任設一數爲 24，減三之一、四之一，餘 10。則：

$$\frac{p}{300}=\frac{24}{10}$$

求得原數爲：

$$p=\frac{300\times 24}{10}=720\text{兩}$$

2 此題爲《同文算指通編》卷四“疊借互徵”第十六題，題設數據略異。

法任設為廿四加二之一十二加三之一八加四之一六加二十五共七十五不足二十五任設為四十八加二之一二十四加三之一十六加四之一十二加二十五共一百二十五盈二十五作一盈一朒求之

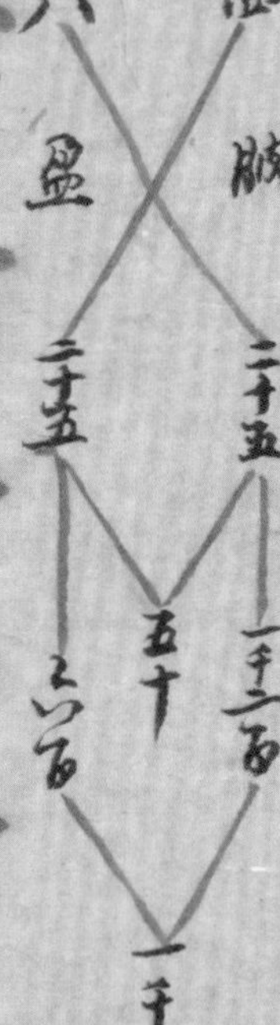

解此單借則減二十五只用七十五三母乘得一十二加六加四加三以二十五為一率十二為二率七五為三率求之

此亦法用盈朒算

問今有物不知數但云減四之一加二之一見九百九十求實數若干

答七百九十

法任設一數八百減四之一得六百加二之一得一千盈一十又設一數一千減四之一得七百五十加二之一得一千二百五十盈二百六十作兩盈法求之

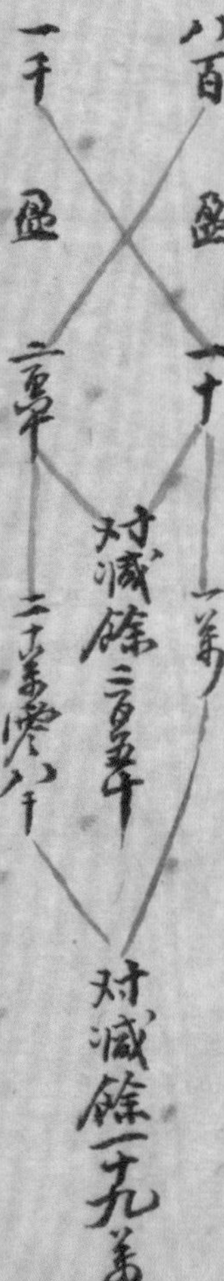

解此一減一加廿

法：任設爲二十四，加二之一十二，加三之一八，加四之一六，加二十五，共七十五，不足二十五。任設爲四十八，加二之一二十四，加三之一十六，加四之一十二，加二十五，共一百二十五，盈二十五。作一盈一朒求之[1]。

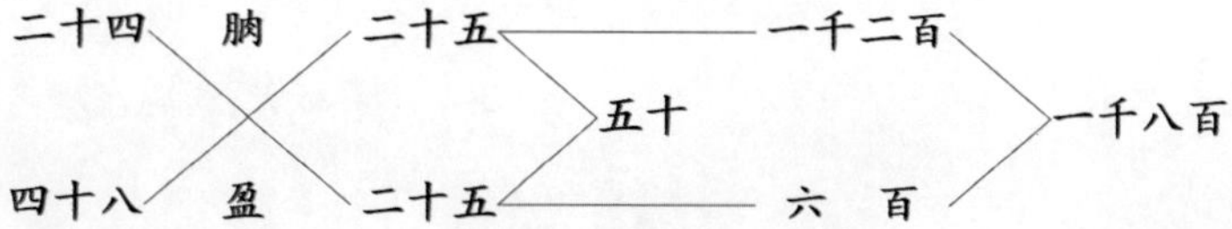

解：此單借，則減二十五，只用七十五。三母乘得一十二，加六加四加三，得二十五。以二十五爲一率，十二爲二率，七五爲三率求之[2]。

此加法用盈朒者。

3.問：今有物不知數，但云減四之一，加二之一，得九百九十。求實數若干？

答：七百九十［二］。

法：任設一數八百，減四之一得六百，加二之一得一千，盈一十。又設一數一千，減四之一得七百五十，加二之一得一千二百五十，盈二百六十。作兩盈法求之[3]。

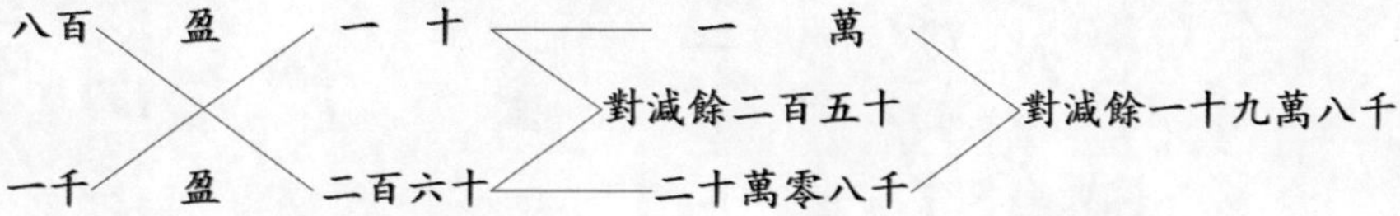

解：此一減一加者。

1 任設兩數 $a_1 = 24$， $a_2 = 48$，求得朒數 $b_1 = 25$，盈數 $b_2 = 25$，由盈朒公式求得原數：

$$p = \frac{a_2 b_1 + a_1 b_2}{b_1 + b_2} = \frac{48 \times 25 + 24 \times 25}{25 + 25} = \frac{1800}{50} = 36$$

2 設原數爲 p，加二分之一、三分之一、四分之一，得 75；任設一數爲 12，加二分之一、三分之一、四分之一，得 25。用三率比例法，求得原數：

$$p = \frac{12 \times 75}{25} = 36$$

3 任設兩數 $a_1 = 1000$， $a_2 = 800$，求得盈數 $b_1 = 260$， $b_2 = 10$，由兩盈兩朒公式求得原數：

$$p = \frac{a_2 b_1 - a_1 b_2}{b_1 - b_2} = \frac{800 \times 260 - 1000 \times 10}{260 - 10} = 792$$

問今有携酒遊山到處增一倍飲六升至第四處飲訖求原酒若干

答五升六合二勺五抄

法任設爲五升四合，如問法算之不足三升六合；設爲六升二合，如問法算之盈九升

二者作一盈一朒求之

五升四合　朒

六升二合　盈

三六　九二

一百二十八

二千二百三十二　四千九百六十八

七千二百

解此遍加遍減法耳

問今有銀九十五兩二人分之，甲捐十分之二，乙捐九分之一，則相等，求各若干

答甲五十兩　乙四十五兩

法任設甲爲五十九兩九錢，十之二爲十一兩九錢八分，餘四十七兩九錢二分，乙分三十五兩一錢

十之二爲一十兩零一錢八分，餘四十兩七錢二分，乙分四十四兩一錢，九之一爲四兩九錢，餘

三十九兩二錢，甲多一兩五錢二分，作兩盈求之

五十九兩九錢　盈

五十兩零九錢　盈

一十六兩七錢二分　一兩五錢二分

对減餘一十五兩二錢

八百五十一兩零四分八釐　九十一兩零四分八釐

对減餘七百六十

解此以減法爲分法耳

4.問：今有攜酒遊山，到處增一倍飲六斗，至第四處飲訖。求原酒若干[1]？

答：五升六合二勺五抄。

法：任設爲五升四合，如問法察之，不足三升六合；設爲六升二合，如問法察之，盈九升二合[2]。作一盈一朒求之。

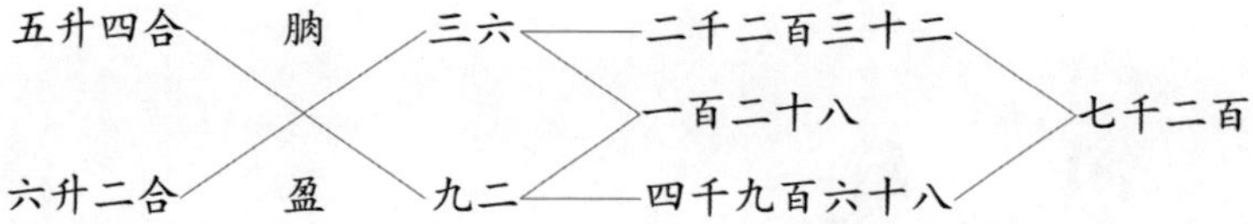

解：此遞加遞減者。

5.問：今有銀九十五兩，二人分之，甲捐十分之二，乙捐九分之一，則相等。求各若干？

答：甲五十兩；　　　　　　　　　　乙四十五兩。

法：任設甲爲五十九兩九錢，十之二爲十一兩九錢八分，餘四十七兩九錢二分；乙分三十五兩一錢，［九之一爲三兩九錢，餘三十一兩二錢，甲多一十六兩七錢二分。設甲爲五十兩零九錢］[3]，十之二爲一十兩零一錢八分，餘四十兩七錢二分；乙分四十四兩一錢，九之一爲四兩九錢，餘三十九兩二錢，甲多一兩五錢二分。作兩盈求之[4]。

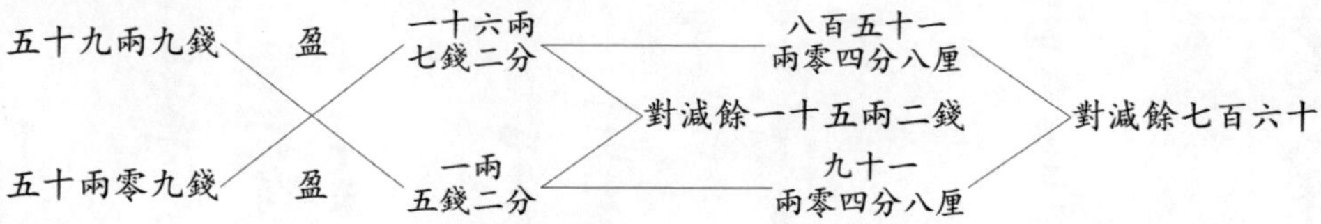

---

1 此題爲《同文算指通編》卷四“疊借互徵”第四題，據《算法統宗》卷十六“盈朒難題”第九、十兩題改編。

2 任設原酒 $a_1=5.4$ 升，飲過四處，餘酒：$b_1=\left\{\left[(5.4\times2-6)\times2-6\right]\times2-6\right\}\times2-6=-3.6$ 升，即不足 3.6 升。任設原酒 $a_2=6.2$ 升，飲過四處，餘酒：$b_2=\left\{\left[(6.2\times2-6)\times2-6\right]\times2-6\right\}\times2-6=9.2$ 升，即有餘 9.2 升。由盈朒公式求得原酒數爲：$p=\dfrac{a_2b_1+a_1b_2}{b_1+b_2}=\dfrac{6.2\times3.6+5.4\times9.2}{3.6+9.2}=5.625$ 升。

3 抄脱文字據演算校補。

4 設甲數爲 X，乙數爲 Y，據題意列：$\begin{cases}X+Y=95 & ①\\ X-\dfrac{2}{10}X=Y-\dfrac{1}{9}Y & ②\end{cases}$。任設甲數 $x_1=59.9$，$x_2=50.9$，求得乙數 $y_1=95-59.9=35.1$，$y_2=95-50.9=44.1$。分别代入②式，左右相較，求得盈數分别爲：

$$b_1=\left(x_1-\frac{2}{10}x_1\right)-\left(y_1-\frac{1}{9}y_1\right)=47.92-31.2=16.72$$

$$b_2=\left(x_2-\frac{2}{10}x_2\right)-\left(y_2-\frac{1}{9}y_2\right)=40.72-39.2=1.52$$

由兩盈兩朒公式求得甲乙兩數分别爲：

$$X=\frac{x_2b_1-x_1b_2}{b_1-b_2}=\frac{50.9\times16.72-59.9\times1.52}{16.72-1.52}=50\text{兩}$$

$$Y=\frac{y_2b_1-y_1b_2}{b_1-b_2}=\frac{44.1\times16.72-35.1\times1.52}{16.72-1.52}=45\text{兩}$$

問今有數三十剖為二以一分加六十以一分加二十而加二十者視加六十者為三分之二求此三十各分幾

答甲六　乙二十四

法任設甲得九為六十九乙得二十一為四十一三分甲得二十三三之二為四十六不足五任設甲得三為六十三乙得二十七為四十七三之二為四十二盈五作一盈一朒求之

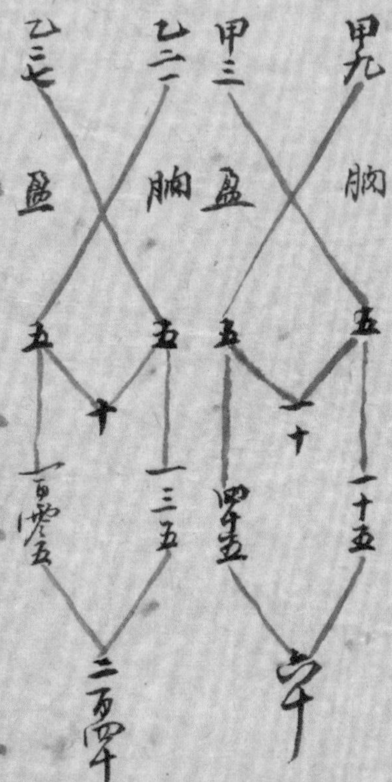

以甲為法求得甲以乙為法求得乙任便取之法即可推知舉此為例以後凡舉一法俱倣此

解二十為六十三之一加二十方得三之二其餘十再作甲六乙四

此以加法為分法耳

問今有甲乙丙三數甲加七十三得乙丙數者二乙加七十三得甲丙數者三丙加七十三得甲乙數者四

求各實若干

答甲七　乙一十七　丙二十三

法試置三以為甲率併七十三得七十六半之得三十八為乙丙共數先求乙丙各數置

6.問：今有數三十，剖爲二，以一分加六十，以一分加二十，而加二十者視加六十者爲三分之二。求此三十各分若干[1]？

答：甲六；　　　　　　　　　　　　　乙二十四。

法：任設甲得九爲六十九，乙得二十一爲四十一，三分甲得二十三，三之二爲四十六，不足五。任設甲得三爲六十三，乙得二十七爲四十七，三之二爲四十二，盈五。作一盈一朒求之[2]。

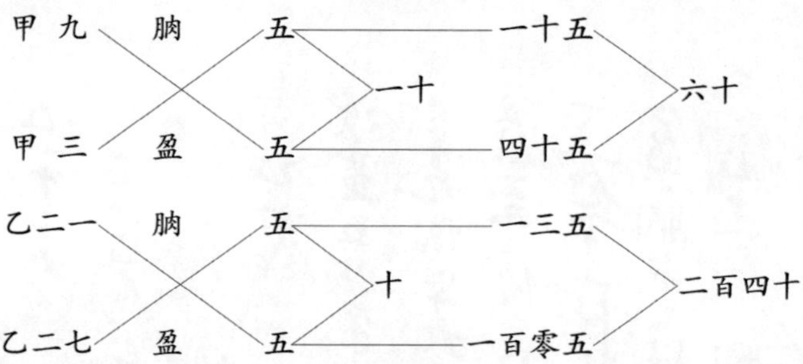

以甲爲法求得甲，以乙爲法求得乙。任便取一法，即可推知。舉此爲例，以後只舉一法者做此。

解：二十爲六十三之一，加二十方得三之二。其餘十，再作甲六乙四。

此以加法爲分法者。

7.問：今有甲乙丙三數，甲加七十三，得乙丙數者二；乙加七十三，得甲丙數者三；丙加七十三，得甲乙數者四。求各實若干[3]？

答：甲七；　　　　　　　　　　　　　乙一十七；

丙二十三。

法：試置三以爲甲率，併七十三得七十六，半之得三十八，爲乙丙共數。先求乙丙各數。置

---

1 此題爲《同文算指通編》卷四“疊借互徵”第八題，題設略異。

2 設甲數爲 X，乙數爲 Y，據題意列：

$$\begin{cases} X+Y=30 & ① \\ \frac{2}{3}(X+60)=Y+20 & ② \end{cases}$$

任設甲數 $x_1=9$，乙數 $y_1=30-9=21$。代入②式，左右相較，得不足數爲：$b_1=\frac{2}{3}\times(x_1+60)-(y_1+20)=46-41=5$。

又任設甲數 $x_2=3$，乙數 $y_2=30-3=27$。求得盈數爲：$b_2=(y_2+20)-\frac{2}{3}\times(x_2+60)=47-42=5$。

此係一盈一不足，依盈不足術求得甲乙數分別爲：

$$X=\frac{x_2b_1+x_1b_2}{b_1+b_2}=\frac{3\times5+9\times5}{5+5}=6$$

$$Y=\frac{y_2b_1+y_1b_2}{b_1+b_2}=\frac{27\times5+21\times5}{5+5}=24$$

3 此題爲《同文算指通編》卷四“疊借互徵”第九題。

三十八試以四為乙率二十四為丙率求之乙四加七十三得七十七以丙三十四合甲三共三十七三倍之當一百一十一今止七十七不足三十四試以一十六為乙率求之乙十六加七十三得八十九以丙二十二合甲三共二十五三倍之當七十五今都八十九盈一十四於是盈朒求之得乙一十二五

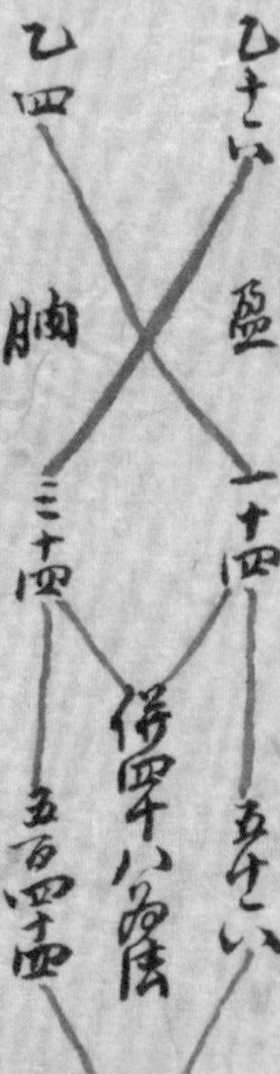

次置五以為甲率併七十三得七十八半之得三九為乙丙共數先求乙丙共數置三十九試以十九為乙率以二十為丙率求之乙一十九加七十三得九十二以丙二十合甲五共二十五三倍之得七十五今都九十二盈一十七試以十一為乙率以二十八為丙率求之乙一十一加七十三得八十四以丙二十八合甲五共三十三三倍之得九十九今只八十四不足一十五作一盈一朒求之得乙一十四七五

次以甲三求乙丙甲三加七十三為七十六乙一十二五以減三十八餘為丙二十五併二數又

三十八，試以四爲乙率、三十四爲丙率求之。乙四加七十三得七十七；以丙三十四合甲三共三十七，三倍之當一百一十一，今止七十七，不足三十四。試以一十六爲乙率求之[1]，乙十六加七十三得八十九；以丙二十二合甲三共二十五，三倍之當得七十五，今却八十九，盈一十四。作一盈一朒求之，得乙一十二五。

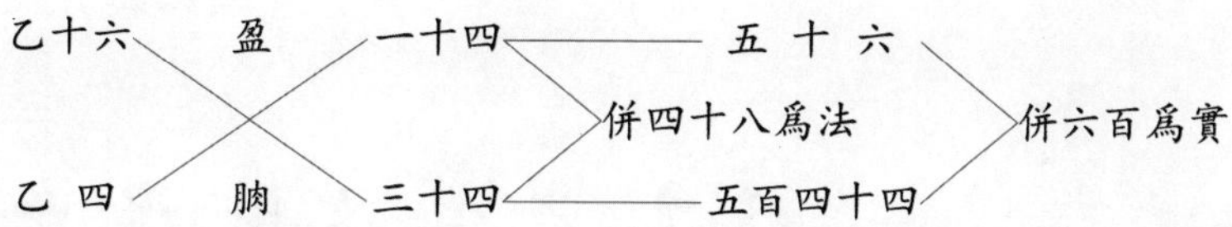

次置五以爲甲率，併七十三得七十八，半之得三九，爲乙丙共數。先求乙丙（共）[各]數[2]。置三十九，試以十九爲乙率，以二十爲丙率求之。乙一十九加七十三得九十二，以丙二十合甲五共二十五，三倍之得七十五，今却九十二，盈一十七。試以十一爲乙率，以二十八爲丙率求之。乙一十一加七十三得八十四，以丙二十八合甲五共三十三，三倍之得九十九，今只八十四，不足一十五。作一盈一朒求之，得乙一十四七五。

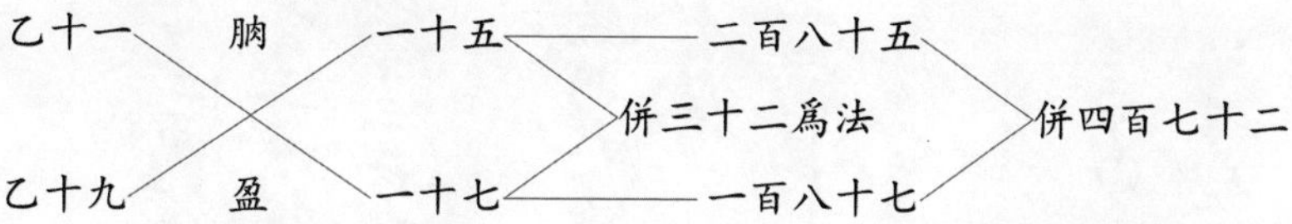

次以甲三求乙丙，甲三加七十三爲七十六；乙一十二五以減三十八，餘爲丙二十五[五][3]，併二數[4]，又

---

1 乙率，原作“一率”，“一”“乙”常混用，今徑改從正字。

2 共數，“共”當件“各”，據前文改。

3 二十五，當作“二十五五”，原文奪一“五”字，據演算增。

4 二數，指乙數一十二五與丙數二十五五。

二因之亦得七十六合

以甲五乘乙丙甲五加七十三為七十八乙一十四七五以減三十九餘為二十四二五併二數又二因之亦得七十八合

次以乙一十二五乘甲丙加七十三為八十五々甲三丙二十五五併二數又二因之亦得八十五々合

以乙一十四七五乘甲丙加七十三為八十七々五甲五丙二十四二五併二數又二因之亦得八十七七五合

次以丙二十五五乘甲乙加七十三共九十八五甲三乙一十二五併二數四因之得八十二今卻九十八五盈三十六空五不合矣

以丙二十四二五乘甲乙加七十三共九十七二五甲五乙一十四七五併二數四因之得七十九今卻九十七二五盈一十八二五不合矣

作兩盈求之得空甲七以此借徵術併合

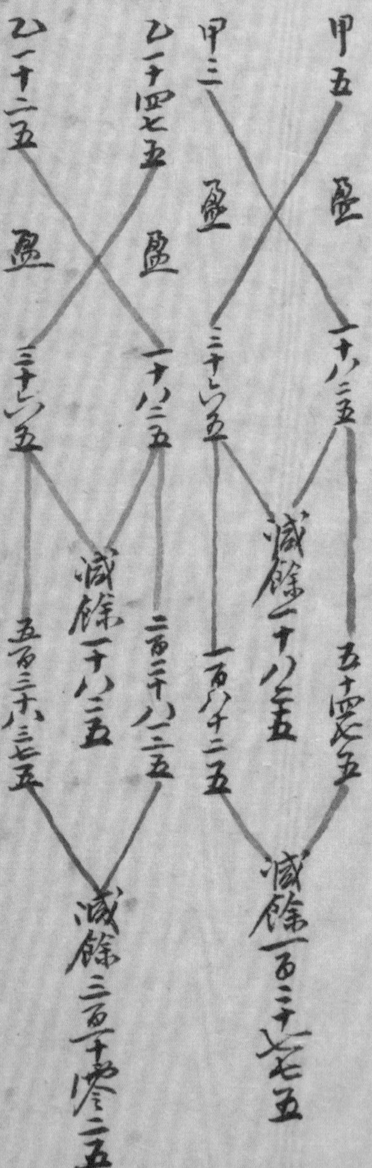

二因之，亦得七十六。合。

以甲五求乙丙，甲五加七十三爲七十八。乙一十四七五以減三十九，餘爲二十四二五，併二數，又二因之，亦得七十八。合。

次以乙一十二五求甲丙，加七十三爲八十五五。甲三丙二十五五，併二數，又三因之，亦得八十五五。合。

以乙一十四七五求甲丙，加七十三爲八十七七五。甲五丙二十四二五，併二數，又三因之，亦得八十七七五。合。

次以丙二十五五求甲乙，加七十三共九十八五。甲三乙一十二五，併二數，四因之，得六十二；今却九十八五，盈三十六五。不合矣。

以丙二十四二五求甲乙，加七十三共九十七二五。甲五乙一十四七五，併二數，四因之，得七十九；今却九十七二五，盈一十八二五。不合矣。

作兩盈求之，得定甲七，以此法轉求俱合[1]。

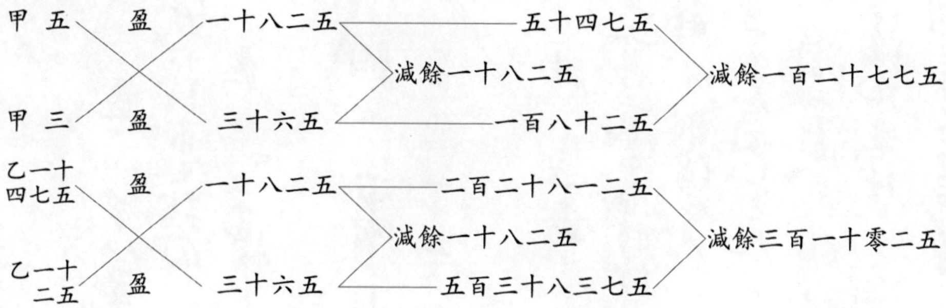

---

1 設甲數爲 X，乙數爲 Y，丙數爲 Z，據題意列：$\begin{cases} X+73=2(Y+Z) & ① \\ Y+73=3(X+Z) & ② \\ Z+73=4(X+Y) & ③ \end{cases}$。任設甲數 $x=3$，據①式求得乙丙共數爲：$\frac{x+73}{2}=38$。任設乙數 $y_1=4$，丙數 $z_1=34$，代入②式，左右相較，得不足數爲：

$$b_1=3\times(x+z_1)-(y_1+73)=111-77=34$$

任設乙數 $y_2=16$，丙數 $z_2=22$，代入②式，左右相較，得盈數爲：

$$b_2=(y_2+73)-3\times(x+z_2)=89-75=14$$

據盈不足公式求得乙丙分别爲：

$$y=\frac{y_2b_1+y_1b_2}{b_1+b_2}=\frac{16\times34+4\times14}{34+14}=12.5\text{；}z=\frac{z_2b_1+z_1b_2}{b_1+b_2}=\frac{22\times34+34\times14}{34+14}=25.5$$

任設甲數 $x'=5$，乙丙共數爲：$\frac{x'+73}{2}=39$。任設乙數 $y_1'=19$，丙數 $z_1'=20$；乙數 $y_2'=11$，丙數 $z_2'=28$，依前法求得盈數 $b_1'=17$，不足數 $b_2'=15$，據盈不足公式求得乙丙分别爲：

$$y'=\frac{y_2'b_1'+y_1'b_2'}{b_1'+b_2'}=\frac{11\times17+19\times15}{17+15}=14.75\text{；}z'=\frac{z_2'\,b_1'+z_1'b_2'}{b_1'+b_2'}=\frac{28\times17+20\times15}{17+15}=24.25$$

將兩次所得甲乙丙各數：$x=3$，$y=12.5$，$z=25.5$；$x'=5$，$y'=14.75$，$z'=24.25$，分别代入③式，左右互較，求得兩盈數爲：

（轉一五九九頁）

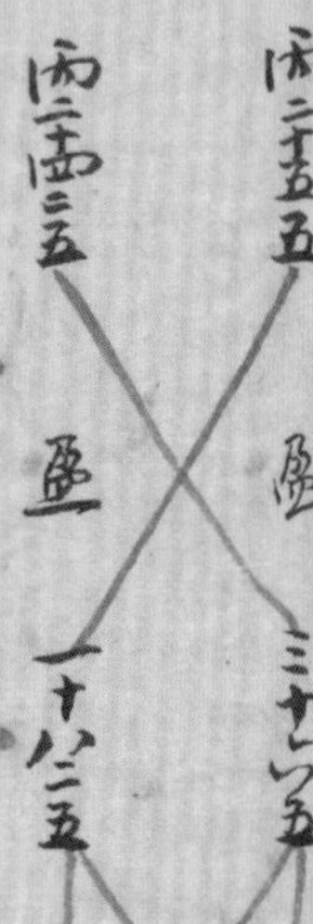

若借兩起率步段求之數同

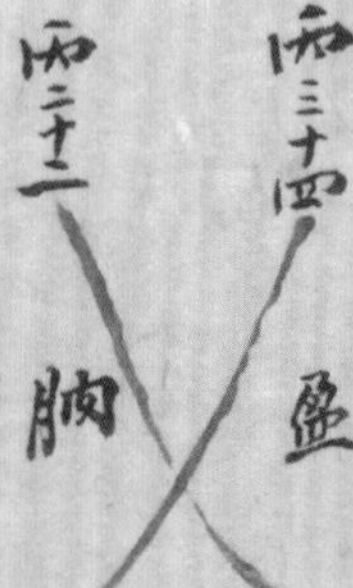

法除實得二十五五
以減三十八餘一十二
五爲乙

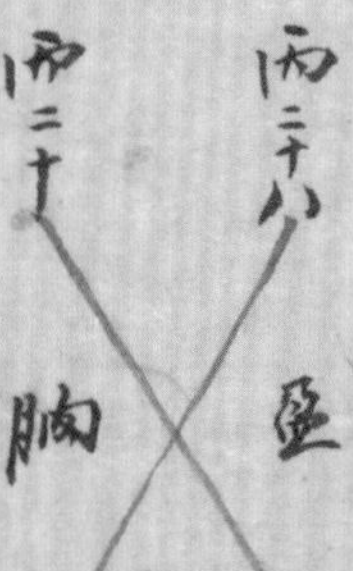

法除實得二十四二
五以減三十九餘一
十四七五爲乙

解以三盈定其一其二與遞移故展轉求之

此題裏分用層術法也

問今有田積和六千步闊爲長九分之六求長闊積各若干

答長三十六　闊二十四　積八百六十四

法任設闊十八以除九乘得長二十七併之得四十五任設闊三十三步以除九乘得長四

十九步五分併之得八十二步半作一盈一朒求之和減闊爲長相乘得積

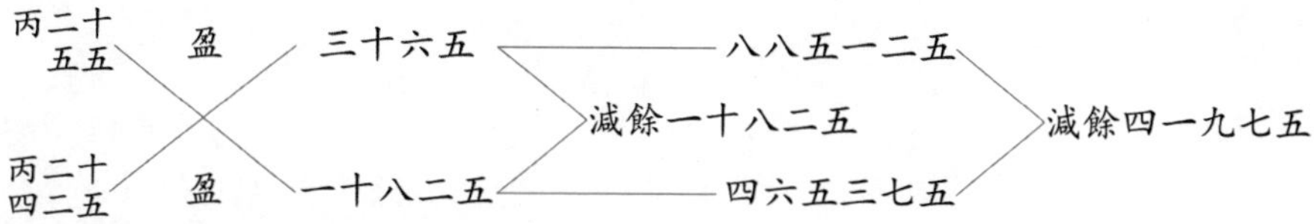

若從丙起率，如後求之數同。

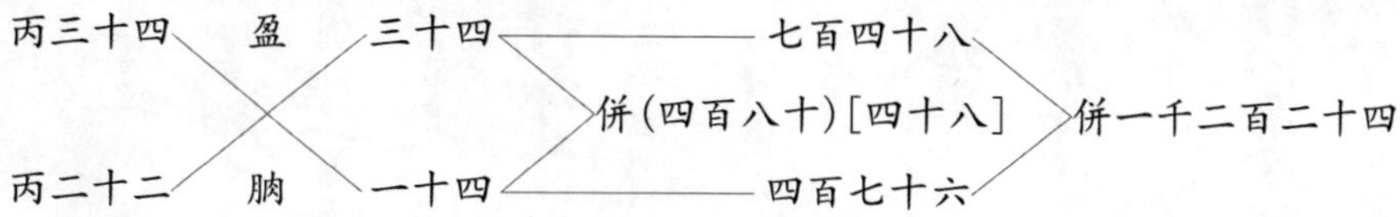

法除實得二十五五，以減三十八，餘一十二五爲乙。

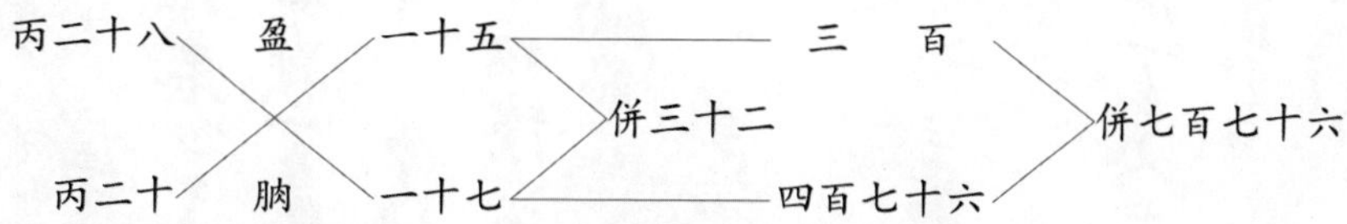

法除實得二十四二五，以減三十九，餘一十四七五爲乙。

解：以三人雖定其一，其二尚可遊移，故展轉求之。

此加法衰分用層求法者。

8.問：今有田積和六十步，濶得長九分之六。求長闊積各若干？

答：長三十六；　濶二十四。

積八百六十四。

法：任設濶十八，六除九乘，得長二十七，併之，少十五；任設濶三十三步，六除九乘，得長四十九步五分，併之，多二十二步半。作一盈一朒求之。和減濶爲長，相乘得積。

（接一五九七頁）

$$B=(z+73)-(x+y)\times 4=36.5\text{；}B'=(z'+73)-(x'+y')\times 4=18.25$$

據兩盈兩不足公式分別求得甲乙丙各數爲：

$$X=\frac{x'B-xB'}{B-B'}=\frac{5\times 36.5-3\times 18.25}{36.5-18.25}=7\text{；}Y=\frac{y'B-yB'}{B-B'}=\frac{14.75\times 36.5-12.5\times 18.25}{36.5-18.25}=17$$

$$Z=\frac{z'B-zB'}{B-B'}=\frac{24.25\times 36.5-25.5\times 18.25}{36.5-18.25}=23$$

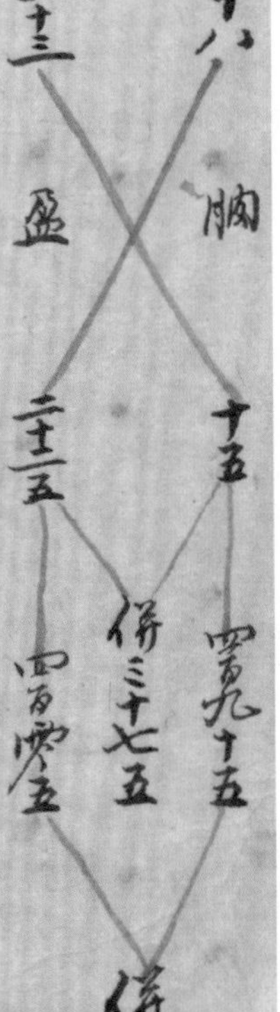

解或置和十五除九乘多十六乘為濶此方田

問今有銀一百兩買布假一百疋其假價四兩布價二錢五分求各若干

荅假二十疋　價八十　布八十疋　價二十

法任設布七十假三十該價一百三十七兩五錢多三七五任設布九十假十該價六十二兩五錢

少三七五作一盈一朒求之

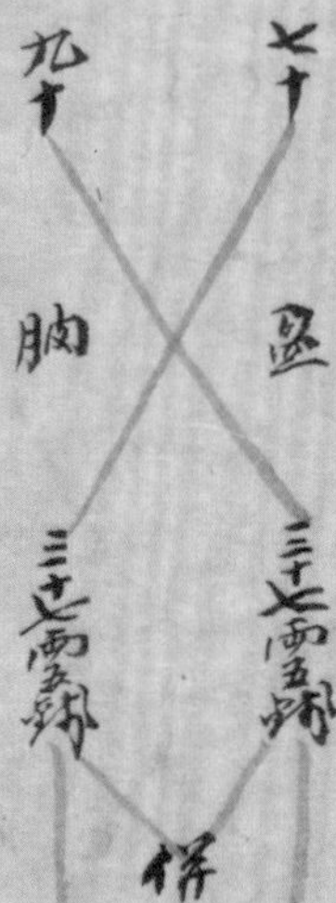

解此乘布

問今有金銀塊三件係一百斤又以試之先金共溢水六十斤後銀共溢水九十斤其一溢水六十五斤求

此塊內有金銀各若干

荅金八十三斤三三不尽　溢水五十斤

銀十六斤六六不尽　溢水十五斤

法以六減九餘三為差法任設塊々銀二十斤應多溢六斤少一斤任設塊々銀三十斤應多溢九斤少

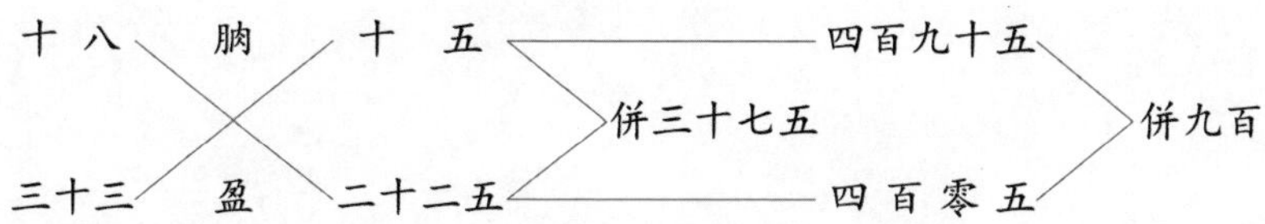

解：或置和十五除，九乘爲長，六乘爲濶。此方田。

9.問：今有銀一百兩，買布緞一百疋，其緞價四兩，布價二錢五分。求各若干？

答：緞二十疋，價八十；　　布八十疋，價二十。

法：任設布七十、緞三十，該價一百三十七兩五錢，多三七五；任設布九十、緞十，該價六十二兩五錢，少三七五。作一盈一朒求之。

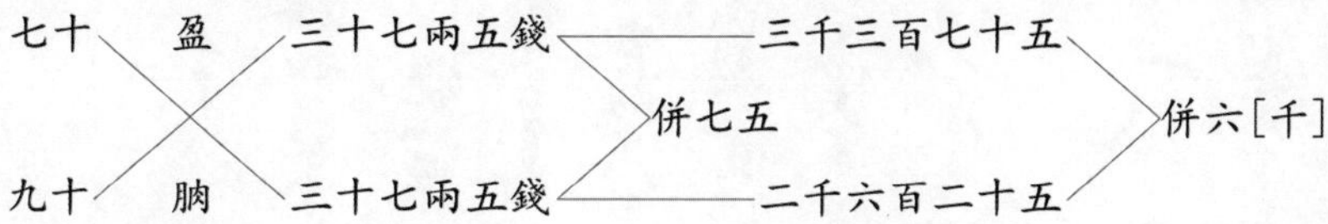

解：此粟布。

10.問：今有金銀爐三件，俱一百斤。入水試之，純金者溢水六十斤，純銀者溢水九十斤。其一溢水六十五斤，求此爐内有金銀各若干[1]？

答：金八十三斤三三不盡；　　溢水五十斤。

銀一十六斤六六不盡；　　溢水十五斤。

法：以六減九，餘三爲差法。任設攙銀二十斤，應多溢六斤，少一斤；任設攙銀三十斤，應多溢九斤，少

1 此題爲《同文算指通編》卷四"疊借互徵"第二十五題。原題云："問黄金百斤製罏一座，既成，慮匠人盜金和銀，銷毀驗之，恐傷工本。欲知和銀若干，法以器貯水令滿，已知水幾斤，乃以金罏百斤入器内，溢水六十五斤；加水令滿，别以純金百斤入之，溢水六十斤；另貯滿水，以銀百斤入之，溢水九十斤。"

四十作兩不足求之

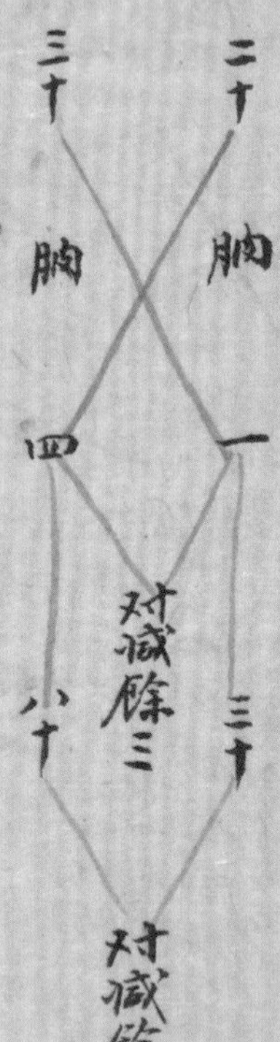

解此犹和較分

問大船三艘八槳次船二艘六槳今見艘七十三槳二百零四求大小船各若干

荅大船十五隻　小船十四隻

法任設大船十八隻該艘五十四以減七十三餘一十九以二艘除之得九隻半以通槳大船十八該槳一百四十四小船槳該五十七共二百零一不足三任設大船十二隻該艘三十六以減七十三餘三十七以二艘除之得十八隻半以通槳大船十二該槳九十六小船槳該一百一十一共二百零七盈三作一盈朒求之

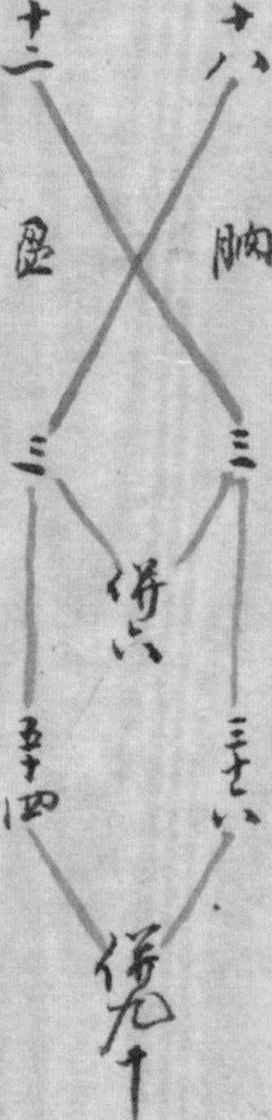

解此犹和較分之有盈數者

問今有二人分銀減乙二兩與甲則甲多一倍減甲三兩與乙則兩與乙等求各若干

荅甲三十　乙二十四

四斤。作兩不足求之[1]。

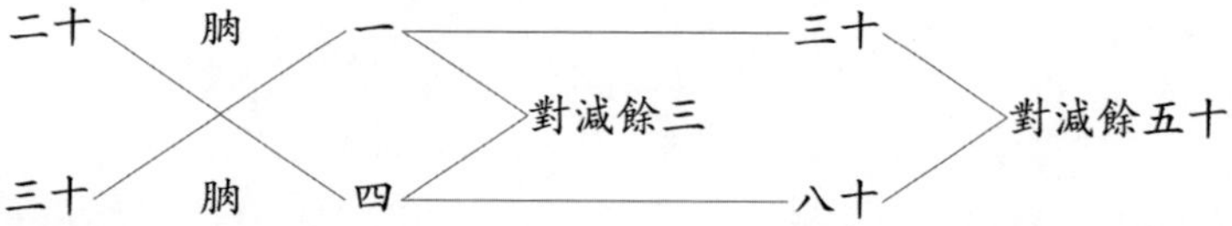

解：此雜和衰分。

11.問：大船三桅八槳，次船二桅六槳。今見桅七十三，槳二百零四，求大小船各若干[2]？

答：大船十五隻；　　　　　　　　　　　小船十四隻。

法：任設大船十八隻，該桅五十四，以減七十三，餘一十九，以二桅除之，得九隻半。以通槳，大船十八該槳一百四十四，小船槳該五十七，共二百零一，不足三。任設大船十二隻，該桅三十六，以減七十三，餘三十七，以二桅除之，得一十八隻半。以通槳，大船十二該槳九十六，小船槳該一百一十一，共二百零七，盈三。作一盈一朒求之[3]。

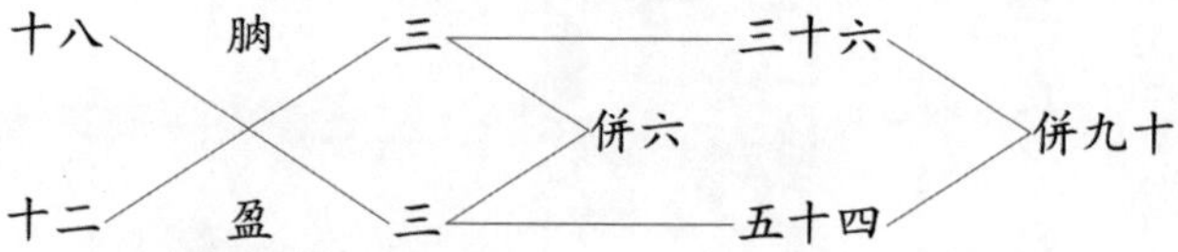

解：此裸和衰分之有疊數者。

12.問：今有二人分銀，減乙六兩與甲，則甲多一倍；減甲三兩與乙，則與乙等。求各若干？

答：甲三十；　　　　　　　　　　　　　乙二十四。

---

1 任設攙銀數 $x_1=20$，金數 $y_1=80$，溢水數爲：$\frac{20\times90}{100}+\frac{80\times60}{100}=18+48=66$ 斤，實際溢水數 65 斤，不足 1 斤，即：$b_1=66-65=1$斤。再任設攙銀數 $x^2=30$，金數 $y_2=70$，溢水數爲：$\frac{30\times90}{100}+\frac{70\times60}{100}=27+42=69$ 斤，實際溢水數不足 4 斤，即：$b_2=69-65=4$斤。係兩不足。依兩不足術文，求得銀數與金數分別爲：

$$X=\frac{x_2b_1-x_1b_2}{b_1-b_2}=\frac{30\times1-20\times4}{1-4}\approx16.67\text{ 斤}；\ Y=\frac{y_2b_1-y_1b_2}{b_1-b_2}=\frac{70\times1-80\times4}{1-4}\approx83.33\text{ 斤}$$

2 此題爲《同文算指通編》卷三“合數差分”第九題，題設略異。

3 設大船數爲 X，小船數爲 Y，據題意列：$\begin{cases}3X+2Y=73 & ①\\ 8X+6Y=204 & ②\end{cases}$，任設大船數 $x_1=18$，據①式求得小船數爲：

$$y_1=\frac{73-18\times3}{2}=9.5$$

將 x_1、y_1 代入②式，左右互較，得不足數：$b_1=204-(8x_1+6y_1)=204-201=3$。同理，任設大船數 $x_2=12$，求得小船數 $y_2=18.5$，槳盈數：$b_2=(8x_2+6y_2)-204=207-204=3$。據盈不足公式，求得大小船數分別爲：

$$X=\frac{x_2b_1+x_1b_2}{b_1+b_2}=\frac{12\times3+18\times3}{3+3}=15\text{ 隻}；\ Y=\frac{y_2b_1+y_1b_2}{b_1+b_2}=\frac{9.5\times3+18.5\times3}{3+3}=14\text{ 隻}$$

4 此題爲《同文算指通編》卷四“疊借互徵”第十八題。

法任設甲為二十六兩，以乙六兩加之，為三十二兩，視之多乙一倍，仍乙有十六兩矣。併此甲六為二十二，減甲三兩，此之成
二十五，甲存二十三，不足二。任設甲為二十八，以乙六加之得十二，乙當二十一矣，併此甲六為二十七，減甲三兩，此之成三
十，甲存三十三，盈三。作盈朒求之

解此互攙題

問今有甲乙二人分柳，甲以十五加乙，則乙十倍於甲；乙以十二加甲，則甲十倍於乙。問原數各若干

答甲十八　乙十五

法任設甲為二十，減十五與乙，存五，乙當五十，減其原甲二十五，餘二十，為乙本數，減十二與甲，今甲原數二
十四，二十二，乙當餘三個二分，今三十五，減十二，餘二十三，多十九個八分。任設甲二十一，減十五與乙，存六，乙當六十
減其原甲二十五，餘四十五，為乙本數，減十二與甲，今甲原數二十一，得三十三，乙當餘三個三分，今四十五減
十二，餘三十三，多二十九個七分。作兩盈求之

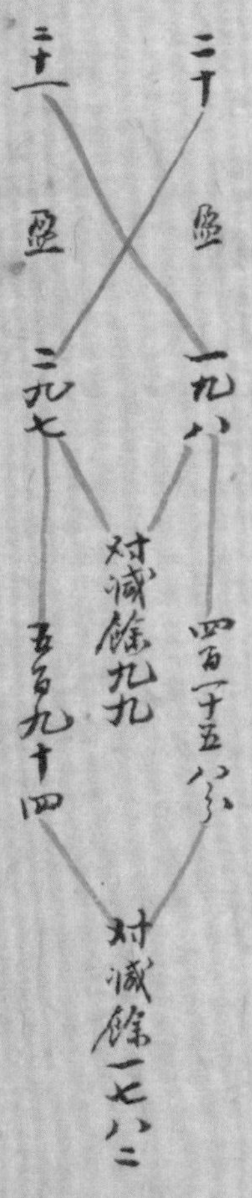

法：任設甲爲二十六兩，以乙六兩加之，爲三十二兩。既云多乙一倍，則乙當十六兩矣，併與甲六爲二十二。減甲三與之，成二十五，甲存二十三，不足二。任設甲爲三十六，以乙六加之，得四十二，乙當二十一矣，併與甲六爲二十七。減甲三與之，成三十，甲存三十三，盈三。作一盈一朒求之[1]。

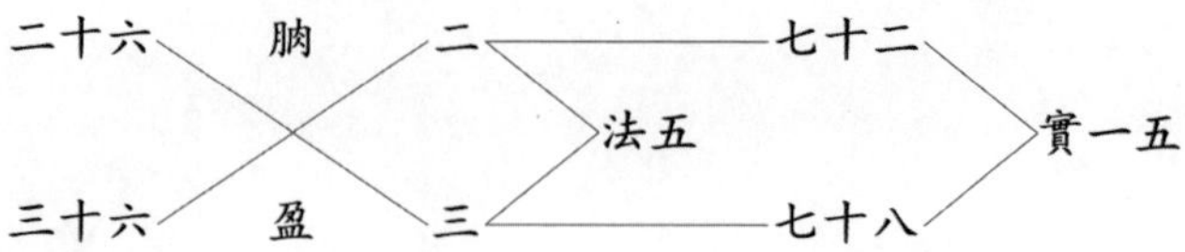

解：此互撥衰分。

13.問：今有甲乙二人分物，甲以十五加乙，則乙十倍於甲；乙以十二加甲，則甲十倍於乙。求原數各若干[2]？

答：甲十八；　　　　乙十五。

法：任設甲爲二十，減十五與乙，存五。乙當五十，減其受甲之十五，餘三十［五］，爲乙本數。減十二與甲，合甲原數二十，得三十二，乙當餘三個二分[3]。今三十五減十二，餘二十三，多十九個八分。任設甲二十一，減十五與乙，存六。乙當六十，減其受甲之十五，餘四十五，爲乙本數。減十二與甲，合甲原數二十一，得三十三，乙當餘三個三分。今四十五減十二，餘三十三，多二十九個七分。作兩盈求之[4]。

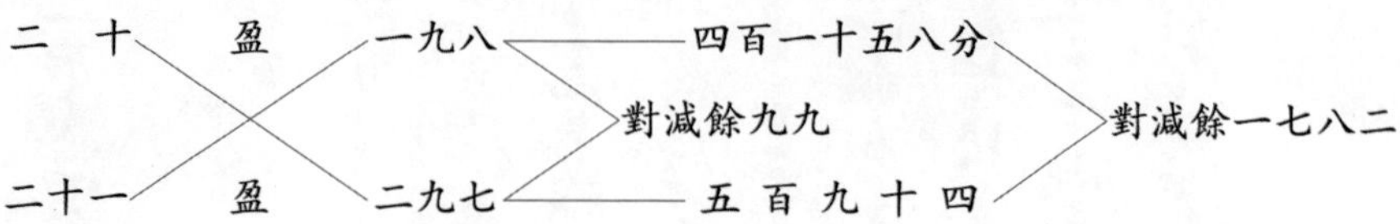

1 設甲數爲 X，乙數爲 Y，據題意列：$\begin{cases} X+Y=30 & ① \\ \frac{2}{3}(X+60)=Y+20 & ② \end{cases}$。任設甲數 $x_1=26$，據①式求得乙數 $y_1=22$。將兩數代入②式，左右相較，得不足數：$b_1=(y_1+3)-(x_1-3)=25-23=2$。同理，任設甲數 $x_2=36$，求得乙數 $y_2=27$，盈數：$b_2=(x_2-3)-(y_2+3)=33-30=3$。依一盈一不足術文，求得甲乙兩數分別爲：

$$X=\frac{x_2b_1+x_1b_2}{b_1+b_2}=\frac{36\times2+26\times3}{2+3}=30\text{；}Y=\frac{y_2b_1+y_1b_2}{b_1+b_2}=\frac{27\times2+22\times3}{2+3}=24$$

2 此題爲《同文算指通編》卷四“疊借互徵”第十七題，題設略異。

3 三個二分，即 3.2。後文“十九個八分”、“三個三分”、“二十九個七分”，皆類此。

4 設甲數爲 X，乙數爲 Y，據題意列：$\begin{cases} (X-15)\times10=Y+15 & ① \\ \frac{(X+12)}{10}=Y-12 & ② \end{cases}$。任設甲數 $x_1=20$，求得乙數爲：$y_1=(x_1-15)\times10-15=35$，代入②式，左右相較，得盈數：$b_1=(y_1-12)-\frac{(x_1+12)}{10}=19.8$。同理，任設甲數 $x_2=21$，求得乙數：$y_2=(x_2-15)\times10-15=45$，盈數：$b_1=(y_2-12)-\frac{(x_2+12)}{10}$。據兩盈兩不足術文，求得甲乙兩數分別爲：

$$X=\frac{x_2b_1-x_1b_2}{b_1-b_2}=\frac{21\times19.8-20\times29.7}{19.8-29.7}=18\text{；}Y=\frac{y_2b_1-y_1b_2}{b_1-b_2}=\frac{45\times19.8-35\times29.7}{19.8-29.7}=15$$

解此互攙應令

問今有甲乙丙三人共博甲贏乙金三之一乙贏丙金三之一丙又贏甲四之一事畢各剩金七百兩求各攜金原若干

答　甲四百兩　與丙一受乙四成七百　乙八百兩　與甲四受丙三成七百

丙九百兩　與乙三受甲一成七百

法試置甲本為五百兩以四之一一百二十五兩為丙所贏存三百七十五兩以較得銀七百兩較之應贏乙銀三百二十五兩係乙三分之一則乙原母銀為六百五十兩果除甲贏外餘三百二十五兩以較得銀七百較之應贏丙銀三百七十五兩係丙三分之一則丙原母為一千二百六十五兩果除乙贏外餘八百九十兩又加贏甲一百二十五兩共一千零一十五兩以較得銀七百兩較之盈三百一十五兩

試置甲本為六百以四之一一百五十兩為丙所贏存四百五十兩以七百較之應贏乙銀二百五十兩則乙原母應五百兩果除甲贏外餘二百五十兩以較得銀七百較之應贏丙兩四百五十兩係丙三分之一則丙原母為一千三百五十兩果除乙贏外餘九百兩又加贏甲一百五十兩共一千五十兩以較得銀七百兩較之盈三百五十兩作兩盈朒之得甲四百與丙一存三百得四百成七百因知乙八百與甲四百存四百得三百成七百因知丙九百與乙三百得一百成七百

解：此亦互撥衰分。

14.問：今有甲乙丙三人共博，甲贏乙金二之一，乙贏丙金三之一，丙又贏甲四之一，事畢各剩金七百兩。求各攜金原若干[1]？

答：甲四百兩，與丙一，受乙四，成七百；

乙八百兩，與甲四，受丙三，成七百；

丙九百兩，與乙三，受甲一，成七百。

法：試置甲率爲五百兩，以四之一一百二十五兩爲丙所贏，存三百七十五兩，以最［後］得銀七百兩較之[2]，應贏乙銀三百二十五兩，係乙二分之一，則乙原母銀爲六百五十兩矣。除甲贏外，餘三百二十五兩，以最後得銀七百較之，應贏丙銀三百七十五兩，係丙三分之一，則丙原母爲（一千二百六十五）［一千一百二十五］兩矣。除乙贏外，餘（八百九十）［七百五十］兩，又加贏甲一百二十五兩，共（一千零一十五）［八百七十五］兩，以最後得銀七百較之，盈（三百一十五）［一百七十五］兩[3]。

試置甲率爲六百，以四之一一百五十兩爲丙所贏，存四百五十兩，以七百較之，應贏乙銀二百五十兩，則乙原母應五百兩矣。除甲贏外，餘二百五十兩，以最後得銀七百較之，應贏丙四百五十兩，係丙三分之一，則丙原母爲一千三百五十兩矣。除乙贏外，餘九百兩，又加贏甲一百五十兩，共一千五十兩，以最後得銀七百兩較之，盈三百五十兩。作兩盈求之，得甲四百，與丙一［百］存三百，得四百成七百，因知乙八百。與甲四百存四百，得三百成七百，因知丙九［百］。與乙三百，得一百成七百[4]。

1 此題爲《同文算指通編》卷四“疊借互徵”第二十二題。

2 原文“最”下夺“後”字，據下文補。

3 以上計算訛誤處，皆據演算改，詳注釋4。後圖盈率“三一五”亦當作“一七五”，相應運算結果亦應據改。

4 設甲數爲 X，乙數爲 Y，丙數爲 Z，據題意列：

$$\begin{cases} X-\frac{1}{4}X+\frac{1}{2}Y=700 & ① \\ Y-\frac{1}{2}Y+\frac{1}{3}Z=700 & ② \\ Z-\frac{1}{3}Z+\frac{1}{4}X=700 & ③ \end{cases}$$

任設甲數 $x_1=500$，代入①式，求得乙數 $y_1=650$；將 y_1 代入②式，求得丙數 $z_1=1125$。甲丙二數代入③式，得：

$$z_1-\frac{1}{3}z_1+\frac{1}{4}x_1=1125-\frac{1}{3}\times1125+\frac{1}{4}\times500=875$$

求得盈數：$b_1=875-700=175$。同理，任設甲數 $x_2=600$，求得乙數 $y_2=500$，丙數 $z_2=1350$。求得盈數：

$$b_2=z_2-\frac{1}{3}z_2+\frac{1}{4}x_2-700=1050-700=350$$

用兩盈兩不足術文，求得甲乙丙分别爲：

$$X=\frac{x_2b_1-x_1b_2}{b_1-b_2}=\frac{600\times175-500\times350}{175-350}=400$$

$$Y=\frac{y_2b_1-y_1b_2}{b_1-b_2}=\frac{500\times175-650\times350}{175-350}=800$$

$$Y=\frac{z_2b_1-z_1b_2}{b_1-b_2}=\frac{1350\times175-1125\times350}{175-350}=900$$

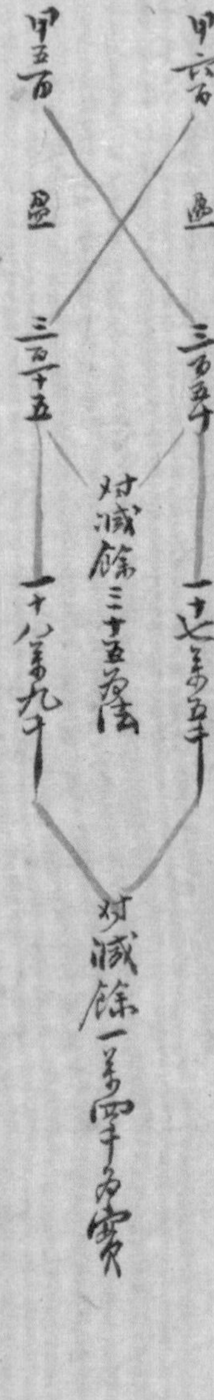

解此加減互襍衰分

問今有二人分銀五百二十兩甲損三之一乙損四之一和合平分然後相等求各元數

答甲二百八十　乙二百四十

法說云和合平分理須各數相等任設甲三百六十三之一為一百二十存二百四十乙分一百五十四之一為三十七兩五錢存一百一十二兩五錢甲多一百二十七兩五錢任設甲三百三之一為一百存二百乙分二百一十四之一為五十二兩五錢存一百五十七兩五錢甲多四十二兩五錢作兩盈求之甲三之一九十乙四之一六十各為一百八十

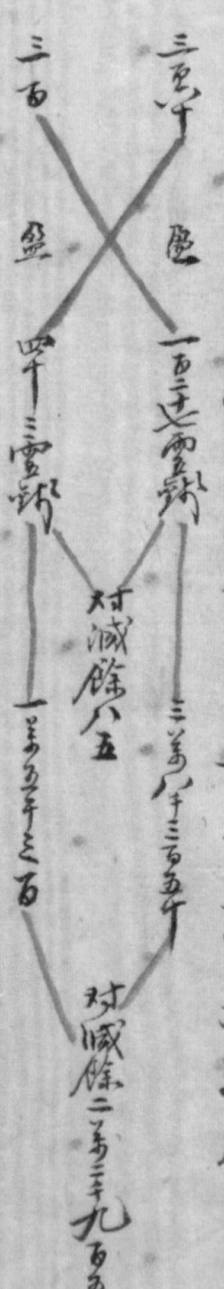

解此重襍衰分

問今有甲匠做工三十日完加乙匠則十八日完若專用乙匠求幾日可完

答四十五日

法原三十日今止作十八日省卻十二工乃乙匠十八日所助甲是乙之一十八日當甲之十二也任設為三十六工以十二乘之

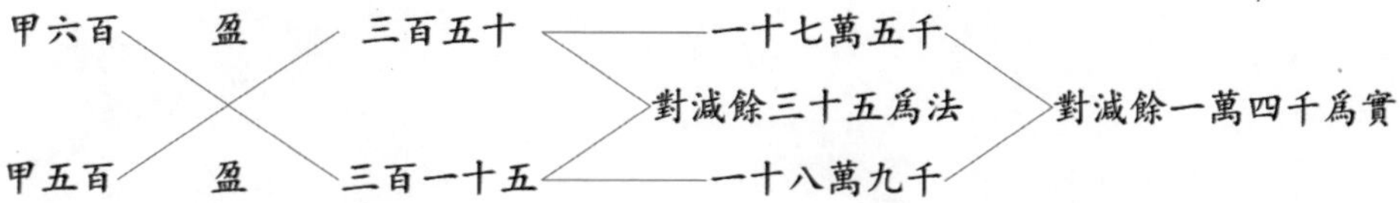

解：此加減互撥衰分。

15.問：今有二人分銀五百一十兩，甲捐三之一，乙捐四之一，和合平分，然後相等。求各若干[1]？

答：甲二百七十；　　　　乙二百四十。

法：既云和合平分，理須存數相等。任設甲三百六十，三之一爲一百二十，存二百四十；乙分一百五十，四之一爲三十七兩五錢，存一百一十二兩五錢，甲多一百二十七兩五錢。任設甲三百，三之一爲一百，存二百；乙分二百一十，四之一爲五十二兩五錢，存一百五十七兩五錢，甲多四十二兩五錢。作兩盈求之，甲三之一九十，乙四之一六十，各存一百八十[2]。

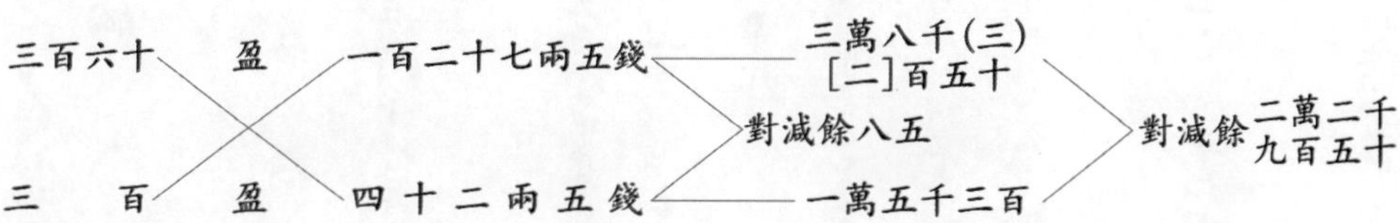

解：此重撥衰分。

16.問：今有甲匠做工三十日完，加乙匠則十八日完。若專用乙匠，求幾日可完[3]？

答：四十五日。

法：原三十日，今止作十八日，省却十二工，乃乙匠十八日所助者。是乙之一十八，可當甲之十二也。任設爲三十六工，以十二乘之，

1 此題爲《同文算指通編》卷四“疊借互徵”第十二題，題設略異。

2 設甲數爲 X，乙數爲 Y，據題意列：

$$\begin{cases} X+Y=510 & ① \\ X-\frac{1}{3}X=Y-\frac{1}{4}Y & ② \end{cases}$$

任設甲數 $x_1=360$，乙數 $y_1=510-360=150$，代入②式，左右相較，得盈數：

$$b_1=\left(x_1-\frac{1}{3}x_1\right)-\left(y_1-\frac{1}{4}y_1\right)=240-112.5=127.5$$

任設甲數 $x_2=300$，乙數 $y_2=510-300=210$，得盈數：

$$b_1=\left(x_2-\frac{1}{3}x_2\right)-\left(y_2-\frac{1}{4}y_2\right)=200-157.5=42.5$$

依兩盈兩不足術文解。從略。

3 此題爲《同文算指通編》卷四“疊借互徵”第二十一題。

十八除之得二十四日少亦以任設為五十四十二乘之十八除之得三十六亦當作一盈一朒求之

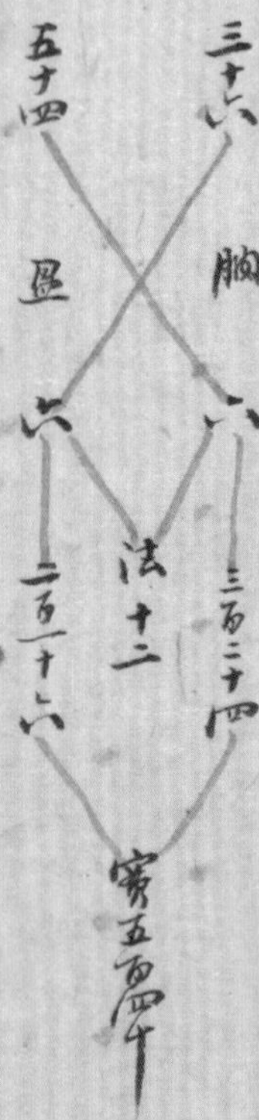

又法置三十以十二除十八乘更簡捷

解此賓工

問今有賃派銀六十五兩令甲等八户乙等五户納之乙户所納當甲十之八求各納實數若干

答甲每户五兩四錢一分六六有奇　共四十三兩三三有奇

乙每户四兩三三不盡　共二十一兩六六有奇

法任設甲每户五兩八户該四十兩乙每户十之八該四兩五户該二十兩併之得六十兩不足五兩任設甲每户七兩八户該五十六兩乙每户十之八該五兩六錢五户該二十八兩併之得八十四兩餘一十九兩作一盈一朒求之

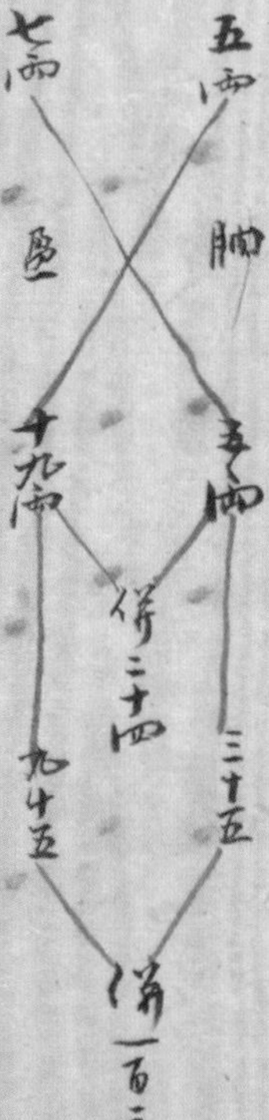

解此均輸

問今有用錢買果不知價先買桃十個棗一百二十用錢七十文又買桃二十棗九十用錢九十文求

十八除之，得二十四日，少六日。任設爲五十四工，十二乘之，十八除之，得三十六，多六日。作一盈一朒求之。

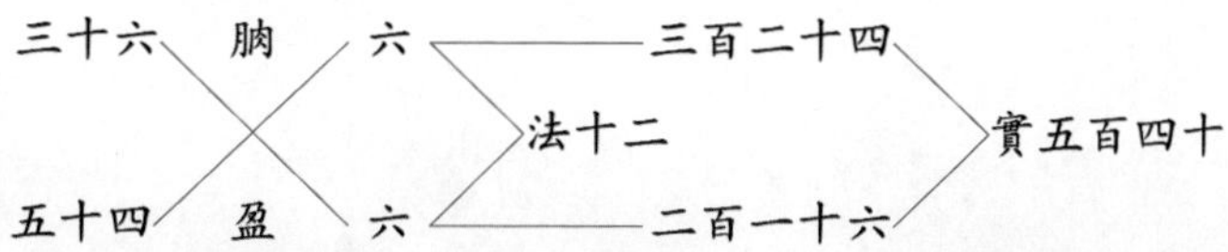

又法：置三十，以十二除，十八乘，更簡捷。

解：此商（工）［功］[1]。

17.問：今有官派銀六十五兩，令甲等八户、乙等五户納之，乙户所办當甲十之八。求各納實數若干[2]？

答：甲每户五兩四錢一分六六不盡；　　共四十三兩三三不盡；

乙每户四兩三三不盡；　　共二十一兩六六不盡。

法：任設甲爲五兩，八户該四十兩；乙居十之八，該四兩，五户該二十兩。併之得六十兩，不足五兩。任設甲爲七兩，八户該五十六兩；乙居十之八，該五兩六錢，五户該二十八兩。併之得八十四兩，餘一十九兩。作一盈一朒求之。

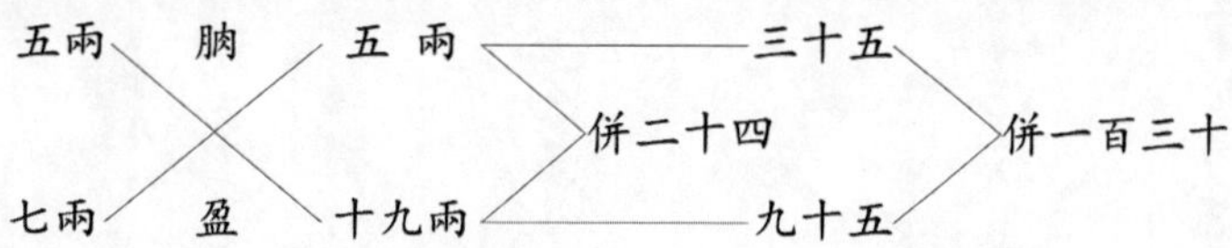

解：此均輸。

18.問：今有用錢買果不知價，曾見買桃十個、柰一百二十[3]，用錢七十文；又見買桃二十、柰九十，用錢九十文。求

1 商工，“工”當作“功”，音同而訛，據文意改。
2 此題據《算法統宗》卷十盈朒第十九題、《同文算指通編》卷四“疊借互徵”附第十六題改，原爲子母兩朒題。
3 柰，《説文 · 木部》：“果也”，蘋果之一種。

每價若干

荅桃每個三文　棗每三個一文

法任設桃價四文十個該錢四十餘錢三十買棗一百二十應每四個錢一文以通其數九十該值錢二十二文半以減九十文餘六十七文半為桃價以二十個除之得每個錢三分七厘五毫不足六分二厘五毫任設桃價二文十個該錢二十餘錢五十買棗一百二十應每二個四分錢一文以通其數九十該值錢三十七文半以減九十餘五十二文半為桃價以二十個除之得每個錢二文六分二厘五毫多六分二厘五毫作一盈一朒求之

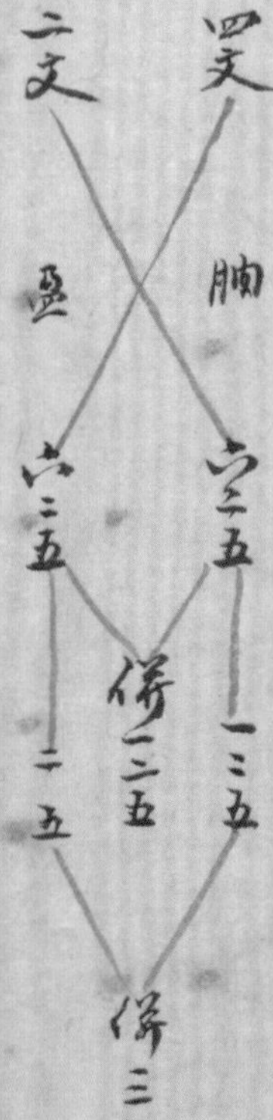

解此方程

問今有弦積一百步勾得股十六分之九求勾股若干

荅勾三十六　股六十四

法任設勾五步四分自乘得二十九步一分六厘十六乘九除得五十一步八分四厘併之少十九

任設勾九自乘得八十一十六乘九除得一百四十四併之多一百二十五作一盈一朒求之

每價若干?

答：桃每個三文；　　　　　　　　　　　　柰每三個一文。

法：任設桃價四文，十個該錢四十，餘錢三十，買柰一百二十，應每四個錢一文。以通柰九十，該值錢二十二文半，以減九十文，餘六十七文半，爲桃價。以二十個除之，得每個錢三分七厘五毫，不足六分二厘五毫。任設桃價二文，十個該錢二十，餘錢五十，買柰一百二十，應每二個四分錢一文。以通柰九十，該值錢三十七文半，以減九十，餘五十二文半，爲桃價。以二十個除之，得每個錢二文六分二厘五毫，多六分二厘五毫。作一盈一朒求之[1]。

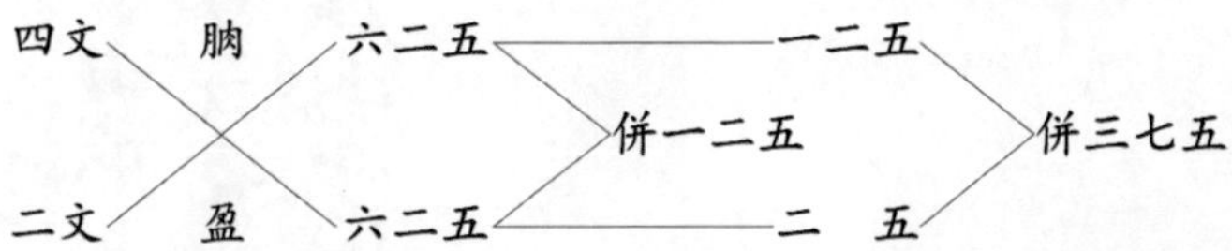

解：此方程。

19.問：今有弦積一百步，句得股十六分之九，求句股若干?

答：句三十六；　　　　　　　　　　股六十四。

法：任設句五步四分，自乘得二十九步一分六厘；十六乘九除，得五十一步八分四厘。併之，少十九。任設句九，自乘得八十一；十六乘九除，得一百四十四。併之，多一百二十五。作一盈一朒求之。

---

1 設桃每個價爲 X，柰每個價爲 Y，據題意列：

$$\begin{cases}10X+120Y=70\\20X+90Y=90\end{cases}$$

變换得：

$$\begin{cases}Y=\dfrac{70-10X}{120} & ①\\[2ex] X=\dfrac{90-90Y}{20} & ②\end{cases}$$

任設桃價 $x_1=4$，代入①式，求得柰價 $y_1=\dfrac{70-10\times4}{120}=\dfrac{1}{4}$。將柰價代入②式，得桃價爲：

$$\frac{90-90\times\frac{1}{4}}{20}=3.375$$

與所設桃價相較，得不足數：

$$b_1=4-3.375=0.625$$

同理，設桃價 $x_2=2$，求得柰價 $y_2=\dfrac{70-10\times2}{120}=\dfrac{1}{2.4}$，得盈數：

$$b_2=\frac{90-90\times\frac{1}{2.4}}{20}-2=2.625-2=0.625$$

依一盈一不足術解之，從略。

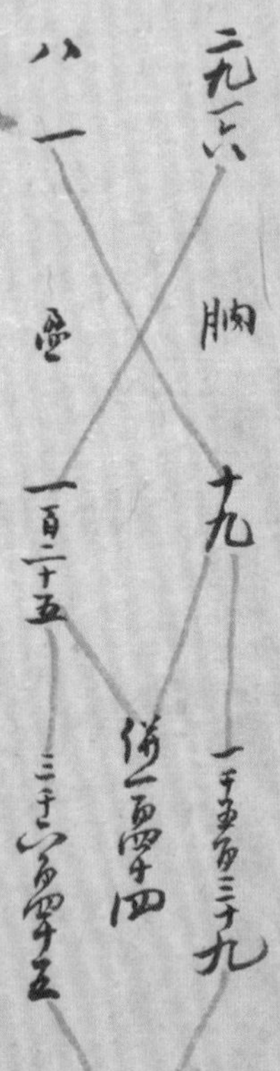

解此內股

以上諸章各舉一端以為例，少廣已自為一篇，其凡一切數無不可以盈朒推之，在依其所設之條理而察之，但通此法，其於算學思過半矣。

圖二十八

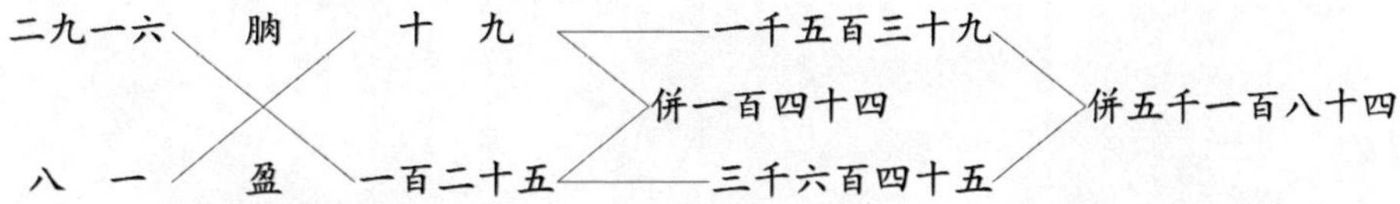

解：此句股。

以上諸章，各舉一端以爲例，少廣已自爲一篇矣。凡一切數，無不可以盈朒推之，在依其所問之條理而察之。但通此一法，其於筭學，思過半矣。

圖二十八

中西數學圖說 戌

中西數學圖說 戊

中西圖說

戊集

方程

庚集

中西圖説

戊集

方程

第一二種方程	問七	圖八
第二多種方程	問三	圖二十五
第三正負方程	問三	圖十八
第四子母方程	問二	圖五
第五較方程	問三	圖八
第六等方程	問六	圖十一

亥集

句股相求	問三	圖二十
句股較和	問十六	圖三十六

中西數學圖說

戊集

方程

松崖道李篤培仁宇甫演

盈朒方程皆所以御隱雜也故置一物而匿其實以互乘法比較而定之謂之盈朒設多物而混其數以互乘法次第而清之謂之方程實相濟以為用者也約略其概凡有四端一曰約繁為簡如有物四種互乘之約為三種再互乘之約為二種再約為一種是也一曰化異為同如物有正有負正者所有之物也負者所無之物也以損益相比而得其差減差則貴者為賤併差則賤者為貴是也一曰虛實更變如數有實有較以此物並彼物共價若干謂之實以此物當彼物差價若干謂之較假原係實及其互乘對減也甲餘此乙餘彼則變實而成較原係較及其互乘減併也損有餘補不足則變較而成實是也一曰首尾迴環以數之前從首至尾如物三種減甲存乙而又減乙止存丙以數之後又從尾至首如因丙價推得乙價因乙丙之價推得甲價是也今條為六篇曰二種曰多種曰正負曰子母曰較曰等互現錯出總之不出乎四法也

中西數學圖説

招遠李篤培仁宇甫演

戊集

方程

盈朒、方程，皆所以御隱雜也。故置一物而匿其實，以互乘法比較而定之，謂之盈朒。設多物而混其數，以互乘法次第而清之，謂之方程。實相濟以爲用者也。約畧其術，凡有四端：一曰約繁爲簡。如有物四種，互乘之約得三種，再互乘之約得二種，再約得一種是也。一曰化異爲同。如物有正有負，正者所有之物也，負者所無之物也，以有當無，相比而得其差，減差則貴變爲賤，併差則賤變爲貴是也。一曰虚實更變。如數有實有較，以此物兼彼物，共價若干，謂之實；以此物當彼物，差價若干，謂之較。假原係實，及其互乘對減也，甲餘此，乙餘彼，則變實而成較；原係較，及其互乘減併也，損有餘，補不足，則變較而成實是也。一曰首尾迴環。得數之前，從首至尾，如物三種，減甲存乙丙，又減乙止存丙；得數之後，又從尾至首，如因丙價推得乙價，因乙丙二價推得甲價是也。今綜爲六篇，曰二種，曰多種，曰正負，曰子母，曰較，曰等。互現錯出，總之不出乎四法也。

方程

第一篇

○○○二種方程

方程之法,限多物多一,設爲各宗,以相比而定數者也。故互乘而得其物,對減而得無較,減其物而留其較,以物較除價較而得其實,即有多種者,亦必先取兩種爲率,故求二方程者,以二種爲始,蓋得其易簡,然後可推至於繁雜也。

凡二種方程,任取一種爲主,分左右作三層列之,上層爲主,中層餘物,下層價值,定互乘之得數,對減餘價爲實,餘物爲法。

問今有物三貨四,共價銀四兩八錢,又物七貨二,共價六兩八錢,求物貨各價若干。

答 物價八錢 貨價六錢

法 物爲主,列物三物七於上,列貨四貨二於中,列四兩八錢六兩八錢於下,分爲左右,以右物三乘左物七得二十一,乘貨二得六,又乘六兩八錢得二十兩四錢,分註左右,以左物七乘右物三亦得二十一,乘貨四得二十八,乘四兩八錢得三十三兩六錢,分註左右,物同減去不用,以貨六減貨二十八餘二十二爲法,以二十兩四錢減三十三兩六錢餘一十三兩二錢爲實,法除實得貨價六錢,任置原右價四兩八錢減貨價二兩四錢,餘二兩四錢,以物三除之合問。

方程

第一篇

二種方程

方程之法，混多物爲一，設爲各宗，以相比而定數者也。故互乘而得其均，對減而得其較，減其均而留其較，以物較除價較而得其實。即有多種者，亦必先取兩種爲率。故求方程者，以二種爲始。蓋得其易簡，然後可推至於繁雜也。

凡二種方程，任取一種爲主，分左右作三層列之。上層爲主，中層餘物，下層價值，交互乘之，得數對減，餘價爲實，餘物爲法。

1.問：今有紗三絹四，共價銀四兩八錢；又紗七絹二，共價六兩八錢。求紗、絹各價若干[1]？

答：紗價八錢； 絹價六錢。

法：紗爲主，列紗三、紗七於上，列絹四、絹二於中，列四兩八錢、六兩八錢於下，分爲左右。以右紗三乘左紗七得二十一，乘絹二得六，乘六兩八錢得二十兩四錢，分註左右。以左紗七乘右紗三，亦得二十一，乘絹四得二十八，乘四兩八錢得三十三兩六錢，分註左右。紗同，減去不用。以絹六減絹二十八，餘二十二爲法。以二十兩四錢減三十三兩六錢，餘一十三兩二錢爲實。法除實，得絹價六錢。任置原右價四兩八錢，減絹價二兩四錢，餘二兩四錢。以紗三除之，合問。

1 此題爲《同文算指通編》卷五“雜和較乘法第八”第二題、《算法統宗》卷十一方程章第二題。

以紗爲主求絹圖

右紗三　二十一　　右紗七　二十一　　紗減盡

絹四　二十八　　絹二　六

價四兩八錢　三十三兩六錢　　價六兩八錢　二十兩四錢

減餘二十二爲法　　減餘一十三兩二錢爲實

以絹爲主求紗圖　以上二圖備舉以例其餘以後只主一法乃更簡

右絹四　八　　左絹二　八　　絹同減盡

紗三　六　　紗七　二十八

價四兩八錢　九兩六錢　　價六兩八錢　二十七兩二錢

減餘二十二爲法　　減餘一十七兩二錢爲實

解左行所得乃二十一紗六絹之價右行所得乃二十一紗二十八絹之價同減去餘絹之差無疑矣

減盡餘廿二絹剩絹之價耳若以絹爲主其例亦同

此寓布之層餘之事各列一條如左

問今有直田一段三長二闊共得一百五十六步二長五闊共得一百九十二步求長闊若干

答長三十六　闊二十四

法如前列左右三層以長爲主求之得闊二十四轉推得長合問

以紗爲主求絹圖

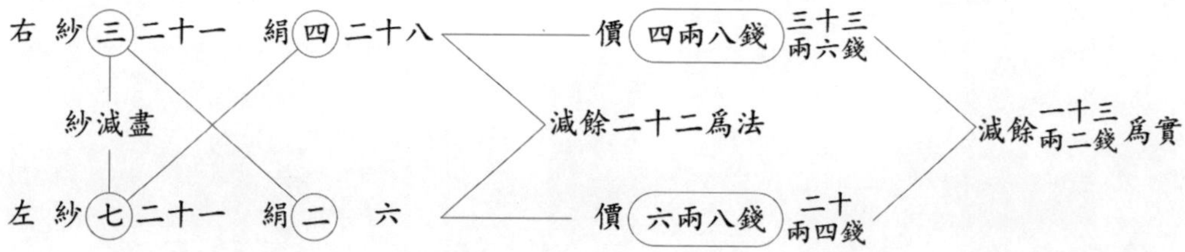

以絹爲主求紗圖 以上二圖，備舉以例其餘。以後只主一法，不更贅。

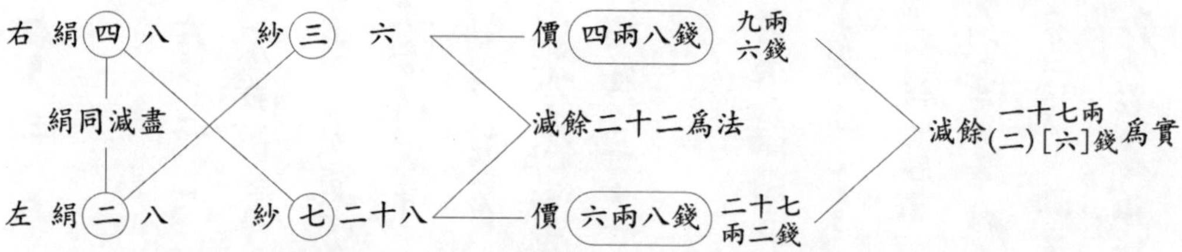

解：左行所得，乃二十一紗六絹之價；右行所得，乃二十一紗二十八絹之價。[紗]同減盡矣[1]。絹之等者又減矣，餘者惟剩絹之價耳。若以絹爲主，其例亦同。

此粟布之屬。餘章各列一條如左。

2.問：今有直田一段，三長二濶，共一百五十六步；二長五濶，共一百九十二步。求長濶若干？

答：長三十六； 濶二十四。

法：如前列左右三層，以長爲主求之，得濶二十四，轉推得長。合問。

1 原書"同"上夺"紗"字，據文意補。

解此方田之屬

問今有良三員吏四名共俸粮三千九百三十石又良四員吏八名共俸粮五千四百四十石求

良吏各俸若干

答良俸一千二百石　吏粮八十石

法先爲列右左行三層以良為主求得吏粮轉求得良俸

解此帶縱之屬

問今有方積一段不知數但知三倍廣四倍隔共八一百三十六步二倍廣五倍隔共一百

求方形廣隔若干積若干

答面一十二步　兩廣四十　一隔四　積一百四十四

法列此前法左右互乘求得廣隔空數卻置每隔平闊之得二以除廣得二十知中方平加

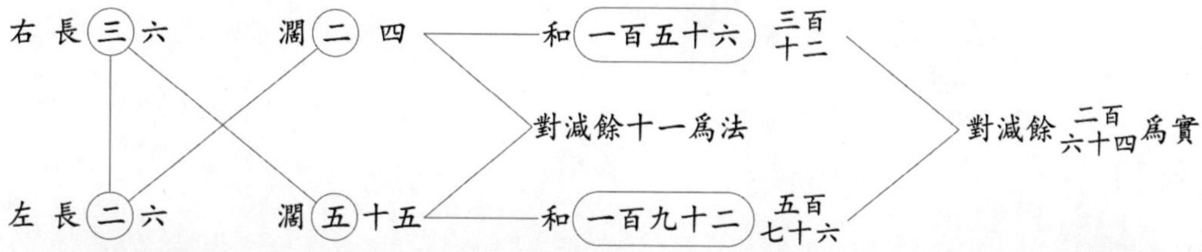

解：此方田之屬。

3.問：今有官三員、吏四名，共俸粮三千九百二十石；又官四員、吏八名，共俸粮五千四百四十石。求官、吏各俸若干？

答：官俸一千二百石；　　　　　　　　吏粮八十石。

法：如前列左右作三層，以官爲主，求得吏粮，轉求得官俸。

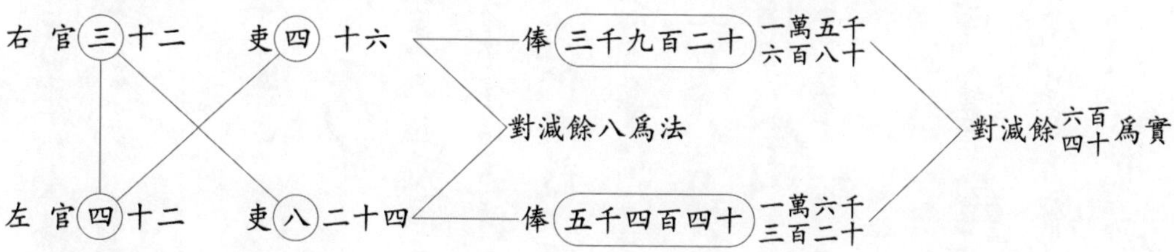

解：此衰分之屬。

4.問：今有方積一段不知數，但知三倍廉、四倍隅，共一百三十六；若二倍廉、五倍隅，共一百。求方形面若干？積若干？

答：面一十二步；　　　　　　　　兩廉四十；

一隅四。　　　　　　　　積一百四十四。

法：如前法列左右互乘，求得廉隅定數。却置隅平開之得二，以除廉得二十，知中方爲十，加

二得方以十二自乘得全積

解此步齊之序

問今有木匠三十六名瓦匠二十八名共作堤六千方又有木匠十八名瓦匠二十一名共作堤三十四方求木匠瓦匠各砌板堤若干

答木匠每九名作板堤十一方瓦匠每七名作磚堤四方

法以前列左右互乘得瓦工二百五十二為法瓦堤一百四千四百為實以瓦工二十八或二十一乘實得數以法除之得二十八工共堤十六方二十一工共得堤十二方以約法約之各於全方中減瓦工餘為木工以法約之合問

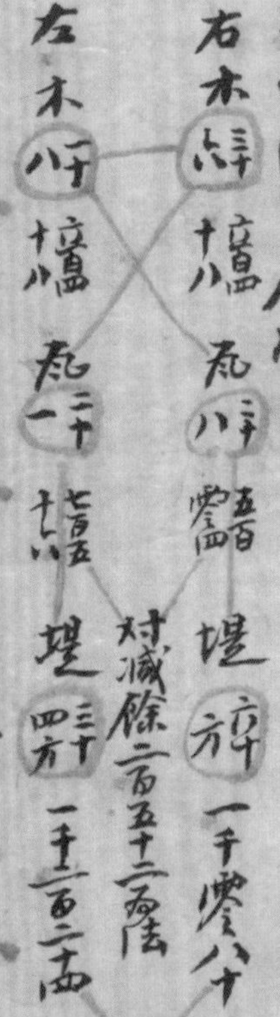

解此商工之序以每法零星故以工匠數乘實而敵之

置實以二十八因之得四千零三十二以法除之得一十六方即二十八工所成之數或以二十一因實

二得方。以十二自乘，得全積。

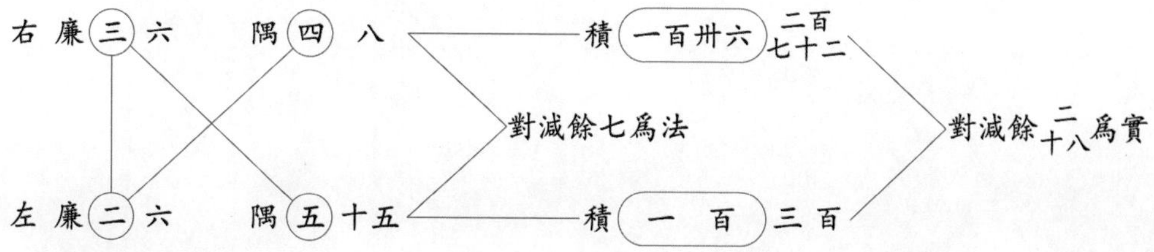

解：此少廣之屬。

5.問：今有木匠三十六名，瓦匠二十八名，共修堤六十方；又有木匠十八名，瓦匠二十一名，共修堤三十四方。求木匠、瓦匠各［修］磚板堤若干[1]？

答：木匠每九名修板隄十一方；　　　　瓦匠每七名修磚堤四方。

法：如前列左右互乘，得瓦工二百五十二爲法，瓦堤一百四十四爲實，以瓦工二十八或二十一乘實，得數以法除之，得二十八工者，堤十六方；二十一工者，得堤十二方，以約法約之。各於全方中減瓦工，餘爲木工，亦以法約之。合問。

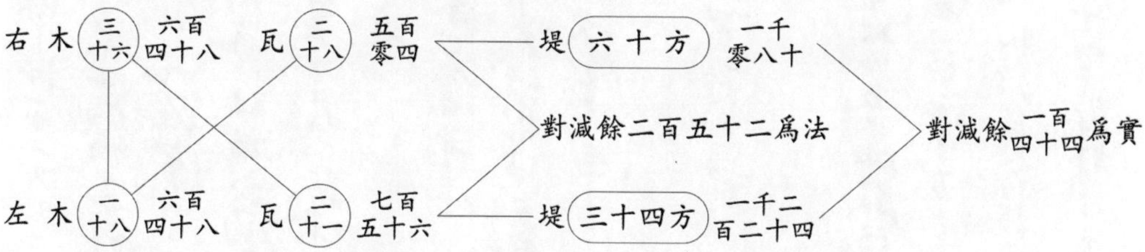

解：此商（工）［功］之屬[2]，以每法零星，故以匠數乘實而取之。

置實，以二十八因之，得四千零三十二，以法除之，得一十六方，即二十八工所成之數。或以二十一因實，

1 此題據《同文算指通編》卷五“雜和較乘法第八”第十題改。“修”字抄脱，據文意補。
2 商工，“工”當作“功”，音同而訛，據文意改。

得三千〇二十四以法除之得一十二方得二十二所減之数於全六十內減十六餘四十四得木直三十

六乃所減之数於全数三十四內減十二餘二十二得木直十八乃所減之数也

又法以三十八除法得九得九除實以二十一除法得十二得以十二除實得数同矣加實就法

與此減法從實一也約法以对減五同名但求之

問今有上等三十户次等五十户共派米一百三十五石又上等四十户次等二十户共派米一百

一十石求上次米各若干

答上户米二石 次户米一石五斗

法如前左右求之得以米转乘得上米合法

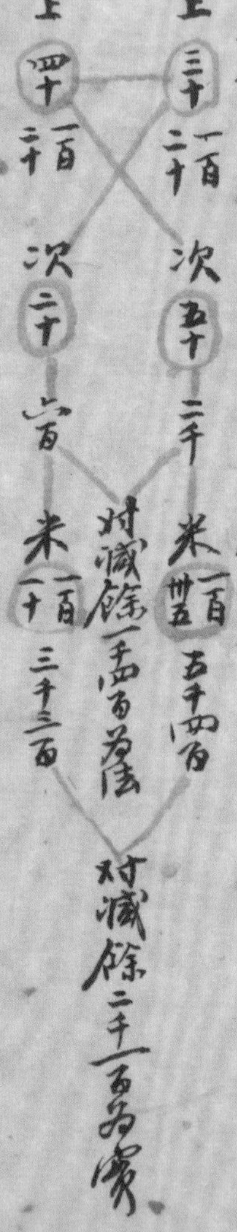

解此勾股之序

問今有句弦共積二千七百五十四股弦共積三千三百二十一求句股弦各若干

答句二十七 股三十六 弦四十五

法弦乘一句一股之實句弦共積得二句一股也股弦共積得二股一句也以二句一股積

二千七百五十四於右以一句二股積三千三百二十一於左如法求之得股转乘得各数併乎

得三千零二十四，以法除之，得一十二方，即二十一工所成之數。於全工六十内減十六，餘四十四，即木匠三十六工所成之數。於全數三十四内減十二，餘二十二，即木匠十八工所成之數也。

又法：以二十八除法得九，即以九除實；以二十一除法得十二，即以十二除實，得數同。蓋加實就法，與減法從實一也。約法，以對減至同爲紐求之。

6.問：今有上等三十户，次等五十户，共派米一百三十五石；又上等四十户，次等二十户，共派米一百一十石。求上、次米各若干？

答：上户米二石；　　次户米一石五斗。

法：如前左右求之，得次米，轉求得上米。合問。

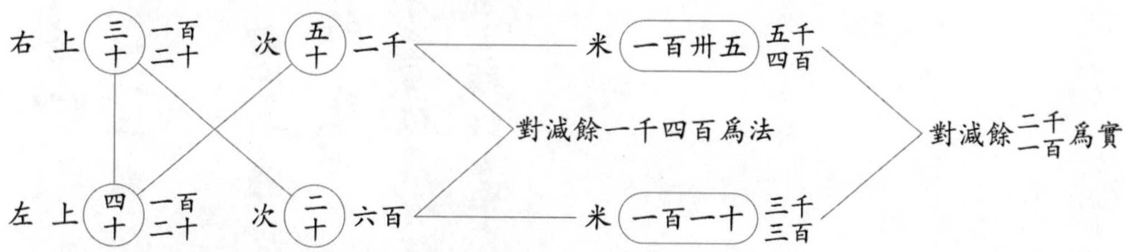

解：此均輸之屬。

7.問：今有句弦共積二千七百五十四，股弦共積三千三百二十一，求句股弦各若干？

答：句二十七；　　股三十六；

弦四十五。

法：弦藏一句一股之實，句弦共積即二句一股也，股弦共積即二股一句也。列二句一股積二千七百五十四於右，列一句二股積三千三百二十一於左，如法求之，得股，轉求得各數，俱平

方開之合問

對減餘三千八百八十八為實

共餘二

法除實得一千二百九十八為股以減股弦

千零二十五為弦以減內弦共餘七百二十九為內

解此內股之實

以上舉七章係以方程術之共盈朒章則較方程是也蓋較即有餘不足之數蕃氏

適足之數故不重列 舉二種若多種亦推

圖八

方開之。合問。

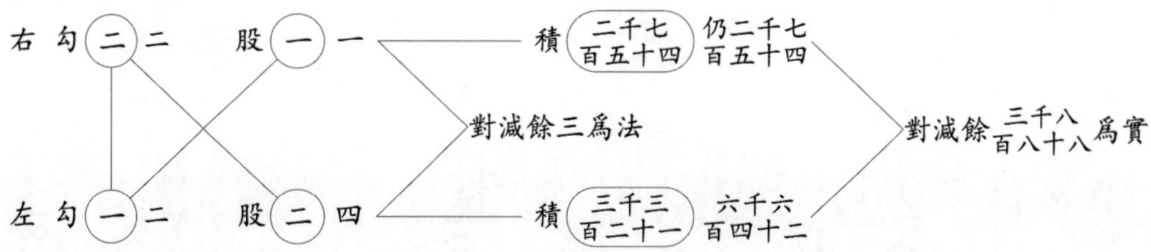

法除實，得一千二百九十六爲股[1]，以減股弦，共餘二千零二十五爲弦；以減句弦，共餘七百二十九爲句。

解：此句股之屬。

以上舉七章，俱可以方程求之。其盈朒章，則較方程是也，蓋較即有餘、不足之數，等即適足之數，故不重列。舉二種者，多種可推。

圖八

1 股，此處爲“股積”省稱，後文弦、句皆同。

方程

第二篇

多種方程

自三以上以至無窮數術以多法之術弃揭以減同留異為主如三種減一餘方可用二種法四種減一餘方可用三種法又二種所去此以彼去彼以此最為捷徑多種者減去一種餘許種仍自相混或正又或正負法須游移故另設一篇曰多種方程

凡三種方程以互乘法減其一種餘成二種四種方程以互乘法減其一種餘成三種五種以上亦以此法減之損以得多減少為主必互以數求差不希如一邊此物多一邊彼物多對減之餘定為正負其價值對減定為負物相較之數則以正負較同減異併法求之

問今有筆五枝硯三方墨二笏共錢六百六十文又筆三枝硯五方墨四笏共錢一千又筆二枝硯二方墨三笏共錢四百九十文求三價各若干

答筆價五十　硯價九十　墨價七十

法三項列左中右取中右互乘以筆同三十減盡硯十八與中二十五對減餘七墨二十與中十二對減餘八價五千一百五十與中三千三百六十對減餘一千一百九十另立一宗列右曰硯七墨八共錢一千一百九十文再取中左互乘以筆同十二減盡硯十與中十二對減餘二墨十八與中八對減餘十價二千九百四十與中二千零六對減餘八百八十另立一宗列左曰硯二

方程

第二篇

多種方程

自三以上，以至無窮，數漸以多，法亦漸異，總以減同留異爲主。如三種減一，餘方可用二種法；四種減一，餘方可用三種法。又二種者，去此得彼，去彼得此，最爲捷徑。多種者，減去一種，餘諸種仍自相混，或變成正負，法有游移。故另設一篇，曰多種方程。

凡三種方程，以互乘法減其一種，餘成二種；四種方程，以互乘法減其一種，餘成三種；五種以上，皆以此法減之，總以約多成少爲主。若互得數參差不齊，如一邊此物多，一邊彼物多，對減之餘，變爲正負；其價值對減，變爲兩物相較之數，則以正負較同減異併法求之。

1.問：今有筆五枝，硯三方，墨二笏，共錢六百六十文；又筆六枝，硯五方，墨四笏，共錢一千零三十文；又筆二枝，硯二方，墨三笏，共錢四百九十文。求三價各若干[1]？

答：筆價五十；　　硯價九十；

墨價七十。

法：三項列左中右，取中右互乘，得筆同三十，減盡；硯十八與二十五對減，餘七；墨二十與十二對減，餘八；價五千一百五十與三千（三）［九］百六十對減，餘一千一百九十。另立一宗列右，曰硯七墨八，共錢一千一百九十文。再取中左互乘，得筆同十二，減盡；硯十與十二對減，餘二；墨十八與八對減，餘十；價二千九百四十與二千零六［十］對減，餘八百八十。另立一宗列左，曰硯二

1 此題爲《算法統宗》卷十一方程章第三題，題設略異。

墨一十共錢八百八十文，如三種例求之，合問。

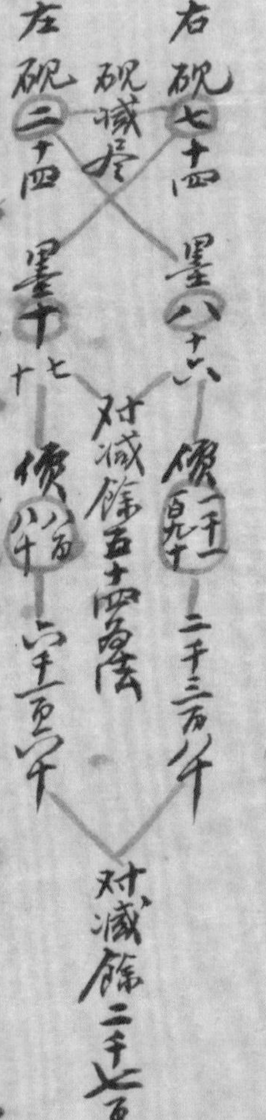

解此三種方程也，以中硯右，以左硯中，硯墨二種價多所得約三百二，價成實數，假令置硯於上層，置筆墨於下層，則亦成較數方程矣，以兩較相对求之。

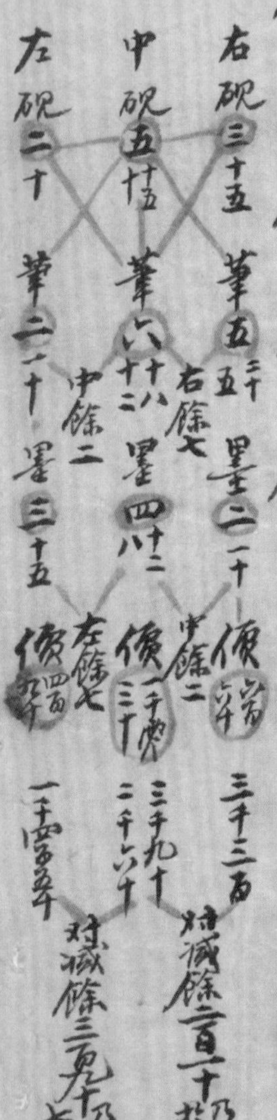

墨一十，共錢八百八十文。如二種例求之，合問。

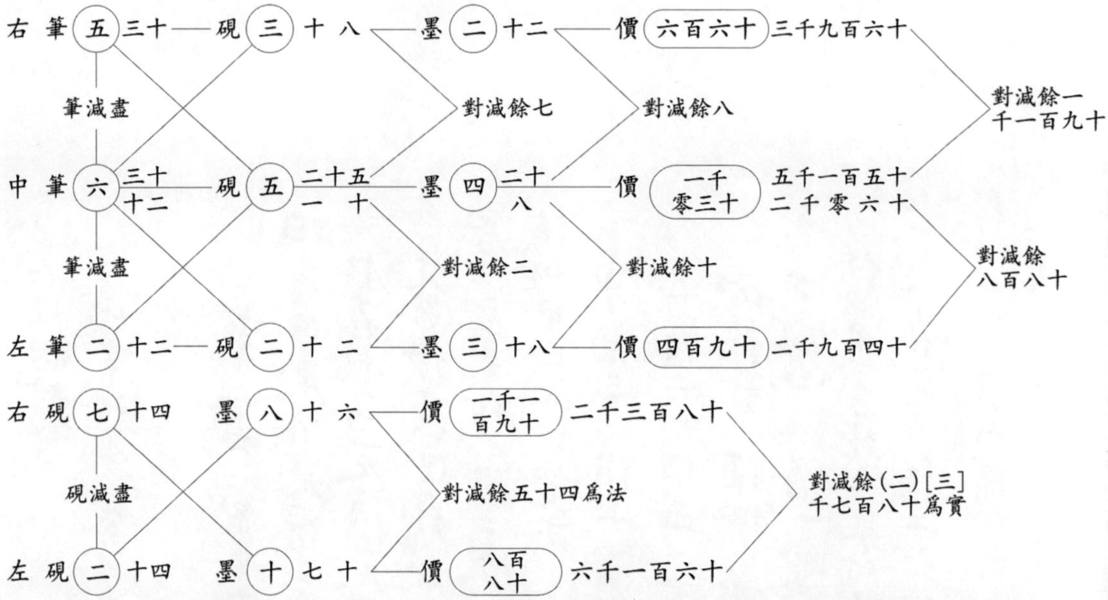

解：此三種方程也，以中視右，以左視中，硯、墨二種俱多，所以約三爲二，俱成實數。假令置硯於上層，置筆、墨於下層，則變成較數方程矣，以兩較相對求之。

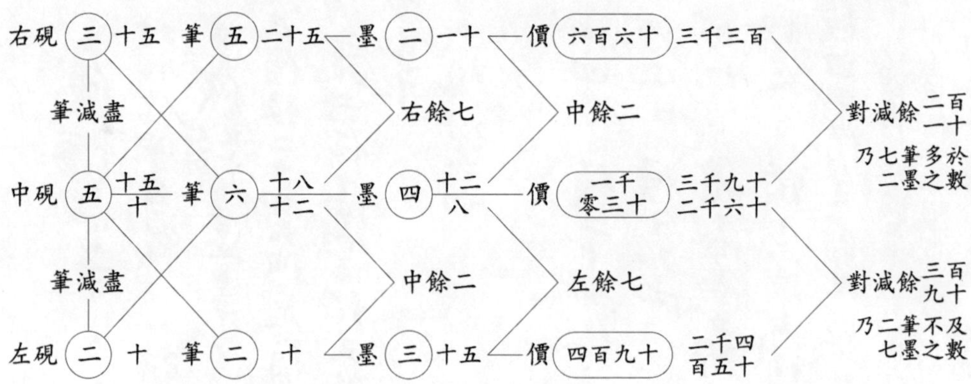

兩較相对

正筆七 十四　負墨二 四　負價二百二十 四百四十

正筆二 十四　負墨七 四十九　負價三百九十 二千七百三十

対減餘四十五爲法　併得三千一百七十爲實

乃四十五　墨之價

問今有紬三足絹二足羅三足紗四足共價銀二十兩又紬二足絹三足羅四足紗二足共價銀十九兩又紬一足絹四足羅二足紗一足共價十四兩五錢又紬四足絹一足羅一足紗三足共價十六兩五錢求各色價若干

答紬二兩五錢　絹二兩　羅一兩五錢　紗一兩

法列甲乙丙丁四宗

甲　紬三　絹二　羅三　紗四　價二十兩

乙　紬二　絹三　羅四　紗二　價十九兩

丙　紬一　絹四　羅二　紗一　價十四兩五錢

丁　紬四　絹一　羅一　紗三　價十六兩五錢

任取甲丁二數互乘对減立新數曰甲絹五羅九紗七共價三十兩零五錢

甲　紬三 十二　絹二 八　羅三 十二　紗四 十六　價二十 八十兩

紬減尽　対減甲餘四　対減甲餘九　対減甲餘七

丁　紬四 十二　絹一 三　羅一 三　紗三 九　價十六兩五 四十九兩五

対減甲餘三十兩零五錢

兩較相對：

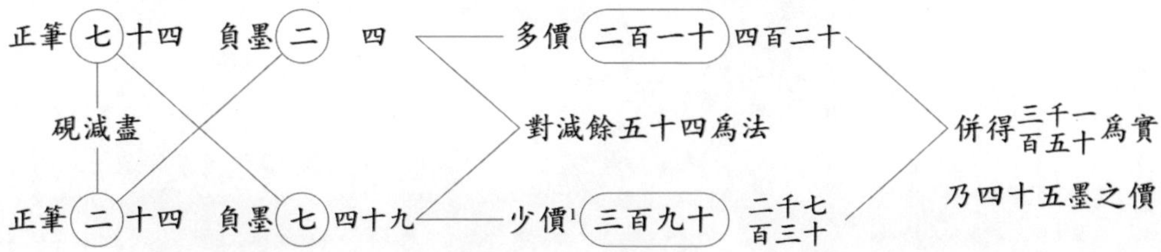

2.問：今有紬三疋，絹二疋，羅三疋，紗四疋，共價銀二十兩；又紬二疋，絹三疋，羅四疋，紗二疋，共價銀十九兩；又紬一疋，絹四疋，羅二疋，紗一疋，共價十四兩五錢；又紬四疋，絹一疋，羅一疋，紗三疋，共價十六兩五錢。求各色價若干？

答：紬二兩五錢；　　絹二兩；

羅一兩五錢；　　紗一兩。

法：列甲乙丙丁四宗：

甲紬三	絹二	羅三	紗四	價二十兩
乙紬二	絹三	羅四	紗二	價十九兩
丙紬一	絹四	羅二	紗一	價十四兩五錢
丁紬四	絹一	羅一	紗三	價十六兩五錢

任取甲丁二數，互乘對減，立新數曰：甲絹五、羅九、紗七、共價三十兩零五錢。

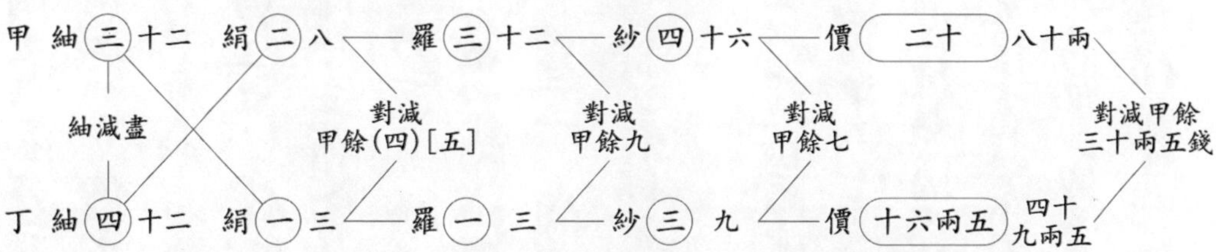

1 少價，原書誤作“多價”，據前圖改。

任設乙丁二數互乘對減立式數乙絹十羅十四紗二共價四十二兩

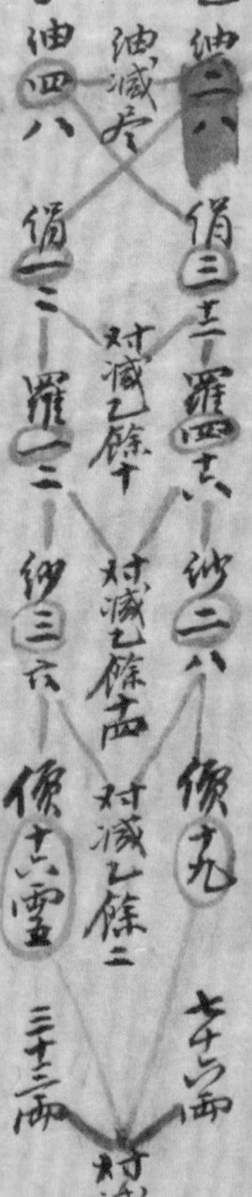

任設丙丁二數互乘對減立式數曰丙絹十五羅七紗一共價四十一兩五錢成三種方程

此得三種列甲乙丙式得三數為右中左以三種再求之得二種以二種再求之得一種精求

以餘種合問

解此四種方程也以上三數以一边減盡止餘一边故成實方程以設甲乙二數互乘對減其紬各以減盡絹甲四乙九對減乙餘五羅甲六乙十二對減乙餘六紗甲六乙六對減甲餘二價甲四十乙五十七對減乙餘一十七甲有紗一種無絹羅乙有絹羅二種無紗是甲紗二乙絹五羅六共差價一十七兩也以此變成正負較方程矣如以求呈為率例反紗多一宗如甲式數絹五羅九紗七價三十兩零五錢如甲正紗二負絹五負羅六正紗價一十七兩相對不用互乘以用減併二法紗減得五絹併得十羅併得十五價併得四十七兩五錢於為

任取乙丁二數，互乘對減，立新數：乙絹十、羅十四、紗二、共價四十三兩。

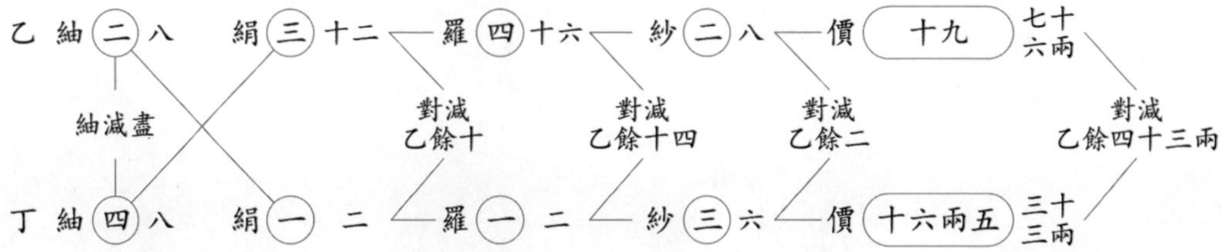

任取丙丁二數，互乘對減，立新數曰：丙絹十五、羅七、紗一、共價四十一兩五錢。成三種方程。

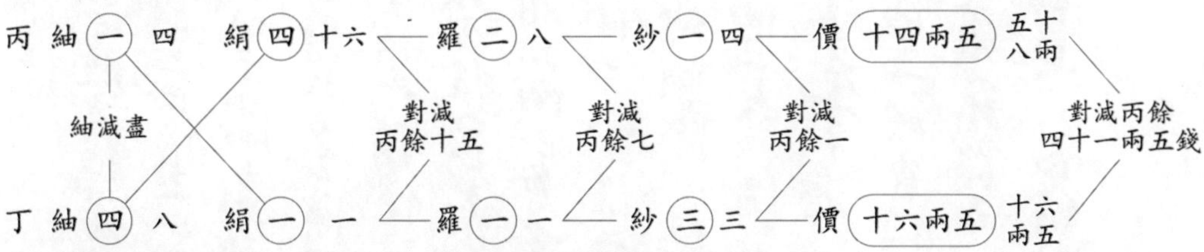

既得三種，列甲乙丙新得之數爲右中左，以三種法求之，得二種；以二種法求之，得一種，轉求得餘種。合問。

解：此四種方程也。以上三數，皆一邊減盡，止餘一邊，故成實方程。若取甲乙二數互乘對減者，紬各六減盡；絹甲四乙九，對減乙餘五；羅甲六乙十二，對減乙餘六；紗甲八乙六，對減甲餘二；價甲四十乙五十七，對減乙餘一十七。甲有紗一種，無絹羅；乙有絹羅二種，無紗。是甲紗二、乙絹五羅六，其差價一十七兩也，即變成正負較方程矣。如以不足爲率，則取紗多一宗。如甲新數絹五、羅九、紗七、價三十兩零五錢，與甲正紗二、負絹五、負羅六、少價一十七兩相對，不用互乘，只用減併之法。紗減得五，絹併得十，羅併得十五，價併得四十七兩五錢，化爲實數三種方程以前餘多率則取絹羅多一宗如兩者數絹十五羅七紗一價四十二兩五錢以乙正絹五正羅六負紗二之價一十七兩相對絹減得十羅減得一紗併得三價減得二十四兩五錢以化為實數三種方程矣是猶取二種則以紗為首曰紗二視絹五羅六負足價一十七兩取兩宗者數紗一絹十五價四十一兩五錢對列互乘相減紗各二減其絹併得三十五羅併得二十價併得一百三十羅絹之無價減二種實數方程○正見正負見負為同減之正見負之見正為異併之所謂同減而異併也

甲乙相對減正負方程　互乘對減得甲紗二乙絹五羅六差價一十七兩

以求足為率　取甲丁對求相併相減得實數成三種方程

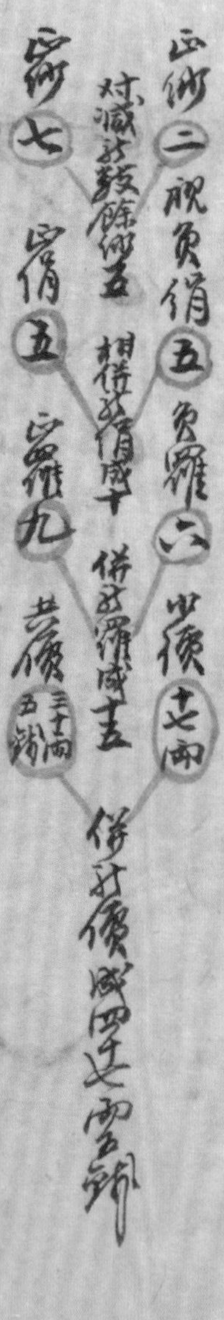

實數三種方程。以有餘爲率，則取絹羅多一宗，如丙新數絹十五、羅七、紗一、價四十一兩五錢，與乙正絹五、正羅六、負紗二、多價一十七兩相對，絹減得十，羅減得一，紗併得三，價減得二十四兩五錢，亦化爲實數三種方程矣。若徑取二種，則以紗爲首，曰紗二視絹五羅六，不足價一十七兩，取丙宗新數紗一、絹十五、［羅七］[1]、價四十一兩五錢，對列互乘相減，紗各二減盡，絹併得三十五，羅併得二十，價併得一百，是爲羅絹之共價，成二種實數方程。◎正見正、負見負爲同，減之；正見負、負見正爲異，併之。所謂“同減而異併”也。

甲乙相對成正負方程 互乘對減，得甲紗二，乙絹五羅六，差價一十七兩。

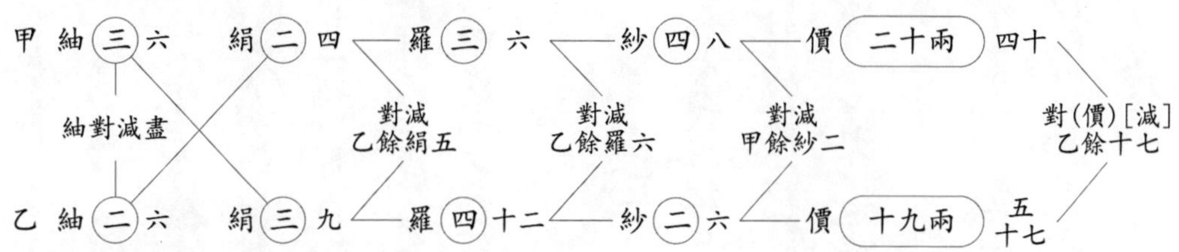

以不足爲率 取甲丁對求，相併相減得實數，成三種方程。

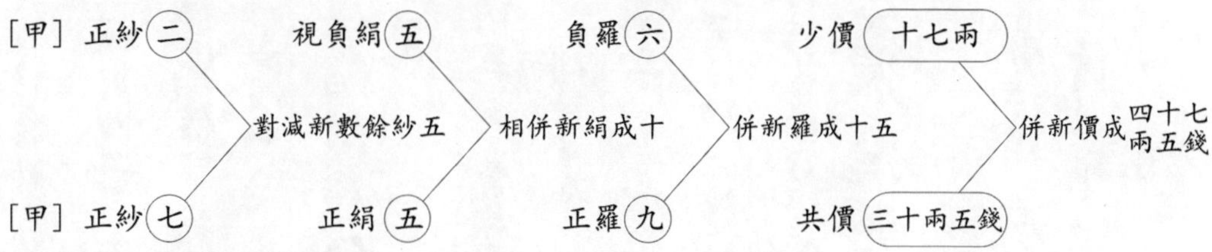

1 羅七，原書抄脱，據前文補。

以前條為率　取丙丁对求得寡數三種方程

丁　正價五　正羅六　視負作二　多價十七兩

対減丙價餘十　対減丙羅餘一　相併丙作減三

丙　正價十五　正羅七　正作一　共價四十二兩五錢

対減丙價餘二十四兩五錢

徑求二種　互乘減作併價併羅併價成二種方程

取甲丙二宗對數对求

甲　減正作二　二　視負價五　五　負羅六　六　正價十七兩　十兩

減昇

丙　丙亦正作一　二　正價十五　三十　正羅七　十四　共價四十二兩五錢　八十三兩

併得三十五　併得二十　併得一百

問今有金一錠銀二錠銅四錠鉄三錠錫五錠共重二斤四兩又有金五錠銀二錠銅六錠鉄七錠錫三錠共重四斤四兩又有金三錠銀二錠銅六錠鉄四錠錫八錠共重三斤九兩又有金四錠銀二錠銅五錠鉄三錠錫六錠共重三斤七兩求各重若干

荅曰金五兩　銀四兩　銅三兩　鉄二兩　錫一兩

法列甲乙丙丁戊為五行以斤法乘化為兩

甲金一　銀二　銅四　鉄三　錫五　重二斤四兩　三十六兩

以有餘爲率 取丙丁對求，得實數三種方程。

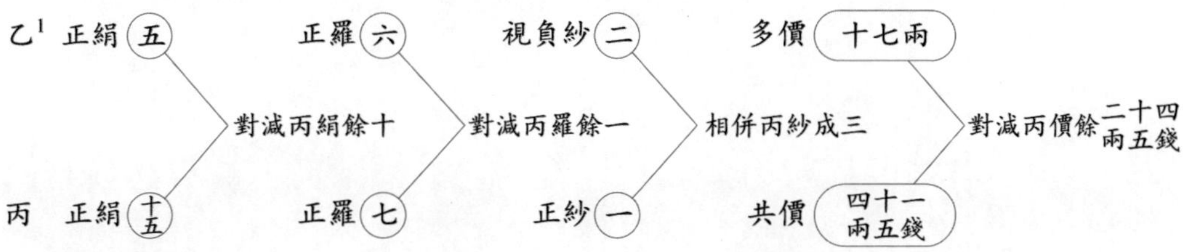

徑求二種 互乘減紗，併絹併羅併價，成二種方程。

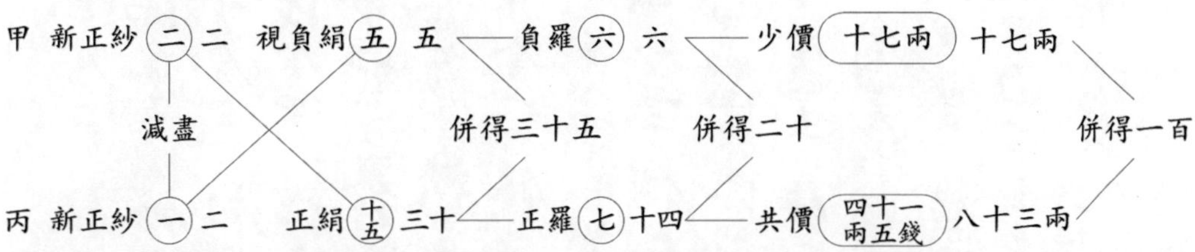

3.問：今有金一錠，銀二錠，銅四錠，鐵三錠，錫五錠，共重二斤四兩；［又有金二錠，銀五錠，銅二錠，鐵一錠，錫三錠，共重二斤九兩］[2]；又有金五錠，銀二錠，銅六錠，鐵七錠，錫三錠，共重四斤四兩；又有金三錠，銀二錠，銅六錠，鐵四錠，錫八錠，共重三斤九兩；又有金四錠，銀二錠，銅五錠，鐵三錠，錫六錠，共重三斤七兩。求各重若干？

答：金五兩；　　銀四兩；

銅三兩；　　鐵二兩；

錫一兩。

法：列甲乙丙丁戊爲五行，以斤法盡化爲兩：

1 乙，原書誤作“丁”，據解文改。

2 原書題設不完整，抄脱文字據後文列率補。

乙金二　銀五　銅二　鈸一　錫三　重二斤九兩　四十一兩
丙金五　銀二　銅六　鈸七　錫三　重四斤四兩　六十八兩
丁金三　銀二　銅六　鈸四　錫八　重三斤九兩　五十七兩
戊金四　銀二　銅五　鈸三　錫六　重三斤七兩　五十五兩

任取甲與乙互乘对減甲餘銅六鈸五錫七價三十一兩乙餘銀一是為一銀與及六銅五鈸七錫之較变為四種實方程

甲　金一二　銀二四　銅四八　鈸三六　錫五十　重三十六兩　七十二兩
金減盡　对減乙餘銀一　对減甲餘銅六　对減甲餘鈸五　对減甲餘錫七　对減甲餘三十一兩
乙　金二二　銀五五　銅二二　鈸一一　錫三三　重四十一兩　四十一兩

再取甲與丙互乘对減甲餘銀八銅十四鈸八錫二十二重一百一十二兩為四種實方程

甲　金一五　銀二十　銅四二十　鈸三十五　錫五二十五　重三十六兩　一百八十兩
金減盡　对減甲餘銀八　对減甲餘銅十四　对減甲餘鈸五　对減甲餘錫二十二　对減甲餘一百一十二兩
丙　金五五　銀二二　銅六六　鈸七七　錫三三　重六十八兩　六十八兩

再取甲與丁互乘对減甲餘銀四銅六鈸五錫七重五十七兩為四種實方程

甲	金一	銀二	銅四	鐵三	錫五	重二斤四兩	三十六兩
乙	金二	銀五	銅二	鐵一	錫三	重二斤九兩	四十一兩
丙	金五	銀二	銅六	鐵七	錫三	重四斤四兩	六十八兩
丁	金三	銀二	銅六	鐵四	錫八	重三斤九兩	五十七兩
戊	金四	銀二	銅五	鐵三	錫六	重三斤七兩	五十五兩

任取甲與乙互乘對減，甲餘銅六、鐵五、錫七、價三十一兩，乙餘銀一，是爲一銀不及六銅、五鐵、七錫之較，變爲四種正負方程。

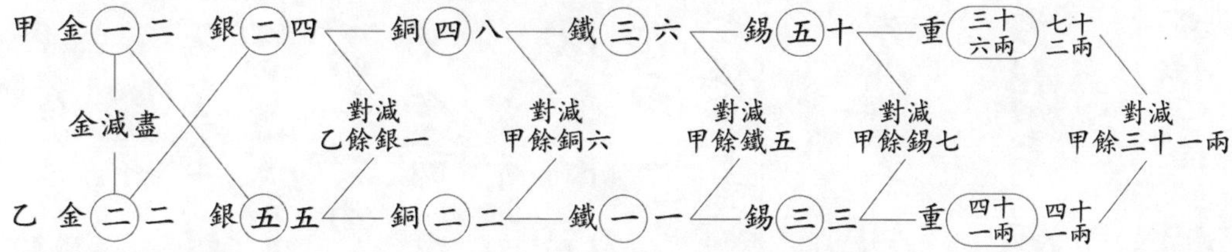

再取甲與丙互乘對減，甲餘銀八、銅十四、鐵八、錫二十二、重一百一十二兩，爲四種實方程。

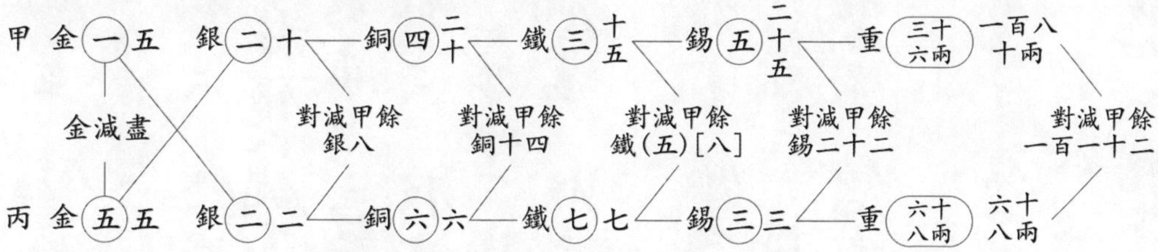

再取甲與丁互乘對減，甲餘銀四、銅六、鐵五、錫七、重五十一兩，爲四種實方程。

甲　金一三　銀二六　銅四十二　鈸三九　錫五十五　重三十六兩　一百零八兩

対減戊　対減甲餘銀四　対減甲餘銅八　対減甲餘鈸五　対減甲餘錫七　対減甲餘五十一兩

丁　金三三　銀二二　銅六六　鈸四四　錫八八　重五十七兩　五十七兩

再取甲與戊互乘対減甲餘銀六銅十一鈸九錫十四重八十九兩為四種雜方程

四物為三又物為二層轉求之以二種対列互乘減一種餘得一種之價

甲　金一四　銀二八　銅四十六　鈸三十二　錫五二十　重三十六兩　一百四十四兩

対減戊　対減甲餘銀六　対減甲餘十一　対減甲餘九　対減甲餘十四　対減甲餘八十九兩

戊　金四四　銀二二　銅五五　鈸三三　錫六六　重五十五兩　五十五兩

四物為三

右　銀八三十二　銅十四五十六　鈸八三十二　錫二十二八十八　重一百十二四百四十八

減戊　減餘右八　減餘左八　減餘右三十二　減餘右四十

左　銀四三十二　銅六四十八　鈸五四十　錫七五十六　重五十一四百零八

是得銅八錫三十二視

鈸八多四十成三種

實較方程

右　銀四二十四　銅六三十六　鈸五三十　錫七四十二　重五十一三百零六

減戊　減餘左八　減餘左六　減餘左十四　減餘左五十

左　銀六二十四　銅十一四十四　鈸九三十六　錫十四五十六　重八十九三百五十六

是得銅八鈸六錫十四

共重五十為三種

實方程

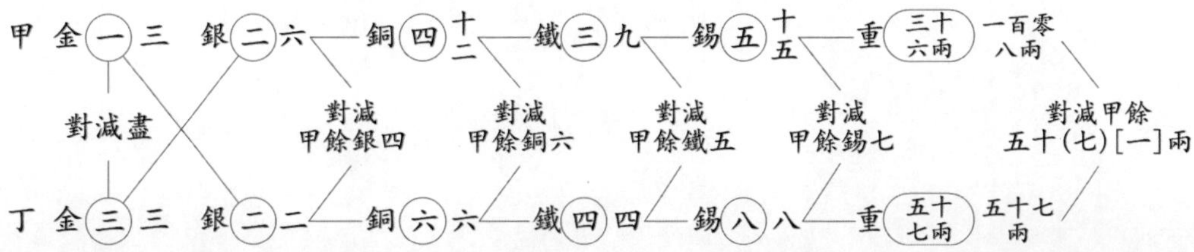

再取甲與戊互乘對減，甲餘銀六、銅十一、鐵九、錫十四、重八十九兩，爲四種實方程。四約爲三,三約爲二，展轉求之。以二種對列互乘，減一種，餘得一種之價。

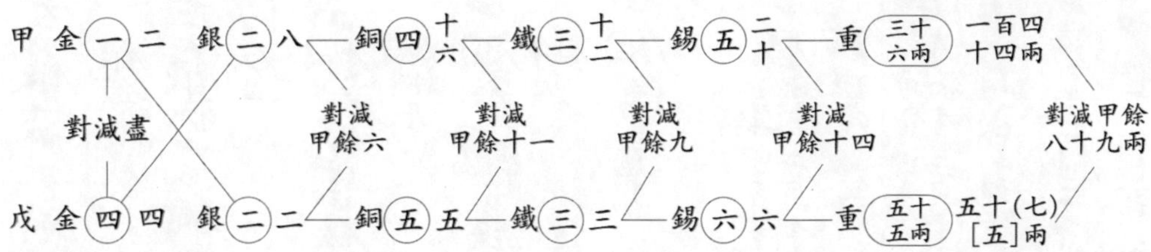

四約爲三

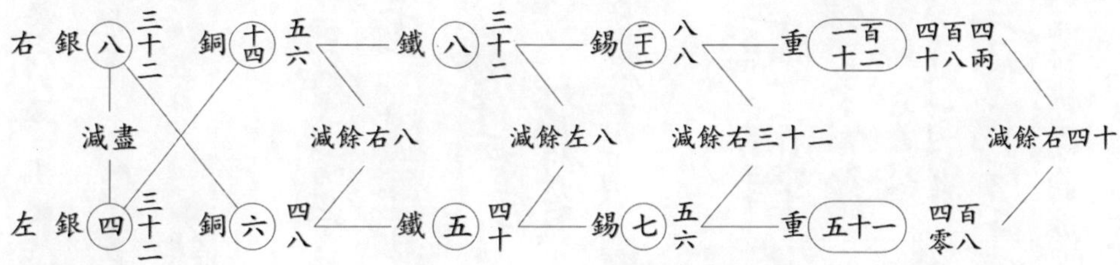

是謂銅八、錫三十二，視鐵八多四十，成三種正負較方程。

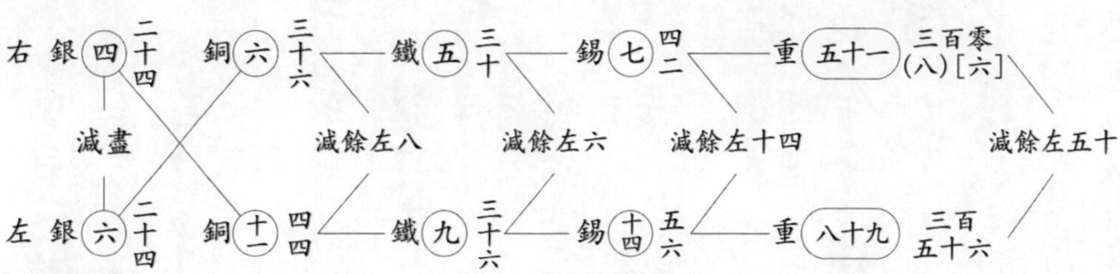

是謂銅八、鐵六、錫十四，共重五十，爲三種實方程。

右正銀一四　負銅六　二十四　負鉄五　三十　負錫七　二十八　少重三十一　一百二十四
銀減尽
左正銀四　四　正銅六　六　正鉄五　五　正錫七　七　共重一百五十　一百五十
併得三十　併得三十五　併得三十五　併得一百七十五
是得銅二十銀二
十五共重一百七十
五成三種實方程

三約得一

正銅八　六十四　正鉄六　四十八　正錫十四　一百十二　共重五十　四百
銅減尽
正銅八　二百四十　六十四　負鉄八　二百四十　六十四　正錫三十二　九百六十　二百五十六　多重四十　一千二百　三百二十
併得一百十二　対減餘一百四十四　対減餘八十
右得一百一十二鉄換一百四十
四錫多重八十兩
併得四百四十　対減餘六百八十　対減餘二百
錫多重二百兩
左得四百四十鉄換六百八十
銅減尽
正銅三十　二百四十　正鉄二十五　二百　正錫三十五　二百八十　共重一百七十五　一千四百

正鉄一百十二　四萬九千二百八十　負錫一百四十四　六萬三千三百六十　多重八十　三萬五千二百
鉄減尽
正鉄四百四十　四萬九千二百八十　負錫六百八十　七萬六千一百六十　多重二百　二萬二千四百
対減餘一萬二千八百為法
対減餘一萬二千八百為實
法除實得錫重一兩

置錫重一百四十四加八十得二百二十四以鉄一百一十二除之得鉄重二兩再啟三種較方程置鉄八重十六
減錫三十二餘二十四以銅八除之得銅重三兩再啟四種方程八十九兩內減錫重十四兩鉄九重一十
八兩銅十一重三十三兩餘二十四兩以銀六除之得銀重四兩啟原數一條三十二兩內減二銀

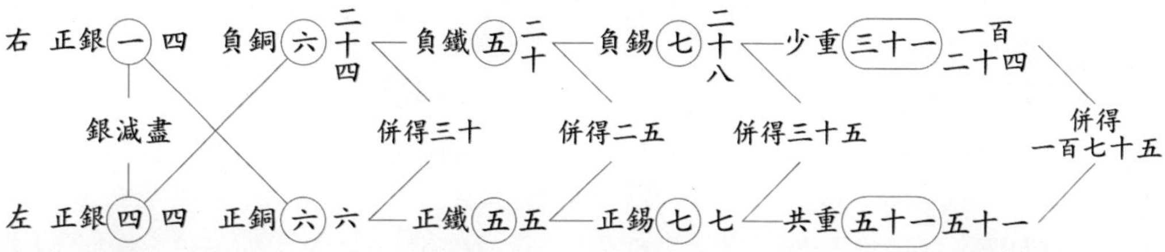

是謂銅三十、銀二十五、[錫三十五]，共重一百七十五，成三種實方程。

三約爲二

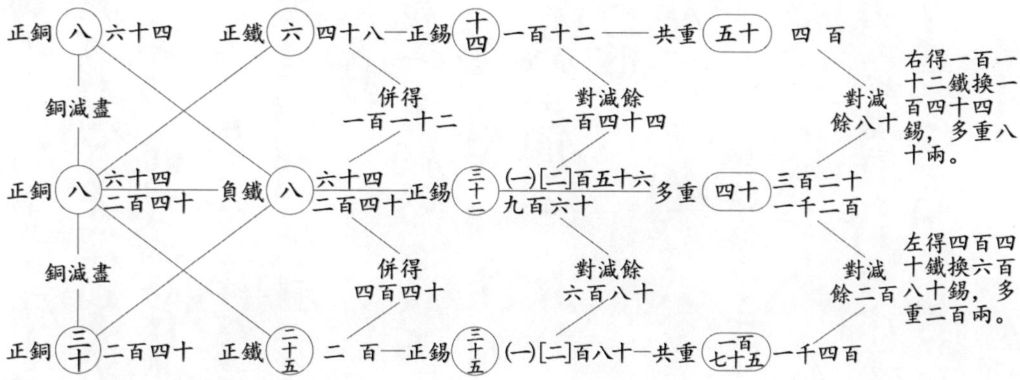

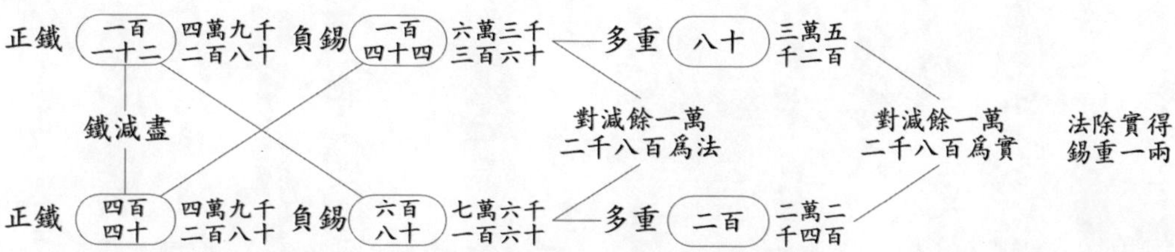

置錫重一百四十四，加八十得二百二十四，以鐵一百一十二除之，得鐵重。再取三種較方程［四十者］，(置)［併］鐵八重十六，減錫三十二，餘二十四，以銅八除之，得銅重[1]。再取四種方程八十九兩者，減錫重十四兩、鐵九重一十八兩、銅十一重三十三兩，餘二十四兩，以銀六除之，得銀重。再取原數一條三十六兩者，減二銀

---

1 設銅爲 x，鐵爲 y、錫爲 z，將所求 $z=1$、$y=2$ 代入三種方程：

$$8x-8y+32z=40$$

得銅重：

$$x=\frac{40-(32\times1-8\times2)}{8}=3$$

原文有訛脱，據後文體例校補。

八兩四銅十二兩鈒三十六兩錫五兩餘五兩為全一之重合問

解此五種方程也其第一條正負並變為實任取二條餘銀八銅十四鈒八錫二十二重一百一十二兩於此二條相对以減併法求之銀对減餘七銅併得二十鈒併得十三錫併得二十九重併得一百四十三兩化為四種實方程其径求三種以互乘对減求之銀減盡銅併得六十二鈒併得四十八錫併得七十八重併得三百六十成三種實方程

求四種實數

乙正銀一 負銅六 負鈒五 負錫七 正價三十一兩

対減甲餘七 併二十 併十三 併二十九 併重一百四十三

甲正銀八 正銅十四 正鈒八 正錫二十二 共價一百十二兩

径求三種

乙正銀一 八 負銅六 四十八 負鈒五 四十 負錫七 五十六 正價三十一 二百四十八

銀減盡 併得六十二 併得四十八 併得七十八 併得三百六十兩

甲正銀八 八 正銅十四 十四 正鈒八 八 正錫二十二 二十二 共價一百十二 一百十二

凡方程有物幾種即列幾宗蓋有五宗方可約四宗有四宗方可約三宗也或任意以倍法併法通之如此問任意將乙倍之得全四銀十銅四鈒二錫六重八十二兩或任併甲乙二宗全三銀七銅六鈒四錫八重七十七兩或任取一宗半之或併二宗平分之

八兩、四銅十二兩、（鐵三十）［三鐵］六兩[1]、錫五兩，餘五兩，爲金一之重。合問。

解：此五種方程也。若第一條，正負欲變爲實，任取二條，餘銀八、銅十四、鐵八、錫二十二，重一百一十二兩，與之相對。以減併法求之，銀對減餘七，銅併得二十，鐵併得十三，錫併得二十九，重併得一百四十三兩，化爲四種實方程。若徑求三種，以互乘對減求之，銀減盡，銅併得六十二，鐵併得四十八，錫併得七十八，重併得三百六十，成三種實方程。

求四種實數[2]

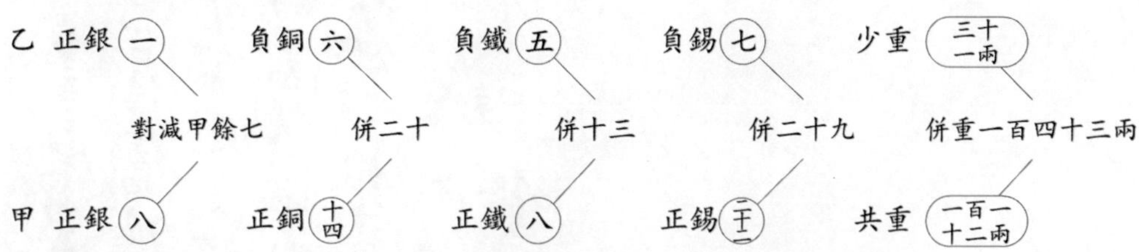

徑求三種

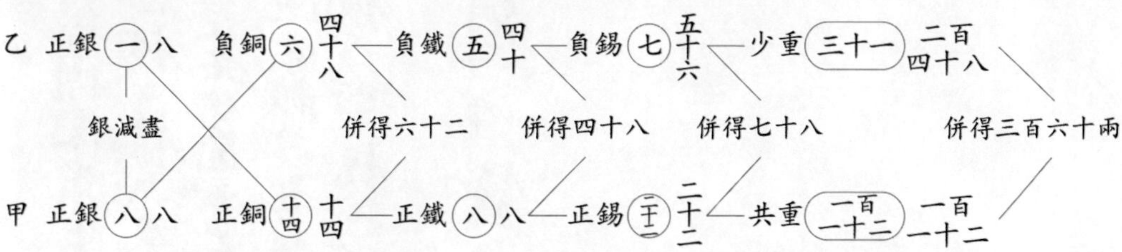

凡方程有物幾種，即列幾宗。蓋有五宗，方可約四宗；有四宗，方可約三宗也。或任意以倍法、併法通之。如此問，任意將乙倍之，得金四、銀十、銅四、鐵二、錫六、重八十二兩；或任併甲乙二宗，金三、銀七、銅六、鐵四、錫八、重七十七兩。或任取一宗半之，或併二宗平分之。

1 鐵三十六兩，當作“三鐵六兩”，“鐵”與“三”倒乙，“十”字衍，據文意校改。
2 此圖中“少重”、“共重”，底本原作“少價”、“共價”，誤。下圖同，皆徑改。

右以新立之宗與廿原宗對減惟同宗不可對減
如以乙二倍金四銀十銅四鉄二錫六重八十二兩與乙三倍金六銀十五銅六鉄三錫九重一百零八兩對減則左右俱同不可為法蓋方程法要在諸行內所設參差
以相比而觀同宗則還通本數故不可行也二倍乙與卅三倍乙對減得數俱同

金四 二十四	銀十 六十	銅四 二十四	鉄二 十二	錫六 二十四	重八十二 四百九十二
金六 二十四	銀十五 六十	銅六 二十四	鉄三 十二	錫九 三十六	重一百零八兩 四百九十二

圖 [illegible]十

即以新立之宗與原宗對求，惟同宗不可對求。

如以乙二倍金四、銀十、銅四、鐵二、錫六、重八十二兩，與乙三倍金六、銀十五、銅六、鐵三、錫九、重一百零八兩對求，則左右俱同，不可爲法。蓋方程法，要在諸物内所藏參差，以相比而觀。同宗則還遇本數，故不可行也。二倍乙與三倍乙對求，得數俱同。

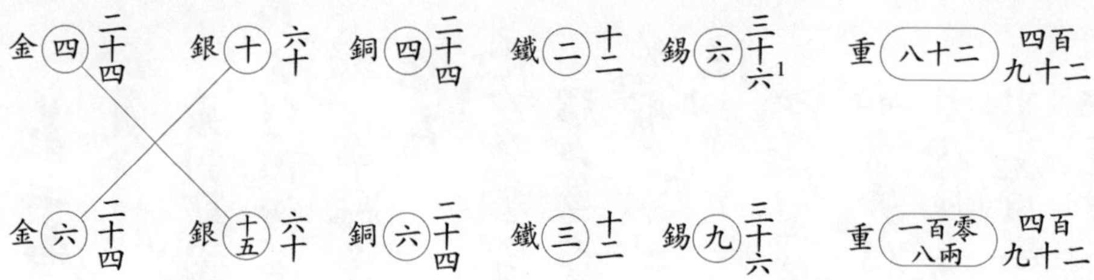

圖〢十〥[2]

1 三十六，原書誤作“二十四”，據演算徑改。
2 〢十〥，表示數字 25。

方程　第三篇

○○○正負方程

并列數家而各家內有缺物者以有者為正以無者為負謂之正負方程

凡方程諸種中有缺者立有為正立無為負減其同而留其異以異相視而得其較所有餘為實者則減較於全所不足為實者則併較於全以為實併其物為法除之

問今有鵝四隻鴨三隻共價銀七錢五分又鵝三隻鷄四隻共價六錢又鴨五隻鷄六隻共價八錢一分求三色各價若干

答鵝一錢二分　鴨九分　鷄六分

法三項分右中左列之以右鵝四乘中鵝三得一十二乘中鷄四得一十六乘中價六錢得二兩四錢再以中鵝三乘右鵝四得一十二乘右鴨三得九乘右價七錢五分得二兩二錢五分对減鵝各去餘鷄一十六餘鴨九餘價一錢五分此一錢五分乃九鴨少於十六鷄之數亦十六鷄多於九鴨之數也

則先求鷄者置鴨於首鷄為次取右行鴨九與其鴨五相对右行原無鷄立負鷄十六與其左鷄六相对右曰正鴨九視負鷄十六少價一錢五分左曰正鴨五正鷄六共價八錢

方程

第三篇

正負方程

並列數宗，而各宗內有缺物者，以有者爲正，以無者爲負，謂之正負方程。

凡方程諸種中有缺者，立有爲正，立無爲負。減其同而留其異，以異相視而得其較，取有餘爲率，則減較於全；取不足爲率，則併較於全，以爲實，併其物爲法除之。

1.問：今有鵞四隻，鴨三隻，共價銀七錢五分；又鵞三隻，雞四隻，共價六錢；又鴨五隻，雞六隻，共價八錢一分。求三色各價若干？

答：鵞一錢二分；　　　　鴨九分；

雞六分。

法：三項分右中左列之，以右鵞四乘中鵞三得一十二，乘中雞四得一十六，乘中價六錢得二兩四錢。再以中鵞三乘右鵞四，亦得一十二，乘右鴨三得九，乘右價七錢五分得二兩二錢五分。對減鵞盡，餘雞一十六，餘鴨九，餘價一錢五分。此一錢五分，乃九鴨少於十六雞之數，亦十六雞多於九鴨之數也。

欲先求雞者，置鴨於首，雞爲次。取右行鴨九與鴨五相對；右行原無雞，立負雞十六，與左雞六相對。右曰正鴨九視負雞十六，少價一錢五分；左曰正鴨五、正雞六，共價八錢

1 此題爲《算法統宗》卷十一方程章第六題。

一分互乘之右鴨得九乘左鴨五得四十五乘左雞六得五十四乘左價八錢一分得七兩二錢
九分又以左鴨五乘右鴨九得四十五乘右雞十六得八十乘右價一錢五分得七錢五
分鴨減盡併左右兩雞一百三十四爲法併左右二價八兩〇四分爲實法除實得雞價
於左總價八錢一分內減六雞之價三錢六分餘四錢五分以鴨五除之得鴨價
九分若先求鴨毋置雞於首鴨爲次故中行雞十六與左雞六相對中行原無鴨立負
鴨九與左鴨五相對中自以雞十六視負鴨九之價一錢五分左自以雞六以鴨五共價
八錢一分互乘之中雞十六以乘左雞六得九十六乘左鴨五得八十乘左價八錢一分得十二兩
九錢六分左雞六乘中雞十六亦得九十六乘中鴨九得五十四乘中價一錢五分得九錢雞盡減
異併中左兩鴨一百三十四爲法以中價九錢減左價十二兩九錢六分餘十二兩〇六分爲
實法除實得鴨價於左總價八錢一分內減五鴨之價四錢五分餘三錢六分以
雞六除之得雞價再置右總價七錢五分減三鴨之價二錢七分餘四錢八分以
鵝四除之得鵝之價合問

列右中左爲三宗

列位

右	鵝四	鴨三	雞〇	價七錢五分
中	鵝三	鴨〇	雞四	價六錢
左	鵝〇	鴨五	雞六	價八錢一分

一分。互乘之，右鴨九乘左鴨五得四十五，乘左雞六得五十四，乘左價八錢一分得七兩二錢九分。又以左鴨五乘右鴨九，亦得四十五，乘右雞十六得八十，乘右價一錢五分得七錢五分。鴨減盡，併左右兩雞一百三十四爲法，併左右二價八兩零四分爲實。法除實，得雞價。於左總價八錢一分内減六雞之價三錢六分，餘四錢五分，以鴨五除之，得鴨價。

欲先求鴨者，置雞於首，鴨爲次。取中行雞十六與左雞六相對；中行原無鴨，立負鴨九，與左鴨五相對。中曰正雞十六視負鴨九，多價一錢五分；左曰正雞六、正鴨五，共價八錢一分。互乘之，中雞十六乘左雞六得九十六，乘左鴨五得八十，乘左價八錢一分得十二兩九錢六分。左雞六乘中雞十六，亦得九十六，乘中鴨九得五十四；乘中價一錢五分得九錢。雞減盡，併中左兩鴨一百三十四爲法，以中價九錢減左價十二兩九錢六分，餘十二兩零六分爲實。法除實，得鴨價。於左總價八錢一分内減五鴨之價四錢五分，餘三錢六分，以雞六除之，得雞價。再置右總價七錢五分，減三鴨之價二錢七分，餘四錢八分，以鵞四除之，得鵞價。合問。

列右中左爲三宗

列位：

右	鵞四	鴨三	雞〇	價七錢五分
中	鵞三	鴨〇	雞四	價六錢
左	鵞〇	鴨五	雞六	價八錢一分

先以右中相互对减，减后同减去甲鸡并保存二价对减余一钱五分为差

求差

若则先知鸡，置鸭为首，鸡为次，以右行与左行对列互乘，减鸭去，存正负二鸡为法，并二价为实，除得鸡价

求鸡 先鸭

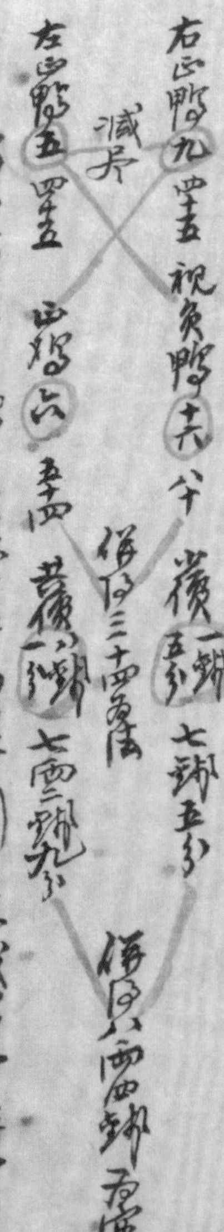

若则先知鸭，置鸡为首，鸭为次，以中行与左行对列互乘，减鸡去，存正负二鸭为法，以二价对减余为实，除得鸭价

求鸭 先鸡

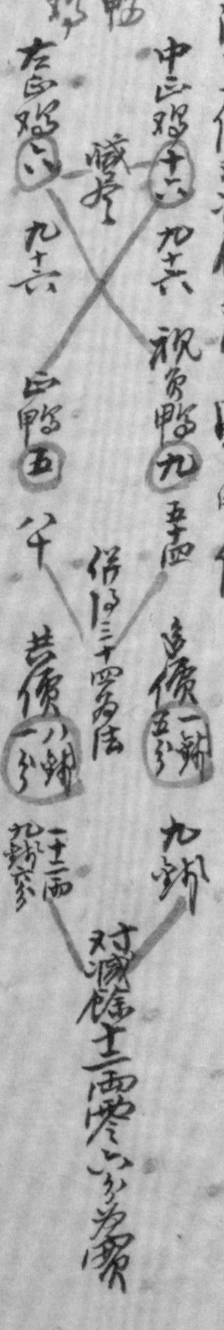

先取右中相互對減，鶩同減盡，鴨雞異俱存。二價對減，餘一錢五分爲差。

求差

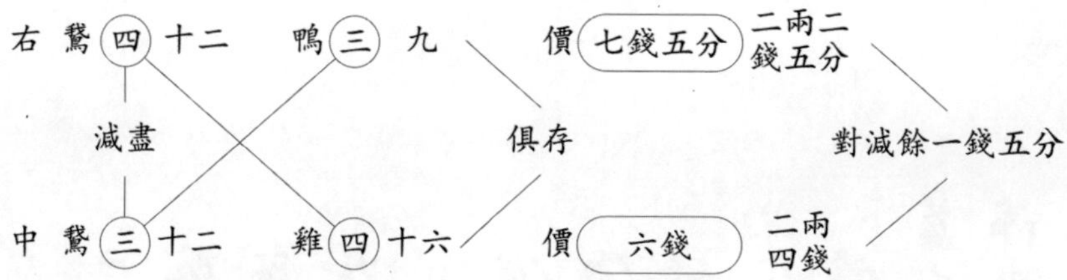

若欲先知雞，置鴨爲首，雞爲次。取右行與左對列互乘，減鴨盡，併正負二雞爲法，併二價爲實，除得雞價。

求雞先鴨

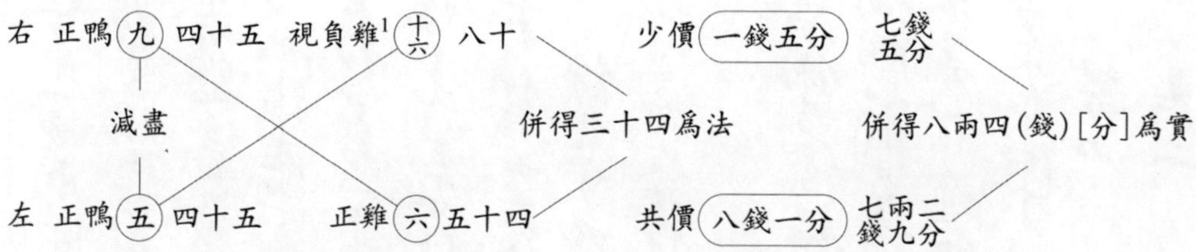

若欲先知鴨，置雞爲首，鴨爲次。取中行與左對列互乘，減雞盡，併正負二鴨爲法，以二價對減餘爲實，除得鴨價。

求鴨先雞

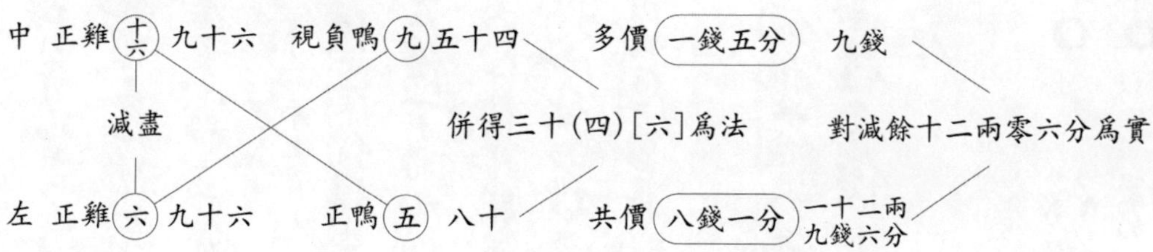

1 雞，原書誤作“鴨”，據文意徑改。

解此三種皆負也第一遍求得差價一錢五分廿九之十六將與九將相差之價也蓋
右每將中每將以將多將減此差數其求將先將五得價七錢五分廿九之廿五將為八十將
之價數也五得差價七錢九分廿九之五將合五十四將之共價也左右將併減是差價之兩
除視存五十四將與嘗損減四十五將之價四十五將之價視八十將之價視之止錢五分試加之
錢五分四十五將當為八十將矣故物與共價之同併法也其求將先將五得中價
九錢廿九之九十六將為於五十四將之數也五得差價一十二兩九錢六分廿九之九十六將合八十將
之共價也中左將併減是左價之兩餘視存八十將當損減九十六將之價九十六將之
價視五十四將之價視之多九錢試減九錢亦九十六將當為五十四將矣故將兩併兩
價兩減也初減損之是右右兩將中存將之所併減同於留得遍初求實價減校將求實
較減實

問今有瓜二個梨四個共價銀四分又梨二個桃七個共價四分又桃四個榴七個共
價三分又瓜一個榴八個共價二分四厘求四種各價若干

答瓜八厘　梨六厘　桃四厘　榴二厘

法以問列四宗為甲乙丙丁

甲	瓜二	梨四	桃〇	榴〇	價四分
乙	瓜〇	梨二	桃七	榴〇	價四分

解：此三種正負也。第一遍求得差價一錢五分者，乃十六雞與九鴨相差之價也。蓋右無雞，中無鴨，以鴨當雞，成此差數。其求雞先鴨，互得價七錢五分者，乃四十五鴨少於八十雞之價數也；互得左價七兩二錢九分者，乃四十五鴨合五十四雞之共價也。左右鴨俱減盡，左價之内除現在五十四雞，尚暗藏四十五鴨之價。四十五鴨之價視八十雞之價，既少七錢五分，試加七錢五分，而四十五鴨變爲八十雞矣。故物與價皆用併法也。其求鴨先雞，（至）［互］得中價九錢者[1]，乃九十六雞多於五十四鴨之價數也；互得左價一十二兩九錢六分者，乃九十六雞合八十鴨之共價也。中左雞俱減盡，左價之内（餘）［除］現在八十鴨[2]，尚暗藏九十六雞之價。九十六雞之價視五十四鴨之價，既多九錢，試減九錢，而九十六雞變爲五十四鴨矣。故物用併而價用減也。初減鶩盡，右存鴨，中存雞，所謂“減同而留異”也。初求變實成較，次求變較成實。

2.問：今有瓜二個，梨四個，共價銀四分；又梨二個，桃七個，共價四分；又桃四個，榴七個，共價三分；又瓜一個，榴八個，共價二分四厘。求四種各價若干[3]？

答：瓜八厘；　　梨六厘；

桃四厘；　　榴二厘。

法：如問列四宗，爲甲乙丙丁：

甲　瓜二	梨四	桃〇	榴〇	價四分
乙　瓜〇	梨二	桃七	榴〇	價四分

1 至，“互”之形近訛字，據文意及前後文改。

2 餘，“除”之形近訛字，據文意及前文“除現在五十四雞”改。

3 此題爲《算法統宗》卷十一方程章第八題。

丙　瓜○　梨○　桃四　橘七　價三分

丁　瓜一　梨○　桃○　橘八　價二分四厘

任取甲與丁互得瓜各二減盡之甲梨四丁橘十六餘價八厘是十六橘多於四梨

之價為二種較方程立算數

甲　瓜二　二　梨四　四　價四分　仍四分

減盡

丁　瓜一　二　橘八　十六　價二分四厘　四分八厘

倍得

對減餘八厘

再取甲算數與乙原數互得梨各八減盡之梨八既橘三十二少價一分六厘得之乙共價

一錢六分乙錢七分六厘八梨化成三十二橘是為三十二橘二十八桃之共價成二種實

方成立算數

甲算四梨四　八　負橘十六　三十二　少價八厘　一分六厘

減盡

乙原四梨二　八　正桃七　二十八　全價四分　一錢六分

倍得

倍得一錢七分六厘

再取乙算數與原數互得桃各一百一十二減盡之算橘一百二十八原橘一百九十六對減餘六十八

為法并價七錢四厘原價八錢四分對減餘價一錢三分六厘為

實除得橘價二厘

丙 瓜〇	梨〇	桃四	榴七	價三分
丁 瓜一	梨〇	桃〇	榴八	價二分四厘

任取甲與丁，互得瓜各二，減盡，甲梨四，丁榴十六，餘價八厘，是十六榴多於四梨之價，爲二種較方程，立新數。

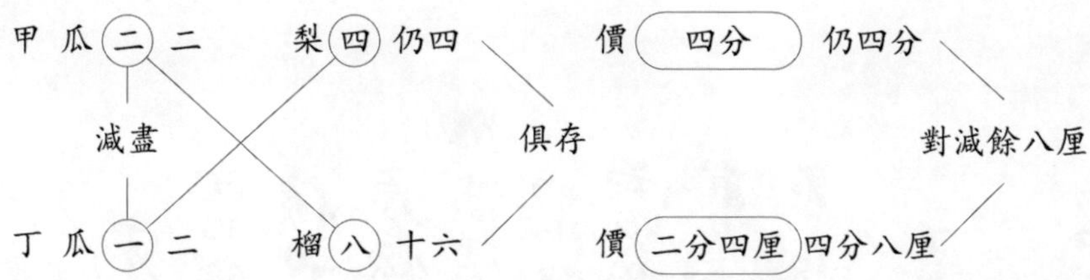

再取甲新數與乙原數，互得梨各八，減盡。梨八視榴三十二，少價一分六厘，併入乙共價一錢六分，得一錢七分六厘，八梨化成三十二榴。是爲三十二榴、二十八桃之共價，成二種實方（成）[程]，立新數。

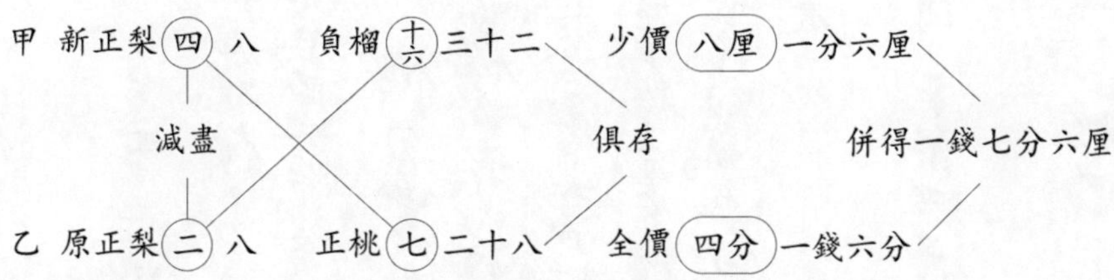

再取乙新數與丙原數，互得桃各一百一十二，減盡。新榴一百二十八，原榴一百九十六，對減，餘六十八爲法。新價七錢零四厘，原價八錢四分，對減，餘價一錢三分六厘爲實，除得榴價二厘。

乙前正桃二十八　減盡　正榴三十二　一百二十八　價一錢七分六厘　七錢零四厘

丙原正桃四　正榴七　一百九十六　價三分　八錢四分

對減餘六十八為法　對減餘一錢三分六厘為實

求得榴價再置丙原總價三分減七榴之價一分四厘餘一分六厘以桃四除之得桃

價再置乙原價四分減七桃之價二分八厘餘一分二厘以梨二除之得梨價再置甲

原價四分減四梨之價二分四厘餘一分六厘以瓜二除之得瓜價合問

解此四種實也以方餘為實則列榴十六為第一梨四為第二價八厘為第三

此丙榴七桃四價三分以乘方法減榴共餘併桃梨為新數此乃相對求之總之

要務為同號而得其方餘其餘之數方餘則損之不足則併之明於化異為同然後

求其餘法通其行則減通其行則併乃就題方便之法若不明其所以然則

不免膠柱而調矣

丁前正榴十六　減盡　一百十二　負梨四　二十八　負價八厘　五分六厘

丙原正榴七　一百十二　正桃四　六十四　併存　全價三分　四錢八分

對減餘四錢二分四厘　乃廿八梨與六十四桃之共價

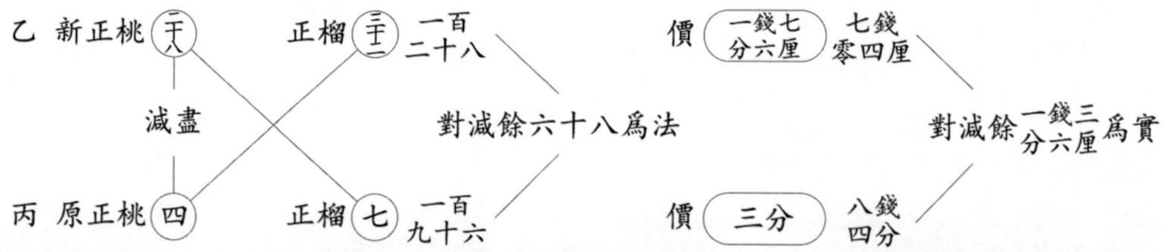

既得榴價，却置丙原總價三分，減七榴之價一分四厘，餘一分六厘，以桃四除之，得桃價。再置乙原價四分，減七桃之價二分八厘，餘一分二厘，以梨二除之，得梨價。再置甲原價四分，減四梨之價二分四厘，餘一分六厘，以瓜二除之，得瓜價。合問。

解：此四種正負也。若以有餘爲率，則列榴十六爲第一，梨四爲第二，多價八厘爲第三，與丙榴七桃四價三分互乘爲法，減榴盡，餘併桃梨爲新數，與乙相對求之。總之，兩物不同，較而得其有餘不足之數。有餘則損之，不足則併之，期於化異成同，然後可求耳。舊法遇奇行則減，遇偶行則併[1]，乃就題方便之法。若不明其所以，則不免膠柱而調矣。

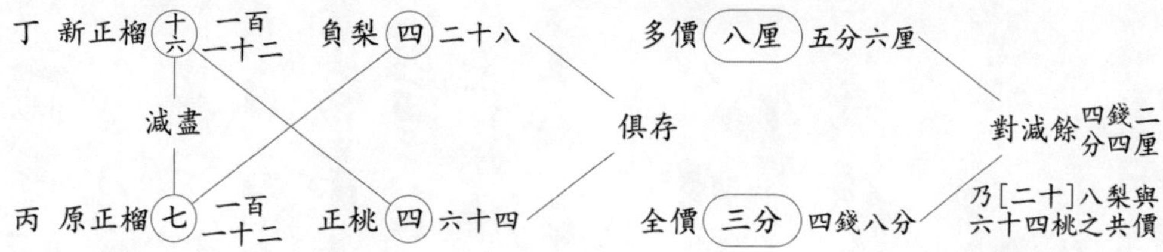

1 舊法，指以《算法統宗》爲代表的傳統算書中的四色方程解法。《算法統宗》卷十一方程章有“四色方程歌”，其中兩句作：“若遇奇行須減價，偶行之價要相加”，即以第四行爲基準，奇數行與之互乘對減、偶數行與之互乘相加。此法據瓜梨一題總結而得，不可用作通法。

丙并正梨二十八　減并　五十六　正桃六十四　一百二十八　共價四錢二分四厘　八錢四分八厘
乙原正梨二　五十六　正桃七　一百九十六　共價四分　一兩一錢二分
対減餘六十八為法
対減餘二錢七分二厘為實

以上乃一並二原展轉対減之法其前四原作兩宗対減之如前甲丁二原対減以所餘梨四視櫃十六差八厘矣故乙丙二原対減以所餘梨八視櫃四十九差五分故兩所対列梨同三十二減并以櫃一百二十八減櫃一百九十六餘六十八為法以價六分四厘減價二錢餘一錢三分六厘為實求得櫃價轉求得餘價並同一梨也以換櫃一百二十八不足六分四厘以換一百九十六亦足二錢以六十八為差故也大率方程多種皆任意求之無所不可舉此以例其餘

乙桃七　減并　二十八　梨二　八　價四分　一錢六分
丙櫃四　二十八　櫃七　四十九　價三分　二錢一分
併存
対減餘五分

甲并正梨四　減并　三十二　視負櫃十六　一百二十八　共價八厘　六分四厘
乙并正梨八　三十二　視負櫃四十九　一百九十六　共價五分　二錢
対減餘六十八為法
対減餘一錢三分六厘為實

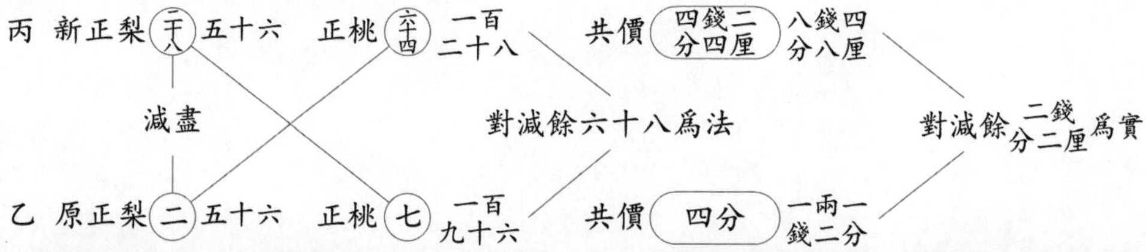

以上乃一新一原展轉對求之法。若取四原作兩宗求之，如前甲丁二原對求，得新數梨四視榴十六差八厘矣。却取乙丙二原對求，得新數梨八視榴四十九差五分。取兩新對列，梨同三十二減盡，以榴一百二十八減榴一百九十六，餘六十八爲法；以價六分四厘減價二錢，餘一錢三分六厘爲實。求得榴價，轉求得餘價。蓋同一梨也，以換榴一百二十八，不足六分四厘；以换一百九十六，不足二錢，以六十八爲差故也。大率方程多種者，任意求之，無所不可。舉此以例其餘。

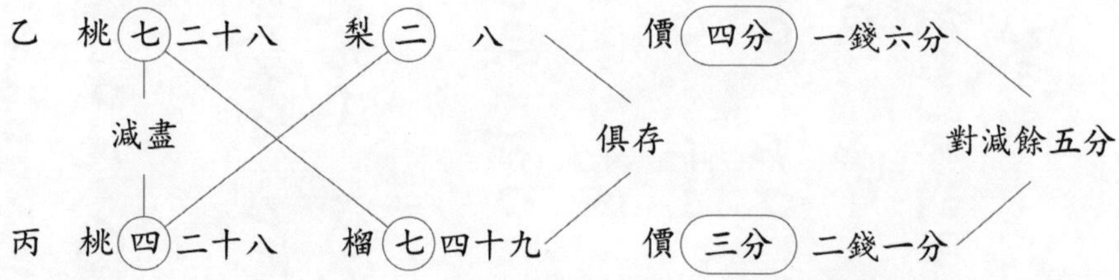

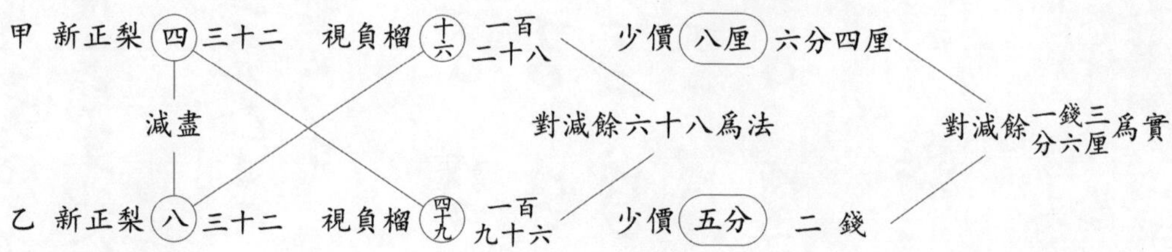

問今有五等繩甲繩二乙繩三共一十一丈零三寸乙繩三丙繩四共一十一丈六尺五寸丙繩三丁繩二共七丈零二寸丁繩三戊繩四共六丈九尺一寸戊繩三甲繩三共一十丈二尺三寸求各繩幾何

荅甲繩二丈六尺五寸　乙繩一丈九尺一寸　丙繩一丈四尺八寸
丁繩一丈三尺九寸　戊繩七尺六寸

法先列五行

甲二	乙三	丙〇	丁〇	戊〇	一十一丈零三寸
甲〇	乙三	丙四	丁〇	戊〇	一十一丈六尺五寸
甲〇	乙〇	丙三	丁二	戊〇	七丈零二寸
甲〇	乙〇	丙〇	丁三	戊四	六丈九尺一寸
甲三	乙〇	丙〇	丁〇	戊三	十丈二尺三寸

取第五行列左取第一行列互乘

右甲二　六　乙三　九　長一十一丈零三寸　三十三丈零九寸

左甲三　六　戊三　六　長十丈零二尺三寸　二十丈零四尺六寸

減餘一十二丈六尺三寸

以右乘左得甲六戊六長二十丈零四尺六寸　以左乘右得甲六乙九長三十三丈零九寸

3.問：今有五等繩，甲繩二，乙繩三，共一十一丈零三寸；乙繩三，丙繩四，共一十一丈六尺五寸；丙繩三，丁繩二，共七丈零二寸；丁繩三，戊繩四，共六丈九尺一寸；戊繩三，甲繩三，共十丈二尺三寸。求各繩長若干[1]？

答：甲繩二丈六尺五寸；　　乙繩一丈九尺一寸；
丙繩一丈四尺八寸；　　丁繩一丈二尺九寸；
戊繩七尺六寸。

法：先列五行：

甲二	乙三	丙〇	丁〇	戊〇	一十一丈零三寸
甲〇	乙三	丙四	丁〇	戊〇	一十一丈六尺五寸
甲〇	乙〇	丙三	丁二	戊〇	七丈零二寸
甲〇	乙〇	丙〇	丁三	戊四	六丈九尺一寸
甲三	乙〇	丙〇	丁〇	戊三	十丈二尺三寸

取第五行列左，取第一行列［右］[2]，互乘。

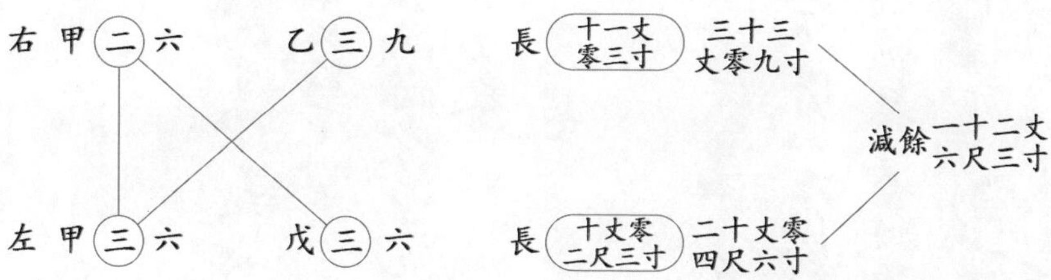

以右乘左，得甲六，戊六，長二十丈零四尺六寸。以左乘右，得甲六，乙九，長三十三丈零九寸。

1 此題據《同文算指通編》卷五“雜和較乘法”第十九題改編，參第六篇“等方程”第四題。
2“右”字脱落，據文意補。

甲对減丙長对減餘一十二丈六尺三寸爲乙九分於戊六之數立新得數列右爲第二行

列右互乘

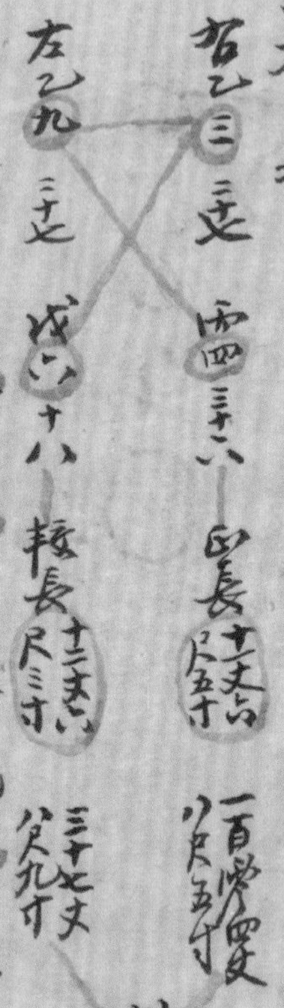

左右互乘左得乙二十七戊一十八長三十七丈八尺九寸右得乙二十七丙三十六長一百零四丈八尺五寸乙对減戊長对減餘六十六丈九尺六寸爲二十七乙化成十八戊之數立新得數列左爲第三行列右互乘

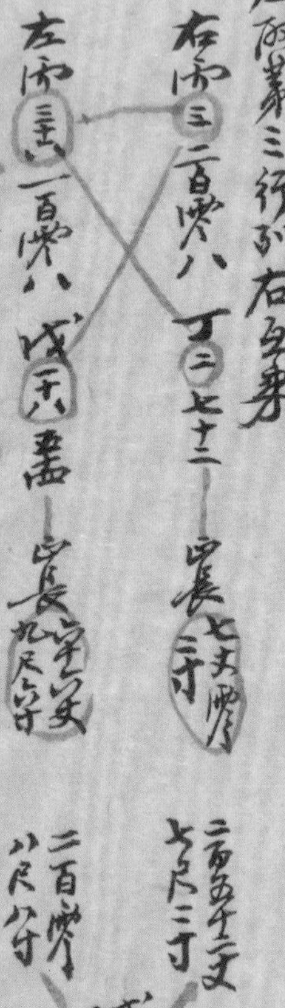

左右互乘得丙俱一百零八左得戊五十四長二百零八尺八寸右得丁七十二長二百五十二丈七尺二寸丙对減長長对減餘五十二丈八尺四寸爲七十二丁分於五十四戊之數立新得數列左爲第四行列右互乘

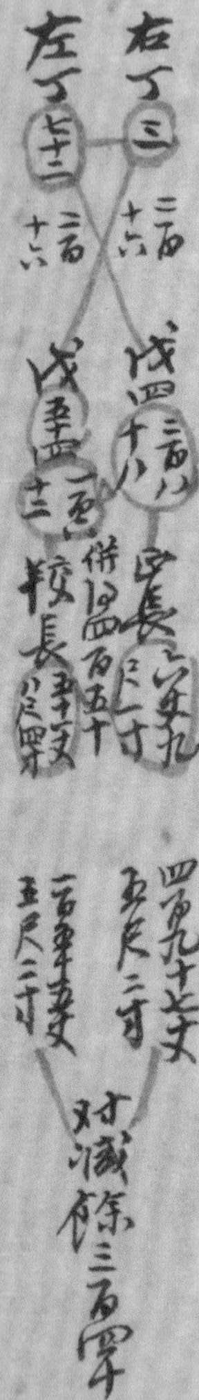

甲對減盡，長對減餘一十二丈六尺三寸，爲乙九多於戊六之數。立新得數列左，取第二行列右，互乘。

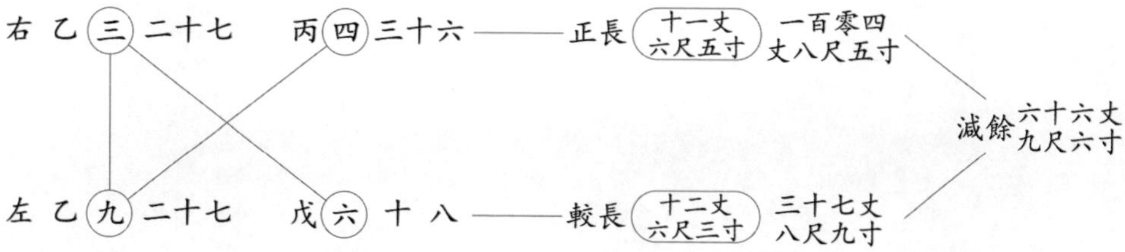

左右互乘，左得乙二十七，戊一十八，長三十七丈八尺九寸；右得乙二十七，丙三十六，長一百零四丈八尺五寸。乙對減盡，長對減餘六十六丈九尺六寸，爲二十七乙化成十八戊之數。立新得數列左，取第三行列右，互乘。

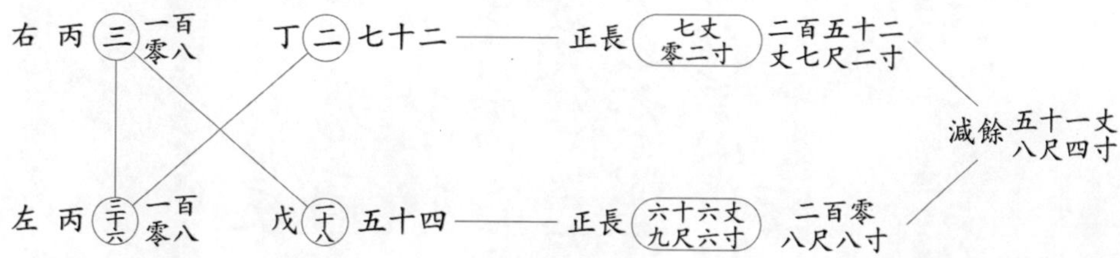

左右互乘，得丙俱一百零八，左得戊五十四，長二百零八尺八寸[1]；右得丁七十二，長二百五十二丈七尺二寸。丙對減盡，長對減餘五十一丈八尺四寸，爲七十二丁多於五十四戊之數。立新得數列左，取第四行列右，互乘。

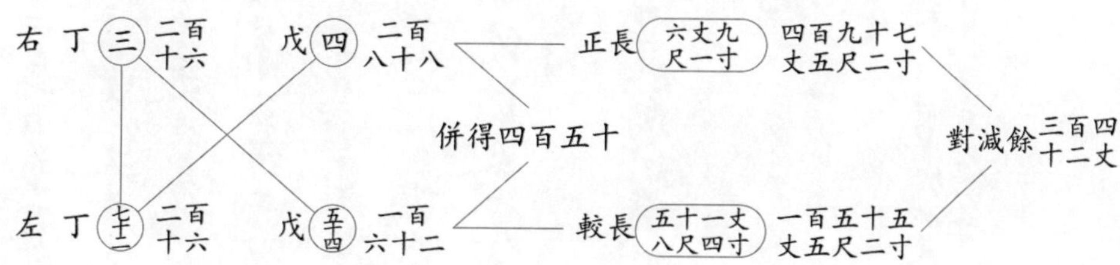

1 二百零八尺八寸，“二百”下省“丈”字，當作“二百丈零八尺八寸”。

左右各乘丁價得二百一十六左得戊一百六十二共一百五十五丈五尺二寸右得戊二百八十八共四百
九十七丈五尺二寸丁对減，長共对減，餘三百四十二丈為二百一十六丁化為一百六十二戊併弃
戊二百八十八共四百五十戊之數乃以三百四十二丈為實四百五十戊為法除實得戊繩長
七尺六寸乃三因戊得二丈二尺八寸以減第五行共數一十丈零二尺三寸餘七丈九尺
五寸三归之得甲繩二因甲繩得五丈三寸以減第一行共數一十一丈零三寸餘五丈一
尺三寸以三归之得乙繩三因乙繩得五丈七尺三寸以減第二行共數一十丈六尺五寸
餘四丈九尺二寸以四归之得丙繩三因丙繩得四丈四尺四寸以減第三行共數七丈零
二寸餘二丈五尺六寸以二归之得丁繩合問

解曰此五種正負也先分設戊以前餘為實旋用对減假令置戊於上置丁於下則以
右長為乘價當用併法条

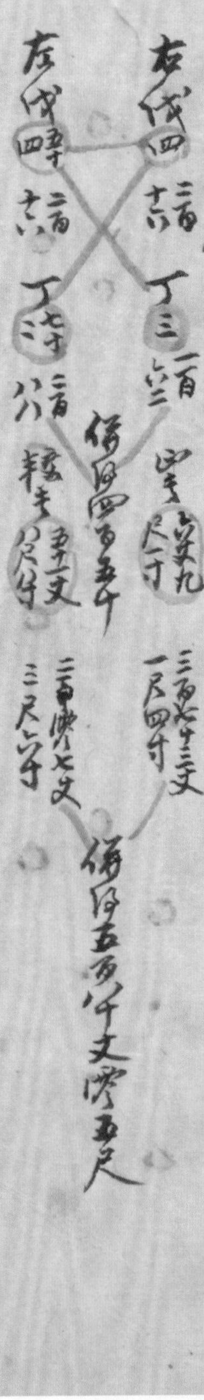

圖三十

左右互乘，丁俱得二百一十六，左得戊一百六十二，長一百五十五丈五尺二寸；右得戊二百八十八，長四百九十七丈五尺二寸。丁對減盡，長對減餘三百四十二丈，爲二百一十六丁化爲一百六十二戊併本戊二百八十八，共四百五十戊之數。乃以三百四十二丈爲實，四百五十戊爲法，除實得戊繩長七尺六寸。乃三因戊，得二丈二尺八寸，以減第五行共數一十丈零二尺三寸，餘七丈九尺五寸，三歸之，得甲繩。二因甲繩，得五丈三（寸）[尺]，以減第一行共數一十一丈零三寸，餘五丈（一）[七]尺三寸，以三歸之，得乙繩。三因乙繩，得五丈七尺三寸，以減第二行共數一十一丈六尺五寸，餘五丈九尺二寸，以四歸之，得丙繩。三因丙繩，得四丈四尺四寸，以減第三行共數七丈零二寸，餘二丈五尺八寸，以二歸之，得丁繩。合問。

解：此五種正負也。先丁後戊，以有餘爲率，故用對減。假令置戊於上，置丁於下，則以不足爲率，價當用併法矣。

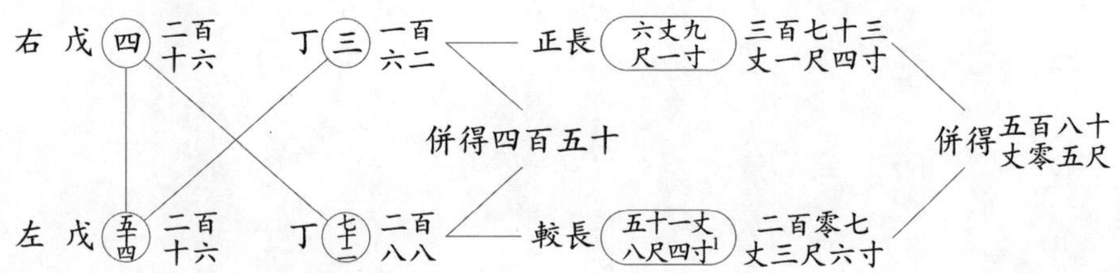

圖丨十亖[2]

1 八尺四寸，原書誤作“八尺八寸”，據前文徑改。

2 丨十亖，表示數字 18。

方程

第四篇

子母方程

不用全數相對，只用幾分之幾，以步推全，謂之子母方程。

凡子母方程，母異者通其併，併母爲共法，以各母除之爲各法。此法亦可以得數，仍以母乘之爲全數。若母同者通其併，併母爲共母，以各母除之，以各子乘之，得數以子除之，以母乘之，得全數。

問今有麥菽稻三種，取麥二分之一、菽三分之一、稻四分之一，共價錢八十四文；又麥三分之一、菽四分之一、稻四分之一，共價錢六十文；又麥六分之一、菽三分之一、稻二分之一，共價錢五十二文。求各通斗價若干。

若麥價一百二十文，菽價四十八文，稻價三十二文。

法借一通數爲斗法，三宗共有二、三、四、六，凡四母遞乘得一百四十四，即借此一百四十四合爲一斗。二之一其七十二合也，三之一其四十八合也，四之一其三十六合也，六之一其二十四合也，即照此法列爲三宗，爲甲乙丙三條。

甲 麥七十二 菽四十八 稻三十六 價八十四

乙 麥四十八 菽三十六 稻三十六 價六十

方程

第四篇

子母方程

不用全數相對，只用幾分之幾，以少推全，謂之子母方程。

凡子母方程，母異子同者，併諸母爲共法，以各母除之爲各法，如法求之，得數仍以母乘之，爲全數。若母子俱不同者，併諸母爲共母，以各母除之，以各子乘之，得數以子除之，以母乘之，得全數。

1.問：今有麥菽稻三種，取麥二分之一，菽三分之一，稻四分之一，共價錢八十四文；又麥三分之一，菽四分之一，稻四分之一，共價錢六十文；又麥六分之一，菽三分之一，稻二分之一，共價錢五十二文。求各色斗價若干？

答：麥價一百二十文；　　菽價四十八文；

稻價三十二文。

法：借一通數爲斗法，三宗共有二、三、四、六，凡四母遞乘，得一百四十四，即借此一百四十四合爲一斗。二之一者，七十二合也；三之一者，四十八合也；四之一者，三十六合也；六之一者，二十四合也。即照此法，列爲三宗，爲甲乙丙三條：

甲	麥七十二	菽四十八	稻三十六	價八十四
乙	麥四十八	菽三十六	稻三十六	價六十

丙麦二十四　菽四十八　稷七十二　價五千二

故甲乙对减餘乙菽二八八乙稷六□四乙價二八八再故甲丙对减餘丙菽三三零

四丙稷四三三零丙價一七二八列作三宗

甲麦二七　三四五六　菽八四　二三零四　稷六三　一七二八　價四八　四零三二

减去　减餘乙菽一六八　减餘乙稷八一四　减餘乙價二八八

乙麦八四　三四五六　菽六三　二五九二　稷六三　二五九二　價十六　四三二

甲麦二七　一七二八　菽八四　一〇五二　稷六三　八六四　價四八　二零一六

减去　减餘丙菽三三零四　减餘丙稷四三三　减餘丙價一七二八

丙麦四二　一七二八　菽八四　三四五六　稷七二　五一四　價五二　三七四四

故二餘菽对减菽减去稷餘七十四万六千四百九十六分為法價餘一十六萬五千八百八十分為實

以稷法三十六乘之得五九七一九六分為實法不除實得八文

乙菽二八　六六三　五五二　稷八六四　一九九零六　六五六　價二八　六六三　五五二

减去　减餘乙稷七四六九六　减餘乙價一六五八八

丙菽三三零四　六六三　五五二　稷四三三零　一二四　四六六　價一七二八　四九七　六六四

御選稱法一百二十四万四千四百二十八　以六乘之得九百九十五萬三千二百　以三十六除之得

丙　麥二十四　　　　蕎四十八　　　　稻七十二　　　　價五十二

取甲乙對求，減餘乙蕎二八八，乙稻八六四，乙價二八八。再取甲丙對求，減餘丙蕎二三零四，丙稻四三二零，丙價一七二八。列作二宗：

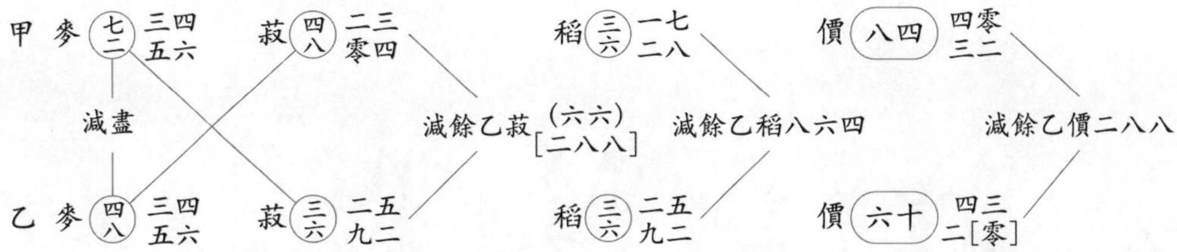

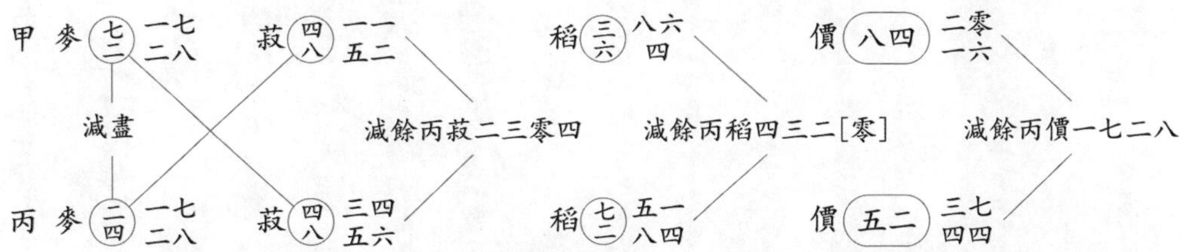

取二餘數對求，蕎減盡，稻餘七十四萬六千四百九十六合爲法；價餘一十六萬五千八百八十八文，以稻法三十六乘之，得五九七一九六八爲實。法除實，得八文。

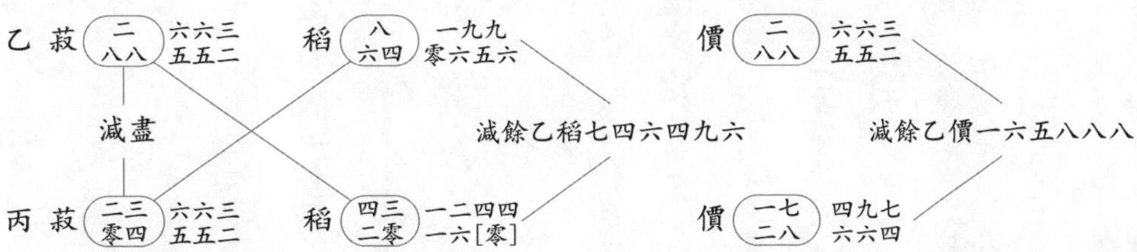

却置稻總一百二十四萬四千一百六十，以八乘之，得九百九十五萬三千二百八十，以三十六除之，得

二十七萬六千五百七十六以減搓價四十九萬七千七百六十餘二十二萬一千一百八十四文以菽價四十八乘之得一千零六十一萬六千八百三十二文以菽搓六十六萬三千五百五十二除之得一十六文為菽價於八十四內減八尚七十六餘六十文為麥價以母數乘之得斗價合問

解此為母同子異○先以三十六四十八乘實與其數亦加實就法之例故先以三十六四十八除法並除實則為減法就實所得同也

問今有菽麥二種所麥三分之二菽四分之三共得價一百一十六文所麥五分之四菽六分之五共得價一百三十六文求二價每斗若干

答麥一百二十文　菽四十八文

法以母遍乘得三万六千為斗法以三除二乘得二万四千為甲麥五除四乘得二万八千八為乙麥四除三乘得二万七千為甲菽六除五乘得三万為乙菽列為二宗互乘對減菽餘五千七百六十為法價餘七百六十八為實以甲菽二万七千乘之得二十万零七千三百六十以法除之得三十六文為菽價於共價一百一十六內減菽價餘八十文為麥價所菽價三除四乘所麥價二除三乘得斗價合問

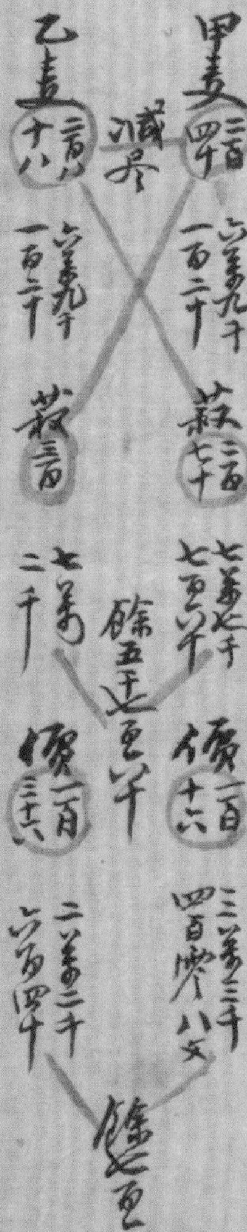

二十七萬六千四百八十，以減總價四十九萬七千六百六十四，餘二十二萬一千一百八十四文。以菽法四十八乘之，得一千零六十一萬六千八百三十二文，以菽總六十六萬三千五百五十二除之，得一十六文，爲菽價。於八十四内減八與十六，餘六十文，爲麥價。以母數乘之，得斗價。合問。

解：此異母同子者。◎先以三十六、四十八乘實者，取其整，亦加實就法之例。若先以三十六、四十八除法，然後除實，則爲減法就實，所得同也。

2.問：今有菽麥二種，取麥三分之二，菽四分之三，共得價一百一十六文；取麥五分之四，菽六分之五，共得價一百三十六文。求二價每斗若干？

答：麥一百二十文；　　　　　　　　　　菽四十八文。

法：諸母遞乘，得三百六十爲斗法。以三除二乘，得二百四十爲甲麥；五除四乘，得二百八十八爲乙麥；四除三乘，得二百七十爲甲菽；六除五乘，得三百爲乙菽。列爲二宗，互乘對減，菽餘五千七百六十爲法，價餘七百六十八爲實，將實以甲率二百七十乘之，得二十萬零七千三百六十，以法除之，得三十六文爲菽價。於共價一百一十六内減菽價，餘八十文，爲麥價。取菽價三除四乘，取麥價二除三乘，得斗價。合問。

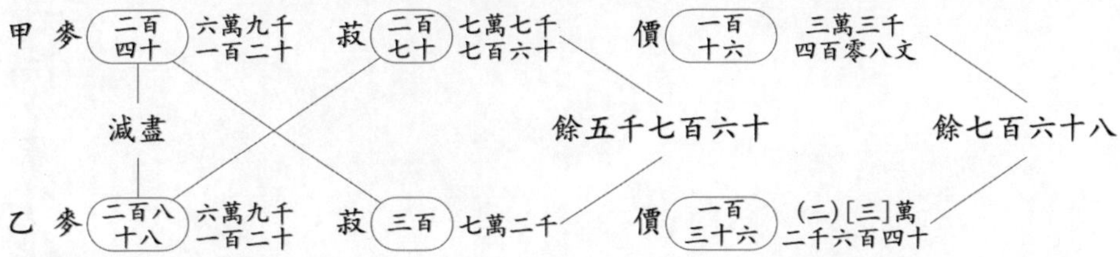

解此母子係不同者○其母同子异者但用子數為法以數以母乘之

圖解

解：此母子俱不同者。◎其母同子異者，但用子數爲法，得數以母乘之。

圖〥个[1]

1 〥，表示數字 5。

方程

第五篇

較方程

較方程從正負而生，因此有彼無，以此抵彼，而得其差，謂之較方程。

凡較方程皆不顯全價，但顯相較之數。二種皆列二宗，作三層，以互乘為法。其價如係一盈一朒，則併之為實；如係兩盈兩朒，則相減為實。物數同減去，數異者以相減為法除之。

問：今有硯七個，換筆三枝，餘價四百八十文；硯三個，換筆九枝，欠價一百八十文。求二價各若干？

答：硯價九十文，筆價五十文。

法：以左右列二宗，硯三乘七得二十一，乘筆三得九，乘價四百八十文得一千四百四十，是硯二十一個換筆九，餘價一千四百四十文。

又硯七乘三得二十一，乘筆九得六十三，乘價一百八十文得一千二百六十，是硯二十一個換筆六十三，不足價一千二百六十文。

合餘不足，共二千七百為實，以六十三減九，餘五十四為法，除實得五十文，為筆一枝之價。三乘之得一百五十文，又加四百八十文，共六百三十文，以七除之得九十，為硯價。

列二宗

方程

第五篇

較方程

較方程，從正負而出，因此有彼無，以此抵彼而得其差，謂之較方程。

凡較方程者，不顯全價，但顯相較之數。二種者，列二宗，作三層，亦以互乘爲法。其價若係一盈一朒，則併之爲實；若係兩盈兩朒，則相減爲實。物數同減去，數異者以相減爲法除之。

1.問：今有硯七個，換筆三枝，餘價四百八十文；硯三個，換筆九枝，欠價一百八十文。求二價各若干[1]？

答：硯價九十文；　　筆價五十文。

法：分左右列二宗，硯三乘七得二十一，乘筆三得九，乘價四百八十文，得一千四百四十。是硯二十一個換筆九，餘價一千四百四十也。

又硯七乘三得二十一，乘筆九得六十三，乘價一百八十文，得一千二百六十。是硯二十一個換筆六十三，不足價一千二百六十也。

合餘不足，共二千七百爲實。六十三減九，餘五十四爲法。除實得五十文，爲筆一枝之價。三乘之得一百五十文，又加四百八十文，共六百三十文。以七除之，得九十，爲硯價。

列二宗：

---

1 此題爲《同文算指通編》卷五“雜和較乘法”第三題，原據《算法統宗》卷十六“難題方程歌”第二題改編，歌云：“甲借乙家七硯，還他三管毛錐。貼錢四百整八十，恰好齊同了畢。丙卻借乙九筆，還他三箇端溪。一百八十貼乙齊，二色價該各幾？”

解此盈朒皆硯泚同異以據九筆乘一千四百四十以據三筆乘一千二百六十是筆差五十四減價差二千七百也故以相減爲實相併爲法是與此盈朒信相通

問今有硯七個換筆三枝餘價四百八十文有硯三個換筆四枝餘價七十文

求筆硯價各若干

答硯價九十文　筆價五十文

法立二宗硯減六筆二十八減九餘一十九爲法價一千四百四十減四百九十餘九百五十爲實法除實得筆價三乘筆價得一百五十加四百八十得六百三十以硯七除之得

硯價合問

或四乘筆價二百加七十得二百七十以硯三除之得硯價

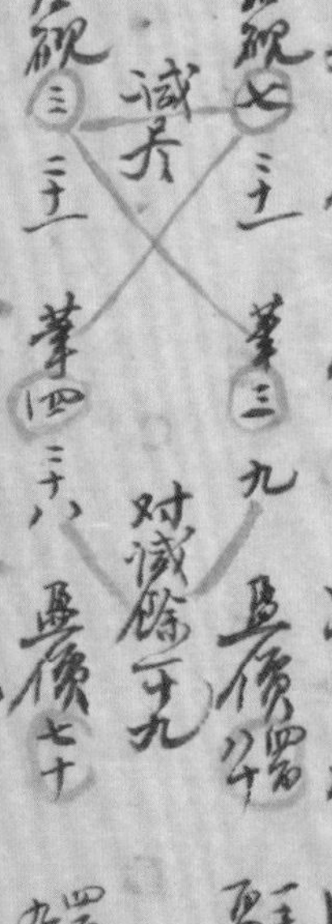

解此兩盈兩朒皆硯泚同異以據九條一千四百四十以據二十八此條四百九十是筆差十九價差九百五十

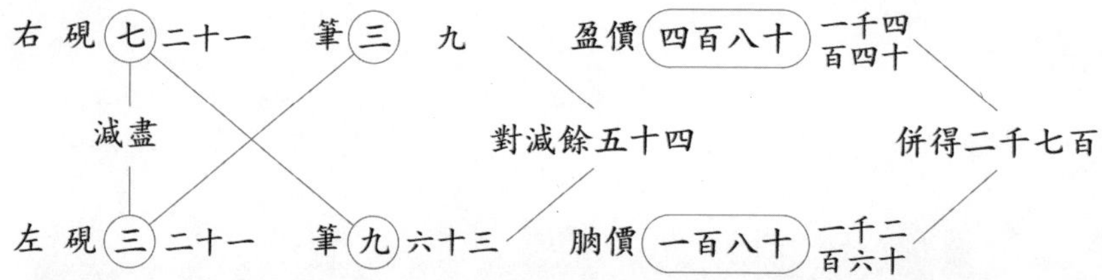

解：此一盈一朒者。硯既同矣，以換九筆，多一千四百四十；以換六十三筆，反少一千二百六十。是筆差五十四，成價差二千七百也。故以相減爲實，相併爲法也。與盈朒法相通。

2.問：今有硯七個，換筆三枝，餘價四百八十；又有硯三個，換筆四枝，餘價七十文。求筆硯價各若干？

答：硯價九十文；　　　　筆價五十文。

法：立二宗，硯減盡，筆二十八減九，餘一十九爲法；價一千四百四十減四百九十，餘九百五十爲實。法除實，得筆價。三乘筆價，得一百五十，加四百八十，得六百三十。以硯七除之，得硯價。合問。

或四乘筆價二百，加七十，得二百七十。以硯三除之，得硯價。

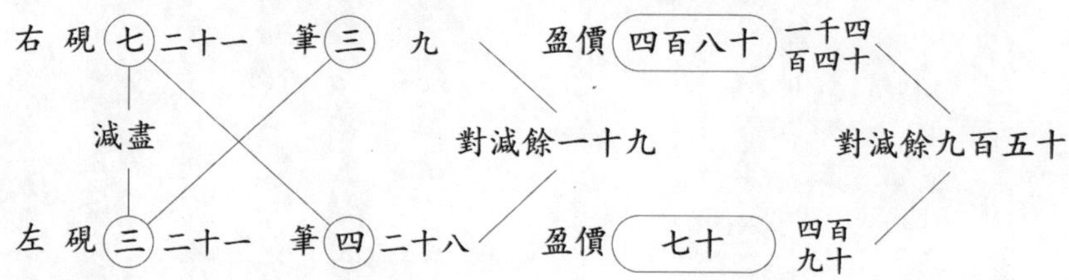

解：此兩盈兩朒者。硯既同矣，以換九，餘一千四百四十；以換二十八，止餘四百九十。是物差十

九價適差四兩五錢也故物價併以相減而得

並置筆在上硯在下以為兩項之同並一法

凡較方程多種皆減其一種就有餘種相混而以當其抵去其所究者其數或以正抵多或以多抵一或抵之有餘或抵之不足以本物為正以所換物為負以有餘為正以不足為負同其減之如覓正而見負適異其併之如覓負而見正也或居首二宗相對一正一負則改物為正本物為負原餘改為不足原不足改為有餘以為通之

問今有二牛五羊換十三豕餘銀五兩一牛一豕換三羊適足六羊八豕換五牛不足

一三兩求各價若干

答牛六兩　羊二兩五錢　豕一兩五錢

法列左右中三宗互乘之

右	牛正二	羊正五	豕負十三	價餘五兩
	二	五	十三	五兩
		併得十一	併十五	
中	牛正一	羊負三	豕正一	價足
	二 五	六 十五	二 五	
		減餘九	併十三	
左	牛負五	羊正六	豕正八	價餘三兩
	五	六	八	三兩

法先以中右二行互乘之右得牛仍二羊仍五豕仍十三價仍五兩中得牛二羊六豕二價足無增減牛同減盡羊併得十一豕併得十五價仍五兩立為對數

解右所得本原數也中所得乃六羊當二牛二豕也牛同減盡是以其六羊抵減去二牛

九，價遂差四百五十也，故物價俱以相減爲率。

若置筆在上，硯在下，即爲兩不足，同是一法。

凡較方程多種者，減其一種，猶有餘種相混，要以留者抵去者，而察其數。或以一抵多，或以多抵一；或抵之有餘，或抵之不足。以本物爲正，以所换物爲負；以有餘爲正，以不足爲負。同者減之，如正見正、負見負也；異者併之，如正見負、負見正也。或居首二宗相對，一正一負，則改物爲正，本物爲負，原餘改爲不足，原不足改爲有餘，以通之。

1.問：今有二牛五羊换十三豕，餘銀五兩；一牛一豕换三羊，適足；六羊八豕换五牛，不足三兩。求各價若干[1]？

答：牛六兩；　　　　羊二兩五錢；

　豕一兩五錢。

法：列左右中三宗，互乘之[2]。

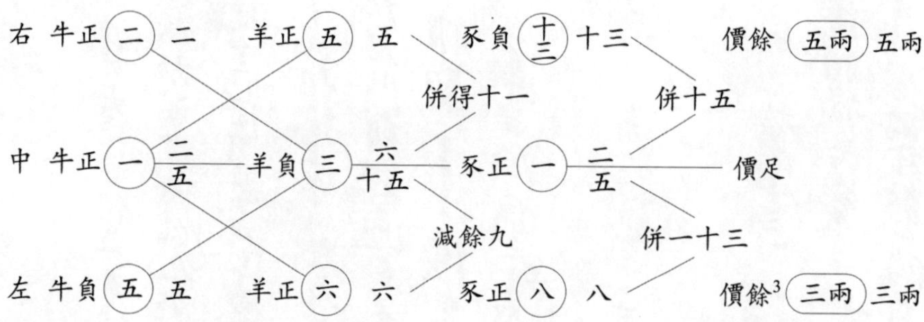

法：先取中右二行互乘之，右得牛仍二，羊仍五，豕仍十三，價仍五兩；中得牛二，羊六，豕二，價足，無增減。牛同減盡，羊併得十一，豕併得十五，價仍五兩，立爲新數。

解：右所得者，原數也；中所得者，乃六羊可當二牛二豕也。牛同減盡矣，其六羊抵減去之牛，

---

1 此題爲《算法統宗》卷十一方程章第七題、《同文算指通編》卷五“雜和較乘法”第十七題。

2 設牛爲 x，羊爲 y，豕爲 z，據題意列式如下：

	x	y	z	價
右	2	5	−13	5
中	1	−3	1	0
左	−5	6	8	−3

以 2 乘中行、1 乘右行，對減消去 x，得：

$$11y-15z=5 \quad ①$$

以 5 乘中行、1 乘左行，相併消去 x，得：

$$9y-13z=3 \quad ②$$

①②構成二色方程。互乘對減，消去 y，解得豕價：

$$z=1.5$$

3 價餘，據題意，當作“少價”。

則化為羊矣六羊既抵二牛外又抵二豕此二豕者應入所換之豕共十一羊換十五豕當
餘銀五兩也
法再取中左二行五乘之左得牛仍五羊仍六豕仍八價仍三兩中得牛五羊十五豕五價
是無價減牛同減其羊對減餘九豕價得十三價仍三兩立為對數
解左所得者原數也中所得乃十五羊而當五牛五豕也牛同減其豕以中為主十五羊換
五牛唯餘抵牛之外仍抵五豕以左為主六羊換五牛而是一反貼八豕又貼銀三兩方是
以六視十五差九羊兩相懸遂致差十五豕又銀三兩是九羊之差致差豕十五又
銀三兩也因是推知九羊之價當十五豕尚餘銀三兩也
法取兩對數對列互乘羊同減其豕餘八為法價餘十二兩為實法除實得兩價為
一兩五錢

右羊十一　九十九　換豕十五　一百三十五　餘銀五兩　四十五兩
減盡
左羊九　九十九　換豕十三　一百四十三　餘銀三兩　三十三兩
減餘八　減餘十二

解以兩盈放兩價相減為實
法既得豕價一兩五錢任取對數一條求之如以十五乘豕價得二十二兩五錢加銀五兩得
二十七兩五錢以羊十一除之得羊價二兩五錢既得羊價任取原數一條求之如取十三

則化爲羊矣；六羊既抵二牛，外又抵二豕。此二豕者，應入所换之豕，是十一羊换十五豕，當餘銀五兩也。

法：再取中左二行互乘之，左得牛仍五，羊仍六，豕仍八，價仍三兩；中得牛五，羊十五，豕五，價足，無增減。牛同減盡，羊對減餘九，豕併得十三，價仍三兩，立爲新數。

解：左所得者，原數也；中所得者，乃十五羊可當五牛五豕也。牛同減盡矣，以中爲率，十五羊换五牛有餘，抵牛之外，仍抵五豕。以左爲率，六羊换五牛不足，反貼八豕，又貼銀三兩方足。以六視十五差九，盈朒相懸，遂至差十（五）[三]豕，又銀三兩。是九羊之差，致差豕十（五）[三]，又銀三兩也。因是推知，九羊之價可當十（五）[三]豕，尚餘三兩也。

法：取兩新數對列互乘，羊同減盡，豕餘八爲法，價餘十二兩爲實。法除實，得豕價，爲一兩五錢。

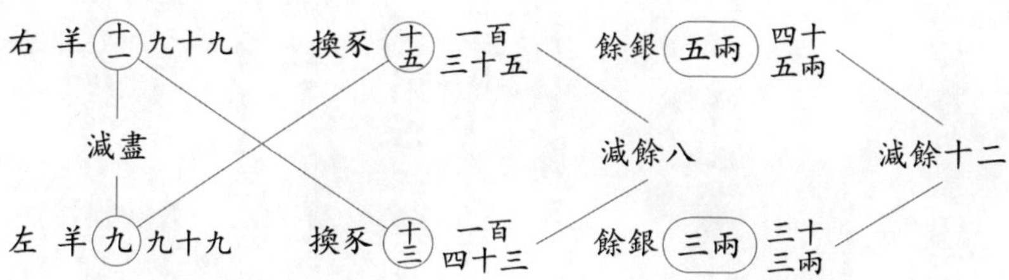

解：以兩盈，故兩價相減爲實。

法：既得豕價一兩五錢，任取新數一條求之。如以十五乘豕價，得二十二兩五錢，加銀五兩，得二十七兩五錢，以羊十一除之，得羊價二兩五錢。既得羊價，任取原數一條求之。如以十三

乘其價得九兩五錢加五兩得二十四兩五錢減五羊之價十二兩五錢餘一十二兩以牛十二除之

得牛價一兩合問

解曰此法以正為主則同減異併以負為主則同併異減如列左係牛負對中係牛正是也

要之正負初無定法如以牛羊換銀則牛羊為正銀為負價有餘為正不精以銀換

牛羊則銀又為正牛羊又為負價反不足又為負矣須隨其所問之條理而審之只

以第一物為主既問頭係負亦既為正只用同減異併一法庶為清楚今將右左移

上下輪轉置諸於左庶使学者會通其所以然耳

甲宗居中牛為首 乙居中見前

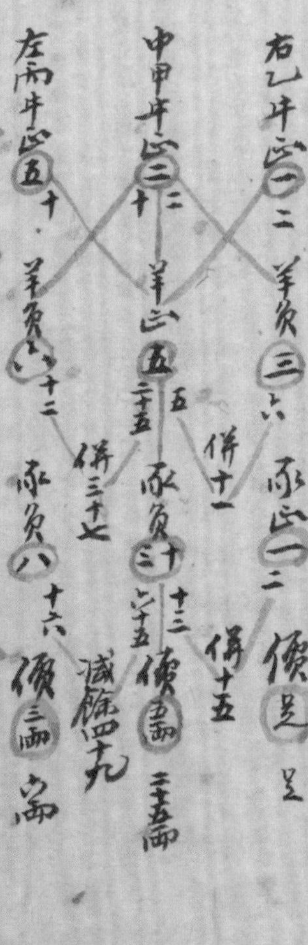

乙昞甲對乙宗所得乃六羊換二牛二銀適足也甲宗所得乃二牛五羊換十三銀不足

銀五兩也牛減去矣以六羊當之則甲牛六羊為羊矣故當併入原六羊為十一羊兆當十

尚餘二銀此二銀應入所換銀中成十五故價得併為法也

乘豕價，得十九兩五錢，加五兩得二十四兩五錢，減五羊之價十二兩五錢，餘一十二兩，以牛二除之，得牛價六兩。合問。

解：舊法以正爲主，則同減異併；以負爲主，則同併異減。如列左條牛負，對中條牛正是也。要之正負初無定法，如以牛羊换豕，則牛羊爲正，豕爲負，價有餘爲正。若轉以豕换牛羊，則豕又爲正，牛羊又爲負，價反不足，又爲負矣。須隨其所問之條理而審之。只以第一物爲主，即問頭係負，亦改爲正，只用同減異併一法，庶爲清楚。今將左右互移，上下輪轉，畧譜於左，庶使學者會通其所以然耳。

甲宗居中，牛爲首[1] 乙居中見前。

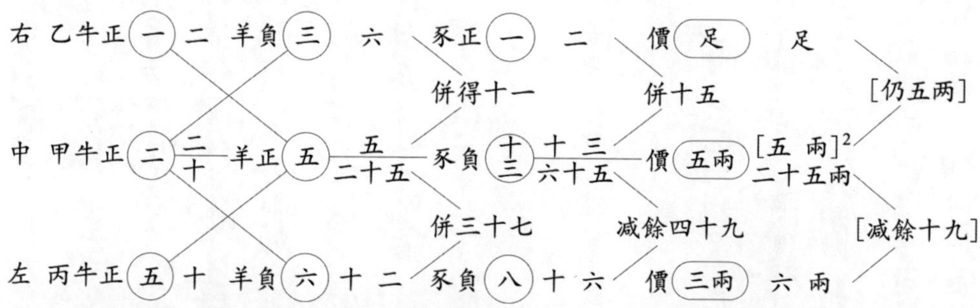

乙與甲對，乙宗所得，乃六羊换二牛二豕，適足也；甲宗所得，乃二牛五羊换十三豕，（不足）［餘］銀五兩也[3]。牛減去矣，以六羊當之，則甲牛變爲羊矣，故當併入原羊爲十一羊；既當牛，尚餘二豕，此二豕應入所换豕中成十五，故俱以併爲法也。

---

1 設數如前，列式如下：

	x	y	z	價
乙	1	−3	1	0
甲	2	5	−13	5
丙	5	−6	−8	3

甲爲中行，乙甲兩行互乘對減，消去牛價 x，得：

$$11y-15z=5 \quad ①$$

丙甲兩行互乘對減，消去牛價 x，得：

$$37y-49z=19 \quad ②$$

①②構成二色方程，依法解得豕價：

$$z=1.5$$

2 五兩，原書钞脱，據題意補。

3 不足，當作“餘”，據題設改。

丙甲自對丙宗所得乃十牛換十二羊十六承餘銀六兩也甲宗所得乃十牛二十五羊換六十五承餘銀二十五兩也牛減去羊換甲承六十五以抵十牛猶餘又當換二十五羊不足銀二十五兩換丙承十六以抵十牛不足仍當貼十二羊又不足銀六兩兩羊為盈朒相懸故宜併兩價為實不足故宜減物價兩差總由甲承視丙承多四十九而致故兩承以相減為法也立討皷二宗一宗曰十三羊換十五承餘銀五兩一宗曰三十七羊換四十九承餘銀一十九兩減二種較方程

丙宗居中牛為首

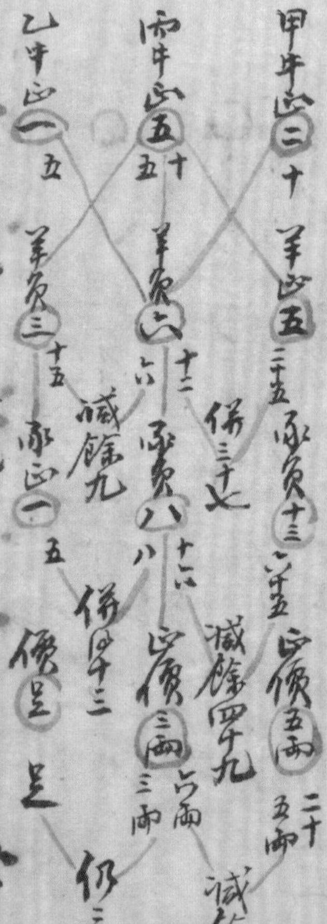

丙甲相對甲六十五承抵十牛猶餘又抵二十五羊方不足銀二十五兩丙十六承抵十牛不足貼十二羊又貼銀六兩兩羊盈朒相懸宜併兩承得四十九為差宜減兩價俱不足宜減

丙乙相對丙以六羊當五牛不足仍當貼八承當不足銀三兩乙以十五羊當五牛猶餘又當五承兩承盈朒相懸宜併兩羊得九為差宜減立討皷二宗一曰三十七羊換四十九承餘

丙與甲對，丙宗所得，乃十牛換十二羊十六豕，餘銀六兩也；甲宗所得，乃十牛二十五羊換六十五豕，餘銀二十五兩也。牛減去矣，據甲豕六十五以抵十牛有餘，又當換二十五羊，不足銀二十五兩；據丙豕十六以抵十牛不足，仍當貼十二羊，又不足銀六兩。兩羊爲盈朒相懸，故宜併；兩價爲兩不足，故宜減。物價兩差，總由甲豕視丙豕多四十九而致，故兩豕以相減爲法也。立新數二宗，一宗曰十一羊換十五豕，餘銀五兩；一宗曰三十七羊換四十九豕，餘銀一十九兩，成二種較方程。

丙宗居中，牛爲首[1]

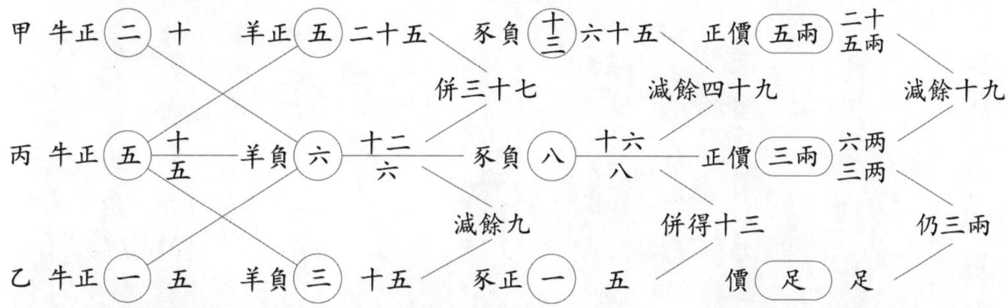

丙甲相對，甲六十五豕抵十牛有餘，又抵二十五羊，方不足銀二十五兩。丙十六豕抵十牛不足，貼十二羊，又貼銀六兩。兩羊盈朒相懸，宜併；兩豕以四十九爲差，宜減；兩價俱不足，宜減。

丙乙相對，丙以六羊當五牛不足，仍當貼八豕，尚不足銀三兩；乙以十五羊當五牛有餘，又當五豕。兩豕盈朒相懸，宜併；兩羊以九爲差，宜減。立新數二宗，一曰三十七羊換四十九豕，餘

---

1 設數如前，列式如下所示：

	x	y	z	價
甲	2	5	−13	5
丙	5	−6	−8	−3
乙	1	−3	1	0

甲丙兩行互乘對減，消去牛價 x，得：

$$37y-49z=19 \quad ①$$

乙丙兩行互乘對減，消去牛價 x，得：

$$9y-13z=3 \quad ②$$

①②構成二色方程，依法解得豕價：

$$z=1.5$$

銀十九兩一日九羊換十三豕餘銀三兩此二種較方程

初法以牛爲負用同併異減西法今二圖併改爲正蓋以羊豕換牛則爲盈三兩

以牛換羊豕則爲存餘三兩自也通融且止用同減異併之法要爲畫一耳

下居上如後圖

甲居中以羊爲首　乙丙居中由此例推

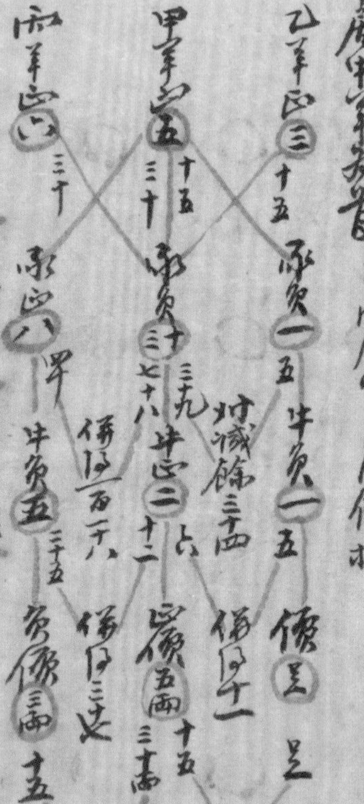

甲居中豕爲首　乙丙居中由此例推

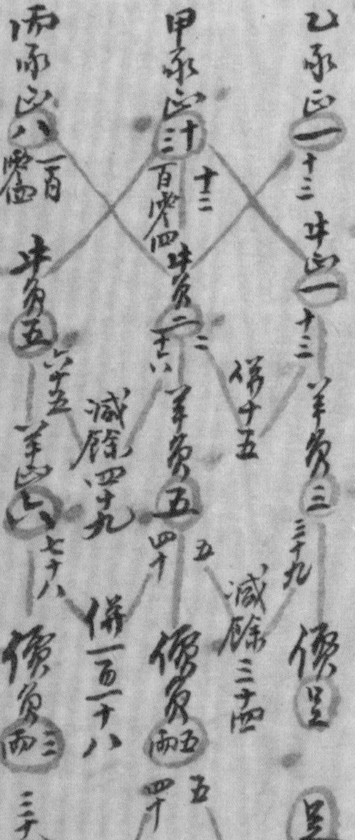

銀十九兩；一曰九羊换十三豕，餘銀三兩，成二種較方程。

初法以牛爲負，用同併異減爲法，今二圖俱改爲正。蓋以羊豕换牛，則爲不足三兩；以牛换羊豕，則爲有餘三兩，自可通融。且止用同減異併之法，更爲畫一耳。轉下居上，如後圖。

甲居中，羊爲首[1] 乙丙居中，可以例推。

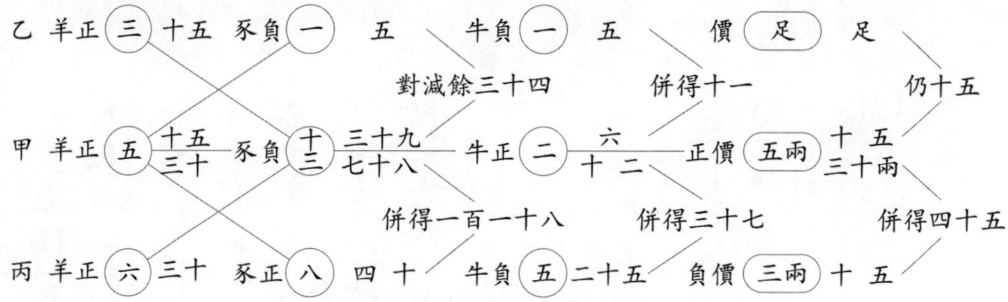

甲居中，豕爲首[2] 乙丙居中，可以例推。

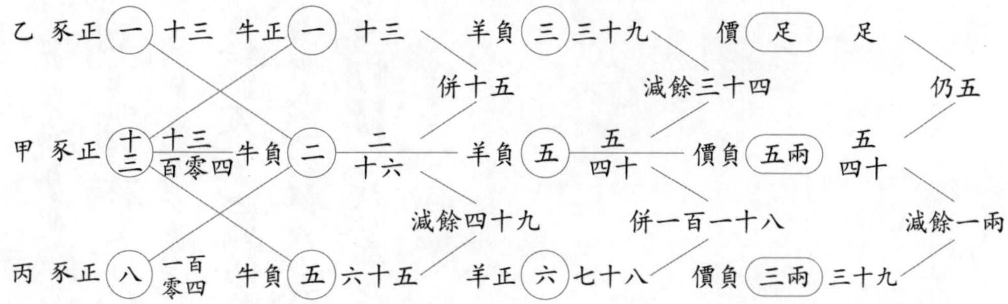

---

1 設數如前，列式如下所示：

	y	z	x	價
乙	3	−1	−1	0
甲	5	−13	2	5
丙	6	8	−5	−3

甲乙兩行互乘對減，消去羊價 y，得：

$$-34z+11x=15$$

甲丙兩行互乘對減，消去羊價 y，得：

$$-118z+37x=45$$

餘依二種方程解。

2 列式如下所示：

	z	x	y	價
乙	1	1	−3	0
甲	13	−2	−5	−5
丙	8	−5	6	−3

甲乙兩行互乘對減，消去豬價 z，得：

$$15x-34y=5$$

甲丙兩行互乘對減，消去豬價 z，得：

$$49x-118y=-1$$

餘依二種方程解。

以上二圖係如前例推之，亦宜減去首段同物，以所存異物抵之。若原一物換二物，則存之物不足當去者，仍兼一物抵之。若係二物換一物，則去者不足當所存之一物，抵去之外又換出餘物，其勢必多，倍少倍雖無定例，存其不足及兼餘物反多，或仍不足；存其當有餘及換餘物反不足，或仍有餘，惟變所適耳。

凡正負之法，減其同名者，其異名則化為實；減其同名者，其異名則化為較，故有變實成較，其有變較成實者。惟較方程原以較為法，所變成者，其較數至尾亦成實數，如末段八兩值十二兩是也。

圖缺

以上二圖，俱如前例推之。大率減去首段同物，以所存異物抵之。若原一物換二物，則存之一物不足當去者，仍兼一物抵之；若係二物換一物，則去者不足，當存者存之，一物抵去之外，又換出餘物矣。至多價少價，殊無定例。存者雖不足，及兼餘物反多，或仍不足；存者雖有餘，及換餘物，反不足，或仍有餘。惟變所適耳。

凡正負之法，減者同，存者亦同，則化爲實；減者同，存者異，則化爲較。故有變實成較者，亦有變較成實者。惟較方程，原以較爲法，所變成者皆較數，至尾方成實數，如末段八豕值十二兩是也。

圖亖个[1]

---

1 亖，表示數字 8。

方程

第六篇

等方程

物與物同其價之等方程

凡等方程必有其種類之差，但所得數同耳。故交互乘之，現其差數，則與前法一法矣。

但為同類差，不得以差求同數。故兩物較之，兩得其差，因以差除異物，兩得其相當

之數，任加之，仍等原無損，同數自然之等，再設各數，所求之

假令有六釧一釵，重四兩七錢；又一釧八釵，重六兩七錢，求各重若干。

答：釧七錢，釵五錢。

法：左右對列互乘。釧各得六，左釵得四十八，左價得二十八兩二錢；右釵仍得一，右價仍

得四兩七錢。對減，餘四十七釵，重二十三兩五錢，以釵除價，得每釵重五錢。據價減

釵價五錢，餘以六除之，合問。

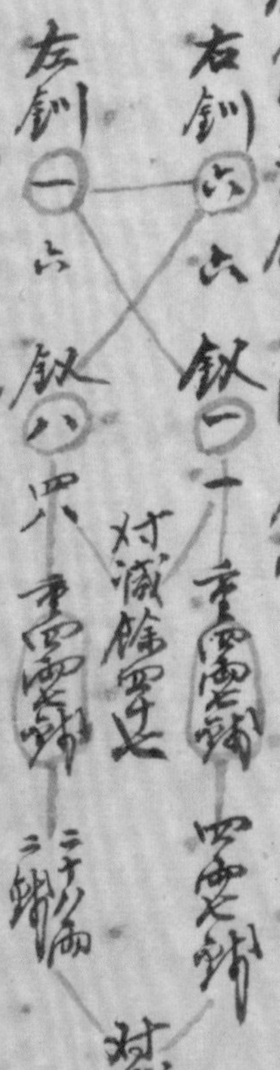

解此二種共同求差也。

方程

第六篇

等方程

物異而得同者，謂之等方程。

凡等方程，亦取諸種參差，但所得數同耳。及交互乘之，現其差數，則與前諸法一矣，謂之以同求差。若以差求同者，取兩物較之而得其差，因以差除異物，而得其相當之數，任加之皆等。原無相同數目，只云等者，設爲數以求之。

1. 問：今有六釧一釵，重四兩七錢；又一釧八釵，重亦四兩七錢。求各重若干[1]？

答：釧七錢；　　釵五錢。

法：左右對列互乘，釧各得六，左釵得四十八，左價得二十八兩二錢；右釵仍得一，右價仍得四兩七錢。對減，餘四十七釵，重二十三兩五錢。以釵除價，得每釵重五錢。總價減釵價五錢，餘以六除之。合問。

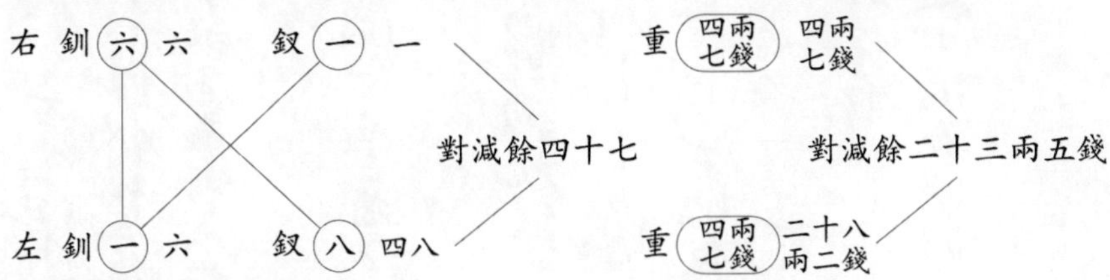

解：此二種者，同求差也。

1 此題據《同文算指通編》卷五“雜和較乘法”第四題改編，原出《算法統宗》卷十六“難題方程歌”第三題。

問今有釧重七錢釵重五錢別求釧釵相配等重求各若干

荅六釧一釵　一釧八釵　各重四十七錢

法二重相減餘二錢爲較以除釵得二有半因知釵釧各二有半餘差一釵是三釧又半重一兩七錢五分二釵又半重亦一兩七錢五分也若求整數倍之得五釧七釵

若等數各加一釵一釧合問

若以差除釧得三有半因知各三有半餘差一釧

解此二種差求同也

若再各增一則七釧二釵與廿二釧九釵等再各增之則八釧三釵與卅三釧十釵亦等

要在先得無窮任意加之無不得也

問今有牛一馬二驢三以載七百斤至坡俱不能上牛借馬一馬借驢一驢借牛一方上

求三物各若干

荅馬三百斤牛四百斤驢一百斤

法原載七百斤爲均數擬上坡爲法列之宗二馬一驢七百斤一牛三驢七百斤

一牛一馬七百斤

甲馬二	驢一	七百斤
乙牛一	馬一	七百斤

2.問：今有釧重七錢，釵重五錢，欲求釧釵相配等重，求各若干？

答：六釧一釵；　　一釧八釵。

各重四兩七錢。

法：二重相減，餘二錢爲較，以除釵，得二有半。因知釵釧各二有半，能差一釵。是二釧又半，重一兩七錢五分；三釵又半，重亦一兩七錢五分也。若求整數，倍之得五釧七釵爲等數，各加一釵一釧。合問。

若以差除釧，得三有半，因知各三有半，能差一釧。

解：此二種差求同也。

若再各增一，則七釧二釵，與二釧九釵等；再各增一，則八釧三釵，與三釧十釵亦等。要在先得其均，任意加之，無不可也。

3.問：今有牛一馬二驢三，皆載七百斤，至坡俱不能上。牛借馬一、馬借驢一、驢借牛一，方上。求三物力若干[1]？

答：馬三百斤；　　牛四百斤；

驢一百斤。

法：原載七百斤爲均數，據上坡爲法，列三宗：二馬一驢七百斤；一牛三驢七百斤；一牛一馬七百斤。

甲	馬二	驢一	七百斤
乙	牛一	馬一	七百斤

1 此題爲《同文算指通編》卷五"雜和較乘法"第十四題、《算法統宗》卷十一方程章第四題改編。《算法統宗》題設略異。

丙騾三　牛一　七百斤

法先取甲乙相對互乘對減馬二減尽餘二牛一騾載餘七百斤是為甲一騾不及乙二牛之數

甲　馬二　二　騾一　一　載七百斤　仍七百
乙　馬一　二　牛一　二　載七百斤　一千四百
減餘七百斤

法或取乙丙相對互乘對減牛一減尽餘一馬三騾是為乙一馬可與丙三騾等

乙　牛一　一　馬一　一　載七百斤　七百斤
丙　牛一　一　騾三　三　載七百斤　七百斤
減尽

或取甲丙相對互乘對減騾三減尽餘一牛六馬載一千四百是為丙一牛不及甲六馬之數

甲　騾一　三　馬二　六　載七百　二千一百
丙　騾三　三　牛一　一　載七百　七百
減餘一千四百

既得差率或以首條為率一騾視二牛不足七百則知每騾加七百斤化為二牛矣而三騾加二千一百斤化為六牛原載七百併二千一百得二千八百原牛一併六得七以七牛除二千八百得牛載之數因推知馬騾或取次條為率三騾可當一馬則將甲馬二化為六騾并原騾為七以除七百斤得騾載之數推知牛馬或取三條為率一牛視六馬不足一千四百斤則知一牛加一千四百斤化為六馬矣併原七百斤得二千一百以七馬除之得馬

丙　驢三　牛一　七百斤

法：先取甲乙相對，互乘對減。馬二減盡，餘二牛一驢，載餘七百斤，是爲甲一驢不及乙二牛之數。

（法）或取乙丙相對[1]，互乘對減。牛一減盡，餘一馬三驢，是爲乙一馬可與丙三驢等。

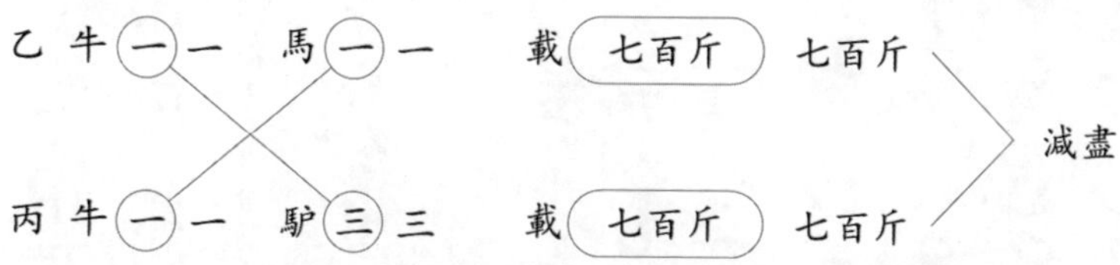

或取甲丙相對，互乘對減。驢三減盡，餘一牛六馬，載一千四百，是爲丙一牛不及甲六馬之數。

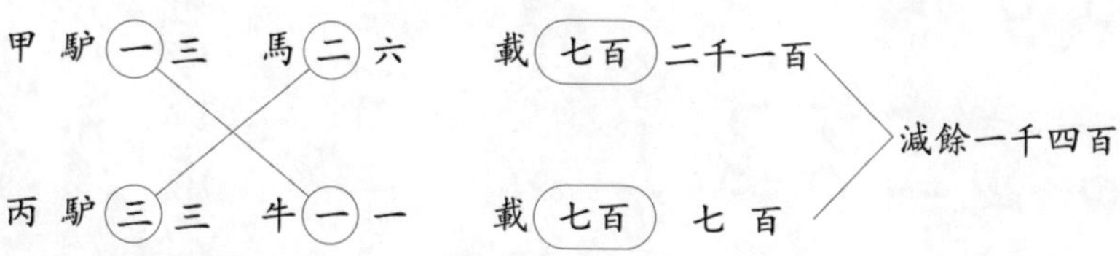

既得差率，或以前條爲率，一驢視二牛，不足七百，則知每驢加七百斤，化爲二牛矣。丙三驢加二千一百斤，化爲六牛。原載七百，併二千一百，得二千八百；原牛一，併六得七。以七牛除二千八百，得牛載之數，因推知馬、驢。或取次條爲率，三驢可當一馬，則將甲馬二化爲六驢，並原驢而七，以除七百斤，得驢載之數，推知牛、馬。或取三條爲率，一牛視六馬，不足一千四百斤，則知一牛加一千四百斤，化爲六馬矣，併原七百斤，得二千一百，以七馬除之，得馬

1法，當为衍文，據文意刪。

載之數推知其所含問

解曰此乃屢轉相求備之以求其真此之謂同求差共

問今有井不知深用甲繩二不及泉借乙繩一補之用乙繩三則借丙一用丙繩四則借丁一用丁繩五則借戊一用戊繩六則借甲一乃俱及泉求井深及各繩

繩各若干

答甲繩二丈六尺五寸乙一丈九尺一寸丙一丈四尺八寸丁一丈二尺九寸戊七尺六寸

井深七丈二尺一寸

法列五行以五繩之數為每借繩一為率兩甲二乘乙三得六又乘丙四得二十四又乘丁五得一百二十又乘戊六得七百二十併入一共七百二十一為井深之積

一	甲二	乙一	丙〇	丁〇	戊〇	七百二十一
二	甲〇	乙三	丙一	丁〇	戊〇	七百二十一
三	甲〇	乙〇	丙四	丁一	戊〇	七百二十一
四	甲〇	乙〇	丙〇	丁五	戊一	七百二十一
五	甲一	乙〇	丙〇	丁〇	戊六	七百二十一

以第五行與第一行對乘

載之數，推知牛驢。合問。

解：得一即可展轉相求，備之以盡其變。此三種同求差者。

4.問：今有井不知深，用甲繩二不及泉，借乙繩一補之；用乙繩三，則借丙一；用丙繩四，則借丁一；用丁繩五，則借戊一；用戊繩六，則借甲一，乃俱及泉。求井深若干？五等繩各若干[1]?

答：甲繩二丈六尺五寸；　乙一丈九尺一寸；

丙一丈四尺八寸；　丁一丈二尺九寸；

戊七尺六寸。　井深七丈二尺一寸。

法：列五行，以五繩之數爲母，借繩一爲子，取甲二乘乙三得六，又乘丙四得二十四，又乘丁五得一百二十，又乘戊六得七百二十，併入子一，共七百二十一，爲井深之積。

一	甲二	乙一	丙〇	丁〇	戊〇	七百二十一
二	甲〇	乙三	丙一	丁〇	戊〇	七百二十一
三	甲〇	乙〇	丙四	丁一	戊〇	七百二十一
四	甲〇	乙〇	丙〇	丁五	戊一	七百二十一
五	甲一	乙〇	丙〇	丁〇	戊六	七百二十一

以第五行與第一行對乘。

1 此題爲《同文算指通編》卷五“雜和較乘法”第十九題，原爲《九章算法比類大全》方程章第二十二題。

右甲二　二　乙一　一　寸七百二十一　仍七百二十一

左甲一　二　戊六　二十　寸七百二十一　一千四百四十二　对減餘七百二十一

甲对減尽存乙一戊一十二積对減餘七百二十一乃十二戊多於乙一之數為較方程照於

后之數立於左爲第二行原數列於右対乘

右乙三　三　丙一　一　寸七百二十一　仍七百二十一

左乙一　三　戊二十　六十　較寸七百二十一　二千一百六十三　倂得二千八百八十四

乙对減尽存丙一戊三十六之積倂得二千八百八十四乃丙一戊三十六之共數為實數方

程照於丙之數立於左爲第三行原數列右互乘

右丙四　四　丁一　寸七百二十一　仍七百二十一

左丙一　四　戊三十六　一百四十四　寸二千八百八十四　一萬一千五百三十六　对減餘一萬零八百一十五

丙对減尽存丁一戊一百四十四積对減餘一萬零八百一十五乃戊一百四十四多於丁一之

數為較方程照於丁之數立於左爲第四行原數列右对乘

右丁五　五　戊一　一　寸七百二十一　仍七百二十一

左丁一　五　戊一百四十四　七百二十　倂七百二十一　較寸一萬零八百一十五　五萬四千零七十五　倂得五萬四千七百九十六

丁对減尽加較化丁為戊二戊倂得七百二十一為法積倂得五萬四千七百九十六為實文

成實數方程法除實得戊繩七尺六寸六因之得四丈五尺六寸以減井深七丈二尺一寸餘

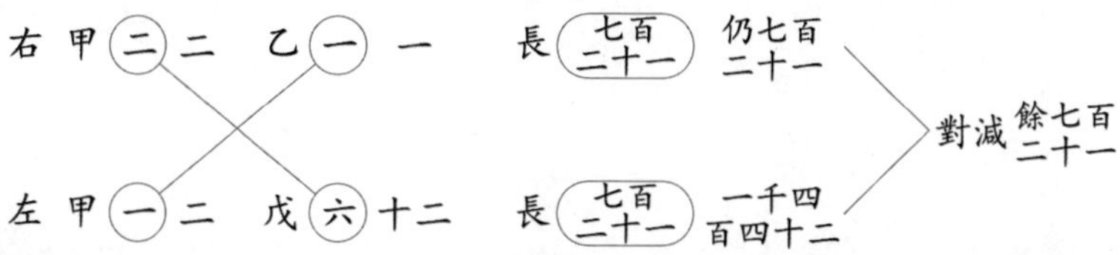

甲對減盡，存乙一、戊一十二，積對減，餘七百二十一，乃十二戊多於乙一之數，爲較方程。照新得之數立於左，取第二行原數列右對乘。

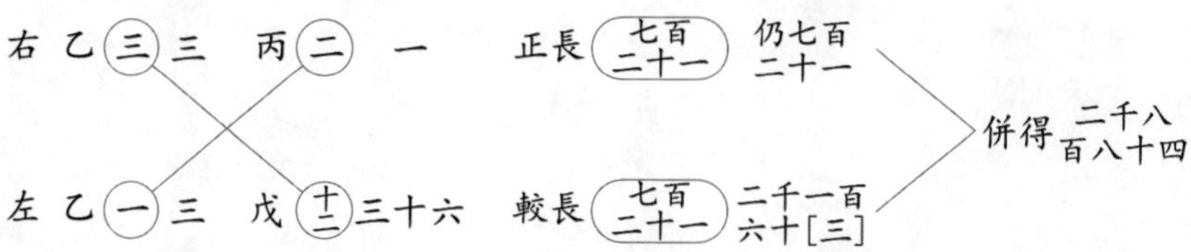

乙對減盡，存丙一、戊三十六,二積併得二千八百八十四，乃丙一、戊三十六之共數，爲實數方程。照新得之數立於左，取第三行原數列右互乘。

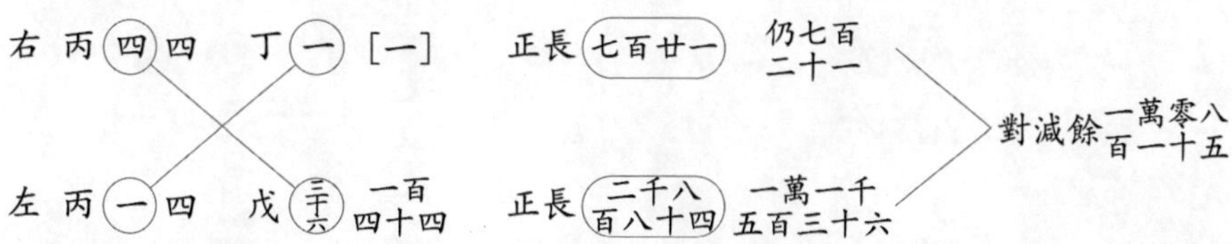

丙對減盡，存丁一、戊一百四十四，積對減，餘一萬零八百一十五，乃戊一百四十四多於丁一之數，爲較方程。照新得之數立於左，取第四行原數列右對乘。

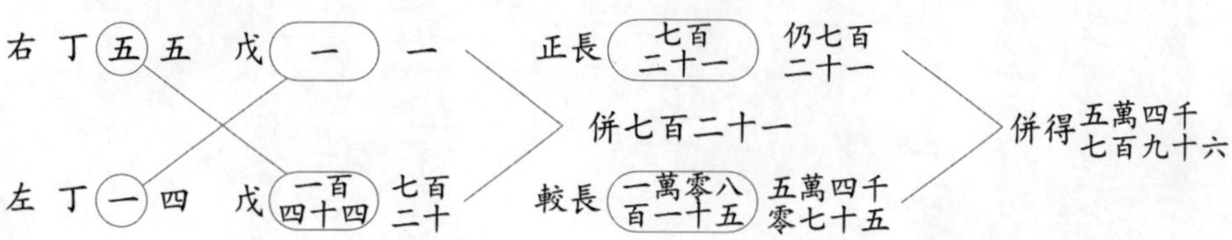

丁對減盡，加較化丁爲戊，二戊併得七百二十一爲法，積併得五萬四千七百九十六爲實，又成實數方程。法除實，得戊繩七尺六寸。六因之，得四丈五尺六寸，以減井深七丈二尺一寸，餘

二丈六尺五寸爲甲繩二因甲繩得五丈三寸以減井深餘一丈九尺一寸爲乙繩三因乙繩得
五丈七尺三寸以減井深餘一丈四尺八寸爲丙繩四因丙繩得五丈九尺二寸以減井深餘
一丈二尺九寸爲丁繩合問

解此五種同求差其原無等數故立數以求之七百二十一其所得通數乘除皆整
耳其實等數原無定隨意立之皆可求而無統一也

問今有五等繩甲繩二丈五尺六寸乙一丈九尺一寸丙一丈四尺八寸丁一丈二尺九寸戊
七尺六寸遞起相接要其長均等求同長若干各繩若干遞接其甲接乙
接丙丙接丁丁接戊起接其戊戊接甲

答甲二條接乙一條乙三條接丙一條丙四條接丁一條丁五條接戊一條戊六條接
甲一條俱長七丈二尺一寸

法甲乙對減餘七尺四寸爲差以除丙繩得二以知甲乙各二餘差一丙以丙償二乙與甲
亦等矣甲下加一乙上亦加一對之是甲二乙一與乙三丙一等也乙丙對減餘四尺三寸以除
丁繩得三以知丙丁各三當償一丁乙三下原有一丙加於丙上是四丙一丁爲等數也丙丁
對減餘一丈九寸以除戊得四以知四丙四丁當償一戊仍加丙下一丁於丁上得五丁一戊
爲等數丁戊對減餘五尺三寸以除甲得五以知五丁五戊當償一甲仍加丁下一戊
於戊上得六戊一甲爲等數也

二丈六尺五寸，爲甲繩。二因甲繩，得五丈三（寸）［尺］，以減井深，餘一丈九尺一寸，爲乙繩。三因乙繩，得五丈七尺三寸，以減井深，餘一丈四尺八寸，爲丙繩。四因丙繩，得五丈九尺二寸，以減井深，餘一丈二尺九寸，爲丁繩。合問。

解：此五種同求差者。原無等數，故立數以求之。七百二十一者，取其通數，乘除皆整耳。其實等原無定，隨意立之，皆可求，不必執一也。

5.問：今有五等繩，甲繩二丈（五尺六寸）［六尺五寸］[1]，乙一丈九尺一寸，丙一丈四尺八寸，丁一丈二尺九寸，戊七尺六寸，遞轉相接，要其長均等，求同長若干？各繩若干？遞接者，甲接乙，［乙］接丙，丙接丁，丁接戊；轉接者，戊又接甲。

答：甲二條接乙一條；乙三條接丙一條；
丙四條接丁一條；丁五條接戊一條；
戊六條接甲一條。俱長七丈二尺一寸。

法：甲乙對減，餘七尺四寸爲差，以除丙繩得二，即知甲乙各二，能差一丙。以丙續二乙，與甲二等矣，甲下加一乙，上亦加一對之，是甲二乙一與乙三丙一等也。乙丙對減，餘四尺三寸，以除丁繩，得三，即知丙丁各三，當續一丁。乙三下原有一丙，加於丙上，是四丙一丁爲等數也。丙丁對減，餘一（丈）［尺］九寸，以除戊得四，即知四丙四丁當續一戊。仍加丙下一丁於丁上，得五丁一戊爲等數。丁戊對減，餘五尺三寸，以除甲得五，即知五丁五戊當續一甲。仍加丁下一戊於戊上，得六戊一甲爲等數也。

1 五尺六寸，當作“六尺五寸”，據前題答文校改。

解此以差求同也但以抱裁任便加二加三無不如述

問今有錢九千九百九十九文以買二馬一牛則不足半馬之價以買一馬二牛則餘半牛之價求各價實若干

答馬價五千四百五十文 牛價一千八百一十八文

法不足半馬則知錢九千九百九十九止買一馬一牛又二分馬之一也餘半牛則知錢九千九百九十九可買一馬二牛又二分牛之一也对列互乘馬各以一五右牛仍以一右價仍以九千九百九十九文左牛以三七五左價以一萬四千九百九十八文半对減餘牛二三七五為法餘錢四千九百九十九五為實法除實得牛價轉求得馬價合問

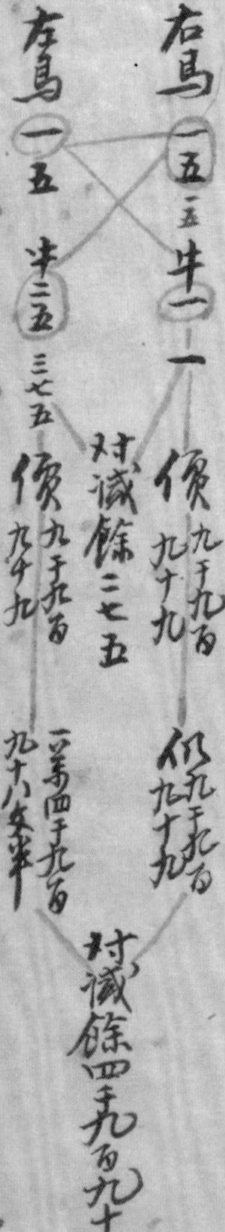

解此亦二種方程如此作問者以物為盈朒轉合之仍在等方程之例自此可推矣

解：此以差求同也。但得均數，任便加二加三，無不可也。

6.問：今有錢九千九百九十九文，以買二馬一牛，則不足半馬之價；以買一馬二牛，則餘半牛之價。求各價實若干[1]？

答：馬價五千四百五十文；　　　　牛價一千八百一十八文。

法：不足半馬，則知錢九千九百九十九，止買一馬一牛，又二分馬之一也；餘半牛，則知錢九千九百九十九，可買一馬二牛，又二分牛之一也。對列互乘，馬各得一五，右牛仍得一，右價仍得九千九百九十九文；左牛得三七五，左價得一萬四千九百九十八文半。對減，餘牛二七五爲法，餘錢四千九百九十九五爲實。法除實，得牛價，轉求得馬價。合問。

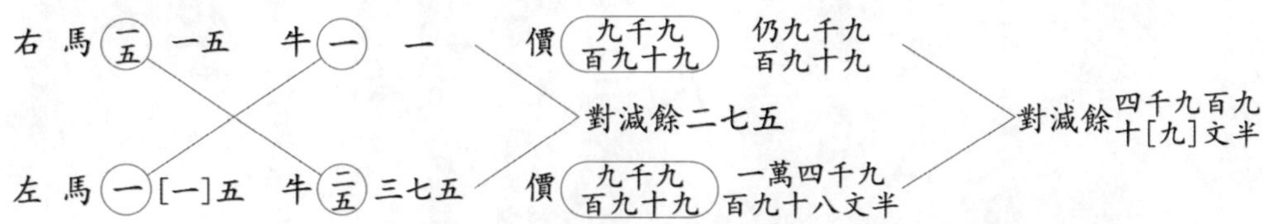

解：此亦二種方程。如此作問，雖以物爲盈朒，轉會之，仍在等方程之例。多者可推矣。

圖丨十一

1 此題爲《同文算指通編》卷五“雜和較乘法”第五題。題設總錢“九千九百九十文”，《同文算指通編》作“一萬文”，求得牛價爲一千八百一十八文又十一之二，馬價爲五千四百五十四文又十一之六，畸零不盡。本書改作“九千九百九十九文”，所求牛價與馬價皆爲整數。

中西數學圖說

亥集

句股相求

闊謂之句直謂之股兩隅斜去謂之弦各度所乘謂之徑各以其度自之謂之積

舉三四以知之

凡句股弦相求者以其徑自乘為積弦積減句積餘平開之為股減股積餘平開之為句併句股二積平開之為弦

問今有句二十七尺股三十六尺求弦幾何

答四十五尺

法句二十七自乘得七百二十九尺股三十六自乘得一千二百九十六尺併之得二千零二十五尺平開之合問

解此句股求弦

問今有句二十七尺弦四十五尺求股幾何

答三十六尺

法弦積二千零二十五尺減句積七百二十九餘一千二百九十六尺平開之合問

解此句弦求股

中西數學圖説

亥集[1]

句股相求

濶謂之句，直謂之股，兩隅斜去謂之弦。各度若干，謂之徑。各以其度自之，謂之積。舉二可以知一。

凡句股弦相求，各以其徑自乘爲積，弦積減句積，餘平開之爲股；減股積，餘平開之爲句。併句、股二積，平開之爲弦。

1.問：今有句二十七尺，股三十六尺，求弦若干？

答：四十五尺。

法：句二十七自乘，得七百二十九尺；股三十六自乘，得一千二百九十六尺。併之，得二千零二十五尺。平開之，合問。

解：此句股求弦。

2.問：今有句二十七尺，弦四十五尺，求股若干？

答：三十六尺。

法：弦積二千零二十五尺，減句積七百二十九，餘一千二百九十六尺。平開之，合問。

解：此句弦求股。

1 亥集原爲句股章，由于篇幅關係，第一篇“句股相求”、第二篇“句股較和”，訂入第十一册戌集，其餘各篇訂入第十二册亥集。

問今有股三十六尺弦四十五尺求勾幾何

答二十七尺

法　弦積二千零二十五尺減股積一千二百九十六尺餘七百二十九尺平開之合問

解　此股弦求勾

凡方形以面自乘倍之平開方得斜勾股乃方形之半勾股兩面一長一短不齊其自然之

率任其隨形異名合之故平面之斜爲勾股之弦一也

平方之半爲圭圭方之半爲勾股

長方合兩面平開得斜勾股合兩面平開得弦一也

凡平方自乘與斜相乘同其勾股形求積用相乘求弦用自乘此勾股與斜圭形之理亦通假

如平方圭兩面各七尺共二十四尺自乘相乘併四十九尺半之得二十四尺五寸爲積倍之

得九十八尺平開之得九尺八寸九分九厘強爲斜其勾股一面八尺一面六尺共二十四尺

求積當用相乘六八四十八尺半之得二十四尺爲積其用以求弦倍之得九十六少四尺乘求弦

3.問：今有股三十六尺，弦四十五尺，求句若干？

答：二十七尺。

法：弦積二千零二十五尺，減股積一千二百九十六尺，餘七百二十九尺。平開之，合問。

解：此股弦求句。

凡方形以面自乘，倍之平開而得斜。句股乃方形之半，雖兩面長短不齊，其自然之率，任其游移，無不合焉。故平面之斜，與句股之弦一也。

平方之半爲圭，長方之半爲句股

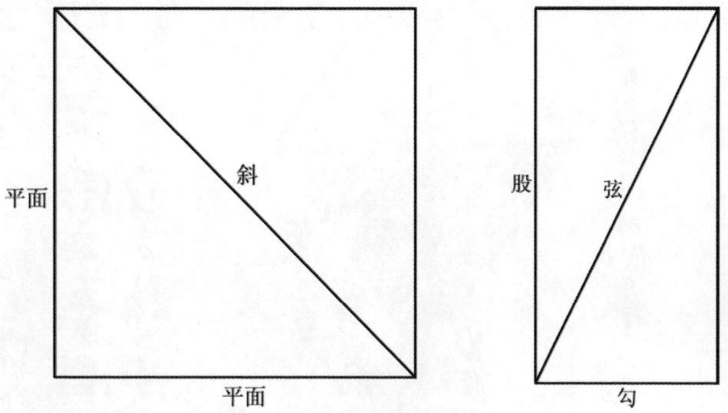

半方合兩面，平開得斜；句股合兩面，平開得弦，一也。

凡半方自乘與相乘同。若句股形，求積用相乘，求弦用自乘，此句股與圭形之異也。

假如半方圭兩面各七步，共一十四步，自乘、相乘俱四十九步。半之，得二十四步五分爲積，倍之得九十八步，平開之，得九步八分九厘有奇爲斜。若句股一面八步，一面六步，亦共一十四步，求積當用相乘，六八四十八，半之，得二十四爲積。若用以求弦，倍之得九十六，少四步矣。求弦

弦自乘八八〇四〇〇三十六八共一百步平開之得十步為弦 以弦求積四归之得二十五步
步四十步為蓋方無較 內股有較積法四之加較平開之得弦 法減較四归之得積 此
半方與句股相通之較也
如句六二十七股三十六相乘得九百七十二折半為積四之得一千九百四十四 句股之較九自之得
八十一加之得二千零二十五平開之得弦 減較四归仍得積也
半方圭求積 四十七步積二千四百五十五分

半方圭求弦 四十七步 斜九步八分九厘有奇

句股求積用相乘

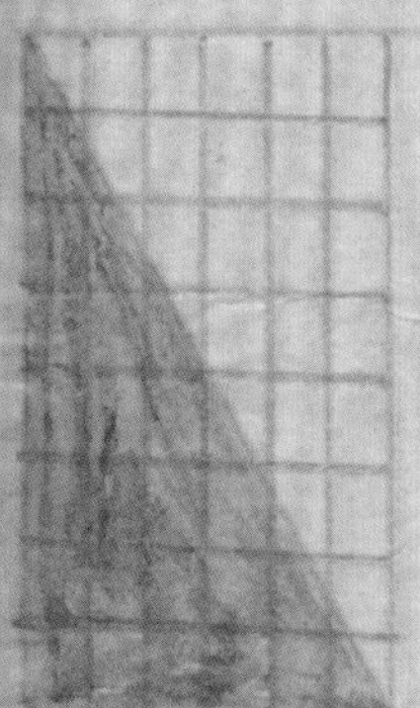

句六股八相乘得四十八
折半得二十四為存積

當用自乘，八八六十四，六六三十六，共一百步，平開之，得十步爲弦。若用以求積，四歸之得二十五步，多四步矣。蓋方無較，句股有較。積法四之，加較平開而得弦；弦法減較，四歸而得積[1]，此半方與句股相通之數也。

如上句二十七，股三十六，相乘得九百七十二，折半爲積。四之得一千九百四十四，句股之較九，自之得八十一，加之得二千零二十五。平開之，得弦；減較四歸，仍得積也。

半方圭求積 面七步，積二十四五分。

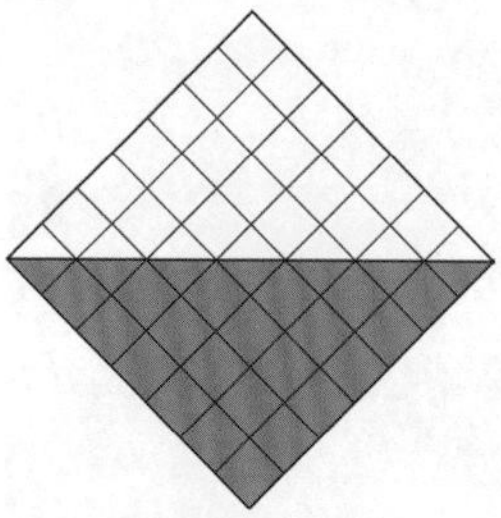

七步自乘得四十九，成虛實二積，半之得二十四步五分，爲本積。

半方圭求弦 面七步，斜九步八分九厘有奇。

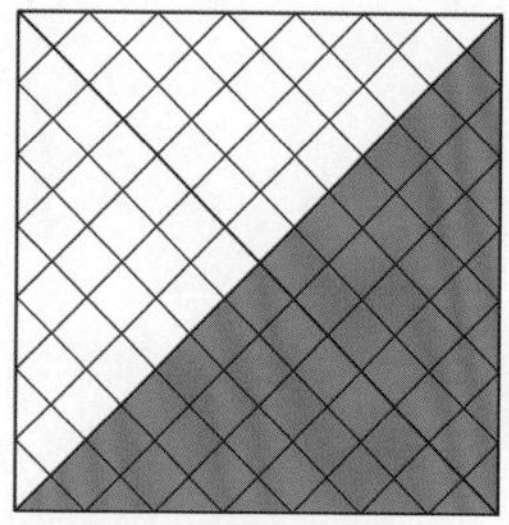

七步相乘得四十九，倍之得九十八，爲積者四。平開之，得九步八分九厘有奇。小方之斜轉爲大方之面，蓋圭形之底，如句股之弦也。

句股求積用相乘

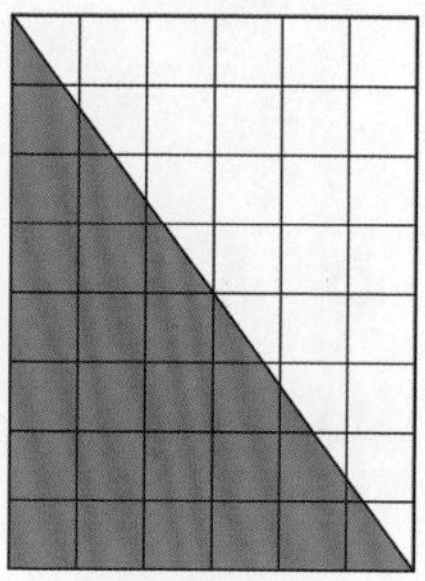

句六股八，相乘得四十八，折半得二十四，爲本積。

---

1 設句股弦分别爲 a 、b 、c ，由圖 11-1 可知：

$$4\times\frac{ab}{2}+\left(b-a\right)^2=c^2$$

其中，$\frac{ab}{2}$ 爲積法，c^2 爲弦法。

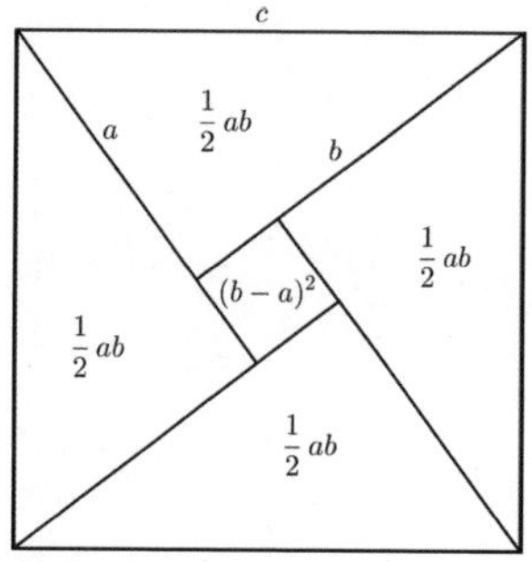

圖 11-1

勾股求弦用自乘

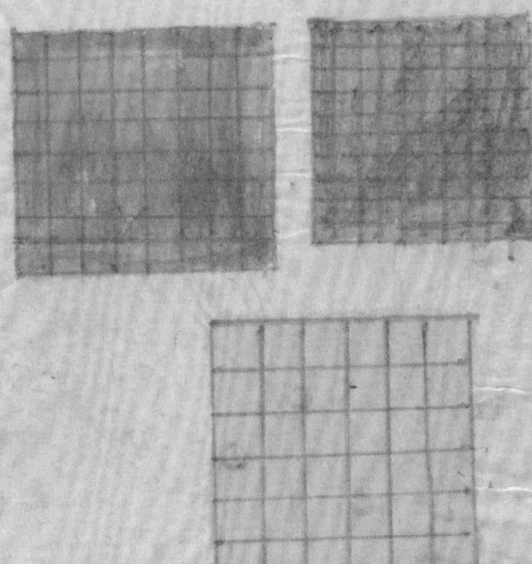

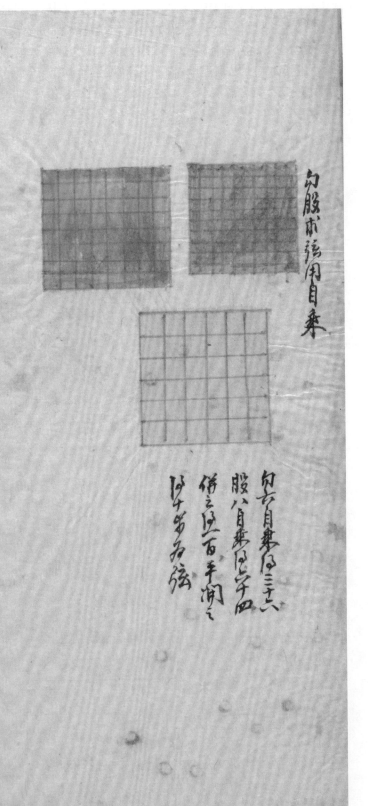

勾六自乘得三十六
股八自乘得六十四
併之得一百平開之
得十步為弦

句股求弦用自乘

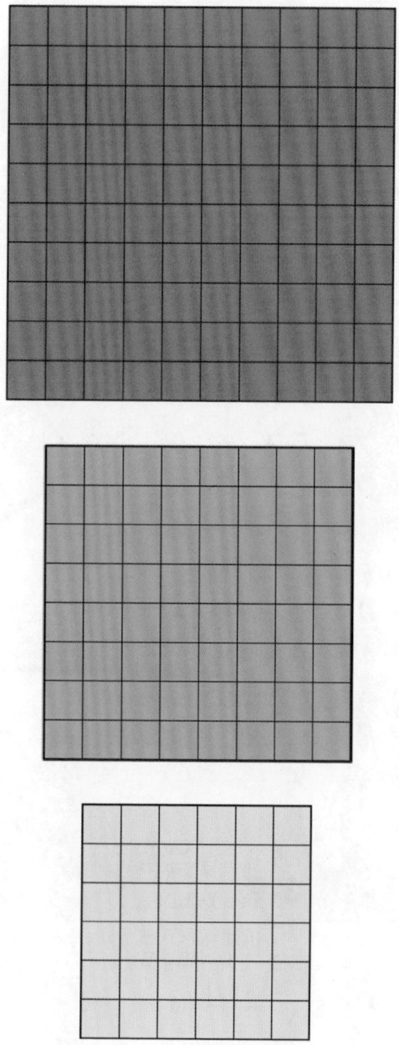

句六自乘得三十六，股八自乘得六十四，併之得一百。平開之，得十步爲弦。

勾股求積求弦自乘相乘互用。黑線縱橫皆十，紅線縱八橫六，黃線為較。

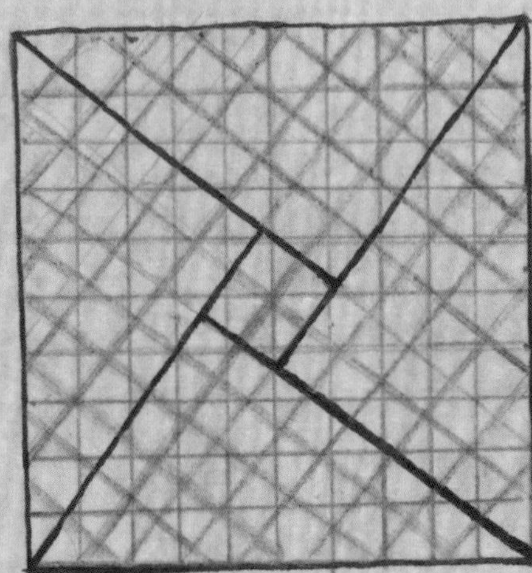

勾六股八相乘得二積，倍之得四積九十六，紅線是也。勾六股八其較二，自乘得四，黃線是也。加入四積得一百，平開得弦十為外全圖。八六各自乘，併之得一百，為黑線全圖。是之減較四，餘九十六，四歸之，仍得弁積。

凡勾股從方圓而出，故置圓而方其外，圓之界即股也；伸圓之邊而抵方界為勾，以圓界之外斜抵方界為股弦較，加較於股即弦也。置方而圓其外，圓之界即弦也；縮圓之邊而抵方界為勾，以方界減圓界，餘者為股弦較，所補方界之內即股也。若作長方形，則勾股相為盈縮，故君卿之注周髀曰：伸圓之周而為勾，展方之匝而為股，共結一角，斜適弦五，此方圓斜徑相通之率，蓋神妙也。三角五角以至多角圓，其內外其例皆同，然俱以勾股為率，則方法勾股為三角立勾即股，五角以上則三股即勾矣，五角之率以三股為弦，五數雖妙合，此勾股法所從出。

句股求積求弦自乘相乘互用 黑線縱橫皆十，紅線縱八橫六，黃線爲較

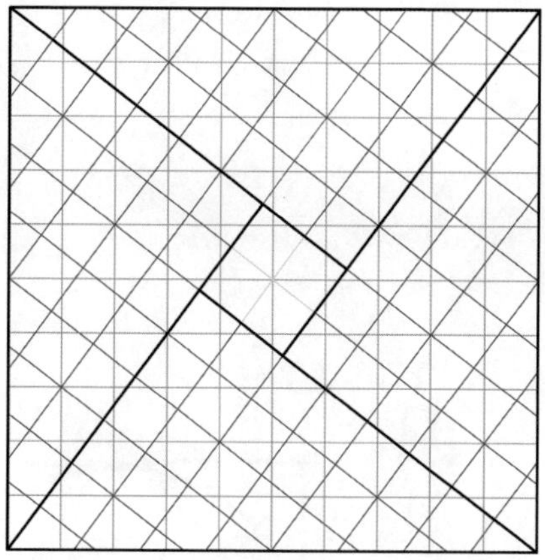

句六股八，相乘得二積，倍之得四積九十六，紅線是。句六股八，其較二，自乘得四，黃線是。加入四積，得一百，平開得弦十步，如全圖。八、六各自乘，併之得一百步，黑線全圖是。減較四餘九十六，四歸之，仍得本積。

凡句股從方圓而出，故置圓而方其外。圓之界皆股也[1]；伸圓之邊而抵方界爲句；圓界之外斜趨方界，爲股弦較，加較於股，即弦也。置方而圓其外，圓之界皆弦也；縮圓之邊齊於方界爲句；以方界減圓界，餘者爲股弦較，所存方界之内，即股也。若作長方形，則句股相爲盈縮，故君卿之注《周髀》曰[2]:“伸圓之周而爲句，展方之匝而爲股，共結一角，斜適弦五，政方圓斜徑相通之率[3]。”蓋謂此也。三角、五角以至多角，圓其内外，其例亦同。若俱以至隅爲率，則方法句股等。三角立句卧股，五角以上則立股卧句矣。五角之率，句三股四弦五，數獨妙合。此句股法所從

1 之，到。界，邊界。指圓心至邊界的線段，皆爲股。參後“外方内圓圖”。

2 君卿，即趙爽，一名嬰，君卿其字，注《周髀算經》。

3 政，南宋本《周髀算經》卷上作“此”，胡震亨《秘冊匯函》本《周髀算經》(後版歸毛晉汲古閣，刻入《津逮秘書》) 作“政”。本書依胡刻本。

生也

外方内圓　句股等

内圓邊处以股圓邊展曲成直而以圓外之方角爲股弦較併較於股爲弦

外圓内方　句股等

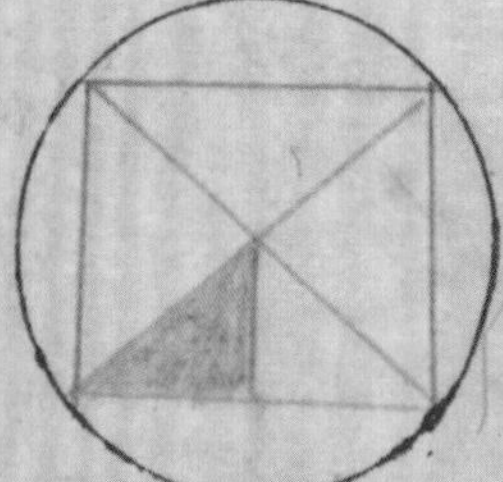

外圓邊处以弦圓邊縮曲成直而以其方内直線爲股方外黄線爲股弦較内以并股等

生也。

外方内圓 句股等

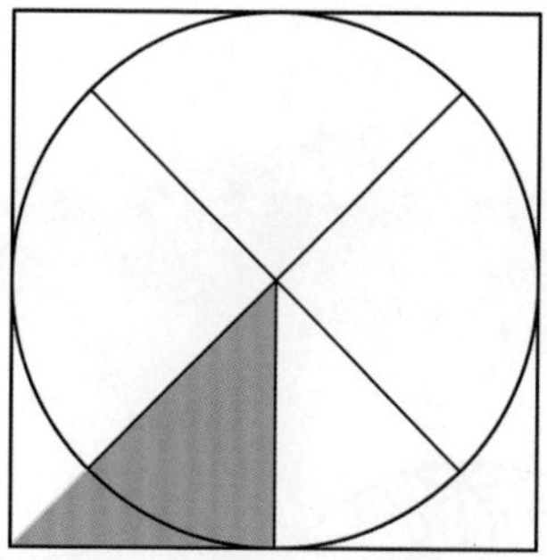

内圓隨處皆股，圓邊展曲成直爲句。圓外至方角爲股弦較，併較於股爲弦。

外圓内方 句股等

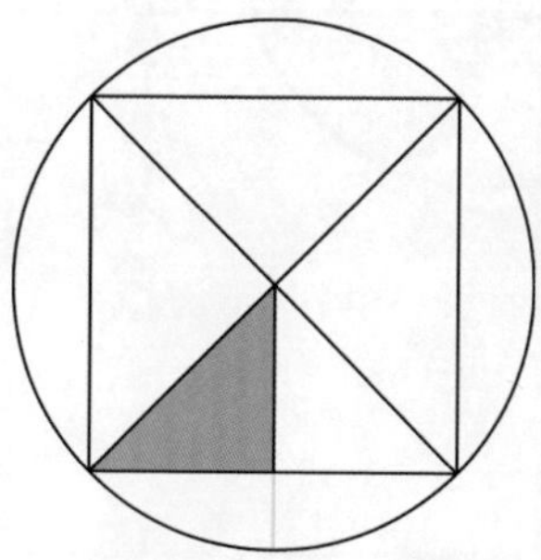

外圓隨處皆弦，圓邊縮曲成直爲句。其方内直線爲股，方外黄線爲股弦較，句與股等。

外圜內方　內股等

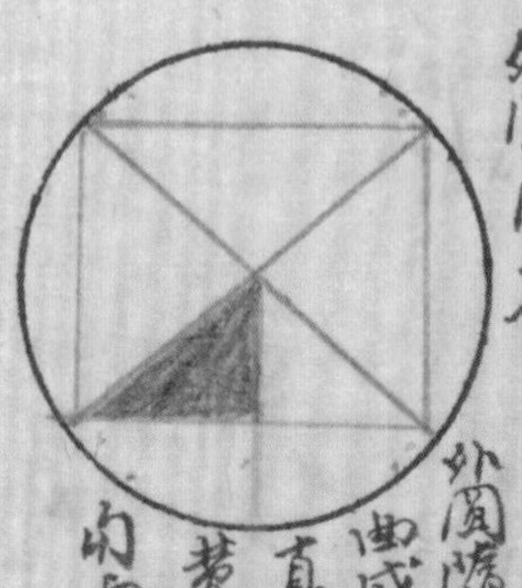

外圜隨处以弦圜边缩
曲成直角內其方內
直線爲股方外
黄線爲股弦較
內外股等

外圜內角　竖內卧股

圜心至角以弦至平面爲內
半面爲股平面至圜边爲
句弦較

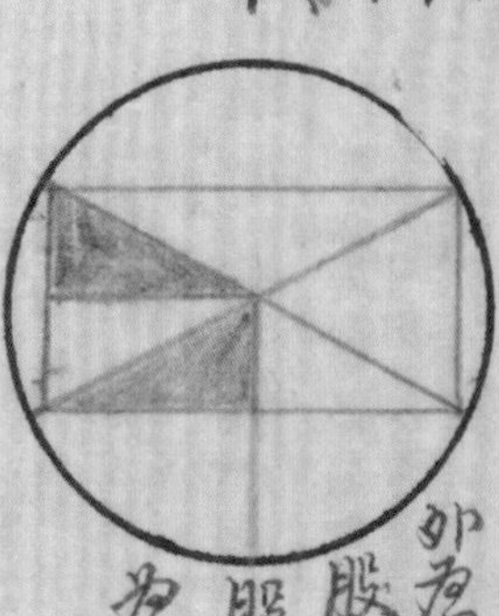

長方形在圜內其橫至边爲內方
外爲內股弦較其竪至方边者爲
股方外爲股弦較以內者爲
股短爲內股曰內股相
爲盈縮也

外角內圜　竖內卧股

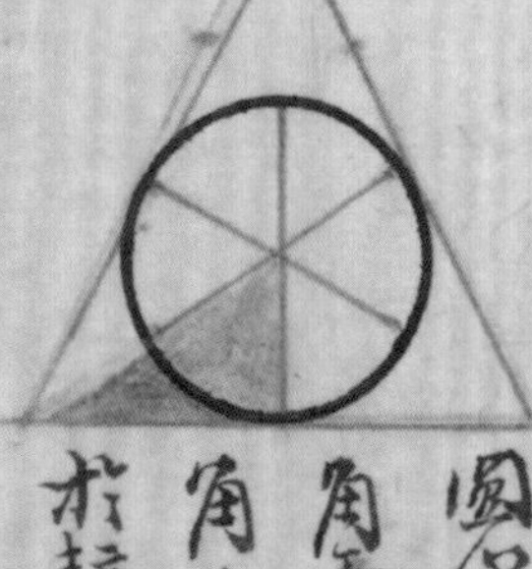

圜心至圜边以內半
角面爲股圜心至
角爲內弦較係內
外較爲弦

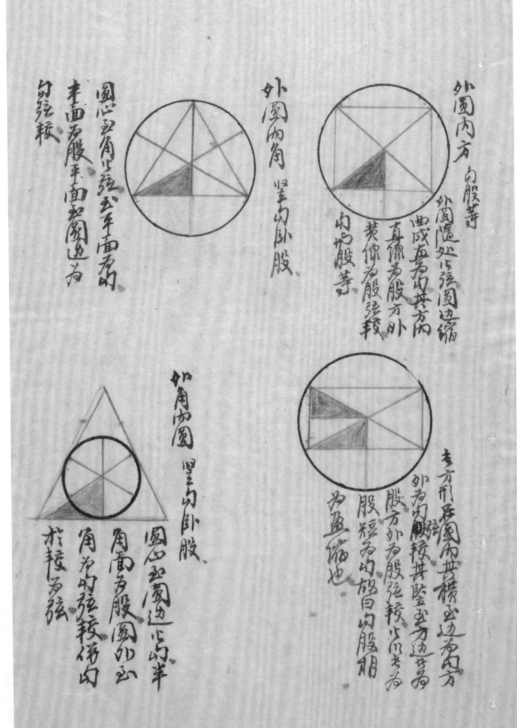

外圓内方[1] 句股等

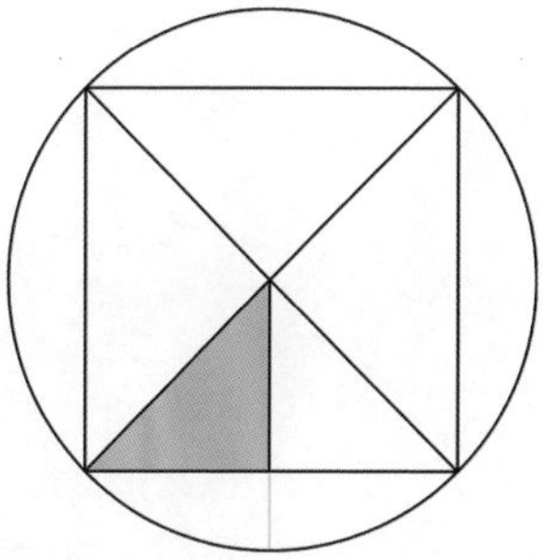

外圓隨處皆弦，圓邊縮曲成直爲句。其方内直線爲股，方外黄線爲股弦較，句與股等。

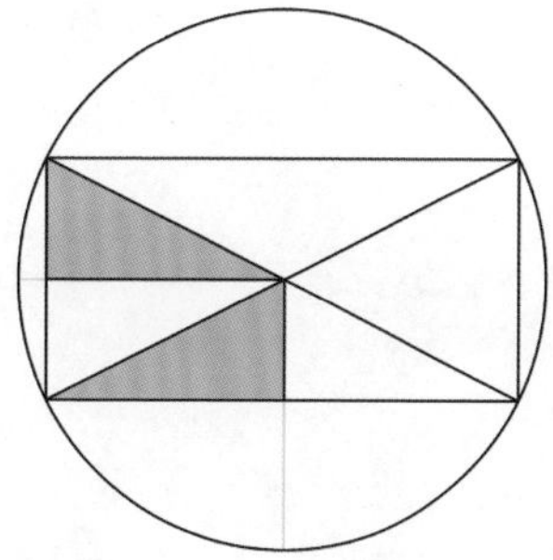

長方形在圓内，其横至邊爲句[2]，方外爲句弦較；其竪至方邊者爲股，方外爲股弦較。皆以長爲股，短爲句，故曰句股相爲盈縮也。

外圓内角 竪句卧股

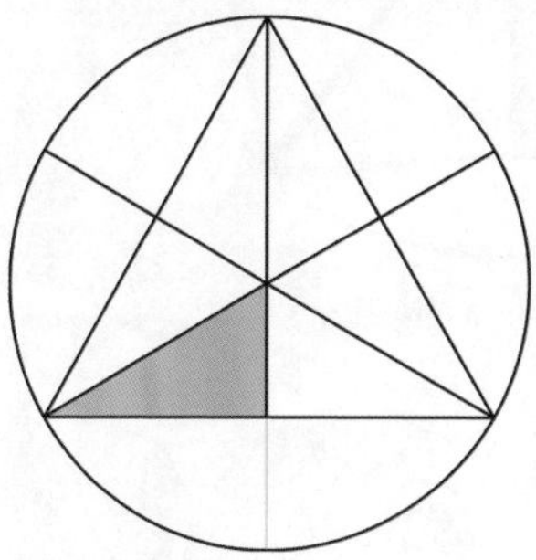

圓心至角皆弦，至平面爲句，半面爲股，平面至圓邊爲句弦較。

外角内圓 竪句卧股

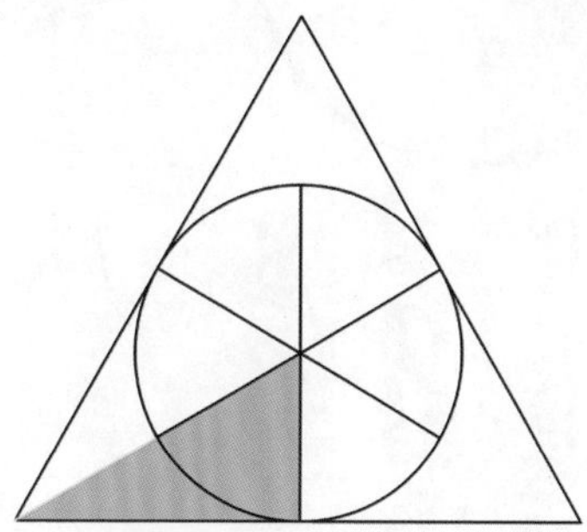

圓心至圓邊皆句，半角面爲股。圓外至角爲句弦較，併句於較爲弦。

---

1 此圖與前圖重複，當删。

2 此句表述不明，難於理解。“其横至邊爲句”、“其竪至方邊者爲股”，“邊”與“方邊”似當作“圓心”，如圖所示，指長方形横邊至圓心爲句，竪邊至圓心爲股。或將“其”理解爲圓心，指圓心横向至方邊爲句，竪向至方邊爲股，若如此理解，則原圖長方形當作九十度旋轉，方合圖説之意。

外圜內五角 此內容股

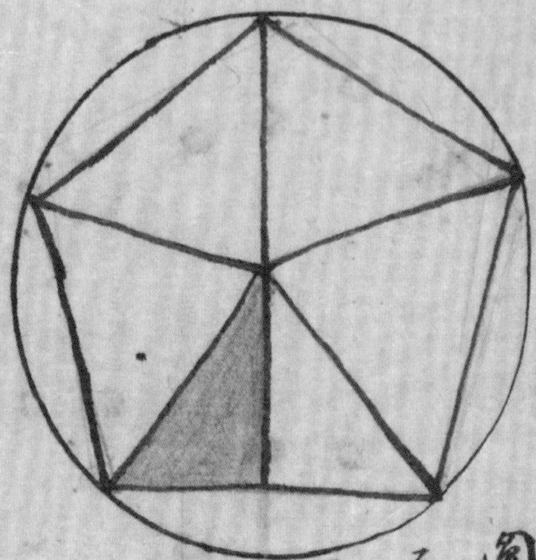

圜心至角為弦 至平面為股 平面之半為句
平面外至圜邊為股弦較
圜得平角見九 心至角得五 至平得四 每面之
平得三 角之外圜邊得一

外五角內圜 此內容股

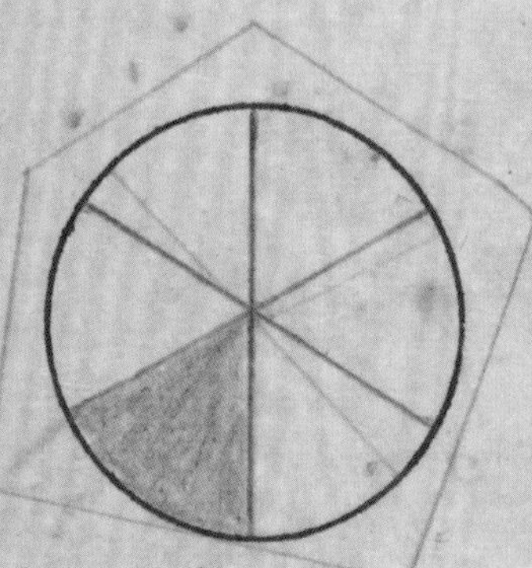

圜心至圜邊為股 半面為句 圜外至角為股弦
較 併較於股為弦 角得九 圜得六 股得四 句
得三 弦得五 較得一 其句股法所從起也

外圓内五角 卧句竪股

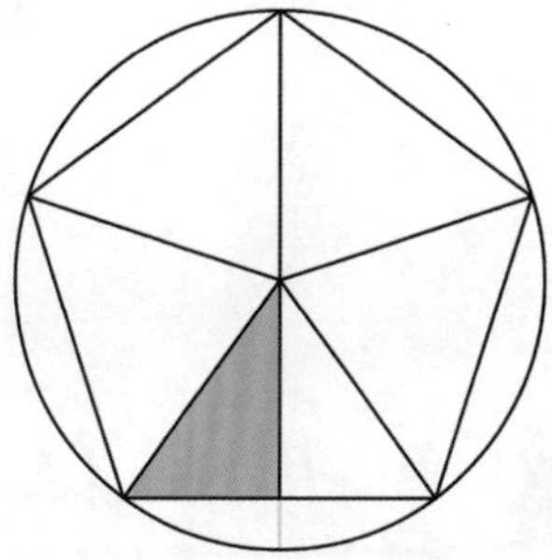

圓心至角皆弦，至平面爲股，平面之半爲句，平面外至圓邊爲股弦較。

圓得十，角得九[1]，心至尖得五，至平得四，每面之（平）［半］得三[2]，角之外圓之内得一。

外五角内圓 卧句竪股

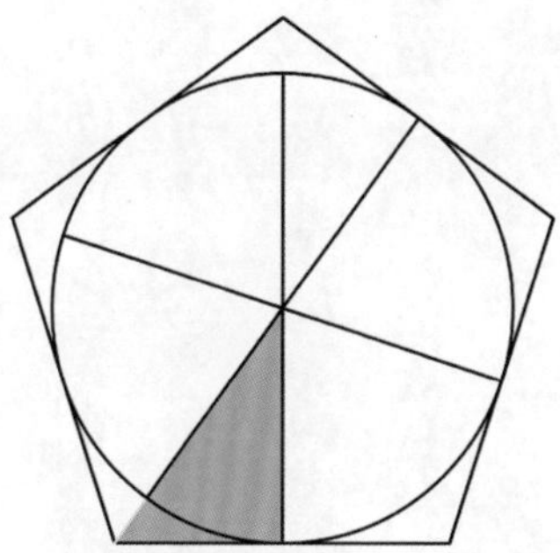

圓心至圓邊皆股，半面爲句，圓外至角爲股弦較，併較於股爲弦。角得九，圓得八，股得四，句得三，弦得五，較得一，是句股法所從起也。

1 五角外接圓，圓徑得十，五角徑得九。參本書卷一“形積相求補 · 圓徑求十角面徑”。

2 平，當作“半”，形近而訛。

按周髀算經昔者周公問於商高曰竊聞乎大夫善數也請問古者包犧氏立周
天曆度夫天不可階而升地不可尺寸而度請問數安出商高曰數之法出
於圓方圓出於方方出於矩矩出於九九八十一故折矩以為句廣三股脩四徑隅五
既方之外半其一矩環而共盤得成三四五兩矩共長二十有五是謂積矩故禹之
所以治天下者此數之所生也周公曰大哉言數請問用矩之道商高曰平矩以正繩
偃矩以望高覆矩以測深臥矩以知遠環矩以為圓合矩以為方方屬地圓屬天
天圓地方數為典以方出圓笠以寫天天青黑地黃赤天數之為笠也青黑為表
丹黃為裏以象天地之位是故知地者智知天者聖智出於句句出於矩夫矩之於數
其裁制萬物惟所為耳周公曰善哉此周髀算經本文也余謂句股出於方圓
而徑謂方圓出於句股蓋徑之所言者既有句股而言也環則成圓合則成方
余之所言者未有句股而言也象圓而成均參方而成較易曰古者包犧氏之
王天下也仰則觀象於天俯則觀法於地此先天數法之原也孟子曰聖人既竭
目力焉繼之以規矩準繩以為方圓平直此得天裁成之道也故無句股不
能成方圓無方圓何從出句股徑之言得天余之言先天如有二也

按《周髀筭經》:“昔者周公問於商高曰:‘竊聞乎大夫善數也，請問古者包犧氏立周天歷度，夫天不可階而升，地不可尺寸而度[1]，請問數從安出[2]？’商高曰:‘數之法出於圓方。圓出於方，方出於矩，矩出於九九八十一。故折矩以爲句廣三，股修四，徑隅五。既方之外，半其一矩，環而共盤，得成三四五。兩矩共長二十有五，是謂積矩。故禹之所以治天下者，此數之所以生也。’周公曰:‘大哉言數！請問用矩之道。’商高曰:‘平矩以正繩，偃矩以望高，覆矩以測深，卧矩以知遠。環矩以爲圓，合矩以爲方。方屬地，圓屬天，天圓地方。方數爲典，以方出圓。笠以寫天。天青黑，地黄赤。天數之爲笠也，青黑爲表，丹黄爲裡，以象天地之位。是故知地者智，知天者聖。智出於句，句出於矩。夫矩之於數，其裁制萬物，惟所爲耳。’周公曰:‘善哉！’”[3]

此《周髀筭經》本文也。余謂句股出於方圓，而《經》謂方圓出於句股。蓋《經》之所言，爲既有句股而言也，環則成圓，合則成方。余之所言，爲未有句股而言也，象圓而取均，象方而取較。《易》曰:“古者包犧氏之王天下也，仰則觀象於天，俯則觀法於地。”[4]此先天效法之原也。《孟子》曰:“聖人既竭目力焉，繼之以規矩準繩，以爲方圓平直。”[5]此後天裁成之道也。故無句股不能成方圓，無方圓何從出句股?《經》言後天，余言先天，非有二也。

1“可”字下，南宋本《周髀算經》有“得”字，胡刻本作“將”。
2 從安，南宋本作“安從”，此沿胡刻本倒乙之誤。
3 引文出《周髀算經》卷上。
4 引文出《周易·繫辭下》。
5 引文出《孟子·離婁章句上》。

句股圓方圖

弦實二十五朱及黃

弦圖

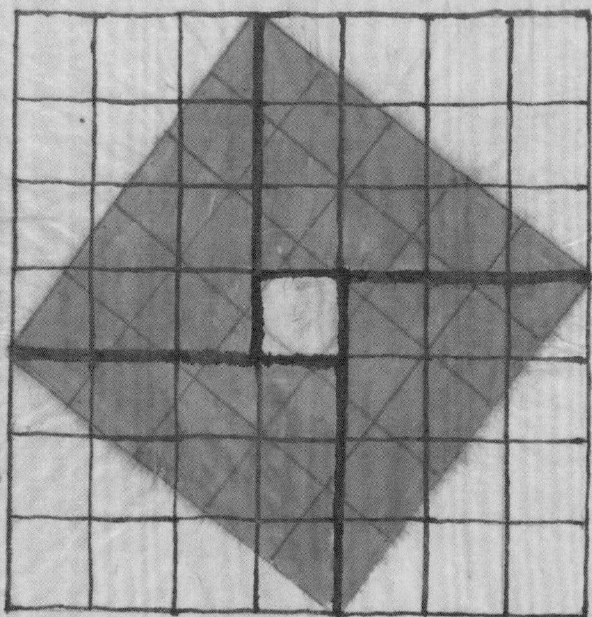

朱實四黃實一

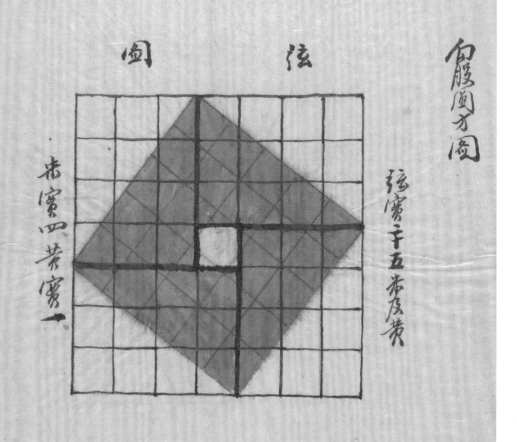

句股圓方圖

弦圖[1]

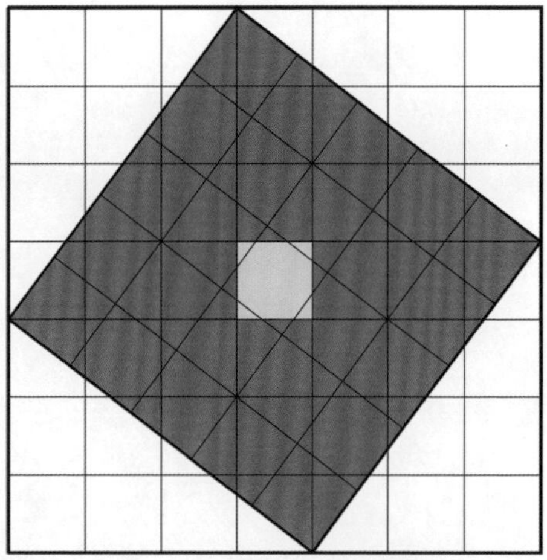

弦實二十五，朱及黃。

朱實四，黃實一。

1 錢寶琮校訂本《算經十書》（以下簡稱錢校本）重繪弦圖如 11-2 所示：

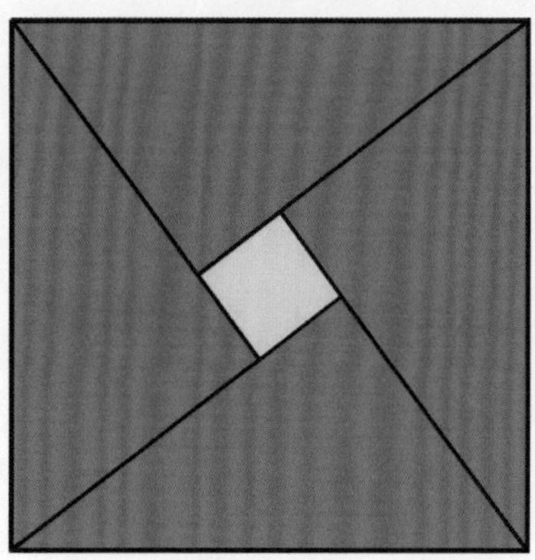

圖 11-2

左圖

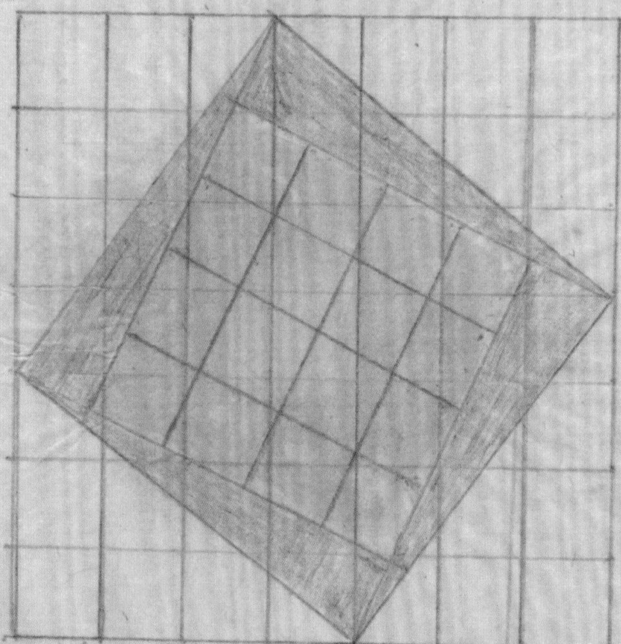

左圖[1]

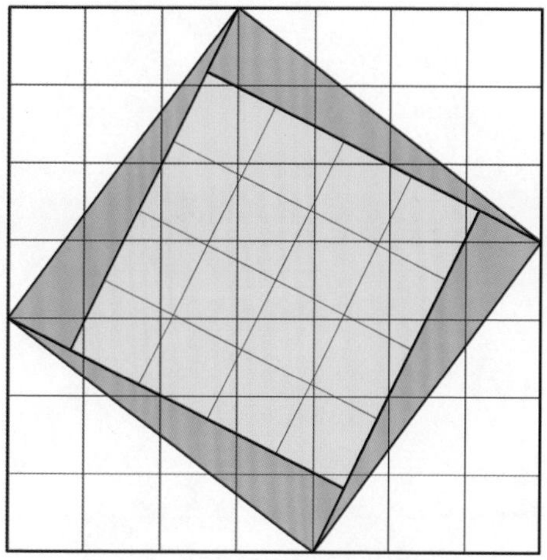

股實十六，黃。

句實之矩九，青。亦名矩句之角。

1 胡刻本、南宋本《周髀算經》“左圖”如圖 11-3 所示，黃色爲股實，青色爲句實之矩。此圖與趙爽注不合，錢校本重繪如圖 11-4 所示，黃色内方爲股實，青色外矩爲句實之矩。

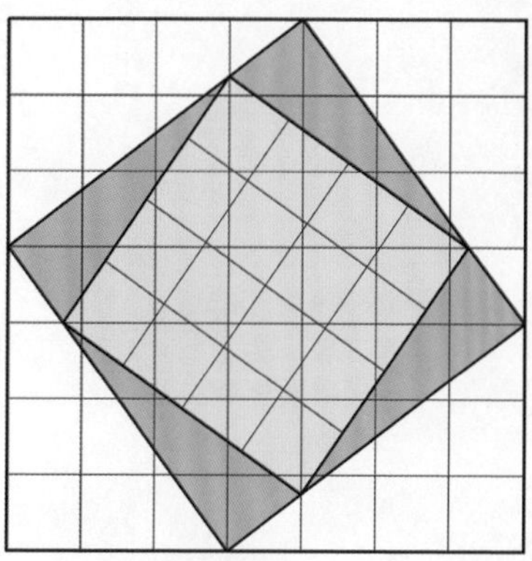

圖 11-3

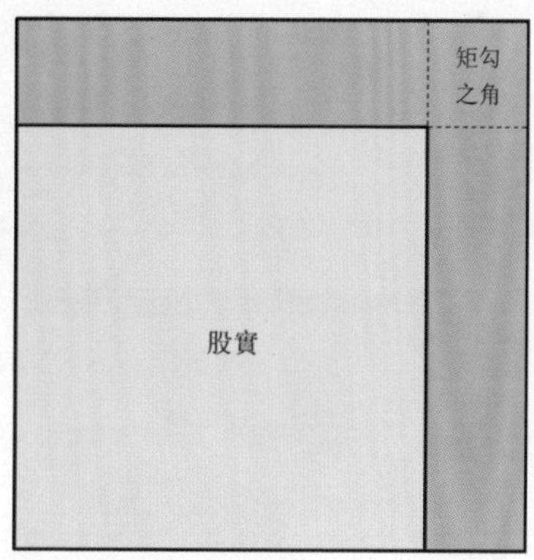

圖 11-4

右圖

股實之矩十六黃　廉容矩股之角

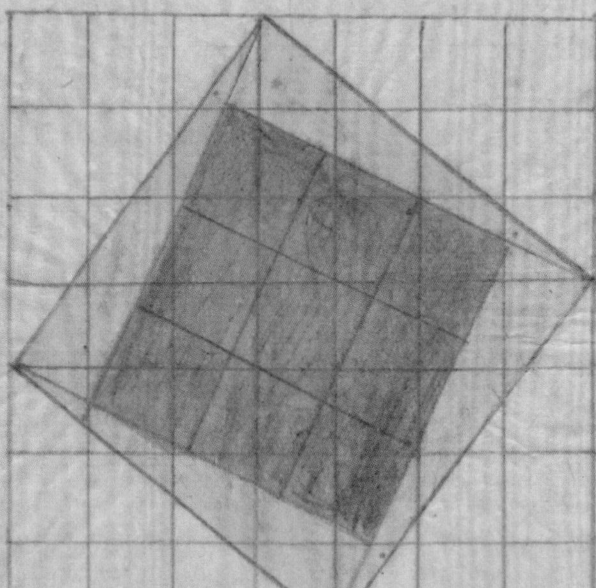

內實九青

右圖[1]

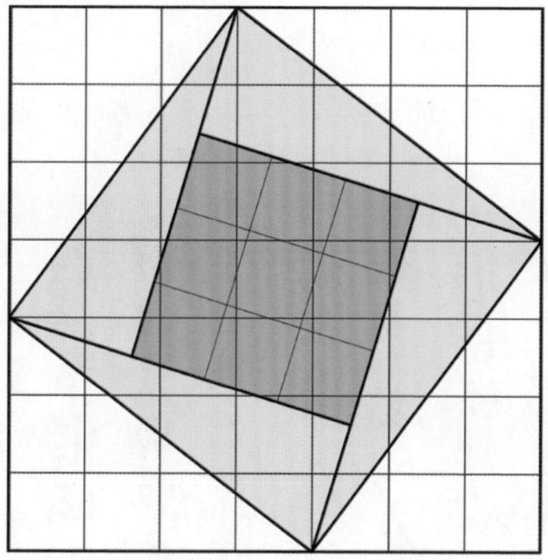

句實九，青。

股實之矩十六，黄。亦名矩股之角。

1 胡刻本、南宋本《周髀算經》“左圖”如圖 11-5 所示，青色爲句實，黄色爲股實之矩。此圖與趙爽注不合，錢校本重繪如圖 11-6 所示，藍色内方爲句實，黄色外矩爲股實之矩。

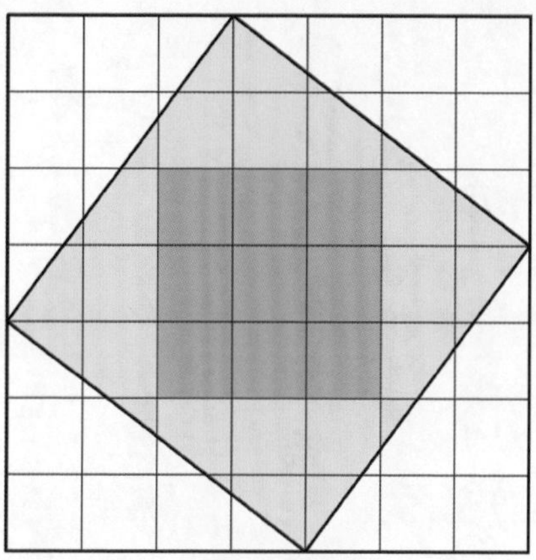

圖 11-5

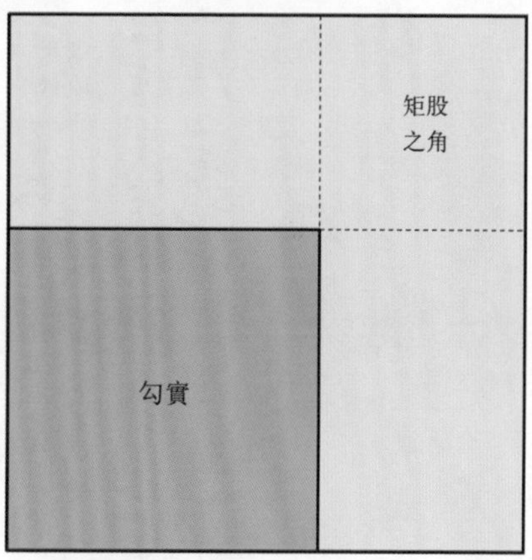

圖 11-6

趙君卿註曰：勾三股四各自乘，勾得九，股得十六，併之為弦實二十五，開方除之，即弦五也。按弦圖又可以勾股相乘為朱實二，三四一十二，半之得六，以為弃實。倍之為朱實四，二十四，以勾股之差一自相乘為中黃實一，如一，加差實於二十四，亦成弦實二十五。以差實一減弦實二十五，餘二十四，半其餘一十二，以差為從法，積一十二為實，從一開方除之，復得勾三矣。方三從一，加差一於勾三，即股四。蓋從法開減積，復用益積法開之，得股。減差於股，復得用勾法。詳步底勾股無為用註，此題求勾法，為補此。以上釋弦圖。

凡併勾股之實，即成弦實，或矩於內，或方於外，形詭而量均，體殊而數齊。勾實之矩以股弦差一為廣，股弦并九為袤，而股實一十六方其裡。減矩勾之實九於弦實二十五，開其餘一十六，即股。四倍股在兩邊，兩股得八，為從法，開矩勾之角九，股實外餘實，即股弦差。方一從八，加股四，為弦五。以差一除勾實九，得股弦并。股四弦五共九，以并九除勾實九，得股弦差一。令并九自乘八十一，與勾實九為實，九十倍并，二九十八為法，除之，所得亦弦五。勾實九減并自乘八十一，餘七十二，如法，仍用十八除之，為股四。以上釋左圖。

股實之矩以勾股差一為廣，勾弦并八為袤，而勾實九方其裡，減矩股之實一十六於弦實二十五，開其餘九，即勾三，倍勾在兩邊，為從法，兩勾得六，開矩股

趙君卿注曰："句三股四各自乘，句得九，股得一十六。併之爲弦實二十五。開方除之，即弦五也。按弦圖又可以句股相乘爲朱實二，三四一十二，半之得六，爲本實。倍之爲朱實四二十四。以句股之差一自相乘，爲中黃實。一一如一。加差實，於二十四。亦成弦實二十五。以差實一減弦實二十五，餘二十四。半其餘一十二，以差爲從法，積一十二，帶縱一。開方除之，復得句三矣。方三縱一。加差一於句三，即股四。"帶縱法用減積。設用益積法開之得股，減差於股，復得用句法，詳《少廣》[1]。句股互爲用，注止顯求句法，爲補此。以上釋弦圖。

"凡併句股之實，即成弦實。或矩於内，或方於外[2]，形詭而量均，體殊而數齊。句實之矩以股弦差一爲廣，股弦并九爲袤，而股實一十六方其裡。減矩句之實九於弦實二十五，開其餘一十六，即股四。倍股在兩邊兩股得八。爲從法，開矩句之角九，股實外餘實[3]。即股弦差。方一縱八。加股四爲弦五，以差一除句實九，得股弦并。股四、弦五共九。以并九除句實九，亦得股弦差[4]一。令并九自乘八十一，與句實九爲實九十。倍并二九一十八。爲法，除之。所得亦弦五。句實九減并自乘八十一，餘七十二。如法仍用十八除之。爲股[5]四。"以上釋左圖。

"股實之矩以句股差一爲廣[6]，句弦并八爲袤，而句實九方其裡，減矩股之實一十六於弦實二十五，開其餘九，即句三。倍句在兩邊爲縱法，兩句得六。開矩股

1 圖 11-7 爲錢校本重繪"弦圖"。由圖易知：$c^2=2ab+(b-a)^2$。設句股差爲 m，已知弦 c、句股差 m，得：

$$a(a+m)=\frac{c^2-m^2}{2};\ b(b-m)=\frac{c^2-m^2}{2}$$

求句即"積較求闊"，求股即"積較求長"，解詳本書《少廣》縱方篇。

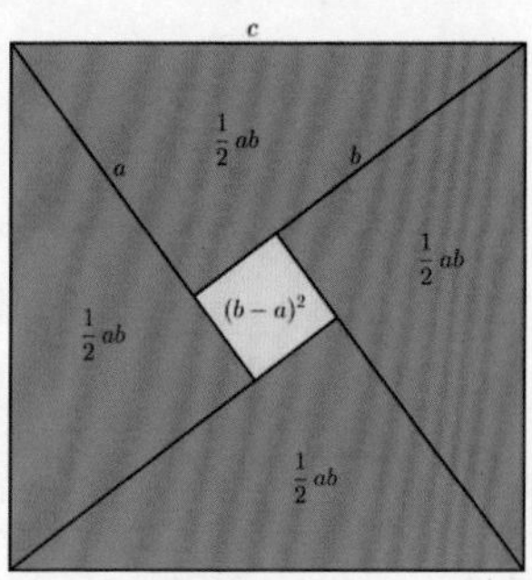

圖 11-7

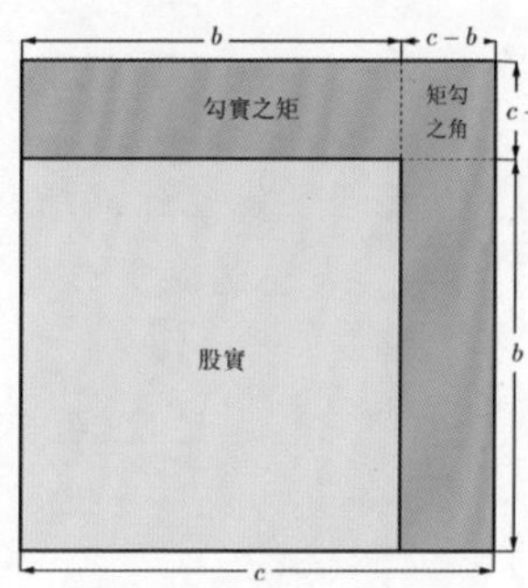

圖 11-8

2 或矩於内或方於外，南宋本、胡刻本皆同，錢校本校改爲"或方於内，或矩於外"。按：矩即曲尺，参前圖 11-4、11-6。

3 股實外餘實，原作大字。按：此句非《周髀算經》趙爽注文，乃李氏自注，當爲小字。據改。

4 如圖 11-8，爲錢校本重繪"左圖"。大方爲弦實，内方爲股實，外矩爲句實。句實之矩展開成長方形，以股弦較 $c-b$ 爲闊，以股弦和 $c+b$ 爲長，得：

$$a^2=(c-b)(c+b)$$

5 用公式可表示爲：

$$\frac{(c+b)^2+a^2}{2(c+b)}=c;\ \frac{(c+b)^2-a^2}{2(c+b)}=b$$

詳句股較和篇"句與股弦和"。

6 句股差，南宋本、胡刻本同，錢校本改爲"句弦差"。

之角一十六內實外餘實 即句弦差方二 維六 加句為弦五 以差二除股實一十六
即句弦并 句三弦五共八 以并八除股實一十六 即句弦差二 合并自乘六十四
与股實為實 以倍并二八一十六為法除之 所得亦弦 五 股實一十六 減并自乘
六十四餘四十八 如法 仍用十六除之 為句三 以上釋右圖
兩差相乘 句股差一 句弦差二 相乘一二如二 倍為四 兩閏之所得二 以股弦差
一增之為句三 以句弦差二增之為股四 兩差 句股差一 句弦差三 增之為弦
倍弦實列句股差實見弦實并以圖考之 倍弦實得五十 滿外大方
四十九 兩差之黃實一 黃實之差即句股差實一 以差實一減之 減五十 開其餘
四十九 得外大方七 大方之面 即句股并也 句三股四共七 合并七自乘四十九 倍
弦實五十 乃減之 以四十九減之 開其餘一 得中黃方一 黃方之面即句股差一
以差一減并七 餘六 兩半之為句三 加差一於并七 得八 兩半之為股四 並倍弦
二五得十 兩較合 股外之句較一 兩之九 句外之股較二 兩之八 合之十自乘得一百
合句股兒并自乘 句實九 股實一十六 四實以減之 四句實三十六 以減一百餘六十
四 以減一百餘三十六 開其餘 六十四也 三十六 所得為差 六十四開得八 三十六開得六 以差
或差八 或差六 減合十 減八餘二 減六餘四 半其餘 半二為一 半四為二 為較一
為句較二 為股較 減較或二或一於弦五 即所求也 弦五減一求得股 減二求得句

之角，一十六，句實外餘實。即句弦差。方二縱六。加句爲弦五，以差二除股實一十六，得句弦并。句三、弦五共八。以并八除股實一十六，得句弦差[1]二。令并自乘六十四，與股實爲實八十，倍并二八一十六。爲法，除之。所得亦弦五。股實一十六減并自乘六十四，餘四十八。如法仍用十六除之。爲句[2]三。”以上釋右圖。

“兩差（相乘）（句股）［股弦］差一，句弦差二[3]。相乘，一二如二。倍爲四。而開之，所得二以股弦差一增之爲句三，以句弦差二增之爲股四，兩差（句股）［股弦］差一，句弦差二。增之爲弦[4]。倍弦實列句股差實[5]，見弦實者[6]，以圖考之，倍弦實，得五十。滿外大方四十九而多黃實一，黃實之多，即句股差實一。以差實一減之，減五十。開其餘四十九，得外大方七。大方之面，即句股并也。句三股四共七。令并七自乘四十九，倍弦實五十乃減之，以四十九減之。開其餘一，得中黃方一。黃方之面，即句股差一。以差一減并七，餘六。而半之爲句三，加差一於并七，得八。而半之爲股[7]四。其倍弦二五得一十。爲廣袤合。股外之句廣一而長九，句外之股廣二而長八，合之皆十，自乘得一百[8]。令句股見者自乘［爲其實］[9]，句實九，股實一十六。四實以減之，四句實三十六，以減一百，餘六十四；以減一百，餘三十六。開其餘，六十四與三十六，所得爲差。六十四者得八,三十六者得六。以差或差八或差六。減合，十減八餘二；減六餘四。半其餘半二爲一；半四爲二。爲廣[10]。一爲句廣，二爲股廣。減廣或二或一。於弦五，即所求也。弦五減一求得股；減二求得句。”

---

1 圖 11-9 爲錢校本重繪“右圖”。大方爲弦實，小方爲句實，外矩爲股實。股實展開成長方形，以句弦較 $c-a$ 爲闊，以句弦和 $c+a$ 爲長，得：$b^2=(c-a)(c+a)$。

2 用公式可以表示爲：

$$\frac{(c+a)^2+b^2}{2(c+a)}=c\ ;\ \frac{(c+a)^2-b^2}{2(c+a)}=a$$

解詳句股較和篇“股與股弦和”。

3 兩差，指股弦差 $c-b$ 與句弦差 $c-a$。“句股”當作“股弦”，下文同。

4 如圖 11-10，$S_{\text{I}}+S_{\text{II}}=S_{\text{III}}$，得：

$$\sqrt{2(c-a)\ (c-b)}=(a+b)-c$$

加股弦差 $c-b$ 得句，加句弦差 $c-a$ 得股，加兩差得弦。解詳句股較和篇“句弦較與股弦較”。

5 列，南宋本、胡刻本同，錢校本改作“減”。

6 弦，南宋本、胡刻本同，錢校本改作“并”。

7 如圖 11-11，大方面爲句股和 $a+b$，内小方面爲句股較 $b-a$，中斜方面爲弦 c，得：

$$\sqrt{2c^2-(a+b)^2}=b-a$$

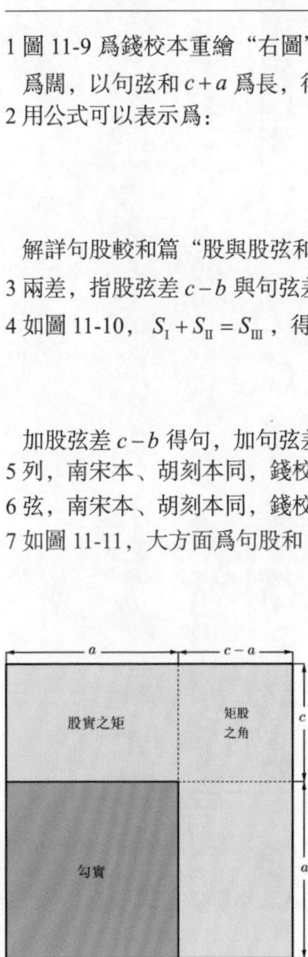

圖 11-9

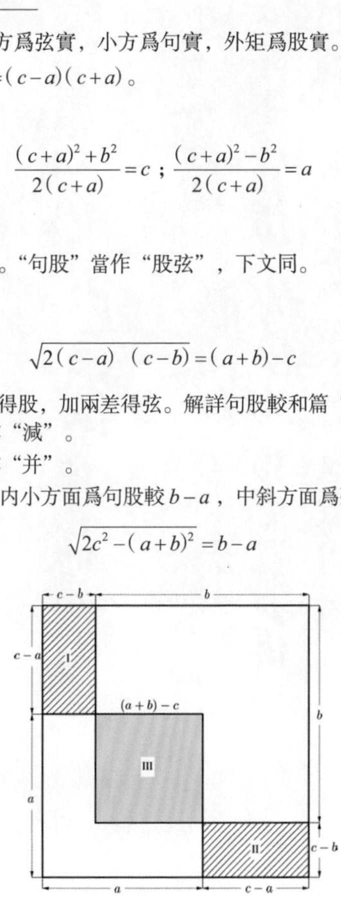

圖 11-10

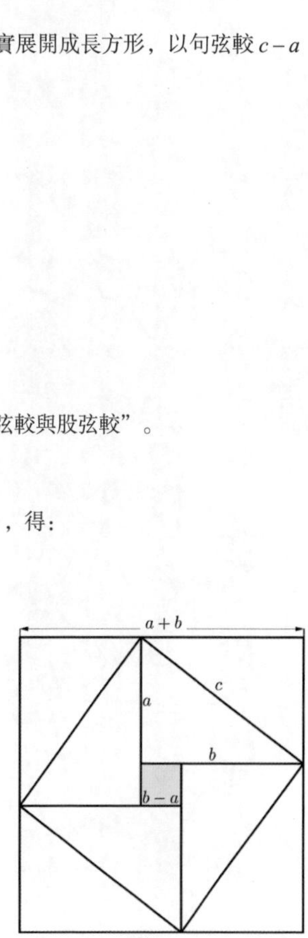

圖 11-11

（轉一七四三頁）

以上較和術法

觀其迭相視而其為反覆互與比通分者有所區並列倪駁摩倫實紀衆理
旁出入徼鈎深致遠故曰其義制有形唯所為之也君卿此注實為句股
之部會於前句股相求等法所注所云句股各自乘併為弦實之法也
以後較和篇中用此法於極條舉之用相參會焉

句股名義　共十三名

句　橫曰句　　句股較　句股相減　　句弦較　句弦相減

句弦和　句與弦併

股　直曰股　　股弦較　股弦相減　　股弦和　股與弦併

弦　斜曰弦　　弦較和　弦與句股較併　　弦和和　弦與句股和併

弦和較　弦與句股和相減　　弦較較　弦與句股較相減

以上術名皆自然之率相對舉其二餘併而雜和合同而雜之股
股弦和以句比之皆可並乘而句和較率以此差數加之於句則句較和率以
股減弦無差並乘以無差比句之皆餘並乘則句較之率通之於股亦皆
有股和較股較和股較之象惟和之乃是和三名之句股弦同也乃不
必別立名耳今補此例於後解兒較和補

以上較和諸法。

“觀其迭相規矩，共爲反覆，互與通分，各有所得。然則統馭羣倫，宏紀衆理，貫幽入微，鈎深致遠，故曰‘其裁制萬物，唯所爲之也。’”君卿此注，實爲句股之都會。如前句股相求等法，即注所云“句股各自乘，併爲弦實”之法也。以後“較和篇”中用此法者，逐條舉之，用相參會焉。

句股名義 共十三名

句 横曰句	句股較 句股相減	句弦較 句弦相減
［句股和 句與股併］	句弦和 句與弦併[1]	
股 直曰股	股弦較 股弦相減	股弦和 股與弦併
弦 斜曰弦	弦較和 弦與句股較併	弦和和 弦與句股和併
弦和較 弦與句股和相減	弦較較 弦與句股較相減	

以上諸名，皆有自然之率，但對舉其二，餘俱可以推知。余又因而推之，股與弦和，以句比之，當少若干，非句和較乎？以此差數加之於句，非句較和乎[2]？以股減弦，其差若干，以其差比句，句當餘若干，非句較較乎？通之於股，亦當有股和較、股較和、股較較矣。惟和和乃是和三爲一，句、股、弦同也，乃不必別立名耳。今補六則於後，解見“較和補”。

1 句弦和 句與弦併，原書抄作“句股和 句與弦併”，誤將“句股和”、“句弦和”兩條抄成一條。校者未審，徑將“句股和”改作“句弦和”，以合“句股弦併”之意，而致使遺漏“句股和”條。今依文例補出。

2 以此差數加之於句非句較和乎，“此差數”指股弦較 $c-b$，與下文“股減弦，其差若干”相應。此句當移至“以其差比句，句當餘若干，非句較較乎”之後，語意方暢。

（接一七四一頁）

求得句股分別爲：

$$a=\frac{(a+b)-(b-a)}{2};\ b=\frac{(a+b)+(b-a)}{2}$$

8 股外之句，即圖 11-8“句實之矩”，以股弦較 $c-b$ 爲廣，以股弦和 $c+b$ 爲長，長廣併得 $2c$。句外之股，即圖 11-9“股實之矩”，以句弦較 $c-a$ 爲廣，以句弦和 $c+a$ 爲長，長廣併亦得 $2c$。

9 “爲其實”三字原脱，據《周髀算經》原文補。

10 此條以句實之矩求股實之矩，以股實之矩求句實之矩。以句實之矩求股實之矩爲例，如圖 11-10，已知句實之矩廣 $c-b$，矩長 $c+b$，二者相併得：$(c-b)+(c+b)=2c$，從而求得股實之矩廣爲：

$$c-a=\frac{2c-2a}{2}=\frac{2c-\sqrt{(2c)^2-4b^2}}{2}$$

句和較　句與股弦和相減
句較較　句與股弦較相減
股和較　股與句弦和相減
股較較　股與句弦較相減
句較和　句與股弦較相并
股較和　股與句弦較相并

論曰句股弦三合成形錯綜立義句股相減其差曰較句股相并其名曰和股弦之差曰股弦較句弦之差曰句弦較以句與股弦較其差曰弦和較句股之差與弦相減其差曰弦較較股弦相并曰股弦和句弦相并曰句弦和句股之差并弦曰弦較和句股并曰弦和和句股各自乘并之為弦實故開之得弦句弦各自乘減餘為股實故開之得股股弦各自乘減餘為句實故開之得句句股和自乘倍弦實相減開其餘即句股較也句股較自乘以減倍弦實開其餘即句股和也并句弦以除股實即句弦較若以句弦較除股實即句弦和并股弦以除句實即股弦較若以股弦較除句實即股弦和象句股和自乘減弦實除以弦較較以弦較和象除以弦較和乘之即弦較較平句股較自乘減弦實除以弦和和則句弦和較象除以弦和較乘之即弦和和平句乘股為實併句股為法除得容方徑句乘股倍之句股弦併之除得容圓徑容圓之徑即弦和

句和較 句與股弦和相減

句較和 句與股弦較相并

句較較 句與股弦較相減

股和較 股與句弦和相減

股較和 股與句弦較并

股較較 股與句弦較相減

論曰[1]：句股弦三合成形，錯綜立義。句股相減，其差曰較；句股相并，其名曰和。股弦之差，曰股弦較；句弦之差，曰句弦較。併句股與弦較，其差曰弦和較；句股之差與弦相減，其差曰弦較較。股弦相併，曰股弦和；句弦相併，曰句弦和。句股之差併弦，曰弦較和；句股弦併，曰弦和和。◎句股各自乘，併之爲弦實，故開之得弦。句弦各自乘，減餘爲股實，故開之得股；股弦各自乘，減餘爲句實，故開之得句。句股和自乘，倍弦實相減，開其餘，即句股較也；句股較自乘，以減倍弦實，開其餘，即句股和也[2]。併句弦以除股實，得句弦較；若以句弦較除股實，即得句弦和矣。併股弦以除句實，得股弦較；若以股弦較除句實，即得股弦和矣[3]。句股和自乘，減弦實，除以弦較較，得弦較和矣；除以弦較和，非即弦較較乎[4]？句股較自乘，減弦實，除以弦和和，則得弦和較矣；除以弦和較，非即弦和和乎[5]？句乘股爲實，併句股爲法，除得容方徑[6]。句乘股倍之，句股求弦併之，除得容圓徑[7]。容圓之徑，即弦和

---

1 以下三段文字見《同文算指通編》卷六“測量三率法”附“句股畧”，原出顧應祥《句股算術》卷首“句股論説”，周述學《神道大編曆宗算會》卷三亦引録。

2 以上兩條用公式表示爲：

$$\sqrt{2c^2-(b+a)^2}=b-a\ ;\ \sqrt{2c^2-(b-a)^2}=b+a$$

3 以上四條用公式表示爲：

$$\frac{b^2}{c+a}=c-a;\ \frac{b^2}{c-a}=c+a;$$

$$\frac{a^2}{c+b}=c-b\ ;\ \frac{a^2}{c-b}=c+b$$

4 以上兩條用公式表示爲：

$$\frac{(b+a)^2-c^2}{c-(b-a)}=c+(b-a)\ ;\ \frac{(b+a)^2-c^2}{c-(b-a)}=c+(b-a)$$

5 以上兩條用公式表示爲：

$$\frac{c^2-(b-a)^2}{(b+a)+c}=(b+a)-c\ ;\ \frac{c^2-(b-a)^2}{(b+a)-c}=(b+a)+c$$

以上四條圖證見句股和較篇“弦與句股和”下。

6 設句股容方徑爲 x，則：

$$x=\frac{ab}{a+b}$$

7 設句股容圓徑爲 d，則：

$$d=\frac{2ab}{a+b+c}$$

較也

又錯綜論之句為主以加句弦較即弦較和是加股弦和亦即句弦和也句股和為主以加股弦較復得句弦和是減股弦和亦得句弦較也至其餘較和諸相因配連綴減半恒得所求若兩句股較以加句股和半之得股以減句股和半之得句若兩股弦較以加股弦和半之得弦以減股弦和半之得股兩句弦較以加句弦和半之得弦以減句弦和半之得句兩弦和較共以加弦和和半之得和以減弦和和半之得弦兩弦較較共以加弦較和半之得弦以減弦較和半之得較加減乘除圜融不滯神而明之存乎其人遠近高深方圜弧矢准此而推之存乎熟之而已

此論出西書

圖廿

較也[1]。

又錯綜論之，句爲主，[以加股弦較，即弦較較；以減股弦較，即弦和較；若加弦較和，又即股弦和也[2]。股爲主][3]，以加句弦較，即弦較和；[以減句弦較，即弦和較]；若加 [弦較較，又即句弦和也[4]。句股較爲主，以加股弦較，即句弦較；若減] 股弦和，亦即句弦和也[5]。句股和爲主，以加股弦較，復得句弦和；若減股弦和，亦得句弦較也[6]。

至若諸較諸和，法相因配，連綴減半，恒得所求。若取句股較，以加句股和，半之得股；以減句股和，半之得句[7]。若取股弦較，以加股弦和，半之得弦；以減股弦和，半之得股[8]。取句弦較者，以加句弦和，半之得弦；以減句弦和，半之得句[9]。取弦和較者，以加弦和和，半之得和；以減弦和和，半之得弦[10]。取弦較較者，以加弦較和，半之得弦；以減弦較和，半之得較[11]。加減乘除，圜變不滯，神而明之，存乎其人。遠近高深，方圜弧矢，準此而推，亦在乎熟之而已。

此論出西書。

圖廿

1 弦和較爲：$(b+a)-c=\dfrac{c^2-(b-a)^2}{(b+a)+c}=\dfrac{2ab}{(b+a)+c}=d$。

2 以上三條用公式表示爲：

$$a+(c-b)=c-(b-a)\;;\;a-(c-b)=(a+b)-c\;;\;a+\left[c+(b-a)\right]=b+c$$

3 本段抄脱文字，皆據《同文算指通編》校補。

4 以上三條用公式表示爲：

$$b+(c-a)=c+(b-a)\;;\;b-(c-a)=(a+b)-c\;;\;b+\left[c-(b-a)\right]=a+c$$

5 以上兩條用公式表示爲：

$$(b-a)+(c-b)=c-a\;;\;(c+b)-(b-a)=a+c$$

6 以上兩條用公式表示爲：

$$(a+b)+(c-b)=a+c\;;\;(b+c)-(a+b)=c-a$$

7 以上兩條用公式表示爲：

$$\frac{(b-a)+(a+b)}{2}=b\;;\;\frac{(a+b)-(b-a)}{2}=a$$

8 以上兩條用公式表示爲：

$$\frac{(c-b)+(b+c)}{2}=c\;;\;\frac{(b+c)-(c-b)}{2}=b$$

9 以上兩條用公式表示爲：

$$\frac{(c-a)+(a+c)}{2}=c\;;\;\frac{(a+c)-(c-a)}{2}=a$$

10 以上兩條用公式表示爲：

$$\frac{\left[(a+b)-c\right]+\left[(a+b)+c\right]}{2}=a+b\;;\;\frac{\left[(a+b)+c\right]-\left[(a+b)-c\right]}{2}=c$$

11 以上兩條用公式表示爲：

$$\frac{\left[c-(b-a)\right]+\left[c+(b-a)\right]}{2}=c\;;\;\frac{\left[c+(b-a)\right]-\left[c-(b-a)\right]}{2}=b-a$$

句股較和

句股弦不相及之數謂之較，其相併之數謂之和，定成一十三名，大要舉一可以知其餘。顧有直和有椎和，直和并此減此而成彼，和彼減彼而成此，從而易曉；椎和并以加減乘除反覆而得之。今除直和并外，各為法，附其椎和并并於篇。

凡句與股弦較求股弦并，加較實於句實，倍較為法除之得弦；減較實於句實，倍較為法除之得股。或以倍較除半其實，或先用較除句實，得較弦併加較半之為弦，減較半之為股。

假令有句二十七，股弦較九，求股弦及和較諸數各幾何。

荅股三十六　弦四十五　句股較九　句弦較十八

句股和六十三　句弦和七十二　股弦和八十一　弦較和五十四

弦和較十八　弦較較三十六　弦和和一百零八

假題句與股一十三名，係全經積方乘以此數，設不重數。

法較九自乘八十一，以減句實七百二十九，餘六百四十八，為實，倍較九得一十八除之得股。

若不倍較，將六百四十八半之得三百二十四，以較九除之。

加較實於句實得八百一十，以十八為法除之得弦。

或半實四百零五，以較九除之。

句股較和

句股弦不相及之數，謂之較；其相併之數，謂之和。變成一十三名，大率舉一可以知其餘。顧有直知，有推知。直知者，如減此而成彼，和彼而成此，徑而易曉。推知者，以加減乘除反覆而得之。今除直知者不爲法，取其推知者著於篇。[1]

凡句與股弦較求股弦者，加較實於句實，倍較爲法，除之得弦；減較實於句實，倍較爲法，除之得股。或不倍較，則半其實。或先用較除句實，得（較）［股］弦併，加較，半之爲弦；減較，半之爲股[2]。

1.問：今有句二十七，股弦較九，求股弦及和較諸數各若干？

答：股三十六；　弦四十五；　句股較九；

句弦較十八；　句股和六十三；　句弦和七十二；

股弦和八十一；　弦較和五十四；　弦和較十八；

弦較較三十六；　弦和和一百零八。

問顯句與股，一十三名俱全。縱横反覆，皆此數。後不重贅。

法：較九自乘八十一，以減句實七百二十九，餘六百四十八爲實。倍較九得一十八，除之得股。

若不倍較，將六百四十八半之，得三百二十四，以較九除之。

加較實於句實，得八百一十，以十八爲法除之，得弦。

或半實四百零五，以較九除之。

---

1 句股較和，即已知句股弦及句股和較中的任意兩者，求其餘各數。本篇包括已知股與句弦和較，已知句與股弦和較，以及已知句弦較與股弦較，已知句弦和與股弦和等十六條，與《同文算指通編》卷六“句股畧”（係節録徐光啟《句股義》而成）第八至第十五則一一對應。但與《同文算指》《句股義》仿照《幾何原本》給予的推理證明方法不同，本篇主要採用傳統中算截割拼補法來證明，理論基礎本於句股相求篇引録的趙爽“句股圓方圖注”。

2 已知句 a 與股弦較 $c-b$，求股、弦，出自《同文算指通編》卷六“句股畧”第十則“股弦較求股求弦”。術文第一法用公式可表示爲：

$$c=\frac{a^2+(c-b)^2}{2(c-b)}\ ;\ b=\frac{a^2-(c-b)^2}{2(c-b)}$$

第二法用公式可表示爲：

$$c=\frac{\frac{1}{2}\times\left[a^2+(c-b)^2\right]}{c-b}\ ;\ b=\frac{\frac{1}{2}\times\left[a^2-(c-b)^2\right]}{c-b}$$

第三法先求股弦和：

$$b+c=\frac{a^2}{c-b}$$

再分别求股、弦：

$$c=\frac{(b+c)+(c-b)}{2}\ ;\ b=\frac{(b+c)-(c-b)}{2}$$

或徑以九除句實得廿一為股弦和加較九得三十半之為弦減較九得十二半之
為股餘以直和合同
解此所以見句弦較加較得弦見句弦和減句為弦見句股較加較得股見句股
和減句為股此以直和較為法以除微此
此除股与此句弦較為法并則以句為方實以股作曲形繞之其較為句不及弦之數減
較得兩句加較得兩弦數異而法同也
按圖解左圖弦實內除股實餘斜形為句實以較為廣以股弦和為長減較則
減二股加較則減二弦以較除之而得但斜須得湊合而見今易為凸形所以
本中方廉除法通之弦實內以股為方實以句實作曲形繞之其曲形附於
股旁其兩廉在弦之角與此句股以角相接所廣以兩相接其長為除之之縱
橫以股為不及弦之數所謂較也減較則兩廉減兩股加較則兩廉者帶一除
減兩弦以除之方為開帶從較以較為法而得之也以補兩段或倍法以從實或
減實以就法一也前四法皆先加減而後除後一法則先除而後加減一也故並
存五法其實一也
注云句實之矩以股弦差為廣股弦并為袤而股實方其裡以差除句實
得股弦并

或徑以九除句實，得八十一，爲股弦和。加較九得九十，半之爲弦；減較九得七十二，半之爲股。餘皆直知。合問。

解：如句見句弦較，加較得弦；見句弦和，減句爲弦；見句股較，加較得股；見句股和，減句爲股。此皆直知，故不爲法。以後倣此。

如後股與句弦較爲法者，則以句爲方實，以股作曲形繞之。其較爲句不及弦之數，減較得兩句，加較得兩弦，數異而法同也。

按《周髀》左圖，弦實内除股實，餘斜形［四］爲句實[1]。以較爲廣，以股弦和爲長，減較則成二股，加較則成二弦，皆以較除之而得。但斜須得湊合而見，今易爲正形，取《少廣》中方廉隅法通之。弦實内以股爲方實，以句實作曲形繞之，其曲形附於股旁者爲兩廉。在弦之角，與内股以角相接、與廉以面相接者，爲一隅。隅之縱横，皆股不及弦之數，所謂較也。減較則兩廉成兩股，加較則兩廉各帶一隅成兩弦，皆以隅之方爲廣，故以較爲法而得之也[2]。以有兩段，故或倍法以從實，或減實以就法，一也。前四法皆先加減而後除，後一法則先除而後加減[3]，一也。故雖有五法，其實一也。

注云："句實之矩，以股弦差爲廣，股弦并爲袤，而股實方其裡。以差除句實，得股弦并。"

---

1 四，原書朱筆校補。

2 如圖 11-12，與錢校本重繪左图相同。内方爲股實 b^2，外曲形之矩爲句實 a^2。句實由兩廉一隅構成，展開可拼成一個以股弦較 $c-b$ 爲闊，以股弦和 $c+b$ 爲長的長方形。句實減去隅積，除以股弦較 $c-b$，折半得股，如圖 11-12(2)，用公式可表示爲：

$$b=\frac{1}{2}\times\frac{a^2-(c-b)^2}{c-b}$$

句實加上一個隅積，除以股弦較 $c-b$，折半得弦，如圖 11-12(3)，公式表示爲：

$$b=\frac{1}{2}\times\frac{a^2+(c-b)^2}{c-b}$$

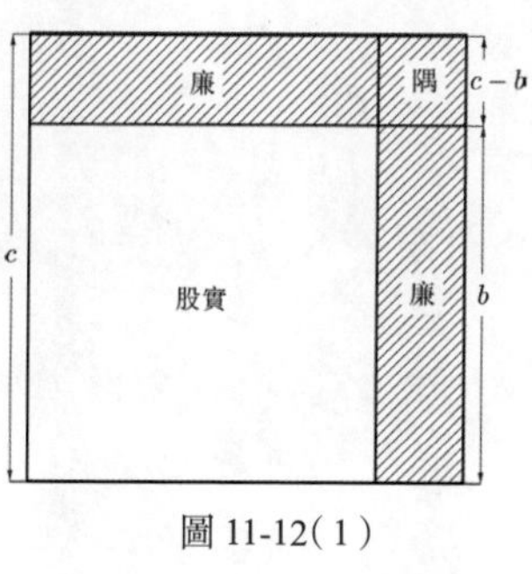

圖 11-12(1)

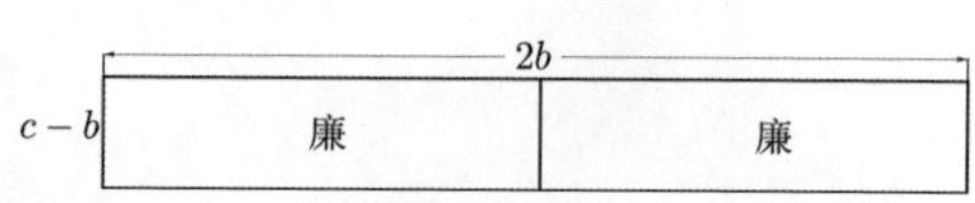

圖 11-12(2)

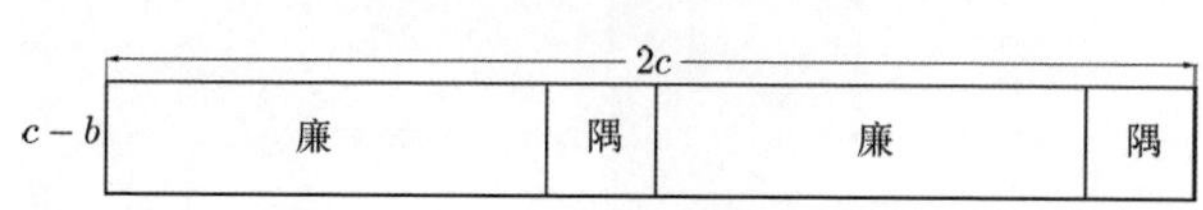

圖 11-12(3)

3 前四法，指第一法和第二法，各有兩式，合而爲四。後一法，指第三法求句股和。

內句股弦較求股弦圖　股斜為正

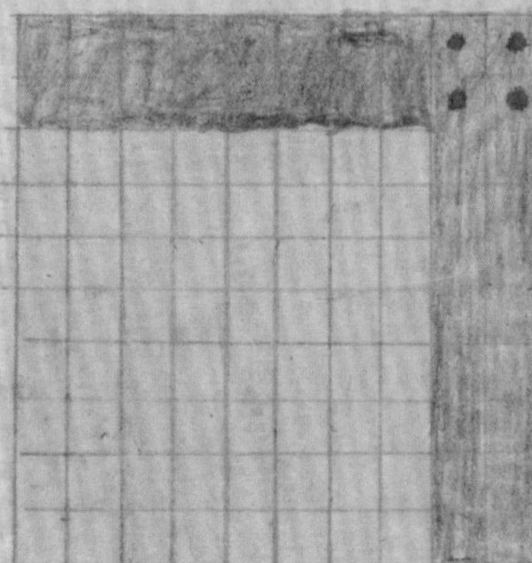

減較餘為兩股

弦十股八句六全形為弦實內方形黃實為股曲形青實為內之兩隅方二為較兩廉若皆為股以廉併隅得半為弦併兩廉一隅得十八為股弦和併以較為弦徑圖內三股四弦五今倍其數畧為引伸推之愈多其章一也

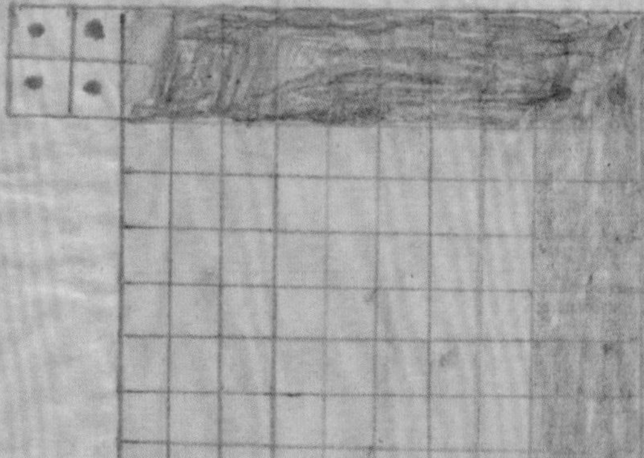

加較成兩弦

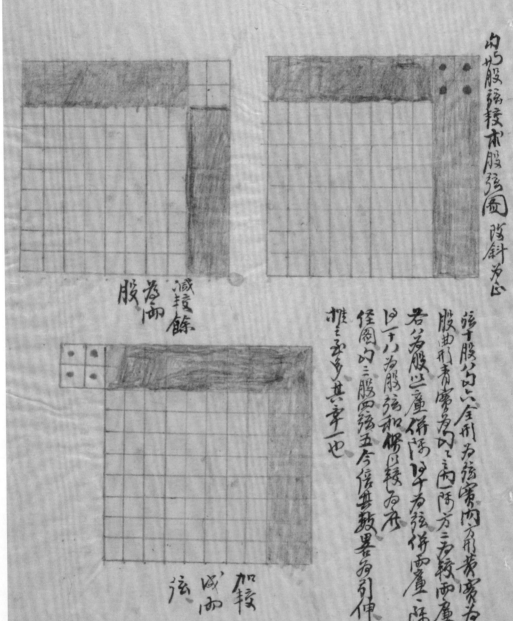

句與股弦較求股弦圖 改斜爲正

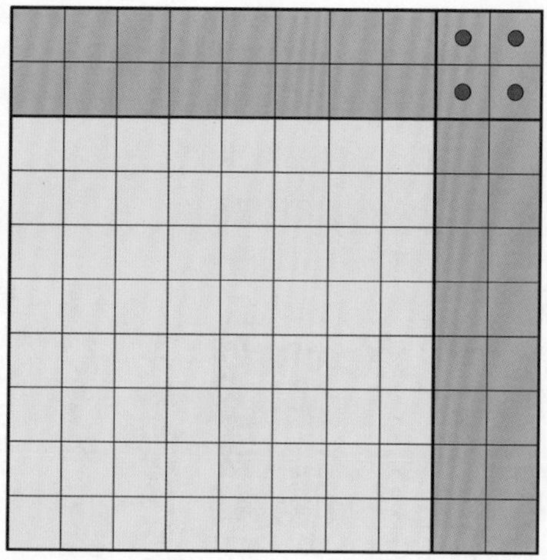

弦十、股八、句六，全形爲弦實，内方形黄實爲股，曲形青實爲句。句之内一隅方二爲較。兩廉各八爲股，以一廉併隅得十爲弦，併兩廉一隅得一十八爲股弦和，俱以較爲廣。

《經》圖句三股四弦五，今倍其數，畧爲引伸。推之至多，其率一也。

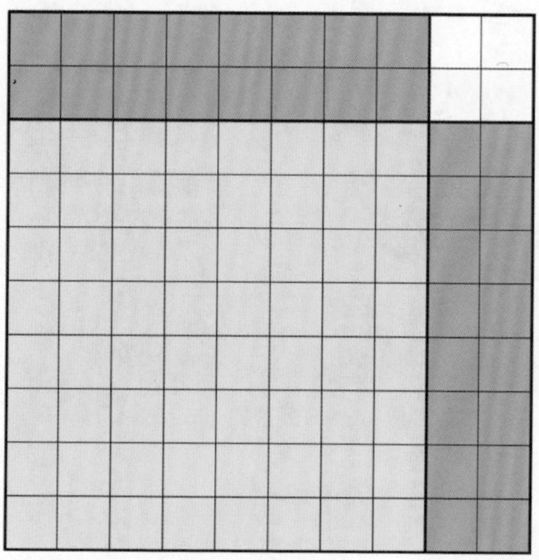

減較餘爲兩股

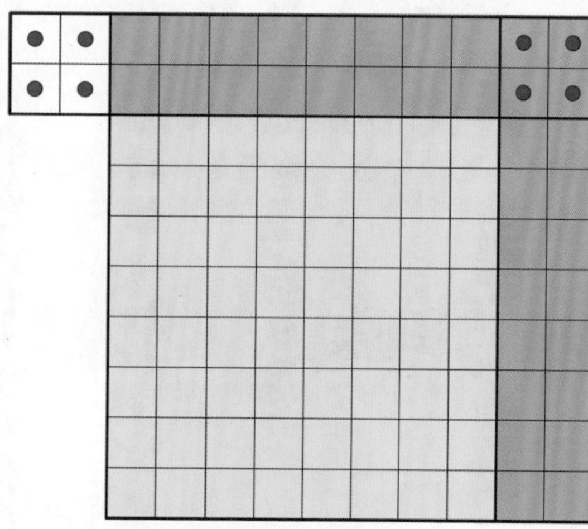

加較成兩弦

凡句与股弦和求股弦者以和自乘得積加句實共為實倍和為法除之得弦減句實
於和實餘實以倍和除之得股若不用倍法則半其實或以和為法除句實得
股弦較加較於和半之為弦減較於和半之為股
問今有句二十七股弦和八十一求股弦及和較何數各若干
答股三十六　弦四十五　股弦較九　餘數同前
法和自乘得六千五百六十一減句實七百二十九餘五千八百三十二倍和一百六十二除之得股
若用倍法則半實二千九百一十六以八十一除之
加句實於和實得七千二百九十倍和除之得弦若用倍法則半實三千六百四十五
以八十一除之
或以和八十一除句實七百二十九得九為股弦較加和得九十半之為弦以減和餘七
十二半之為股餘數直和合問
解和自乘內大方為弦實隅為股實兩廉以弦為長以股為闊弦實內藏一
句股減句實止餘一股實與一隅之股並二股各隨一廉得股之闊和之長者
二股加句實則隅之股又減一弦與一弦實為二弦各隨一廉得弦之闊和之長
二股故以和為法實得其闊即股弦之數也其以和除句實得較與此上章相為
表裡弦實減方股餘曲句以較除之而得和故以和除之還得較也

凡句與股弦和求股弦者，以和自乘得積，加句實共爲實，倍和爲法除之得弦；減句實於和實，餘實以倍和除之得股。若不用倍法，則半其實。或以和爲法，除句實，得股弦較，加較於和，半之爲弦；減較於和，半之爲股[1]。

1.問：今有句二十七，股弦和八十一，求股弦及和較諸數各若干？

答：股三十六；　　弦四十五；

股弦較九。　　餘數同前。

法：和自乘得六千五百六十一，減句實七百二十九，餘五千八百三十二。倍和一百六十二，除之得股。不用倍法，則半實二千九百一十六，以八十一除之。

加句實於和實，得七千二百九十，倍和除之得弦。不用倍法，則半實三千六百四十五，以八十一除之。

或以和八十一除句實七百二十九，得九爲股弦較。加和得九十，半之爲弦；以減和，餘七十二，半之爲股。餘數直知。合問。

解：和自乘内，大方爲弦實，隅爲股實，兩廉以弦爲長，以股爲廣。弦實内藏一句一股，減句實，止餘一股實，與一隅之股爲二股，各隨一廉，得股之廣、和之長者二段；加句實，則隅之股又成一弦，與弦實爲二弦，各隨一廉，得弦之廣、和之長二段。故皆以和爲法，而得其廣，即股弦之數也。其以和除句實得較，與上章相爲表裡。弦實減方股，餘曲句，以較除之而得和，故以和除之，還得較也[2]。

---

1 已知句 a 與股弦和 $b+c$，求股、弦，出自《同文算指通編》卷六"句股畧"第十三則"股弦和求股求弦"。術文第一法用公式可表示爲：$c=\dfrac{(b+c)^2+a^2}{2(b+c)}$；$b=\dfrac{(b+c)^2-a^2}{2(b+c)}$。

第二法用公式可表示爲：$c=\dfrac{\frac{1}{2}\times\left[(b+c)^2+a^2\right]}{b+c}$；$b=\dfrac{\frac{1}{2}\times\left[(b+c)^2-a^2\right]}{b+c}$。

第三法先求股弦較：$c-b=\dfrac{a^2}{b+c}$，再求股與弦：$c=\dfrac{(b+c)+(c-b)}{2}$；$b=\dfrac{(b+c)-(c-b)}{2}$。

2 如圖 11-13，方積爲股弦和自乘積 $(b+c)^2$，由大方、兩廉、一隅構成。大方積爲弦實 c^2，由股實 b^2 與句實 a^2 構成，隅積爲股實 b^2。原方積 $(b+c)^2$ 減去句實 a^2，餘兩廉積、兩隅積，除以股弦和，折半得股，即：

$$b=\frac{1}{2}\cdot\frac{(b+c)^2-a^2}{b+c}$$

原方積 $(b+c)^2$ 加上句實 a^2，得兩廉積、兩大方積，除以股弦和，折半得弦，即：$b=\dfrac{1}{2}\cdot\dfrac{(b+c)^2+a^2}{b+c}$。

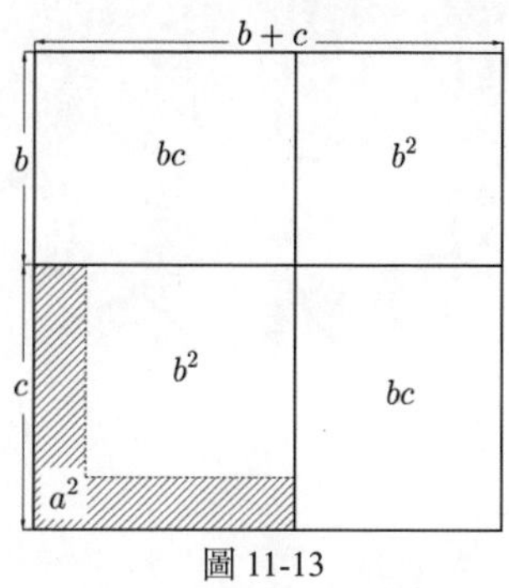

圖 11-13

註云以并除句實得股弦差此第三法合并自乘與句實爲實倍併爲法所得爲弦此第二求弦法句實減併自乘如法爲股此第一求股法

句與股弦和求股弦圖

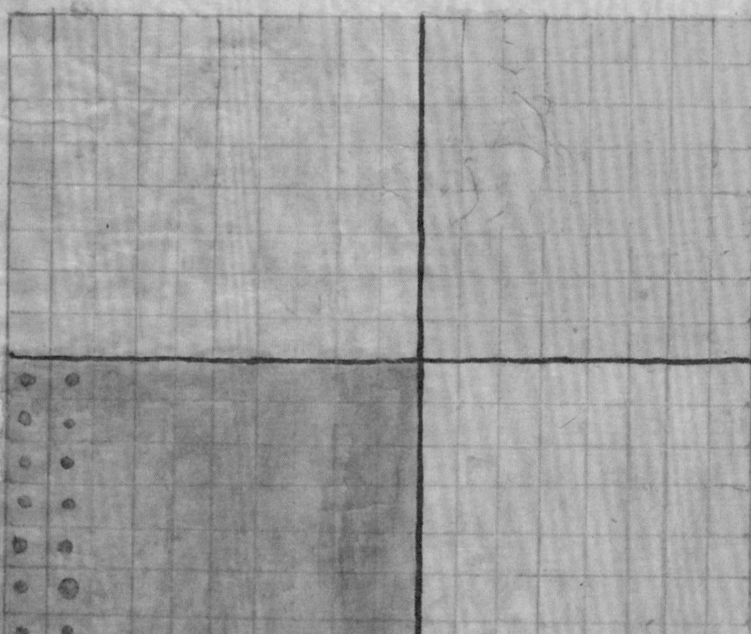

大方青實方十爲弦
小隅黃實方八爲股
兩廉綠實以弦十爲長以股八爲底合之爲和自乘之全數
填點曲形爲句

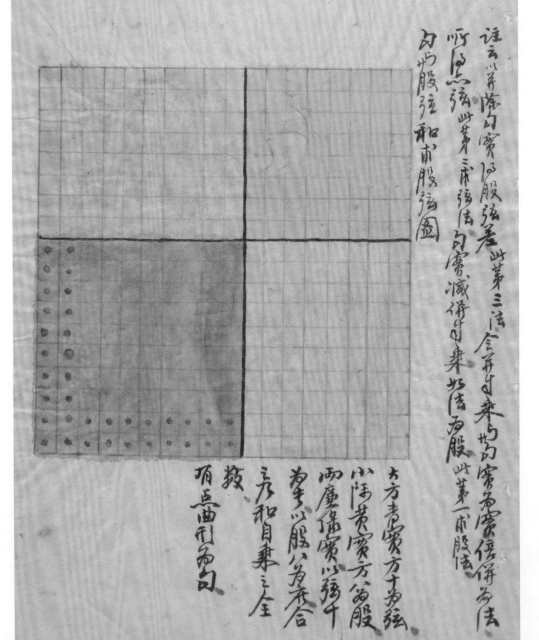

注云:“以并除句實，得股弦差。此第三法。令并自乘，與句實爲實，倍併爲法，所得亦弦。此第(二)[一]求弦法。句實減併自乘，如法爲股。此第一求股法。”

句與股弦和求股弦圖

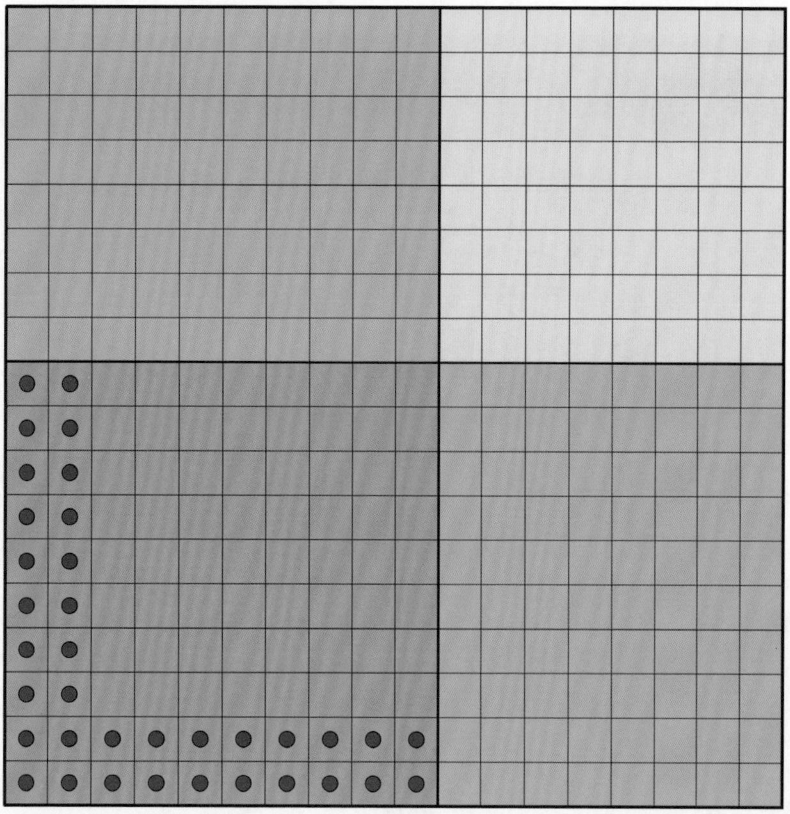

大方青實，方十爲弦。小隅黄實，方八爲股。兩廉緑實，以弦十爲長，以股八爲廣。合之，乃和自乘之全數。

有點曲形爲句。

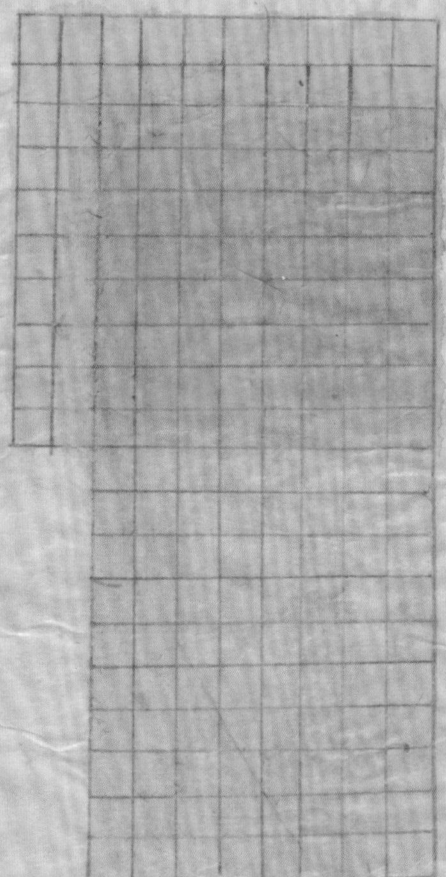

弦實減句實餘爲股冪廉併得長十八闊八以和十八除得股八

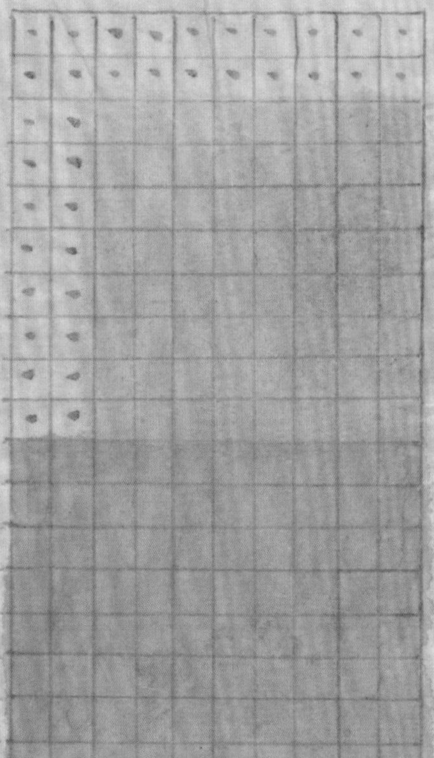

股實加句實爲弦冪廉併得長十八闊十以和十八除得弦十

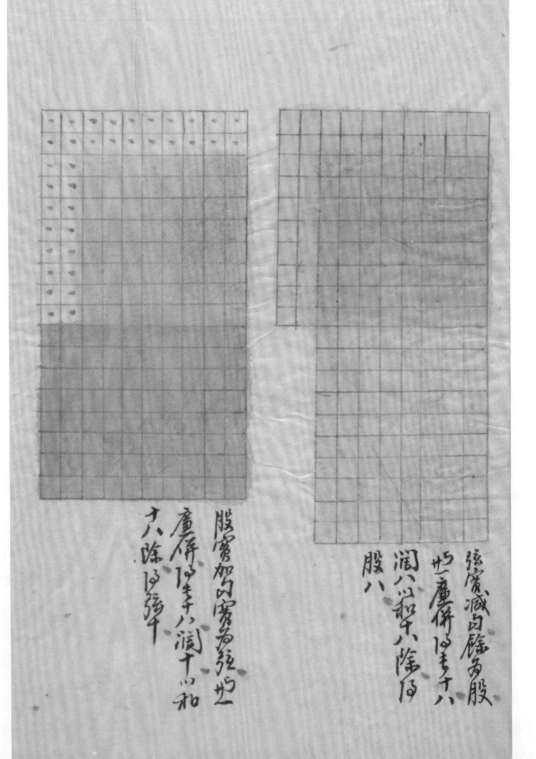

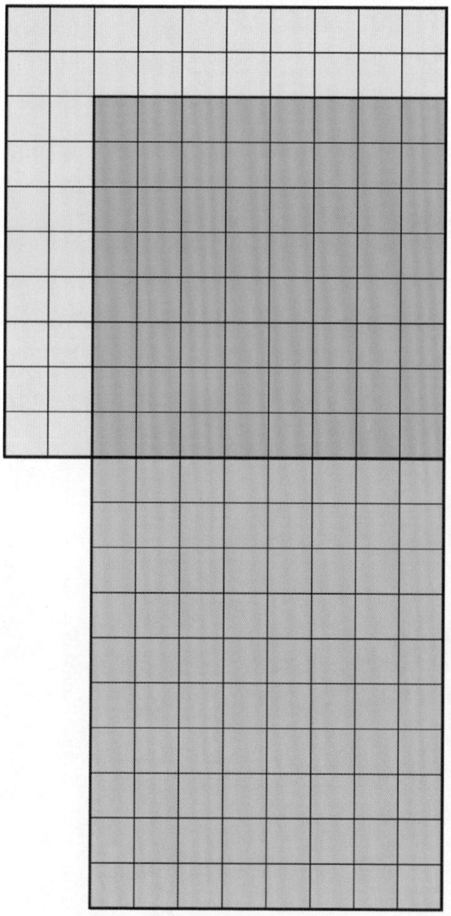

弦實減句，餘爲股。與一廉併，得長十八闊八。以和十八除，得股八。

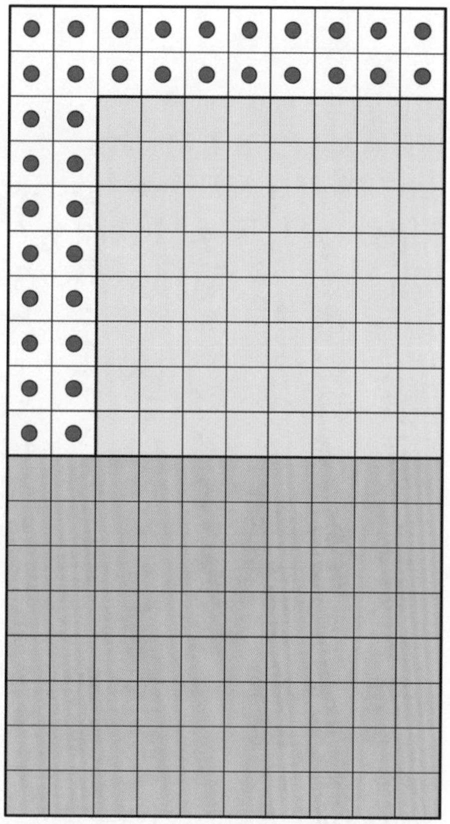

股實加句實爲弦，與一廉併，得長十八闊十。以和十八除，得弦十。

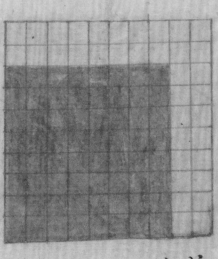

弦實內除股實外餘句實以和十八為法
以較二為實故以和除之而得較

設句與弦和較求股弦共以較減句餘為股弦較以除句實為股弦和
假令有句二十七弦視句股并不及一十八求股弦及弦較若干
答股三十六　句二十七　股弦較九
法以弦和較一十八減句二十七餘九為股弦較得較以較除句實得股弦和共
十二用加減折半等法如前
解股視弦并不足得句實有餘句句自乘實段一段和股與并弦者一段有餘
共只較也減較於全句其餘句得股之所借以與并弦者共也股之所借即
股之不足於弦并者股弦較而何

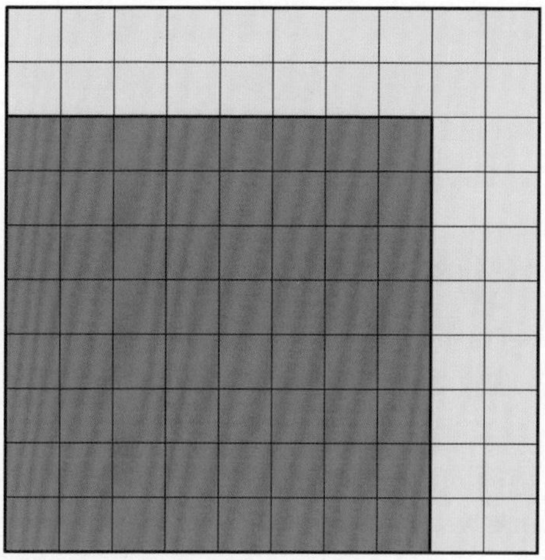

弦實内除股實，外餘句實。以和十八爲長，以較二爲廣，故以和除之而得較。

凡句與弦和較求股弦者，以較減句，餘爲股弦較。以除句實，爲股弦和[1]。

1.問：今有句二十七，弦視句股并不及一十八，求股弦及諸數若干？

答：股三十六；（句二十七）[弦四十五]；

股弦較九。

法：以弦和較一十八減句二十七，餘九，爲股弦較。得較，以較除句實，得股弦和八十一。用加減折半等法如前。

解：股視弦本不足，得句而有餘。句内自分兩段，一段和股與弦齊，一段有餘者即較也。減較於全句，其餘句，即股之所借以與弦齊者也。股之所借，即股之不足於弦者，非股弦較而何？

---

1 已知句 a 與弦和較 $(a+b)-c$，二者相減，得股弦較：

$$a-[(a+b)-c]=c-b$$

以"句與股弦較"諸法求之。《同文算指通編》卷六"句股畧"附於第十則"股弦較求股求弦"下。

以弦和較減勾餘為股弦較圖

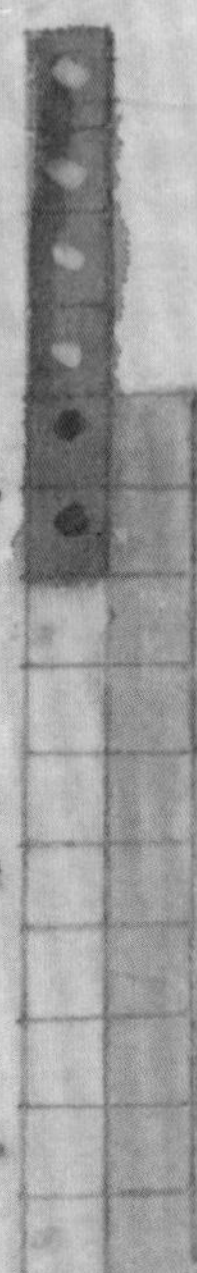

右併十為弦左黄為股青為勾併十四為勾股和勾之兩红点二為股不及弦之數白点四為過於弦之數故就全勾兩減弦和較四餘為股弦較二

凡勾與弦較和求股弦者加勾於和為股弦和以除勾實為股弦較

問今有勾二十七弦與勾股較併為五十四求股弦及諸數各若干

答股三十六　弦四十五　勾股和八十一

法以勾加弦較和為八十一為股弦和以除勾實七百二十九見為股弦較餘如前

法合問

解弦與勾較和是弦之外又有一勾不及股之數也加之以勾實為股矣是弦之外復成一股即股弦和矣所

以勾加弦較和得股弦和圖

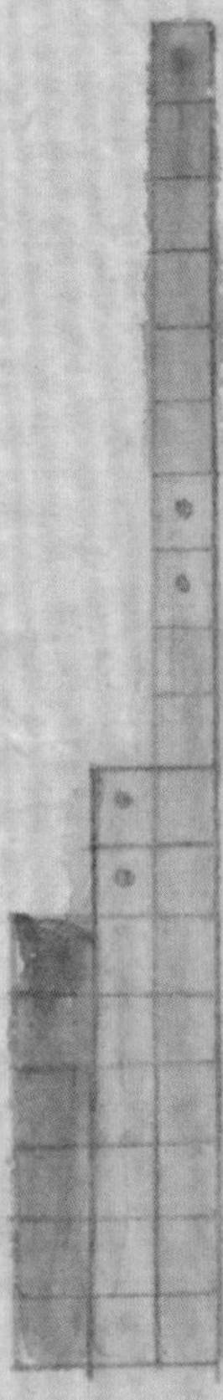

以弦和較減句餘爲股弦較圖[1]

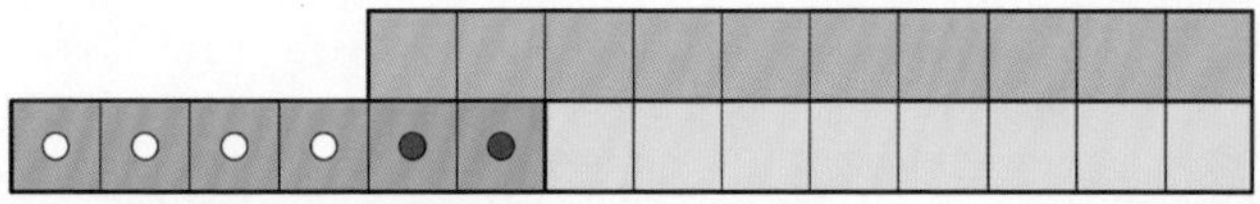

右緑十爲弦，左黄爲股，青爲句，併十四爲句股和。句之内，紅點二爲股不及弦之數，白點四爲過於弦之數。故就全句六内，減弦和較四，餘得股弦較二。

凡句與弦較和求股弦者，加句於和，得股弦和。以除句實，得股弦較[2]**。**

1.問：今有句二十七，弦與句股較併得五十四，求股弦及諸數各若干？

答：股三十六；　　弦四十五；

（句股）［股弦］和八十一。

法：以句加弦較和，得八十一爲股弦和。以除句實七百二十九，得九爲股弦較。餘如前法。合問。

解：弦與較和，是弦之外又有一句不及股之數也。加之以句，而及股矣。是弦之外復成一股，非股弦和而何？

以句加弦較和得股弦和圖

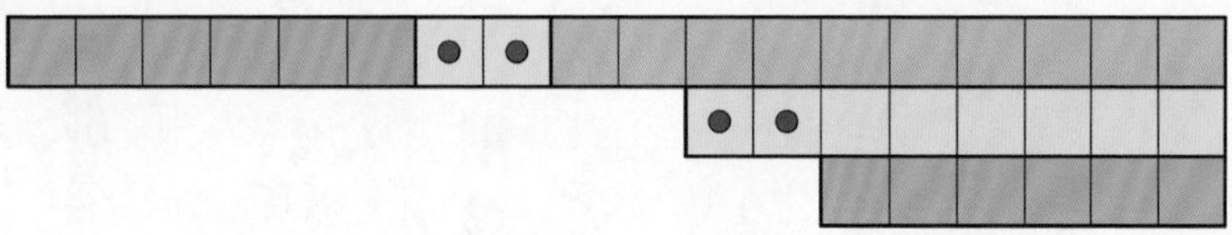

---

1 原圖豎排，因排版需要，今將原圖逆時針旋轉 90 度，改作横排。圖注“右”即上，“左”即下。後圖凡縱横差較大之圖，處理方式同此。

2 已知句 a 與弦較和 $c+(b-a)$，二者相併，得股弦和：

$$a+[c+(b-a)]=c+b$$

以“句與股弦和”諸法求之。《同文算指通編》卷六“句股畧”附於第十三則“股弦和求股求弦”下。

右青六為句黄二為較併十為弦併黄併得十二為弦較和併青黄得八為股通併得十八減股弦和中黄八為股有紅点二為較右青六為句加句於較得股又併弦得和

凡句與弦較之求股弦者減句於較餘得股弦較以除句實得股弦和

問今有句二十七以弦視句股之較餘二十八求股弦法數若干

答股三十六　弦四十五　股弦較九

法以句二十七減較之三十六餘九為股弦較以除句實七百二十九得股弦和餘如前

法合問

解股之視句多一較再以較減股當復減一句今以較減弦而多於句其多於句者即弦之多於股者也故以句減較之而和其九為股弦較也

較之三十六股亦三十六其所較之得股平自乘也試以八為句十五為股之實二百二十五句實六十四合之得二百八十九平開之得一十七為弦句股之較七以減弦餘十其視股遠矣而股愈長其差愈多以句股不甚相遠者其較之大而反多於股故以句三股四弦五為法以句六股八弦十為法其較之與股等可數無偏合於率不通

右青六爲句，黄二爲較，緑十爲弦。併黄緑得十二，爲弦較和。併青黄得八，爲股。通併得十八，成股弦和。中黄八爲股，有紅點二爲較。左青六爲句，加句於較得股，又併弦得和。

凡句與弦較較求股弦者，減句於較，餘得股弦較。以除句實，得股弦和[1]。

1.問：今有句二十七，以弦視句股之較，餘三十六，求股弦諸數若干？

答：股三十六；　　　　　　　　　　弦四十五；

股弦較九。

法：以句二十七減較較三十六，餘九，爲股弦較。以除句實七百二十九，得股弦和。餘如前法。合問。

解：股之視句，多一較耳。以較減股，當復成一句。今以較減弦而多於句，其多於句者，即弦之多於股者也。故以句減較較，而知其爲股弦較也。

較較三十六，股亦三十六，然則較較即股乎？非也。試以八爲句，十五爲股，股實二百二十五，句實六十四，合之得二百八十九，平開之得一十七，爲弦。句股之較七，以減弦，餘十，其視股遠矣。若股愈長，其差愈多。若句股不甚相遠者，其較較又當反多於股。故以句三股四弦五爲法，以句六股八弦十爲法，其較較皆與股等。數雖偶合，於率不通。

1 已知句 a 與弦較較 $c-(b-a)$，二者相減，得股弦較：

$$\left[c-(b-a)\right]-a=c-b$$

以“句與股弦較”諸法求之。《同文算指通編》卷六“句股畧”附於第十則“股弦較求股求弦”下。

以句減弦較之餘股弦較圖

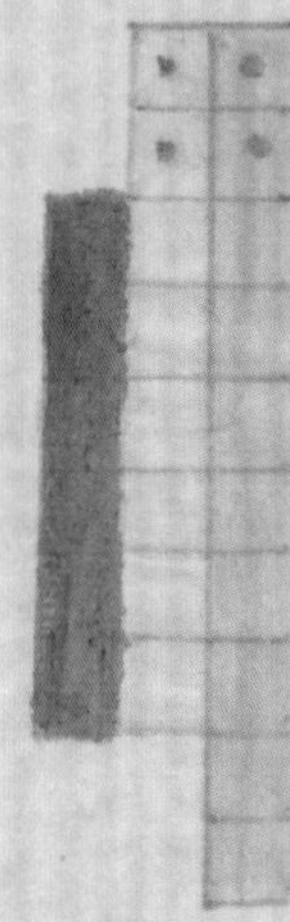

右偏為弦紅邊二為句股較其餘八即弦較之也中黄八為股紅邊二為句股較其餘六為句者左青六為句股相減較二餘六為句弦減較二餘八多於句二是弦多於股者二也故減句即為股弦較

凡句與弦和之求股弦者和內減句餘為股弦和以和除句實得股弦較用加減折半之法

問今有句二十七弦和之一百零八求股弦各若干

答股三十六　弦四十五　股弦和八十一

法以句二十七減和之餘八十一為股弦和以除句實七百二十九得九為股弦較併較和半之為弦　和減較半之為股餘互知合問

解此互和者以上三問皆題內有股弦較和諸類相求者施之不頻雜其孰為句孰為較孰為和如算書所問有云葭之莖生池中其杪出水三尺引一莖出岸九尺與水平此以為句一莖為股所引一莖為弦出水三尺即股弦較也

以句減弦較較餘股弦較圖

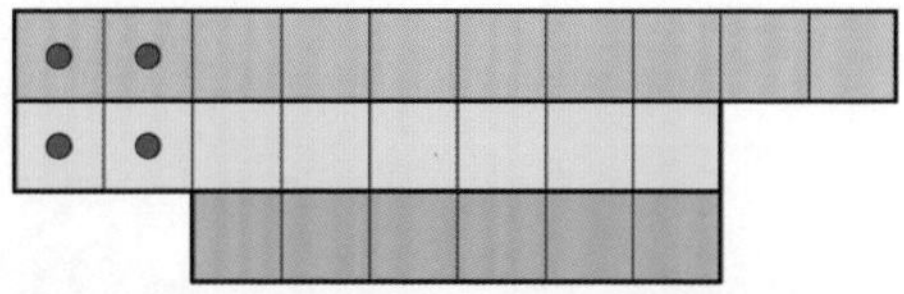

右緑爲弦，紅點二爲句股較，其餘八，即弦較較也。中黄八爲股，紅點二爲句股較，其餘六與句齊。左青六爲句，股中減較二，餘六爲句。弦減較二，餘八，多於句二，是弦多於股者二也。故減句而得股弦較。

凡句與弦和和求股弦者，和内減句，餘爲股弦和。以和除句實，得股弦較。用加減折半之法[1]。

1. 問：今有句二十七，弦和和一百零八，求股弦諸數若干？

答：股三十六；　　弦四十五；

股弦和八十一。

法：以句二十七減和和，餘八十一，爲股弦和，以除句實七百二十九，得九，爲股弦較。併較和，半之爲弦；和減較，半之爲股。餘直知。合問。

解：此直知者。以上六問，皆顯句（於）［與］股弦較和諸數相求者[2]。施之事類，須辨其孰爲句，孰爲較，孰爲和。如筭書諸問有云[3]：葭二莖生池中，其杪齊出水三尺，引一莖至岸九尺，與水平。此以不動一莖爲股，所引一莖爲弦，出水三尺即股弦較也，

1 已知句 a 與弦和和 $c+b+c$，二者相減，得股弦和：

$$(c+b+c)-a=b+c$$

以“句與股弦和”諸法求之。《同文算指通編》卷六“句股畧”附於第十三則“股弦和求股求弦”下。

2 於，當作“與”，音近而訛，據文意改。

3 以下所引五問，俱出《算法統宗》卷十二句股章。

出岸九尺為句用句求股弦較求股弦法

又云立木一根上頭一索垂下委地二尺引索去木八尺其索拄地適盡此以八尺為句

立木為股索為弦委地二尺為股弦較是亦以句求股弦較為法也

又云開門去閾一尺不合二寸此以開門斜勢為弦闕為股不合二寸每扇各一寸為股弦較

去閾一尺為句亦是以句求股弦較為法也

又云木九寸在壁中以鋸鋸之深一寸鋸道長一尺此以木之中心至邊為弦半鋸

道五寸為句以一寸之深至中心為股其一寸為股弦較亦是以句求股弦較為法也

又云竹竿高一丈風折其梢至地去根三尺此以全竹為股弦和以立竹為股折竹

為弦去根為句此以句求股弦和為法也

以上諸問或正或倒或横或依圓法紛紛多術皆明其所以然則一以貫之矣

今各為圖說於後其顯股顯弦諸法倣可以此推之

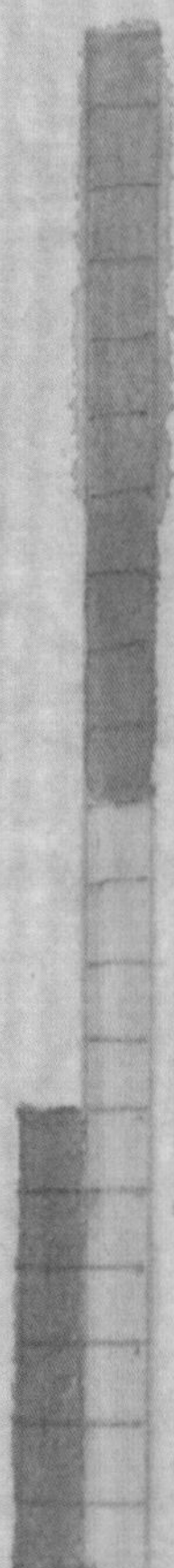

右係十黄八通二十四為弦和之左黄以句為內以減和之餘十八為股弦和

至岸九尺，句也。當用句與股弦較求股弦法。

又云：立木一根，上有一索，垂下委地二尺，引索去木八尺，其索拄地適盡[1]。此以八尺爲句，立木爲股，索爲弦，委地二尺爲股弦較。是亦句與股弦較爲法也。

又云：開門去閾一尺，不合二寸。此以開門斜勢爲弦，閾爲股。不合二寸，每扇居一寸爲股弦較，去閾一尺爲句。亦是句與股弦較爲法也。

又云：木丸在壁中，以鋸鋸之，入深一寸，鋸道長一尺。此以丸之中心至邊爲弦，半鋸道五寸爲句，一寸之内至中心爲股，其一寸爲股弦較。亦是句與股弦較爲法也。

又云：竹竿高一丈，風折其杪，至地去根三（丈）[尺][2]。此以全竹爲股弦和，以立竹爲股，折竹爲弦，去根爲句。此乃句與股弦和爲法也。

以上諸問，或正或倒或横，或依圓法，紛紛多術。苟明其所以然，則一以貫之矣。今各爲圖説於後，其顯股顯弦諸法，俱可以此推之。

[以句減弦和和餘股弦和圖][3]

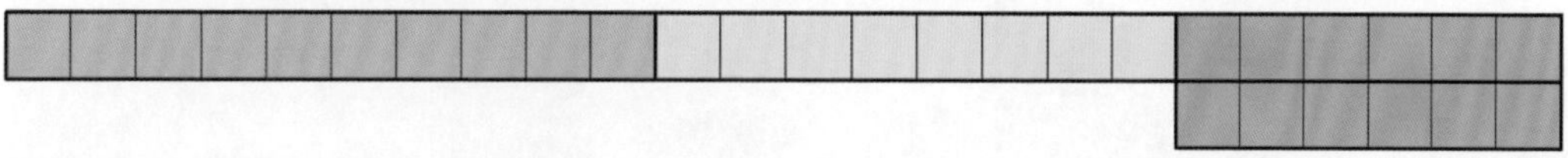

右緑十黄八[空六][4]，通二十四，爲弦和和。左青六爲句，以減和和，餘十八爲股弦和。

1 拄，支撑，頂著。

2 三丈，當作“三尺”，據《算法統宗》卷十二及下文“竹折”圖注改。

3 原圖無標題，據前後圖例加。又原圖有誤，參考後“以股減弦和和餘句弦和圖”重繪。

4 空六，據後“以股減弦和和餘句弦和圖”注文補。圖右行空白六格爲句，與左青句六對減盡，餘緑十弦、黄八股，即股弦和。

出葭

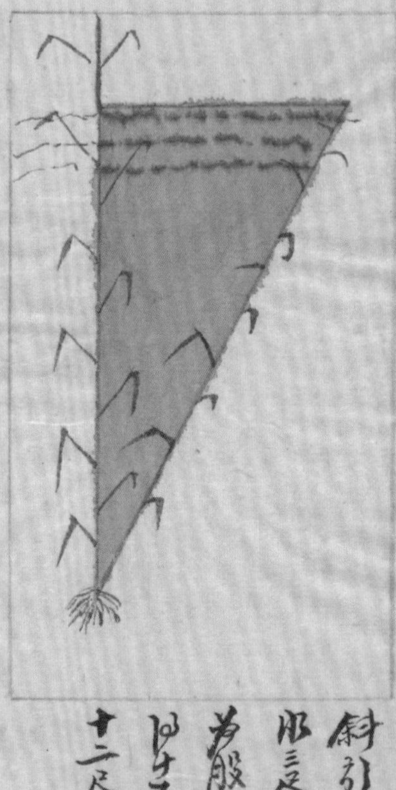

斜引九尺爲勾自乘得八十一尺以出三尺爲股弦較除之得二十七尺爲股弦和加三尺得三十尺半之得十五尺爲弦減三尺半之得十二尺爲股

垂索

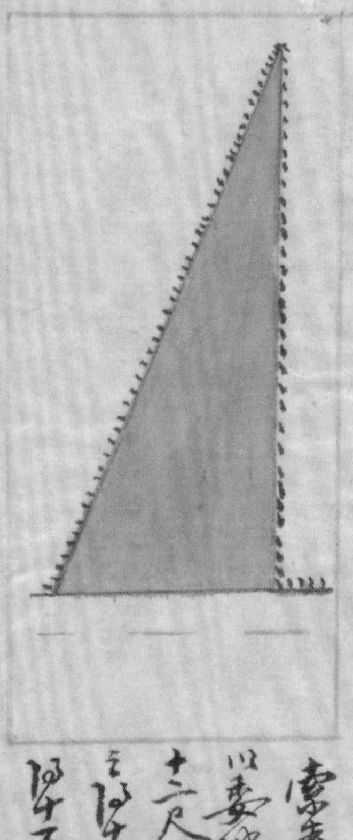

索垂等八尺爲勾自乘得六十四以委地二尺爲股弦較除之得三十二尺爲股弦和加二尺得三十四半之得十七爲弦減二尺餘三十半之得十五爲股

水葭

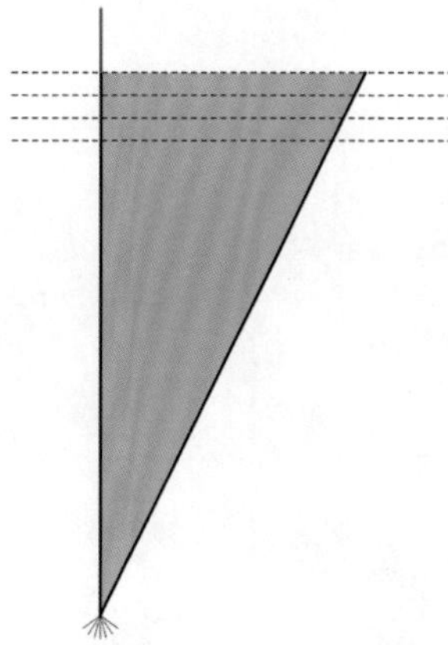

斜引九尺爲句，自乘得八十一尺。以出水三尺爲股弦較，除之，得二十七尺，爲股弦和。加三尺得三十尺，半之得十五尺，爲弦；減三尺，半之得十二尺，爲股。

木索

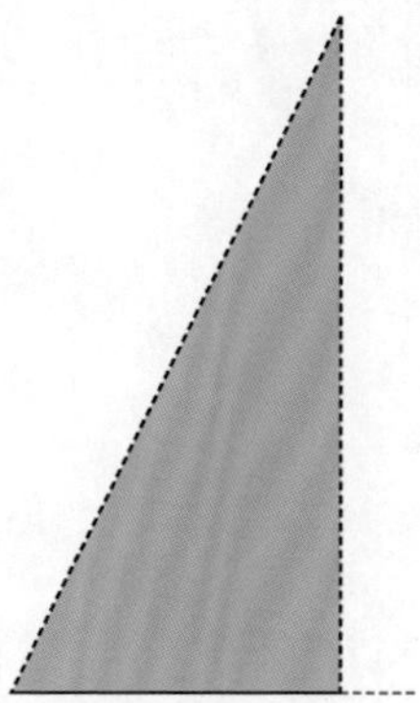

索去竿八尺爲句，自乘得六十四。以委地二尺爲股弦較，除之，得三十二尺，爲股弦和。加二尺得三十四，半之得十七，爲弦；減二尺，餘三十，半之得十五，爲股。

門閾

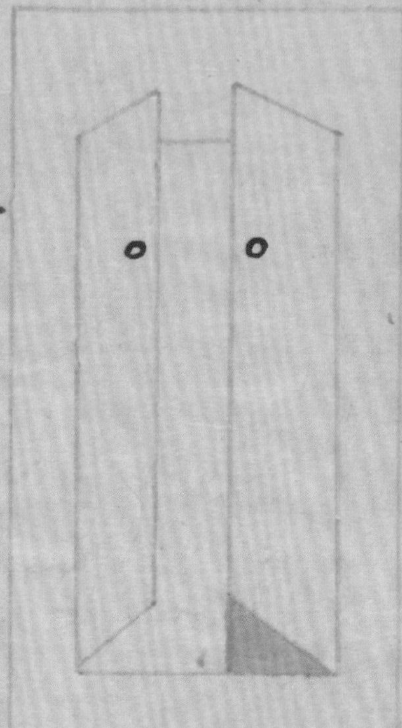

去閾一尺為勾自乘得一百寸以不合一寸為股弦較除之仍得一百寸為股弦和加較一寸得一百一寸半之得五十寸五分為弦減一寸餘九十九寸半之得四十九寸五分為股門二扇為弦廣一丈零一寸

鋸毬

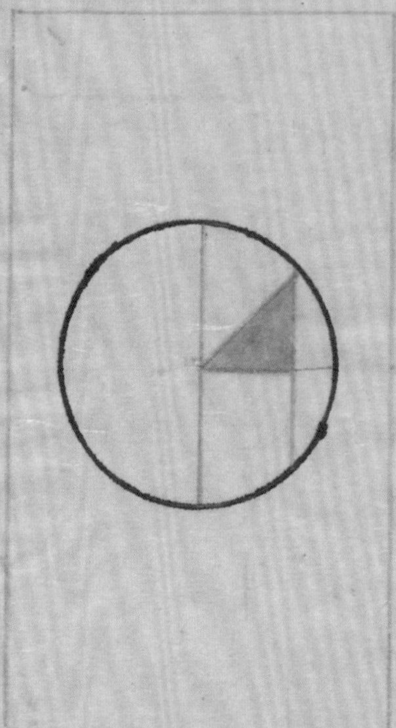

鋸道五寸為勾自乘得二十五寸以深一寸為股弦較除之仍得二十五寸為股弦和加較一寸得二十六寸半之得十三寸為弦減較一寸餘二十四寸半之得十二寸為倍弦二尺六寸為全圓之徑

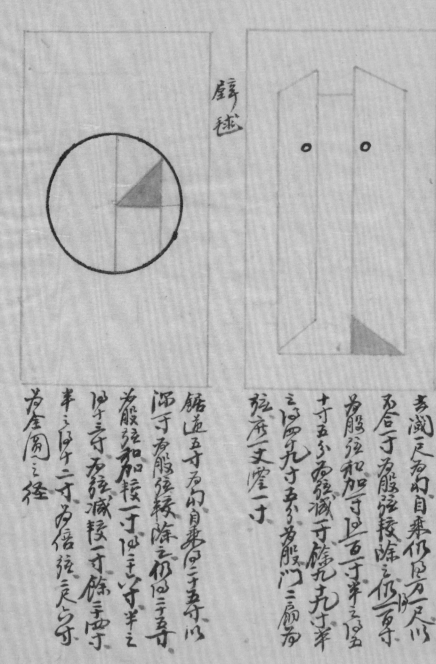

門閾

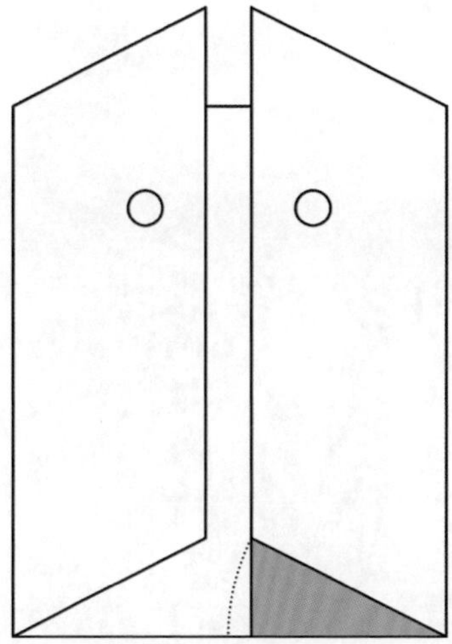

去閾一尺爲句，自乘仍得方一尺。以不合一寸爲股弦較，除之，仍得一百寸，爲股弦和。加一寸，得一百一寸，半之得五十寸五分，爲弦；減一寸，餘九十九寸，半之得四十九寸五分，爲股。門二扇爲［倍］弦，廣一丈零一寸[1]。

壁毬

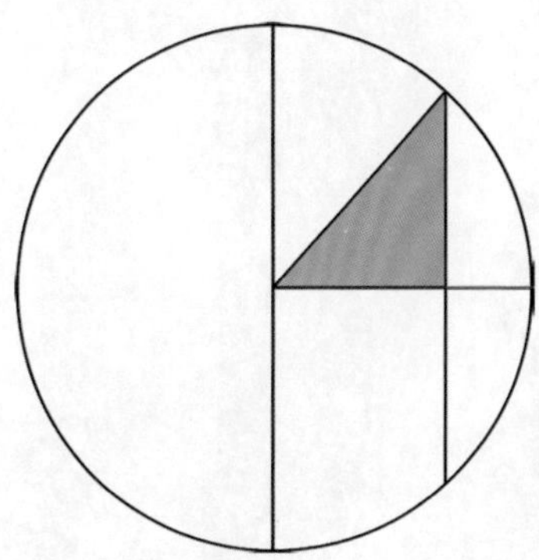

鋸逆五寸爲句，自乘得二十五寸。以深一寸爲股弦較，除之，仍得二十五寸，爲股弦和。加較一寸，得二十六寸，半之得十三寸，爲弦；減較一寸，餘二十四寸，半之得十二寸，爲［股］[2]。倍弦二尺六寸，爲全圓之徑。

1 門一扇爲弦，廣 50.5 寸；二扇爲倍弦，廣 101 寸。原文“倍”字脱落，據文意補。
2 原文脱“股”字，據文意補。

竹折

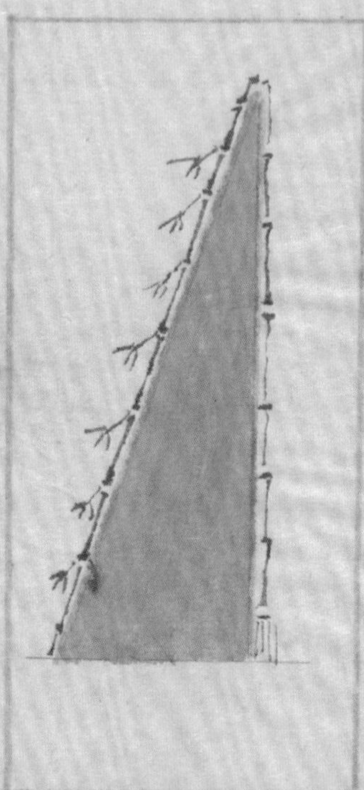

去根三尺為句自乘得九尺以竹高一丈為股弦和除之得九寸為股弦較加較於和得一丈九寸半之得五尺四寸五分為梢至地減較於和餘九尺一寸半之得四尺五寸五分為立竿

凡股與句弦較求句弦者加較實於股實倍較為法除之得弦減較實於股實除之得句或不用倍法則半其實或先用較除股實得句弦併加較半之為弦減較半之為句

設令有股三十六句弦較一十八求句弦各數若干

答曰句二十七　弦四十五　句弦和七十二　餘數同前

法較自乘得三百二十四以減股積一千二百九十六餘九百七十二以倍較三十六除之得句或不倍較則得九百七十二半之得四百八十六以較十八除之◎併較實於股實得一千六百二十倍較三十六為法除之得弦不倍較則半實八百一十以較十八除之或以較十八除股實得七十二為句弦和加較一十八得九十半之為弦

竹折

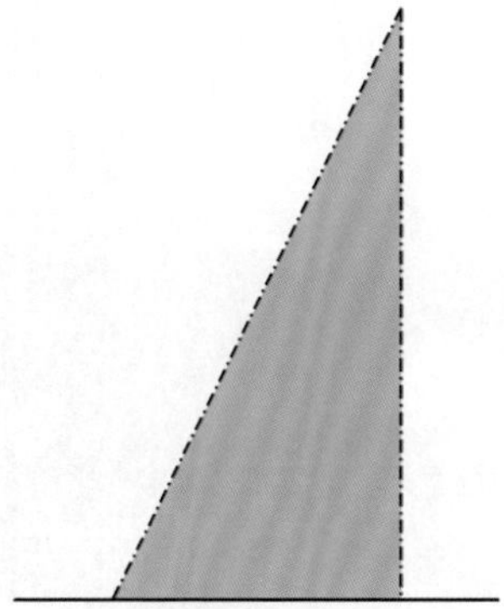

去根三尺爲句，自乘得九尺。以竹高一丈爲股弦和，除之，得九寸，爲股弦較。加較於和，得一丈九寸，半之得五尺四寸五分，爲杪至地；減較於和，餘九尺一寸，半之得四尺五寸五分，爲立竿。

凡股與句弦較求句弦者，加較實於股實，倍較爲法，除之得弦；減較實於股實，除之得句。或不用倍法，則半其實。或先用較除股實，得句弦併，加較，半之爲弦；減較，半之爲句[1]**。**

1.問：今有股三十六，句弦較一十八，求句弦諸數若干？

答：句二十七；　　弦四十五；

句弦和七十二。　　餘數同前。

法：較自乘得三百二十四，以減股積一千二百九十六，餘九百七十二。以倍較三十六除之，得句。或不倍較，則將九百七十二半之，得四百八十六，以較十八除之。◎併較實於股實，得一千六百二十。倍較三十六爲法，除之得弦。不倍較，則半實八百一十，以較十八除之。或以較十八除股實，得七十二爲句弦和，加較一十八，得九十，半之爲弦；

---

1 已知股 b 與股弦較 $c-a$，求句弦。出自《同文算指通編》卷六“句股畧”第九則“句弦較求句求弦”。術文第一法用公式可表示爲：

$$c=\frac{b^2+(c-a)^2}{2(c-a)}\ ;\ a=\frac{b^2-(c-a)^2}{2(c-a)}$$

第二法用公式可表示爲：

$$c=\frac{\frac{1}{2}\times\left[b^2+(c-a)^2\right]}{c-a}\ ;\ a=\frac{\frac{1}{2}\times\left[b^2-(c-a)^2\right]}{c-a}$$

第三法先求句弦和：

$$a+c=\frac{b^2}{c-a}$$

再分別求句與弦：

$$c=\frac{(a+c)+(c-a)}{2}\ ;\ a=\frac{(a+c)-(c-a)}{2}$$

參“句與股弦較”。

減較一十八餘五十四半之爲句合問

解股見句較句股和股弦較股弦和以五和爲法

按圖解右圖弦實内除句實餘斜形爲股實以較爲廣以句弦和爲袤

注云股實之矩以句弦差爲廣句弦併爲袤實句實方其裡以差除股實

得句弦并此與廿第一問相表裡互隱併同但句股易耳

股與廿句弦較求句弦圖　以句六股八弦十爲率

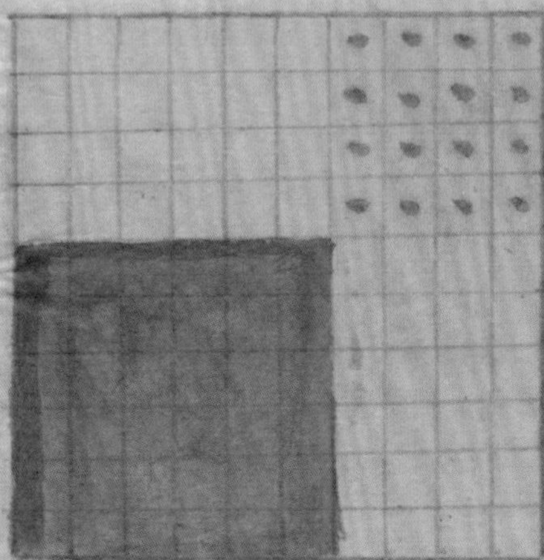

全形爲弦實方形青實爲句曲形黄實

爲股之之内一隅方四爲較兩廉各六爲

句此一廉併隅得十爲弦併兩隅一廉

得十六爲句弦和併以廣爲較

減較一十八，餘五十四，半之爲句。合問。

解：股見句［股］較[1]、句股和、股弦較、股弦和，皆直知，不爲法。

按：《周髀》右圖弦實内除句實，餘斜形四爲股實，以較爲廣，以句弦和爲長。注云："股實之矩，以句弦差爲廣，句弦併爲袤，而句實方其裡。以差除股實，得句弦并。"此與第一問相表裡。五法俱同，但句、股異耳。

股與句弦較求句弦圖 以句六股八弦十爲率

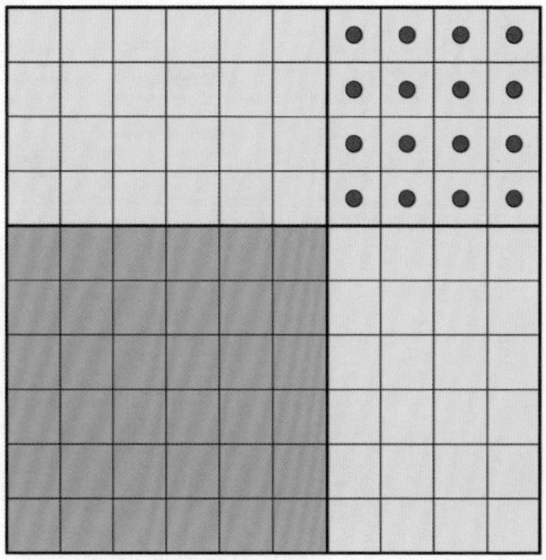

全形爲弦實，方形青實爲句，曲形黄實爲股。股之内一隅方四爲較，兩廉各六爲句。以一廉併隅得十爲弦，併一隅二廉得一十六爲句弦和，俱以廣爲較。

1 句較，當作"句股較"，"股"字脱落，據文意補。

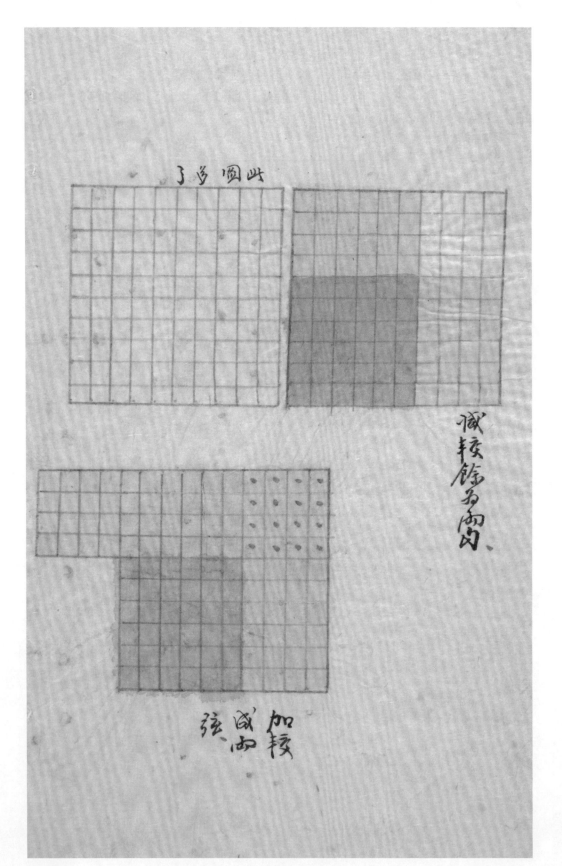

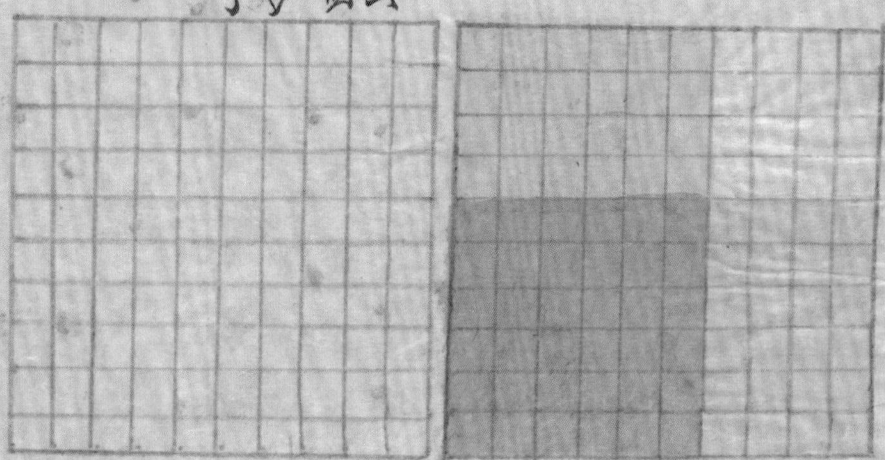
此圖多了
減較餘為兩句

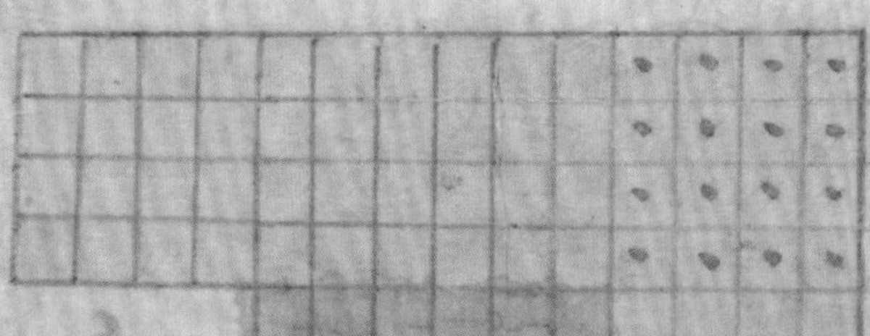
加較成兩弦

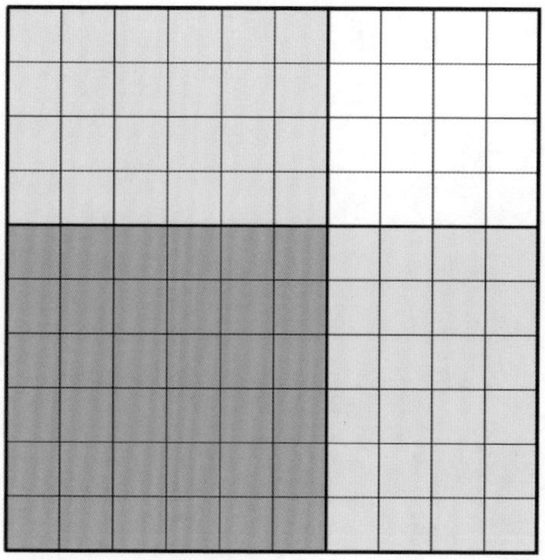

減較餘爲兩句。

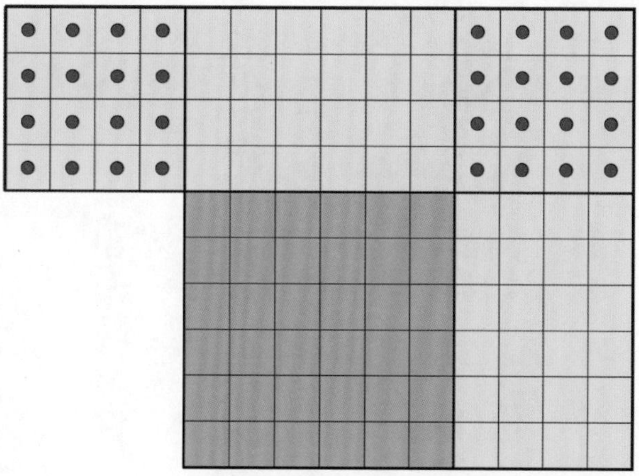

加較成兩弦。

凡股與句弦和求句弦者，以和自乘得積，加股積，倍和除之得弦；減股積，倍和除之得句。若用倍法，則半其實。或以和除股實，得句弦較，加入和，半之為弦；以減和，半之為句。

問：今有股三十六，句弦和七十二，求句弦諸數若干。

荅如前。

法：股實一千二百九十六，加入和實五千一百八十四，得六千四百八十，倍和一百四十四除之得弦；或半實三千二百四十，以和七十二除之，同。減股實於和實，餘三千八百八十八，以倍和除之得句；或半實一千九百四十四，以七十二除之，同。或以和除股實，得十八，為句弦較，加和七十二，得九十，半之為弦；以減和，餘五十四，半之為句，合問。

解：此與第二問相表裏。詳云以併除股實得句弦較，今併自乘與股實為實，倍併為法，所得是弦；股實減併自乘，如法而一為句。

凡股與句弦和求句弦者，以和自乘得積，加股積，倍和除之，得弦；減股積，倍和除之，得句。若不用倍法，則半其實。或以和除股實，得句弦較，加入和，半之爲弦；以減和，半之爲句[1]**。**

1.問：今有股三十六，句弦和七十二，求句弦諸數若干？

答：如前。

法：股實一千二百九十六，加入和實五千一百八十四，得六千四百八十。倍和一百四十四，除之得弦。或半實三千二百四十，以和七十二除之，同。減股實於和實，餘三千八百八十八，以倍和除之，得句。或半實一千九百四十四，以七十二除之，同。或以和除股實，得一十八，爲句弦較。加和七十二，得九十，半之爲弦；以減和，餘五十四，半之爲句。合問。

解：此與第二問相表裡。注云："以併除股實，得句弦差。令併自乘，與股實爲實，倍併爲法，所得亦弦。股實減併自乘，如法爲句。"

---

1 已知股 b 與句弦和 $a+c$，求句弦。出自《同文算指通編》卷六"句股畧"第十二則"句弦和求句求弦"。術文第一法用公式可表示爲：

$$c=\frac{(a+c)^2+b^2}{2(a+c)}\ ;\ a=\frac{(a+c)^2-b^2}{2(a+c)}$$

第二法用公式可表示爲：

$$c=\frac{\frac{1}{2}\times\left[(a+c)^2+b^2\right]}{a+c}\ ;\ a=\frac{\frac{1}{2}\times\left[(a+c)^2-b^2\right]}{a+c}$$

第三法先求句弦較：

$$c-a=\frac{b^2}{a+c}$$

再分别求句與弦：

$$c=\frac{(a+c)+(c-a)}{2}\ ;\ a=\frac{(a+c)-(c-a)}{2}$$

參"句與股弦和"。

股与廿勾弦和求勾弦圖

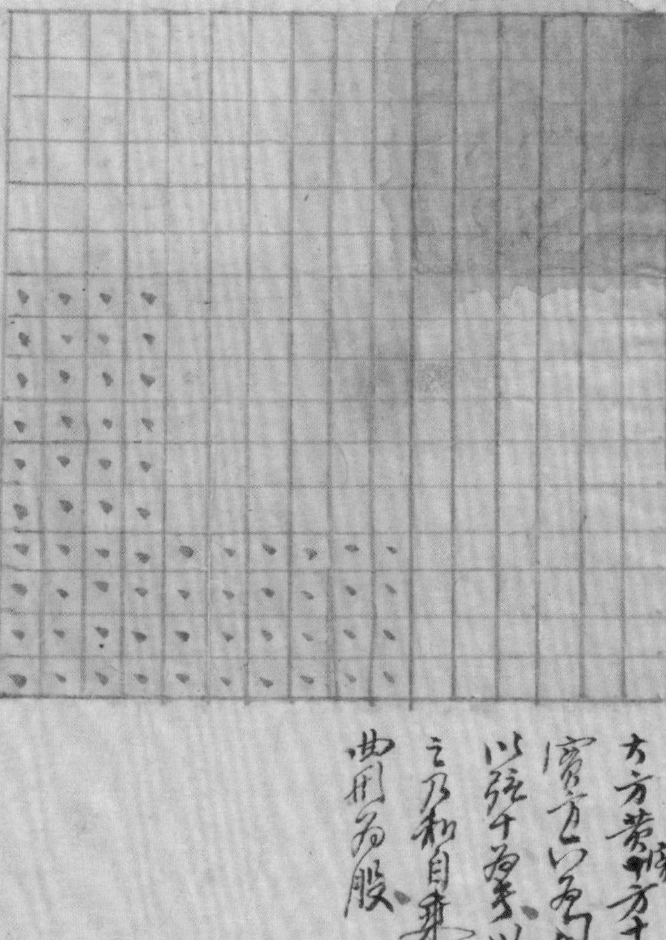

大方黄實方十為弦。內除青實方六為勾。所餘綠實以弦十為率。以勾六為除合之乃和自乘之全數。紅点曲形為股。

股與句弦和求句弦圖

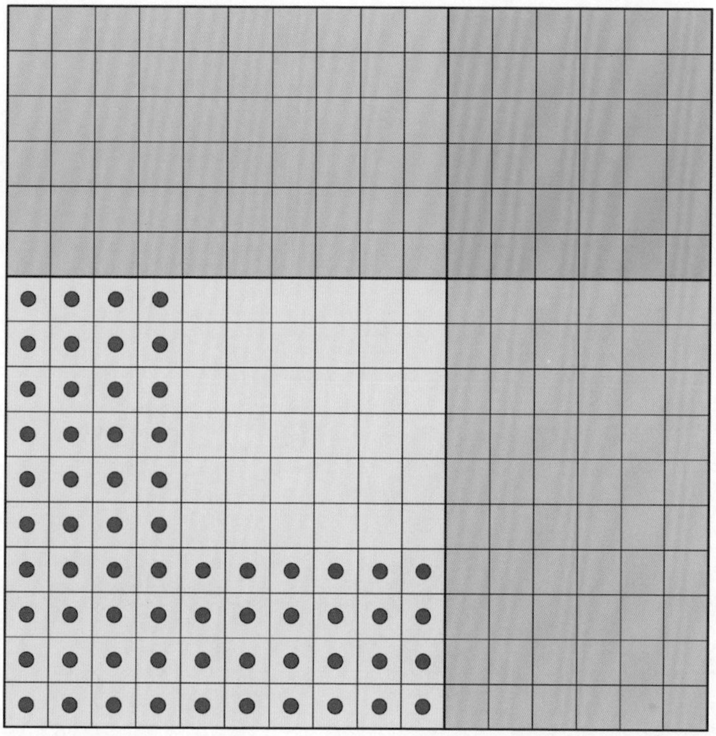

大方黄實，方十爲弦。小隅青實，方六爲句。兩廉緑實，以弦十爲長，以句六爲廣。合之，乃和自乘之全數。紅點曲形爲股。

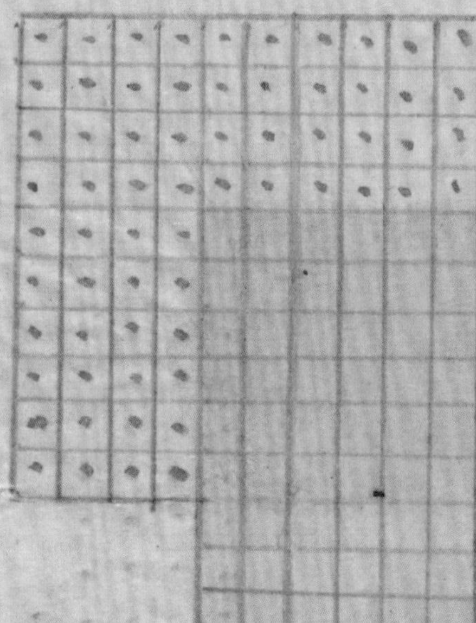

弦實減股實餘為句與廿一廛併得長十六闊六以和十六除之得句六

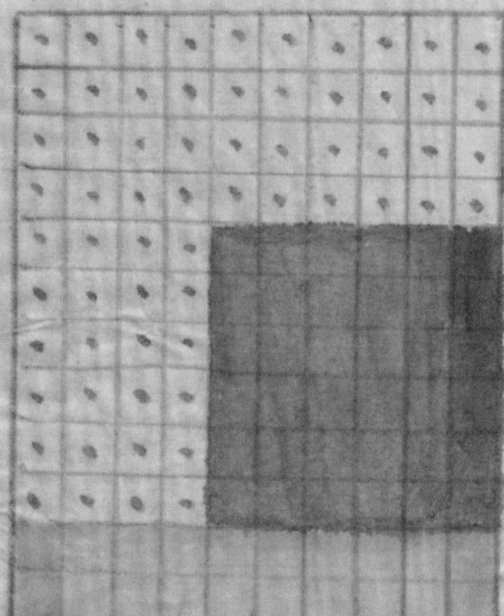

句實加股實加弦與廿一廛併得長十六闊十以和十六除之得弦十

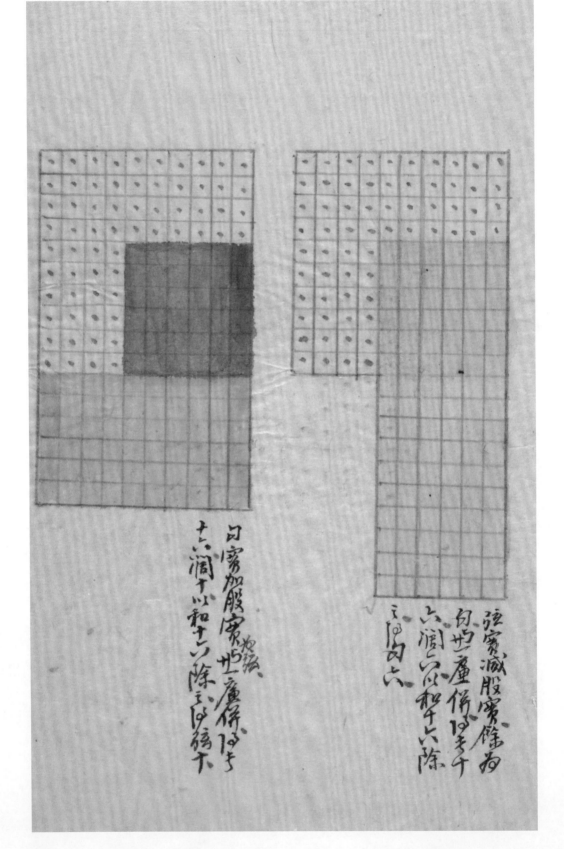

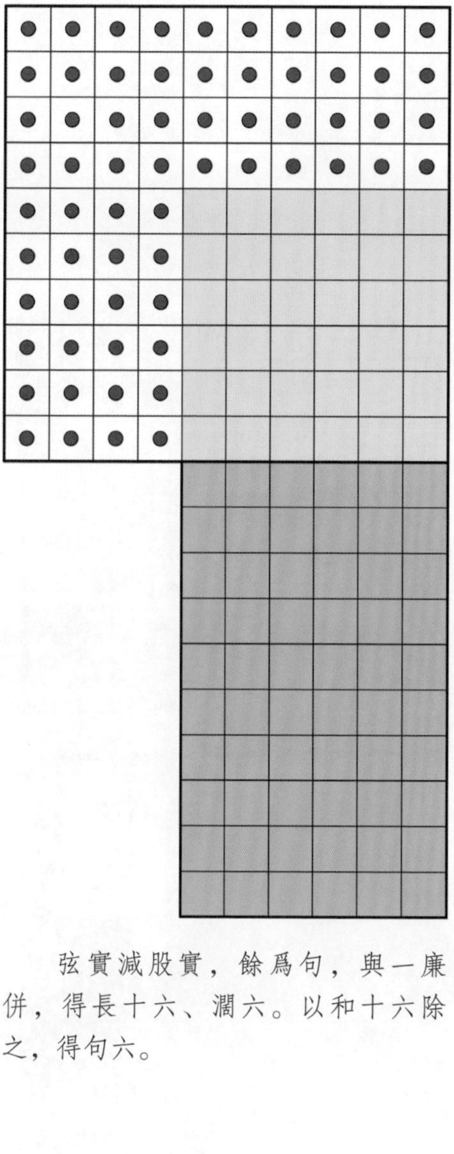

弦實減股實，餘爲句，與一廉併，得長十六、濶六。以和十六除之，得句六。

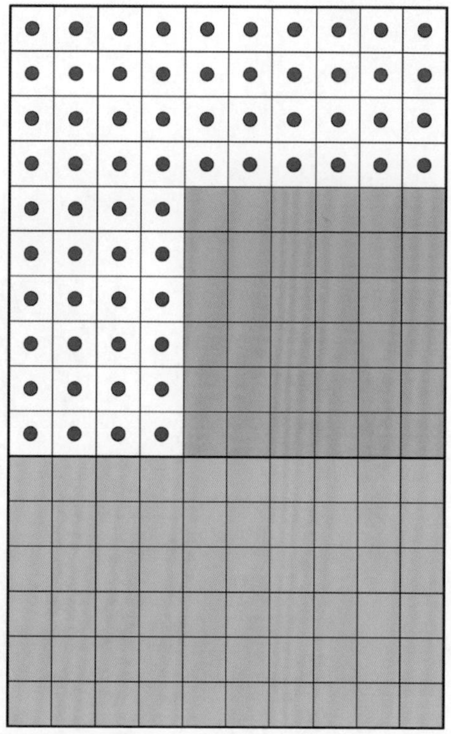

句實加股實爲弦，與一廉併，得長十六、濶十。以和十六除之，得弦十。

弦實內除句實餘為股實以和十二為率
以較四為濶故以和除之而得較

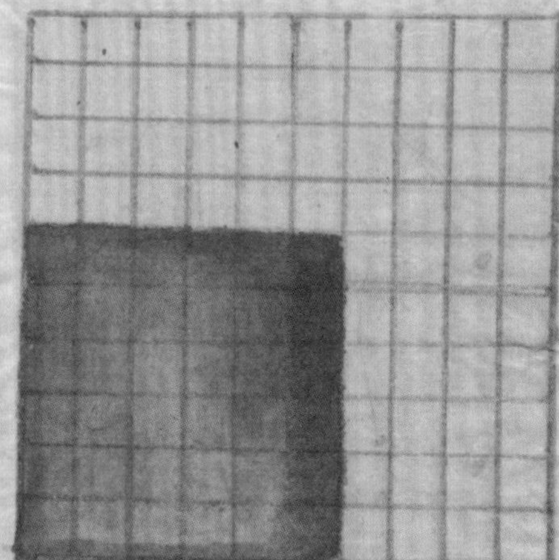

凡股與弦和較求句弦共以較減股餘為句弦較以除股實得句弦和

問今有股三十六弦視句股和不及十八求句弦諸數若干

荅句二十七　弦四十五　句弦較一十八

法以較十八減股三十六餘一十八為句弦較以除股實一千二百九十六得七十二為句弦

和加減折半如前法

解曰不及弦者即股與句之過於弦股內外兩段一段併句而與弦齊一段過於弦者

即較也股內減較一段餘一段與句之所借以與弦齊者共與其不及於弦者

非句弦較而何

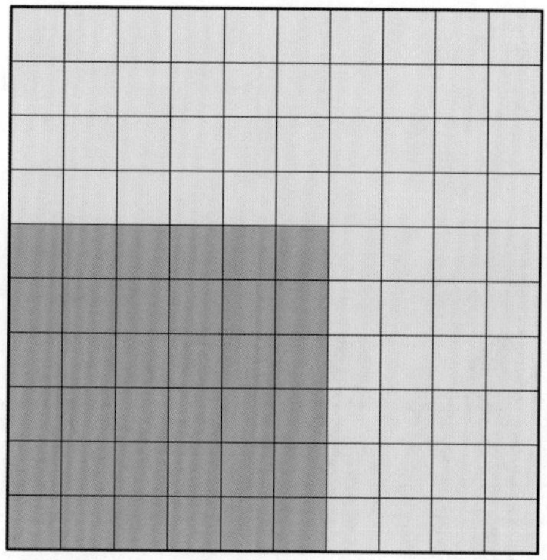

弦實内除句實，餘爲股實，以和十六爲長，以較四爲濶，故以和除之而得較。

凡股與弦和較求句弦者，以較減股，餘爲句弦較。以除股實，得句弦和[1]。

1.問：今有股三十六，弦視句股和不及一十八，求句弦諸數若干？

答：句二十七；　　弦四十五；

句弦較一十八。

法：以較十八減股三十六，餘一十八，爲句弦較。以除股實一千二百九十六，得七十二，爲句弦和。加減折半如前法。

解：句不及弦，得股而過於弦。股内外兩段，一段併句而與弦齊，一段過於弦者，即較也。股内減較一段，餘一段正句之所借以與弦齊者，即其不及於弦者，非句弦較而何？

1 已知股 b 與弦和較 $(a+b)-c$，二者相減，得句弦較：

$$b-\left[(a+b)-c\right]=c-a$$

以“股與句弦較”諸法解之。《同文算指通編》卷六“句股畧”附於第九則“句弦較求句求弦”下。

以弦和較減股餘為句弦較圖

右係十為弦，左青六為句，中黃八為股，併十四為句股和，紅点四為句不及弦之數，白点四為過於弦之數，故於全股八内減弦和較四，餘為句弦較四。

凡股與并弦較和求句弦并，減股於和，餘為句弦較，以除股實，得句弦和。

設有股三十六，弦與句股較併得五十四，求句弦并數若干。

答句二十七 弦四十五 句弦較一十八

法以股三十六減弦較和五十四，餘一十八，為句弦較，以除股實一千二百九十六，得句弦和七十二，加減折半如前法。

解股為一句又一較，以股減較和，則除較之外，於弦之中又減一句，其餘即弦多於句之數，即句弦較而句

以股減弦較和餘句弦較圖

右係十為弦，黃二為較，併之為弦較和，中黃八為股，加紅点廿為較，無点廿即句數，左青点六為句，右和中減股，則弦之外况無較，弦之内又去一句，餘四即句弦較也。

以弦和較減股餘爲句弦較圖

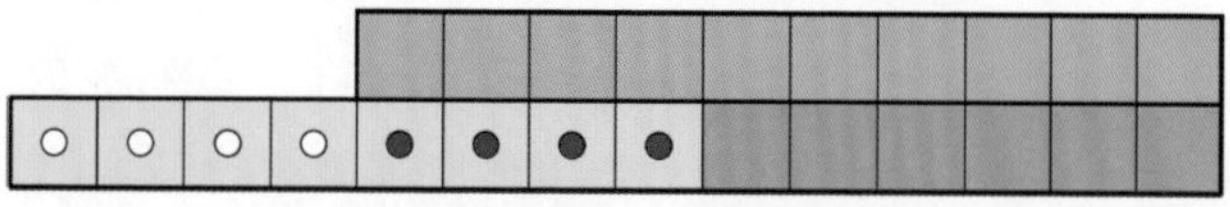

右緑十爲弦，左青六爲句，黄八爲股。併十四爲句股和，紅點四爲句不及弦之數，白點四爲過於弦之數。故於全股八内，減弦和較四，餘爲句弦較四。

凡股與弦較和求句弦者，減股於和，餘爲句弦較。以除股實，得句弦和[1]。

1.問：今有股三十六，弦與句股較併得五十四，求句弦諸數若干？

答：句二十七；　弦四十五；

句弦較一十八。

法：以股三十六減弦較和五十四，餘一十八，爲句弦較。以除股實一千二百九十六，得句弦和七十二。加減折半如前法。

解：股爲一句又一較，以股減較和，則除較之外，於弦之中又減一句矣。餘即弦多於句之數，非句弦較而何？

以股減弦較和餘句弦較圖

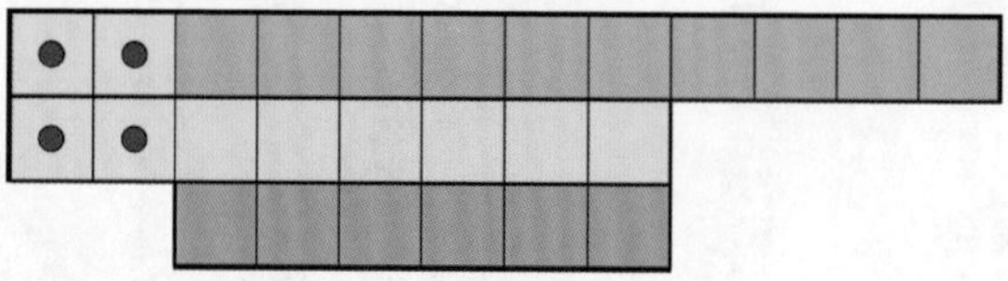

右緑十爲弦，黄二爲較，併之爲弦較和。中黄八爲股，有紅點者爲較，無點者即句數。左青六爲句。右和中減股，則弦之外既去較，弦之内又去句，餘四即句弦較也。

---

1 已知股 b 與弦較和 $c+(b-a)$，二者相減，得句弦較：

$$\left[c+(b-a)\right]-b=c-a$$

以"股與句弦較"諸法解之。《同文算指通編》卷六"句股畧"附於第九則"句弦較求句求弦"下。

凡股與弦較之求句弦法加股於較之得句弦和以和除股實得句弦較

假令有股三十六弦多於句股較二十六求句弦若干

答曰句二十七　弦四十五　句弦和七十二

法以股三十六加較之三十六得七十二為句弦和以和除股實一千二百九十六得一十八

為句弦較因加減折半如前法合問

解股視句多一較弦較乃以較減弦之餘較視原弦不足一較相併則股

以較與弦股止餘一句弦仍減其弦即句弦和而何

以股加弦較之得句弦圖

右黑白二為較綠八為弦較之合二為全弦左黃八為股紅白二為較中青

六為句綠十為弦併之為句弦和右弦少二左股多二相換得句弦和一十四

凡股與弦和之求句弦法減股於和餘為句弦和以和除股實得句弦較

假令有股三十六弦和之一百零八求句弦若干

答曰句二十七　弦四十五　句弦和七十二

法以三十六減和之一百零八餘七十二為句弦和以除股實一千二百九十六得一十八為

凡股與弦較較求句弦者，加股於較較，得句弦和。以和除股實，得句弦較[1]。

1.問：今有股三十六，弦多於句股較三十六，求句弦諸數若干？

答：句二十七；　　弦四十五；

句弦和七十二。

法：以股三十六加較較三十六，得七十二，爲句弦和。以和除股實一千二百九十六，得一十八，爲句弦較。用加減折半，如前法。合問。

解：股視句，多一較；弦較乃以較減弦之餘[2]，較視原弦，不足一較。相併，則股以較與弦，股止餘一句，弦仍成其弦，非句弦和而何？

以股加弦較較得股弦圖

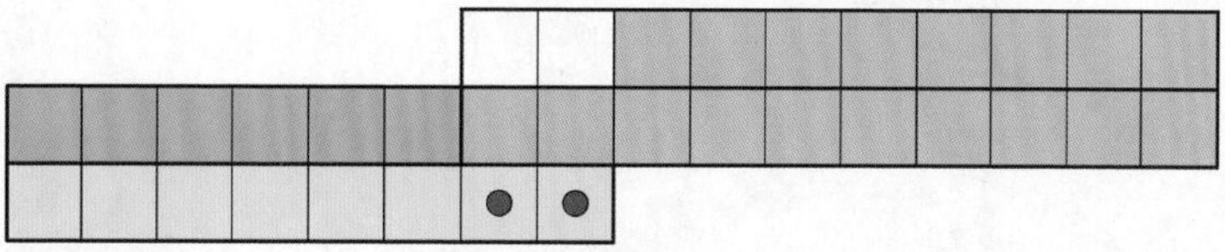

右空白二爲較，緑八爲弦較較，合之爲全弦。左黄八爲股，紅點二爲較。中青六爲句，緑十爲弦，併之爲句弦和。右弦少二，左股多二，相换得句弦和一十四。

凡股與弦和和求句弦者，減股於和，餘爲句弦和。以和除股實，得句弦較[3]。

1.問：今有股三十六，弦和和一百零八，求句弦諸數若干？

答：句二十七；　　弦四十五；

句弦和七十二。

法：以三十六減和一百零八，餘七十二，爲句弦和。以除股實一千二百九十六，得一十八，爲

---

1 已知股 b 與弦較較 $c-(b-a)$，二者相併，得句弦和：

$$\left[c-(b-a)\right]+b=a+c$$

以“股與句弦和”諸法解之。《同文算指通編》卷六“句股畧”附於第十二則“句弦和求句求弦”下。

2 弦較，當作“弦較較”，即 $c-(b-a)$，原文脱一“較”字，據文意校補。

3 已知股 b 與弦和和 $c+(a+b)$，二者相減，得句弦和：

$$\left[c+(a+b)\right]-b=a+c$$

以“股與句弦和”諸法解之。《同文算指通編》卷六“句股畧”附於第十二則“句弦和求句求弦”下。

內弦較加減折半法同前合問

解此係直和以上二問以股與共較和諸數為法其施之可類例同內法

以股減弦和之餘為內弦和圖

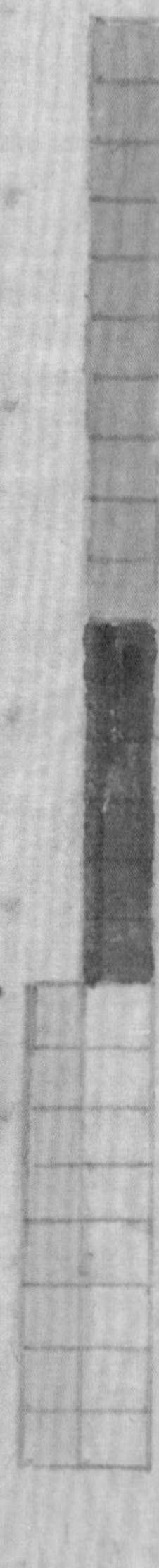

右係十青六共八共二十四為弦和之右黃八為股以減和餘十六為內弦和

凡弦與內股較求內股者弦自乘倍之以較內減較自乘餘平開之為內股和以較減和半之為內加較於和半之為股或倍弦實減二較實餘四歸之以積以較為從開帶縱法以句開益積法以股

問今有弦四十五內股之較九求內股者若干

答如前

法弦自乘二千零二十五倍之得四千零五十以較自乘八十一減之餘三千九百六十九平方開之得六十三為內股和加較九得七十二半之為股減較九餘五十四半之為內或倍實減較餘實三千九百六十九再減較實八十一餘三千八百八十八四歸之得九百七十二以較九為從用積較求長法得股用積較求闊法得內合問

解倍弦積視內股和積多一較積和積視四倍內股相乘之積亦多一較積故

句弦較。加減折半法同前。合問。

解：此係直知。以上六問，皆股與較和諸數爲法者，施之事類，例同句法。

以股減弦和和餘句弦和圖

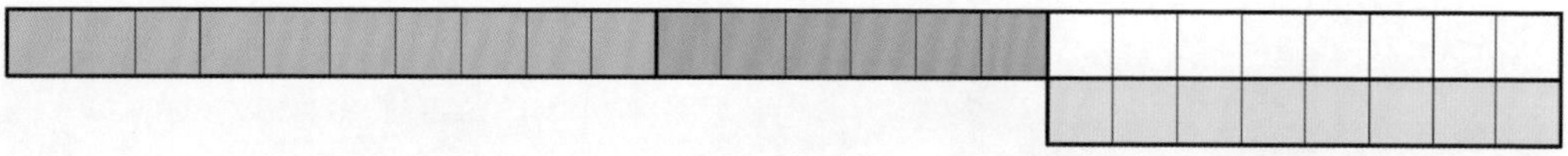

右緑十青六空八，共二十四，爲弦和和。左黄八爲股，以減和，餘十六爲句弦和。

凡弦與句股較求句股者，弦自乘，倍之得數，内減較自乘，餘平開之，爲句股和。以較減和，半之爲句；加較於和，半之爲股。或倍弦實，減二較實，餘四歸之，得積。以較爲縱，用帶縱法得句，用益積法得股[1]。

1.問：今有弦四十五，句股之較九，求句股諸數若干？

答：如前。

法：弦自乘二千零二十五，倍之得四千零五十。以較自乘八十一減之，餘三千九百六十九。平方開之，得六十三，爲句股和。加較九，得七十二，半之爲股；減較九，餘五十四，半之爲句。或倍實減較[2]，餘實三千九百六十九，再減較實八十一，餘三千八百八十八。四歸之，得九百七十二。以較九爲縱，用積較求長法得股，用積較求濶法得句。合問。

解：倍弦積視句股和積，多一較積；和積視四倍句股相乘之積，亦多一較積。故

---

1 已知弦 c 與句股較 $b-a$，求句股。出自《同文算指通編》卷六“句股畧”第八則“句股較求股求句”。術文第一法先求句股和：

$$b+a=\sqrt{2c^2-(b-a)^2}$$

再分别求句與股：

$$a=\frac{(b+a)-(b-a)}{2};\ b=\frac{(b+a)+(b-a)}{2}$$

第二法先求句股積：

$$S=ab=\frac{2c^2-2(b-a)^2}{4}$$

設句股較 $b-a=m$，得：

$$a(a+m)=S;\ b(b-m)=S$$

用“積較求闊”法求句，“積較求長”法求股，法詳本書《少廣》縱方篇。

2 倍實減較，即倍弦實減較實：

$$2c^2-(b-a)^2$$

求和減一較求勾股者較減二較

求長求闊之法並用四因即長翻前一法用減積益積帶縱減縱等法俱詳

少廣中

注以勾股相乘為朱實二倍之為朱實四以勾股之差自乘為中黃實加差實

以減弦實以即前法也以差實減弦實半其餘以差為從法開之復得勾矣此即

後一法也倍弦積故減二較以四歸之為倍止減一較以二歸之一也

弦與勾股較求和圖

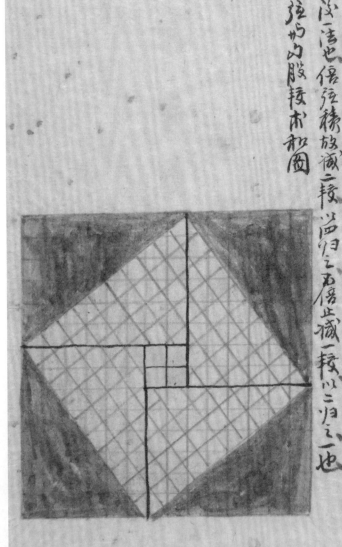

求和減一較，求句股本數減二較。

求長求濶之法，若用四因，即是翻前一法。用減積、益積、帶縱、減縱等法，俱詳《少廣》中。

注以句股相乘爲朱實二，倍之爲朱實四。以句股之差自乘，爲中黄實。加差實，亦成弦實[1]。此即前法也。以差實減弦實，半其餘，以差爲縱法，開之，復得句矣。此即後一法也。倍弦積，故減二較，以四歸之；不倍止減一較，以二歸之，一也。

弦與句股較求和圖

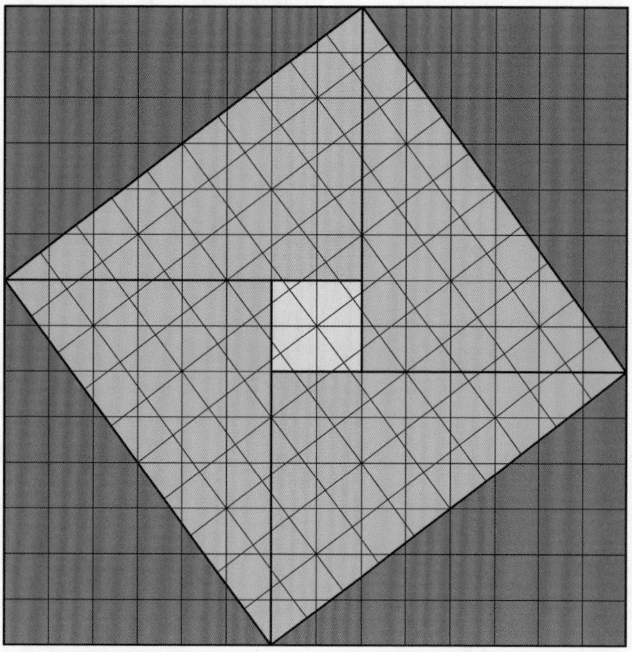

1 即：

$$4\times\frac{ab}{2}+(b-a)^2=c^2$$

假如弦十句股較二全圖大方十四積一百九十六爲句股和自乘內方十積一百爲弦自
乘弦內之小方二積四爲較自乘弦內減較則弦之內與弦之外各得句股形四
其實正等而弦內減一較其一弦實爲四句股兼一較以弦內綠實與弦外黃實是
其一弦實減去一較止餘四句股以弦外黃實是之合成全圖故平開之得句股和也
倍弦實得二百減一較四餘一百九十六平開之得一十四加較得十六折半八爲股減較餘
十二折半六爲句或減二較則餘爲句股形八合成句股相乘之積四用積較求和之
法俱如前序中

凡弦與句股和求句股者弦自乘倍之爲積以和自乘之積減之餘數平開之爲
句股較減較於和半之爲句加較於和半之爲股或以較減和積餘四歸之用較
爲縱求句股

問今有弦四十五 句股和六十三 求句股數若干

答如前

法弦自乘二千零二十五倍之得四千零五十句股和六十三自乘得三千九百六十九二積對
減餘八十一平開之得九爲句股較加較於和得七十二半之爲股減較於和得五十四
半之爲句或以較積八十一減和積三千九百六十九餘三千八百八十八四歸之得九百七十二
以較九爲縱如積較求長闊之法合問

假如弦十、句股較二，全圖大方十四，積一百九十六，爲句股和自乘。内方十，積一百，爲弦自乘。弦内之小方二，積四，爲較自乘。弦内減較，則弦之内與弦之外各得句股形四，其實正等。兩弦而減一較，其一弦實爲四句股兼一較，即弦内緑實與黄實是；其一弦實減去較，止餘四句股，即弦外紫實是。合成全圖，故平開之而得句股和也。倍弦實得二百，減一較四，餘一百九十六，平開之得一十四。加較得十六，折半八爲股；減較餘十二，折半六爲句。若減二較，則餘爲句股形八，合成句股相乘之積四。用積較求和之法，俱如《少廣》中。

凡弦與句股和求句股者，弦自乘，倍之爲積，以和自乘之積減之，餘數平開之，爲句股較。減較於和，半之爲句；加較於和，半之爲股。或以較減和積，餘四歸之，用較爲縱，求句股[1]**。**

1.問：今有弦四十五，句股和六十三，求句股諸數若干？

答：如前。

法：弦自乘二千零二十五，倍之得四千零五十；句股和（七十二）［六十三］自乘[2]，得三千九百六十九。二積對減，餘八十一，平開之得九，爲句股較。加較於和，得七十二，半之爲股；減較於和，得五十四，半之爲句。或以較積八十一減和積三千九百六十九，餘三千八百八十八,四歸之，得九百七十二。以較九爲縱，如積較求長闊之法。合問。

1 已知弦 c 與句股和 $b+a$，求句股，見《同文算指通編》卷六“句股畧”第十一則“句股和求股求句”。第一法先求句股較：

$$b-a=\sqrt{2c^2-(b+a)^2}$$

加減句股和，折半得句、股：

$$a=\frac{(b+a)-(b-a)}{2}\ ;\ b=\frac{(b+a)+(b-a)}{2}$$

第二法由句股和、句股較求句股積：

$$ab=\frac{(b+a)^2-(b-a)^2}{4}$$

用積和求長闊法求句股。按：若依第二法先求句股較，再由句股較求句股積，頗費周折。其實可由句股和與弦直接求句股積：

$$ab=\frac{(b+a)^2-c^2}{2}$$

2 七十二，當作“六十三”，涉旁行而訛。據前後文改。

解此與卅上法相表裏

以上三問以弦與其和較爲求法求弦見句弦和減弦得句見股弦和減弦得股〇見句弦較以減弦得句〇見股弦較以減弦得股〇見弦和較加弦爲句股和〇見弦較和減弦爲句股較〇見弦較之以減弦得句股較〇見弦和之減弦餘爲句股和以五知不爲法

凡以較實減弦實餘爲實弦較相減餘弦較之以爲法除之求得弦較和

弦較相併減弦較和以爲法除之求得弦較之

凡以弦實減和實餘爲實〇弦和相減餘弦和較以爲法除之求得弦和之

弦和相併減弦和之以爲法除之求得弦和較

論曰句股和內減弦實爲實以弦較之爲法除之得弦較和以弦較和爲法除之得弦較之句股較以減弦實爲實以弦和較爲法除之得弦和之以弦和之爲法除之得弦和較爲首二實四法二實只是一實四法實而互用

今爲作圖剖明之如左

解：此與上法相表裡。

以上二問，以弦與和較爲求法。若弦見句弦和，減弦得句；見股弦和，減弦得股。◎見句弦較，以減弦得句。◎見股弦較，以減弦得股。◎見弦和較，加弦爲句股和。◎見弦較和，減弦爲句股較。◎見弦較較，以減弦得句股較。◎見弦和和，減弦，餘爲句股和。皆直知不爲法。

凡以較實減弦實餘爲實，弦、較相減餘弦較較，以爲法除之，必得弦較和；弦、較相併成弦較和，以爲法除之，必得弦較較[1]。

凡以弦實減和實餘爲實，弦、和相減餘弦和較，以爲法除之，必得弦和和；弦和相併成弦和和，以爲法除之，必得弦和較[2]。

論曰：句股和内減弦實爲實，以弦較較爲法除之，得弦較和；以弦較和爲法除之，得弦較較[3]。句股較以減弦實爲實，以弦和較爲法除之，得弦和和；以弦和和爲法除之，得弦和較[4]。雖有二實四法，二實只是一實，四法實可互用。今爲作圖，剖明之如左。

---

1 如圖 11-14，大方爲弦實 c^2，小方爲句股較實 $(b-a)^2$，二者相減，餘實爲 $c^2-(b-a)^2$，即圖中陰影部分。展開成一長方，以弦較和 $c+(b-a)$ 爲長，以弦較較 $c-(b-a)$ 爲闊，得：

$$\frac{c^2-(b-a)^2}{c-(b-a)}=c+(b-a)\ ;\ \frac{c^2-(b-a)^2}{c+(b-a)}=c-(b-a)$$

2 如圖 11-15，大方爲句股和實 $(b+a)^2$，小方爲弦實 c^2，二者相減，餘實爲 $(b+a)^2-c^2$，即圖中陰影部分。展開成一長方，以弦和和 $(b+a)+c$ 爲長，弦和較 $(b+a)-c$ 爲闊，得：

$$\frac{(b+a)^2-c^2}{(b+a)-c}=(b+a)+c\ ;\ \frac{(b+a)^2-c^2}{(b+a)+c}=(b+a)-c$$

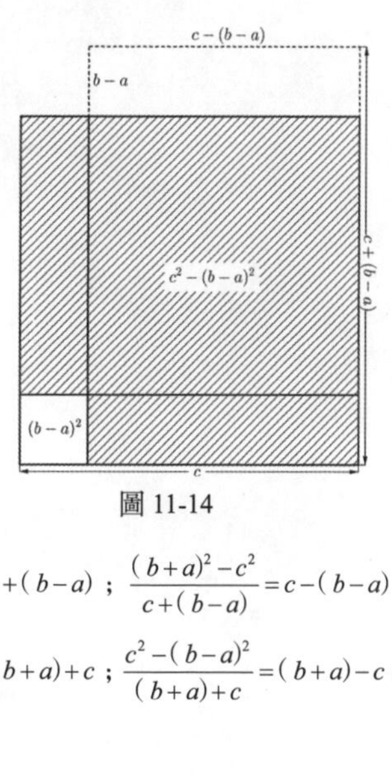

圖 11-14

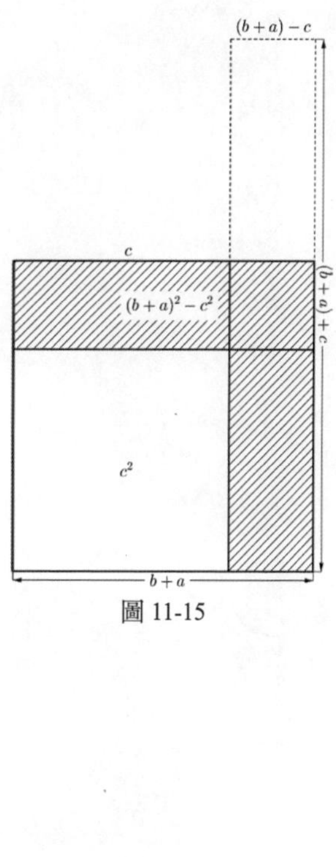

圖 11-15

3 即：$\frac{(b+a)^2-c^2}{c-(b-a)}=c+(b-a)$；$\frac{(b+a)^2-c^2}{c+(b-a)}=c-(b-a)$。

4 即：$\frac{c^2-(b-a)^2}{(b+a)-c}=(b+a)+c$；$\frac{c^2-(b-a)^2}{(b+a)+c}=(b+a)-c$。

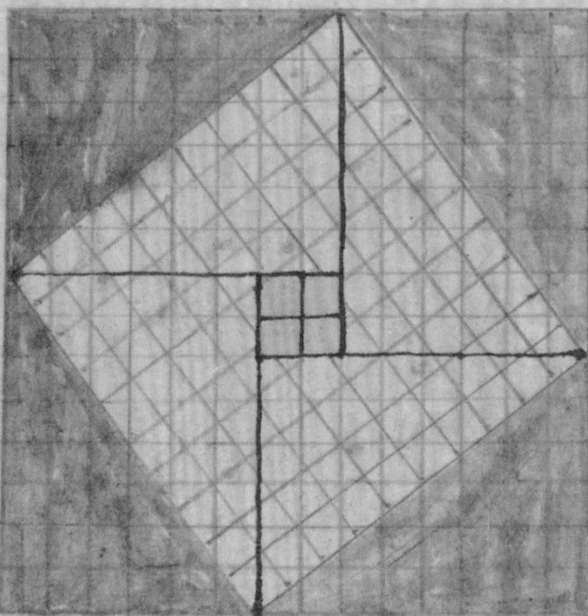

弦與句股和求較圖

此圖同前中弦得句股一較倍弦則得句股二較矣如自乘為句股一較相減則其餘一較耳故平開而得較也

以下二圖俱爲此圖各用弦外紫實爲句股四弦內倍實減較與句股四二實等

弦與句股和求較圖

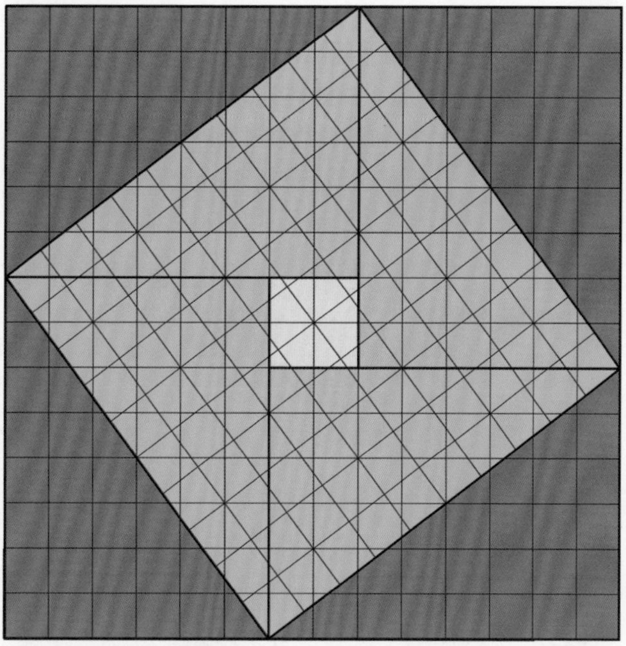

此圖同前，中弦得四句股一較，倍弦則八句股二較矣。(如)[和]自乘爲八句股一較[1]，相減則止餘一較耳，故平開而得較也。

以下二圖，俱取此圖爲用。弦外紫實爲句股四，弦内緑實減較，亦句股四，二實等。

1 如，當作“和”，形近而訛，據文意改。

和減弦弦減較二廣亦等之法圖

此圖為和兩減弦橫斜為亦如後圖是也

和減弦、弦減較二實正等互法圖

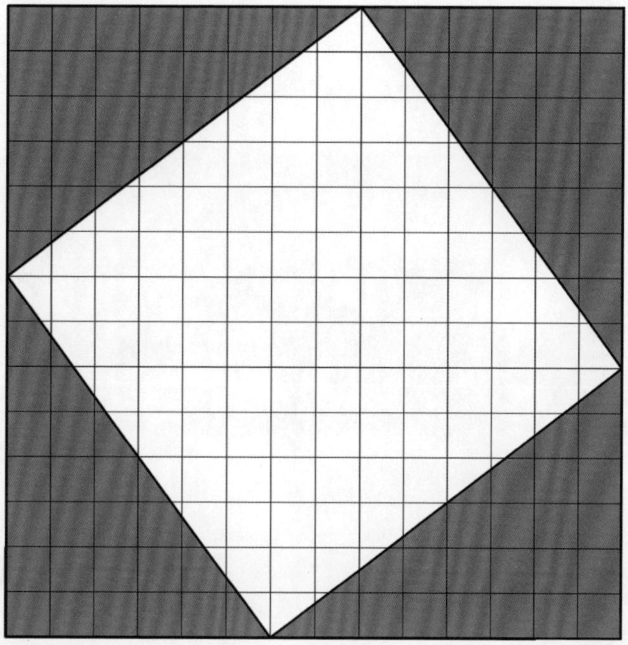

此圖爲和内減弦。換斜爲正，如後圖是也。

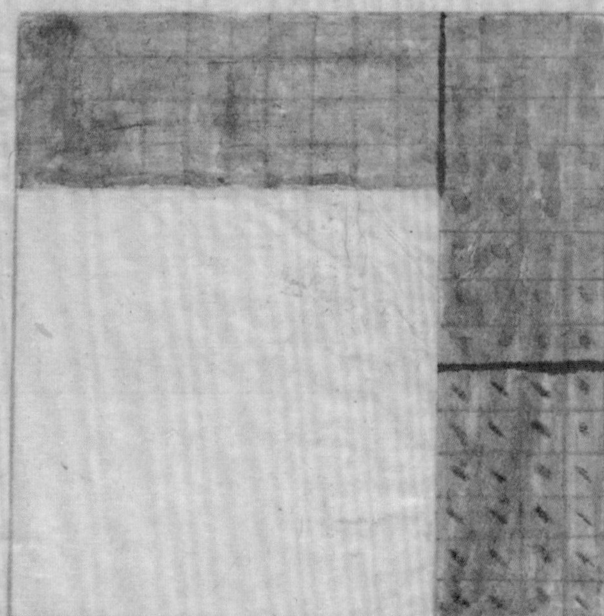

弦外紫實即前四斜形也以弦和較爲廣以弦和和爲實廣爲法除得長長爲法除得廣青点一段爲句黃点一段爲股綠点一段爲弦

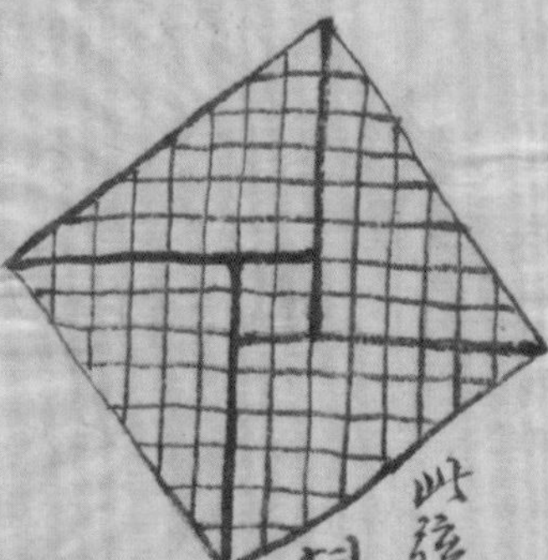

此弦內減較換斜爲正如下圖

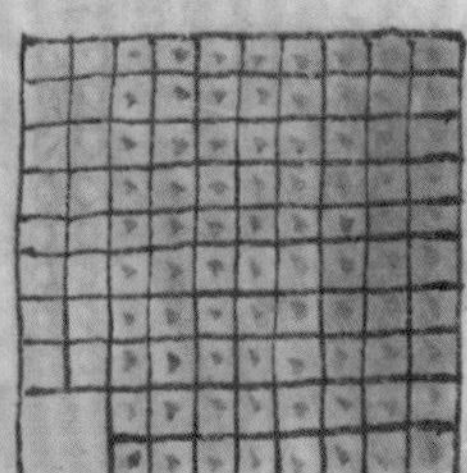

較外綠實即上四斜形也以弦較較爲廣以弦較和爲實廣爲法除得長長爲法除得廣紅点一段弦與廿較較相乘白点一段較與廿較較相乘

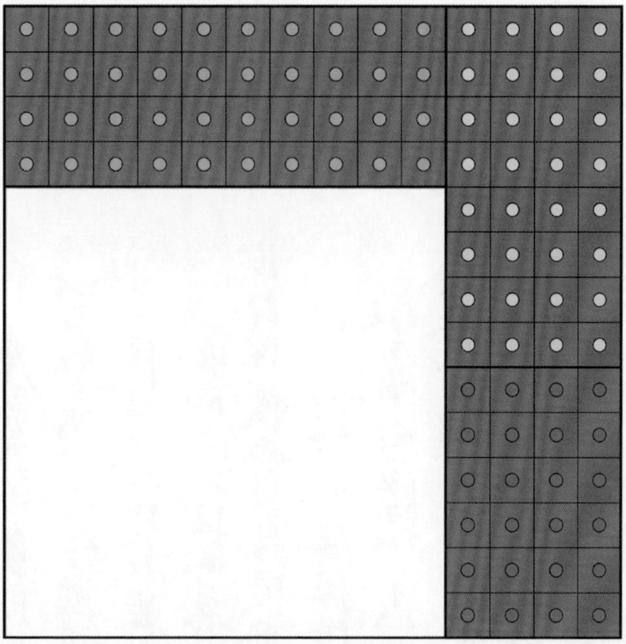

弦外紫實，即前四斜形也。以弦和較爲廣，以弦和和爲長。廣爲法，除得長；長爲法，除得廣。青點一段爲句，黄點一段爲股，緑點一段爲弦。

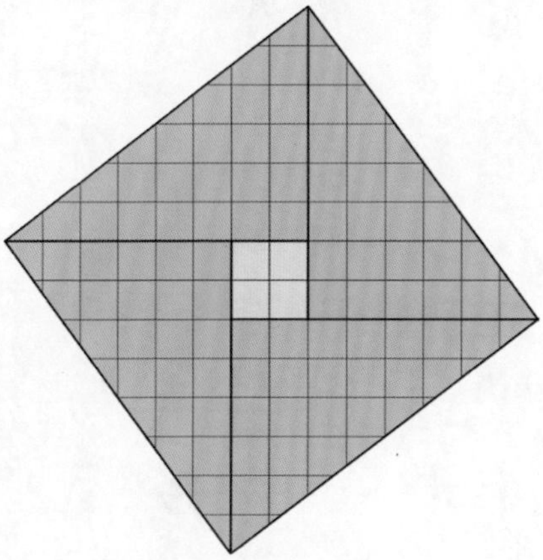

此弦内減較。換斜爲正，如下圖。

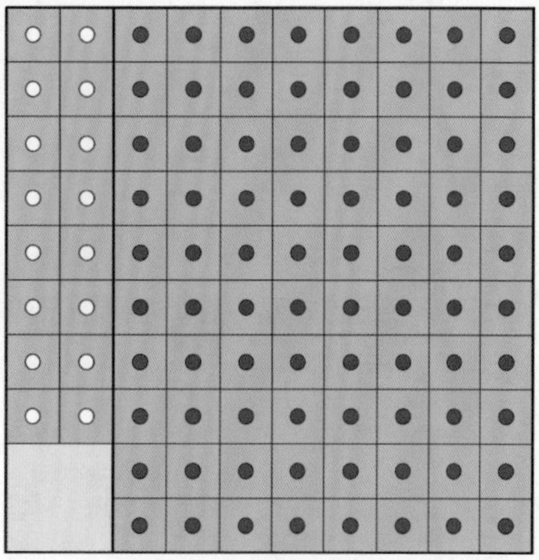

較外緑實，即上四斜形也。以弦較較爲廣，以弦較和爲長。廣爲法，除得長；長爲法，除得廣。紅點一段，弦與較較相乘；白點一段，較與較較相乘。

全和去較內外定等論所云和實減弦實甘指外層而言也所云弦實減較實
甘指內層而言也其數實無二也二實既同則法可互用今為互換其法以和較
和〻之法用於弦和相減之實以大方為減去之弦其一廉連隅為勾股併其二
廉為弦以弦一段豎置之於勾股併之上是以和較為底以和〻為高也以較〻較
和之法用於弦較相減之實以小隅為減去之較其一廉連方為弦其二廉為
較以較一段橫置之於方之上是以較〻為底以較和為高也故其闊互為法
交求而各得之學者知其所以然則亦在通融不必膠柱而調矣

凡勾弦較與股弦較求勾股弦者以兩較相乘得實倍之為實平方開之
得弦和較加股弦較為勾加勾弦較為股以兩較並加之為弦

問今有勾弦較一十八股弦較九求勾股弦并數各若干

答如前

法勾弦較與股弦較相乘得一百六十二倍之得三百二十四平開之得一十八為弦和
較加股弦較九得二十七為勾加勾弦較一十八得三十六為股並二較二十七加之
得四十五為弦合問

解勾二十七股三十六併之得六十三以弦四十五減之餘一十八為弦和較所以和二較
相乘倍之為弦和較者試依弦冪內作一方形為股又作一方形為勾其兩

全和去較，内外正等。論所云“和實減弦實”者，指外層而言也；所云“弦實減較實”者，指内層而言也，其數實無二也。二實既同，則法可互用。今爲互换其法，以和較、和和之法，用於弦和相減之實。以大方爲減去之弦，其一廉連隅爲句股併，其一廉爲弦。將弦一段豎置之於句股併之上，是以和較爲廣，以和和爲長也。以較較、較和之法，用於弦較相減之實。以小隅爲減去之較，其一廉連方爲弦，其一廉爲較。將較一段横置之於方之上，是以較較爲廣，以較和爲長也。故長濶互爲法，交求而各得之。學者知其所以然，則變化通融，不必膠柱而調矣。

凡句弦較與股弦較求句股弦者，以兩較相乘得實，倍之爲實，平方開之，得弦和較。加股弦較爲句，加句弦較爲股，以兩較並加之爲弦[1]。

1.問：今有句弦較一十八，股弦較九，求句股弦諸數各若干？

答：如前。

法：句弦較與股弦較相乘，得一百六十二，倍之得三百二十四，平開之得一十八，爲弦和較。加股弦較九，得二十七爲句；加句弦較一十八，得三十六爲股；並二較二十七加之，得四十五爲弦。合問。

解：句二十七股三十六，併之得六十三，以弦四十五減之，餘一十八爲弦和較。所以知二較相乘倍之爲弦和較者，試取弦冪内作一方形爲股，又作一方形爲句，其兩

1 已知句弦較 $c-a$ 與股弦較 $c-b$，求句股弦，出自《同文算指通編》卷六“句股畧”第十四則“股弦較句弦較求句求股求弦”。如圖 11-16，大方爲弦實 c^2，由圖易知：$S_{\mathrm{III}}+S_{\mathrm{IV}}=S_{\mathrm{I}}+S_{\mathrm{II}}+S_{\mathrm{IV}}=b^2$，故：$S_{\mathrm{III}}=S_{\mathrm{I}}+S_{\mathrm{II}}$，即：

$$\left[(b+a)-c\right]^2=(c-a)(c-b)+(c-a)(c-b)$$

開方得弦和較：

$$(b+a)-c=\sqrt{2(c-a)(c-b)}$$

由弦和較求得句股弦各數分别爲：

$$\begin{cases}a=\left[(b+a)-c\right]+(c-b)\\ b=\left[(b+a)-c\right]+(c-a)\\ c=\left[(b+a)-c\right]+\left[(c-a)+(c-b)\right]\end{cases}$$

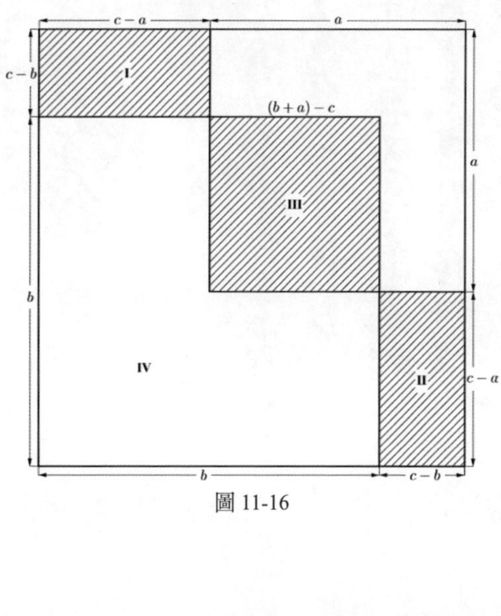

圖 11-16

句相掩成一方形，方外為兩長形，蓋一弦能容句股併之積，實不能容句股併之徑，其相掩方形即弦餘於弦之數，故補之。弦和較其方外兩長形乃句弦較與股弦較相乘之實，是和較為句股之所共，股得之成方形之股，是所以與句成兩長形，與股則為曲形之股，是句得之成方形之句，是所以與股成兩長形，與句則為曲形之句矣，互相成，與兩句股之積不失，故知兩長與一方等也。

注云：兩差相乘倍而開之，所得以股弦差增之為句，以句弦差增之為股，以兩差增之為弦。

句弦較股弦較相乘倍之為弦和較圖

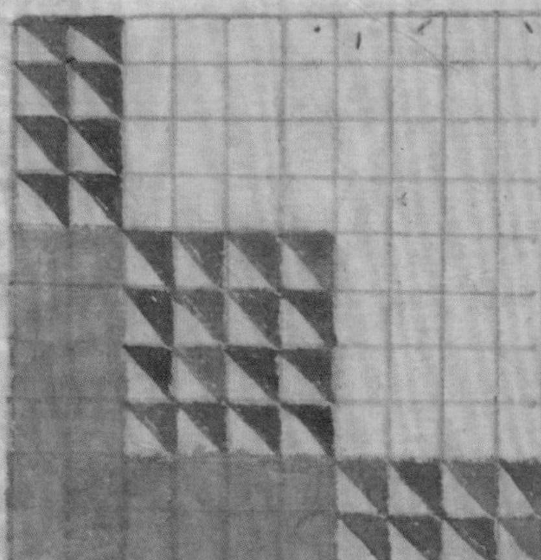

全圖百是弦，句六股八，其四弦十，其差四，自乘得六，即中方之積也。句不及弦四，股不及弦二，相乘得八，以兩角之長形也，倍之則共十六矣。蓋弦不能容句股併之徑，故兩形重疊相過，成中之小方，所補弦和較也。句得較成其方，餘為曲形之股，實股得較成其方，餘為曲形之句，實蓋弦能容句股之積，故合方實減長，合長而減方，亦不失其為句股也。任其互相減

此與前不失其實，故知二長與一方等也。黃曲形為股，青曲形為句，雜方形一為弦

角相掩，成一方形，方外爲兩長形。蓋一弦能容句股併之積，而不能容句股併之徑。其相掩方形，即有餘於弦之數，故謂之弦和較；其方外兩長形，乃句弦較與股弦較相乘而得者也。和較爲句股之所共，股得之成方形之股，若以與句，取兩長形與股，則爲曲形之股矣；句得之成方形之句，若以與股，取兩長形與句，則爲曲形之句矣。互相取與，而句股之積不失，故知兩長與一方等也。

注云:“兩差相乘，倍而開之，所得以股弦差增之爲句，以句弦差增之爲股，以兩差增之爲弦。”

句弦較股弦較相乘倍之爲弦和較圖

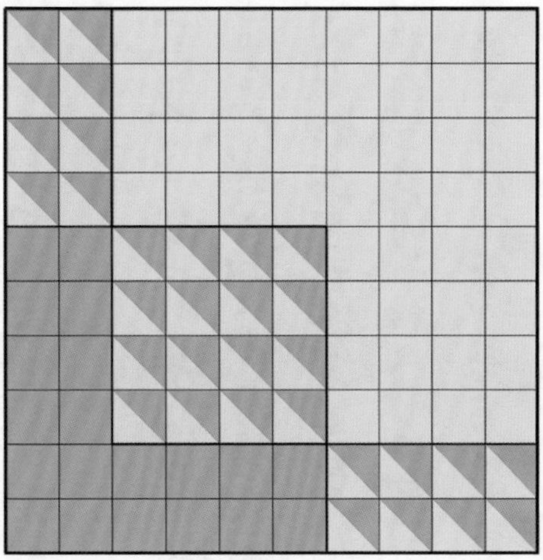

全圖是弦，句六股八共十四，弦十，其差四，自乘得十六，即中方之積也。句不及弦四，股不及弦二，相乘得八，即兩角之長形也，倍之則亦十六矣。蓋弦不能容句股相併之徑，故兩形重疊相過，成中之小方，所謂弦和較也。句得較成其方，餘爲曲形之股實；股得較成其方，餘爲曲形之句實。蓋弦能容句股之積，故舍方而取長，舍長而取方，皆不失其爲句股也。任其互相取與，而不失其實，故知二長與一方等也。黄曲形爲股，青曲形爲句，雜方形一爲弦

和較雖多形二為較二相乘之積此二段從句成句從股成股無不同也置

中小方以股弦較二和之減句以句弦四加之減股並加是弦也

凡股弦和此句弦和求句股弦法二和相乘得實倍之為實平方開之得弦和二

減句弦和得股減股弦和得句減句股得弦

問今有句弦和七十二股弦和八十一求句股弦若干

荅如前

法以二和七十二八十一相乘得五千八百三十二倍之得一萬一千六百六十四平方開之得

一百零八為弦和和減句弦和七十二餘三十六為股減股弦和八十一餘二十七為句

減句股和六十三餘四十五為弦合問

解句股弦三共併為和和所得和句弦和股弦和相乘倍之得弦和和共為二和相

乘共大方為弦冪共長廉為股弦相乘之積短廉為句弦相乘之積長

隅為句股相乘之積併二積則得弦冪二句弦之積二股弦之積二句股之

積二共八段和自乘共大方為弦冪中廉為股弦相乘之積二中隅為股

冪外廉為句弦相乘之積二句股相乘之積二外隅為句冪凡九段併

積多一弦和積多一句一股合句股二冪復成弦冪是二弦也而為廿八段

相準故等也

和較，雜長形二爲二較相乘之積。此二段從句成句，從股成股，無不可也。置中小方，以股弦較二加之成句，以句弦四加之成股，並加是弦也。

凡股弦和與句弦和求句股弦者，二和相乘得實，倍之爲實，平方開之，得弦和和。減句弦和得股，減股弦和得句，減句股得弦[1]。

1.問：今有句弦和七十二，股弦和八十一，求句股弦若干？

答：如前。

法：以二和七十二、八十一相乘，得五千八百三十二，倍之得一萬一千六百六十四。平方開之，得一百零八，爲弦和和。減句弦和七十二，餘三十六爲股；減股弦和八十一，餘二十七爲句；減句股和六十三，餘四十五爲弦。合問。

解：句股弦三者併爲和和。所以知句弦和、股弦和相乘倍之得弦和和者，蓋二和相乘，其大方爲弦冪，其長廉爲股弦相乘之積，短廉爲句弦相乘之積，長隅爲句股相乘之積。併二積，則得弦冪二、句弦之積二、股弦之積二、句股之積二，共八段。和自乘，其大方爲弦冪；中廉爲股弦相乘之積二，中隅爲股冪；外廉爲句弦相乘之積二，句股相乘之積二，外隅爲句冪，凡九段。併積多一弦，和積多一句一股，合句股二冪，復成弦冪，是二弦也，可與八段相準，故等也。

---

1 已知句弦和 $c+a$ 與股弦和 $c+b$，求句股弦，出自《同文算指通編》卷六"句股畧"第十四則"股弦較句弦較求句求股求弦"。如圖 11-17，大方積爲弦和和自乘積 $\left[(b+a)+c\right]^2$，陰影部分爲句弦和、股弦和相乘積 $(c+a)(c+b)$，由圖易知：$\left[(b+a)+c\right]^2=2(c+a)(c+b)$，開方得弦和和：

$$(b+a)+c=\sqrt{2(c+a)(c+b)}$$

由弦和和分别求得句股弦各數爲：

$$\begin{cases}a=\left[(b+a)+c\right]-(c+b)\\ b=\left[(b+a)+c\right]-(c+a)\\ c=\left[(b+a)+c\right]-a-b\end{cases}$$

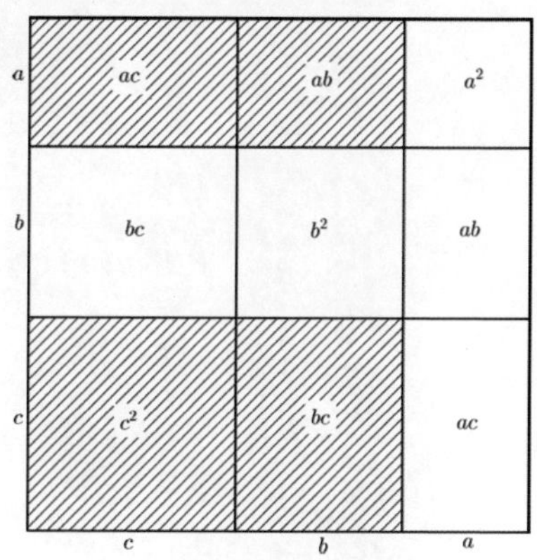

圖 11-17

句弦和股弦和相乘倍之得弦和和之圖

句弦十六與股弦十八相乘得二百八十八倍之得五百七十六平開之得二十四為弦和和

此圖為二和相乘綠為弦冪一段青係離為句弦相乘一段黄係離為股弦相乘一段青黄離為句股相乘一段凡四段

句弦和股弦和相乘倍之得弦和和圖

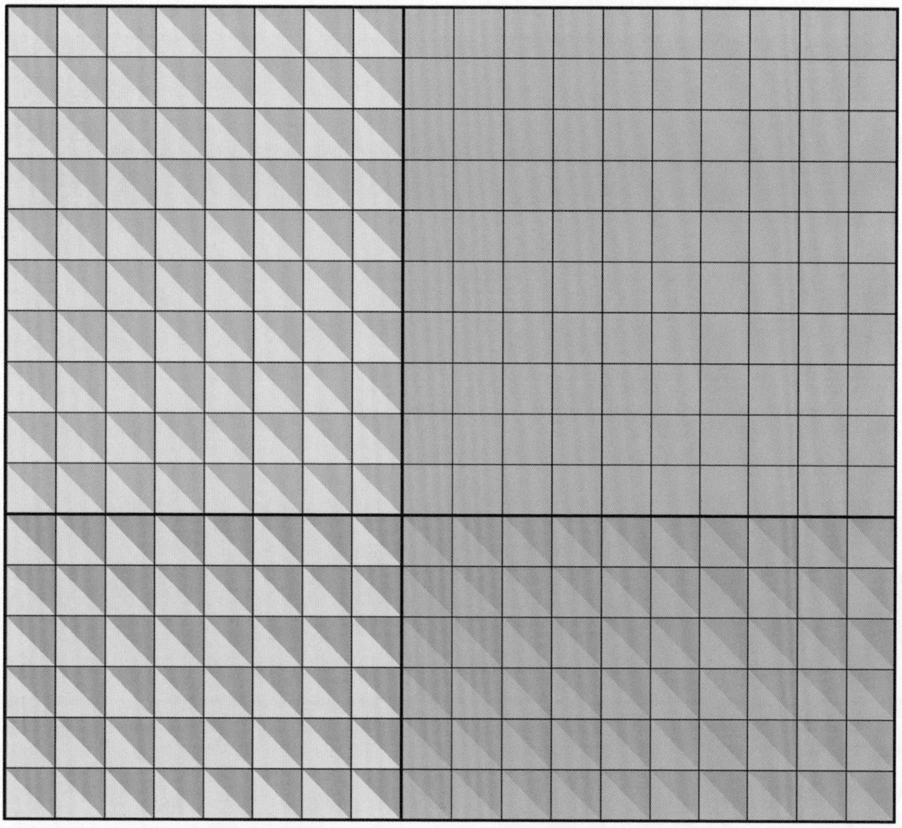

句弦十六與股弦十八相乘，得二百八十八，倍之得五百七十六。平開之得二十四，爲弦和和。

此圖爲二和相乘，緑爲弦羃一段，青緑雜爲句弦相乘一段，黄緑雜爲股弦相乘一段，青黄雜爲句股相乘一段，凡四段。

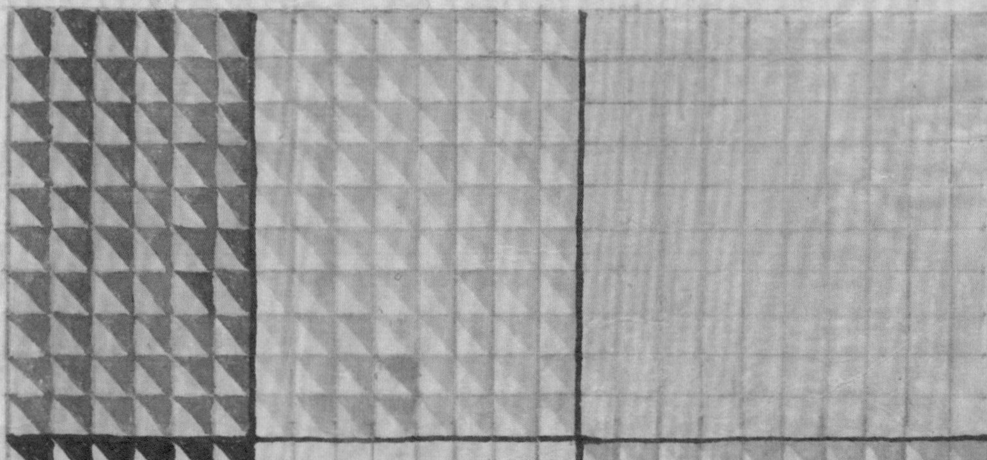

當爲和之自乘緑大方爲弦冪一段黄中方爲股冪一段青小方爲勾冪一段青緑雜勾弦積二段黄緑雜股弦積二青黄雜勾股積二段凡九段其青黄二方准緑方一段視前圖二倍故倍二和相乘之積即和之也

此圖爲和和自乘。綠大方爲弦冪一段，黄中方爲股冪一段，青小方爲句冪一段，青綠雜［爲］句弦積二段[1]，黄綠雜［爲］股弦積二［段］，青黄雜［爲］句股積二段，凡九段。其青黄二方，準綠方一段。視前圖二倍，故倍二和相乘之積，得和和也。

1 爲，據文意補。此段文字由於空間所限，較多省寫，如“爲”“段”等字，均據文義補出。

圖四十

圖川十亠[1]

1 川十亠，表示數字 36。

中西数学圖説 亥

中西數學圖説 亥

中西數學圖說

亥集

中西數學圖說

亥集

和較諸法補		圖五十七
句股容	問十六[1]	圖十九
句股測	問九	圖三十二
鏡測法		圖一
尺測法		圖四
知方之術		圖三

1 原書“句股容”實有十三問。

和較諸法補

凡較和一十三名，但題一句或一股或一弦與其較和諸數相兼，則全數無從而知，今列備其遞次，有名題句股弦，但任取和較二數用推全數，其舊法不備者另立之。分為四例：一曰直知，一曰推知，一曰轉知，一曰互知。直知、推知說已見前。轉知者，如句弦較與股弦較相兼，原有法；今句弦較與其句股較相兼，未有法，則用句股較減句弦較，餘爲股弦較，然後用原法，是也。互知者，如句股較兼弦和和，有推知之法，則弦和和兼句股較亦宜之，是也。直知、轉知、互知，但舉其尾或舉其首，一目可了然。其推知者作圖說以顯之，要使縱橫交錯，會相通融，乎玲瓏之連環之解。其推句股以題，以其崖異者矣。

以句股較為主，與其諸數相兼

一　凡句股較兼句股和相減，得兩句；相併，得兩股。　直知

一　凡句股較兼句弦較相減，而得股弦較，用句弦、股弦二較相兼之法推之。轉知見前

一　凡句股較兼句弦和相併，而得股弦和，用句弦、股弦二和相兼之法推之。轉知見前

一　凡句股較兼股弦較相併，而得句弦較，用二較相兼之法推之。轉知見前

一　凡句股較兼股弦和相減，而得句弦和，用二和相兼之法推之。轉知見前

一　凡句股較兼弦較和相減，而得弦。　直知

和較諸法補

凡較和一十三名，但顯一句或一股或一弦，與較和諸數相見，則全數無不可知，如前篇是也。又有不顯句股弦，但任取和較二數，用推全數者，舊法不備，今一一譜之。分爲四例：一曰直知，一曰推知，一曰轉知，一曰互知。直知、推知，説已見前。轉知者，如句弦較與股弦較相見原有法，今句弦較與句股較相見未有法，則以句股較減句弦較，餘成股弦較，然後用原法是也。互知者，如句股較見弦和和有推知之法，則弦和和見句股較亦如之是也。直知、轉知、互知，但舉其凡，或舉其一，自可了然。其推知者，作圖説以明之。要使縱横變化，竅會相通，觸手玲瓏，若連環之解。其於句股，亦頗得其崖畧矣。

以句股較爲主，與諸數相見

一、凡句股較見句股和，相減得兩句，相併得兩股。直知。

一、凡句股較見句弦較，相減而得股弦較，用句弦、股弦二較相見之法推之。轉知，見前。

一、凡句股較見句弦和，相併而得股弦和，用句弦、股弦二和相見之法推之。轉知，見前。

一、凡句股較見股弦較，相併而得句弦較，用二較相見之法推之。轉知，見前。

一、凡句股較見股弦和，相減而得句弦和，用二和相見之法推之。轉知，見前。

一、凡句股較見弦較和，相減而得弦。直知。

一凡勾股較與弦和之半和積以較為從用積較求其闊之法其長為股弦和其

其闊為勾弦和

解假如勾股較九弦和之一百零八和自乘一萬一千六百六十四倍之得二萬三千三百二十八以較積八十一加之得二萬三千四百零九平開之得一百五十三為長闊和加較共一百六十二半之得八十一為股弦和減較餘一百四十四半之得七十二為勾弦和於全和內減勾弦和餘為股減股弦和餘為勾減勾股餘為弦所以然者和二之積原係勾弦和股弦和相乘倍之而得半之仍成二和相乘之積其差一勾股較耳故以較為從而得之積較求長闊例用四因今用倍積者以和之原有二倍再倍之即四因也

一、凡句股較見弦和和，半和積，以較爲縱，用積較求長濶之法，其長爲股弦和，其濶爲句弦和[1]。

解：假如句股較九，弦和和一百零八，和自乘一萬一千六百六十四，倍之得二萬三千三百二十八。以較積八十一加之，得二萬三千四百零九。平開之，得一百五十三，爲長濶和。加較共一百六十二，半之得八十一，爲股弦和；減較餘一百四十四，半之得七十二，爲句弦和。於全和内減句弦和，餘爲股；減股弦和，餘爲句；減句股，餘爲弦。

所以然者，和和之積原從句弦和、股弦和相乘倍之而得[2]，半之仍成二和相乘之積，其差一句股較耳，故以較爲縱而得之。積較求長闊，例用四因。今用倍積者，以和和原有二倍，再倍之即四因也。

---

1 已知句股較 $b-a$ 與弦和和 $(b+a)+c$，求句股弦各數。弦和和自乘折半，得：

$$\frac{\left[(b+a)+c\right]^2}{2}=(c+a)(c+b)$$

構成長 $n=c+b$、闊 $m=c+a$ 的長方，長闊較爲：

$$n-m=(c+b)-(c-a)=b-a$$

由積較求長闊四因法，求得長闊和爲：

$$n+m=\sqrt{4mn+(n-m)^2}$$

求得長闊分别爲：

$$n=\frac{(n+m)+(n-m)}{2}\text{；}m=\frac{(n+m)-(n-m)}{2}$$

即股弦和 $c+b$、句弦和 $c+a$。句股弦各數依法易求。

2 即：$\left[(b+a)+c\right]^2=2(c+a)(c+b)$，參句股較和篇“股弦和與句弦和”。

句股較共和和相見求法第一圖　以句六股八弦十為率

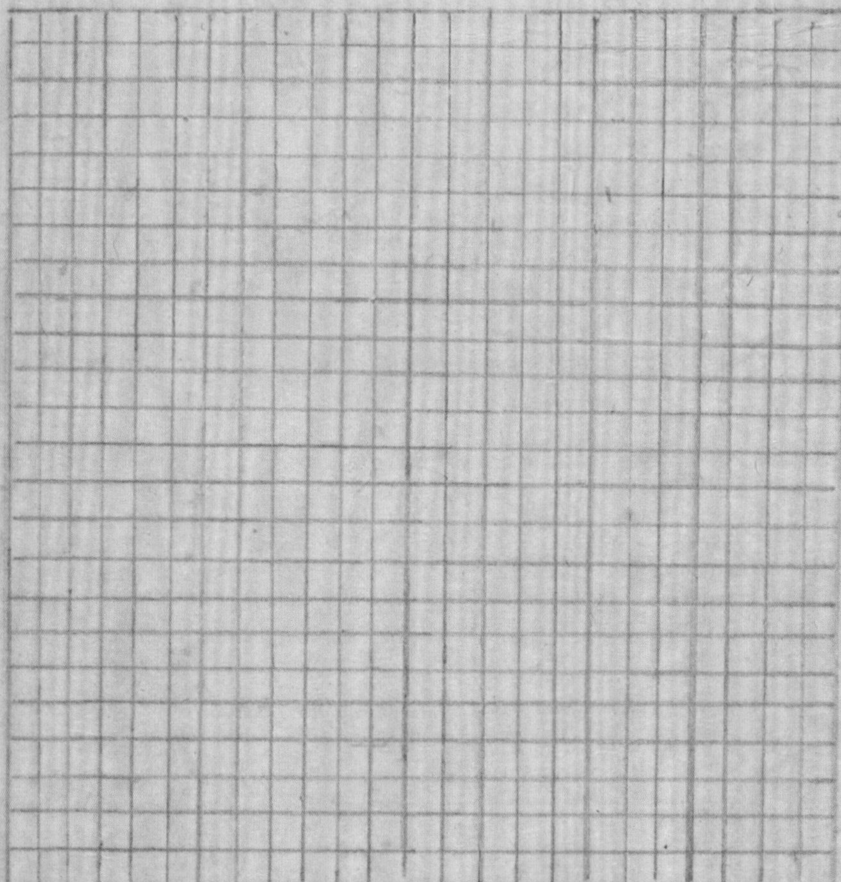

此圖為和和自乘五百七十六乃句弦和股弦和相乘之倍之之數半之得二百八十八分第二圖即句弦和共股弦和相乘之積也

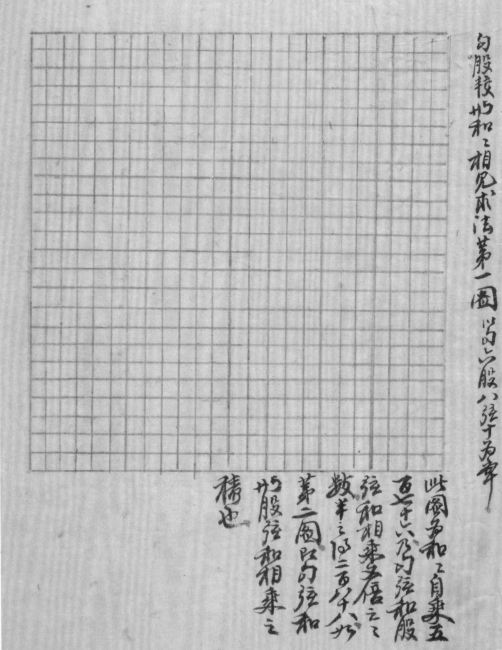

句股較與和和相見求法第一圖[1] 以句六股八弦十爲率

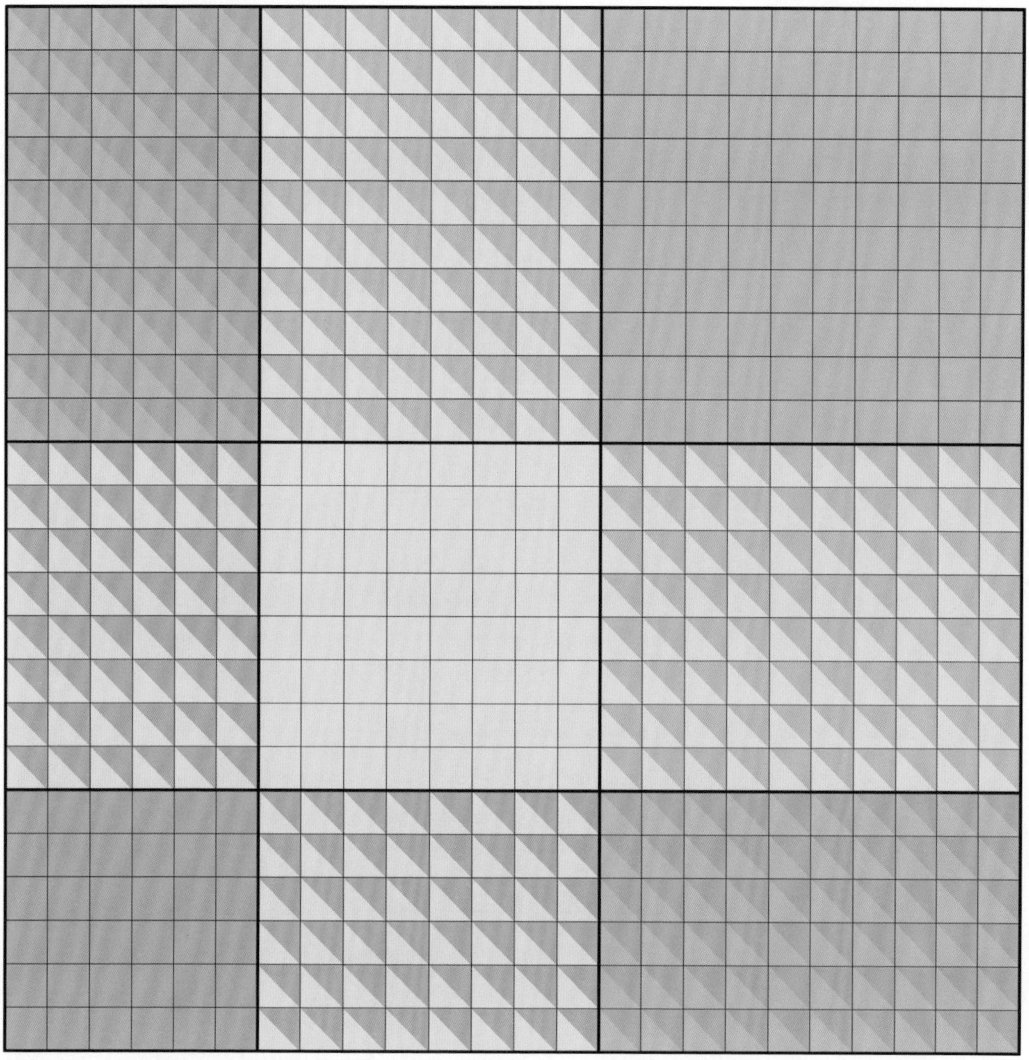

此圖爲和和自乘五百七十六，乃句弦和、股弦和相乘又倍之之數。半之得二百八十八，如第二圖，即句弦和與股弦和相乘之積也。

1 原圖無色，爲便於理解，參考句股較和篇"股弦和與句弦和"圖塗色。本篇凡原圖無色者，皆據句股較和篇各圖塗色。

句股較與弦和之相見求法第二圖

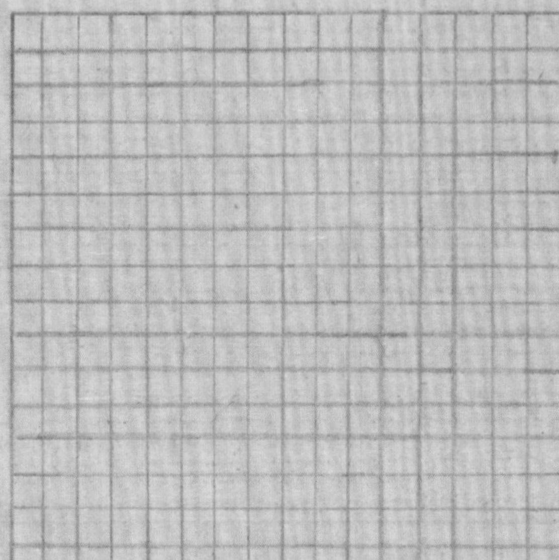

是乃半和積二百八十八之數當以十二為積十八為從然知積知較尚不知形故用積較求之潤法四因之如第三圖

句股較與弦和和相見求法第二圖

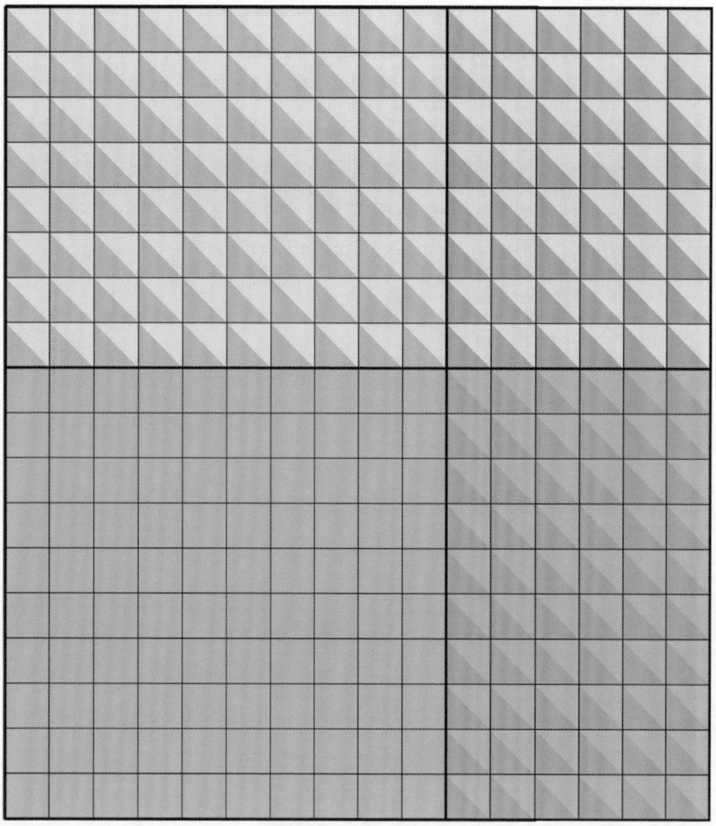

是乃半和積二百八十八之數，當以十六爲横，十八爲縱。然知積知較而不知形，故用積較求長闊法，四因之，如第三圖。

句股較與兩弦和之相乘求法第三圖

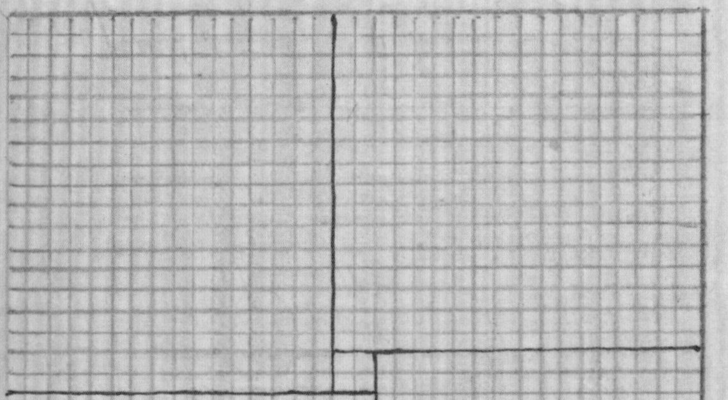

四因二百八十八得一千一百五十二以較二自乘四加之得一千一百五十六平開之得三十四加較為三十六半之得十八為長減較為三十二半之得十六為濶長即股弦和濶即句弦和也

句股較與弦和和相見求法第三圖

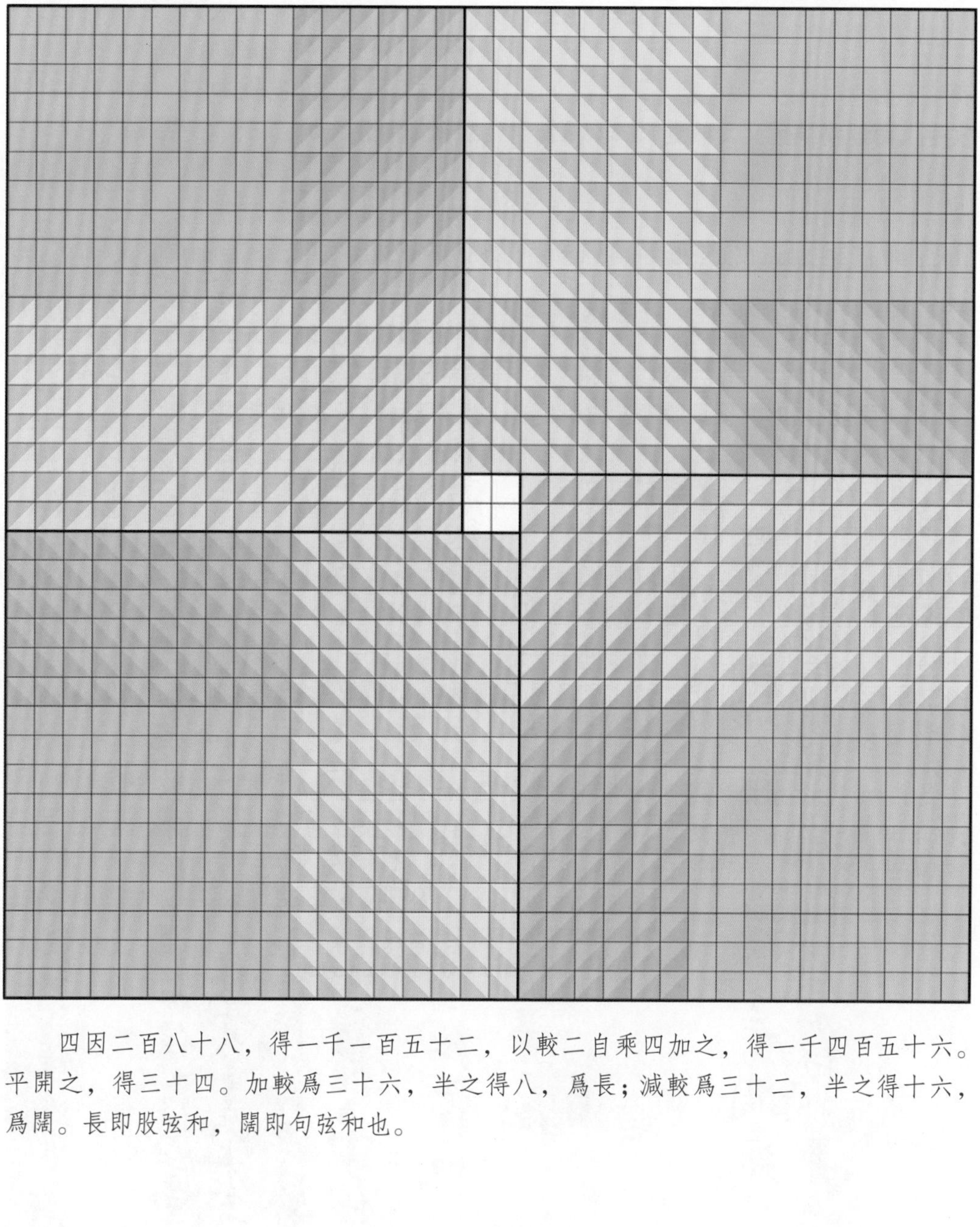

四因二百八十八，得一千一百五十二，以較二自乘四加之，得一千四百五十六。平開之，得三十四。加較爲三十六，半之得八，爲長；減較爲三十二，半之得十六，爲闊。長即股弦和，闊即句弦和也。

一凡句股較兒弦和較半弦和較之積以句股較為縱用積較求長闊之法其長

為句弦較其闊為股弦較

解假如句股較九弦和較一十八和較自乘得三百二十四倍之得六百四十八加句股較

之積八十一共是七百二十九平方開之得二十七為長闊和加較九共三十六半之得一十八為句

弦較減較九餘一十八半之得九為股弦較置弦和較加句弦較減股弦較加股弦

較減句二較並加減弦所以然者弦和較之積即二較相乘又倍之之數故半

之為積用倍法者即四因之省法也其圖前條

句股較與半弦和較相兒求法其第一圖　句股較二弦和較四

　　此為弦和較之積半之得八如第二圖

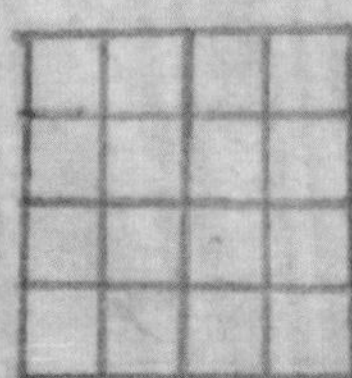

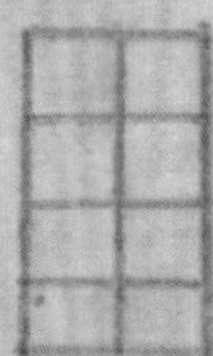

句股較與半弦和較相兒求法第二圖

　　此以半全積八為積實長四為第二為闊之數以句股較二

　為縱用積較求長闊之法四因加較如第三圖

句較之與半弦和較相兒求法第三圖

一、凡句股較見弦和較，半弦和較之積，以句股較爲縱，用積較求長闊之法，其長爲句弦較，其濶爲股弦較[1]**。**

解：假如句股較九，弦和較一十八，和較自乘得三百二十四，倍之得六百四十八。加句股較之積八十一，共七百二十九。平開之，得二十七，爲長闊和。加較九，共三十六，半之得一十八，爲句弦較；減較九，餘一十八，半之得九，爲股弦較。置弦和較，加句弦較成股，加股弦較成句，二較並加成弦。

所以然者，弦和較之積即二較相乘又倍之之數[2]，故半之以爲積。用倍法者，即四因之省法也。義同前條。

句股較與弦和較相見求法第一圖[3]

句股較二，弦和較四

此爲弦和較之積，半之得八，如第二圖。

句股較與弦和較相見求法第二圖

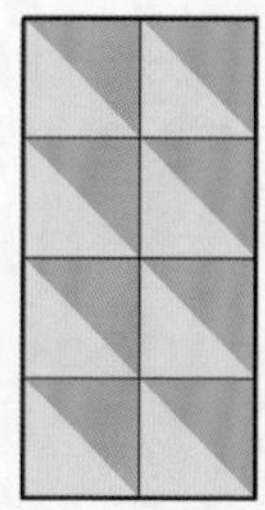

此以半全積八爲積實，藏四爲長、二爲闊之數。以句股較二爲縱，用積較求長闊之法，四因加較，如第三圖。

句較較與弦和較相見求法第三圖

---

1 已知句股較 $b-a$ 與弦和較 $(b+a)-c$，求句股弦各數。弦和較自乘折半，得：

$$\frac{\left[(b+a)-c\right]^2}{2}=(c-b)(c-a)$$

構成長 $n=c-a$、闊 $m=c-b$ 的長方，求得長闊較爲：

$$n-m=(c-a)-(c-b)=b-a$$

由積較求長闊法，求得長闊，即句弦較 $c-a$ 與股弦較 $c-b$。句股弦各數依法易求。

2 即 $\left[(b+a)-c\right]^2=2(c-a)(c-b)$，參句股較和篇“句弦較與股弦較”。

3 如圖 12-1，大方積爲弦實 c^2，第一圖即 III，其積爲：

$$S_{\mathrm{III}}=\left[(b+a)-c\right]^2$$

第二圖即 I 或 II，其積爲：

$$S_{\mathrm{I}}=S_{\mathrm{II}}=(c-a)(c-b)=\frac{1}{2}S_{\mathrm{III}}$$

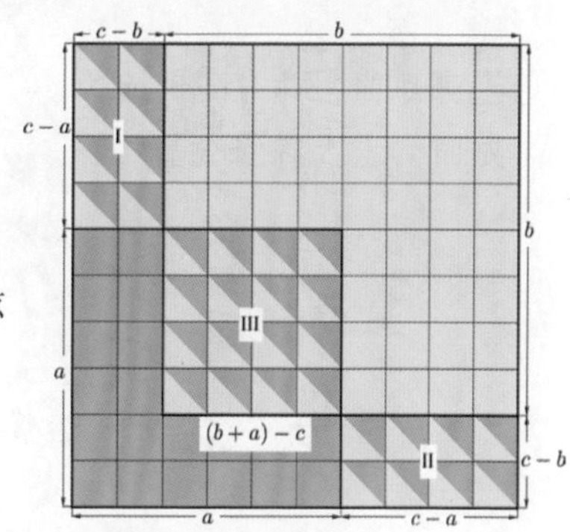

圖 12-1

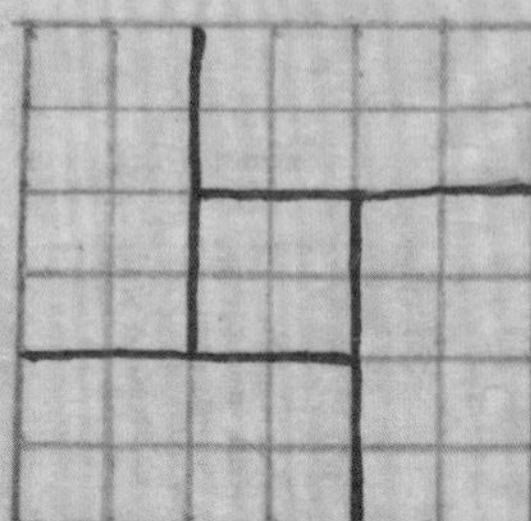

置圖八得三十二以較二自乘四加之得三十六平開之得六爲長
濶和加較二共八半之得四爲句弦較減較二餘四半之
得二爲股弦較句弦較乃長股弦較乃濶也

一凡句股較見弦較之相併而得弦立知
以句股和爲主與其諸較相見
一凡句股和見句股較　亦知見前條
一凡句股和見句弦較相併得股弦和與二和積對減餘積以句弦較之積
加之平開之得股與句弦較之共數仍以句弦較減之得股
解假如句股和六十三句弦較一十八併得八十一爲股弦和與句股和自乘三千
九百六十九股弦和自乘六千五百六十一对減餘二千五百九十二加入句弦較自
乘三百二十四共二千九百一十六平開之得五十四爲股與句弦較之共數內減
句弦較餘三十六爲股以股減句股和得句以股減股弦和得弦所以然
者股弦和自乘其大方爲弦小隅爲股兩廉以弦爲長以股爲濶句
股和自乘其大方爲股小隅爲句兩廉以股爲長以句爲濶弦冪歸之

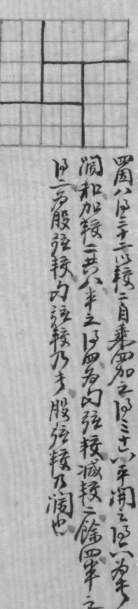

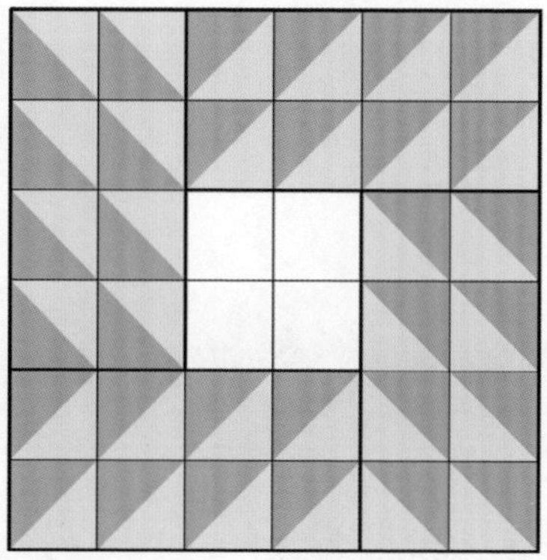

四因八得三十二，以較二自乘四加之，得三十六。平開之，得六，爲長闊和。加較二共八，半之得四，爲句弦較；減較二餘四，半之得二，爲股弦較。句弦較乃長，股弦較乃濶也。

一、凡句股較見弦較較，相併而得弦。直知。

以句股和爲主，與諸數相見

一、凡句股和見句股較。互知，見前條。

一、凡句股和見句弦較，相併得股弦和。將二和積對減，餘積以句弦較之積加之，平開之，得股與句弦較之共數。仍以句弦較減之，得股[1]。

解：假如句股和六十三，句弦較一十八，併得八十一，爲股弦和。將句股和自乘三千九百六十九、股弦和自乘六千五百六十一對減，餘二千五百九十二。(如)[加]入句弦較自乘三百二十四，共二千九百一十六。平開之，得五十四，爲股與句弦較之共數。内減句弦較，餘三十六，爲股。以股減句股和，得句；以股減股弦和，得弦。

所以然者，股弦和自乘，其大方爲弦，小隅爲股，兩廉以弦爲長，以股爲濶；句股和自乘，其大方爲股，小隅爲句，兩廉以股爲長，以句爲濶。弦冪之

---

1 已知句股和 $b+a$ 與句弦較 $c-a$，二者相併，得股弦和：

$$c+b=(c-a)+(b+a)$$

求得股與句弦較共數爲：

$$b+(c-a)=\sqrt{(c+b)^2-(b+a)^2+(c-a)^2}$$

減去句弦較，得股：

$$b=[b+(c-a)]-(c-a)$$

句、弦依法易求。

內容句股二實與句股和積一方一隅相當減去矣餘有一段股在句股和之二廉以股與句相乘而得股弦和之二廉以股與弦相乘而得其差一較再對減之餘有二段股與句弦較相乘之積在合之得股一為長方股與句弦較相乘之積二為兩廉共步一隅加一句弦較自乘之積為隅則為全方矣故平開之得股與共較之共數也

句股和與句弦較相兒求法第一圖 句股和十四句弦較四

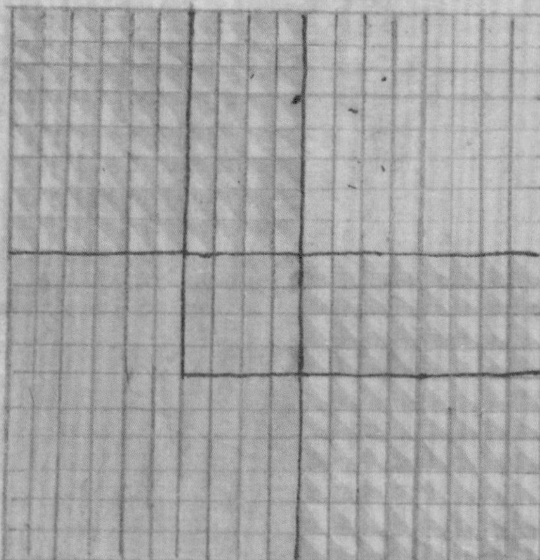

句股和十四句弦較四併之得一十八以實為股弦和自乘得積三百二十四為大方積實一段一百為弦以隅黃實一段六十四為股兩廉黃綠雜實二段一百六十為股弦相乘

内，藏句股二實，與句股和積一方、一隅相當，減去矣，餘有一段股在。句股和之二廉，以股與句相乘而得；股弦和之二廉，以股與弦相乘而得，其差一較耳，對減之，餘有二段股與句弦較相乘之積在。合之，得股一，爲大方；股與句弦較相乘之積二，爲兩廉。止少一隅，加一句弦較自乘之積，爲隅，則爲全方矣。故平開之，得股與較之共數也[1]。

句股和與句弦較相見求法第一圖 句股和十四，句弦較四

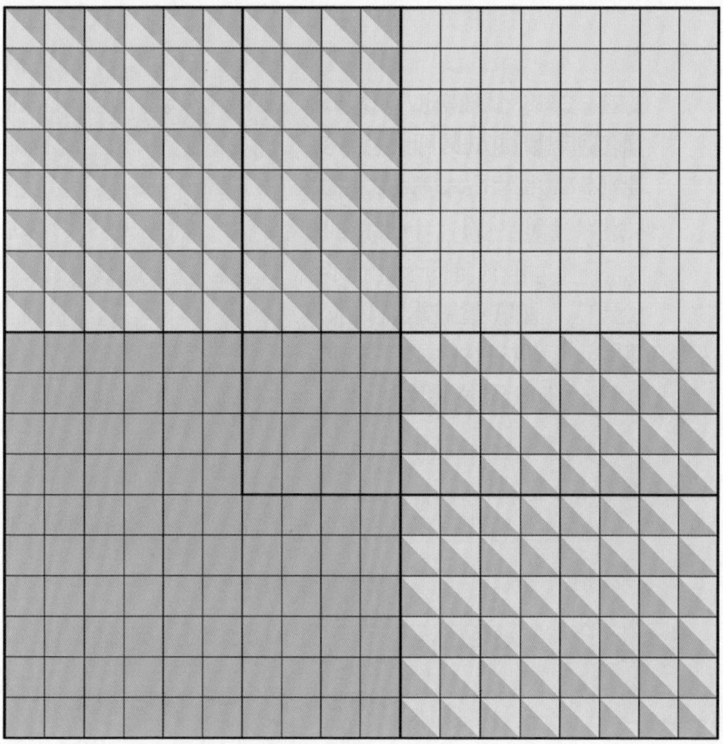

句股和十四，句弦較四，併之得一十八，變爲股弦和，自乘得積三百二十四。大方緑實一段一百爲弦，小隅黄實一段六十四爲股，兩廉黄緑雜實二段一百六十，爲股弦相乘[2]。

1 以上釋

$$b+(c-a)=\sqrt{(c+b)^2-(b+a)^2+(c-a)^2}$$

股弦和自乘積爲：

$$(c+b)^2=c^2+b^2+2bc$$

句股和自乘積爲：

$$(b+a)^2=b^2+a^2+2ab$$

二者相減，餘積爲：

$$(c+b)^2-(b+a)^2=b^2+2b(c-a)$$

補入一個句弦較自乘積得：

$$b^2+2b(c-a)+(c-a)^2=\left[b+(c-a)\right]^2$$

開方得 $b+(c-a)$，詳參圖說。

2 此圖爲股弦和自乘積：$(c+b)^2=c^2+b^2+2bc$，緑方爲弦積 c^2，黄隅爲股積 b^2，兩廉爲股與弦乘積 $2bc$。

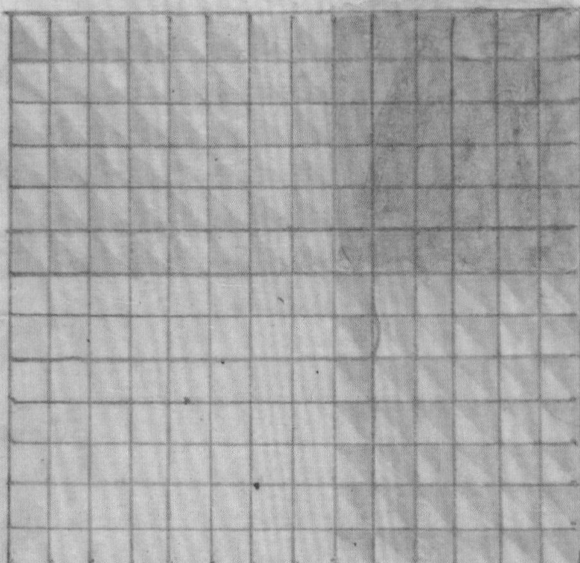

勾股和十四自乘得積一百九十六大方黄實一段六十四為股小隅青實一段三十六為勾隅廉青黄雜實二段九十六為勾股相乘以減前圖如第二圖

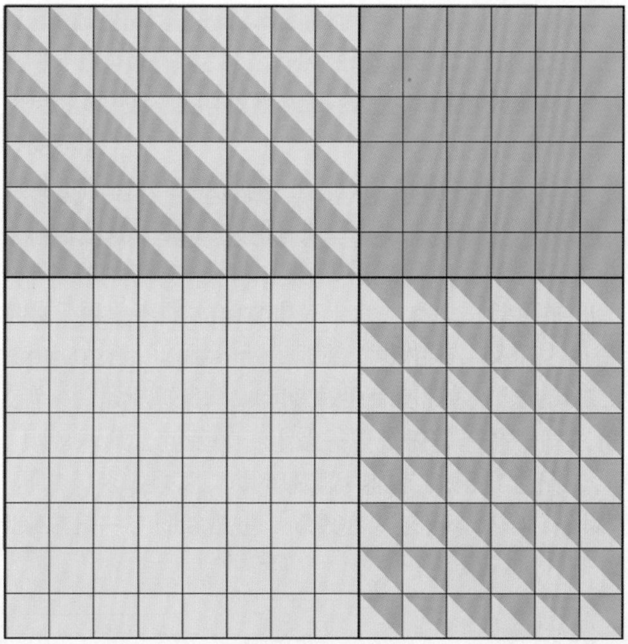

句股和十四，自乘得積一百九十六，大方黃實一段六十四爲股，小隅青實一段三十六爲句，兩廉青黃雜實二段九十六，爲句股相乘[1]。以減前圖，如第二圖。

1 此圖爲句股和自乘積：

$$(b+a)^2=b^2+a^2+2ab$$

黃方爲股積 b^2，青隅爲句積 a^2，兩廉爲句與股乘積 $2ab$。

句股和與句弦較相乘求法第二圖

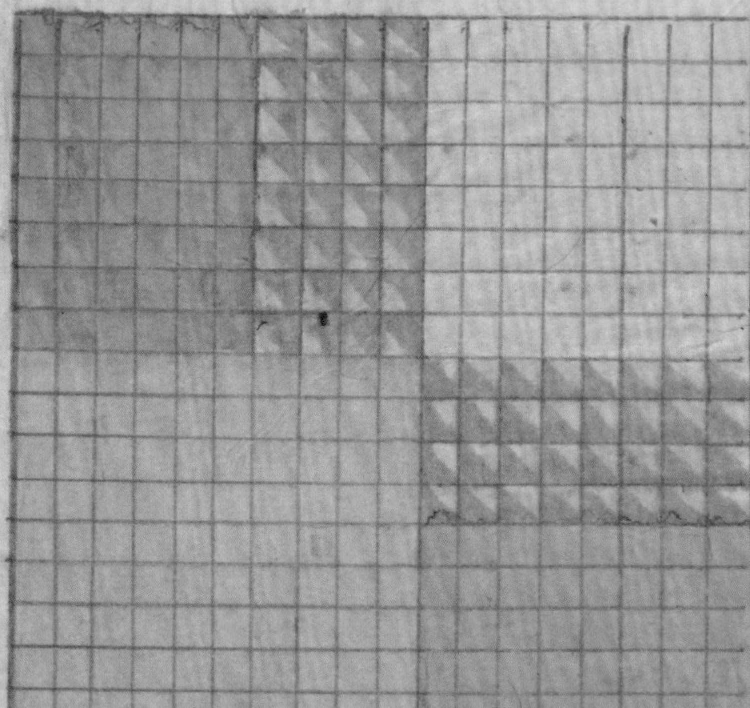

以句股之積減股弦之積其綠方一段即句股和積內之青除黃方二段也蓋弦積並句股之積故也其色以綠長二段即句股和積內之青黃離為二廉乃句弦與股相乘之積也餘其黃股一段及股與句弦較相乘之積二段遞一除成方如下圖

句股和與句弦較相見求法第二圖

以句股之積减股弦之積。其緑方一段，即句股和積内之青隅、黄方二段也，蓋弦積兼句股之積故也。其（空）緑長二段[1]，即句股和積内之青黄雜色二廉，乃句與股相乘之積也。餘者止黄股一段，及股與句弦較相乘之積二段。添一隅成方，如下圖[2]。

1 緑長，原作“空白長”，原書塗抹改作“緑長”，“空”字漏涂，據文意删。
2 股弦和、句股和兩積對减，餘積爲：

$$(c+b)^2-(b+a)^2=b^2+2b(c-a)$$

黄隅即減餘股積 b^2，黄緑相雜兩段即股與句弦較乘積 $2b(c-a)$。

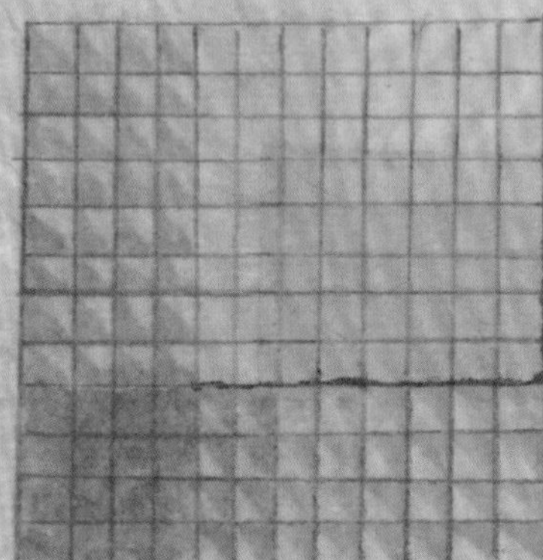

減餘大方黃實爲股自乘之積兩廉二段黃係雜實爲較（勾弦與股相）四自乘之積三十六減一勾弦較四自乘之積一十六會成全方平開之得一十二乃股與勾弦之共數減勾弦較餘爲股

一凡勾股和兑勾弦和相減而得股弦較以二和積對減餘積以股弦較之積加之平開之爲勾與股弦較之共數以股弦較減之得勾

解假如勾股和六十三勾弦和七十二以勾股和積三千九百六十九勾弦和積五千一百八十四対減餘一千二百一十五以二徑相減餘九爲股弦較自乘得八十一加之共得一千二百九十六平開之得三十六爲勾與股弦較之共數減股弦較餘爲勾何以然蓋勾弦和積弦爲大方勾爲小方勾弦乘爲兩廉勾股和積股爲大方勾爲小方勾與股乘爲兩廉弦與勾股二方積相對減去餘一段勾積兩廉勾弦乘與勾股乘相差一較対減餘二段勾與股弦較相乘之積加較積則勾爲小方勾與股弦較相乘之積爲兩廉較積爲

減餘大方黄實，爲股自乘之積。兩廉二段黄緑雜實，爲句弦與股相乘之積。添一句弦較四自乘之積一十六，會成全方。平開之，得一十二，乃股與句弦［較］[1]之共也[2]。減句弦較，餘爲股。

一、凡句股和見句弦和，相減而得股弦較。將二和積對減，餘積以股弦較之積加之，平開之，爲句與股弦較之共數。以股弦較減之，得句[3]。

解：假如句股和六十三，句弦和七十二，將句股和積三千九百六十九、句弦和積五千一百八十四對減，餘一千二百一十五。以二徑相減餘九[4]，爲股弦較。自乘得八十一，加之，共得一千二百九十六。平開之，得三十六，爲句與股弦較之共數。減股弦較，餘爲句。

所以然者，句弦和積，弦爲大方，句爲小隅，句與弦乘爲兩廉；句股和積，股爲大方，句爲小隅，句與股乘爲兩廉。弦與句、股二方積相當，減去，餘一段句積。兩廉句弦乘與句股乘，相差一較，對減，餘二段句與股弦較相乘之積。加較積，則句爲大方，句與股弦較相乘之積爲兩廉，較積爲

---

1 句弦，當作“句弦較”，“較”字鈔脱，據文意補。

2 股弦和、句股和減餘之積 $b^2+2b(c-a)$，添一段句弦積 $(c-a)^2$，成股與句弦較共數之積 $\left[b+(c-a)\right]^2$。黄方爲股積 b^2，黄緑相雜兩段爲股與句弦較乘積 $2b(c-a)$，緑隅即所補句弦積 $(c-a)^2$。

3 已知句股和 $b+a$ 與句弦和 $c+a$，二者相減，得股弦較：

$$c-b=(c+a)-(b+a)$$

求得句與股弦較共數爲：

$$a+(c-b)=\sqrt{(c+a)^2-(b+a)^2+(c-b)^2}$$

減去股弦較，得句：

$$a=\left[a+(c-b)\right]-(c-b)$$

股、弦依法易求。

4 徑，當作“和”，“二和”指句股和 $a+b$ 與句弦和 $a+c$。

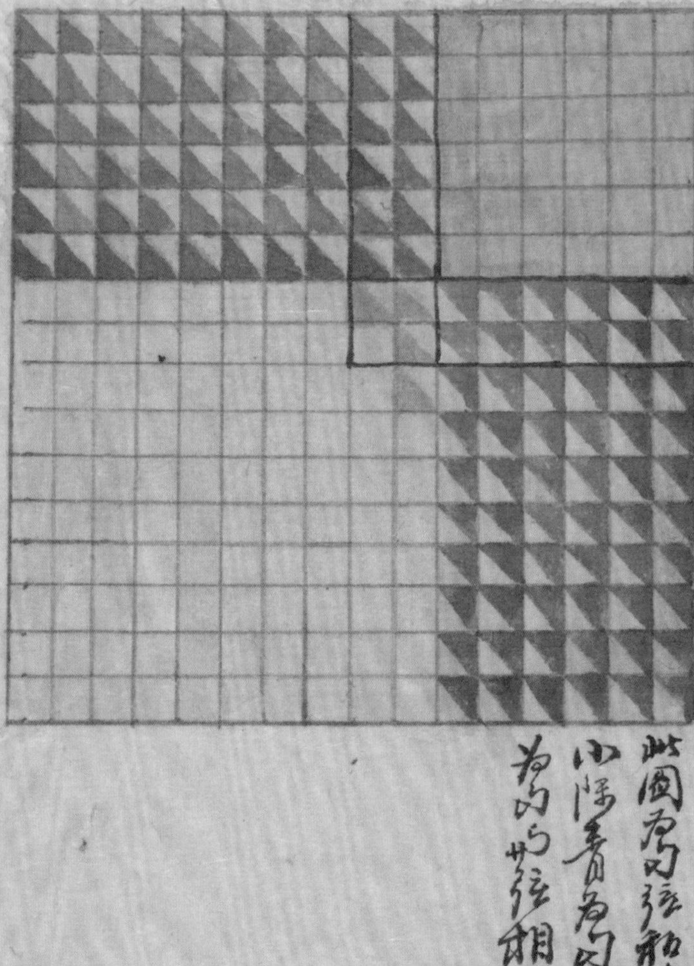

一隅放平衡之兩句句與股弦較之共數也

句股和兒句弦和求法第一圖 句股和十四 句弦和十六

此圖爲句弦和積大方綠爲弦

小隅青爲句兩廉青綠雜

爲句與股弦相乘

一隅，故平開之而得句與股弦較之共數也[1]。

句股和見句弦和求法第一圖 句股和十四，句弦和十六

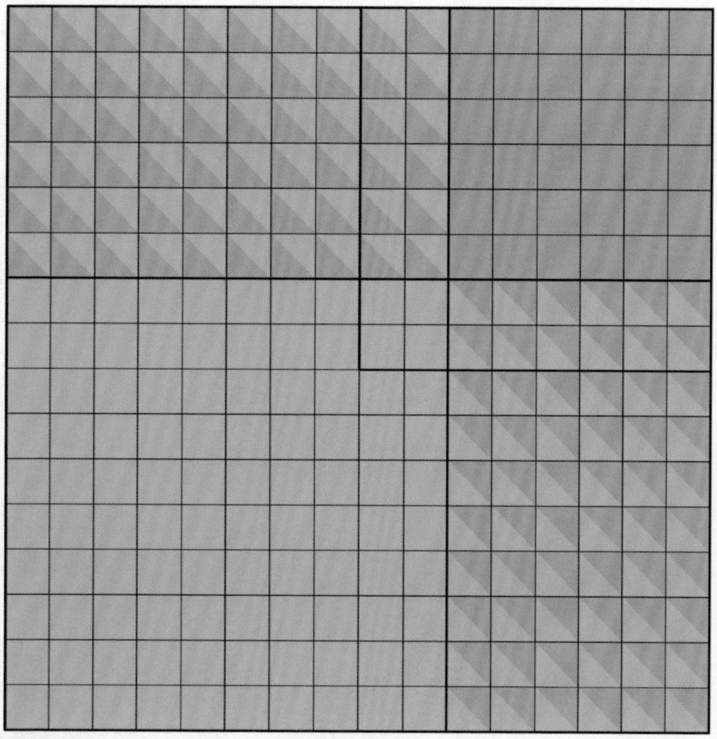

此圖爲句弦和積，大方綠爲弦，小隅青爲句，兩廉青綠雜爲句與弦相乘。

1 以上釋

$$a+(c-b)=\sqrt{(c+a)^2-(b+a)^2+(c-b)^2}$$

句弦和自乘積爲：

$$(c+a)^2=c^2+a^2+2ac$$

句股和自乘積爲：

$$(b+a)^2=b^2+a^2+2ab$$

二者相減，餘積爲：

$$(c+a)^2-(b+a)^2=a^2+2a(c-b)$$

補入一個股弦較自乘積得：

$$a^2+2a(c-b)+(c-b)^2=\left[a+(c-b)\right]^2$$

開方得句與股弦較共數 $a+(c-b)$ 。

此為句股和積大方黄為股以除
青為句兩廉青黄離為句股相
乘以減前圖如第二圖

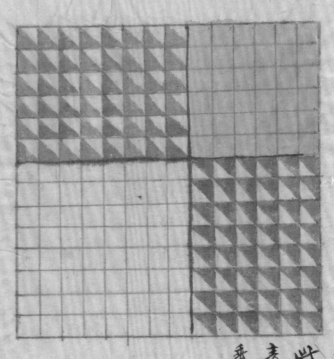

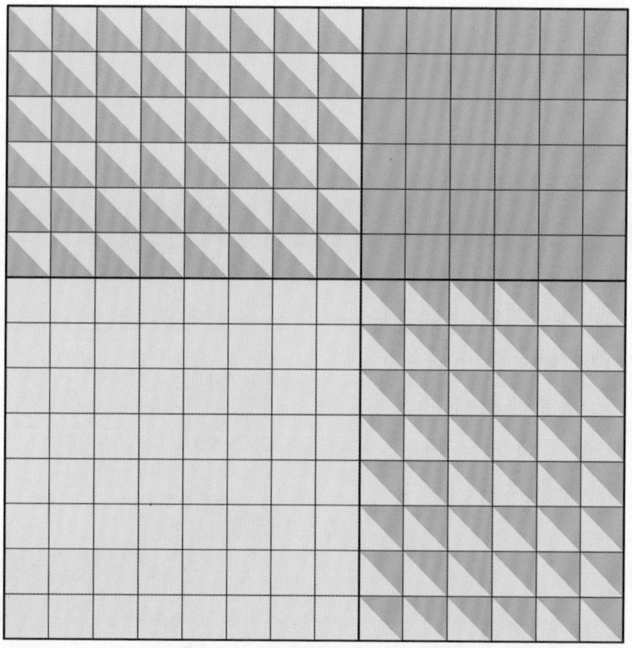

此爲句股和積，大方黄爲股，小隅青爲句，兩廉青黄雜爲句股相乘。以減前圖，如第二圖。

句股和見句弦和求法第二圖

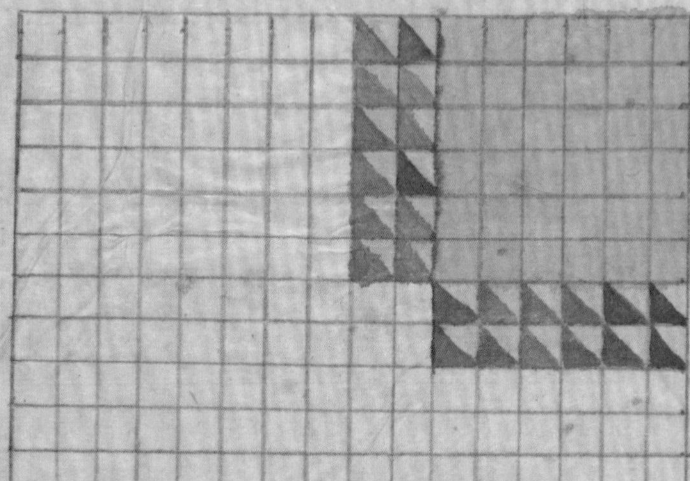

此為句弦和冪內減句股和大方也白弦實即句股和冪內青黄二廉兩廉與白即句股和冪青黄雜二段餘青為大方青係雜二段為兩廉添之除如下圖

句股和見句弦和求法第二圖

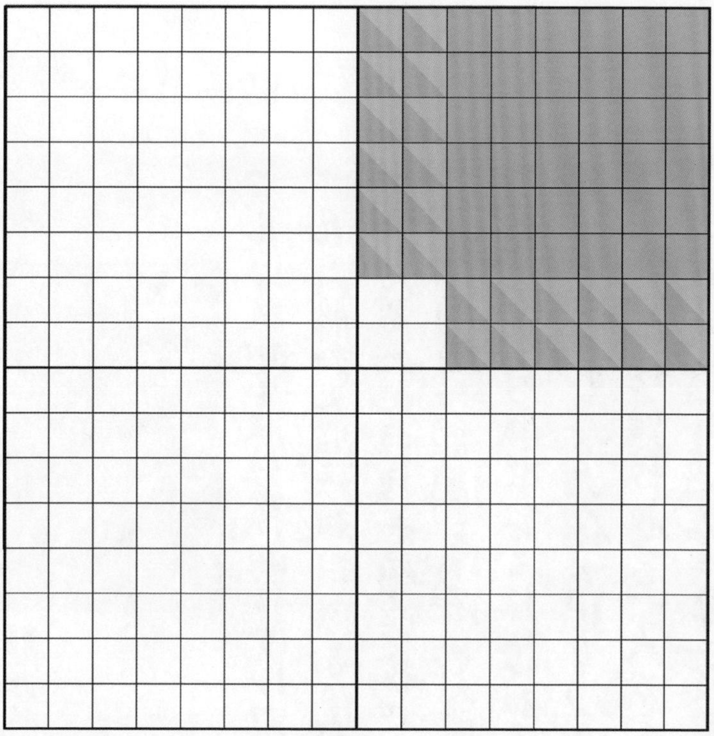

此爲句弦和内減句股和。大方空白弦實，即句股和内青、黄二實；兩廉空白，即句股和内青黄雜二段。餘青爲大方，青緑雜二段爲兩廉。添一隅，如下圖。

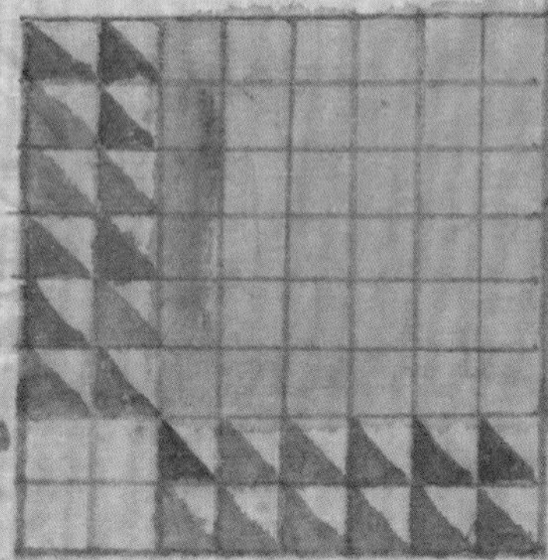

此就前減餘添一股弦較之積得全方平冪之得八為句股弦較之共數以減句弦和餘為股以股減句股和餘為句以句減句弦和餘為弦

一凡句股和兒股弦較相併而得句弦和仍用句股和兒句弦和之法持和兒前

一凡句股和兒股弦和相減而得句弦較仍用句股和兒句弦較之法持和兒前

一凡句股和兒弦較和倍弦較和之積以句股和之積減之餘實以四倍弦較和為法用積和求闊之法而得句股較

解假如句股和六十三弦較和五十四句股和之積三千九百六十九弦較和之積二千九百一十六倍之得五千八百三十二於句股和之積對減餘一千八百六十三為積四倍弦較和二百一十六為長闊和用積和求闊之法和積四萬六千六百五十六減四積七千四百五十二餘三萬九千二百零四平方開之得一百九十八以減和二百一十六餘一十八折半得九為闊得句股較也以減句股和半之為句以減弦較和得弦而以通共句股和之積視弦積兩倍但少一較耳多而為之一為弦較之弦

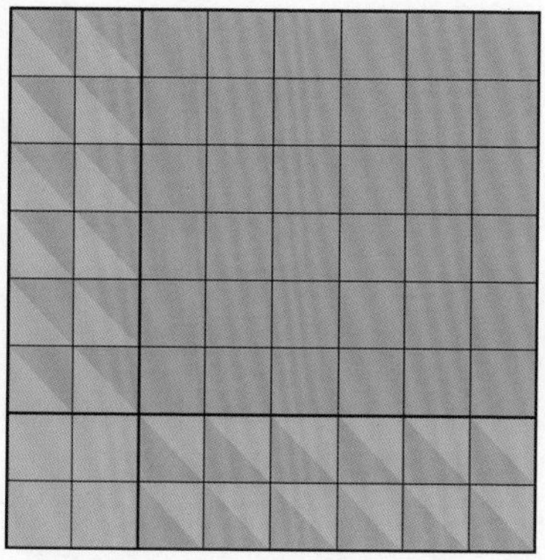

此就前減餘添一股弦較之積，得全方。平開之，得八，爲句與股弦較之共數。以減句弦和，餘爲股；以股減句股和，餘爲句。以句減句弦和，餘爲弦。

一、凡句股和見股弦較，相併而得句弦和，仍用句股和見句弦和之法。轉知，見前。

一、凡句股和見股弦和，相減而得句弦較，仍用句股和見句弦較之法。轉知，見前。

一、凡句股和見弦較和，倍弦較和之積，以句股和之積減之，餘實。以四倍弦較和爲法[1]，用積和求闊之法，而得句股較[2]。

解：假如句股和六十三，弦較和五十四，句股和之積三千九百六十九，弦較和之積二千九百一十六，倍之得五千八百三十二，與句股和之積對減，餘一千八百六十三爲積。四倍弦較和二百一十六，爲長闊和。用積和求闊之法，和積四萬六千六百五十六，減四積七千四百五十二，餘三萬九千二百零四。平方開之，得一百九十八。以減和二百一十六，餘一十八，折半得九，爲闊，即句股較也。以減句股和，半之爲句；以減弦較和，得弦。

所以然者，句股和之積視弦積兩倍，但少一較耳，分而爲二，一爲有較之弦，

---

1 法，當作“較”，即以四倍弦較和爲長闊較。

2 已知句股和 $b+a$ 與弦較和 $c+(b-a)$，求句股弦各數。二倍弦較和自乘積與句股和自乘積相減，得：

$$2\left[c+(b-a)\right]^2-(b+a)^2=\left[4c+3(b-a)\right](b-a)$$

構成長 $n=4c+3(b-a)$、闊 $m=b-a$ 的長方，求得長闊和爲：

$$n+m=\left[4c+3(b-a)\right]+(b-a)=4\left[c+(b-a)\right]$$

用積和求闊法，求得闊，即句股較 $b-a$。句股弦依法易求。

一爲無較之弦兩弦較和之積各以弦爲大方較爲小隅弦較相乘爲兩廉置一弦較和之積以句股和半之全弦減之餘一個較自乘兩個弦較乘再置一弦較和之積以句股和半無較之弦減之餘兩個弦較乘兩個隅自乘共計之凡餘三個較自乘之隅四個弦較相乘之廉假令四廉各隨一隅各以四和除之亦得以較今四廉三隅共一廉無隅故於四和中借一隅以爲闊以三隅四廉爲長而得之也

句股和兄弦較和兩法第一圖 句股和七弦較和六

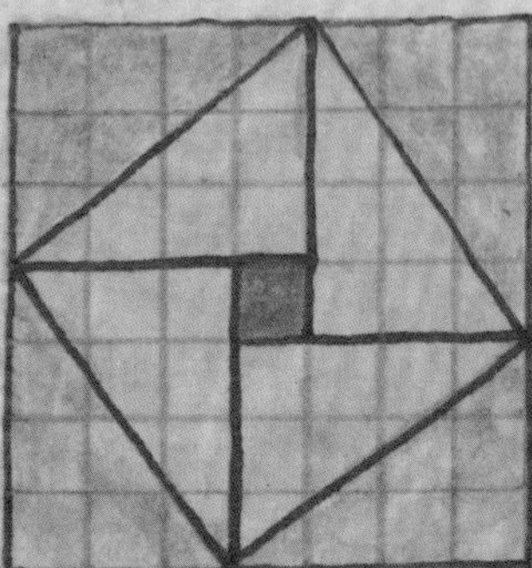

此爲句股和自乘之積四十九中方二十五外四角二十四中四個句股較也中方有較故爲全弦外角爲無較之弦也

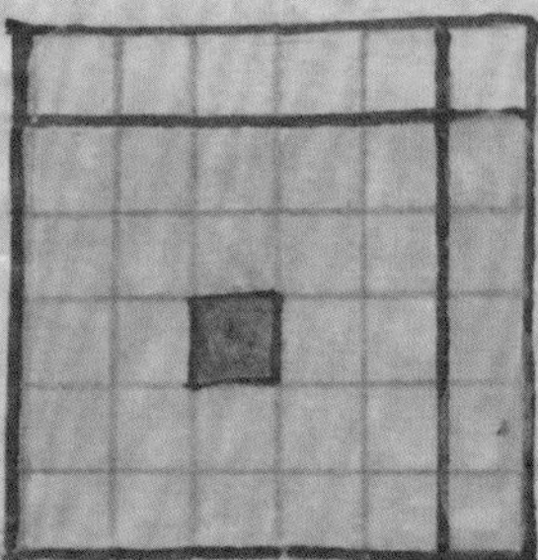

此爲弦較和自乘之積三十六以弦爲大方較爲小隅弦較相乘爲兩廉以句股和內全弦二十五減之餘兩廉十隅一

一爲無較之弦。兩弦較和之積，各以弦爲大方，較爲小隅，弦較相乘爲兩廉。置一弦較和之積，以句股和中全弦減之，餘一個較自乘、兩個弦較乘；再置一弦較和之積，以句股和中無較之弦減之，餘兩個弦較乘、兩個隅自乘。共計之，凡餘三個較自乘之隅、四個弦較相乘之廉[1]。假令四廉各隨一隅，應以四和除之而得較。今四廉三隅，其一廉無隅，故於四和中借一隅以爲闊，以三隅四廉爲長而得之也。

句股和見弦較和求法第一圖 句股和七，弦較和六

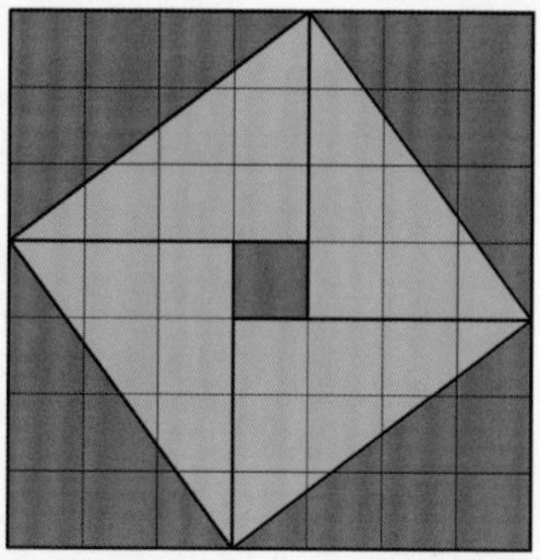

此爲句股和自乘，得積四十九，中方二十五，外四角二十四，中心即句股較也。中方有較，故爲全弦，外角乃無較之弦也[2]。

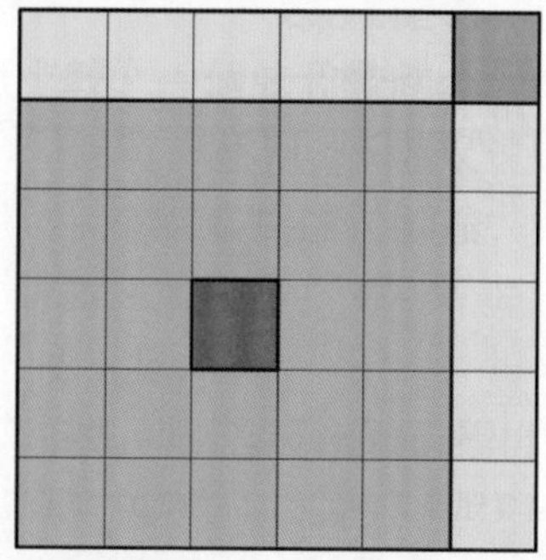

此爲弦較和自乘之積三十六，弦爲大方，較爲小隅，弦較相乘爲兩廉。以句股和内全弦二十五減之，餘兩廉十、隅一[3]。

---

1 以上釋

$$\left[4c+3(b-a)\right](b-a)=2\left[c+(b-a)\right]^2-(b+a)^2$$

弦較和自乘積爲：$\left[c+(b-a)\right]^2=c^2+(b-a)^2+2c(b-a)$，句股和自乘積爲：$(b+a)^2=c^2+\left[c^2-(b-a)^2\right]$。句股和自乘積中，$c^2$ 爲全弦積，與弦較和自乘積相減，餘積爲：

$$c^2+(b-a)^2+2c(b-a)-c^2=(b-a)^2+2c(b-a)$$

$c^2-(b-a)^2$ 爲無較之弦，與弦較和自乘積相減，餘積爲：

$$\left[c^2+(b-a)^2+2c(b-a)\right]-\left[c^2-(b-a)^2\right]=2(b-a)^2+2c(b-a)$$

兩次所減餘積相併，即二倍弦較和自乘積減去句股和自乘積所得：

$$2\left[c+(b-a)\right]^2-(b+a)^2=3(b-a)^2+4c(b-a)$$

其中，$(b-a)^2$ 爲句股較自乘之隅，$c(b-a)$ 爲弦與句股較相乘之廉。詳參圖説。

2 此圖爲句股和自乘之積：

$$(b+a)^2=c^2+[c^2-(b-a)^2]$$

其中，c^2 爲全弦積，$c^2-(b-a)^2$ 爲無較之弦積。

3 此圖爲弦較和自乘積 $\left[c+(b-a)\right]^2$ 減去全弦積 c^2，餘積爲：

$$\left[c+(b-a)\right]^2-c^2=(b-a)^2+2(b-a)c$$

青色隅方爲句股較積 $(b-a)^2$，黃色廉積兩段爲弦與句股較乘積 $2(b-a)c$。

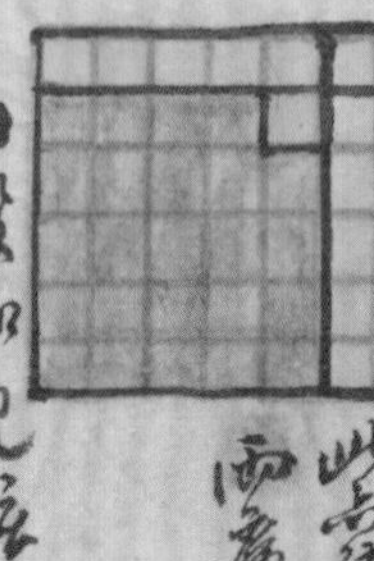

此句弦較和自乘之積以句股和內無較之弦二十四減之餘
兩廉十隅一又較一

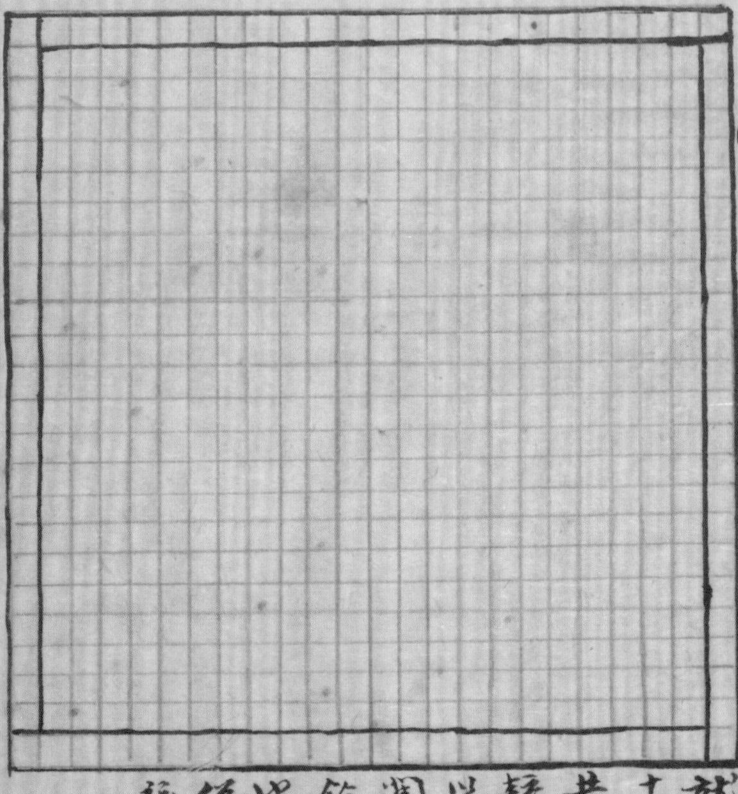

句股和與弦較和求法第二圖

就前圖減餘四廉三隅共八二
十三為積以二十三為率以一為濶
共二面為率之濶和用積和求
較之法和自乘得五百七十六以
四積九十二減之餘四百八十四平
濶之得二十二為較和二十四減較
餘二折半得濶之即句股較
也以減句股和餘為二句
併入句股和減兩股以減
弦較和得弦

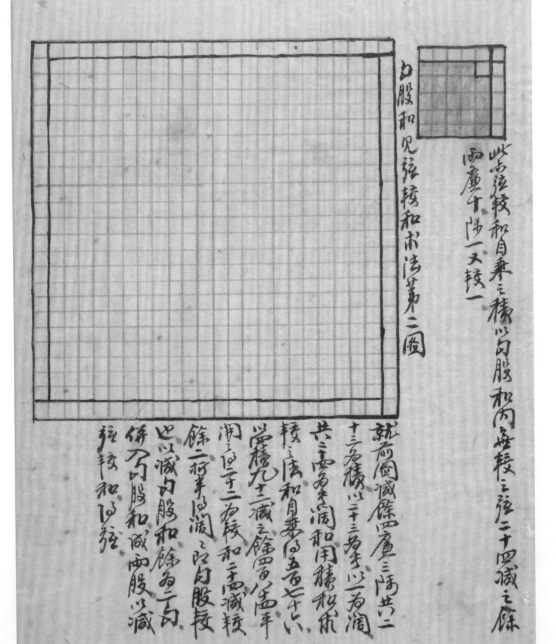

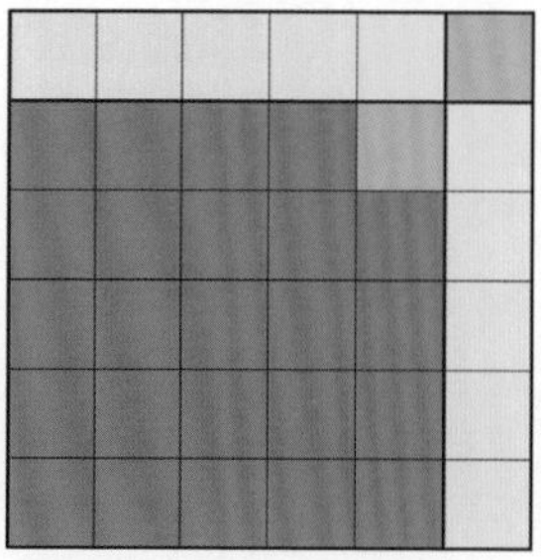

此亦弦較和自乘之積，以句股和内無較之弦二十四減之，餘兩廉十、隅一，又較一[1]。

句股和見弦較和求法第二圖

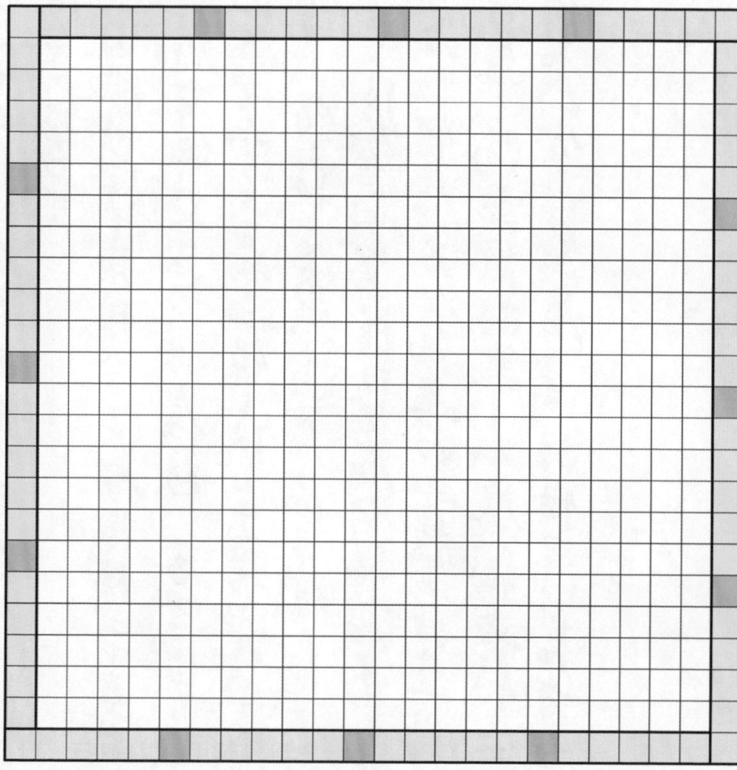

就前圖減餘四廉三隅共二十三爲積，以二十三爲長，以一爲闊，共二十四，爲長闊和。用積和求較之法，和自乘得五百七十六，以四積九十二減之，餘四百八十四。平開之，得二十二，爲較。和二十四減較餘二，折半得闊，闊即句股較也[2]。以減句股和，餘爲二句；併入句股和，成兩股；以減弦較和，得弦。

---

1 此圖爲弦較和自乘積 $\left[c+(b-a)\right]^2$ 減去無較之弦積 $c^2-(b-a)^2$，餘積爲：

$$\left[c+(b-a)\right]^2-\left[c^2-(b-a)^2\right]=2(b-a)^2+2(b-a)c$$

青色隅方兩段爲二倍句股較積 $2(b-a)^2$，黄色廉積兩段爲弦與句股較乘積 $2(b-a)c$。

2 將兩次減餘三段隅方 $3(b-a)^2$、四段廉積 $4c(b-a)$，併成一長方，以 $b-a$ 爲闊，以 $4c+3(b-a)$ 爲長，用積較求闊四因法，求得闊，即句股較 $b-a$。

一凡勾股和兑弦和之相減而得弦　直和

一凡勾股和兑弦較相減而得弦　直和

一凡勾股和兑弦較之倍較積減和積餘實以四倍較之為較用積求闊之法而得勾股較

解假如勾股和六十三弦較之三十六倍較積二千五百九十二以減和積三千九百六十九餘一千三百七十七為積四倍較之一百四十四為長闊較用積較求闊之法將餘實一千三百七十七四倍之得五千五百零八長闊較自乘得二萬零七百三十六併之得二萬六千二百四十四平開之得一百六十二減較一百四十四餘十八半之得九為闊即勾股較也加入勾股和半之為股加入較之為弦所以然者勾股和之積為全弦其一為每較之弦其一以較之之積減全弦餘一較自乘之兩隅弦較相乘之兩廉以減每較之弦正餘弦較相乘之兩廉而已合之得四廉一隅故倍一隅以為方以四廉為較實得之也

勾股和兑弦較之求法第一圖　勾股和兑弦較之四

一、凡句股和見弦和和，相減而得弦。直知。

一、凡句股和見弦和較，相減而得弦。直知。

一、凡句股和見弦較較，倍較積減和積，餘實。以四倍較較爲較，用積［較］求闊之法[1]，而得句股較[2]。

解：假如句股和六十三，弦較較三十六，倍較積二千五百九十二，以減和積三千九百六十九，餘一千三百七十七爲積。四倍較較一百四十四，爲長闊較。用積較求闊之法，將餘實一千三百七十［七］，四倍之，得五千五百零八；長闊較自乘，得二萬零七百三十六。併之，得二萬六千二百四十四。平開之，得一百六十二。減較一百四十四，餘一十八，半之得九，爲闊，即句股較也。加入句股和，半之爲股；加入較較，爲弦。

所以然者，句股和之積，爲全弦者一，爲無較之弦者一。以較較之積減全弦，餘一較自乘之隅、弦較相乘之兩廉[3]；以減無較之弦，止餘弦較相乘之兩廉而已。合之，得四廉一隅[4]。故借一隅以爲方，以四廉爲較而得之也。

句股和見弦較較求法第一圖 句股和七，弦較較四

1 積求闊，當作“積較求闊”，“較”字鈔脱，據文意補。

2 已知句股和 $b+a$ 與弦較較 $c-(b-a)$，求句股弦各數。句股和自乘積與二倍弦較較自乘積相減，得：

$$(b+a)^2-2\left[c-(b-a)\right]^2=\left\{4\left[c-(b-a)\right]+(b-a)\right\}(b-a)$$

構成長 $n=4\left[c-(b-a)\right]+(b-a)$、闊 $m=b-a$ 的長方，求得長闊較爲：

$$n-m=4\left[c-(b-a)\right]+(b-a)-(b-a)=4\left[c-(b-a)\right]$$

用積較求闊法，求得闊，即句股較 $b-a$，句股弦依法易求。

3 弦較相乘之兩廉，當爲弦較較與句股較相乘之兩廉，即 $2\left[c-(b-a)\right](b-a)$，詳下文注釋。後文同。

4 以上釋

$$\left\{4\left[c-(b-a)\right]+(b-a)\right\}(b-a)=(b+a)^2-2\left[c-(b-a)\right]^2$$

弦較較自乘積爲：$\left[c-(b-a)\right]^2=c^2+(b-a)^2-2c(b-a)$，句股和自乘積爲：$(b+a)^2=c^2+\left[c^2-(b-a)^2\right]$。句股和自乘積中，$c^2$ 爲有較全弦積，與弦較較自乘積相減，餘積爲：

$$c^2-\left[c^2+(b-a)^2-2c(b-a)\right]=2c(b-a)-(b-a)^2$$
$$=2c(b-a)-2(b-a)^2+(b-a)^2=2\left[c-(b-a)\right](b-a)+(b-a)^2$$

$(b-a)^2$ 爲較自乘之隅，$2\left[c-(b-a)\right](b-a)$ 爲弦較較與句股較相乘之廉，如“句股和見弦較較求法第二圖”圖一所示。$c^2-(b-a)^2$ 爲無較弦積，與弦較較自乘積相減，餘積爲：

$$\left[c^2-(b-a)^2\right]-\left[c^2+(b-a)^2-2c(b-a)\right]=2c(b-a)-2(b-a)^2=2\left[c-(b-a)\right](b-a)$$

如“句股和見弦較較求法第二圖”圖二所示。兩次所減餘積相併，即二倍弦較較自乘積減去句股和自乘積所得：

$$(b+a)^2-2\left[c-(b-a)\right]^2$$
$$=2\left[c-(b-a)\right](b-a)+(b-a)^2+2\left[c-(b-a)\right](b-a)=4\left[c-(b-a)\right](b-a)+(b-a)^2$$

即四廉一隅，構成一長方形，以 $b-a$ 爲闊，以 $4\left[c-(b-a)\right]+(b-a)$ 爲長。用積較求闊四因法求之。

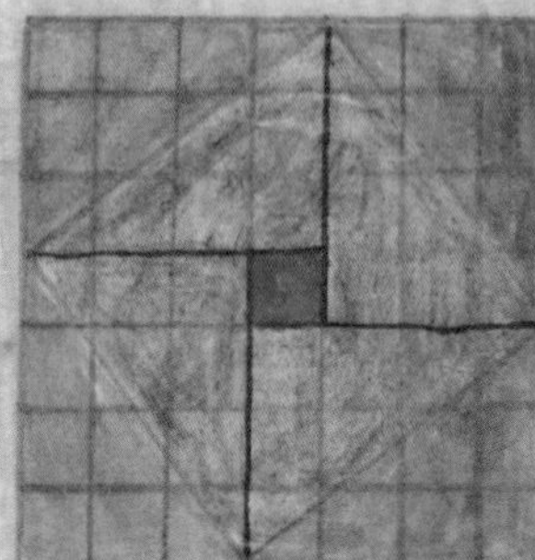

句股和積四十九內方二十五為有較全弦外角二十四為
無較之弦

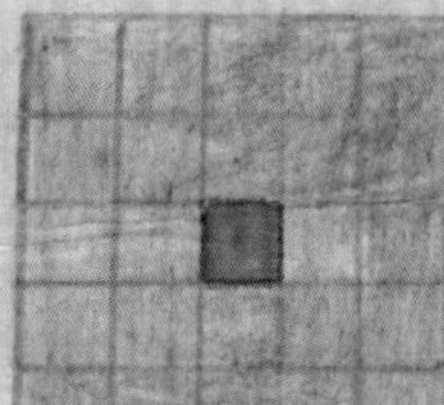

二圖一為有較全
弦即其全圖中
方也

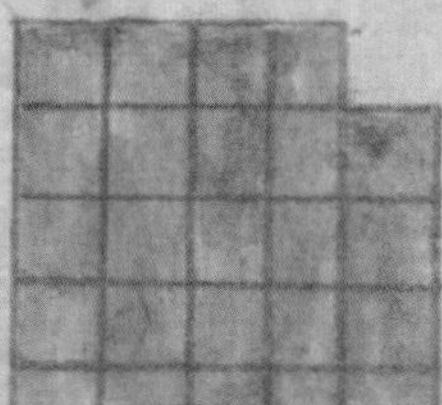

一為無較之弦
即二全圖四角
也

弦較之之積一十六
以識前二圖如下圖

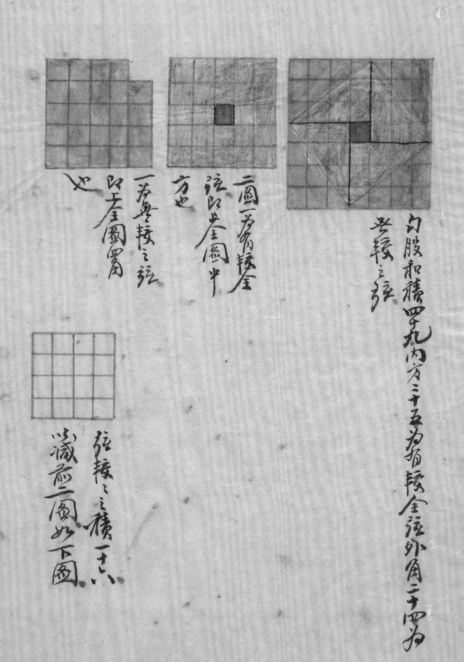

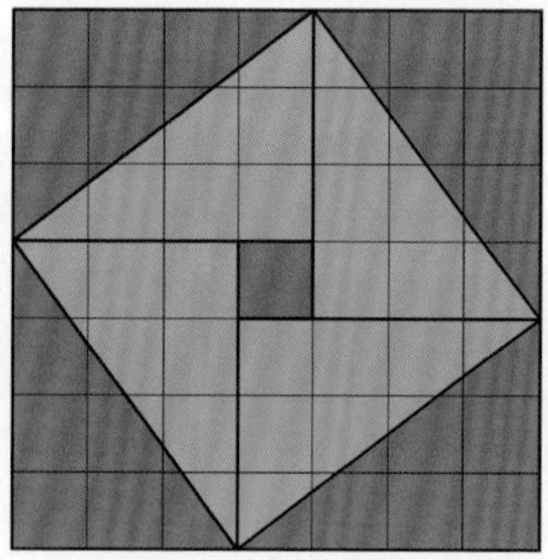

句股和積四十九，内方二十五，爲有較全弦；外角二十四，爲無較之弦。

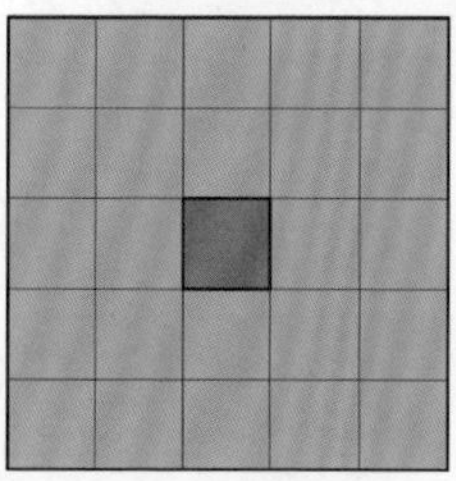

二圖，一爲有較全弦，即上全圖中方也。

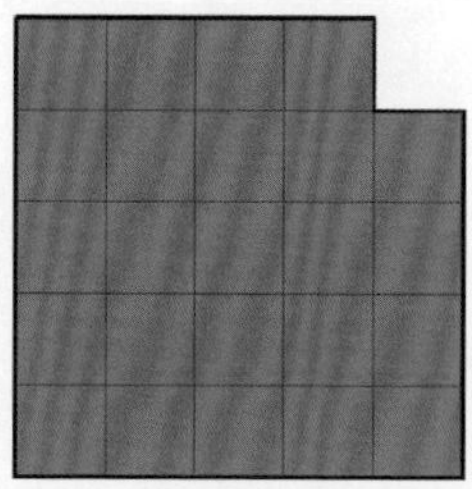

一爲無較之弦，即上全圖四角也。

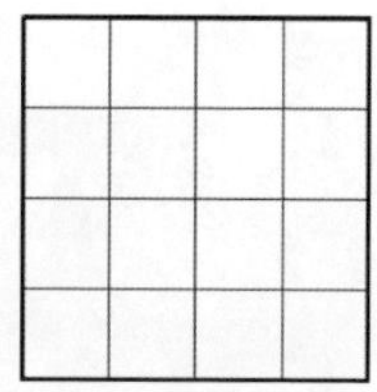

弦較較之積一十六，以減前二圖，如下圖。

句股和兌弦較之求法第二圖

此為句股和內全弦
以弦較之之積減之
共餘兩廉一隅

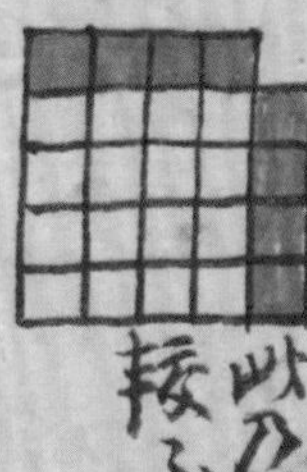

此乃句弦和內無較之弦以弦
較之減之共餘兩廉

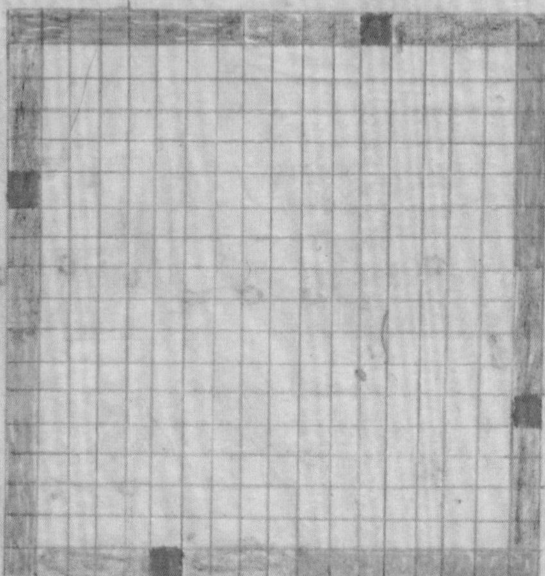

此前圖減餘四廉一隅共一十七為
積一隅為方形四廉共一十六為弟
縱即較也四積得六十八加入較自乘
二百五十六共得三百二十四為全圖平開之
得十八即長闊和也減較十六餘二折
半得一為闊即句股較也加入句股和
得八折半得四為股以減句股和餘六
折半得三為句加入較之四得五為弦

句股和見弦較較求法第二圖

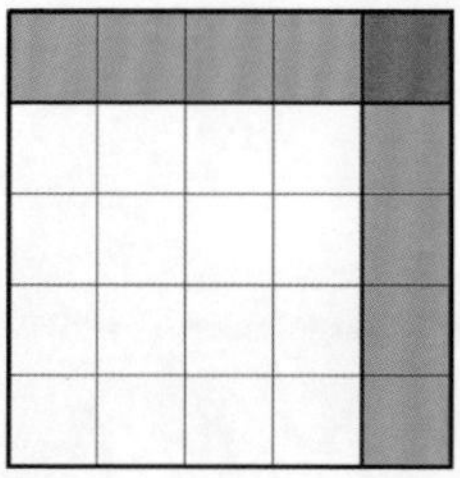

此爲句股和内全弦，以弦較較之積減之者，餘兩廉一隅。

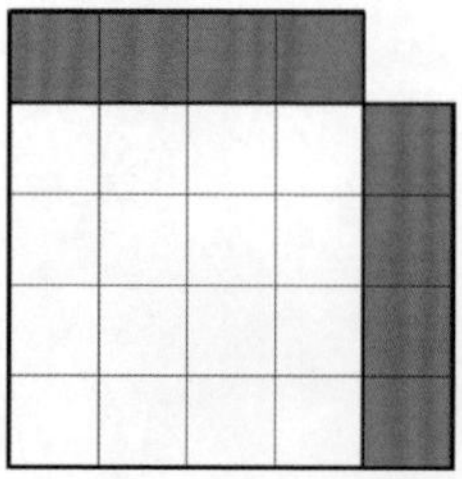

此乃句弦和内無較之弦，以弦較減之者，止餘兩廉。

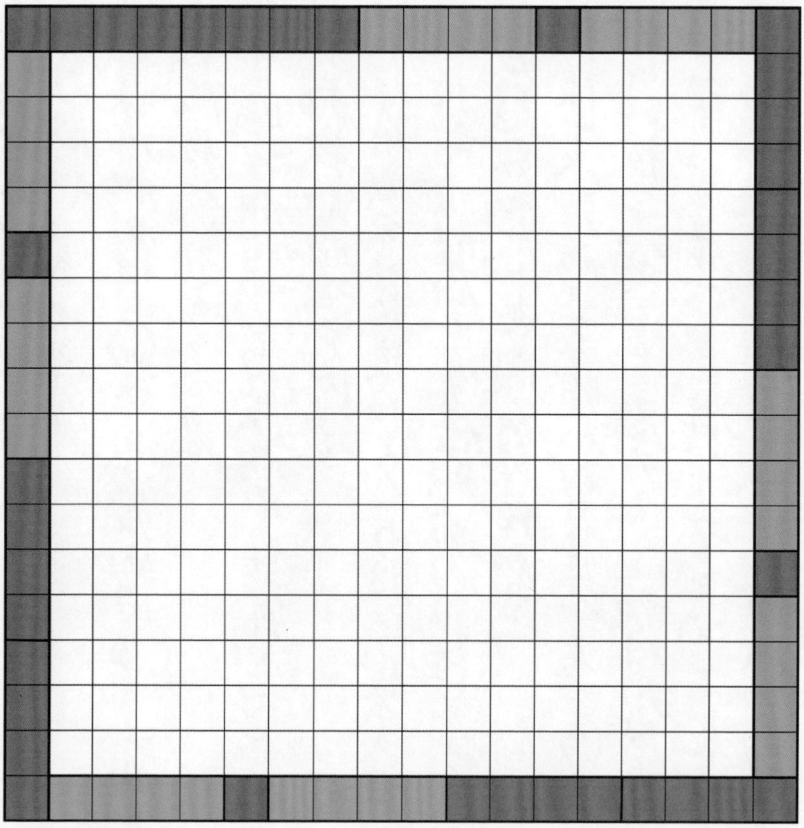

此乃前圖減餘四廉一隅，共一十七爲積，一隅爲方形，四廉共一十六，爲帶縱，即較也。四積得六十八，加入較自乘二百五十六，共三百二十四，爲全圖。平開之，得一十八，即長闊和也。減較十六，餘二，折半得一，爲闊，即句股較也。加入句股和得八，折半得四，爲股；以減句股和，餘六，折半得三，爲句；加入較較四，得五，爲弦。

以句弦較為主與廿法數相兒

一凡句弦較兒句股較　互知見前條

一凡句弦較兒句股和　互知見前條

一凡句弦較兒句弦和相併為兩弦相減為兩句直和又相乘得股積平方開之

一凡句弦較兒股弦較　推知見前篇

一凡句弦較兒股弦和相減為句股和用句股和兒句弦較之法　推知見前條

一凡句弦較兒弦較和相減為股直和

解句弦較兒弦相減成句弦較和多一句股較故成股

一凡句弦較兒弦和和以和積為實倍和和加句弦較為長闊和用積和求長闊之法其長為股弦和廿二其闊為句弦和廿一

解假如句弦較一十八弦和和一百零八和自乘一萬一千六百六十四為積倍和二百一十六加句弦較一十八共二百三十四為長闊和自乘得五萬四千七百五十六以四積四萬六千六百五十六減之餘八千一百平開之得九十為長闊較加入和二百三十四得三百二十四半之得一百六十二為長為股弦和廿二再半之得股弦和八十一以減和餘一百四十四半之得七十二為句弦和以句弦和減和和餘三十六為股以股弦和減和和餘二十七為句以弦和和內減句股餘為弦所以然廿

以句弦較爲主，與諸數相見

一、凡句弦較見句股較。互知，見前條。

一、凡句弦較見句股和。互知，見前條。

一、凡句弦較見句弦和，相併爲兩弦，相減爲兩句。直知。**又相乘得股積，平方開之。**

一、凡句弦較見股弦較[1]。推知，見前篇。

一、凡句弦較見股弦和，相減爲句股和，用句股和見句弦較之法。（推）［轉］知，見前條。

一、凡句弦較見弦較和，相減爲股。直知。

解：句弦較見弦，相減成句。弦較和多一句股較，故成股。

一、凡句弦較見弦和和，以和積爲實，倍和和加句弦較爲長闊和。用積和求長闊之法，其長爲股弦和者二，其濶爲句弦和者一[2]。

解：假如句弦較一十八，弦和和一百零八，和自乘一萬一千六百六十四，爲積。倍和二百一十六，加句弦較一十八，共二百三十四，爲長闊和，自乘得五萬四千七百五十六。以四積四萬六千六百五十六減之，餘八千一百。平開之，得九十，爲長闊較。加入和二百三十四，得三百二十四，半之得一百六十二，爲長，爲股弦和者二，再半之，得股弦和八十一；以減和，餘一百四十四，半之得七十二，爲句弦和。以句弦和減和和，餘三十六，爲股。以股弦和減和和，餘二十七，爲句。於和和之内減句、股，餘爲弦。

所以然者，

---

1 已知句弦較 $c-a$ 與股弦較 $c-b$，求得弦和較爲：

$$(b+a)-c=\sqrt{2(c-a)(c-b)}$$

解得句股弦各數爲：

$$a=\left[(b+a)-c\right]+(c-b)$$
$$b=\left[(b+a)-c\right]+(c-a)$$
$$c=\left[(b+a)-c\right]+(c-b)+(c-a)$$

解見句股較和篇第十五條“句弦較與股弦較”。

2 已知句弦較 $c-a$ 與弦和和 $(b+a)+c$，求句股弦各數。弦和和自乘得：

$$\left[(b+a)+c\right]^2=2(c+b)(c+a)$$

構成長 $n=2(c+b)$、闊 $m=c+a$ 的長方，求得長闊和爲：

$$n+m=2(c+b)+(c+a)=2\left[(b+a)+c\right]+(c-a)$$

用積和求闊法，求得闊，即句弦和 $c+a$，句股弦依法易求。

和之之積原係句弦和股弦和相乘又倍之而得者也試將一和相乘之積廣長置之以兩個股弦和為長一個句弦和為闊如一大長形然其闊相和計當有三弦兩股一句今倍和一百四十八乃兩弦兩股兩句加以句弦較斜兩句之兩一句化兩弦共得三弦兩股一句之較故以之定和法也

句弦較兒弦和之求法第一圖 句弦較二弦和之十二

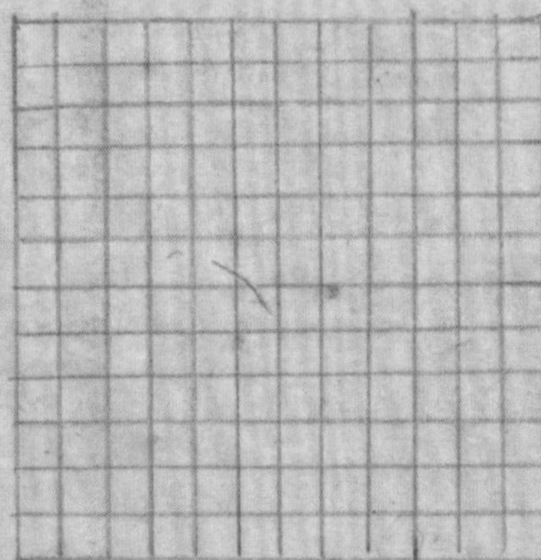

和之十二自乘之積一百四十四為句弦和八與股弦和九相乘得七十二又倍之而得者而為一以之相接如

第二圖

句弦較兒弦和之求法第二圖

和和之積，原從句弦和、股弦和相乘又倍之而得者也[1]。試將二和相乘之積層累置之，以兩個股弦和爲長，一個句弦和爲闊，如一大長形然。長闊相和，計當有三弦兩股一句。今倍和一百零八，乃兩弦兩股兩句，加以句弦較，則兩句之内，一句化而成弦，共得三弦兩股一句之數，故以之定和法也。

句弦較見弦和和求法第一圖 句弦較二，弦和和十二

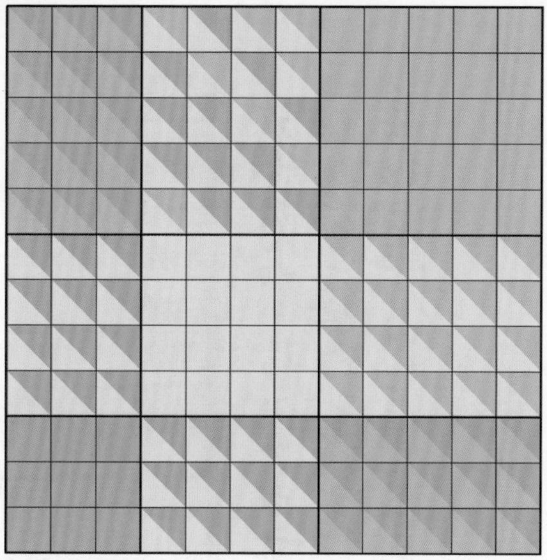

和和十二自乘之積一百四十四，實句弦和八與股弦和九相乘得七十二，又倍之而得。分而爲二，以長相接，如第二圖。

句弦較見弦和和求法第二圖

1 即：

$$\left[(b+a)+c\right]^2=2(c+b)(c+a)$$

參句股較和篇“股弦和與句弦和”。

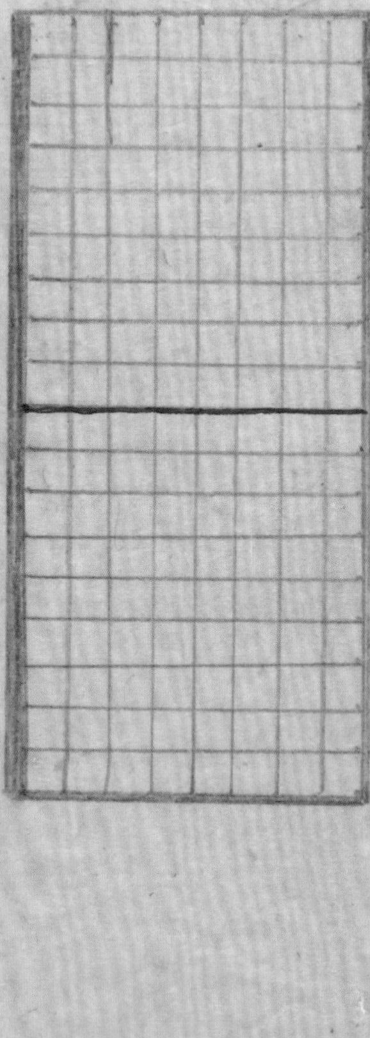

右圖爲全和之積，但分爲二長形，長九爲股弦和，濶八爲句弦和，以兩長相接成一段，則以兩弦兩股爲長，一弦一句爲濶，乘以一百四十四爲積，倍和二十四加句弦較二共二十六爲長濶和，用積和求較法，如第三圖。

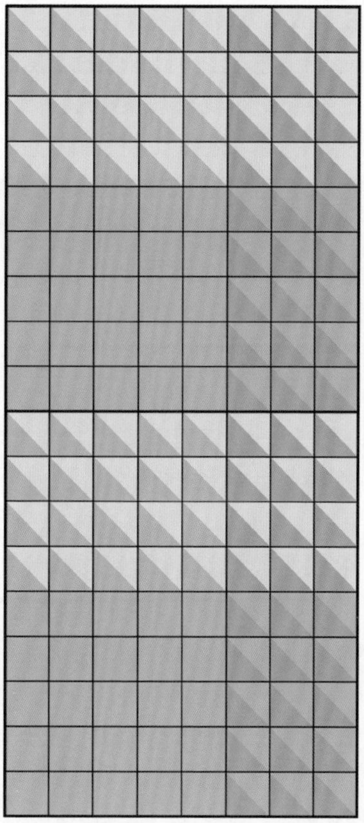

右圖爲全和之積，但分爲二長形，長九爲股弦和，闊八爲句弦和。以兩長相接成一段，則以兩弦兩股爲長，一弦一句爲闊矣。以一百四十四爲積，倍和二十四，加句弦較二，共二十六，爲長闊和，用積和求較法，如第三圖。

句弦較與弦和之求法第三圖

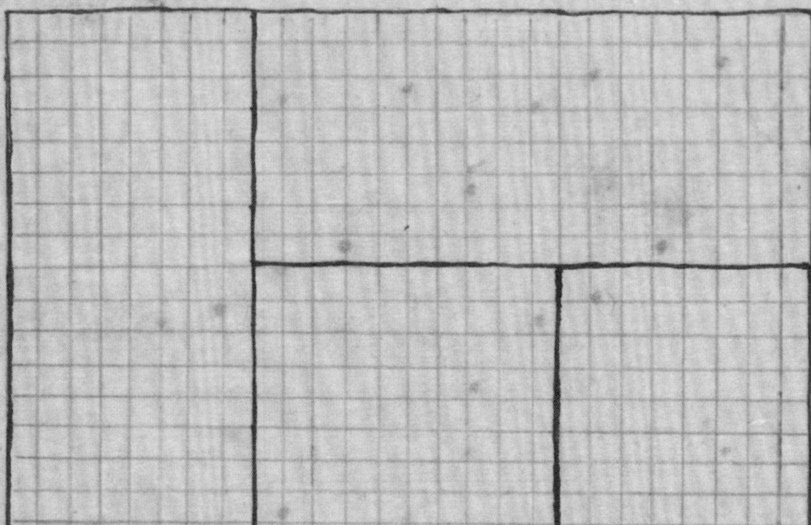

長潤和二十六自乘得六百七十六積一百四十四之倍之得五百七十六相減餘一百即中方是也平開之得十為長潤較加入和二十六得三十六半之得十八為股弦和廿三以減和二十六餘一十六半之得八為句弦和廿一以句弦較加句弦和成兩弦以減句弦和成兩句以句弦減和之餘為股

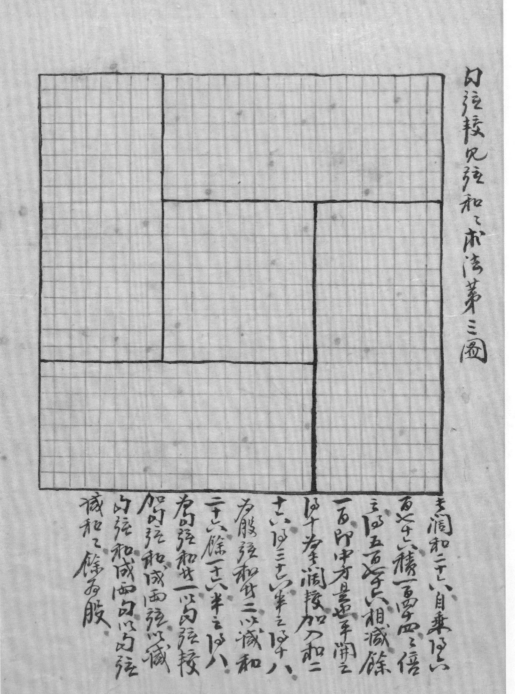

句弦較見弦和和求法第三圖

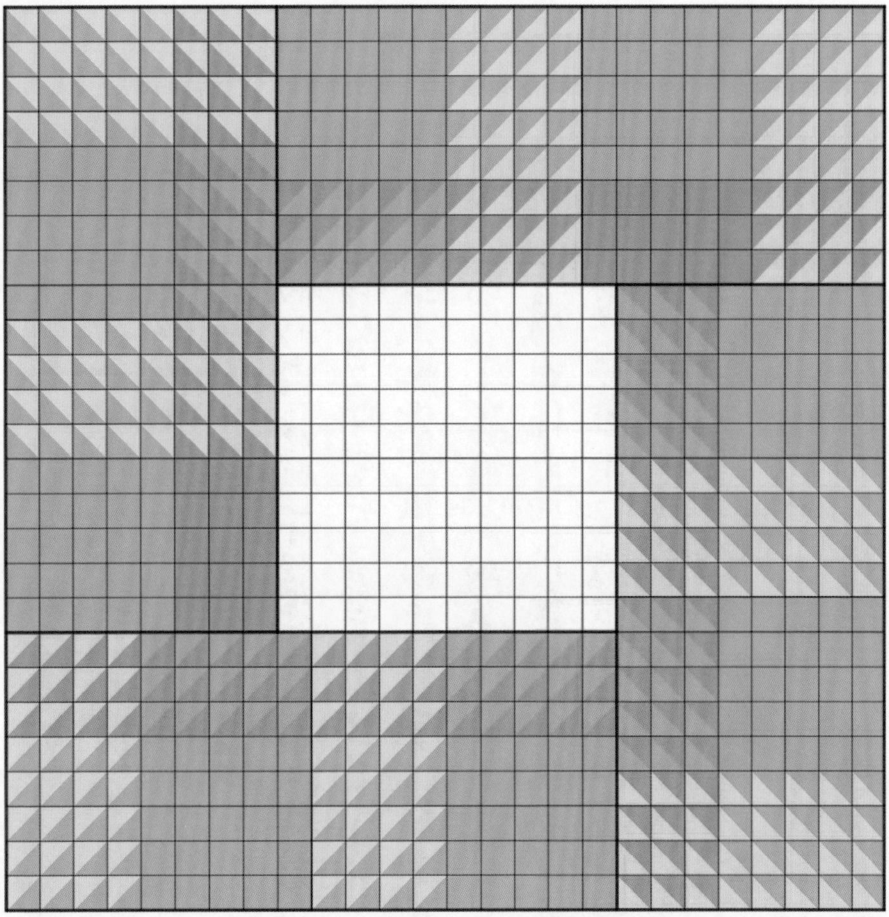

長闊和二十六，自乘得六百七十六；積一百四十四,四倍之，得五百七十六。相減餘一百，即中方是也。平開之得十，爲長闊較。加入和二十六，得三十六，半之得十八，爲股弦和者二；以減和二十六，餘一十六，半之得八，爲句弦和者一。以句弦較加句弦和，成兩弦；以減句弦和，成兩句。以句、弦減和和，餘爲股。

一凡句弦較見弦和較相併而得股 推知見前篇
又半弦和較之積以句弦較除之得股弦較
一凡句弦較見弦較較以兩數相乘爲積以句弦較爲較用積較求長闊
之法其闊爲弦和較其長爲股
解假如句弦較一十八弦較較三十六相乘得六百四十八四之得二千五百九十二
加較自乘三百二十四共二千九百一十六平開之得五十四減較一十八餘三十六半之
得一十八爲弦和較加句弦較一十八得三十六爲股或以五十四加較得七十二半
之得三十六爲股或以五十四加較得七十二半之餘而推知所以然共弦和較
之積原爲句弦股弦二較相乘又倍之而得全弦內原藏弦和較共一
句弦較共一股弦較共一句弦較原係句股較股弦較二數之併弦較之
比全弦少一句股較則弦所藏之句弦較止餘一股弦較耳是一個弦
和較而個股弦較而減弦較較也再以句弦較乘之得句弦較與股弦
較相乘之積二因弦和較方實也句弦較與共弦和較相乘之積一即餘
數也餘數亦以弦和較爲闊故以之爲帶縱也

一、凡句弦較見弦和較，相併而得股。推知，見前篇。

又半弦和較之積，以句弦較除之，得股弦較。

一、凡句弦較見弦較較，以兩數相乘爲積，以句弦較爲較，用積較求長闊之法，其濶爲弦和較，其長爲股[1]。

解：假如句弦較一十八，弦較較三十六，相乘得六百四十八，四因之，得二千五百九十二。加較自乘三百二十四，共二千九百一十六，平開之，得五十四。減較一十八，餘三十六，半之得一十八，爲弦和較。加句弦較一十八，得三十六，爲股。或將五十四加較，得七十二，半之得三十六，爲股。餘可推知。

所以然者，弦和較之積，原從句弦、股弦二較相乘，又倍之而得[2]。全弦内原藏弦和較者一，句弦較者一，股弦較者一。句弦較原係句股較、股弦較二數之併。弦較較比全弦少一句股較，則弦所藏之句弦較，止餘一股弦較耳。是一個弦和較、兩個股弦較，而成弦較較也[3]。再以句弦較乘之，得句弦較與股弦較相乘之積二，即弦和較方實也；句弦較與弦和較相乘之積一，即餘數也。餘數亦以弦和較爲闊，故以之爲帶縱也[4]。

---

1 已知句弦較 $c-a$ 與弦較較 $c-(b-a)$，求句股弦各數。二者相乘，得：

$$(c-a)\left[c-(b-a)\right]=b\left[(a+b)-c\right]$$

構成長 $n=b$、闊 $m=(a+b)-c$ 的長方，求得長闊較爲：

$$n-m=b-\left[(a+b)-c\right]=c-a$$

用積較求長法，求得長，即股 b，句弦依法易求。

2 即：

$$\left[(b+a)-c\right]^2=2(c-a)(c-b)$$

解詳句股較和篇第十五條“句弦較與股弦較”。

3 全弦内藏弦和較、句弦較、股弦較，即：

$$c=\left[(b+a)-c\right]+(c-a)+(c-b)$$

又：

$$c-a=(b-a)+(c-b)$$

故全弦爲：

$$c=\left[(b+a)-c\right]+(b-a)+2(c-b)$$

得：

$$c-(b-a)=\left[(b+a)-c\right]+2(c-b)$$

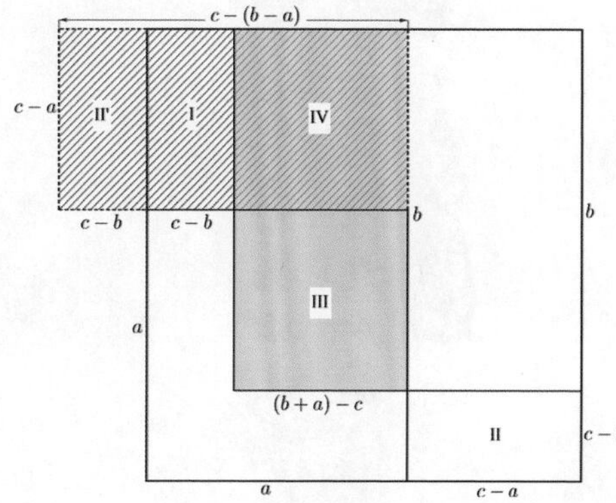

圖 12-2

4 如圖 12-2，大方爲弦積，將II移至II′處，II′、I、IV 構成一長方，以句弦較 $c-a$ 爲闊，以弦較較 $c-(b-a)$ 爲長。III、IV 構成一長方，以弦和較 $(b+a)-c$ 爲闊，以股 b 爲長。由於 $S_{\mathrm{I}}+S_{\mathrm{II}}=S_{\mathrm{III}}$，故 $S_{\mathrm{II'}}+S_{\mathrm{I}}+S_{\mathrm{IV}}=S_{\mathrm{III}}+S_{\mathrm{IV}}$，則：

$$(c-a)\left[c-(b-a)\right]=b\left[(b+a)-c\right]$$

句弦較股弦較之第一圖

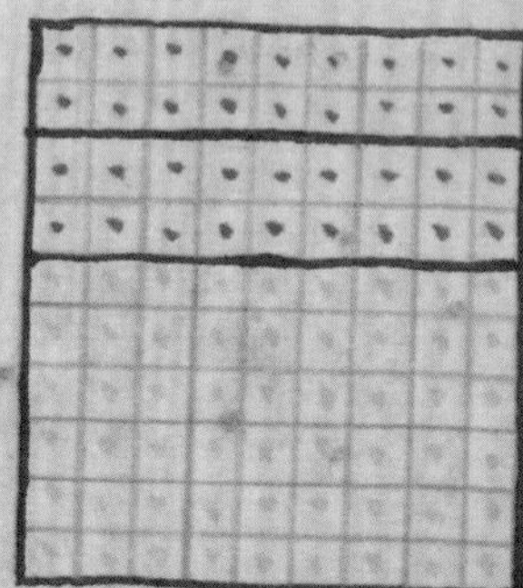

此句弦較与股弦較之相乘之積橫為句弦較竪為弦較之較之之內分三段兩段股弦較一段弦和較与股句弦較相乘共積九十

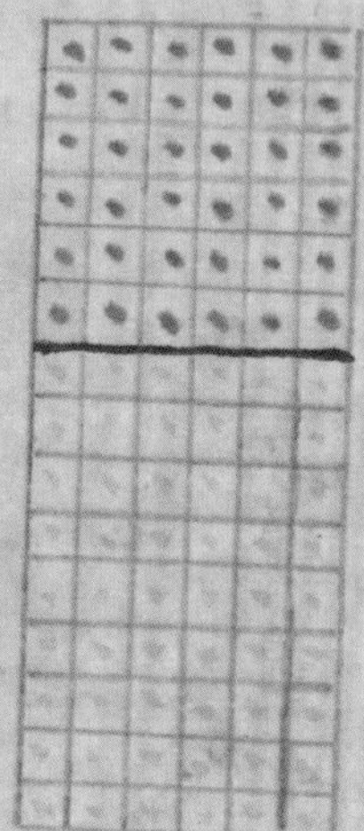

左為方形一段即為句弦較与股兩個股弦較相乘兩解其長形一段即為句弦較与股弦較之相乘兩解以句弦較九為帶縱以九十為積用積較求和之法得闊句為弦和較長十五即股也

句弦較見弦較較第一圖[1]

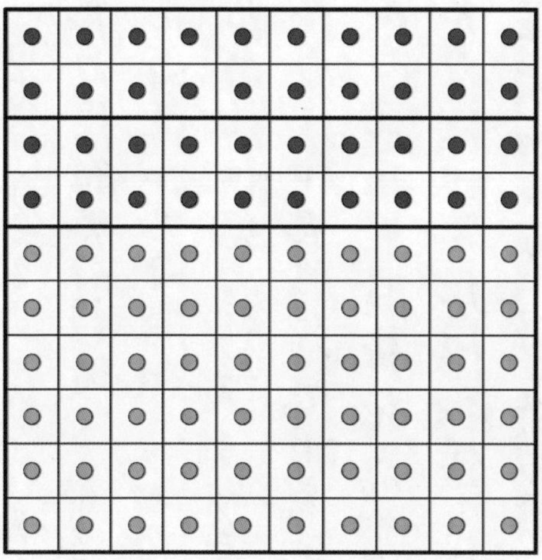

此句弦較與弦較較相乘之積，横爲句弦較，豎爲弦較較。較較之内分三段，兩段股弦較，一段弦和較，皆與句弦較相乘，共積九十。

［句弦較見弦較較第二圖］[2]

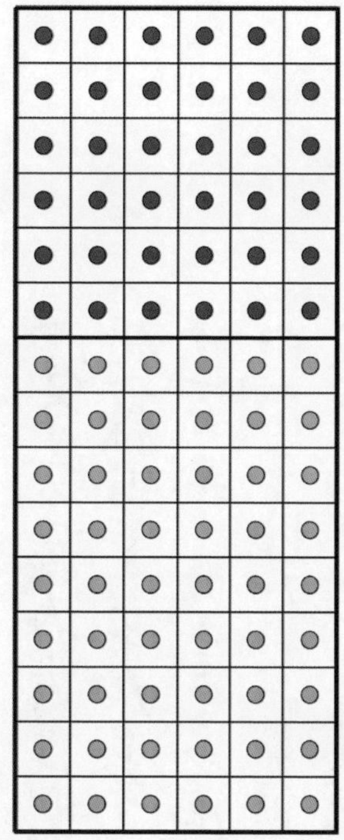

右乃方形一段，即前句弦較與兩個股弦較相乘而得者。其長形一段，即前句弦較與弦（較）［和］較相乘而得者。以句弦較九爲帶縱，以九十爲積，用積較求和之法，得闊六，爲弦和較；長十五，即股也。

1 此圖中，紅點兩段各以股弦較 $c-b$ 爲闊，句弦較 $c-a$ 爲長，相當於注釋圖 12-2 中 I 段與 II 段。緑點一段以弦和較 $(b+a)-c$ 爲闊，句弦較 $c-a$ 爲長，相當於注釋圖 12-2 中 IV 段。

2 標題據體例補。此圖中，紅點一段以弦和較 $(b+a)-c$ 爲邊長，相當於注釋圖 12-2 中 III 段。緑點一段由前圖旋轉而成，相當於注釋圖 12-2 中 IV 段。

以句弦和為主與諸較相見

一凡句弦和見句股較　互和見前條

一凡句弦和見句股和　互和見前條

一凡句弦和見句弦較　互和見前條

一凡句弦和見股弦較相減得句股和同句弦句股二和相見之法推之互和見前

一凡句弦和見股弦和　推和見前

一凡句弦和見弦較和併之得兩弦一股仍以句弦和乘之為一積以句弦和乘弦較和為一積併二積為積用帶縱兩方共積之法以句弦和為較求之其方為弦和之小方為股

解假如句弦和七十二弦較和五十四併之得一百二十六仍以句弦和七十二乘之得九千零七十二為一積再以句弦和七十二與弦較和五十四相乘得三千八百八十八為一積併二積共一萬二千九百六十以二方共積之法求之以七十二為較先減句弦和七十二自乘之積五千一百八十四餘七千七百七十六半之得三千八百八十八以七十二為帶縱商三十除九百以乘帶縱七十二得二千一百六十餘積八百二十八續商六以乘倍廉六十得三百六十以六自乘得三十六餘四百三十二以六乘帶縱七十二除積恰盡得三十六為股加較七十二得一百零八為弦和以減弦較和五十

以句弦和爲主，與諸數相見

一、凡句弦和見句股較。互知，見前條。

一、凡句弦和見句股和。互知，見前條。

一、凡句弦和見句弦較。互知，見前條。

一、凡句弦和見股弦較，相減得句股和，用句弦、句股二和相見之法推之。轉知，見前。

一、凡句弦和見股弦和。推知，見前。

一、凡句弦和見弦較和，併之得兩弦一股。仍以句弦和乘之爲一積，以句弦和乘弦較和爲一積。併二積爲積，用大小兩方共積之法，以句弦和爲較求之，其大方爲弦和和，小方爲股[1]**。**

解：假如句弦和七十二，弦較和五十四，併之得一百二十六，仍以句弦和七十二乘之，得九千零七十二，爲一積；再以句弦和七十二與弦較和五十四相乘，得三千八百八十八，爲一積。併二積，共一萬二千九百六十。以二方共積之法求之，以七十二爲較，先減句弦和七十二自乘之積五千一百八十四，餘七千七百七十六。半之，得三千八百八十。以七十二爲帶縱，商三十，除九百；以乘帶縱七十二，得二千一百六十，餘積八百二十八。續商六，以乘倍廉六十，得三百六十；以六自乘，得隅三十六，餘四百三十二；以六乘帶縱七十二，除積恰盡，得三十六爲股。加較七十二，得一百零八，爲弦和和。減弦較和五十

---

1 已知句弦和 $c+a$ 與弦較和 $c+(b-a)$，求句股弦各數。依術文，二和相併，得：

$$(c+a)+\left[c+(b-a)\right]=2c+b$$

求得：

$$(2c+b)(c+a)+\left[c+(b-a)\right](c+a)=(a+b+c)^2+b^2$$

以弦和和自乘積 $(a+b+c)^2$ 爲大方、股自乘積 b^2 爲小方，如圖 12-3，二方併積，減去句弦和自乘積 $(c+a)^2$，折半得：

$$\frac{(a+b+c)^2+b^2-(c+a)^2}{2}=b(c+a)+b^2$$

即圖中陰影部分，以句弦和 $c+a$ 爲縱，開帶縱平方，開得方面即股 b。解參本書《少廣》帶縱諸變篇“多形有重較”條。

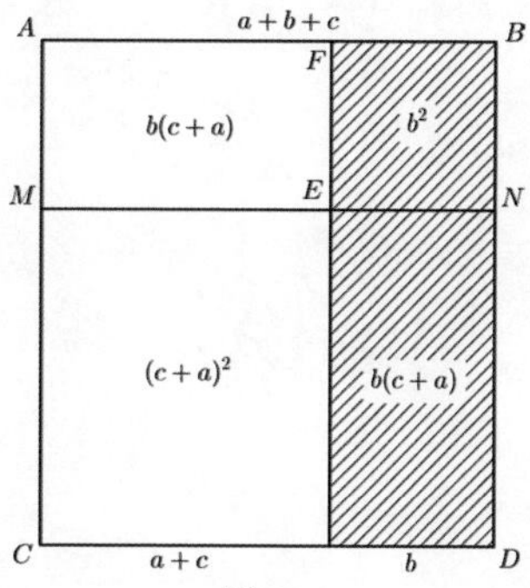

圖 12-3

四餘五十四半之得二十七爲句以減句弦和七十二餘四十五爲弦所以然者和和之積從句弦和乘股弦和又倍之而得今以句弦和乘兩弦一股則多一弦矣以句弦和乘弦較和又少一句矣多少相准仍多一句弦較在句弦較乘句弦和即股積而何故和和之數若方兩者一百零八股積如四方兩者三十六也句弦較乘句弦和爲股積說見前篇二方共積之法說見少廣章

句弦和與弦較和求法第一圖

此爲和和之積句弦和股弦和相乘又倍之而得積一百四十四

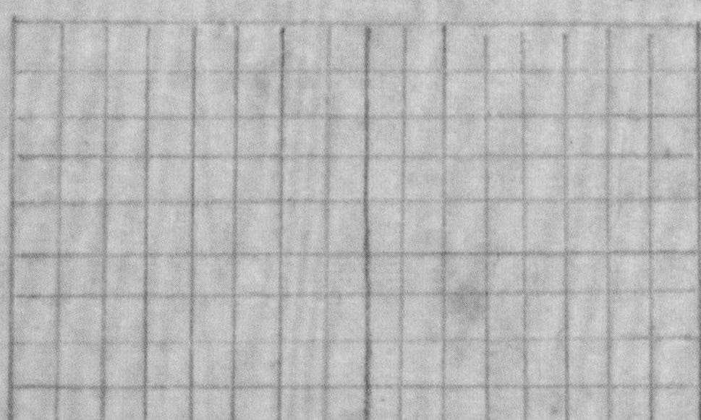

此爲和和之積分爲二者以股弦和九爲長以句弦和八爲闊得積七十二爲半積倍兩積仍爲和和之積一百四十四

句弦和與弦較和求法第二圖

四，餘五十四，半之得二十七，爲句。以減句弦和七十二，餘五十四爲弦。

所以然者，和和之積從句弦和乘股弦和又倍之而得。今以句弦和乘兩弦一股，則多一弦矣；以句弦和乘弦較和，又少一句矣。多少相準，仍多一句弦較。夫以句弦較乘句弦和，非股積而何？[1] 故和和如大方，面各一百零八；股積如小方，面各三十六也。句弦較乘句弦和爲股積，説見前篇。二方共積之法，説見《少廣章》。

句弦和見弦較和求法第一圖[2]

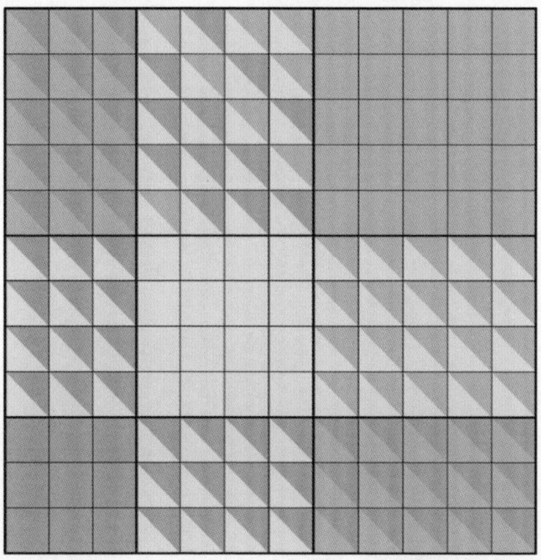

此爲和和之積，句弦和、股弦和相乘又倍之而得者，積一百四十四。

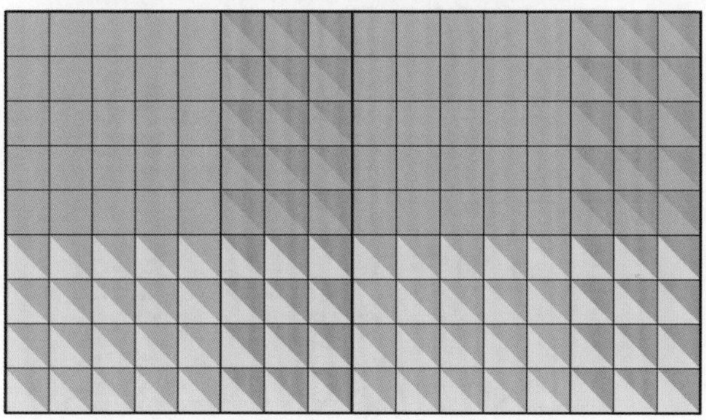

此乃和和之積分而爲二，各以股弦和九爲長，以句弦和八爲闊，得積七十二，爲半積。併兩積，仍爲和和之積一百四十四。

句弦和見弦較和求法第二圖

---

1 句弦和 $c+a$ 乘以兩弦一股 $2c+b$，得：

$$(c+a)(2c+b)=(c+a)(c+b)+(c+a)c$$

句弦和 $c+a$ 乘以弦較和 $c+(b-a)$，得：

$$(c+a)\left[c+(b-a)\right]=(c+a)(c+b)-(c+a)a$$

二者相併，得：

$$2(c+b)(c+a)+(c+a)c-(c+a)a=(a+b+c)^2+b^2$$

即：

$$(2c+b)(c+a)+\left[c+(b-a)\right](c+a)=(a+b+c)^2+b^2$$

2 此圖釋弦和和自乘積與二倍句弦和股弦和相乘之積相等，即：$(a+b+c)^2=2(c+b)(c+a)$。

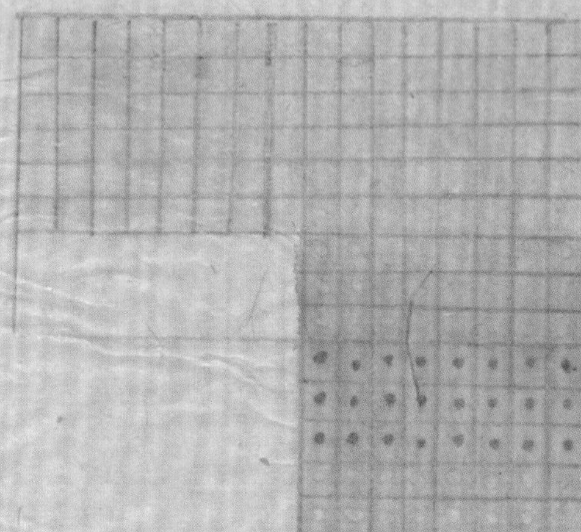

是圖右方係句弦和八与廿弦較和六為半仍以句弦和八乘之共視半和積多一弦也左乃以句弦和八乘弦較和六共視半和積不足一句也右上係一段為弦較和中青一段為句下係一段為弦股弦較和有點一段連句則為股是弦較和係句成一個股弦和也下係一段係青為句弦和以句連上則餘出一弦矣下係弦一段紅點為句白點為句弦較

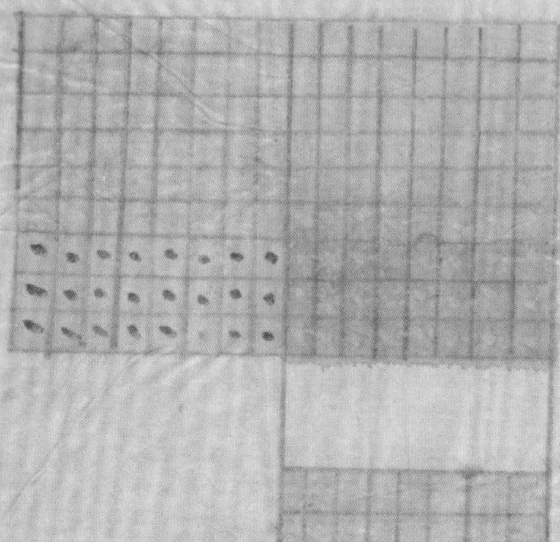

是將前圖分餘右方一段係弦股并紅點一段以補左方係成長九闊八之積合之即和自乘之方積也仍餘一段白點係實乃股積也平方開之得股五股原以句弦和乘句弦較而得故也和積一百四十四股積十六共一百六十

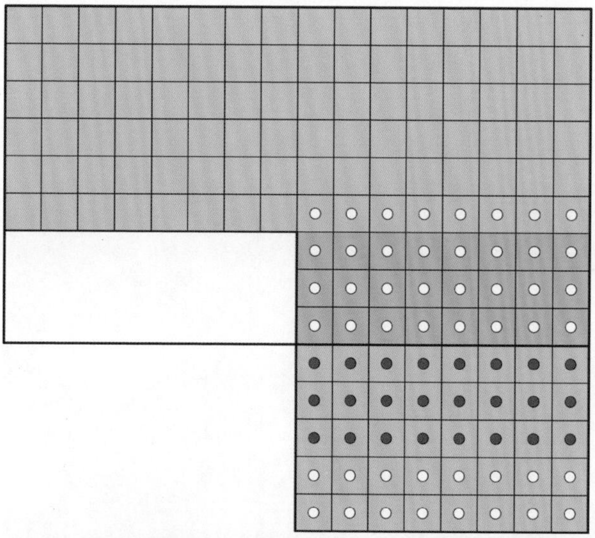

是圖右乃併句弦和八與弦較和六爲長，仍以句弦和八乘之者，視半和積，多一弦也；左乃以句弦和八乘弦較和六者，視半和積，不足一句也[1]。右上緑一段爲弦較和，中青一段爲句，下緑一段爲弦。取弦較和有點一段，連句則爲股，是弦較和併句，成一個股弦和也。下緑一段併青爲句弦和，以句連上，則餘出一弦矣。下緑弦一段紅點爲句，白點爲句弦較。

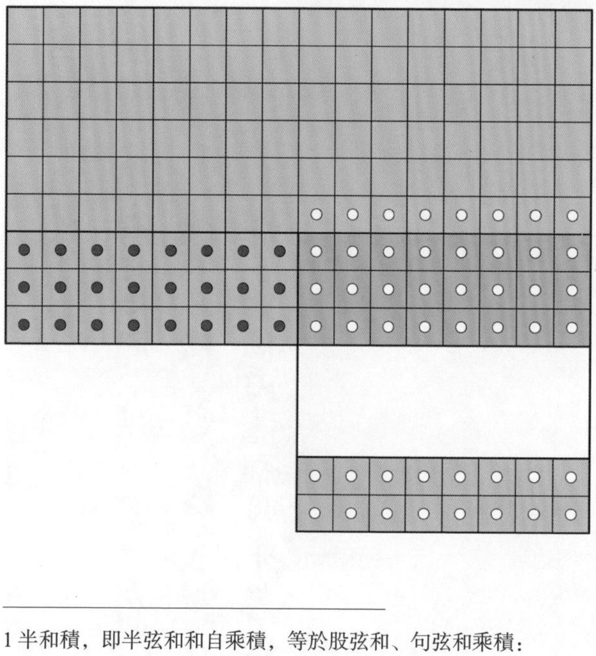

是將前圖有餘右方一段緑弦，取其紅點一段，以補左方，俱成長九闊八之積，合之即和自乘之方積也。仍餘一段白點緑實，乃股積也，平方開之，得股。蓋股原從句弦和乘句弦較而得故也[2]。和積一百四十四，股積十六，共一百六十。

---

1 半和積，即半弦和和自乘積，等於股弦和、句弦和乘積：

$$\frac{(a+b+c)^2}{2}=(c+a)(c+b)$$

右側爲句弦和 $c+a$、$2c+b$ 相乘之積 $(c+a)(2c+b)$，與半和積相較，多一段弦與句弦和相乘積，即：

$$(c+a)(2c+b)-(c+a)(c+b)=c(c+a)$$

左側爲句弦和 $c+a$ 與弦較和 $c+(b+a)$ 相乘之積 $(c+a)\left[c+(b-a)\right]$，與半和積相較，少一段句與句弦和相乘積，即：

$$(c+a)(c+b)-(c+a)\left[c+(b-a)\right]=a(c+a)$$

2 前圖右側多一段 $c(c+a)$，左側少一段 $a(c+a)$，多少相併，得：

$$(c-a)(c+a)=b^2$$

仍多一段股自乘積，即圖中白點緑實。

句弦和見弦較和求法第三圖

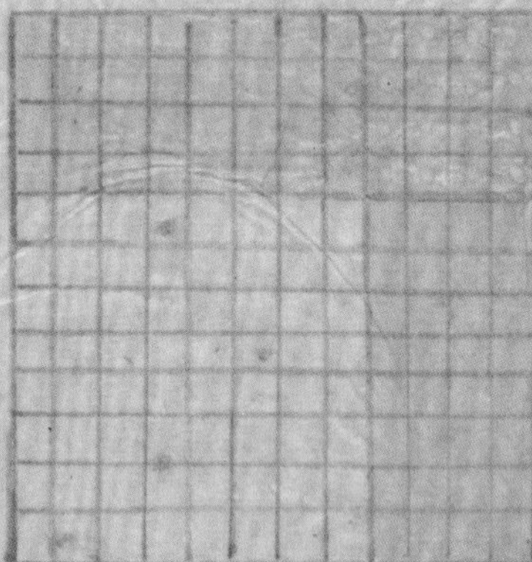

全方爲和之之積，加其小方爲股積，用二方共積之法以句弦和爲較，蓋和之即合句股弦三而成股之分，乃句弦和也。減句弦和自乘得白其是餘作兩半則如下圖

是乃之積一百六十，減句弦和積六十四，餘九十六分而爲二，各得四十八之數，以八爲第股之闊

或用四積加較之法圖

句弦和見弦較和求法第三圖

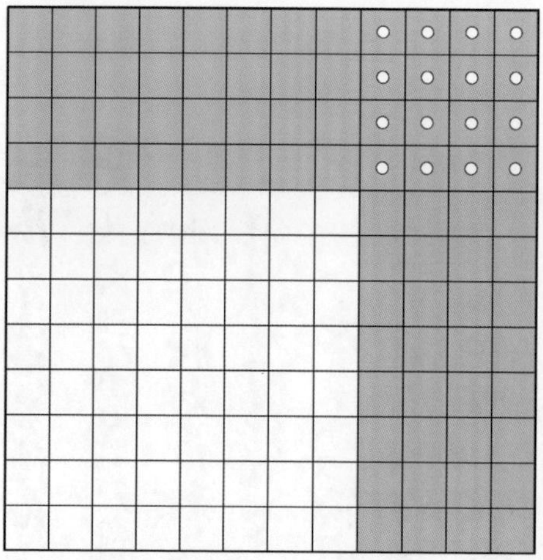

全方爲和和之積，有點小方爲股積。用二方共積之法，以句弦和爲較，蓋和和乃合句股弦三而成，股之外乃句弦和也，減句弦和自乘，空白者是，餘作兩長形，如下圖。

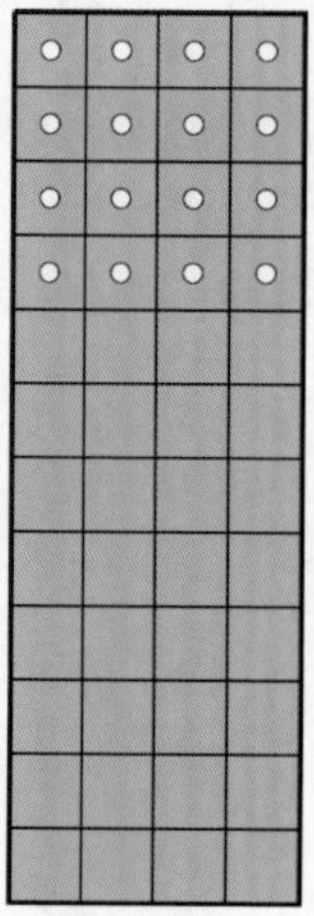

是乃二積一百六十，減句弦和積六十四，餘九十六，分而爲二，各得四十八之數，以八爲帶縱開之。或用四積加較之法，同。

一凡句弦和與弦和之相減為股直和

一凡句弦和與弦和較以弦和較自乘為積倍弦和較以減句弦和餘數為半闊和用積和求較之法得一闊為股弦較一長為句弦較

解假如句弦和七十二弦和較一十八以弦和較自乘得三百二十四為積倍弦和較一十八為三十六以減句弦和七十二餘三十六為半闊和之自乘得一千二百九十六以四積減之得一千二百九十六以無減得和無較和句弦較十八即句弦較半之即為股弦較所以然

弦和較之積原係句弦較股弦較相乘又倍之而得者為二段則係以股弦較為闊句弦較為長也相併置之則以二股弦較為闊一句弦較為長也弦和較加股弦較而減句加句弦股弦兩較而成弦句弦和內無減者兩個弦和較餘有一個句弦較兩個股弦較恰合二闊一長之數故以之為和法也以四實減和積而無餘是二闊與一長相等而得方形也弦和較之方為半十八其為全長亦為兩闊故知句弦較十八股弦較九也

又假如句弦和二十五弦和較六自乘得三十六為積倍六為十二以減二十五餘十三為半闊和之自乘得一百六十九以四積一百四十四減之餘二十五平開之得五為半闊較加入和十三得十八為二長半之得九為句弦較以減和十三餘四為兩闊四之得一為股弦較此則為較廿也闊為股弦較廿二故四之而得半為句弦較一故半之而得二

一、凡句弦和見弦和和，相減爲股。直知。

一、凡句弦和見弦和較，以弦和較自乘爲積，倍弦和較以減句弦和，餘數爲長闊和。用積和求較之法，得二闊爲股弦較，一長爲句弦較[1]。

解：假如句弦和七十二，弦和較一十八，以弦和較自乘，得三百二十四爲積；倍弦和較一十八爲三十六，以減句弦和七十二，餘三十六爲長闊和。和自乘得一千二百九十六，四積亦得一千二百九十六，無減，即知無較。弦和較十八，即句弦較，半之得九，爲股弦較。

所以然者[2]，弦和較之積，原係句弦較、股弦較相乘又倍之而得[3]。分爲二段，則俱以股弦較爲闊，句弦較爲長也；相併置之，則以二股弦較爲闊，一句弦較爲長也。弦和較加股弦較而成句，加句弦、股弦兩較而成弦。句弦和内若減去兩個弦和較，餘有一個句弦較，兩個股弦較[4]，恰合二闊一長之數[5]，故以之爲和法也。以四實減和積而無餘，是二闊與一長相等，而得方形也。弦和較之方爲十八，是爲全長，亦爲兩闊，故知句弦較十八，股弦較九也。

又假如句弦和二十五，弦和較六，自乘得三十六爲積；倍六爲十二，以減二十五，餘十三爲長闊和。和自乘得一百六十九，以四積一百四十四減之，餘二十五，平開之得五，爲長闊較。加入和十三，得十八，爲二長，半之得九，爲句弦較；以減和十三，餘八爲四闊，四之得二，爲股弦較。此則有較者也，闊爲股弦較者二，故四之而得；長爲句弦較一，故半之而得。二

---

1 已知句弦和 $c+a$ 與弦和較 $(b+a)-c$，求句股弦各數。弦和較自乘得：

$$\left[(b+a)-c\right]^2=2(c-b)(c-a)$$

構成長 $n=c-a$，闊 $m=2(c-b)$ 的長方，求得長闊和爲：

$$n+m=(c-a)+2(c-b)=(c+a)-2\left[(b+a)-c\right]$$

用積和求長闊法，求得長即句弦較 $c-a$，求得闊即二倍股弦較 $2(c-b)$。

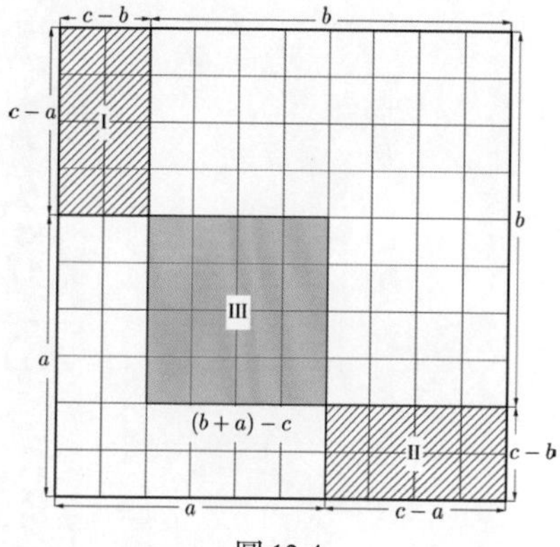

圖 12-4

2 者，原書朱筆校補。

3 即：

$$\left[(b+a)-c\right]^2=2(c-a)(c-b)$$

解詳句股較和篇第十五條“句弦較與股弦較”。

4 由於：

$$\left[(b+a)-c\right]+(c-b)=a$$
$$\left[(b+a)-c\right]+(c-a)+(c-b)=c$$

故：

$$(c+a)-2\left[(b+a)-c\right]=(c-a)+2(c-b)$$

5 如圖 12-4，二闊指 I 與 II 兩長方之併闊 $m=2(c-b)$，一長指兩長方之長 $c-a$。

闊當不敷一千也。蓋因句弦較加入句弦和爲二弦，若先以減句弦和爲二句，若八。設以股弦較加入弦和較上，則爲句八；以句弦較加弦和較爲股十五，併二較於弦和較，則弦十七也。

句弦和與弦和較求法第一圖　句弦和二十五　弦和較六

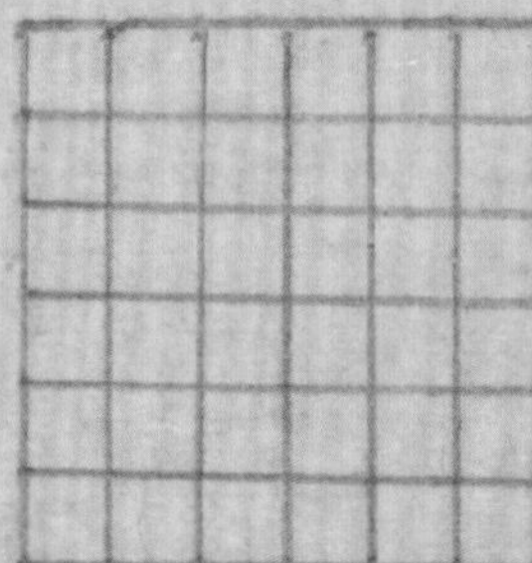

以弦和較六自乘得積三十六，分爲二段，各十八。

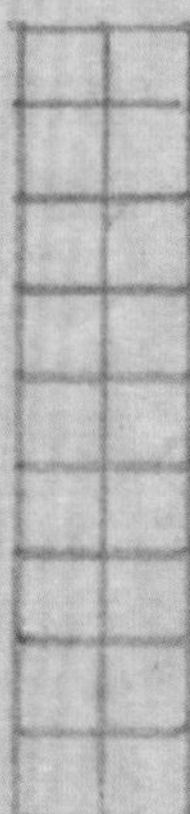

以前圖三十六分二段，各一十八，其長九爲句弦較，其闊二爲股弦較，併之則二闊四，一長九，共十三，爲長闊和。

句弦和與弦和較求法第二圖

闊尚不敵一長也。既得句弦較，加入句弦和，爲二弦，各十七；以減句弦和，爲二句，各八。既得股弦較，加入弦和較，亦得句八。以句弦較加弦和較，爲股十五；併二較於弦和較，則弦十七也。

句弦和見弦和較求法第一圖 句弦和二十五，弦和較六

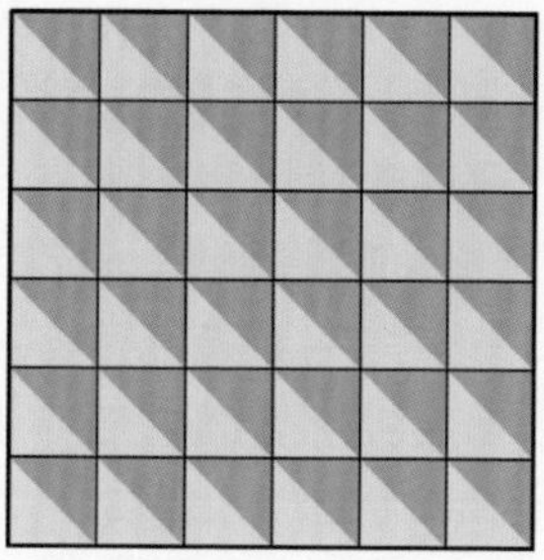

以弦和較六自乘，得積三十六，分爲二段，各十八。

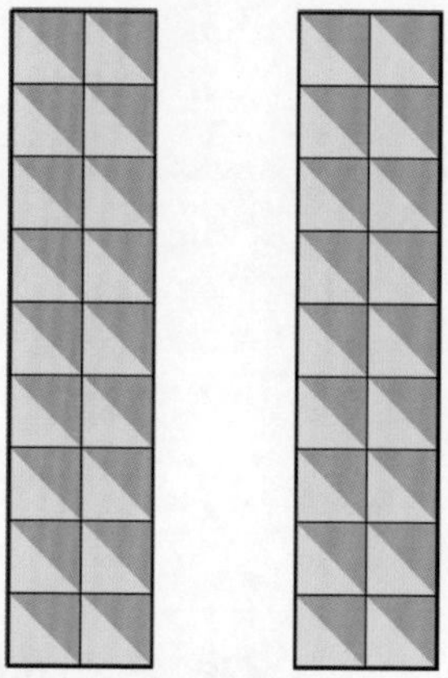

將前圖三十六分二段，各一十八，其長九爲句弦較，其濶二爲股弦較。併之，則以二闊四、一長九共十三，爲長闊和。

句弦和見弦和較求法第二圖

以和十三自乘得全積一百六十九以四積一
百四十四減之餘二十五中方是以較也平
開得五加較得兩箇一十八以兩個內弦較
減較得兩個八以四個股弦較也置弦
和較加內弦較為股加股弦較為勾
倂加二較為弦

內弦和兄弦和較求法各較圖內弦和十八弦和較四

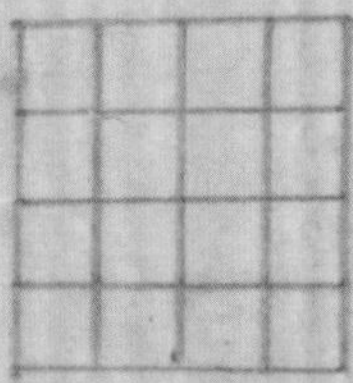

弦和較自乘得
一十六分二段各
八

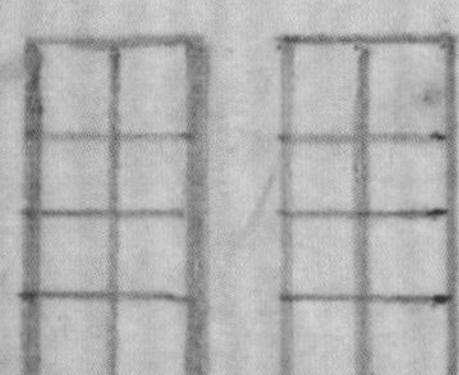

以上圖分二段各八其半四
為內弦較其濶二為股弦
較倂之得長濶一半共六八
為半濶和

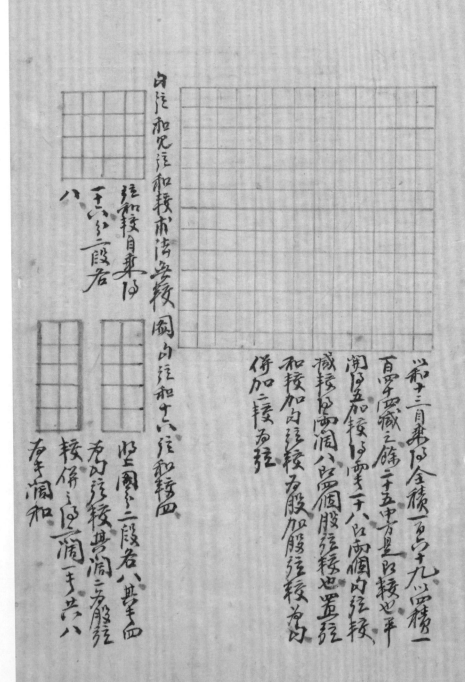

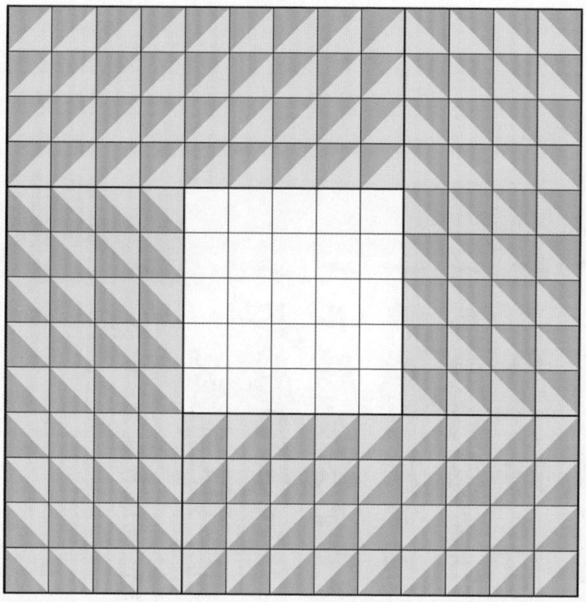

以和十三自乘，得全積一百六十九。以四積一百四十四減之，餘二十五，中方是，即較也。平開得五，加（較）[和]得兩長一十八[1]，即兩個句弦較；減（較）[和]得兩闊八，即四個股弦較也。置弦和較，加句弦較爲股，加股弦較爲句，併加二較爲弦。

句弦和見弦和較求法無較圖 句弦和十六，弦和較四

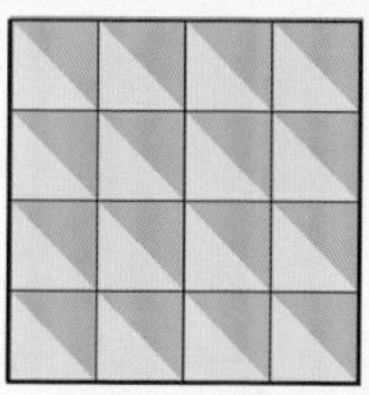

弦和較自乘得一十六，分二段各八。

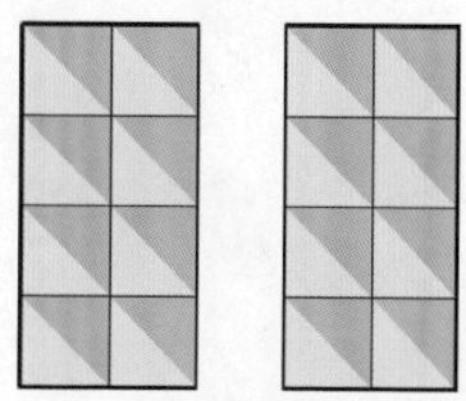

將上圖分二段各八，其長四爲句弦較，其濶二爲股弦較，併之，得二闊一長共八，爲長闊和。

1 較，當作“和”，指長闊和 $n+m=13$。長闊較 $n-m=5$，加長闊和，得兩長 $2n=18$；減長闊和，得兩闊 $2m=6$。據改，後文同。

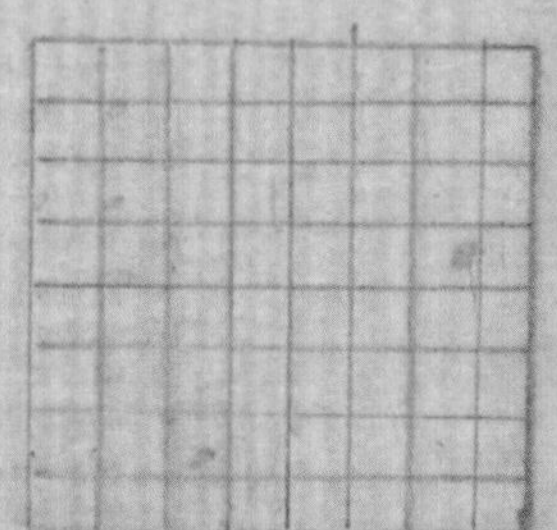

和自乘得千四百四十四積六百四十四知其闊相同故無較也即兩
每面八之三得四為勾弦較四之得一為股弦較

一凡勾弦和與弦較相減為股 直知
以股弦較為主與弦較相與
一凡股弦較與勾股較 互知與前條
一凡股弦較與勾股和 互知與前條
一凡股弦較與勾弦較 互知與前條
一凡股弦較與勾弦和 互知與前條
一凡股弦較與股弦和相併為兩弦相減為兩股 互知相乘得勾積平方開之
一凡股弦較與弦較和兩較相乘為積以股弦較為較用積較求其闊之法
共闊為弦和較其長為勾
解假如股弦較九弦較和五十四相乘得四百八十六四之得一千九百四十四加較九
自乘八十一得二千零二十五平方開之得四十五減較九半之得十八為弦和較加較

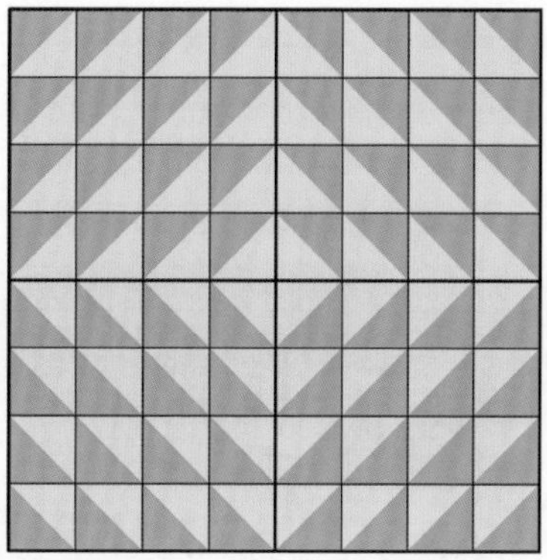

和自乘得六十四，四積亦六十四，知長闊相同，故無較也。即將每面八，二之得四，爲句弦較；四之得二，爲股弦較。

一、凡句弦和見弦較較，相減爲股。直知。

以股弦較爲主，與諸數相見

一、凡股弦較見句股較。互知，見前條。

一、凡股弦較見句股和。互知，見前條。

一、凡股弦較見句弦較。互知，見前條。

一、凡股弦較見句弦和。互知，見前條。

一、凡股弦較見股弦和，相併爲兩弦，相減爲兩股。直知。**相乘得句積，平方開之。**

一、凡股弦較見弦較和，兩數相乘爲積，以股弦較爲較。用積較求長闊之法，其濶爲弦和較，其長爲句[1]。

解：假如股弦較九，弦較和五十四，相乘得四百八十六，四之得一千九百四十四。加較九自乘八十一，得二千零二十五，平開之得四十五。減較九，半之得一十八，爲弦和較；加較

---

1 已知股弦較 $c-b$ 與弦較和 $c+(b-a)$，求句股弦各數。二者相乘，得：

$$(c-b)\left[c+(b-a)\right]=a\left[(b+a)-c\right]$$

構成長 $n=a$ 、闊 $m=(b+a)-c$ 的長方，長闊較爲：

$$n-m=a-\left[(b+a)-c\right]=c-b$$

用積較求長法，求得長即句 a 。

九個五十四乘之得之是爲餘之積和所以其中弦較和中原有兩個內弦較
一個弦和較其兩個內弦較以股弦較乘之爲弦和較之方實其一個弦
和較與股弦較相乘乃方外之餘數故以之爲第一假也
股弦較見弦較和求法第一圖　股弦較　弦較和十二

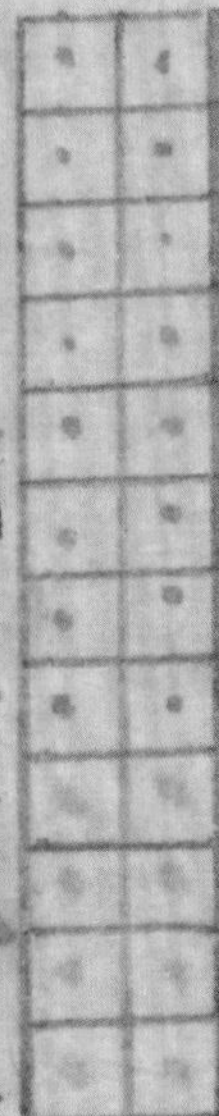

長爲弦較和闊爲股弦較相乘乃積二十四以其弦之爲併廣合一個弦和
較一個內弦較一個股弦較今弦較和又多一個內股較是兩個內弦較
一個弦和較也以股弦較乘兩個內弦較以弦和較方實其股弦較
乘弦和較似第假也

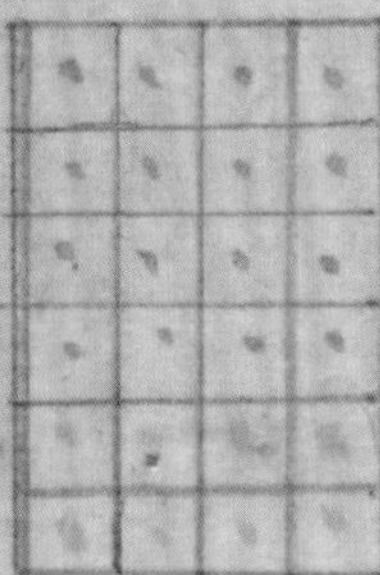

其上一段方形是前一個股弦較乘兩個內弦較所得其下一段長形
以前股弦較乘弦和較之實也故以二十四爲積以股弦較二爲第
假也

九得五十四，半之得二十七，爲句。餘可推知。

所以然者，弦較和中原藏兩個句弦較、一個弦和較。其兩個句弦較，以股弦較乘之，爲弦和較之方實；其一個弦和較與股弦較相乘，乃方外之餘數，故以之爲帶縱也[1]。

股弦較見弦較和求法第一圖 股弦較［二］，弦較和十二

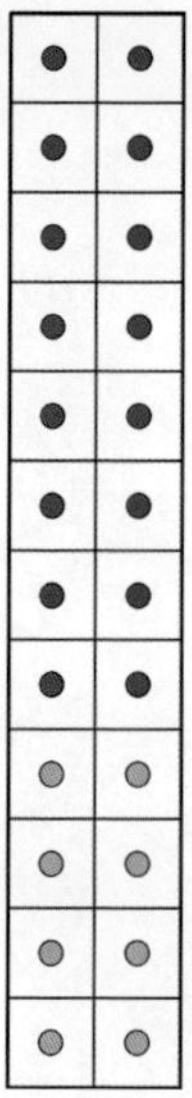

長爲弦較和，闊爲股弦較，相乘得積二十四。蓋弦之爲體，原合一個弦和較、一個句弦較、一個股弦較。今弦較和又多一個句股較，是兩個句弦較、一個弦和較也。以股弦較乘兩個句弦較，得弦和較方實，其股弦較乘弦和較，則帶縱也[2]。

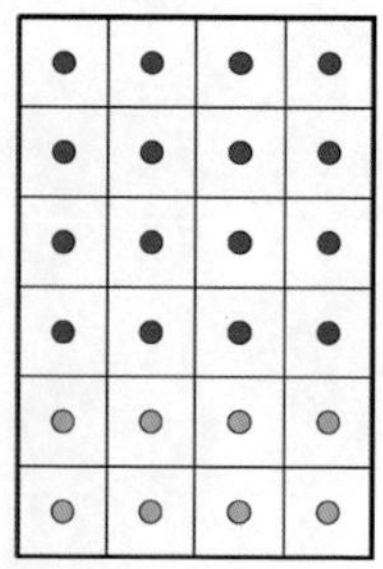

其上一段方形，即前一個股弦較乘兩個句弦較而得者；其下一段長形，即前股弦較乘弦和較之實也。故以二十四爲積，以股弦較二爲帶縱也[3]。

---

1 如圖 12-5，$S_{\mathrm{I}}+S_{\mathrm{II}}=S_{\mathrm{III}}$，將II移至II′處，得：

$$S_{\mathrm{I}}+S_{\mathrm{II}}+S_{\mathrm{IV}}=S_{\mathrm{III}}+S_{\mathrm{IV}}$$

等式左側以股弦較 $c-b$ 爲闊，以弦較和 $c+(b-a)$ 爲長；等式右側以句 a 爲長，以弦和較 $(b+a)-c$ 爲闊，故：

$$[c+(b-a)](c-b)=a[(b+a)-c]$$

即以 a 爲長，以 $(b+a)-c$ 爲闊，開帶縱平方。"方實"即III段，"方外餘實"即IV段。

2 此圖即注釋圖 12-5 中II′、I、IV三段並積，闊爲股弦較 $c-b$，長爲弦較和 $c+(b-a)$。其中，紅點兩段以股弦較 $c-b$ 爲闊、句弦較 $c-a$ 爲長，相當於II′、I；綠點一段以股弦較 $c-b$ 爲闊、弦和較 $(b+a)-c$ 爲長，相當於IV段。

3 此圖即注釋圖 12-5 中III與IV兩段並積，闊爲弦和較 $(b+a)-c$ 長爲句 a。其中，紅點一段以弦和較 $(b+a)-c$ 爲方；綠點一段與前圖綠點部分相同，即IV段。

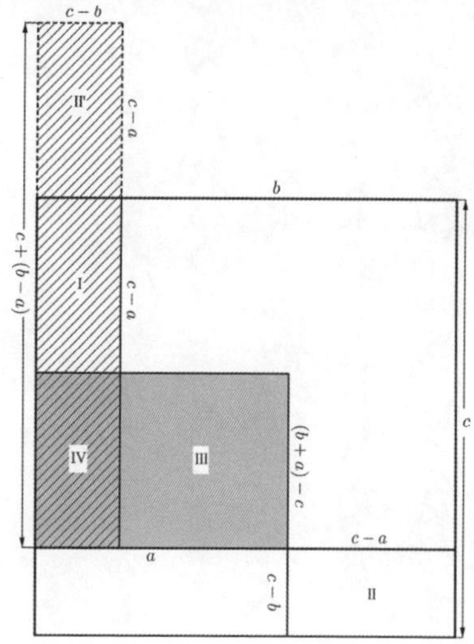

圖 12-5

股弦較兑弦較和兩法第二圖

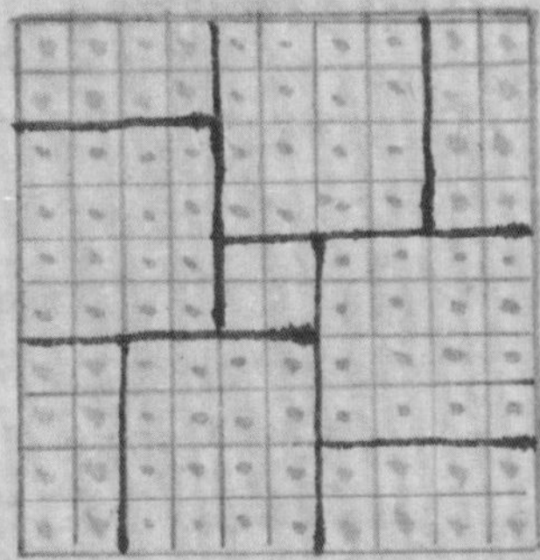

此前積二十四之三兑十六加較積四共一百平開之得十為長闊和加較二數和得二十二半之得十一為長是為句以較二減和餘八半之得四為闊是為弦和較

一有股弦較兑弦和之以和積為實倍和加股弦較為帶闊和用積和求長闊之法并之為長句弦和共二并闊為股弦和共一

解假如股弦較九弦和之一百零八和積一萬一千六百六十四倍和二百一十六加股弦較九共二百二十五為帶闊和自乘得五萬零六百二十五以四和積四萬六千六百五十六減之餘三千九百六十九平開之得六十三為帶闊較加入和二百二十五得二百八十八半之得一百四十四又半之得七十二為句弦和以六十三減和二百二十五餘一百六十二半之得八十一為股弦和餘為雉和所以然者以二和相乘之積廣累積之以兩個句弦和為長一個股弦和為闊如一大長形長闊和有三弦兩句兩股今倍和之二百十六乃兩弦兩句兩股加以股弦較則一股化為弦是

股弦較見弦較和求法第二圖

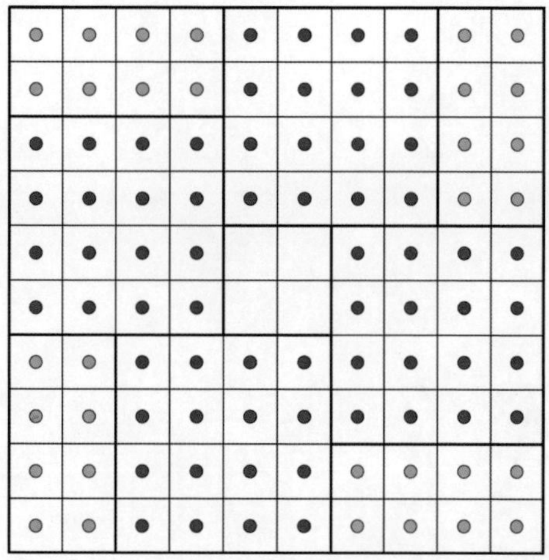

將前積二十四四之得九十六，加較積四，共一百，平開之得十，爲長闊和。加較二於和，得一十二，半之得六，爲長，是爲句；以較二減和，餘八，半之得四，爲闊，是爲弦和較。

一、凡股弦較見弦和和，以和積爲實，倍和加股弦較爲長闊和。用積和求長闊之法，其長爲句弦和者二，其闊爲股弦和者一[1]。

解：假如股弦較九，弦和和一百零八，和積一萬一千六百六十四。倍和二百一十六，加股弦較九，共二百二十五，爲長闊和，自乘得五萬零六百二十五。以四和積四萬六千六百五十六減之，餘三千九百六十九。平開之，得六十三，爲長闊較。加入和二百二十五，得二百八十八，半之得一百四十四，又半之得七十二，爲句弦和。以六十三減和二百二十五，餘一百六十二，半之得八十一，爲股弦和。餘可推知。

所以然者，以二和相乘之積層累置之，以兩個句弦和爲長，一個股弦和爲闊，如一大長形，長闊和有三弦兩句一股。今倍和和二百十六，乃兩弦兩句兩股，加以股弦較，則一股化而爲弦，是

1 已知股弦較 $c-b$ 與弦和和 $a+b+c$，求句股弦各數。弦和和自乘得：

$$(a+b+c)^2=2(b+a)(c+b)$$

構成長 $n=2(c+a)$，闊 $m=c+b$ 的長方，求得長闊和爲：

$$n+m=2(c+a)+(c+b)=2(a+b+c)+(c-b)$$

用積和求長闊法解。

三弦而句一股也此以句弦較兒和之相表裡可以互觀

股弦較兒弦和之求法圖 股弦較一弦和之十二

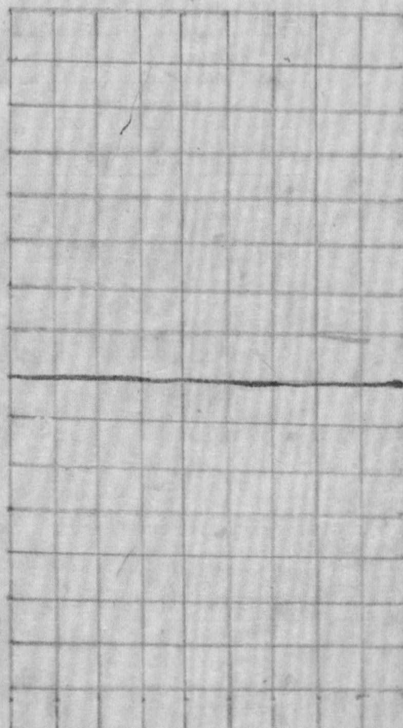

句弦和八乘股弦和九又倍之之數句和之之積也以一百四十四爲積以倍和二十四加股弦較一共二十五爲消和

三弦兩句一股也[1]。此與句弦較見和和相表裡，可以互觀。

股弦較見弦和和求法圖 股弦較一，弦和和十二

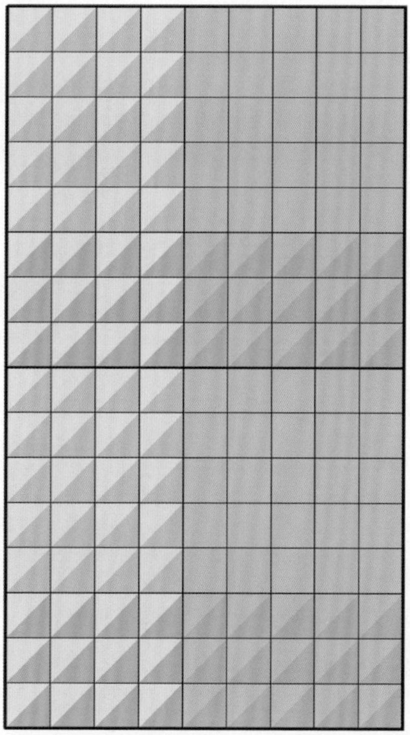

句弦和八乘股弦和九，又倍之之數，即和和之積也。以一百四十四爲積，以倍和二十四加股弦較一共二十五，爲長闊和。

1 以上釋

$$2(c+a)+(c+b)=2(a+b+c)+(c-b)$$

2 即：

$$2(c+a)(c+b)=(a+b+c)^2$$

參句股較和篇“股弦和與句弦和”。

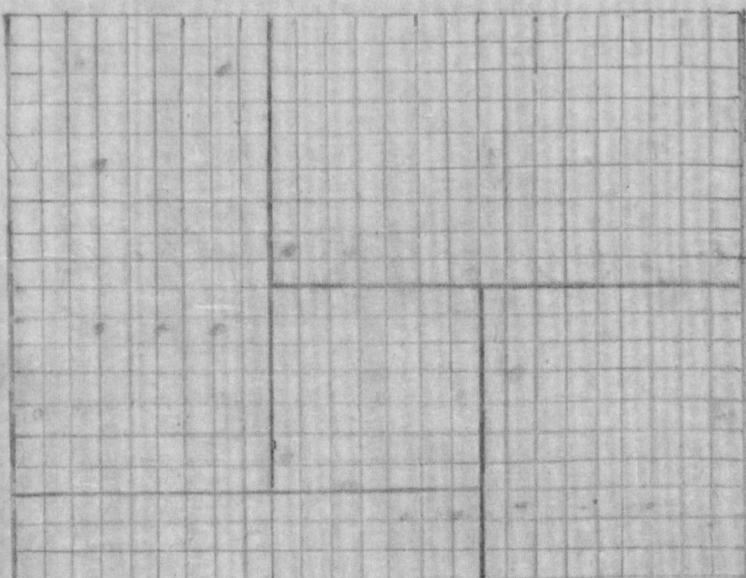

和自乘六百二十五以四
積五百七十六減之餘四
十九平開之得七為長
闊較加入和得三十二
半之得長為勾弦和
廿二以七減和餘十八
半之為股弦和廿
一餘可推知

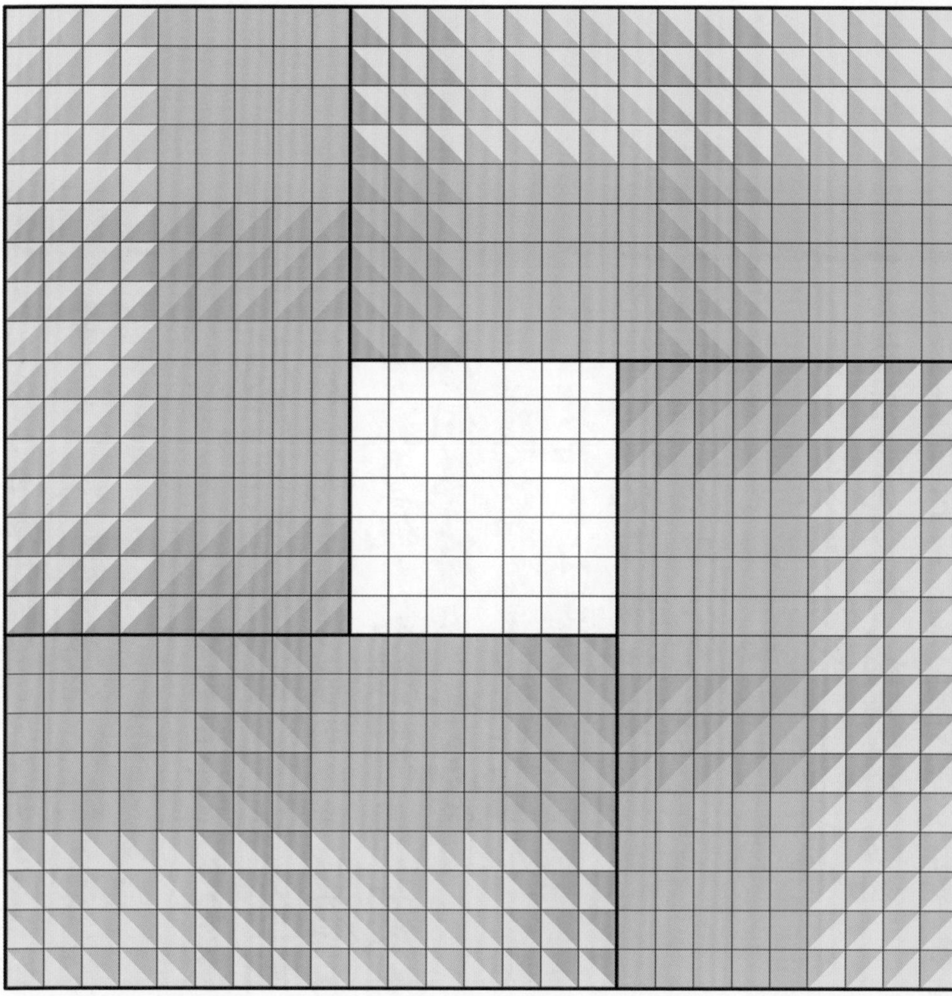

和自乘六百二十五，以四積五百七十六減之，餘四十九，平開之得七，爲長闊較。加入和，得三十二，半之得長，爲句弦和者二。以七減和，餘十八，半之，爲股弦和者一。餘可推知。

一凡股弦較兒弦和較併之為句 推知兒前篇

又半弦和較之積以股弦較除之得句弦較

一凡股弦較兒弦較之相減為句 直知

解弦較之乃弦中去一句股較而得全弦原係一個弦和較一個句弦較一個股弦較三合而成句弦較又係原一個句股較一個股弦較二合而成今全弦內去一句股較剩弦中所餘之句弦較化為股弦較并其較之為數乃一個弦和較兩個股弦較也再去一股弦較餘止一個弦和較一個股弦較耳 於句何

以股弦和為主與此法數相兒

一凡股弦和兒句股較 互知兒前條

一凡股弦和兒句股和 互知兒前條

一凡股弦和兒句弦較 互知兒前條

一凡股弦和兒句弦和 互知兒前條

一凡股弦和兒股弦較 互知兒前條

一凡股弦和兒弦和之相減為句 直知

一凡股弦和兒弦和較以弦和較自乘為積倍弦和較以減股弦和餘數

一、凡股弦較見弦和較，併之爲句。推知，見前篇。

又半弦和較之積，以股弦較除之，得句弦較[1]。

一、凡股弦較見弦較較，相減爲句。直知。

解：弦較較乃弦中去一句股較而得，全弦原係一個弦和較、一個句弦較、一個股弦較，三合而成；句弦較又原係一個句股較、一個股弦較，二合而成。今全弦内去一句股較，則弦中所藏之句弦較，化爲股弦較矣。是較較之爲數，乃一個弦和較、兩個股弦較也，再去一股弦較，餘止一個弦和較、一個股弦較耳，非句而何[2]？

以股弦和爲主，與諸數相見

一、凡股弦和見句股較。互知，見前條。

一、凡股弦和見句股和。互知，見前條。

一、凡股弦和見句弦較。互知，見前條。

一、凡股弦和見句弦和。互知，見前條。

一、凡股弦和見股弦較。互知，見前條。

［**一、凡股弦和見弦較和，相減爲句。**直知。］[3]

一、凡股弦和見弦和和，相減爲句[4]。直知。

一、凡股弦和見弦和較，以弦和較自乘爲積，倍弦和較以減股弦和，餘數

1 即：

$$c-a=\frac{\left[(b+a)-c\right]^2}{2(c-b)}$$

參句股較和篇“句弦較與股弦較”。

2 全弦爲弦和較、句弦較、股弦較三者相併，即：

$$c=\left[(b+a)-c\right]+(c-b)+(c-a)$$

又：

$$c-a=(b-a)+(c-b)$$

故：

$$c=\left[(b+a)-c\right]+2(c-b)+(b-a)$$

則：

$$\left[c-(b-a)\right]-(c-b)=\left[(b+a)-c\right]+(c-b)=a$$

3 此條原書抄脱，據前後文例補。股弦和減去弦較和得句，即：

$$(c+b)-\left[c+(b-a)\right]=a$$

4 弦和和減去股弦和得句，即：

$$(a+b+c)-(c+b)=a$$

為長闊和用積和求較之法以上闊為股弦較二長為句弦較

解假如股弦和八十一弦和較一十八以弦和較自乘得三百二十四為積倍弦和較三十六以減股弦和八十一餘四十五為長闊和之自乘得二千零二十五減四積一千二百九十六餘七百二十九平開之得二十七為較加較於和得七十二半之得三十六為二長又半之得十八為句弦較減較二十七於和得十八半之得九為一闊以股弦較所以然其弦和較之積內有句弦較為長股弦較為闊共二段屢置之是以一個股弦較為闊兩個句弦較為長也股內有一個弦和較一個句弦較弦內有一個股弦較一個句弦較一個弦和較股弦和內減去兩個弦和較餘者皆是兩個句弦較一個股弦較故以之為長闊和也句弦和見弦和較可以互觀

股弦和見弦和較求法第一圖　股弦和三十二　弦和較六

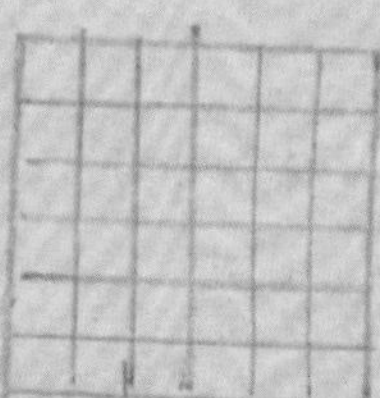

弦和較自乘之積三十六分為二段屢置之如下圖

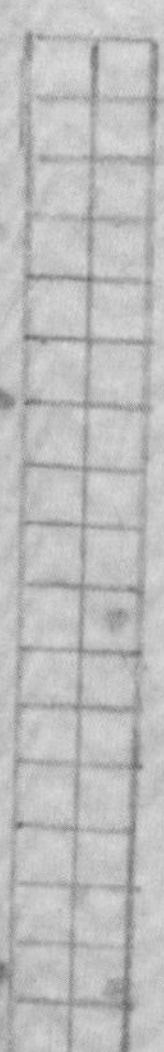

四方積三十六作二段各得九為長二為闊屢置之則得十八為長二為闊矣共二十為長闊和三十六為積

爲長闊和。用積和求較之法，得一闊爲股弦較，二長爲句弦較[1]**。**

解：假如股弦和八十一，弦和較一十八，以弦和較自乘，得三百二十四爲積。倍弦和較三十六，以減股弦和八十一，餘四十五，爲長闊和。和自乘得二千零二十五，減四積一千二百九十六，餘七百二十九，平開之得二十七，爲較。加較於和，得七十二，半之得三十六，爲二長，又半之得十八，爲句弦較；減較二十七於和，得一十八，半之得九，爲一闊，即股弦較。

所以然者，弦和較之積，内藏句弦較爲長、股弦較爲闊者二段，層累置之，是以一個股弦較爲闊，兩個句弦較爲長也。股内藏一個弦和較，一個句弦較；弦内藏一個股弦較，一個句弦較，一個弦和較。股弦和内減去兩個弦和較，餘者恰是兩個句弦較、一個股弦較[2]，故以之爲長闊和也。與句弦和見弦和較，可以互觀。

股弦和見弦和較求法第一圖 股弦和三十二，弦和較六

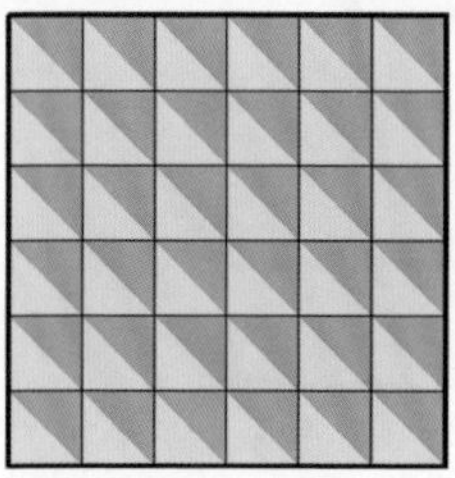

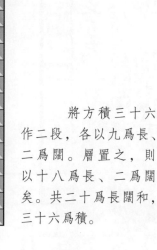

弦和較自乘之積三十六，分爲二段，層置之如下圖。

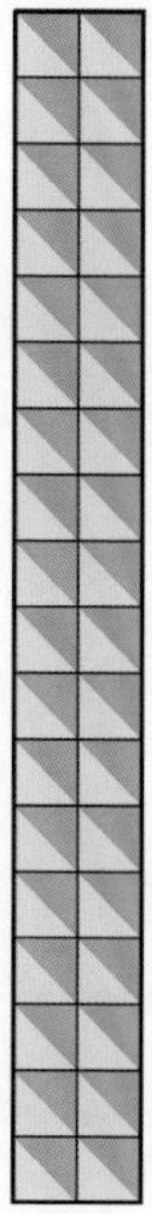

將方積三十六作二段，各以九爲長、二爲闊。層置之，則以十八爲長、二爲闊矣。共二十爲長闊和，三十六爲積。

---

1 已知股弦和 $c+b$ 與弦和較 $(b+a)-c$，求句股弦各數。弦和較自乘，得：

$$\left[(b+a)-c\right]^2=2(c-a)(c-b)$$

構成長 $n=2(c-a)$，闊 $m=c-b$ 的長方，求得長闊和爲：

$$n+m=2(c-a)+(c-b)=(c+b)-2\left[(b+a)-c\right]$$

用積和求長闊法解之。參“句弦和見弦和較”條。

2 如圖 12-6，$c=(c-b)+(c-a)+\left[(b+a)-c\right]$，$b=\left[(b+a)-c\right]+(c-a)$，故：

$$(c+b)-2\left[(b+a)-c\right]=2(c-a)+(c-b)$$

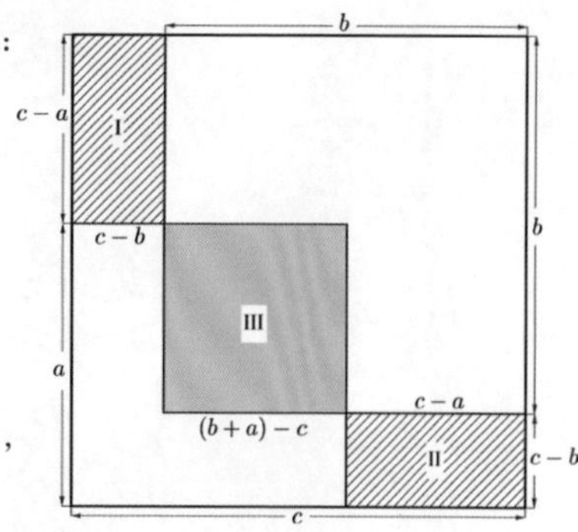

圖 12-6

3 左圖即注釋圖 12-6 中 III 段方積，右圖即 I、II 兩段長方併積。

股弦和與弦和較求法第二圖

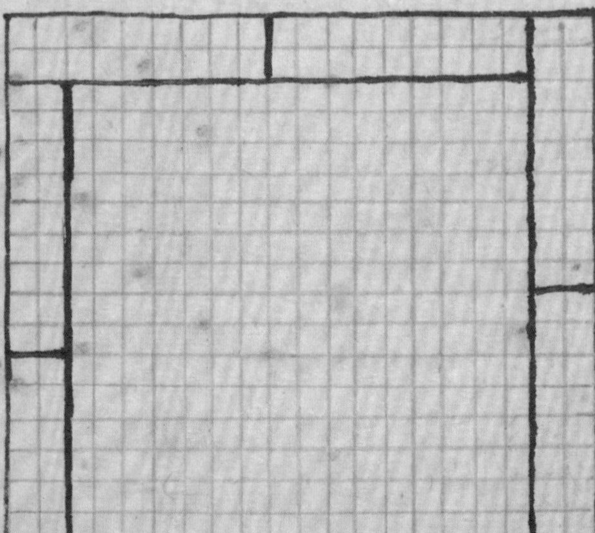

以股弦和三十二減去兩個弦和較餘二十為和自乘得四百以前兩積一百四十四減之餘二百五十六平開之得一十六為平濶較加入和得三十六半之得一十八是兩個句弦較也以減和餘四半之得二是一個股弦較也置弦和較六加句弦較九得一十五為股加股弦較二得八為句加九得廿二共十七為弦

一凡股弦和與弦較之併二數得兩弦一句仍以股弦和乘之為一積再以股弦和乘弦較之為一積併二積為積用大小兩方共積之法求之以股弦和為較其大方為弦和〻其小方為句

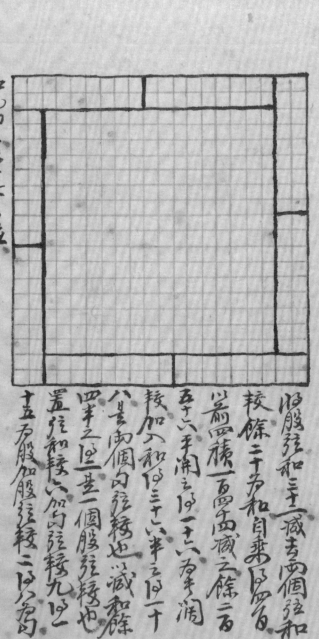

股弦和見弦和較求法第二圖

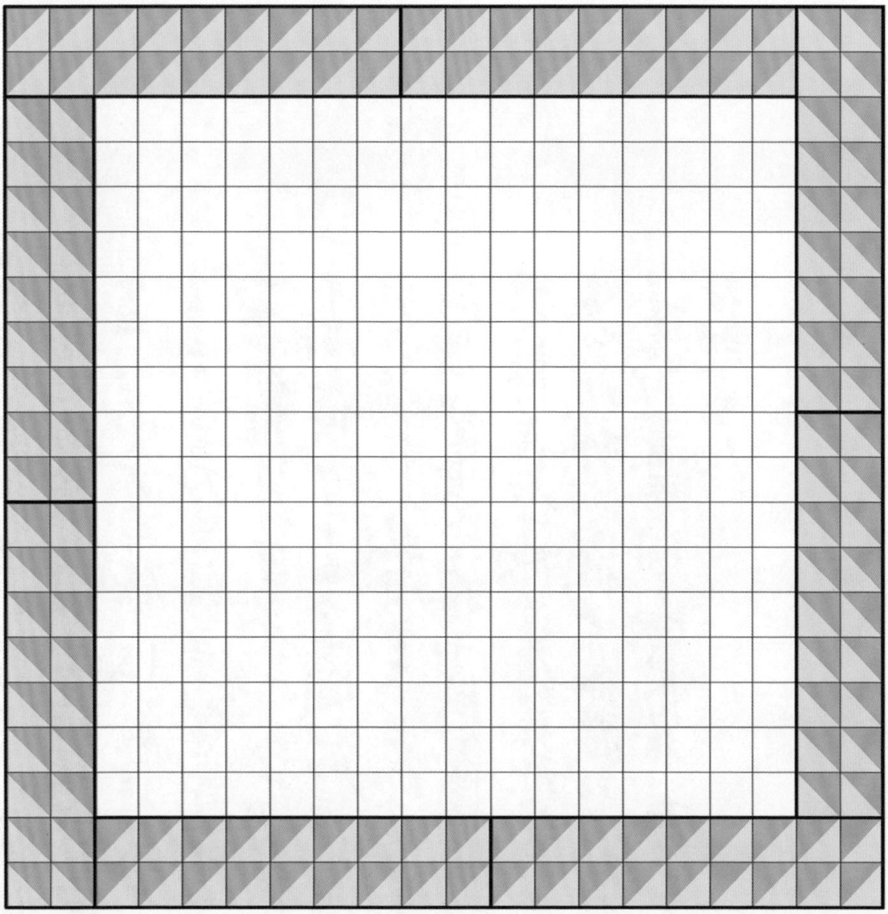

將股弦和三十二減去兩個弦和較，餘二十爲和，自乘得四百。以前四積一百四十四減之，餘二百五十六，平開之得一十六，爲長闊較。加入和，得三十六，半之得一十八，是兩個句弦較也。以減和餘四，半之得二，是一個股弦較也。置弦和較六，加句弦較九，得一十五爲股；加股弦較二，得八爲句；加九與二，共十七爲弦。

一、凡股弦和見弦較較，併二數得兩弦一句，仍以股弦和乘之爲一積，再以股弦和乘弦較較爲一積，併二積爲積，用大小兩方共積之法求之。以股弦和爲較，其大方爲弦和和，其小方爲句[1]**。**

1 已知股弦和 $c+b$ 與弦較較 $c-(b-a)$，求句股弦各數。依術文，得：

$$\begin{aligned}&\{(c+b)+[c-(b-a)]\}(c+b)+[c-(b-a)](c+b)\\&=(2c+a)(c+b)+(c-b+a)(c+b)\\&=2(c+a)(c+b)+(c-b)(c+b)\\&=(a+b+c)^2+a^2\end{aligned}$$

以 $(a+b+c)^2$ 爲大方積、a^2 爲小方積，用二方共積法解之。參“句弦和見弦較和”條。

解假如股弦和八十一弦較較三十六併之得一百一十七乃以股弦和乘之得九千四
百七十七再以股弦和乘弦較較得二千九百一十六併二積共一萬二千三百九
十三用方邊二方共積之法以股弦和八十一自乘六千五百六十一爲較減全積一
萬二千三百九十三餘五千八百三十二半之得二千九百一十六爲積以股弦和八十
一爲帶縱四積一萬一千六百六十四加較積六千五百六十一共得一萬八千二百二十五
平開之得一百三十五爲長闊和加較八十一得二百一十六爲兩長半之得一百零八爲
弦和和減較八十一餘五十四爲兩闊半之得二十七爲勾所以然者和之半積以
股弦和乘勾弦和而得今以股弦和併弦較較是一勾兩弦也實多一
弦較較再加一股方爲勾弦和今只以股弦和與弦較較相乘實少一股
多少相補減兩個半和積得全和積也仍餘一個股弦較乘股弦和
是爲勾實平開之而得勾故以和之兩夾方以勾爲小方也此勾弦和與弦
較和之互視

解：假如股弦和八十一，弦較較三十六，併之得一百一十七。仍以股弦和乘之，得九千四百七十七；再以股弦和乘弦較較，得二千九百一十六。併二積，共一萬二千三百九十三。用大小二方共積之法，以股弦和八十一自乘六千五百六十一爲較，減全積一萬二千三百九十三，餘五千八百三十二，半之得二千九百一十六爲積。以股弦和八十一爲帶縱，四積一萬一千六百六十四，加較積六千五百六十一，共一萬八千二百二十五。平開之得一百三十五，爲長闊和。加較八十一，得二百一十六爲兩長，半之得一百零八，爲弦和和；減較八十一，餘五十四爲兩闊，半之得二十七爲句。

所以然者，和和半積以股弦和乘句弦和而得。今以股弦和併弦較較，是一句兩弦也，實多一弦。弦較較再加一股，方爲句弦和。今只以股弦和與弦較較相乘，實少一股。多少相補，成兩個半和積，即全和積也，仍餘一個股弦較乘股弦和，是爲句實，平開之而得句[1]。故以和和爲大方，以句爲小方也。與“句弦和見弦較和”可互觀。

---

1 股弦和併弦較較得：

$$(c+b)+\left[c-(b-a)\right]=2c+a$$

與股弦和相乘，得：

$$(2c+a)(c+b)=c(c+b)+(c+a)(c+b)$$

弦較較與股弦和相乘，得：

$$\left[c-(b-a)\right](c+b)=(c+a)(c+b)-b(c+b)$$

二積相併，得：

$$\begin{aligned}&c(c+b)+(c+a)(c+b)+(c+a)(c+b)-b(c+b)\\=&2(c+a)(c+b)+(c+b)(c-b)\\=&(a+b+c)^2+a^2\end{aligned}$$

股弦和九弦較之求法第一圖 股弦和九弦較之四

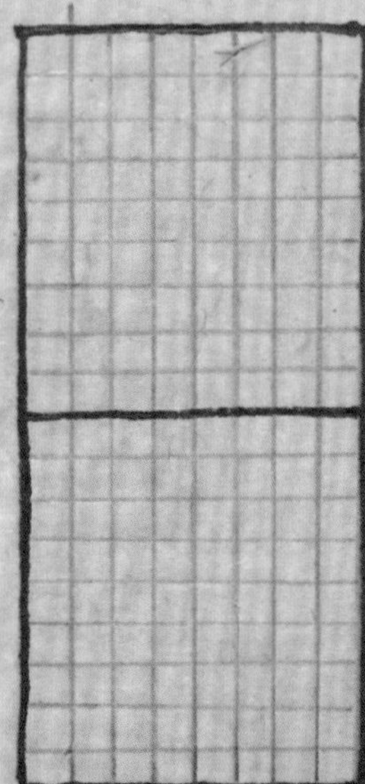

弦和之方積一百四十四分爲一段者以九爲長八爲濶併積之得此形方積圖已見前

第二圖

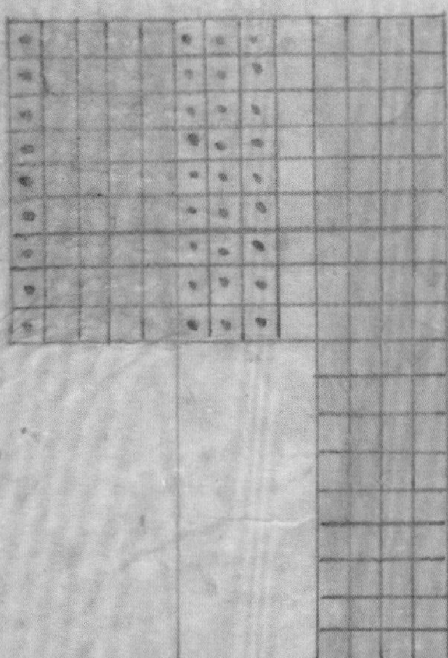

股以黃積無點一段爲廿弦較之當弦和上段是併股弦和弦較之共十三以股弦和乘之共視半積多一弦下段以股弦和九乘弦較之四共視半積少一股共積一百五十三

股弦和見弦較較求法第一圖

股弦和九，弦較較四

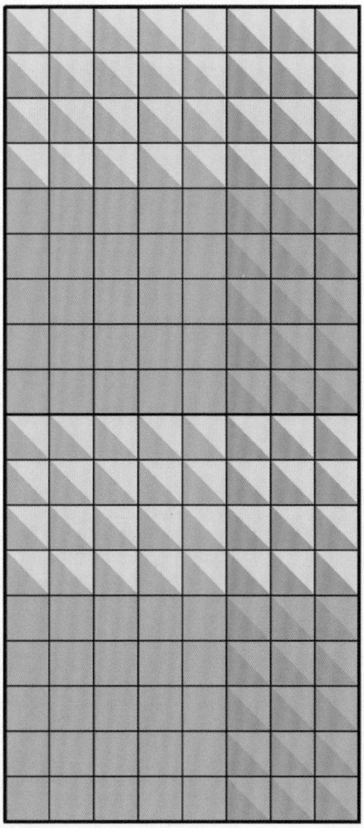

弦和和方積一百四十四者，分爲二段，各以九爲長、八爲闊，併積之得此形，方積圖已見前。

第二圖

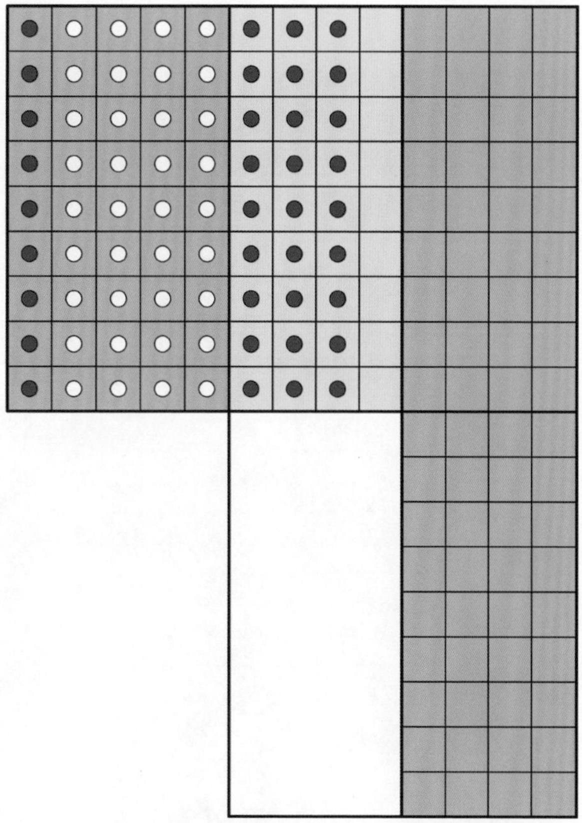

股以黄積無點一段，與弦較較成句弦和。上段是併股弦和、弦較較共十三，以股弦和乘之者，視半積多一弦；下段以股弦和九乘弦較較四者，視半積少一股[1]。共積一百五十三。

1 半積，指弦和和自乘積之半：

$$\frac{(a+b+c)^2}{2}=(c+a)(c+b)$$

多一弦，指多一段弦乘股弦和之積 $c(c+b)$，即圖中左側緑色白點和緑色紅點部分。少一股，指少一段股乘股弦和之積 $b(c+b)$，即圖中空白部分。

以前圖右餘上一段故其濶四長九一段以補下一段得長積八濶九長共二以和上一百四十四之方積也餘積九乃股弦較一與股弦和九相乘所得句積也作二方共積如下圖

第三圖

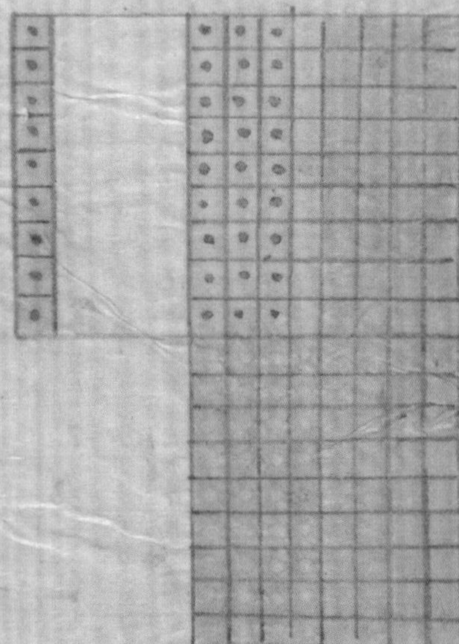

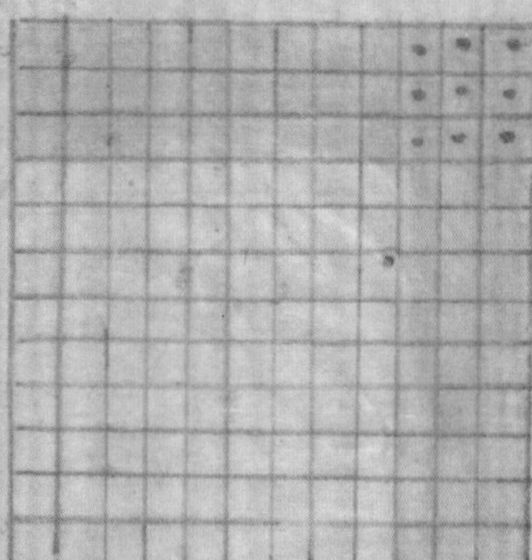

共積一百五十三以股弦和九爲較自乘八十一減之餘七十二分作二段各以三十六爲積以九爲長濶較如下圖

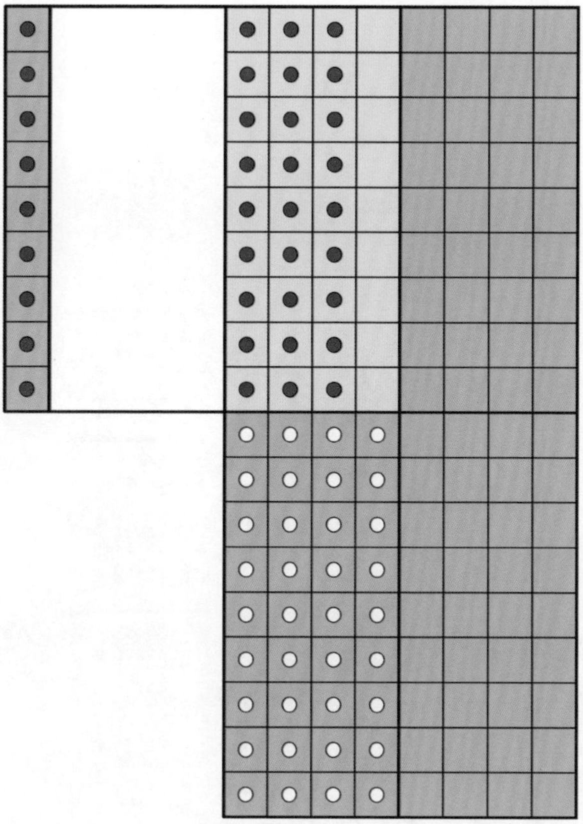

將前圖有餘上一段，取其闊四長九一段，以補下一段，得長積八濶九長者二，即和和一百四十四之方積也。餘積九，乃股弦較一與股弦和九相乘者，即句積也[1]。作二方共積，如下圖。

第三圖

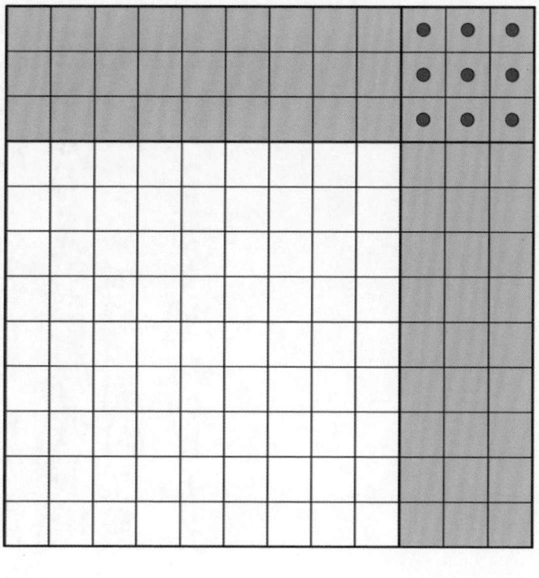

共積一百五十三，以股弦和九爲較，自乘八十一減之，餘七十二。分作二段，各以三十六爲積，以九爲長闊較，如下圖。

1 圖中左側綠色紅點爲句積。

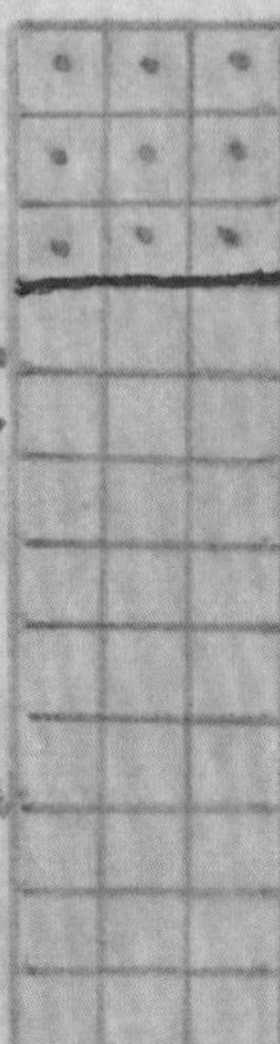

全圖三十六爲積九爲較用帶縱開方
三除九以三乘九得二十七除積尺得闊
三爲句加較九得十二爲和用四因則九自
乘得八十一加四積一百四十四共得二百二十五平開之得一十五爲弦闊和加較九爲
二弦半之得和之減較九爲二闊半之得句也
以弦較和爲主與卅四類相見

一凡弦較和見句股較　互知見前條
一凡弦較和見句股和　互知見前條
一凡弦較和見句弦較　互知見前條
一凡弦較和見句弦和　互知見前條
一凡弦較和見股弦較　互知見前條
一凡弦較和見股弦和　互知見前條
一凡弦較和見弦和之相減爲兩句直和
一凡弦較和見弦和較相併爲兩股直和
解弦較和爲兩個弦和較兩個句弦較故一個句弦較配弦和較
兩個股餘存一個弦和較一個句弦較亦自成一股共得兩股

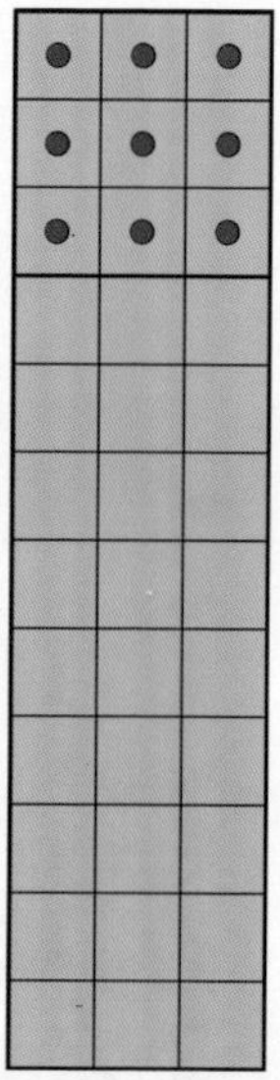

全圖三十六爲積，九爲較。用帶縱，則商三除九，以三乘九得二十七，除積盡，得闊三爲句。加較九，得十二爲和。用四因，則九自乘得八十一，加四積一百四十四，共二百二十五，平開之得一十五，爲長闊和。加較九爲二長，半之即和和；減較九爲二闊，半之即句也。

以弦較和爲主，與諸數相見

一、凡弦較和見句股較。互知，見前條。

一、凡弦較和見句股和。互知，見前條。

一、凡弦較和見句弦較。互知，見前條。

一、凡弦較和見句弦和。互知，見前條。

一、凡弦較和見股弦較。互知，見前條。

一、凡弦較和見股弦和。互知，見前條。

一、凡弦較和見弦和和，相減爲兩句。直知。

一、凡弦較和見弦和較，相併爲兩股。直知。

解：弦較和内，藏一個弦和較、兩個句弦較，取一個句弦較，配弦和較而成股，餘存一個弦和較、一個句弦較，亦自成一股，共得二股。

一凡弦較和見弦較較併而半之得兩弦直和

解弦較和多一勾股較弦較較少一勾股較相減與等則均矣

以弦和較為主與某數相見

一凡弦和較見勾股較　互知見前條

一凡弦和較見勾股和　互知見前條

一凡弦和較見勾弦較　互知見前條

一凡弦和較見勾弦和　互知見前條

一凡弦和較見股弦較　互知見前條

一凡弦和較見股弦和　互知見前條

一凡弦和較見弦較和　互知見前條

一凡弦和較見弦較較相併為兩勾直和

解弦和較見全弦則成勾股和今見弦較較兩廉多一勾股較故止成兩勾也

一凡弦和較見弦和和相減為兩弦直和

以弦較較為主與某數相見

一凡弦較較見勾股較　互知見前條

一凡弦較較見勾股和　互知見前條

一、凡弦較和見弦較較，併而半之，得兩弦。直知。

解：弦較和多一句股較，弦較較少一句股較，相取與則均矣。

以弦和較爲主，與諸數相見

一、凡弦和較見句股較。互知，見前條。

一、凡弦和較見句股和。互知，見前條。

一、凡弦和較見句弦較。互知，見前條。

一、凡弦和較見句弦和。互知，見前條。

一、凡弦和較見股弦較。互知，見前條。

一、凡弦和較見股弦和。互知，見前條。

一、凡弦和較見弦較和。互知，見前條。

一、凡弦和較見弦較較，相併爲兩句。直知。

解：弦和較見全弦，則成句股和。今見弦較較，内原少一句股較，故止成兩句而已。

一、凡弦和較見弦和和，相減爲兩弦。直知。

以弦較較爲主，與諸數相見

一、凡弦較較見句股較。互知，見前條。

一、凡弦較較見句股和。互知，見前條。

一凡弦較較冪句弦較互知冪前條
一凡弦較較冪句弦和互知冪前條
一凡弦較較冪股弦較互知冪前條
一凡弦較較冪股弦和互知冪前條
一凡弦較較冪弦較和互知冪前條
一凡弦較較冪弦和較互知冪前條
一凡弦較較冪弦和和相減爲句股直和

以弦和和爲主與諸較相冪
一凡弦和和冪句股較互知冪前條
一凡弦和和冪句股和互知冪前條
一凡弦和和冪句弦較互知冪前條
一凡弦和和冪句弦和互知冪前條
一凡弦和和冪股弦較互知冪前條
一凡弦和和冪股弦和互知冪前條
一凡弦和和冪弦較和互知冪前條
一凡弦和和冪弦和較互知冪前條

一、凡弦較較見句弦較。互知，見前條。

一、凡弦較較見句弦和。互知，見前條。

一、凡弦較較見股弦較。互知，見前條。

一、凡弦較較見股弦和。互知，見前條。

一、凡弦較較見弦較和。互知，見前條。

一、凡弦較較見弦和較。互知，見前條。

一、凡弦較較見弦和和，相減爲兩股。直知。

以弦和和爲主，與諸數相見

一、凡弦和和見句股較。互知，見前條。

一、凡弦和和見句股和。互知，見前條。

一、凡弦和和見句弦較。互知，見前條。

一、凡弦和和見句弦和。互知，見前條。

一、凡弦和和見股弦較。互知，見前條。

一、凡弦和和見股弦和。互知，見前條。

一、凡弦和和見弦較和。互知，見前條。

一、凡弦和和見弦和較。互知，見前條。

一凡弦和々冪弦較々與和冪者條

解以上除句股弦三名餘十名每名九條共得九十條除與和重複實

有四十五法

一句和較與弦較和

解句和較者股弦相併過於句之數也置股弦和於股中減句爲一

句股較與弦和較和而何

一句較和與弦較々

解句較和者句與股弦較併也句原係一個股弦較一個弦和較相合

而成再添一股弦較是兩個股弦較一個弦和較也今弦為一個句股

較一個股弦較一個弦和較相合而成若較々則少一句股較矣句弦

較內減句股較則成股弦較是為兩個股弦較一個弦和較也和弦較

較而何

一句較々與弦和較

解句較々者股弦較不及句之數也句原係弦和較股弦較相合而

成減去股弦較為與弦和較矣

一句和々即弦和々

一、凡弦和和見弦較較。互知，見前條。

解：以上除句股弦三名，餘十名，每名九條，共得九十條。除互知重複，實有四十五法。

一、句和較即弦較和[1]。

解：句和較者，股弦相併過於句之數也。置股弦和，於股中減句，存一句股較與弦，非弦較和而何？

一、句較和即弦較較[2]。

解：句較和者，句與股弦較併也。句原係一個股弦較、一個弦和較相合而成，再添一股弦較，是兩個股弦較、一個弦和較也。全弦爲一個句（股）［弦］較[3]、一個股弦較、一個弦和較相合而成。若較較，則少一句股較矣。句弦較内減句股較，則成股弦較。是亦兩個股弦較、一個弦和較也，非弦較較而何[4]？

一、句較較即弦和較[5]。

解：句較較者，股弦較不及句之數也。句原係弦和較、股弦較相合而成，減去股弦較，存即弦和較矣。

一、句和和即弦和和[6]。

---

1 即：$(b+c)-a=c+(b-a)$。

2 即：$a+(c-b)=c-(b-a)$。

3 句股較，當作“句弦較”。即：

$$c=(c-a)+(c-b)+\left[(b+a)-c\right]$$

據改。

4 句由股弦較、弦和較相併而得，即：

$$a=(c-b)+\left[(b+a)-c\right]$$

則句較和爲：

$$a+(c-b)=2(c-b)+\left[(b+a)-c\right]$$

全弦由句弦較、股弦較、弦和較相併而得，即：

$$c=(c-a)+(c-b)+\left[(b+a)-c\right]$$

則弦較較爲：

$$c-(b-a)=(c-a)+(c-b)+\left[(b+a)-c\right]-(b-a)$$

又：

$$(c-a)-(b-a)=(c-b)$$

故弦較較爲：

$$c-(b-a)=2(c-b)+\left[(b+a)-c\right]$$

與句較和相同：

$$a+(c-b)=c-(b-a)=2(c-b)+\left[(b+a)-c\right]$$

5 即：$a-(c-b)=(b+a)-c$。

6 即：$a+(c+b)=c+(b+a)$。

解補名無此仍存之以備數

一 股和較較即弦較較

解股和較較者股不及勾弦和之數也勾弦和內減弦而減一股餘為股弦較勾為股弦較弦和較相合而減連股弦較則為兩個弦和較兩個股弦較如弦較較而何

一 股較和即弦較和

解股較和者股與勾弦較併也股係一個勾弦較一個弦和較相合而成又加一勾弦較是兩個勾弦較一個弦和較也弦係一個勾弦較一個股弦較一個弦和較相合而成弦外加勾股較則股弦較變為勾弦較是亦兩個勾弦較一個弦和較也如弦較和而何

一 股較較即弦和較

解股較較者勾弦較不及股之數也股原係勾弦較弦和較相合而成減去勾弦較存即弦和較矣

一 股和和即弦和和

解股和和補名無此仍存之以備數

以上八名不在十三名之數蓋以此數即在較和諸數之內故不重出耳恐

解：補名無此，仍存之以備數。

一、股和較即弦較較[1]。

解：股和較者，股不及句弦和之數也。句弦和内取弦而減一股，餘爲股弦較。句爲股弦較、弦和較相合而成，連股弦較，則爲一個弦和較、兩個股弦較，非弦較較而何？

一、股較和即弦較和[2]。

解：股較和者，股與句弦較併也。股係一個句弦較、一個弦和較相合而成，又加一句弦較，是兩個句弦較、一個弦和較也。弦係一個句弦較、一個股弦較、一個弦和較相合而成，弦外加句股較，則股弦較變爲句弦較，是亦兩個句弦較、一個弦和較也，非弦較和而何？

一、股較較即弦和較[3]。

解：股較較者，句弦較不及股之數也。股原係句弦較、弦和較相合而成，減去句弦較，存即弦和較矣。

一、股和和即弦和和[4]。

解：補名無此，仍存之以備數。

以上八名，不在十三名之數。蓋以此數即在較和諸數之内，故不重出耳，恐

1 即：$(c+a)-b=c-(b-a)$。

2 即：$b+(c-a)=c+(b-a)$。

3 即：$b-(c-a)=(b+a)-c$。

4 即：$b+(c+a)=c+(b+a)$。

較并弦況有較和等名何以句股獨無故備舉而詳釋之於以解

若并之較兒作并之惑乎

凡句股弦有二十一名有一百五十六箱兒除名之處并法之重衍實

計一十三名七十八箱兒

疑者弦既有較和等名，何以句股獨無？故備舉而詳釋之，於以解學者之疑，見作者之志焉。

凡句股弦有二十一名，有一百五十六相見，除名之虚者，法之重者，實計一十三名，七十八相見。

句股容

方斜容方，又斜容圓，句股形為縱方，故其容也亦有自然之率焉，與方容之率其法亦同理也。舊有方圓二種，今添句股容句股一種，施之測量尤為緊要。縱橫論之，列為數條，曰句股容。

一凡句股容方，以句股相乘為實，併句股為法除之。

問今有句六尺，股十二尺，求容方若干。

答四尺

法句股相乘得七十二，併句股十八為法，除之合問。

解 方之容方也，內得外之半，故以方自乘為實，倍方為法，除之得小方，其徑居全徑之半。句股兩度不齊，故所容之方當過於半句，不能半股，所得積視半方所容之積為較小，胸其勢然也。要使縱亦斜容，橫亦斜容，故合兩度而取之，其理則一耳。

句股與方容之異

圖表列左

句股容

方能容方，又能容圓。句股形爲縱方，故其容也，亦有自然之率焉，與方容之率異法而同理者也。舊有方、圓二種，今添句股容句股一種，施之測量，尤爲緊要。縱横論之，列爲數條，曰句股容。

【句股容方】

一、凡句股容方，以句股相乘爲實，以相併爲法除之[1]。

1.問：今有句六尺，股十二尺，求容方若干？

答：四尺。

法：句股相乘得七十二，併句股十八，爲法除之。合問。

解：方之容方也[2]，内得外之半，故以方自乘爲實，倍方爲法，除之得内小方，其徑居全徑之半。句股兩度不齊，故所容之方雖過於半句，不能半股；所得積視半方所容之積，爲數亦朒，其勢然也。要使縱亦能容，横亦能容，故合兩度而取之，其理則一耳。

句股與方容之異

圖各列左

1 句股容方術，出自《九章算術》卷九"句股章"第十四題，術文云："併句股爲法，句、股相乘爲實。實如法而一，得方一步。"設容方面爲 x，已知句 a、股 b，求得容方面爲：

$$x=\frac{ab}{a+b}$$

亦見《算法統宗》卷十二句股章"句股容方容圓"、《同文算指通編》卷六"句股畧"第四條"句股求容方"。

2 方之容方，據下文圖注"半方内所容之方"，前"方"當作"半方"。

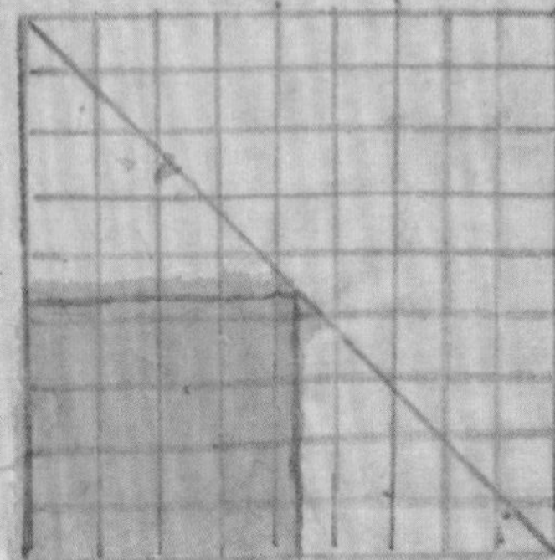

假如方九尺自乘八十一併兩面一十八尺為法除之得四尺五寸為半方內所容之方內徑得外徑之半

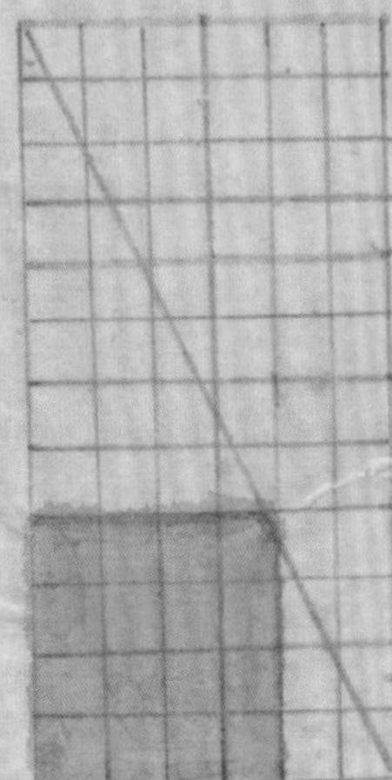

假如句六股十二相乘得七十二併句股亦得一十八為法除之得四尺視半方所容少五寸其句徑得全句三分之二不啻半之股徑得全股三分之一不能半之矣兩度同為一十八而徑積係異此半方句股之別也

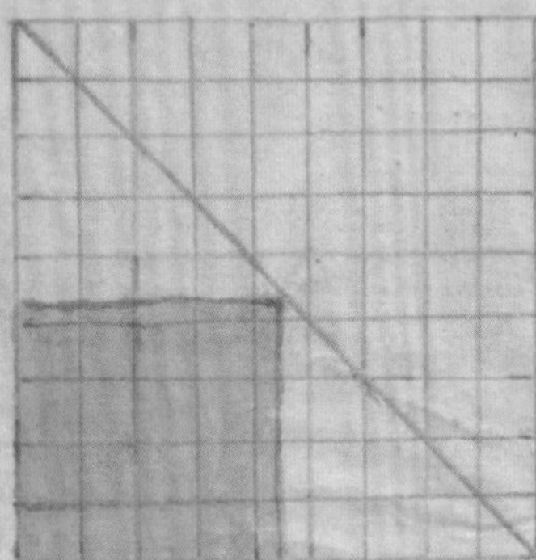

半方橫豎作兩形交加仍得方形其斜線在方角之交

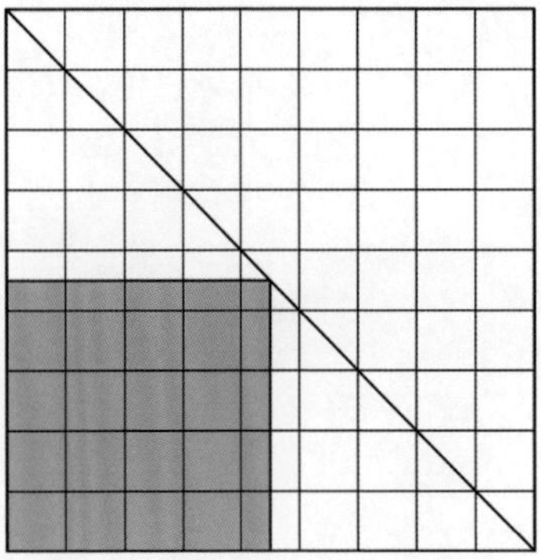

假如方九尺，自乘八十一，併兩面一十八尺，爲法除之，得四尺五寸，爲半方内所容之方，内徑得外徑之半。

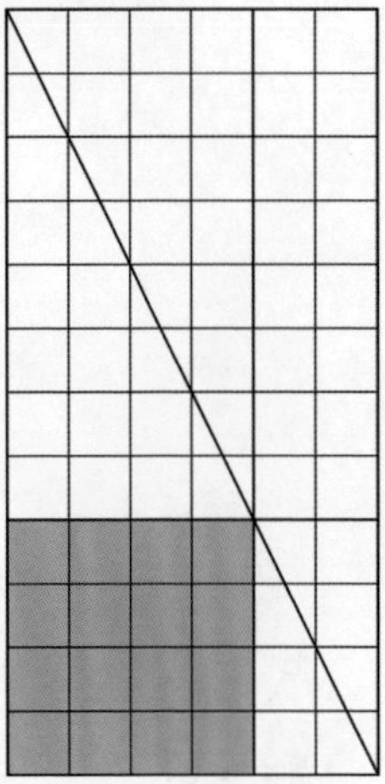

假如句六、股十二，相乘得七十二，併句股亦得一十八，爲法除之，得四尺，視半方所容，少五寸。其句徑得全句三分之二，不啻半之[1]；股徑得全股三分之一，不能半之矣。兩度同爲一十八，而徑、積俱異。此半方、句股之别也。

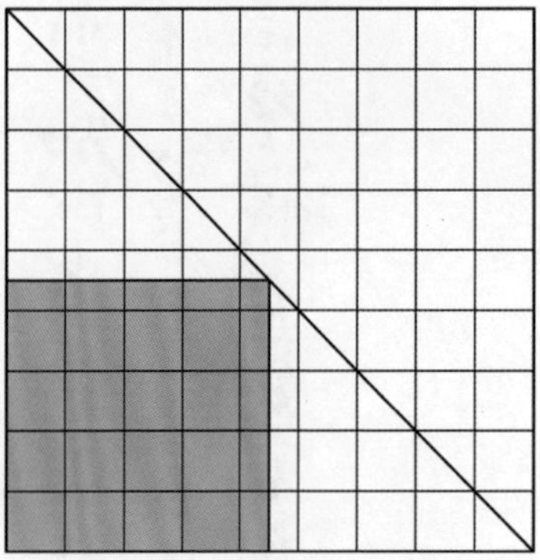

半方横豎作兩形交加，仍得方形，其斜線在方角之交。

1 不啻，不止。

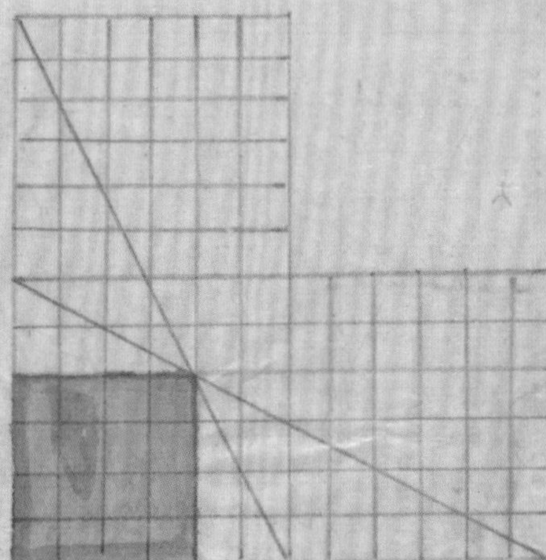

句股所形交加成曲形斜線在方角之兩邊其半方與半方所容之方橫直作斜容之句股所容之方亦橫直作斜容之此半方句股所同也

一問以餘句餘股求容方法以餘句餘股相乘以平方開之

問今有句股容方其餘句二尺餘股八尺求原容方若干

答四尺

法以餘句二乘餘股八得一十六以平方開之合問

解曰句股相乘得兩容為長方形任意橫豎作二線成四段形係徑中起綫則四角數係等形偏起綫則成一大角一小角兩等角其兩等角不論形之方長亦等此句股之章也句股既有容方則餘股處為大角餘句處為一小角其餘一角未動即此容方為等角者也以餘股為長以句為闊故平開

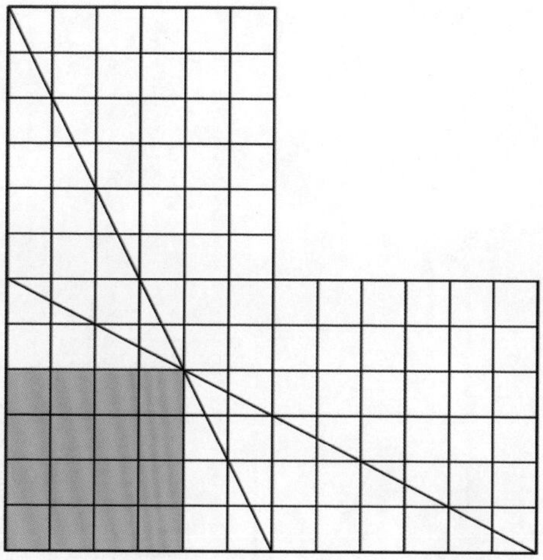

句股兩形交加，成曲形。斜線在方角之内，與半方異。半方所容之方，横直皆能容之；句股所容之方，亦横直皆能容之。此半方、句股所同也。

一、凡以餘句、餘股求容方者，以餘句、餘股相乘，以平方開之[1]。

1.問：今有句股容方，其餘句二尺，餘股八尺，求原容方若干?

答：四尺。

法：以餘句二乘餘股八，得一十六，平開之。合問。

解：凡句股相乘，得兩實，爲長方形，任意横竪作二線，成四段。若俱從中起綫，則四角數俱等；若偏起綫，則成一大角、一小角兩等角。其兩等角，不論形之方長，必等。此自然之率也。句股既取容方，則餘股處爲一大角，餘句處爲一小角。其餘一角長形即與容方爲等角者也，以股爲長，以句爲闊，故平開

1 如圖 12-7，*EBFH* 爲句股 *ABC* 内容方形，*AE* 爲餘股 b'，*FC* 爲餘句 a'。過 *A*、*C* 分别作句邊 *BC*、股邊 *AB* 平行線，相交於 B'，成矩形 $ABCB'$。此即"句股相乘，得兩實爲長方形"。矩形 *BH* 與 $B'H$ 爲兩等角，矩形 *AH* 爲餘股處大角，矩形 *CH* 爲餘句處小角。據圖易知：$x^2=a'b'$，則：$x=\sqrt{a'b'}$。

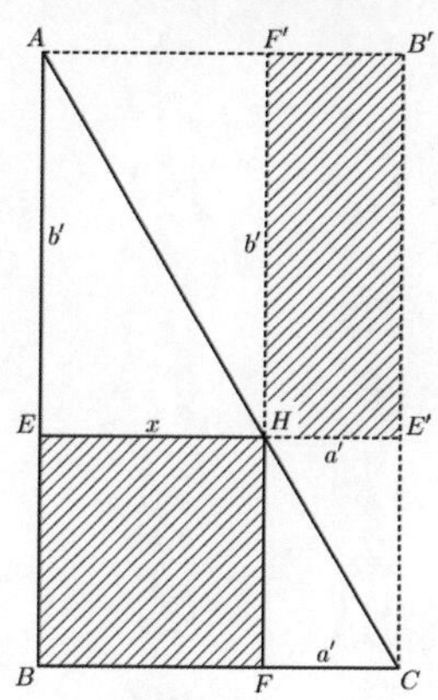

圖 12-7

見《同文算指通編》卷六"句股畧"第五條"餘句餘股求容方求句求股"。

之兩得方也

句股形任分四段四角必等圖

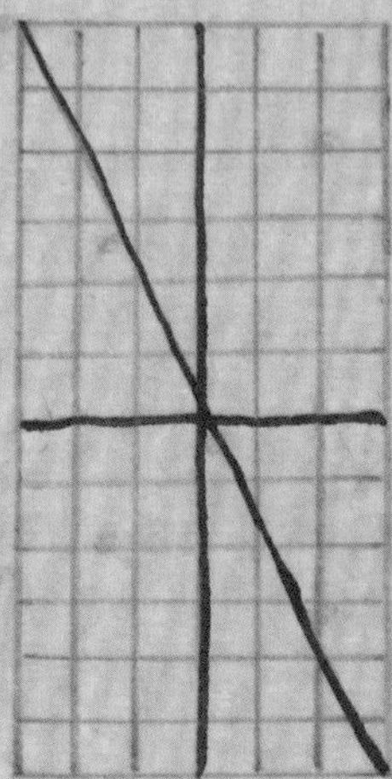

從中作綫四角必等

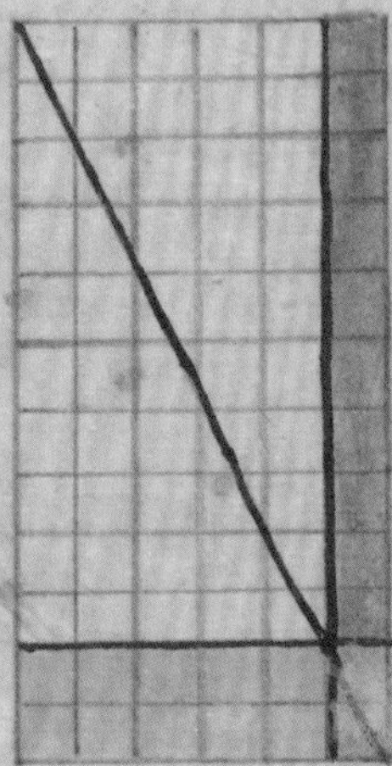

邊作綫除方外兩角之外必分二實與
十適等也
任意設綫但與此綫相交無不同也

餘句餘股求容方圖

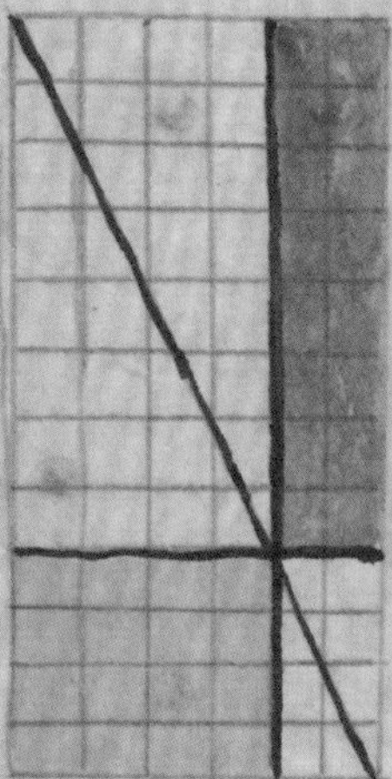

餘句二為闊餘股八為長相乘得一十六即
長形四實之與容方之兩實等故平
闊之兩得方若以餘句二除之仍得八以餘
股八除之仍得二

之而得方也。

句股形任分四段兩角必等圖

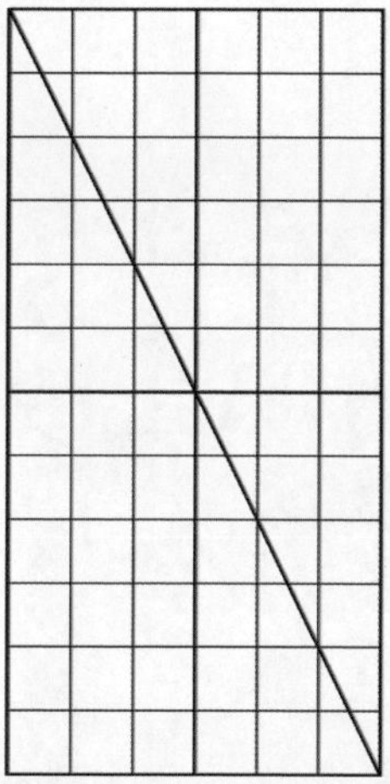

從中作綫，四角皆等。

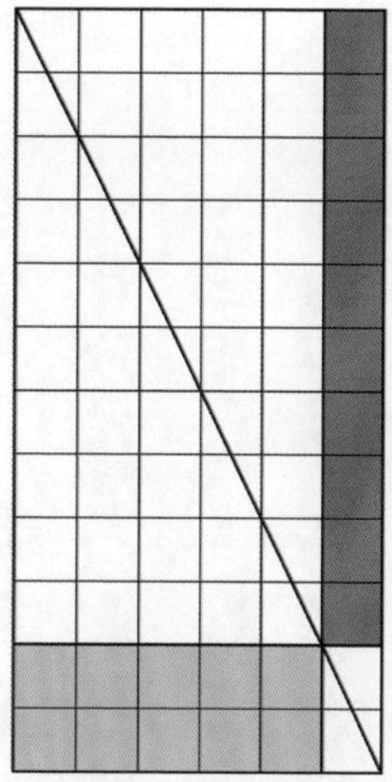

邊作綫，除大小兩角之外，紫緑二實皆十，適等。

任意設綫，但與弦相交，無不同者。

餘句餘股求容方圖

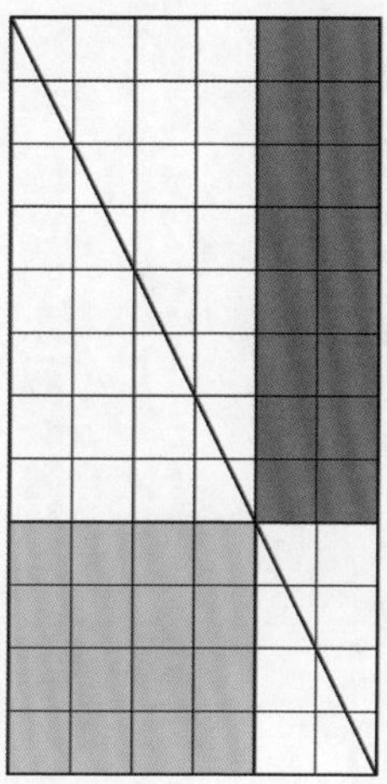

餘句二爲闊，餘股八爲長，相乘得一十六，即長形紫實是。與容方之緑實等，故平開之而得方。若以餘句二除之，仍得八；以餘股八除之，仍得二。

一凡句股容方以方廣與廿三餘相見但得其一者可求如方見餘句合之爲全句以
餘句除方實得餘股方見餘股合之爲全股以餘股除方實得餘句方見
句餘弦以餘弦自之減方實餘平開之爲餘句見股餘弦自之減方實
餘平開之爲餘股

問今有句股容方四尺或止知餘句二尺或止知餘股八尺求全句全股若干

答句六尺　股十二尺

法以方四尺自之得十六尺以餘句除之得餘股以餘股除之得餘句合方
於餘句得全句合方於餘股得全股合問

解此與前條相表裏借方形作表形求之以其數等故也如問城方三十
里四門居中其南門外一表去城三里若從東門望見此表當去城若干
廿此以餘句求餘股也法當以三十里半之得一十五里自之得二百二十五里以
三里除之得七十五里爲出東門之數蓋城分四隅每隅居方之半一十五
里句股之所容也以十五里加餘股七十五里得九十里爲全股以十五里加餘
句三里得一十八里爲全句之股相乘得一千六百二十里爲實併句股一百零八
里爲法除之仍得一十五里爲容方倍之爲全城之數若以餘股求餘句
置方積二百二十五里以七十五里除之得餘句三里是從東門外七十五里立表出南

一、凡句股容方以方度與三餘相見，但得其一，無不可求。如方見餘句，合之爲全句，以餘句除方實得餘股。方見餘股，合之爲全股，以餘股除方實得餘句。方見句餘弦，以餘弦自之減方實，餘平開之，爲餘句；見股餘弦，自之減方實，餘平開之，爲餘股[1]。

1.問：今有句股容方四尺，或止知餘句二尺，或止知餘股八尺，求全句、全股若干？

答：句六尺；　　股十二尺。

法：以方四尺自之，得一十六尺，以餘句除之，得餘股；以餘股除之，得餘句。合方於餘句，得全句；合方於餘股，得全股。合問。

解：此與前條相表裡，借方形作長形求之，以其數等故也。如問城方三十里，四門居中，其東門外一表，去城三里。若從南門望見此表，當遠城若干者。此以餘句求餘股也。法當以三十里半之，得一十五里，自之得二百二十五里。以三里除之，得七十五里，爲出南門之數[2]。蓋城分四隅，每隅居方之半，一十五即句股之所容也。以十五里加餘股七十五里，得九十里，爲全股；以十五里加餘句三里，得一十八里，爲全句。句股相乘，得一千六百二十里爲實，併句股一百零八里爲法除之，仍得一十五里，爲容方。倍之，爲全城之數。若以餘股求餘句者，置方積二百二十五里，以七十五里除之，得餘句三里，是從南門外七十五里立表，出東

---

1 已知方面 x，餘句 a'，求得餘股爲：

$$b' = \frac{x^2}{a'}$$

句、股分別爲：

$$\begin{cases} a = x + a' \\ b = x + b' \end{cases}$$

若已知股餘弦 c_1，即前注釋圖 12-7 中弦邊線段 AH，由句股定理求得餘股爲：

$$b' = \sqrt{c_1^2 - x^2}$$

若已知句餘弦 c_2，即弦邊線段 CH，求得餘句爲：

$$a' = \sqrt{c_2^2 - x^2}$$

見《同文算指通編》卷六"句股畧"第六條"容方與餘句求餘股、與餘股求餘句"。

2 如圖 12-8，點 C 爲東門外立表處，$EBFH$ 爲句股容方，FC 爲餘句 a'，AE 爲餘股 b'。已知方面 $x = 15$，餘句 $a' = 3$，求餘股 b'，據術文解得：

$$b' = \frac{x^2}{a'} = \frac{15^2}{3} = 75$$

後問已知餘股 $b' = 75$，求餘句 a'，解法同。此類算題見《算法統宗》卷十二句股章。

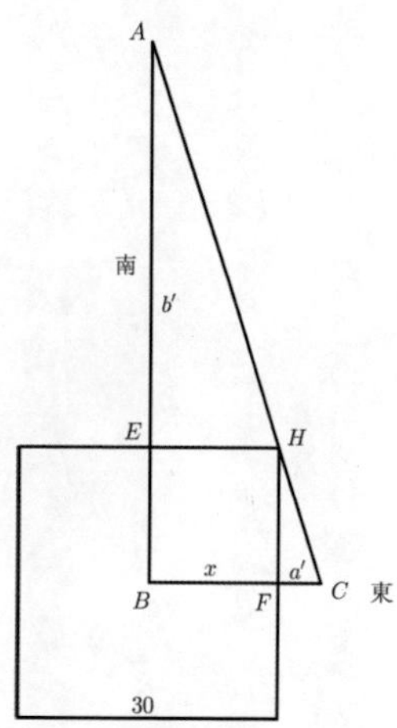

圖 12-8

問外三里所望見也
如問井不知深，但知其口徑八尺，井上立木四尺，從木端望井底至水際入目入井徑二尺，求井深若干。此以容方與餘句求餘股也。法當以井口八尺較入目入井二尺，餘六尺，以六尺為容方，與立木四尺相乘得廿四尺，以目徑二尺為餘句除之，得井深十二尺為餘股。蓋以井上四尺之方與中井長形等也，故以方數推之而得其數也。
如問池不知深，但知池面徑一丈，去池外一丈四尺立木八尺，從木端望見池底至水際入目入池徑二尺，求池深若干。此以容方與餘股求餘句也。法當以目徑二尺減池面一丈，餘八尺，與立木八尺相乘得六十四尺為容方，以去池一丈四尺加入目二尺得十六尺為餘股除之，得池深四尺為餘句。蓋因池上八尺之方形與池中目徑及池外餘地從池面至池底之扁形等也，故以此容方形推彼容扁形，因彼容扁形而知池中之實扁形幾何也。
若不論容方，但以所容此角長形推彼角長形，其如問井不知深，但知井徑七尺，去井五尺植木一根，長一丈，從木端望井底直至水際，求深若干。此以餘句求餘股也。法當以井口七尺與立木一丈相乘得七十尺為容長，以去井五尺為餘句除之，得井深一丈四尺。蓋以井上之長形與井外餘地從井面

門外三里即望見也。

如問井不知深，但知其口徑六尺，井上立木四尺，從木端望井底至水際，人目入井徑二尺，求井深若干？此以容方與餘句求餘股也。法當以井口六尺較人目入井二尺，餘四尺，以四尺爲容方，與立木四尺相乘，得十六尺。以目徑二尺爲餘句除之，得井深八尺，爲餘股[1]。蓋以井上四尺之方與中井長形等，故以方數推之，而得長數也。

如問池不知深，但知池面徑一丈，去池外一丈四尺，立木八尺，從木端望見池底至水際，人目入池徑二尺，求深若干？此以容方與餘股求餘句也。法當以目徑二尺減池面一丈，餘八尺，與立木八尺相乘，得六十四尺爲容方。以去池一丈四尺加人目二尺，得十六尺爲餘股，除之，得池深四尺，爲餘句[2]。蓋以池上八尺之方形，與池中目徑及池外餘地從池面至池底之扁形等。故以此虛方形推彼虛扁形，因彼虛扁形而知池中之實扁形幾何也。

又有不論容方，但以所容此角長形推彼角長形者。如問井不知深，但知井徑七尺，去井五尺植木一根，長一丈，從木端望井底，直至水際，求深若干？此亦以餘句求餘股也。法當以井口七尺與立木一丈相乘，得七十尺爲容長。以去井五尺爲餘句除之，得井深一丈四尺。蓋以上之長形與井外餘地從井面

---

1 如圖 12-9，立木 $CE'=4$，井徑 $EE'=6$，人目入井 $E'H=a'=2$，$HE=EE'-CE'=4$。$EBFH$ 爲句股 ABC 容方，方面 $HE=x=4$，求井深 EA，即餘句：

$$EA=b'=\frac{x^2}{a'}=\frac{4^2}{2}=8$$

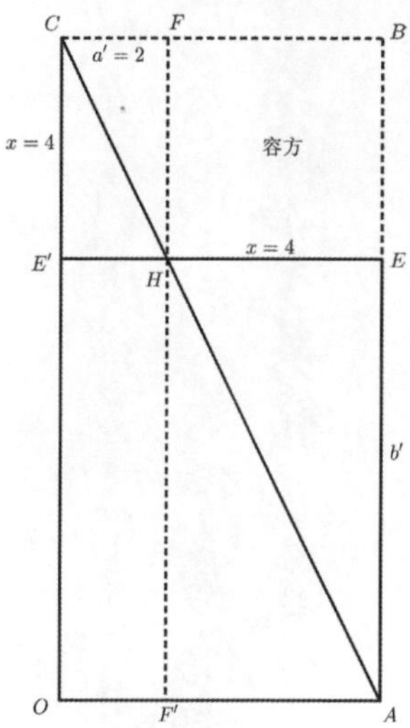

圖 12-9

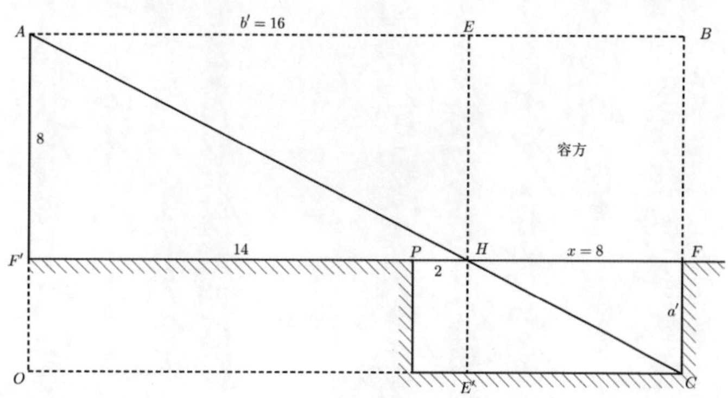

圖 12-10

2 如圖 12-10，立木 $AF'=8$，去池 $PF'=14$，人目入池 $PH=2$，池徑 $PF=10$。$HF=PF-PH=8$，$F'H=b'=PF'+PH=16$。$EBFH$ 爲句股 ABC 容方，方面 $HF=x=8$，求池深 FC，即餘句：

$$FC=a'=\frac{x^2}{b'}=\frac{8^2}{16}=4$$

至井底之長形等，故以此處長形推彼處長形，因彼處長形而知井之廣長形幾何也。總之以弦所斜分之兩角為有餘之形，任分任小，其餘兩角為無餘之形，不論方形長形，或闊而短，或狹而長，其數必等，故反覆推之而無不合也。

容方與餘勾求餘股

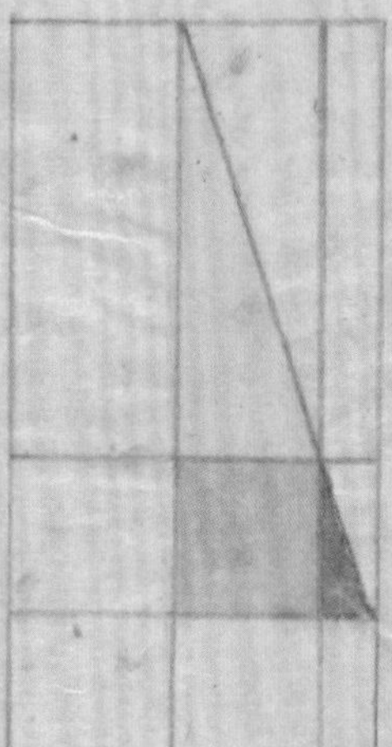

城表

合黃斜形、綠方形、青斜形為勾股全形。綠為容方十五里，居城四分之一。黃直為出南門七十五里，乃餘股也。青直為出東門三里，乃餘勾也。青角紅點為立表處。此形與此綠方為等角，故以餘勾推得餘股。

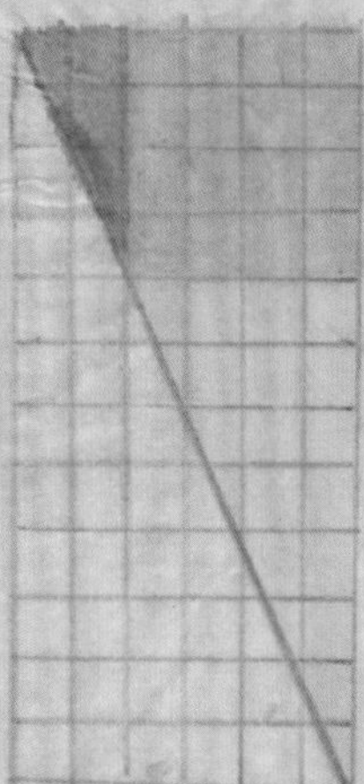

井深

合青綠黃為全勾股。綠為容方，乃井上虛形。黃為餘股，乃井之深。青為餘勾，乃人目至井邊。此形與綠方為等角，合黃與此為全井。此與此黃同長，故以方為廣，以餘勾為闊，推得長。以勾股形倒置之，經所云覆矩測深是也。

至井底之長形等，故以此虛長形推彼虛長形，因彼虛長形而知井之實長形幾何也[1]。總之，以弦所斜貫之兩角爲有線之形，任大任小；其餘兩角爲無線之形，不論方形長形，或闊而短，或狹而長，其數必等。故反覆推之，而無不合也。

容方與餘句求餘股

城表

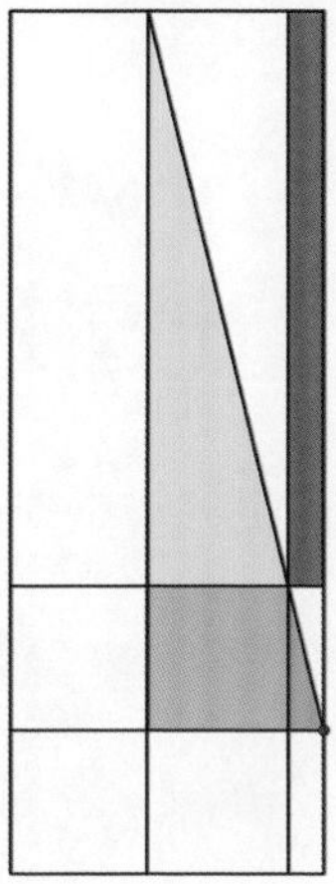

合黄斜形、緑方形、青斜形，爲句股全形。緑爲容方十五里，居城四分之一。黄直爲出南門七十五里，乃餘股也。青直爲出東門三里，乃餘句也。青角紅點爲立表處。紫形與緑方爲等角，故以餘句推得餘股。

井深

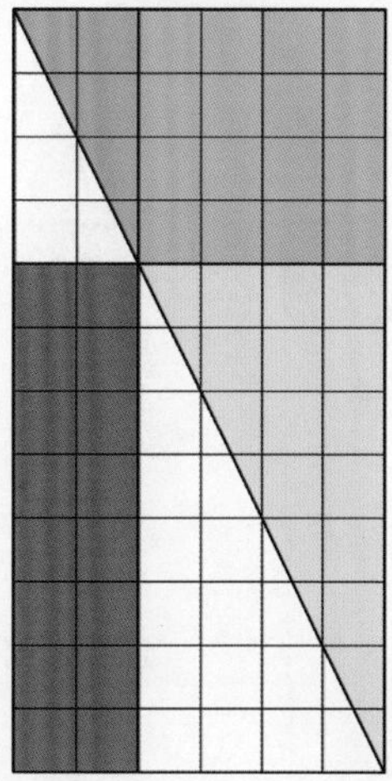

合青緑黄爲全句股。緑爲容方，乃井上虛形；黄爲餘股，乃井之深；青爲餘句，乃人目入井處。紫形與緑方爲等角。合黄紫爲全井。紫與黄同長，故以方爲實，以餘句爲闊，推得長。

句股形倒置之徑，所云“覆矩測深”是也。

1 如圖 12-11，井外立木 $CE' = m = 10$，井徑 $HE = n = 7$，去井 $E'H = a' = 5$，求得井深：

$$HF' = b' = \frac{mn}{a'} = \frac{10 \times 7}{5} = 14$$

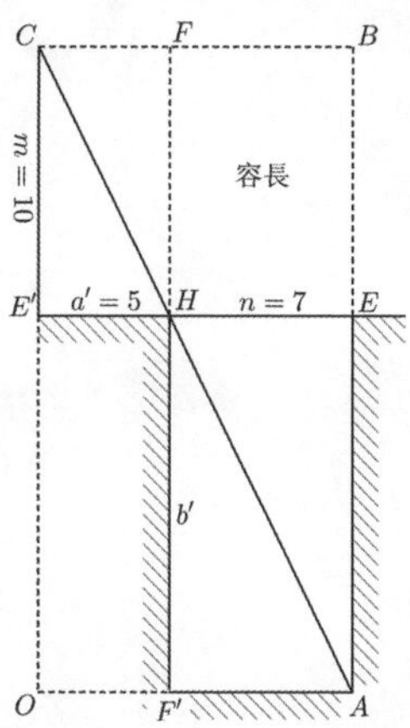

圖 12-11

池深

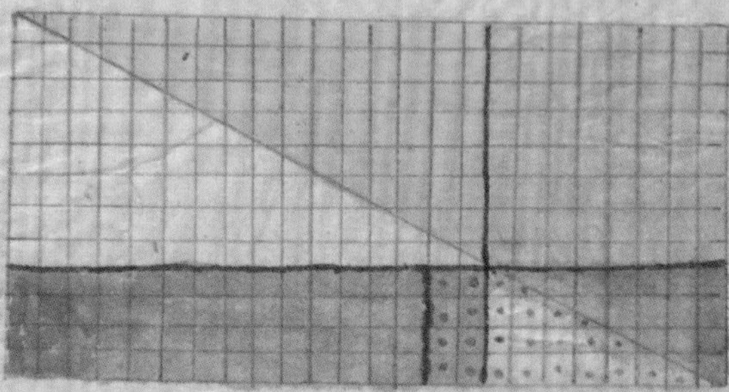

容方與餘股求餘句

今綠黄青為全句股綠為容方黄為餘股青為餘句紫形與半綠方為等角綠方與半黄綠角乃池上裏形青綠角併綠外紫形二尺為全池其紫形除二尺為池其餘十四尺為池外之地

前問井深井上為裏形其下即井此問池上池旁即有裏形只論交綠不論形之裏實也

井深

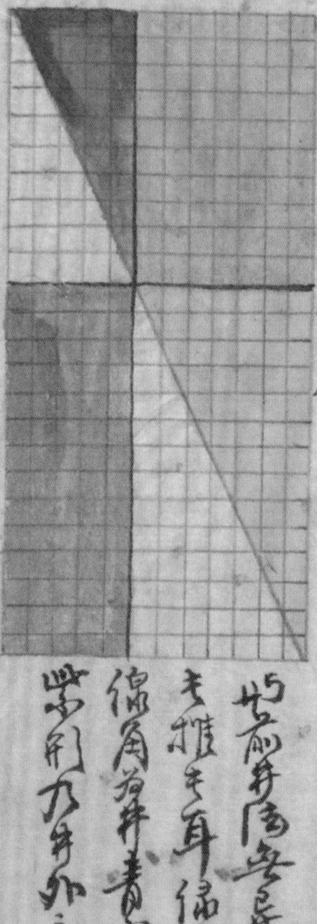

容方與餘句求餘股

此與前井深無異但前以方推青此問青推其角綠與紫為等角黄大綠角為井青以綠角為人目入井処紫形乃井外之地也

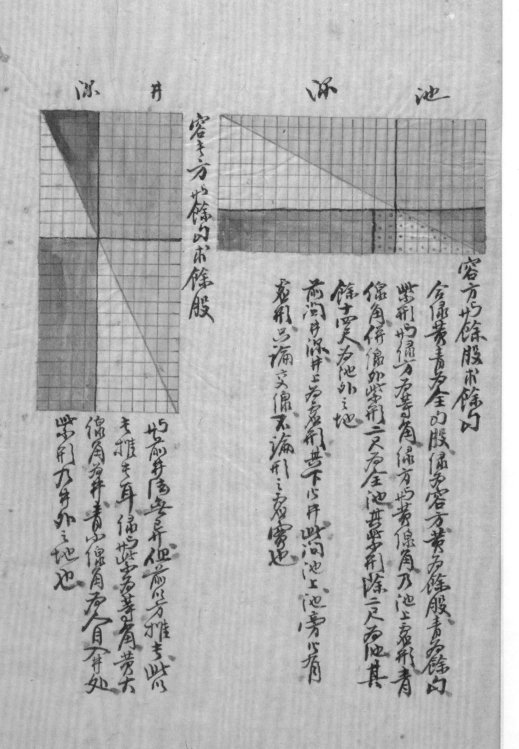

池深 容方與餘股求餘句

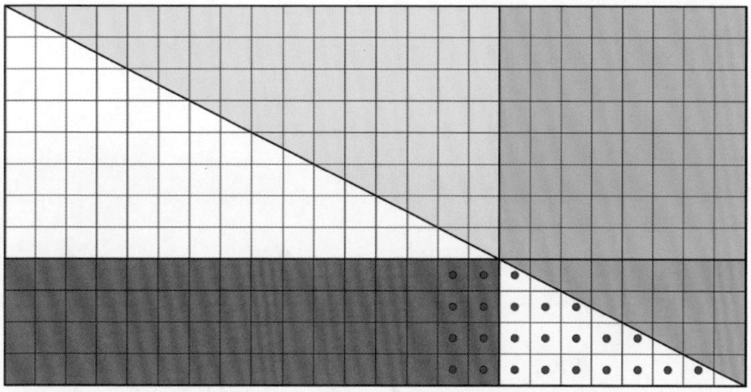

合緑黄青爲全句股，緑爲容方，黄爲餘股，青爲餘句。紫形與緑方爲等角。緑方與黄線角乃池上虚形，青線角併線外紫形二尺爲全池。其紫形除二尺爲池，其餘十四尺爲池外之地。

前問井深，井上爲虚形，其下皆井。此問池上，池旁皆有虚形，只論交線，不論形之虚實也。

井深 容長方與餘句求餘股

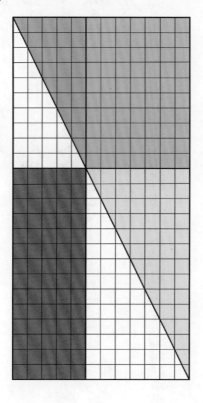

與前井法無異，但前以方推長，此以長推長耳。緑與紫爲等角，黄大線角爲井，青小線角爲人目入井處，紫形乃井外之地也。

問今有勾股容方四尺，其餘勾之弦四尺四寸七分二厘有奇，其餘股之弦八尺九寸四分四厘有奇，求全勾、全股、全弦若干。

答全勾六尺　全股十二尺　全弦十三尺四分一厘有奇

法置餘勾之弦自之得二十尺，以方為股自之得十六，減之餘四，平開之得二，為餘勾，合方為全勾；置餘股之弦自之得八十尺，以方為勾自之得十六，減之餘六十四，平開之得八，為餘股，合方為全股。用勾股求弦之法得全弦，合問。

解　方之在勾股也，於餘勾為股，於餘股為勾，減兩兩勾股，故不用勾弦求股、股弦求勾之法，以容方也兩餘弦求全弦、全勾、全股。

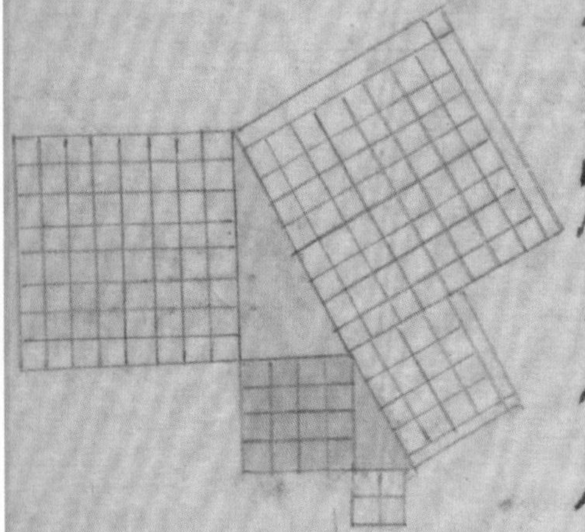

綠為容方，黃為餘股，以方為勾，青為餘勾，以方為股，成二小勾股，各取其弦，減勾而以股減股而得勾，頂線為全尺，外為餘度。

2.問：今有句股容方四尺，其餘句之弦四尺四寸七分二厘有奇，其餘股之弦八尺九寸四分四厘有奇，求全句全股全弦若干？

答：全句六尺；　　　　　　　　　　　　　全股十二尺；

全弦十三尺四分一厘有奇。

法：置餘句之弦，自之得二十尺；以方爲股，自之得十六。減之餘四，平開之得二，爲餘句，合方爲全句。置餘股之弦，自之得八十尺；以方爲句，自之得十六。減之餘六十四，平開之得八，爲餘股，合方爲全股。用句股求弦之法，得全弦。合問。

解：方之在句股也，於餘句爲股，於餘股爲句，成兩小句股。故可用句弦求股、股弦求句之法。

以容方與兩餘弦求全弦全句全股

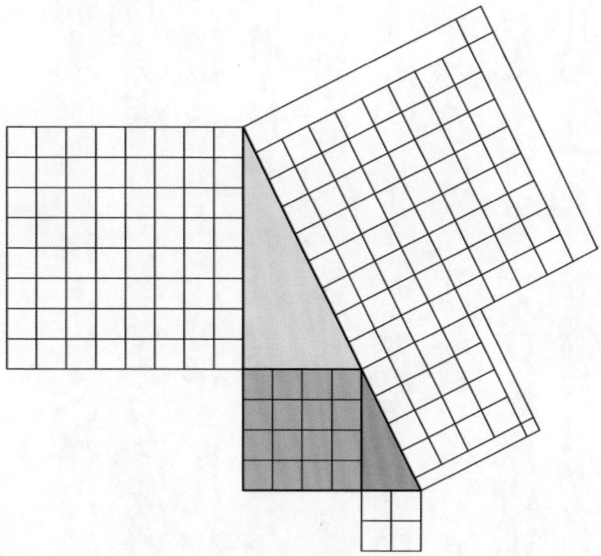

綠爲容方，黄爲餘股，以方爲句；青爲餘句，以方爲股，成二小句股。各於其弦減句而得股，減股而得句。

有線爲全尺，外爲餘度。

一凡句股求容圓，以句股相乘倍之為實，併句股弦為法除之。或句股相乘
以句股弦之和折半為法除之，同。
問今有句六尺，股八尺，弦十尺，求容圓若干。
答四尺。
法以句股相乘得四十八，倍之得九十六，併句股弦二十四除之，合問。
解所以倍之為實者，句股相乘得兩實，倍之得四實，即前篇句股和兩減
弦之餘數也。所以併三為法者，併三即弦和和之容圓，即弦和較和兩減弦餘
數，以較除之即和，以和除之即較也。併句股一十四，以弦減之，所得同。
容方成二度，容圓成三度。其一為方形，平面經斜角者圓，則隨處如一，非其
直線容之橫與線容之斜與線容之勢，須以三度為法也。試置容圓四尺，
自之得十六尺，為方形一边，加句弦較四尺，一边加股弦較二尺，併三度得
十，即全弦也。置方於中，以全弦旋繞作線，若如二較之度，轉作圓之必成
一八角形，而作一圓，則直橫斜俱成八角之面集，故以三度而成之也。

三度成圓圖

【句股容圓】

一、凡句股求容圓者，句股相乘，倍之爲實，併句股弦爲法除之。或句股相乘，將句股弦之和折半，爲法除之，同[1]**。**

1.問：今有句六尺、股八尺、弦十尺，求容圓若干？

答：四尺。

法：句股相乘得四十八，倍之得九十六，併句股弦二十四除之。合問。

解：所以倍之爲實者，句股相乘得兩實，倍之得四實，即前篇句股和内減弦之餘數也。所以併三爲法者，併三即弦和和，容圓即弦和較[2]。和内減弦，餘數以較除之，得和；以和除之，還得較也[3]。併句股一十四，以弦減之，所得同。

容方取二度、容圓取三度者，蓋方形平面短、斜角長，圓則隨處如一，欲其直能容之，横亦能容之，斜亦能容之，勢須以三度爲法也。試置容圓四尺，自之得一十六尺，爲方形。一邊加句弦較四尺，一邊加股弦較二尺，併三度得十，即全弦也。置方於中，以全弦旋繞作線，各如二較之度，轉折圍之，必成一八角形。内作一圓，則直横斜俱至八角之面矣，故以三度而取之也。

三度取圓圖[4]

1 句股容圓術，出自《九章算術》卷九“句股章”第十五題，術文云：“三位併之爲法，以句乘股倍之爲實。實如法得徑一步。”設圓徑爲 d，用公式可表示爲：

$$d=\frac{2ab}{a+b+c}$$

如圖 12-12（1）爲二倍句股積 $2ab$，裁切拼合成圖 12-12（2）長方，以弦和和 $a+b+c$ 爲長，以圓徑 d 爲闊，得：

$$d=\frac{2ab}{a+b+c}$$

句股容圓亦見《算法統宗》卷十二句股章“句股容方容圓”、《同文算指通編》卷六“句股畧”第七條“句股求容圓”。

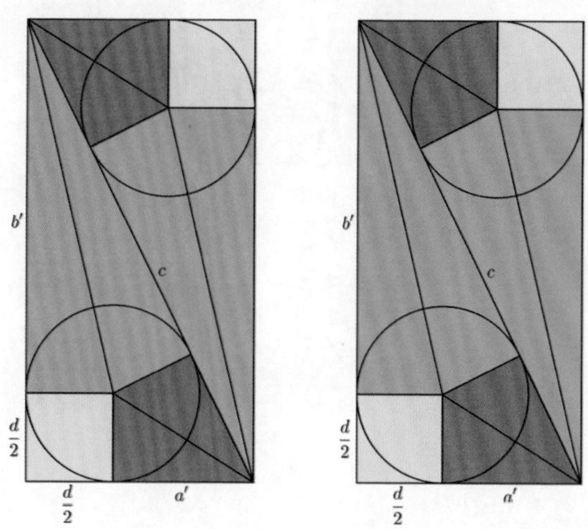

圖 12-12（1）

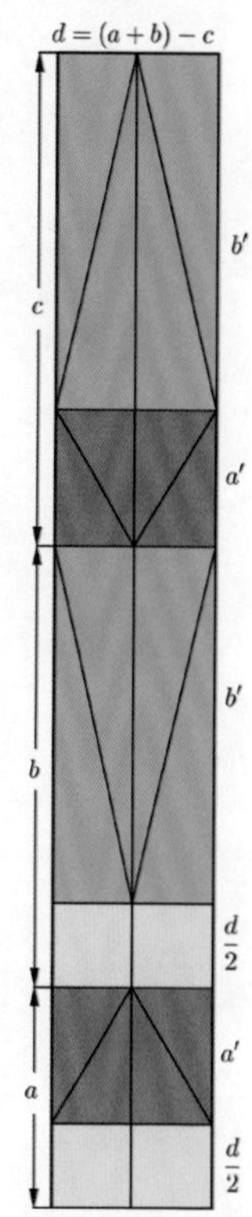

圖 12-12（2）

（轉一九四三頁）

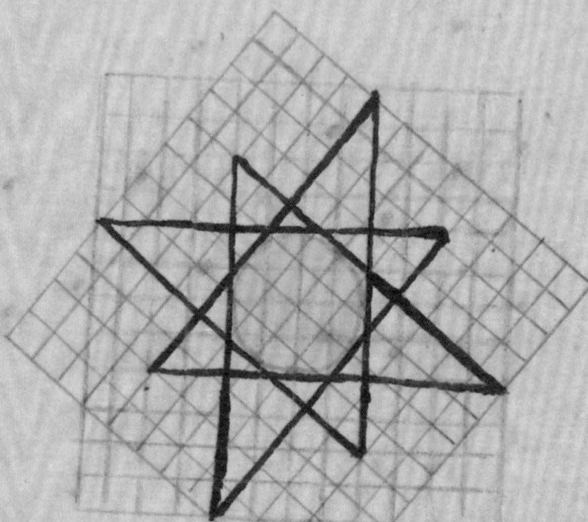

中方四尺乃容圓之數曰弦和較也外加小尖
二尺為股弦較加大尖四尺為句弦較併之
得弁先平置一線十尺又斜引之以十尺旋
繞圓周遍使復其初成八角形八角之內
橫直斜以四尺其四尺之外有尖之出
其以四尺則以句弦較也加股較於方
成句加句較於方成股合之則以弦也

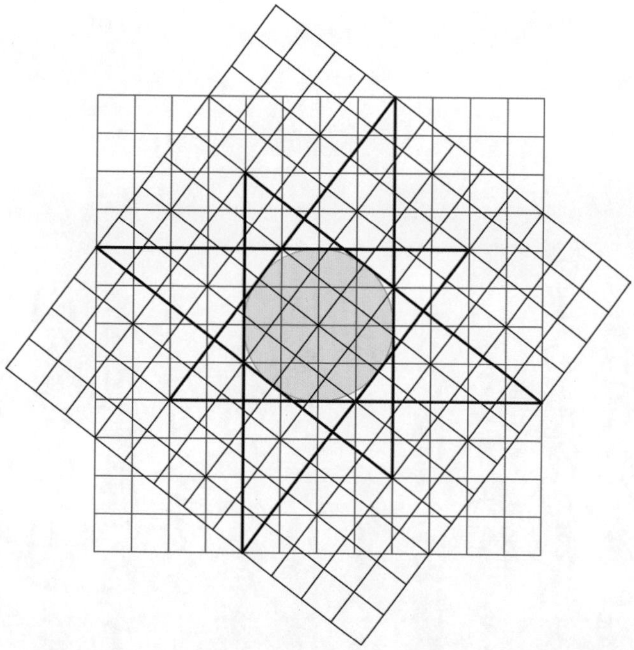

中方四尺，乃容圓之數，即弦和較也。外加小尖二尺，爲股弦較；加大尖四尺，爲句弦較，併之得十。先平置一線十尺，又斜引之皆十尺，旋繞周遍，使復其初，成八角形。八角之内，横直斜皆四尺。其四尺之外，大尖之出者，皆四尺，則皆句弦較也。加股較於方成句，加句較於方成股，合之則皆弦也。

（接一九四一頁）

2 如圖 12-12（1），$a+b=\left(a'+\frac{d}{2}\right)+\left(b'+\frac{d}{2}\right)=(a'+b')+d=c+d$，故：

$$d=(a+b)-c$$

3 和内減弦，指句股和自乘積 $(a+b)^2$ 減去弦自乘積 c^2，餘積得 $2ab$。以較除之得和，以和除之得較，即：

$$\frac{2ab}{(a+b)-c}=a+b+c\;;\;\frac{2ab}{a+b+c}=(a+b)-c$$

4 此圖與徐光啟《句股義》第七題“句股求容圓”繪圖相似，《同文算指通編》卷六“句股畧”未收。

一凡句股容圓以圓度與卅三條相比但得其一無另求置圓度分之得方積半之得數以為實以餘句為法除之得餘股以餘股為法除之得餘句合餘句餘股容圓三數為弦

問今有句股容圓四尺或正和餘句二尺或正和餘股四尺求全句全股及弦各幾平

答曰句六股八弦十

法四尺自乘一十六半之得八為實以餘句二尺除之得四為餘股以餘股四除之得二為餘句以餘股合方得全股以餘句合方得全句合餘句餘股於方即弦

解餘句與股弦較餘股與句弦較其餘弦與餘句餘股故互為為法

所以半之為實者以二較相乘倍之即得弦和較故半和實句較除之得股較以股較除之得句較也圖說俱見前篇

以二較相乘倍之為弦和較以餘句餘股求容圓之法也故不重贅

一凡句股容句股者於居中取之三度以得全度之半於任便取之句股弦隨意取一段與卅全度相較爭得無幾何以全度為母以所設為子轉求餘度其率必著

問今有句股形股八句六弦十內容一中句股形其句股弦求各幾年

答曰句三股四弦五

一、凡句股容圓，以圓度與三餘相見，但得其一，無不可求。置圓度自之，得方積，半之得數以爲實，以餘句爲法除之，得餘股；以餘股爲法除之，得餘句。合餘句、餘股、容圓三數爲弦[1]。

1.問：今有句股容圓四尺，或止知餘句二尺，或止知餘股四尺，求全句、全股及弦若干？

答：句六；　　　　　　　　股八；　　　　　　　　弦十。

法：四尺自乘一十六，半之得八爲實，以餘句二尺除之，得四爲餘股；以餘股四除之，得二爲餘句。以餘股合方，即全股；以餘句合方，即全句；合餘句、餘股於方，即弦。

解：餘句即股弦較，餘股即句弦較，其餘弦即餘句、餘股，故不另爲法。

所以半之爲實者，以二較相乘，倍之即得弦和較，故半和實，句較除之得股較；以股較除之，得句較也。圖説俱見前篇。

以二較相乘，倍之爲弦和較，即餘句、餘股求容圓之法也，故不重贅。

【句股容句股】

一、凡句股容句股者，若居中取之，三度皆得全度之半；若任便取之，句股弦隨意取一段，與全度自相較而得其幾何，以全度爲母，以所設爲子，轉求餘度，其率皆等。

1.問：今有句股形，股八句六弦十，内容一小句股形，其句股弦求各若干？

答：句三；　　　　　　　　股四；　　　　　　　　弦五。

---

1 如圖 12-13，$QU=BM=BK=d$，爲句股内容圓徑；$AQ=AM=b_1$，爲餘股；$CK=CU=a_1$，爲餘句。由圖可知，$a_1=AC-AU=c-b$；$b_1=AC-CQ=c-a$，又 $d=(a+b)-c$，故圓徑 d、餘句 b_1、餘股 a_1 三數互求，即弦和較 $(a+b)-c$、股弦較 $c-b$、句弦較 $c-a$ 三數互求。據句股較和篇“句弦較與股弦較”，可知：

$$(c-a)(c-b)=\frac{\left[(b+a)-c\right]^2}{2}$$

故：$a_1 b_1=\frac{d^2}{2}$。參《同文算指通編》卷六“句股畧”第七條“句股求容圓”。

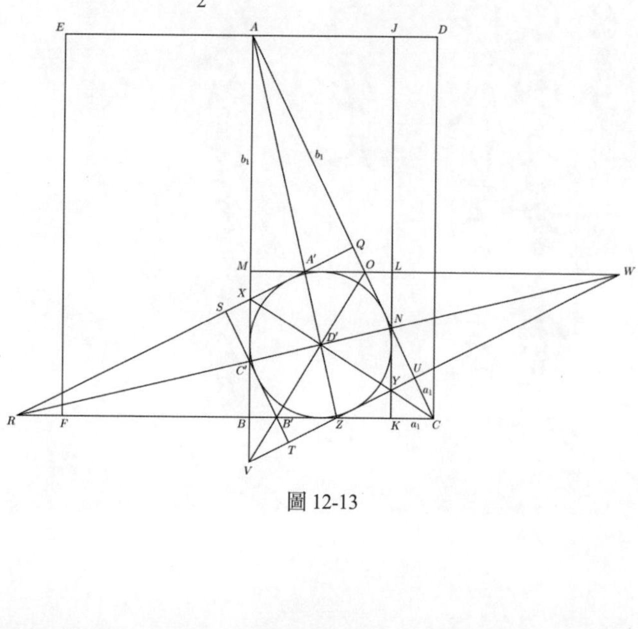

圖 12-13

法置全句股弦各半之合問

解凡三角容三角徑得全徑之半積得全積之一如此問全句股積二十四內積知六也全形分作四句股以等此各半取廿

句股容句股圖

外句六內句三 外股八內股四
外弦十內弦五各得其半

問今有句九尺股十二尺弦十五尺任設句三尺或設股八尺或設弦十二尺其各

度算

答句三尺廿 股四尺 弦五尺

弦十二尺廿 句七尺二寸 股九尺六寸

股八尺廿 句六尺 弦十尺

法以句三尺除全句得三之一因知股弦各三之一以股八尺除全股得一五即三之二也因知句弦各三之二以弦十二尺除全弦得一二五即五之四也因知句股各五之四合問

解此任便取廿此度分視全算則彼度分視全亦算矣

法：置全句股弦，各半之。合問。

解：凡三角容三角，徑得全徑之半，積得全積［四］之一[1]。如此問，全句股積二十四，内積則六也，全形分作四句股皆等。此居中取者。

句股容句股圖

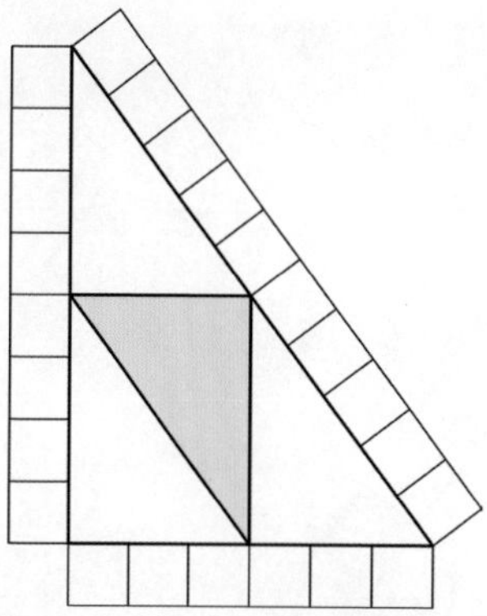

外句六，内句三；外股八，内股四；外弦十，内弦五，各得其半。

2.問：今有句九尺，股十二尺，弦十五尺。任設句三尺，或設股八尺，或設弦十二尺，其各度若干？

答：句三尺者，股四尺，弦五尺；

股八尺者，句六尺，弦十尺；

弦十二尺者，句七尺二寸，股九尺六寸。

法：以句三尺除全句，得三之一，因知股、弦各三之一。以股八尺除全股，得一五，即三之二也，因知句、弦各三之二。以弦十二尺除全弦，得一二五，即五之四也，因知句、股各五之四。合問。

解：此任便取者。此度分視全若干，則彼度分視全亦若干矣。

1 四，據文意補。

句股容句股圖

一

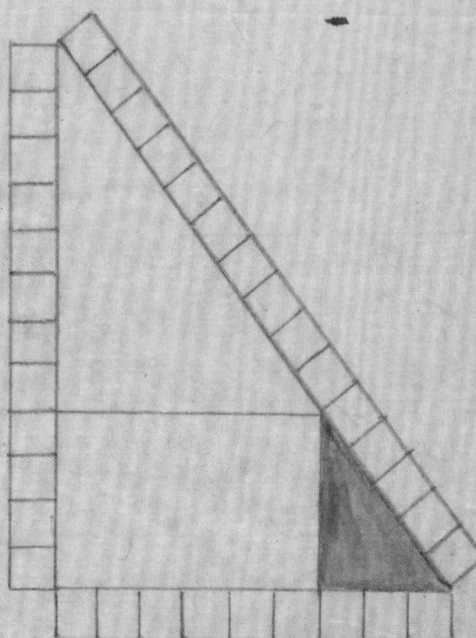

截句三例股得四
弦得五名句率
度三之一

二

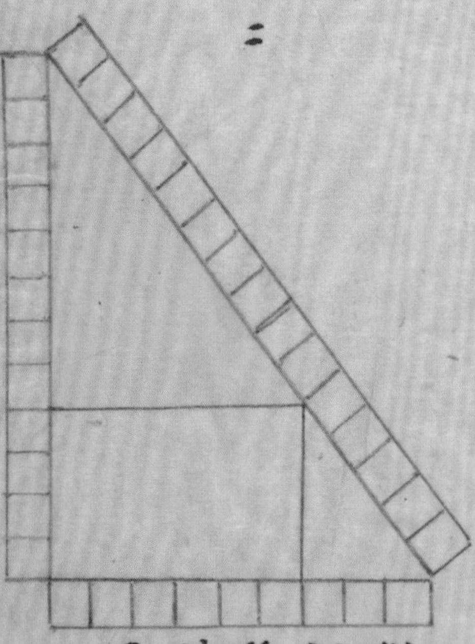

截股八
例句得六
弦得十名
股全度
三之二

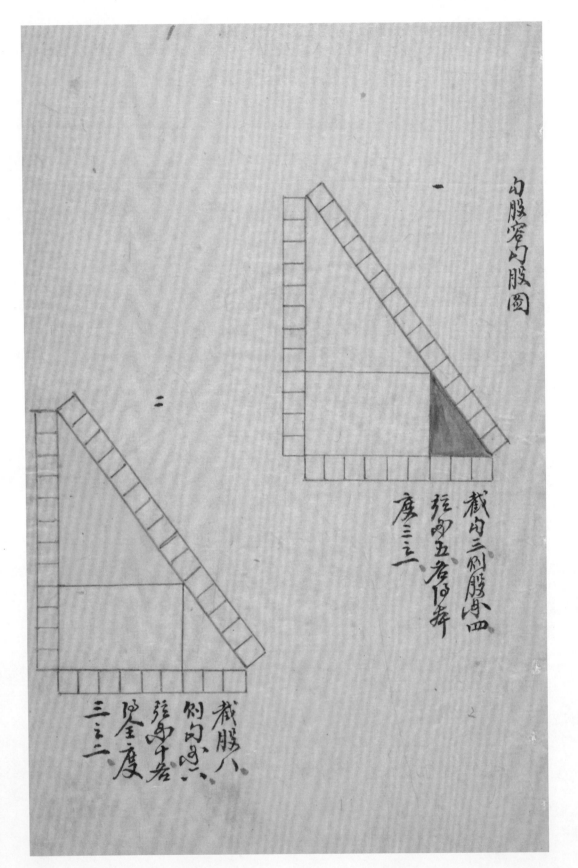

句股容句股圖 一

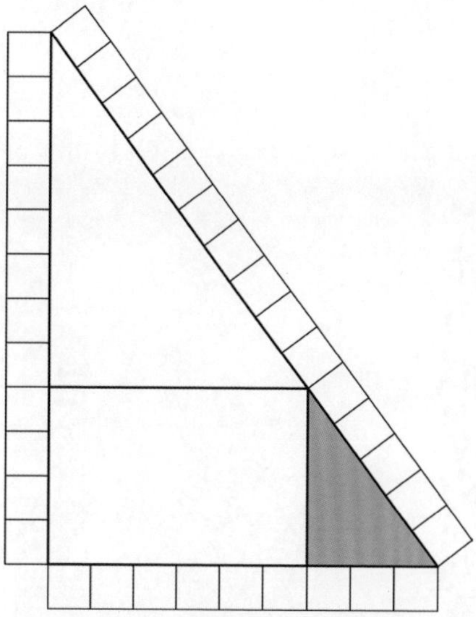

截句三，則股必四、弦必五，各得本度三之一。

二

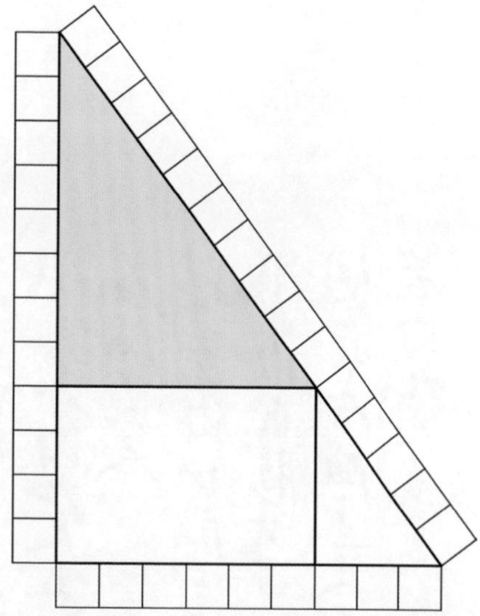

截股八，則句必六、弦必十，各得全度三之二。

三

截弦十二則句弦七尺二寸股弦九尺六寸若以全度五分之四

一句股容句股並知一度之全與其分而不知餘度之全其以所分之比度互相接而得其幾何如句闊股弦股弦為母句為子股闊句股為母句為子股闊弦之為母股為子弦闊句股弦為母句股為子小形相視如大形相視其率必等

闊今有全句九尺不知全股幾何但知截句三尺其股闊四尺求全股幾何

答股十二尺

法是為句闊股四之三截全句三除之四乘之合問

解此句求股者

闊今有全股十二尺不知全句幾何但知截股四尺其句闊三尺求全句幾何

答句九尺

三

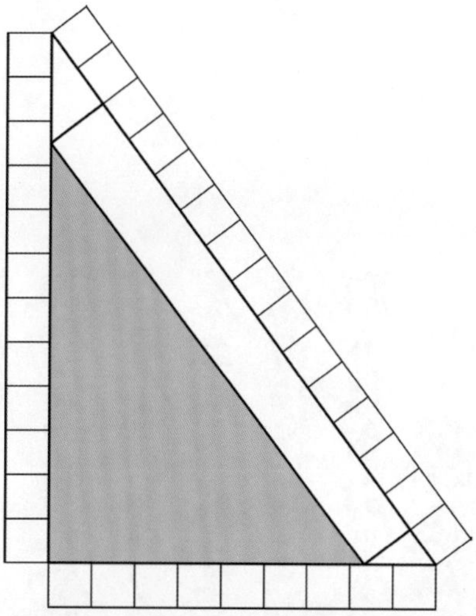

截弦十二，則句必七尺二寸，股必九尺八寸，各得全度五分之四。

一、凡句股容句股，若止知一度之全與分，而不知餘度之全者，以所分之諸度互相較而得其幾何。如句問股、弦，股、弦爲母，句爲子。股問句，股爲母，句爲子；問弦，弦爲母，股爲子。弦問句、股，弦爲母，句、股爲子。小形相視與大形相視，其率皆等。

1.問：今有全句九尺，不知全股若干。但知取句三尺，其股得四尺，求全股若干？

答：股十二尺。

法：是爲句得股四之三，取全句三除之，四乘之。合問。

解：此句求股者。

2.問：今有全股十二尺，不知全句若干。但知取股四尺，其句得三尺，求全句若干？

答：句九尺。

法此亦句股四之三也故全股四除之三乘之合問

解此股求句法

問今有句股形全弦十五尺不知句股若干但知股弦五尺則句三尺股四尺求全

句全股若干

答句九尺　股十二尺

法句股弦五之三將全股五除三乘股弦五之四將全弦五除四乘合問

解此弦求句股與句股求弦之雜

以上三問往復取之以全蓋小形此度視彼度若干則大形亦此度視彼度如

又述

一凡句股容句股係不知其全者設為兩度而求其較如立股卧句設

兩股等而伸縮其兩句以句井原股為弦以兩股前後相去為距以兩句

去弦相減為較以距乘設股為實以較為法除之得數併於設股為全

股立句卧股則設兩句法亦如之

問今有句股不知若干數但知兩股各十六尺前句八尺後句四尺相距四尺

以句井原股為弦求全句全股若干

答股三十六尺　句一十六尺

法：此亦句得股四之三也，取全股四除之，三乘之。合問。

解：此股求句者。

3.問：今有句股形，全弦十五尺，不知句股若干。但知取弦五尺，則句三尺、股四尺，求全句、全股若干？

答：句九尺；　　　　　　　　　　　股十二尺。

法：句得弦五之三，將全股五除三乘；股得弦五之四，將全弦五除四乘。合問。

解：此弦求句股者。句股求弦可推。

以上三問，任便取之皆合。蓋小形此度視彼度若干，則大形亦此度視彼度若干也。

一、凡句股容句股，俱不知其全者，設爲兩度而求其較。如立股卧句，設兩股等，而伸縮其兩句，使皆與原股爲弦，以兩股前後相去爲距，以兩句長短相減爲較。以距乘設股爲實，以較爲法除之，得數併於設股，爲全股[1]。立句卧股，則設兩句，法亦如之。

1. 問：今有句股，不知各數若干。但知兩股各十六，前句八尺，後句四尺，相距四尺，皆與原股爲弦，求全句、全股若干？

答：股三十二尺；　　　　　　　　　　句一十六尺。

---

1 如圖 12-14，$EF = GH = b_1$，爲所設兩等股。$FC = a_1$，爲前句；$HI = a_2$，爲後句。$HF = m$，爲股間距。在 FC 上取點 J，使 $FJ = HI = a_2$，$JC = FC - FJ = a_1 - a_2$，爲兩句較。由圖可知：

$$S_{\text{IV}} + S_{\text{V}} = S_{\text{I}} + S_{\text{II}}$$

又 $S_{\text{I}} = S_{\text{III}} = S_{\text{IV}}$，故 $S_{\text{V}} = S_{\text{II}}$，得：

$$DK \cdot JC = EF \cdot HF$$

解得：

$$DK = \frac{EF \cdot HF}{JC} = \frac{b_1 m}{a_1 - a_2}$$

加設股 b_1，得全股 AB。此爲立股卧句，立句卧股同理可求。法同重差，參句股測篇“表測高遠俱不知”。

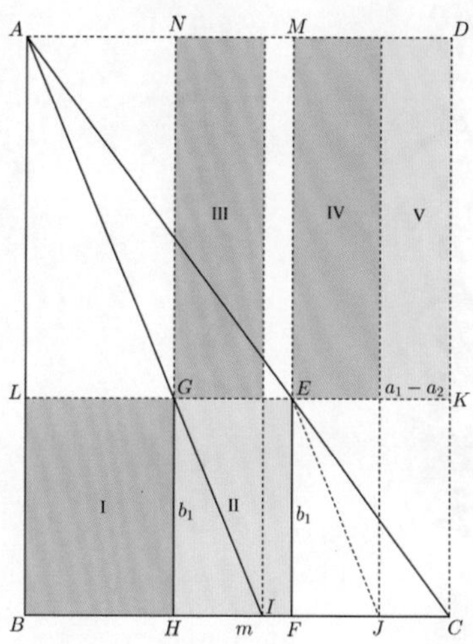

圖 12-14

法以距四尺乘股十六尺得六十四尺以兩句相減餘四尺為法除之得十六尺為設股以上之度加設股一十六尺為全股既知全股用前求句股法
或以股自較設股十六得全股之半因知前句八尺得全句之半矣
或以股較句設股而倍於句因知全股亦倍於句矣
又法置所得十六尺以前句八尺乘之得一百二十八以設股十六除之得前句以後之度加前句得全句合問

解此先求股卄

問今有句股不知其數但知兩句各五尺前股十尺後股五尺相距十一尺求句卄
原句為弦求全句全股若干
答句一十六尺　股三十二尺
法以距十一尺乘設句五尺得五十五尺以設五尺減前股十尺餘五尺為法除之得一十一尺為設句以上之度加設句為全句以句求股若前法合問

解此先求句卄
以上三問乃測高望遠所用者也臥其遠也豎立其高也所設之等句等股則前後二表也以表乘兩表相去為積所謂表間積也求得高度乃表上之積也蓋就全形言之前表與其句乃全形之小綜角其餘弦為大

法：以距四尺乘股十六尺，得六十四尺。以兩句相減餘四尺爲法除之，得一十六尺，爲設股以上之度。加設股一十六尺，爲全股。既知全股，用前小句股求大句股法，或以股自較，設股十六得全股之半，因知前句八尺亦得全句之半矣；或以股較句，設股兩倍於句，因知全股亦兩倍於句矣。

又法：置所得十六尺，以前句八尺乘之，得一百二十八，以設股十六除之，得前句。以後之度加前句，得全句。合問。

解：此先求股者。

2.問：今有句股不知若干，但知兩句各五尺，前股十尺，後股五尺，相距十一尺，皆與原句爲弦，求全句、全股若干？

答：句一十六尺；　　股三十二尺。

法：以距十一尺乘設句五尺，得五十五尺。以後五尺減前股十尺，餘五尺爲法除之，得一十一尺，爲設句以上之度，加設句爲全句。以句求股，如前法。合問。

解：此先求句者。

以上二問，乃測高望遠所從出也。卧者遠也，豎者高也。所設之等句等股，則前後二表也。以表乘兩表相去爲積，所謂表間積也。求得高度，乃表上之積也。蓋就全形言之，前表與句乃全形之小綫角，其餘弦爲大

留勾以接也

倘角前表以上与此前表以後兩段爲等角等角之法例須□□知彼今兩
倶不知故設爲兩角取之表以上之積與豎分二段一段爲減勾表上之積一段爲
留勾表上之積表以後之積橫分二段一段爲表澗之積一段爲後表以後之
積其減勾表上之積与此後表以後之積爲等角其留勾表上之積与此
表澗積爲等角乃變互求之法然後減勾一段於後表之勾上則兩段
倘角四段等角而勾股形皆然則自然各併兩段爲一段則儀然全形之
兩等角也從此減通其所以然得以未從觀理而先其肯綮矣

立股所勾

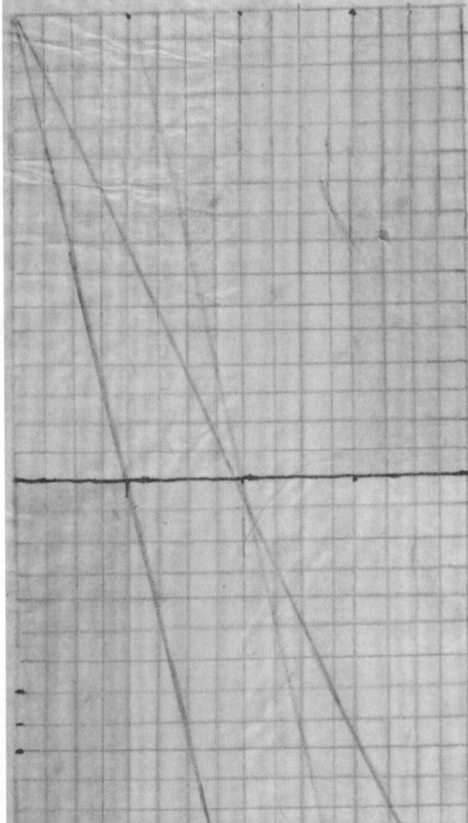

此係二爲前後二表以全形論之前表之前爲倘角
黄綠兩段爲等角今分作二段以二表中澗一段黄積爲等角以後一段綠積与此表上之黄積爲等角合之則成全形矣

線角[1]；前表以上與前表以後兩段，爲等角[2]。等角之法，例須以此知彼。今兩俱不知，故設爲兩形取之。表以上之積豎分二段，一段爲減句表上之積，一段爲留句表上之積[3]；表以後之積横分二段，一段爲表間之積，一段爲後表以後之積。其減句表上之積，與後表以後之積爲等角；其留句表上之積，與表間積爲等角[4]。乃交互求之之法。若移減句一段於後表之句上[5]，則兩段線角、四段等角、兩句股形，皎然明白。若各併兩段爲一段，則依然全形之兩等角也。學者誠通其所以然，即未學窺望，而先其肯綮矣。

立股卧句

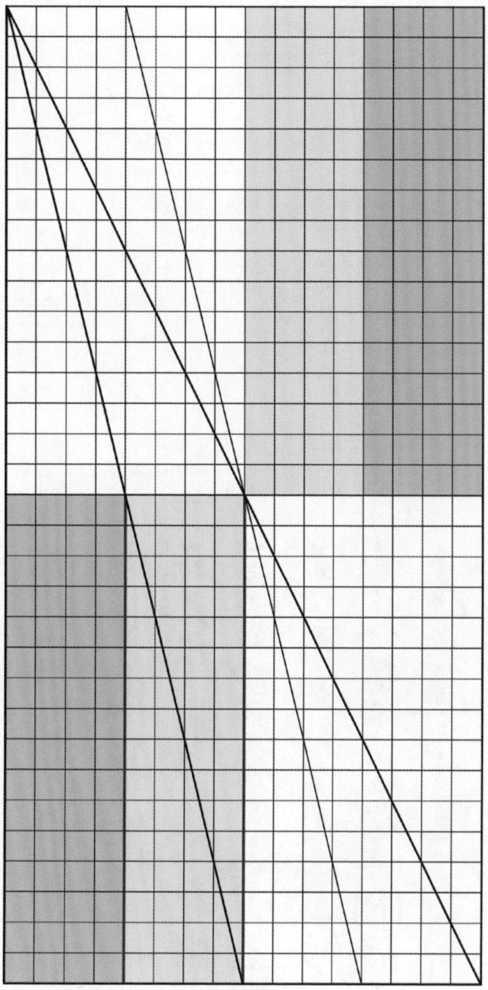

紫線二爲前後二表。以全形論之，前表之前爲線角，黄緑實四段爲等角。今分作二段，以二表中間一段黄積爲等角，以後一段緑積與表上之黄積爲等角，合之則成全形矣。

---

1 線角，指弦兩側之矩形。如前圖 12-14，*EFCK* 爲全形之小線角，被弦線分作兩段相等的句股形 *EFC* 、*EKC* 。*ALEM* 爲全形之大線角，被弦線分作兩段相等的句股形 *ALE* 、*AME* 。

2 如前圖 12-14，前表以上兩段指 Ⅳ 、Ⅴ，前表以後兩段指 Ⅰ 、Ⅱ，$S_{\mathrm{IV}}+S_{\mathrm{V}}=S_{\mathrm{I}}+S_{\mathrm{II}}$。

3 原書天頭批注:“留句即較也”。

4 如前圖 12-14，減句表上之積指 Ⅳ，留句表上之積指 Ⅴ；表間積指 Ⅱ，後表以後之積指 Ⅰ 。$S_{\mathrm{IV}}=S_{\mathrm{I}}$，$S_{\mathrm{V}}=S_{\mathrm{II}}$。

5 如前圖 12-14，即長方形 Ⅲ 。

方內卯股

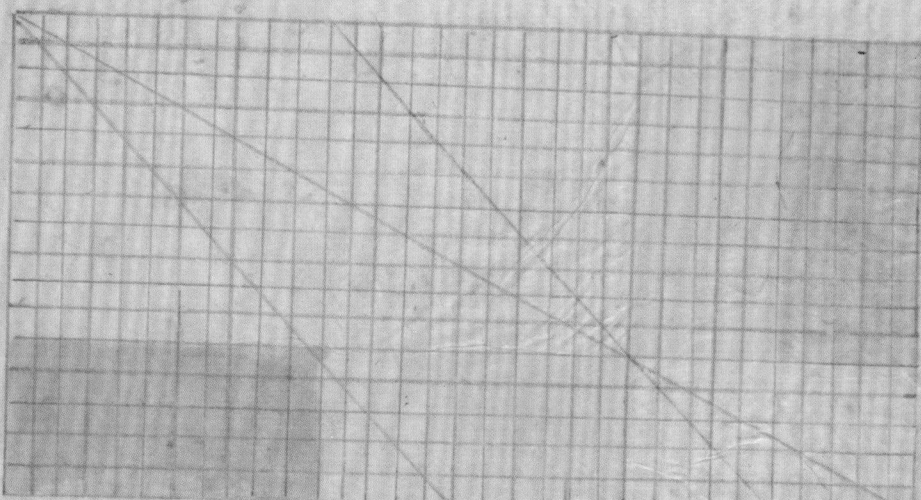

但黃實有等角黃但實為等角合之
成大等角也前同推
或先設設形進設之存商形推法一也
一度幾何餘度以幾小形幾何大形亦
幾何形幾何合形之幾以自幾之章
而由人智所以測高測深量測無高
之遠無遠之高者高徑寸而知千地之
大全賴有此也

立句卧股

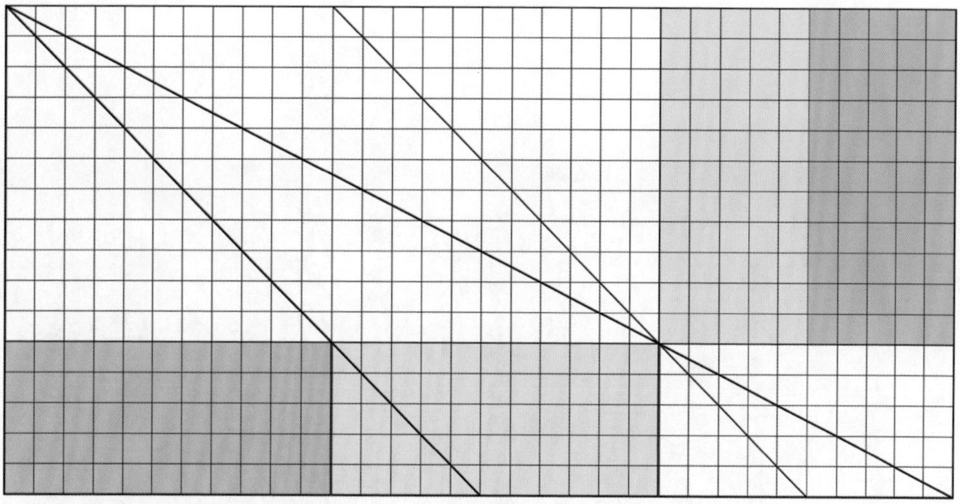

緑黄實爲等角，黄緑實爲等角，合之成大等角，與前同推。

或先設後形，進設之爲前形，推法一也。

一度然，則餘度皆然；小形然，則大形亦然；分形然，則合形亦然。皆自然之率，不由人智。所以測高測深，兼測無高之遠、無遠之高，不離徑寸，而知天地之大，全賴有此也。

句股測

句股之法施之於用則爲測或以高測遠或以遠測高或深或廣相測或與高之遠無遠之高無廣之深無深之廣則設重表累矩以測之日星之晷度山谷之崇深皆可知也表測算書備有其法矩測惟見於西書考之周髀平矩以正繩偃矩以望高覆矩以測深臥矩以知遠環矩以爲圓合矩以爲方句股之術原於矩術則矩測之爲用自有句股而已備矣秦焫之後先王之法古殷湮廢僅於西書而見之亦豈非此理之同也西書矩製長以十二爲全以像之所畧爲無分蓋形使一乘一除以備四率耳今亦以十爲全則測而得更爲簡易矣

一 凡表測之法以遠求高者設爲高而得其遠以原遠乘今高以今遠除之以高求遠者設爲遠而得其高以原高乘今遠以今高除之

問今有木不知高但知日影長五丈再立一表高一丈二尺其影一丈五尺求木高若干

荅四丈

法以影爲今遠表爲今高原影爲原遠以今高一丈二尺乘原遠五丈得実以今遠一丈五尺除之合問

句股測

句股之法，施之於用則爲測。或以高測遠，或以遠測高，或深廣相測。或無高之遠，無遠之高，無廣之深，無深之廣，則設重表累矩以測之。日星之晷度，山谷之崇深，皆可知也。表測，筭書備有其法；矩測，惟見於西書。考之《周髀》“平矩以正繩，偃矩以望高，覆矩以測深，卧矩以知遠，環矩以爲圓，合矩以爲方”[1]，句股之體，原即矩體，則矩測之爲用，自有句股而已備矣。秦焰之後，先王之法大段湮廢，偶於西書而見之，亦此心此理之同也。西書矩製，以十二爲全，以線之所界爲其分。蓋欲使一乘一除，以備四率耳。今若以十爲全，則一測而得，更爲簡易矣。

【表測】

一、凡表測之法，以遠求高者，設爲高而得其遠，以原遠乘今高，以今遠除之。以高求遠者，設爲遠而得其高，以原高乘今遠，以今高除之。

1.問：今有木不知高，但知日影長五丈，再立一表高一丈二尺，其影一丈五尺，求木高若干[2]？

答：四丈。

法：以影爲今遠，表爲今高，原影爲原遠。以今高一丈二尺乘原遠五丈，得六丈，以今遠一丈五尺除之。合問。

1 引文出《周髀算經》卷上。

2 此題見於《算法統宗》卷十二句股章，徐光啟《測量異同》第一題“以影測高”引録。此類問題的解法最早出自《孫子算經》卷下第二十五題，傳統算書稱作“孫子算經度影量竿法”。

解曰影從木梢至地其斜迤之勢為弦无論木之長短其弦一也木表為句影
為股今表今影祇原表原影只句股中小句股故每高與率與遠與
干分數等耳
此異乘同除之法以今影為一率今高為二率原影為三率二三相乘以一
率除之
或以一率一五除二率一二得八以三率五乘之
或以二率一二除一率一五得一二五以除三率五
或以一率一五除三率五得三三三不尽以二率一二乘之
或以三率五除一率一五得三以除二率一二所得俱同說見異乘同除
若影以先知求高則以影五丈為一率表四尺為二率今影一丈五尺為三率
求法俱同得高一丈二尺
此即句股容積篇截句截股之法詳具本篇

以影測高圖

解：日影從木梢至地，其斜迤之勢爲弦，無論大小，其弦一也。木表爲句，影爲股。今表今影視原木原影，即大句股中小句股。故每高若干，即遠若干，分數等耳。

如粟布之法，以今影爲一率，今高爲二率，原影爲三率，二、三相乘，以一率除之。

或以一率一五除二率一二，得八，以三率五乘之。

或以二率一二除一率一五，得一二五，以除三率五。

或以一率一五除三率五，得三三三不盡，以二率一二乘之。

或以三率五除一率一五，得三，以除二率一二，所得俱同。説見粟布。

若影以大知小，則以影五丈爲一率，長四丈爲二率，今影一丈五尺爲三率，求法俱同，得小句一丈二尺。

此即句股容篇截句截股之法，詳具本篇。

以影測高圖

以景測高圖

假如木高二十丈景長三十丈於上圖今但知景不知高另設一表高八丈如下圖視景若干

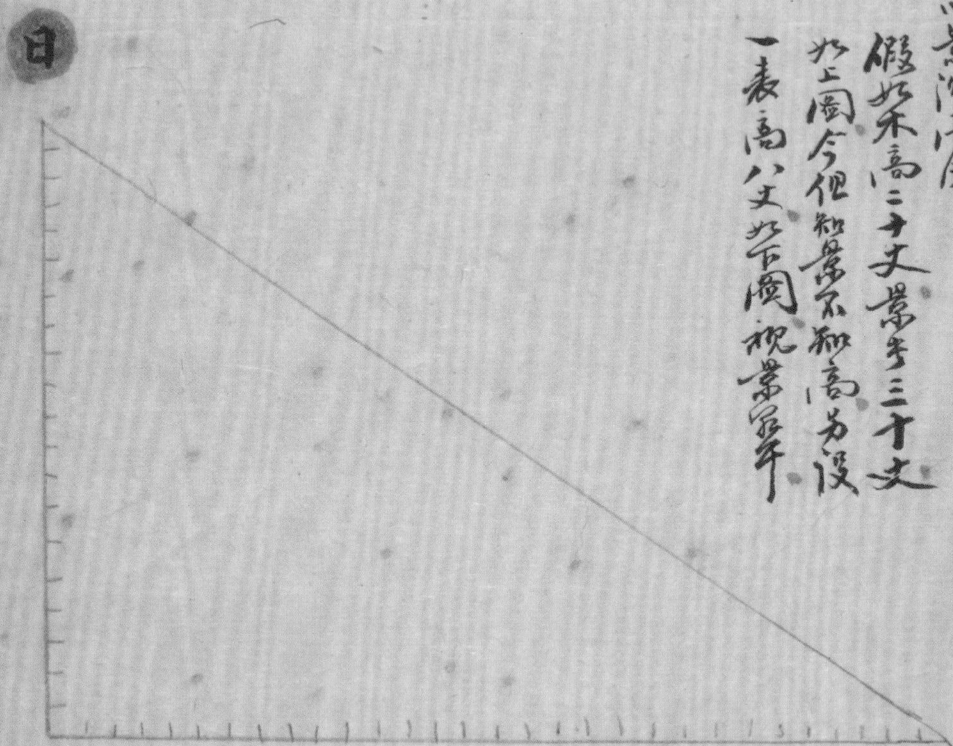

設表高八丈如下圖視其景却長一十二丈既知十二丈之景出於八丈便知三十丈之景出於二十丈矣立四率如下

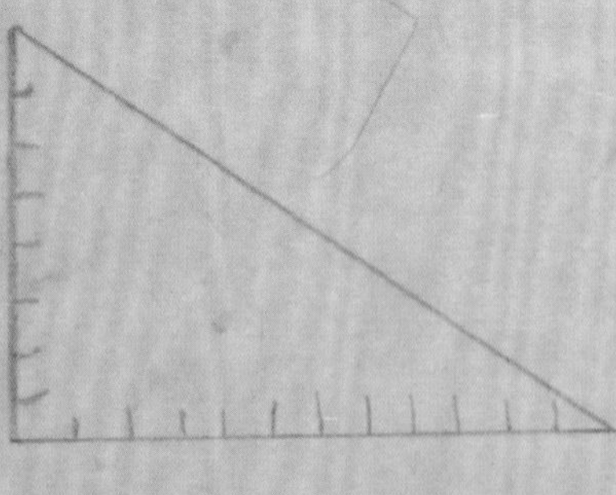

以景測高圖[1]

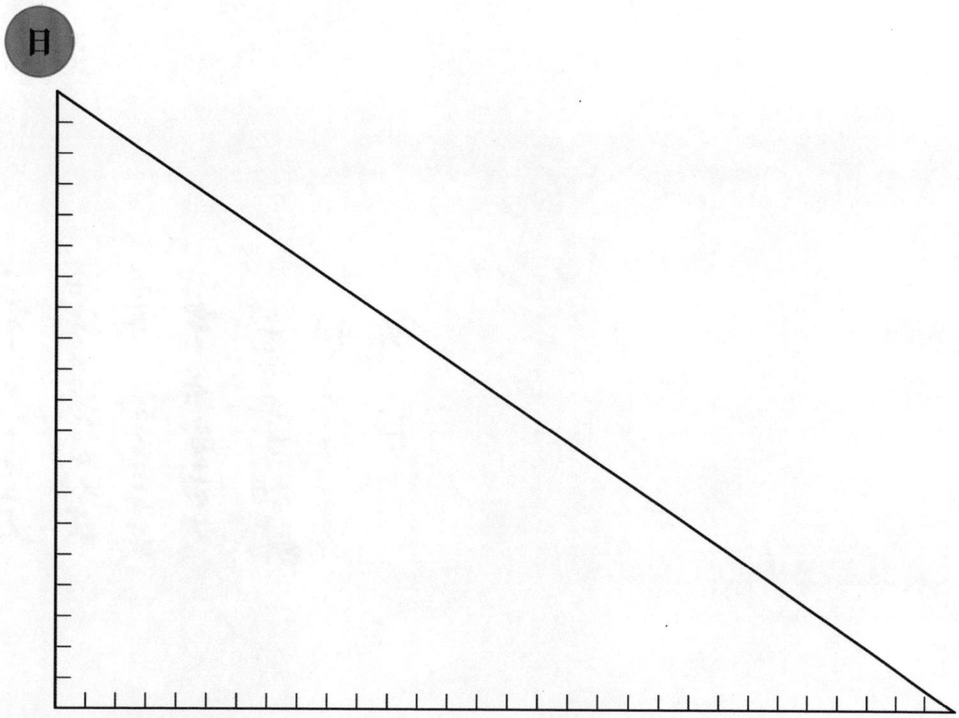

假如木高二十丈，景長三十丈，如上圖。今但知景不知高，另設一表高八丈，如下圖，視景若干。

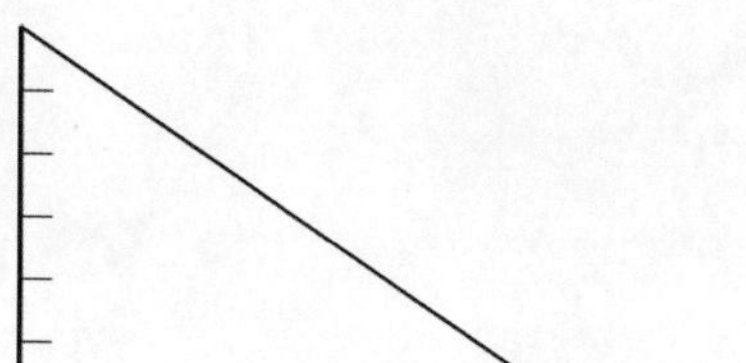

設表高八丈，如下圖，視其景却長一十二丈，既知十二丈之景出於八丈，便知三十丈之景出於二十丈矣。立四率如下：

1“以景測高圖”五字，與前文重複，當刪。

一率 景長十二丈
二率 表高八丈
三率 景長三十丈
四率 木高二十丈
二率三率相乘
得二百四十以一率
除之得高

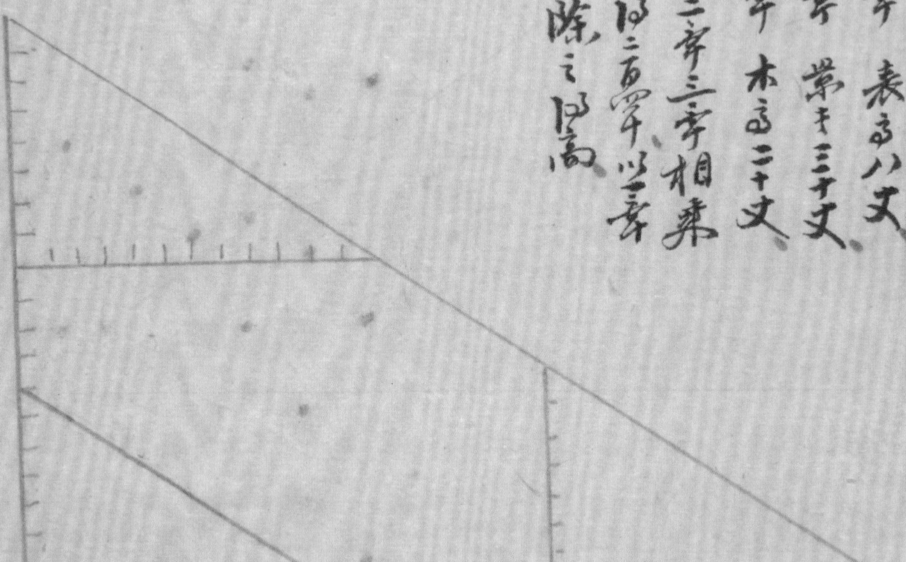

試照前附容方形如一係
點或在股末或在句末
或在弦之對角無不合
也說見句股容

一率　景長十二丈
二率　表高八丈
三率　景長三十丈
四率　木高二十丈

二率、三率相乘，得二百四十。以一率除之，得高。

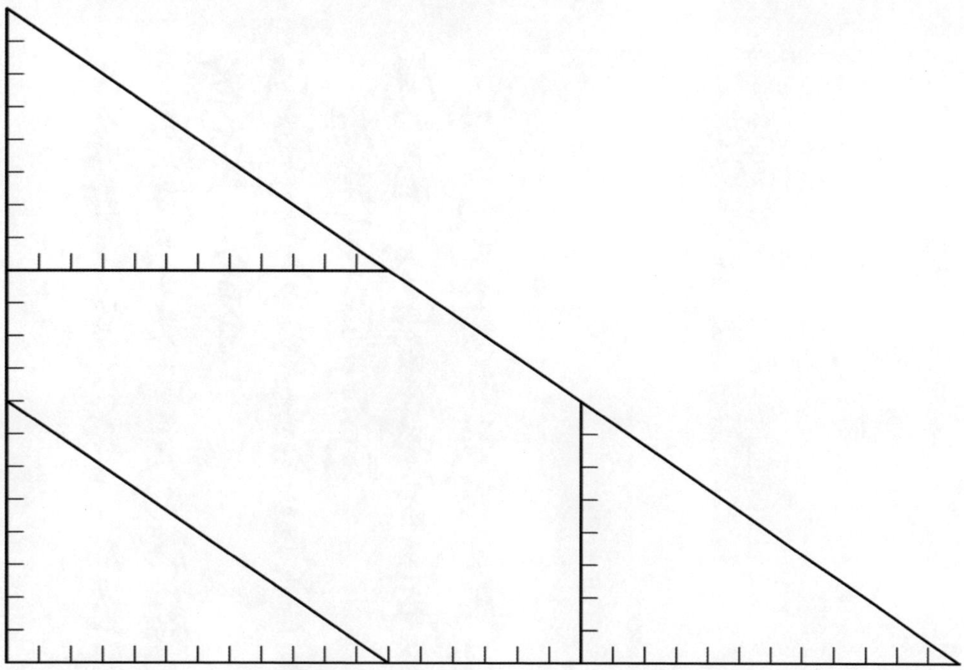

試將小形附之大形，如一體然，或在股末，或在句末，或在弦之對角，無不合也。說見句股容。

問今有樓高五丈從頂上下視有一物在地未知遠近另立一表去地上物三尺七寸五分表高三尺則樓巔與表與地物三處參和求從樓下至物若干

答曰六丈二尺五寸

法表高三尺爲一率去物三尺七寸五分爲二率樓高五丈爲三率二三相乘一率除之合問

解曰此與上同法上遠求近此近求遠或以大求小以小求大

以上二問皆以卧股其立股即勾如求影短長也可以例推

2.問：今有樓高五丈，從頂上下視，有一物在地，不知遠近。另立一表，去地上物三尺七寸五分，表高三尺，則樓巔與表與物三處參和[1]。求從樓下至物所若干？

答：六丈二尺五寸。

法：表高三尺爲一率，去物三尺七寸五分爲二率，樓高五丈爲三率。二、三相乘，一率除之。合問。

解：與上同法，上遠求高，此高求遠。或以大求小，亦如之。

以上二問，皆立句卧股。其立股卧句，如木長影短是也，可以例推。

---

1 參，讀如“叁”。和，或作“合”。參和，即三者合一，《左傳·襄公七年》：“恤民爲德，正直爲正，正曲爲直，參和爲仁。”這裏指樓巔、表端與物三者處於同一直線上。

以高求遠圖

從点見樓巔所望之柳表高三尺者離柳三尺七寸五分以知樓高五丈者離柳當六丈二尺五寸

一率表高三尺

二率柳表遠三尺七寸五分

三率樓高五丈

四率柳表遠六丈二尺五寸

二三相乘得一十八丈七尺五寸以一率三尺除之

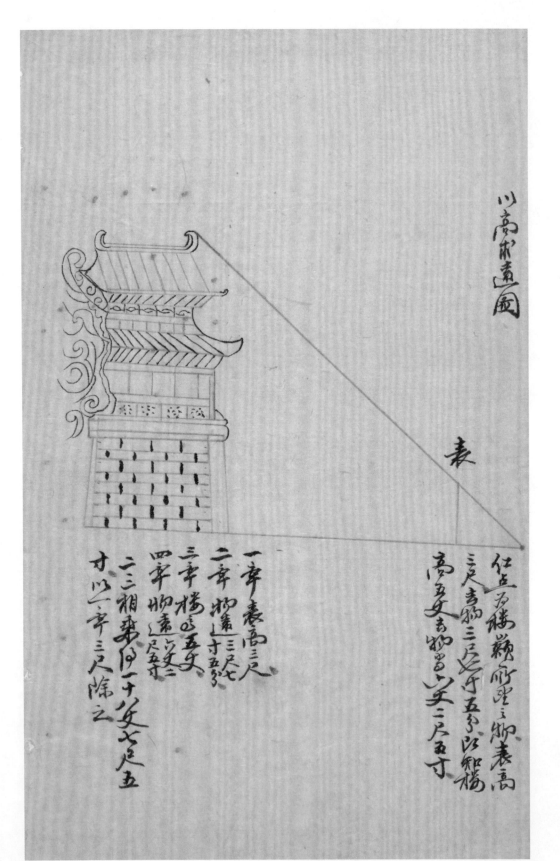

以高求遠圖

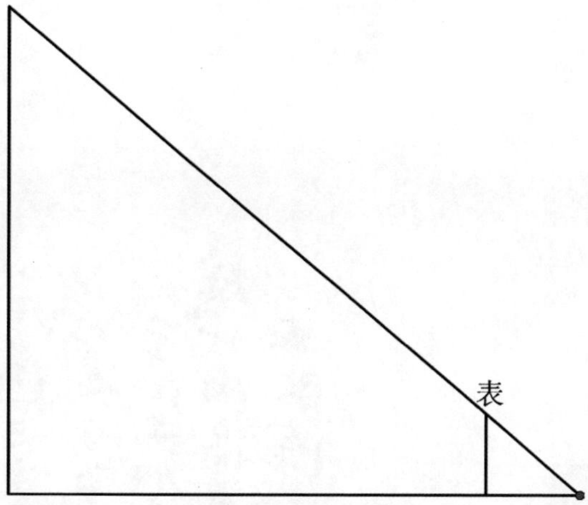

紅點爲樓巔所望之物，表高三尺，去物三尺七寸五分，即知樓高五丈，去物當六丈二尺五寸。

一率　表高三尺

二率　物遠三尺七寸五分

三率　樓高五丈

四率　物遠六丈二尺五寸

二、三相乘，得一十八丈七尺五寸，以一率三尺除之。

問今有台高二十丈遠望一物在地不知相去幾何但知離台八丈立一表高十五丈則台與表與物相參合求物遠幾何

答遠三十二丈

法以表十五丈與八丈相乘得一百二十丈以表減台餘五丈為法除之得二十四丈加離台八丈合問

解此用儀角法並用截積法則以八丈與二十丈相乘得一百六十丈以五丈除之同

3.問：今有臺高二十丈，遠望一物在地，不知相去若干。但知離臺八丈，立一表高十五丈，則臺與表與物相參合。求物遠若干？

答：遠三十二丈。

法：以表十五丈與八丈相乘，得一百二十丈。以表減臺餘五丈，爲法除之，得二十四丈。加離臺八丈，合問[1]。

解：此用線角法。若用截積法，則以八丈與二十丈相乘，得一百六十丈，以五丈除之，同[2]。

---

1 如圖 12-15，臺高 $AB=20$，表高 $DE=15$，離臺 $BD=8$，求物遠 BC。由 $S_{\mathrm{I}}=S_{\mathrm{II}}$ 得：

$$DE\cdot BD=EH\cdot GE$$

求得：

$$EH=\frac{DE\cdot BD}{GE}=\frac{DE\cdot BD}{AB-DE}=\frac{15\times 8}{20-15}=24$$

物遠得：

$$BC=BD+EH=8+24=32$$

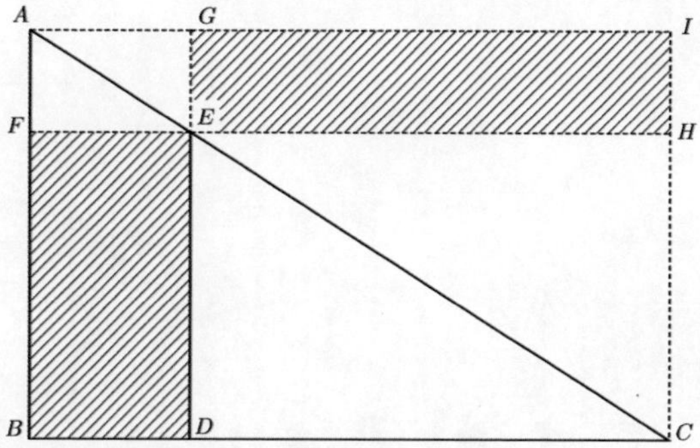

圖 12-15

2 如圖 12-15，截積法如下所示：

$$\frac{AF}{FE}=\frac{AB}{BC}$$

得：

$$BC=\frac{FE\cdot AB}{AF}=\frac{8\times 20}{5}=32$$

以高求遠圖

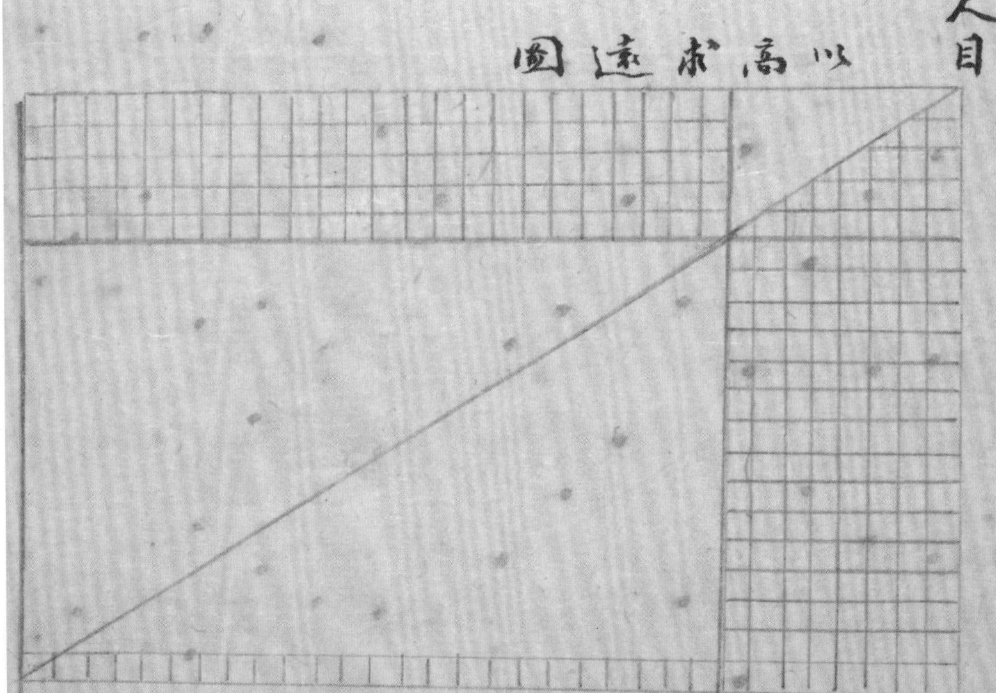

用緣角法則高四十五丈之遠八丈此高四五丈遠二十四丈假積一百二十為寄角則寄則五丈為一率八為二率十五為三率二三相乘得一百二十以五為法除之得遠二十四丈加遠八丈為全遠

用截積法則五丈餘為八比二十之餘為二十之也五為一率八為二率二十為三率二三相乘得一百六十以一率五除之為全遠

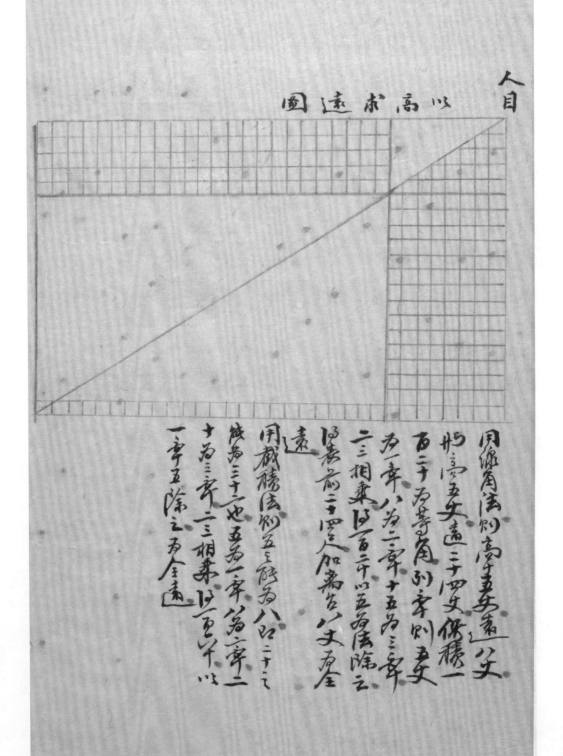

以高求遠圖

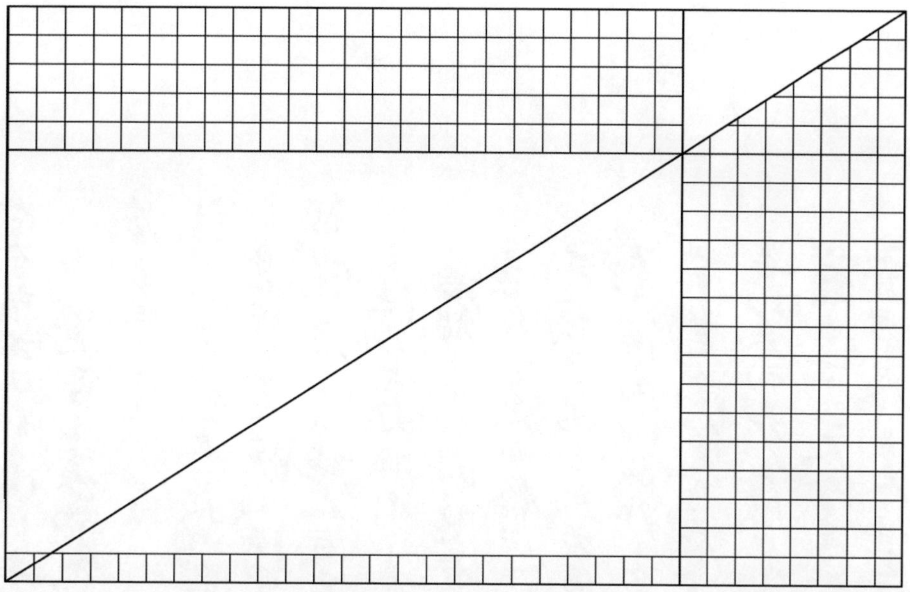

用綫角法，則高十五丈、遠八丈，與高五丈、遠二十四丈，俱積一百二十，爲等角。列率則五丈爲一率，八爲二率，十五爲三率。二、三相乘，得一百二十，以五爲法除之，得表前二十四尺。加離臺八丈，爲全遠。

用截積法，則五之能爲八，即二十之能爲三十二也。五爲一率，八爲二率，二十爲三率。二、三相乘，得一百六十，以一率五除之，爲全遠。

設今有木不知高從木腳量過二十五尺更立表一丈二尺又退行五尺立窺表四尺望之表與木梢參合相平求高若干

答五丈二尺

法置立表一丈二尺以窺表減之餘八尺與先量遠二十五尺相乘得二十丈以退行五尺除之得四丈加表八尺又併入目四尺合問

解窺表所以準人目不入句股之數從窺表以上方成句股形耳若日景之法乃大句股形之全句也此則先與相去二十五尺特立表以設之度與表相乘得句股容積所言與句股內容之長方形也表為餘股表前退行五尺為餘句從原木之梢至立表之頂與相去之數為一段其長四丈其闊二丈五尺為大餘角之長表與退行之數為一段其長八尺其闊五尺為小餘角句股外之容積以大餘角之長為長以小餘角之闊為闊此容方之闊二十五尺高八尺其為兩餘之兩等角故以小角之闊除之所得大角之長也加入表八尺則為全股矣再加入目以下之數則為全長矣若如前法推之則當以相去二十五尺合表前五尺共三十尺為全句即以表八尺與三十尺相乘得二百四十尺以五尺除之得四丈八尺即為全股而亦易加但加入目四尺耳若測影之法從句股之內借小以徵大窺表之法從句股之外借虛以徵實

4.問：今有木不知高，從木腳量至二十五尺，更立表一丈二尺，又退行五尺，立窺表四尺望之，表與木杪參合相平，求高若干[1]？

答：五丈二尺。

法：置立表一丈二尺，以窺表減之，餘八尺，與量遠二十五尺相乘，得二十丈。以退行五尺除之，得四丈。加表八尺，又併人目四尺，合問。

解：窺表所以施人目，不入句股之數，從窺表以上，方取句股形耳。又日景之法，乃大句股形之全句，此則不然。相去二十五尺，特立表以後之度，與表相乘，即句股容篇所云句股内容之長方形也。表爲餘股，表前退行五尺爲餘句。從原木之杪至立表之頂，與相去之數爲一段，其長四丈，其闊二丈五尺，爲大線角。立表與退行之數爲一段，其長八尺，其闊五尺，爲小線角。句股外之虚形，以大線角之長爲長，以小線角之濶爲濶，與容方之濶二十五尺、高八尺者，爲無線之兩等角。故以小角之濶除之，而得大角之長也。（如）[加]入表八尺[3]，則爲全股矣；再加人目以下之數，則爲全長矣[3]。若如前法推之，則當以相去二十五尺，合表前五尺，共三十尺爲全句。却以表八尺以三十尺相乘，得二百四十尺，以五尺除之，得四丈八尺，即爲全股，不必另加，但加人目四尺耳。蓋測影之法，從句股之内，借小以徵大；窺表之法，從句股之外，借虚以徵實。

---

1 此題爲《算法統宗》卷十二句股章“海島解題”第三題，《測量異同》第二題“以表測高”同。原出《續古摘奇算法》卷下，題設略異。

2 如，當作“加”，形近而訛，據文意改。

3 如圖 12-16，AB 爲木高，立表 $EF=12$，窺表 $GC=4$，木至立表距離 $BF=25$，立表至窺表距離 $FC=5$。$AHEK$ 爲大線角，$EJGL$ 爲小線角。$HIJE$ 爲句股内容矩形，$KELD$ 爲句股外之虚形，二者爲等角，面積相等，即：$HE\cdot EJ=KE\cdot EL$，解得：

$$KE=\frac{HE\cdot EJ}{EL}=\frac{25\times 8}{5}=40$$

求得木高：

$$AB=AH+HI+IB=40+8+4=52\text{尺}$$

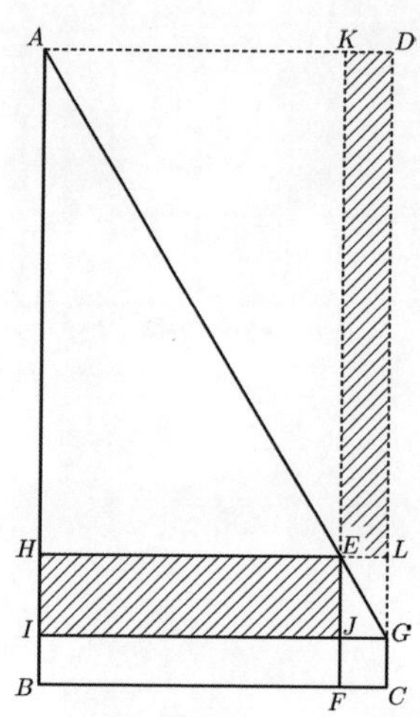

圖 12-16

蓋矩用全用半之分其理一也

用窺竿以遠求高圖

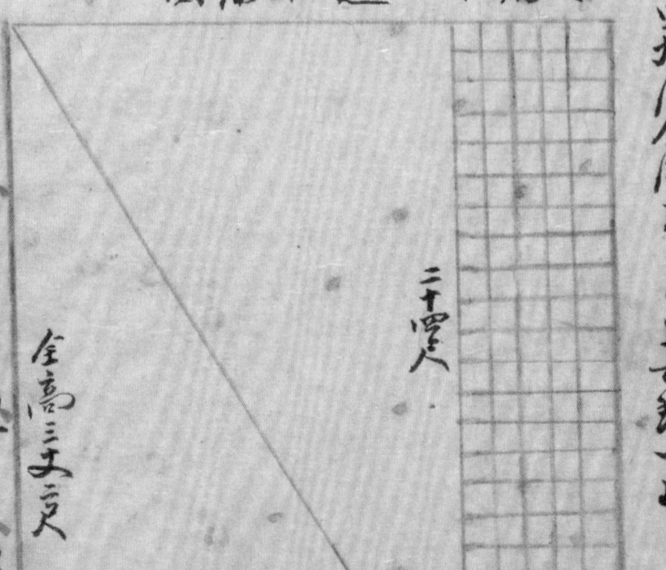

用縱角法安處乃求縱角目之上以八尺為高五尺為濶一段乃求縱角表從一段竪八尺橫十五尺表上一段竪二十四尺橫五尺俱積一百二十尺為等角

用表影法景五尺出於表八尺以知表從十五尺達表前五尺共景二十尺當出於表三十二尺之高一也

假如有物不知高相去高物一十五尺另立一表表高一丈二尺再用窺竿四尺退行五尺

雖有用全用半之分，其理一也。

用窺竿以遠求高圖

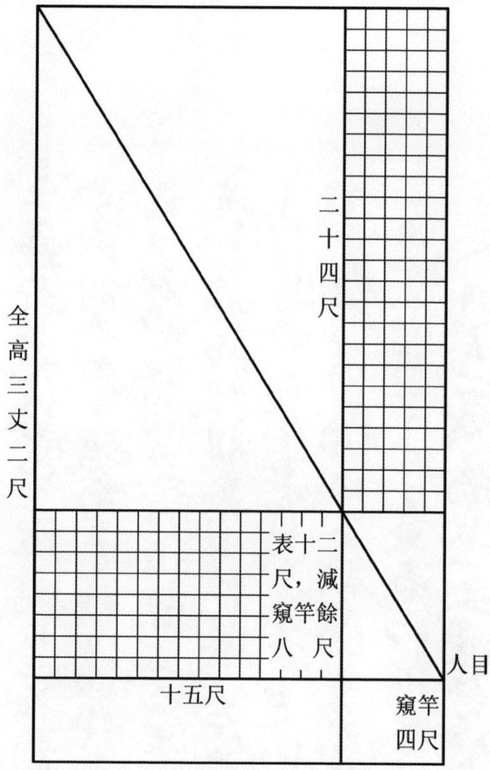

用線角法，空處乃大線角；人目之上，以八尺爲高，五尺爲濶一段，乃小線角。表後一段，豎八尺、橫十五尺；表上一段，豎二十四尺、橫五尺，俱積一百二十尺，爲等角。

用表影法，景五尺，出於表八尺；即知表後十五尺，連表前五尺，共景二十尺，當出於表三十二尺。二法一也。

假如有物不知高，相離一十五尺，另立一表，高一丈二尺，再用窺竿四尺，退行五尺，

施之人目望之與竿頭表端物頂三相參合，以人目窺竿四尺減表十二尺餘八尺

與其相高十五尺相乘得一百二十，以退行五尺除之得二十四尺，為表以上之高，加

表十二尺，得三十六尺，為全高

一凡表測高遠，係不知其體，重表以測之。二表等其高，各却後望之，使與其所求

之巔齊神，然後審之遠近，所求其為前表，遠其為後表，各減人目為表度

兩表相去為之距，前表窺處與其後表窺處相減之差神之積，以先求高

其以表與其距相乘，以積除之，為表上之高，加表為全高，先求遠其以

先窺處與其距相乘，以積除之，為前表之遠，加距為後表之遠，或高遠

先得一邊，則以異術求之，一表之法

測今有一塔隔水，不知高若干，先立一表於此岸，高一丈，退後行五尺

以四尺人窺竿望之，此表與其彼岸塔頂齊，從此表却後相去一丈五

尺，再立一表，高亦一丈，退後行八尺，以四尺人窺竿望之，後表亦與彼岸

塔齊頂，求塔高水闊若干

答塔高四丈　水闊二丈五尺

法先求高，以人目四尺減表一丈餘六尺，與其相去一十五尺相乘得九十尺

以却行五尺減却行八尺餘三尺為法除之得三丈，為表上之高，加表

施之人目望之，竿頭、表端、物頂三相參合。則以窺竿四尺減表十二尺，餘八尺，與相離十五尺相乘，得一百二十，以退行五尺除之，得二十四尺，爲表以上之高。加表十二尺，得三十六尺，爲全高。

一、凡表測高遠俱不知者，設重表以測之。二表等長，各却後望之，使皆與所求之巔齊，然後審之。近所求者爲前表，遠者爲後表，各減人目爲表度，兩表相去謂之距，前表窺處與後表窺處相減之差，謂之較。若先求高者，以表與距相乘，以較除之，爲表上之高，加表爲全高。先求遠者，以先窺處與距相乘，以較除之，爲前表之遠，加距爲後表之遠。或高遠先得一焉，即用互求，如一表之法[1]。

1.問：今有一塔隔水，不知高若干。先立一表於此岸，高一丈，退行五尺，以四尺窺竿望之，此表與彼岸塔頂齊。從此表却後相去一丈五尺，再立一表，高亦一丈，退行八尺，以四尺窺竿望之，後表亦與彼岸塔頂齊。求塔高、水濶若干[2]？

答：塔高四丈；　　　　　　　　　　水濶二丈五尺。

法：先求高，以人目四尺減表一丈，餘六尺，與相去一十五尺相乘，得九十尺。以却行五尺減却行八尺，餘三尺爲法，除之得三丈，爲表上之高。加表

---

1 重表法，出自劉徽《海島算經》。如圖 12-17，OA 爲海島高，OF' 爲海島遠，$C'D'$ 爲後表，CD 爲前表，E' 爲後表人目窺處，E 爲前表人目窺處。設表高 $CD=C'D'=m$，目高 $EF=E'F'=n$，表間距 $DD'=k$，表度 $CK=C'K'=m-n$，後表窺處 $D'F'=q$，前表窺處 $DF=p$。移 EF 至 GH，使 $D'H=DF=p$，前後表窺處之差即較 $HF'=q-p$。若先求高，設表上之高 $PN=AB=x$，由于 $S_{\mathrm{I}}+S_{\mathrm{II}}=S_{\mathrm{IV}}+S_{\mathrm{V}}$，$S_{\mathrm{I}}=S_{\mathrm{III}}=S_{\mathrm{IV}}$，故：$S_{\mathrm{II}}=S_{\mathrm{V}}$，得：

$$k(m-n)=x(q-p) \quad ①$$

求得表上之高爲：$x=\dfrac{k(m-n)}{q-p}$，則全高爲：$OA=x+m=\dfrac{k(m-n)}{q-p}+m$。若先求遠，設前表之遠 $BC=OD=y$，由于 $S_{\mathrm{I}}=S_{\mathrm{IV}}$，得：

$$y(m-n)=px \quad ②$$

由①②兩式得：$y=\dfrac{kp}{q-p}$，後表遠爲：$OD'=y+k=\dfrac{kp}{q-p}+k$。

2 此題爲《算法統宗》卷十二句股章“海島解題”第六題，原出《續古摘奇算法》卷下。

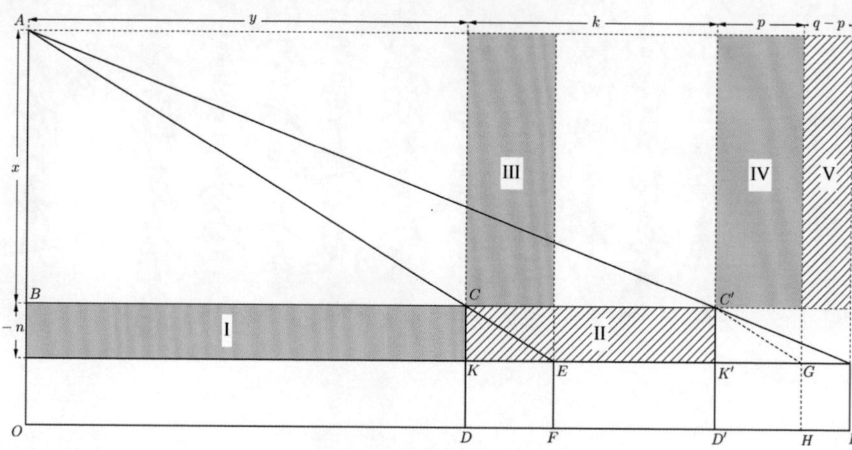

圖 12-17

一丈得全高先求遠法以先窺処五尺乘距一丈五尺得七十五尺以較三
尺除之得二丈五尺為求濶即彼岸至前表処加一丈五尺為後表処
至高遠互推則兩表任取一表為法用知高求遠之法

解求高乃線角之法蓋就後表論之從塔頂斜至表巔為大線角
從表巔斜至窺処為小線角表之上豎一段以表上之高三丈為長以
窺処退行八尺為濶得積二百四十尺表之前積一段合表距一丈五尺
及求濶二丈五尺共四丈為長以窺表六尺為濶得積亦二百四十尺所謂無
線之兩等角也緣高遠俱未知故另作四段求之以窺処五尺乘表
上之高三丈為一段前表至塔之二丈五尺乘窺表六尺為一段各得一
百五十尺為等角以較三尺乘高三丈為一段後表六尺乘距一十五
尺為一段各得九十尺為等角前兩段無可知而後兩段之表六尺
距十五尺較三尺以現在可知故以三推一而得表上之高也況得其高
試以窺処五尺乘高三丈得一百五十尺而以表六尺除之亦減得遠二丈
五尺矣

求遠乃二差相比之法試以日影為喻塔頂譬則日也窺処譬則
影也使表居塔之下則無影矣五尺之影由隔求二丈五尺而減三尺之較

一丈，得全高。先求遠者，以先窺處五尺乘距一丈五尺，得七十五尺，以較三尺除之，得二丈五尺，爲水濶，即彼岸至前表處。加一丈五尺，爲後表處。

若高遠互推，則兩表任取一表爲法，用知高求遠之法。

解：求高乃線角之法，蓋就後表論之，從塔頂斜至表巔爲大線角，從表巔斜至窺處爲小線角。表之上豎一段，以表上之高三丈爲長，以窺處退行八尺爲闊，得積二百四十尺；表之前橫一段，合表距一丈五尺及水闊二丈五尺，共四丈爲長，以定表六尺爲闊[1]，得積亦二百四十尺，所謂無線之兩等角也[2]。緣高遠俱不知，故分作四段求之。以窺處五尺乘表上之高三丈爲一段，前表至塔之二丈五尺乘定表六尺爲一段，各得一百五十尺爲等角。以較三尺乘高三丈爲一段，後表六尺乘距一十五尺爲一段[3]，各得九十尺爲等角。前兩段雖不可知，而後兩段之表六尺、距十五尺、較三尺，皆現在可知。故以三推一，而得表上之高也。既得其高，試以窺處五尺乘高三丈，得一百五十尺，而以表六尺除之，亦能得遠二丈五尺矣。

求遠乃二差相比之法，試以日影爲喻。塔頂譬則日也，窺處譬則影也。使表居塔之下，則無影矣。五尺之影，由隔水二丈五尺而成；三尺之較，

---

1 定表，指表高與窺竿高相減之差，此題中爲：$10-4=6$尺。

2 如圖 12-18，OA 爲水塔高，CD 爲前表，$C'D'$ 爲後表，EF 、$E'F'$ 分别爲前後窺竿。後表上豎一段，即 $\text{IV}+\text{V}=30\times 8=240$ ；後表之前橫一段，即 $\text{I}+\text{II}=40\times 6=240$ 。

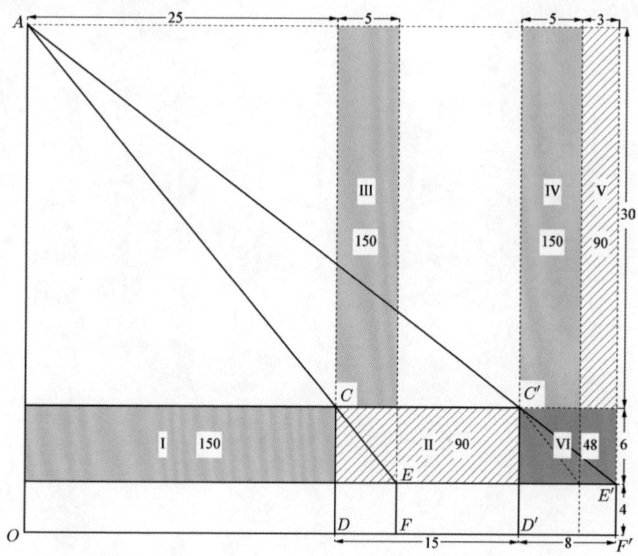

圖 12-18

3 後表，這裏指後表之定表。

由要遠一十五尺，需知三尺之出於一丈五尺，則知[illegible]五尺之出於二丈五尺矣
試以較三尺加於距十五尺共十八尺，而以表六尺乘之，得一百零八尺為積，以
較三尺除之，得高三十六尺，加人目四尺，為全高矣。所以然者，此是相比
之法。蓋窺處影廣於目，則無表矣，進行三尺，無須有表六尺，知三
尺之遠，能為三丈六尺之高也。以股相為盈朒進退，則有高而無遠退
極則有遠而無高進退之闊，以率了之，故可知也
至用前率，高遠相求，於遠求高，以求闊二丈五尺，加窺處五尺，得三丈
為遠，以六尺乘之，得一百八十尺，以五尺除之，得人目以上高三丈六尺
高求遠，以窺處五尺乘高三丈六尺，得一百八十尺，以表六尺除之，得塔
座距窺處遠三丈
用後表高遠相求，於遠求高，以求闊二丈五尺，表距十五尺，後窺八尺
通四丈八尺為遠，以表六尺乘之，得二百八十八尺，以窺八尺除之，得高三丈六尺
高求遠，以後窺八尺與高三丈六尺相乘，得二百八十八尺，以表六尺除之，得遠
四十八尺，減距十五尺、窺八尺，餘為求闊
又法，縮遠求高，如後表六尺，窺處八尺，是即股之內共差二尺也，乘距一
十五尺，得三十尺，以較三尺除之，得一丈，是為行一丈而股與句同也，置求闊

由更遠一十五尺而成。知三尺之出於一丈五尺，則知五尺之出於二丈五尺矣。試以較三尺加於距十五尺共十八尺，而以表六尺乘之，得一百零八尺爲積，以較三尺除之，亦得高三十六尺，加人目四尺，爲全高矣。所以然者，亦是相比之法。蓋窺處影屬於目，則無表矣；進行三尺，然後有表六尺，知三尺之遠，能爲三丈六尺之高也。句股相爲盈朒，進極則有高而無遠，退極則有遠而無高，進退之間，以率率之，故可知也。

若用前率高遠相求者，遠求高。以水闊二丈五尺加窺處五尺，得三丈爲遠，以六尺乘之，得一百八十尺，以五尺除之，得人目以上高三丈六尺。

高求遠。以窺處五尺乘高三丈六尺，得一百八十尺，以表六尺除之，得從塔底至窺處遠三丈[1]。

用後表高遠相求者，遠求高。以水闊二丈五尺、表距十五尺、後窺八尺，通四丈八尺爲遠，以表六尺乘之，得二百八十八尺，以窺八尺除之，得高三丈六尺。

高求遠。以後窺八尺與高三丈六尺相乘，得二百八十八尺，以表六尺除之，得遠四十八尺，減距十五尺、窺八尺，餘爲水闊[2]。

又法：縮遠求高。如後表六尺，窺處八尺，是卧股立句，其差二尺也。乘距一十五尺，得三十尺，以較三尺除之，得一丈。是前行一丈，而股與句同也。置水闊

1 用前率高廣相求，如圖 12-19，I＋VII＝III＋VII，即 $30\times6=36\times5$。其中，36 爲人目以上塔高，30 爲塔底至前窺處距離，二者可互求。

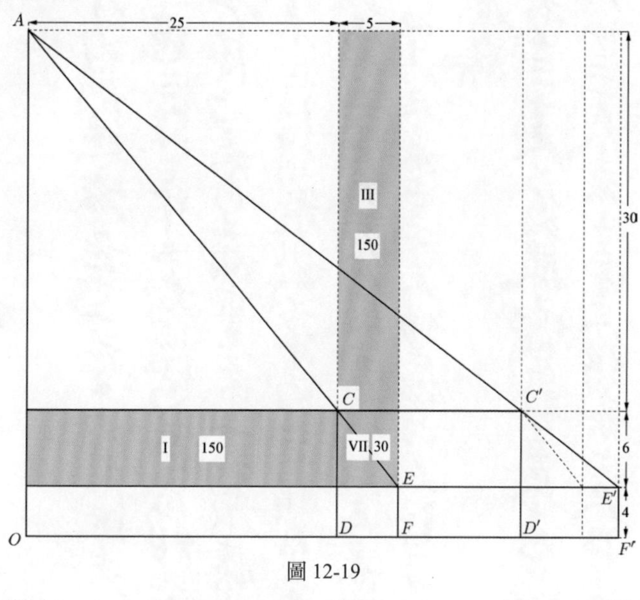

圖 12-19

2 用後表高遠相求，如前圖 12-18，I＋II＋VI＝IV＋V，即 $48\times6=36\times8$。其中，48 爲塔底至後窺處距離，36 爲人目以上塔高，二者可互求。

此距共四十尺減十尺餘三十尺為高
又法展遠求高如前表六尺窺處五尺其立股即句共差一尺也以乘距十
五倍得十五以接三尺除之得五尺是卻行五尺而句股同也置此濶二
十五尺加五尺得三十尺為高
凡重表例分三段句股一為全句股遠表是也一為半句股近表是也
一為差句股以近表減遠表是也三段之中大者咸以句股與相比而後求
高遠例有二法一為偏角法表以後此表以上相求是也一為截積法表
此影為句股表之上併於表表之後併於影為差句股相求是也如
上濶以全句股言之表後四十尺表上三十尺為句股而以影八尺表六尺為
偏角表後四十尺併影八尺得四十八尺表上三十尺併表六尺得三十六尺為
句股而以表六尺影八尺為截積
以半句股言之表後二十五尺表上三十尺為句股而以影五尺表六尺為
偏角表後二十五尺併影五尺得三十尺表上三十尺併表六尺得三十六尺
為句股而以影五尺表六尺為截積
以差句股言之表後十五尺表上三十尺為句股而以表六尺影三尺為
偏角表後十五尺併影三尺得十八尺表上三十尺併表六尺得三十六尺為句

與距共四十尺，減十尺，餘三十尺爲高。

又法：展遠求高。如前表六尺，窺處五尺，是立股卧句，其差一尺也。以乘距十五，仍得十五，以較三尺除之，得五尺，是却行五尺，而句與股同也。置水闊二十五尺，加五尺，得三十尺爲高[1]。

凡重表例分三段句股，一爲全句股，遠表是也；一爲半句股，近表是也；一爲差句股，以近表減遠表是也。三段之中，又各成小句股，可以相比而得。求高遠例有二法，一爲線角法，表以後與表以上相求是也。一爲截積法，表與影爲小句股，表之上併於表、表之後併於影爲大句股相求是也。如上問，以全句股言之，表後四十尺、表上三十尺爲句股，而以影八尺、表六尺爲線角。表後四十尺併影八尺得四十八尺，表上三十尺併表六尺得三十六尺爲句股；而以表六尺、影八尺爲截積。

以半句股言之，表後二十五尺、表上三十尺爲句股，而以影五尺、表六尺爲線角。表後二十五尺併影五尺得三十尺，表上三十尺併表六尺得三十六尺爲句股；而以影五尺、表六尺爲截積。

以差句股言之，表後十五尺、表上三十尺爲句股，而以表六尺、影三尺爲線角。表後十五尺併景三尺得十八尺，表上三十尺併表六尺得三十六尺，爲句

1 如圖 12-20，前表 $CK=6$，前表窺處 $KE=5$；後表 $C'K'=6$，後表窺處 $K'E'=8$，表間距 $KK'=15$。用縮遠求高法，後表 $C'K'$ 前行若干步至 MN，使表高與窺處相等：$MN=ML=6$，則表上塔高爲：$SM=UM$。由於：

$$\frac{K'E'-KE}{KK'}=\frac{K'E'-ML}{MK'}$$

求得後表前行距離爲：

$$MK'=\frac{KK'\times(K'E'-ML)}{K'E'-KE}=\frac{15\times(8-6)}{8-5}=10$$

求得表上塔高：$SM=UM=UK'-MK'=40-10=30$。用展遠求高法，求得前表退行距離爲：

$$KM=\frac{KK'\times(ML-KE)}{K'E'-KE}=\frac{15\times(6-5)}{3}=5$$

求得表上塔高：$SM=UM=UK+KM=25+5=30$。

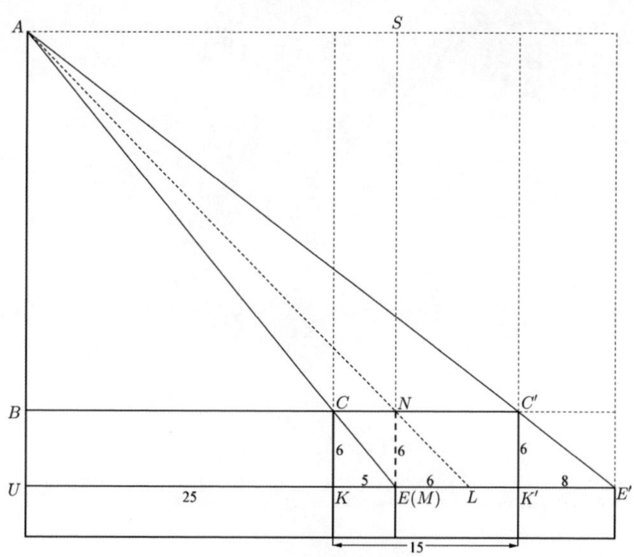

圖 12-20

股而以表六尺影三尺為截積様之去表地影而距四弄廿為縦角連表
地影而距四弄廿為截積也三段二法縦横皮察無方也

縦角求高
一率較三尺
二率表六尺
三率距十五尺
四率高三丈 表上

二差求遠
一率較三尺
二率距十五尺
三率窺处五尺
四率遠二十五尺 小澗

前表遠求高
一率窺处五尺
二率表六尺
三率小澗窺处共三十尺

縦角求遠
一率表六尺
二率窺处五尺
三率高三十尺
四率遠二十五尺 小澗

二差求高
一率較三尺
二率表六尺
三率距較併十八尺
四率高三十六尺 人目上

前表高求遠
一率表六尺
二率窺处五尺
三率高三十六尺

股；而以表六尺、影三尺爲截積。總之，去表與影而起筭者，爲線角；連表與影而起筭者，爲截積也。三段二法，縱横反覆，無不可也。

線角求高

一率 較三尺

二率 表六尺

三率 距十五尺

四率 高三丈 表上

二差求遠

一率 較三尺

二率 距十五尺

三率 窺處五尺

四率 遠二十五尺 水闊

前表遠求高

一率 窺處五尺

二率 表六尺

三率 水闊、窺處共三十尺

線角求遠

一率 表六尺

二率 窺處五尺

三率 高三十尺

四率 遠二十五尺 水闊

二差求高

一率 較三尺

二率 表六尺

三率 距較併十八尺

四率 高三十六尺 人目上

前表高求遠

一率 表六尺

二率 窺處五尺

三率 高三十六尺

四率高三十六尺
設表遠求高
一率窺處八尺
二率表六尺
三率遠四十八尺
四率高三十六尺
備遠求高
一率三尺
二率十五尺
三率二尺
四率十尺

四率塔至窺處三丈
設表高求遠
一率表六尺
二率至窺八尺
三率高三十六尺
四率遠四十八尺
備遠求高
一率二尺
二率十五尺
三率一尺
四率五尺

以上四率俱有五法
以二率乘三率一率除之
以二率除一率以除三率
以三率除一率以除二率
以一率除二率以三率乘之
以一率除三率以二率乘之
備用求高求遠圖　求高求遠者五法此圖攝十法

四率 高三十六尺

後表遠求高

一率 窺處八尺

二率 表六尺

三率 通遠四十八尺

四率 高三十六尺

縮遠求高

一率 三尺

二率 十五尺

三率 二尺

四率 十尺

四率 塔至窺處三丈

後表高求遠

一率 表六尺

二率 窺八尺

三率 高三十六尺

四率 遠四十八尺

展遠求高

一率 三尺

二率 十五尺

三率 一尺

四率 五尺

以上四率，俱有五法：

以二率乘三率，一率除之。

以二率除一率，以除三率。

以三率除一率，以除二率。

以一率除二率，以三率乘之。

以一率除三率，以二率乘之。

線角求高求遠圖 求高求遠各五法，此圖攝十法

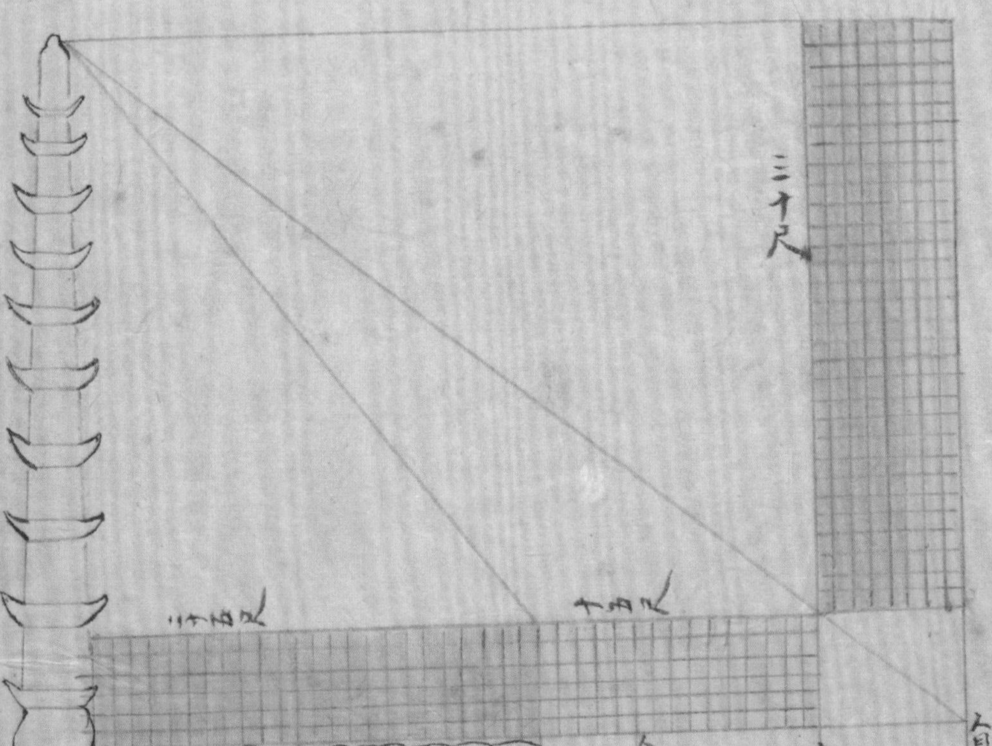

以塔頂至遠表之端為大
線角從表端至人目爲次
小線角表上一段高三丈
八尺表前一段遠四丈闊
定為等角以高遠係
不知故分爲等角爲四段
從窺八尺分二段一段三尺爲
闊一段五尺爲闊係以三丈爲
高表爲四丈分二段一段丈
五尺爲遠一段二丈五尺爲遠
係以六尺爲闊其闊三尺我
此遠一丈五尺皆爲等角係
實是黄實二合積九十
緑實二合積一百五十
求高則取表潤黄實
六為潤十五為遠一段以
三尺除之而得高向求
遠則取表上緑實五為
潤三爲高一段以八尺除
之而得遠若取緑一段量
於近表之上則成兩條
角形矣

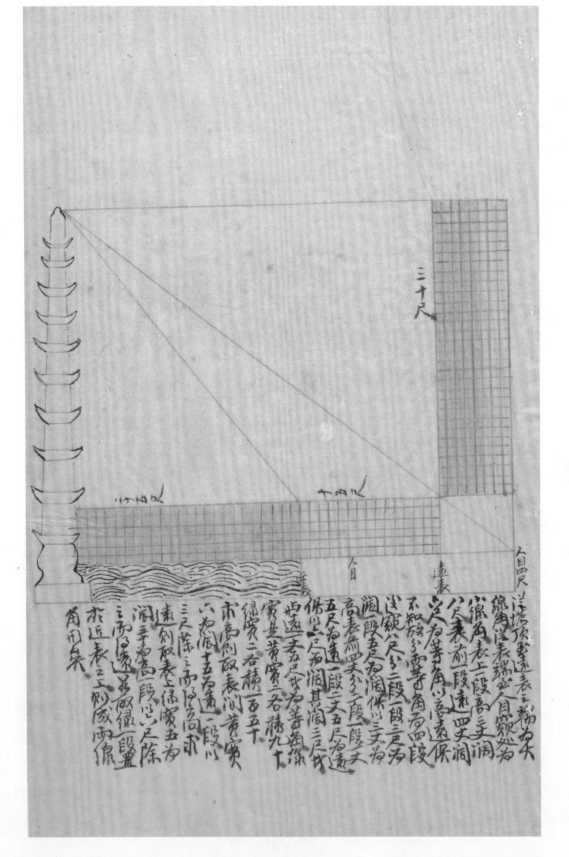

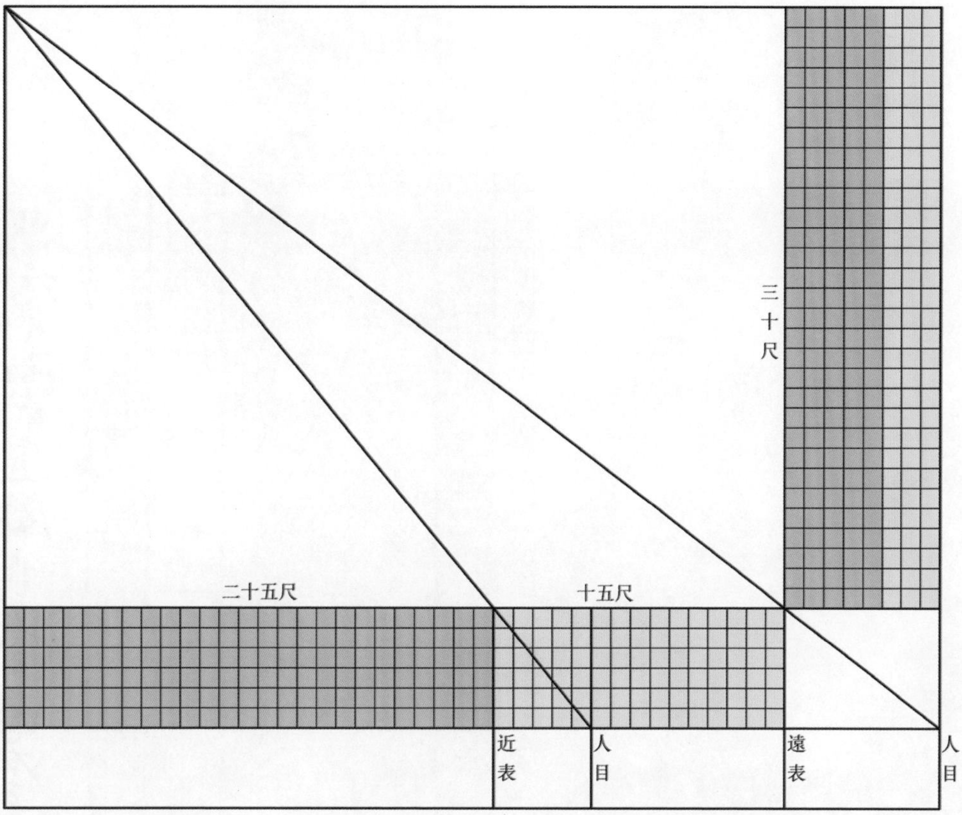

從塔頂至遠表之端，爲大線角；從表端至人目窺處，爲小線角。表上一段高三丈、闊八尺，表前一段遠四丈、闊六尺，爲等角。以高遠俱不知，故分兩等角爲四段。後窺八尺分二段，一段三尺爲闊，一段五尺爲闊，俱以三丈爲高。表前四丈分二段，一段一丈五尺爲遠，一段二丈五尺爲遠，俱以六尺爲闊。其闊三尺者，與遠一丈五尺者爲等角，[黄實是；其闊五尺者，與遠二丈五尺者爲等角][1]，緑實是。黄實二，各積九十。緑實二，各積一百五十。

求高則取表間黄實六爲闊、十五爲遠一段，以三尺除之而得高；求遠則取表上緑實五爲闊、三十爲高一段，以六尺除之而得遠。若取緑一段，置於近表之上，則成兩線角形矣。

1 原文語義不完整，當有抄脱，據文意補。

以差求高求遠圖 求高求遠各五法此圖移寸法

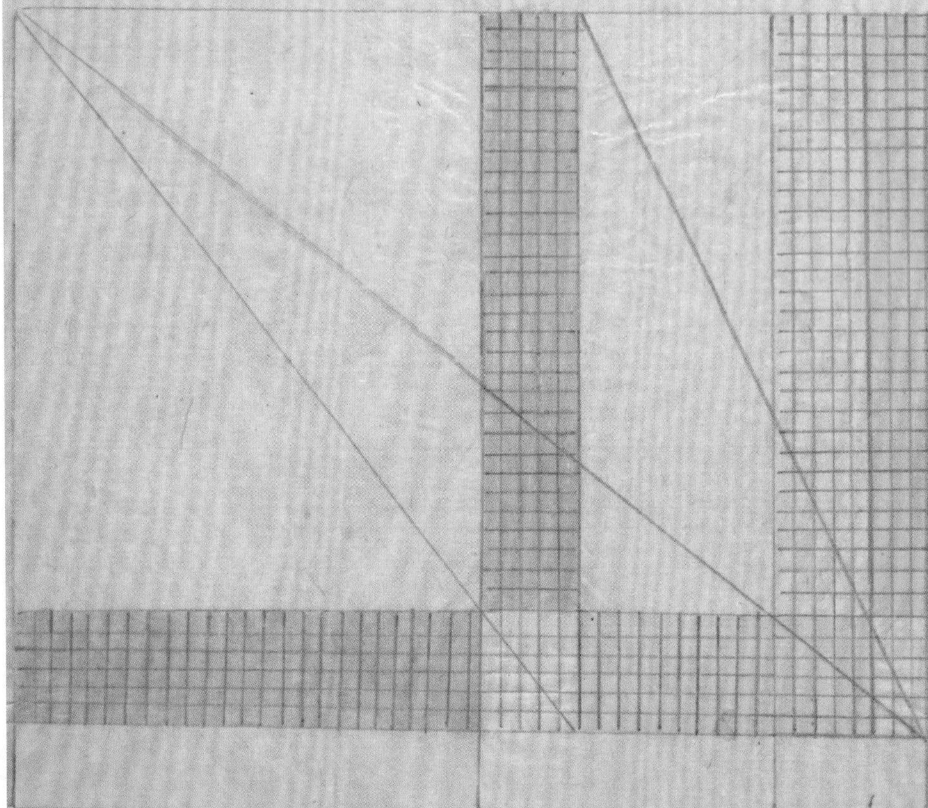

其圖將闊五尺者三丈一段移於後面表上成兩段俱角之形其右一圖以三為餘勾以六為餘股其左一圖以五為餘勾以六為餘股者以餘角為餘弦差求遠也知三尺人之闊由於表後之十五尺因知五尺人之闊由於表後之二十五尺也求高者知三尺人之遠餘為六尺之高以知廿八尺之遠餘為三十六尺之高也此乃股與勾股相比例

以差求高求遠圖 求高求遠各五法，此圖攝十法

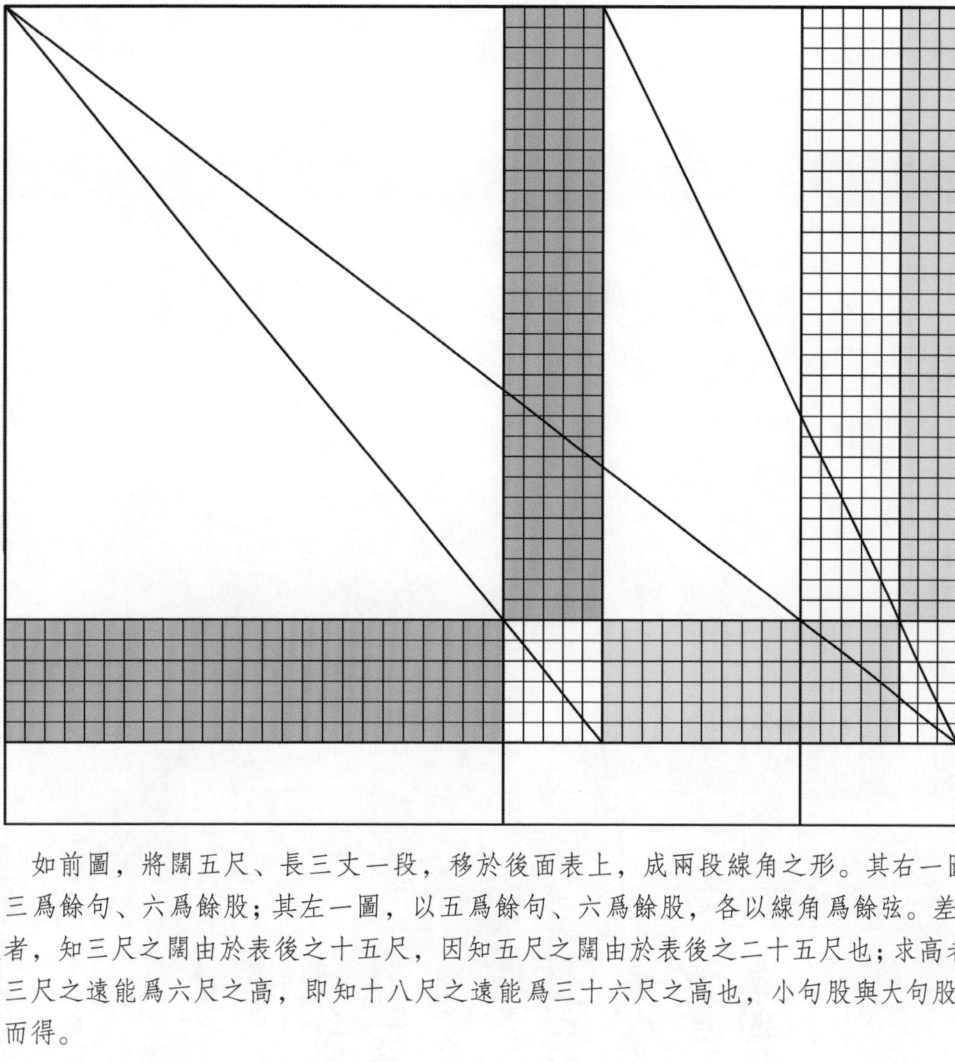

如前圖，將闊五尺、長三丈一段，移於後面表上，成兩段線角之形。其右一圖，以三爲餘句、六爲餘股；其左一圖，以五爲餘句、六爲餘股，各以線角爲餘弦。差求遠者，知三尺之闊由於表後之十五尺，因知五尺之闊由於表後之二十五尺也；求高者，知三尺之遠能爲六尺之高，即知十八尺之遠能爲三十六尺之高也，小句股與大句股相比而得。

分二股各以小句股求大句股圖求高求遠各十法此圖攝二十法

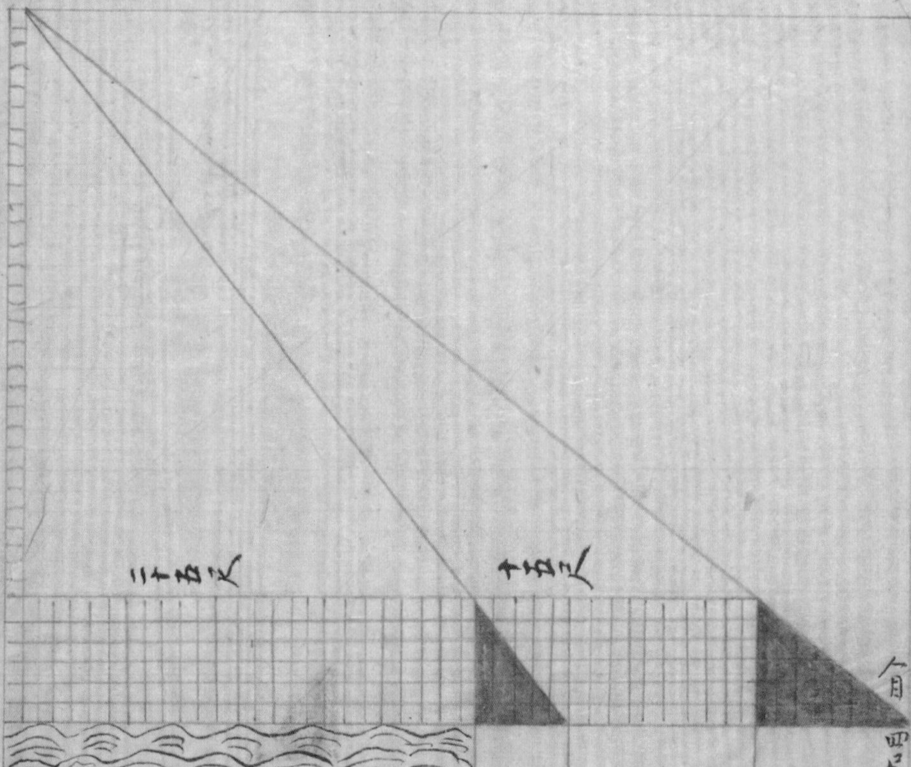

遠近二表分作兩段大句股兩表此卅兩影各為小句股以近表一段言之六尺五澗為小句股三十六尺三十澗為大句股以遠表一段言之六高八遠為小句股四尺八遠三十六高為大句股以小句股所知求大知八尺之遠能為六尺之高則知四尺八尺之遠能為三十六尺之遠高知六尺之高能為八尺之遠則知三十六尺之高能為四尺八尺之遠此遠表之高遠互求者也其近表一段做此

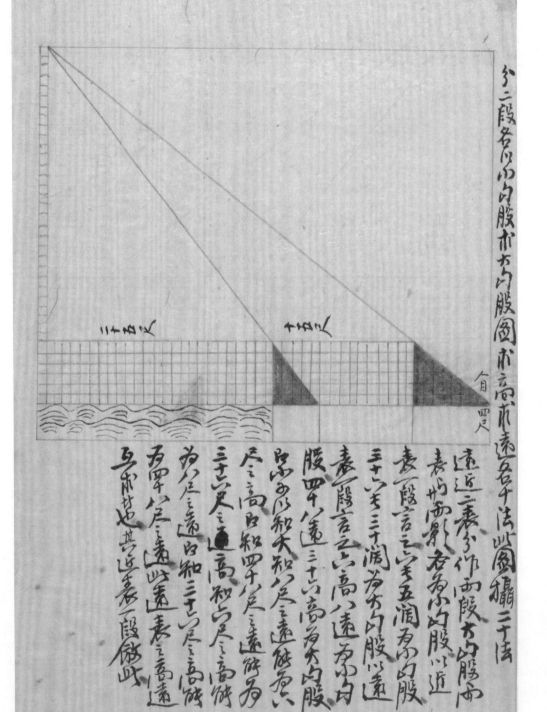

分二段各以小句股求大句股圖 求高求遠各十法，此圖攝二十法

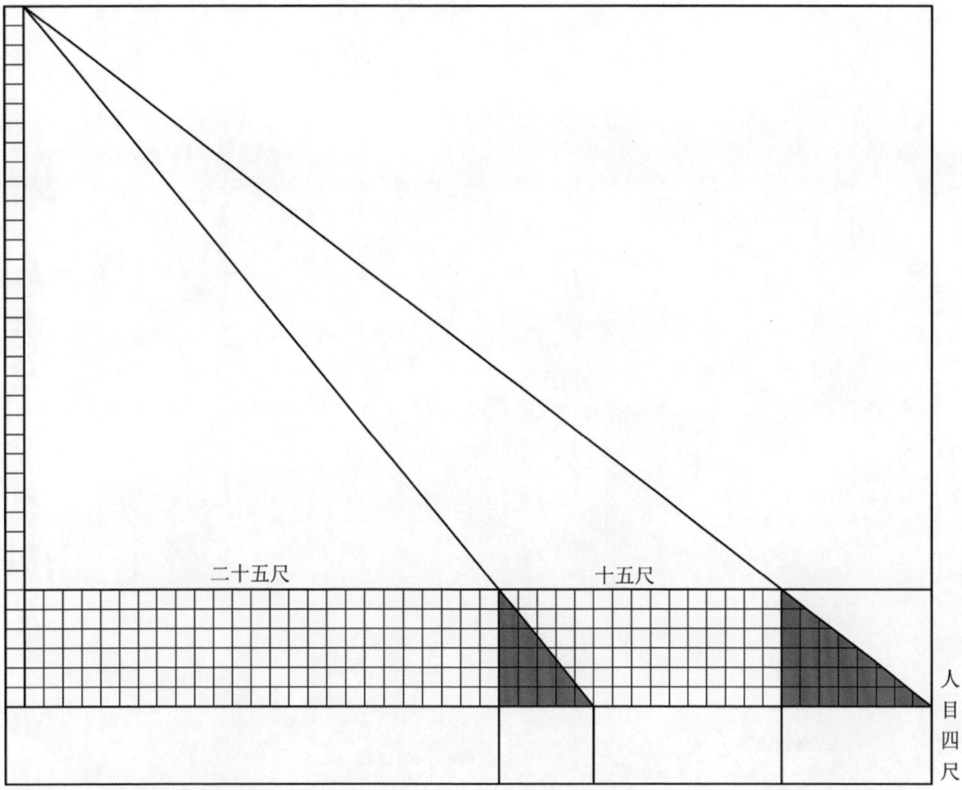

遠近二表，分作兩段大句股；兩表與兩影，各爲小句股。以近表一段言之，六長五濶爲小句股，三十六長三十闊爲大句股；以遠表一段言之，六高八遠爲小句股，四十八遠三十六高爲大句股。即小可以知大，知八尺之遠能爲六尺之高，即知四十八尺之遠能爲三十六尺之高；知六尺之高能爲八尺之遠，即知三十六尺之高能爲四十八尺之遠。此遠表之高遠互求者也，其近表一段倣此。

展遠縮遠求高圖　展遠縮遠各五法此圖移十法

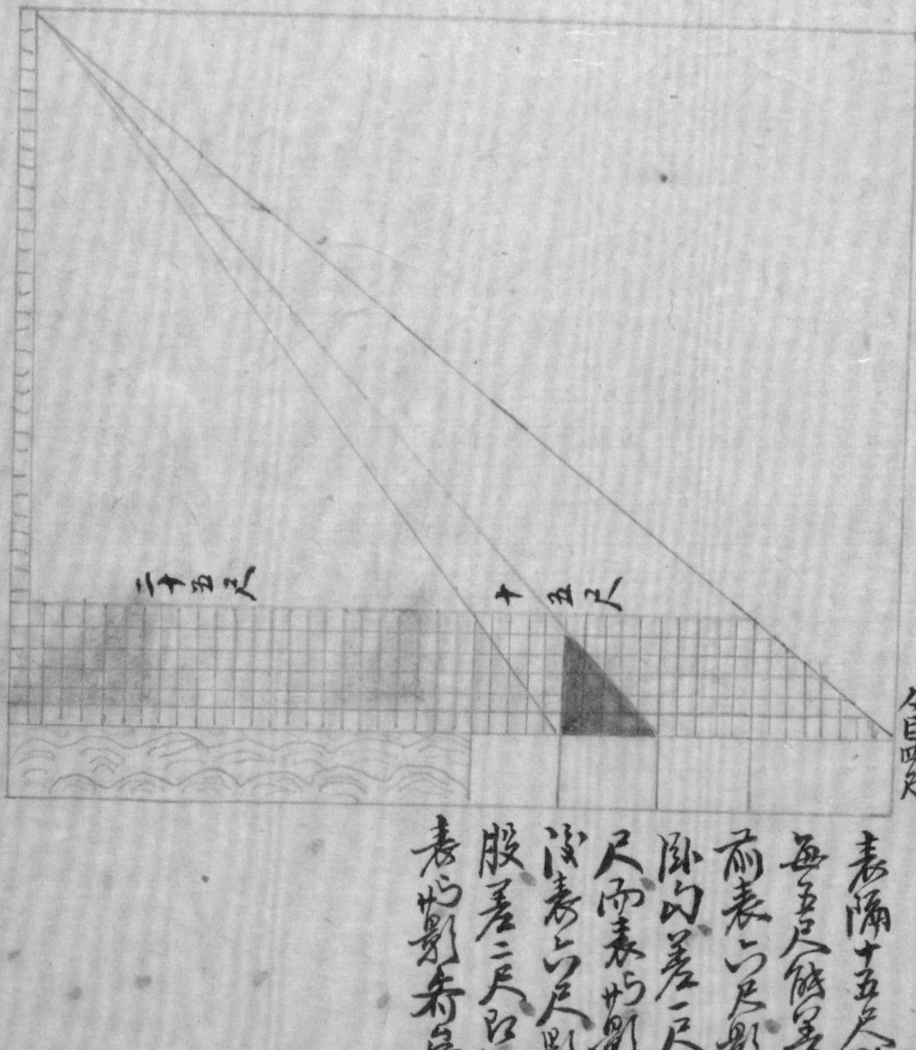

表隔十五尺影差三尺是每五尺人能差一尺也前表六尺影五尺立股臥勾差一尺以知每遠五尺而表與影齊矣後表六尺影八尺立勾臥股差二尺以知每近十尺而表與影齊矣

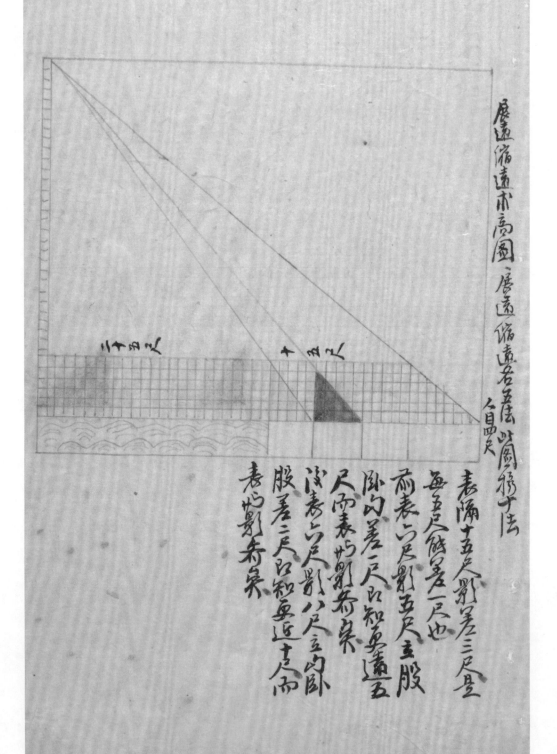

展遠縮遠求高圖 展遠縮遠各五法，此圖攝十法

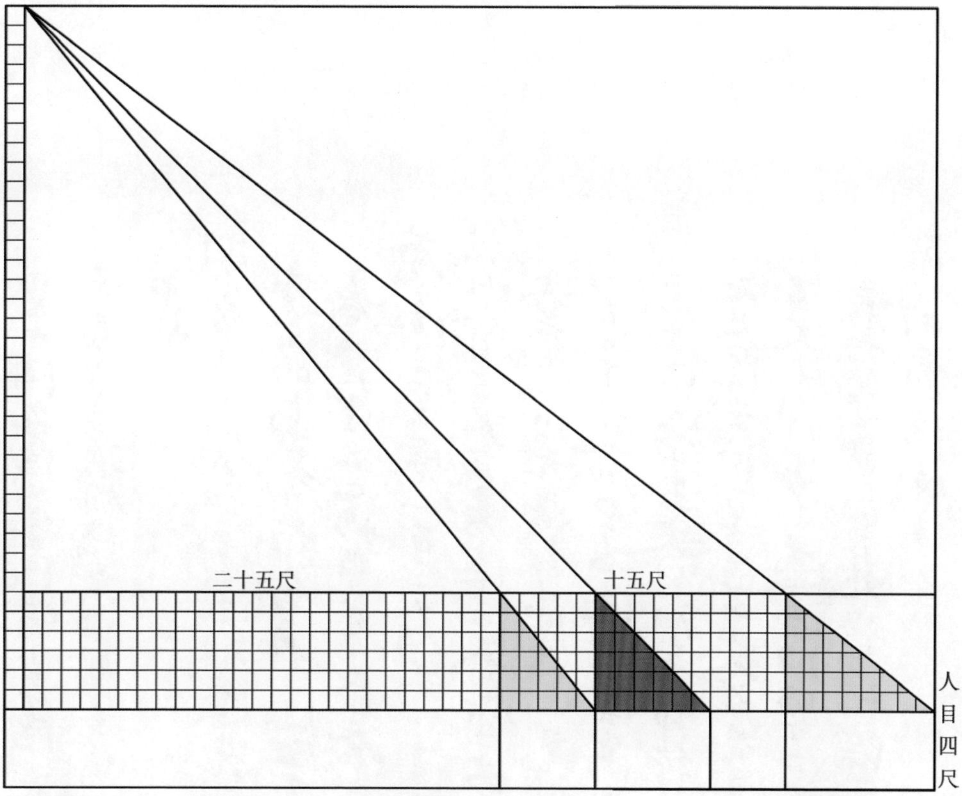

表隔十五尺，影差三尺，是每五尺能差一尺也。

前表六尺，影五尺，立股卧句，差一尺，即知更遠五尺，而表與影齊矣。

後表六尺，影八尺，立句卧股，差二尺，即知更近十尺，而表與影齊矣。

以上十法無法易明五子法不出三等句股形以係角截積二法縱橫反覆皆有除法乘曲暢旁通更不止此是在種梳以為引伸觸類之資可也

問今有海島不知高亦不知遠先立一表高三丈卻行六十丈以窺表三尺望之與島峯參合再遠五百丈又立一表亦高三丈卻行六十二丈以窺表三尺望之亦與島峯參合求海島高遠若干

答高三里零一百三十八丈　遠八十三里零六十丈

法以人目三尺減表高三丈餘二丈七尺以乘兩表相去五百丈得一千三百五十丈為實以先表卻後六十丈減後表卻後六十二丈餘二丈為法除之得六百七十五丈加入表高三丈共六百七十八丈以里法除之得高再置表上之高六百七十五丈以前表卻行六十丈乘之得四萬零五百丈以表高二丈七尺除之得一萬五千丈為先表到島之遠以里法除之合問加再五百丈為後表之遠再加六十二丈通共一萬五千五百六十二丈為後表窺望到島之處以里法除之得八十六里零八十二丈合問

解與前法同

以上十法，每法爲五法，有五十法。若取三等句股形，以線角、截積二法，縱横反覆，當百有餘法矣。曲暢旁通，更不止此。畧存梗概，以爲引伸觸類之資可也。

2.問：今有海島不知高，亦不知遠。先立一表，高三丈，却行六十丈，以窺表三尺望之，與島峯參合。再遠五百丈[1]，又立一表，亦高三丈，却行六十二丈，以窺表三尺望之，亦與島峯參合。求海島高遠若干[2]？

答：高三里零一百三十八丈；　　　　　　　遠八十三里零六十丈。

法：以人目三尺減表高三丈，餘二丈七尺，以乘兩表相去五百丈，得一千三百五十丈爲實。以先表却後六十丈減後表却後六十二丈，餘二丈，爲法除之，得六百七十五丈。加入表高三丈，共六百七十八丈。以里法除之，得高。再置表上之高六百七十五丈，以前表却行六十丈乘之，得四萬零五百丈，以表二丈七尺除之，得一萬五千丈，爲先表至島之遠。以里法除之，合問。加再五百丈，爲後表之遠。再加六十二丈，通共一萬五千五百六十二丈，爲後表窺望至島之處。以里法除之，得八十六里零八十二丈。合問。

解：與前法同。

---

1 再遠五百丈，指前望表退行五百丈，即表間距爲五百丈。

2 此題爲《算法統宗》卷十二句股章“海島解題”第七題。

測海島高遠圖

表三丈減人目餘二丈七尺與相距五百丈相乘得一千三百五十丈以後表卻行六十二丈減先表卻行六十丈餘二丈為法除之得六百七十五丈加入表三丈共六百七十八丈以里法除之得高知高已用以高求遠之法

測海島高遠圖[1]

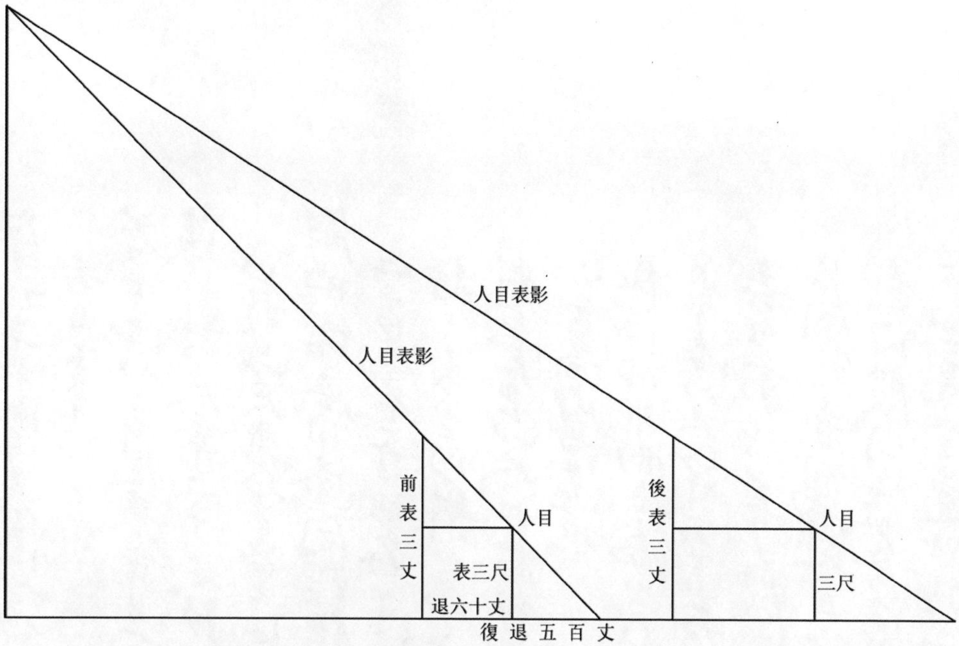

表三丈，減人目餘二十七尺，與相去五百丈相乘，得一千三百五十丈。後表却行六十二丈，減先表却行六十丈，餘二丈，爲法除之，得六百七十五丈。加入表三丈，共六百七十八丈。以里法除之，得高。知高，即用以高求遠之法。

1 原圖本《算法統宗》，將“復退五百丈”誤標於前表人目與後表之間，今據題設校改。

問今有立表測日表高八尺影六尺卻行二千里其影六尺二寸求日高幾許表

去日幾許

答日高八萬里表去日下六萬里

法以影八尺乘二千里得一十六萬以影差二寸除之合問

以影六尺乘八萬里得四十八萬以表八尺除之得表去日下六萬里

解曰此與塔高測表遠同理但影有廣狹地不用窺筩耳

二千里差二寸知每寸得千里八尺則八萬里也六尺視八尺爲差二尺卻

行二萬里則影當八寸是爲股尋也

影當有六尺若前行六萬里則日下無影矣故知八萬爲股爲高

六萬爲句爲遠也

按此法但求測日高當八萬零八尺其下無影端六萬里零六寸以天

日之高八尺六寸不足爲有無故只論大數耳然求法當從表以上

表以前起算不得爲所得其所以然之故也

且用窺表則減自目以下從窺表以上起爲股不用窺表則就地

起爲股用像角法算得所得加表上表前之數用比例法算得

以全高全遠此其率也

3.問：今有立表測日，表高八尺，影六尺。却行二千里，其影六尺二寸，求日高若干？表去日若干[1]？

答：日高八萬里；　　　　　　　　　　表去日下六萬里。

法：以影八尺乘二千里，得一十六萬，以影差二寸除之，合問。

以影六尺乘八萬里，得四十八萬，以表八尺除之，得表去日下六萬里。

解：與塔高、水遠同理。但影屬於地，不用窺竿耳。

二千里差二寸，知每寸得千里，八尺則八萬里也。六尺視八尺不足二尺，却行二萬里，則影當八寸，是句股等也。

影尚有六尺，若前行六萬里，則日下無影矣。故知八萬爲股爲高，六萬爲句爲遠也。

據法細求，則日高當八萬零八尺，日下至影端六萬里零六寸，以天日之高八尺、六寸，不足爲有無，故只論大數耳。然求法原從表以上、表以前起筭，不得不明其所以然之故也。

凡用窺表，則減人目以下，從窺表以上起句股；不用窺表，則就地起句股。用線角法筭得者，乃表上表前之數；用比例法筭得者，皆全高全遠。此其率也。

1 此題《算法統宗》無，與顧應祥《句股算術》卷下第十三題、周述學《曆宗算會》卷三“單表小句股求大句股”第九題同。

日景圖

二千里為距二寸為較以表八尺乘距得一千六百以較二寸除之此係角法也竪立一段此以二寸為闊以八尺為高量數繁也繁也推圖為其意耳

一凡以表測深先知岸低注岸之畔任郤行窺準置表窺準注表端窺之令表端岸畔澗底三相參合然後審之以岸与表相乘為實以郤行

日景圖

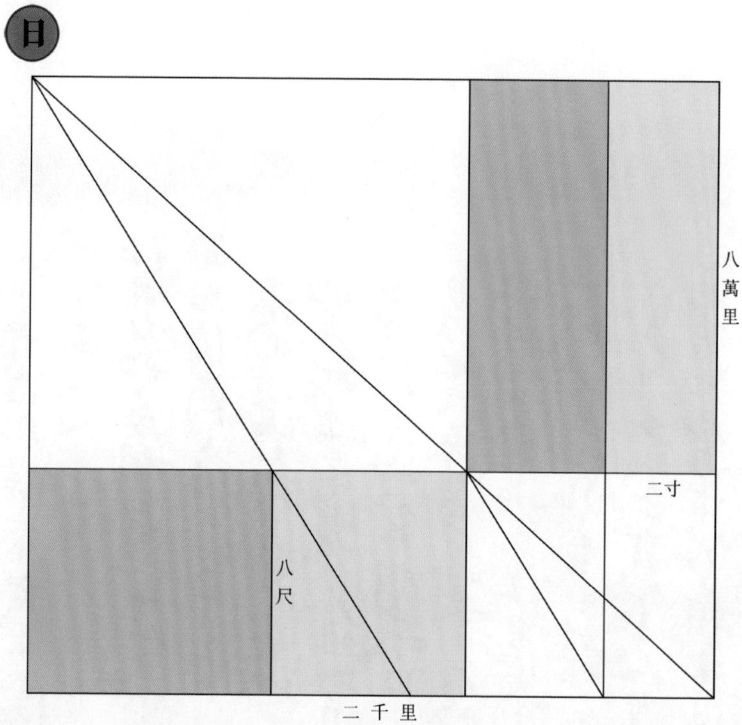

二千里爲距，二寸爲較，以表八尺乘距，得一十六萬，以較二寸除之，此線角法也。豎一段當以二寸爲闊，八萬爲高[1]，量數懸絶難圖，存其意耳。

一、凡以表測深先知廣者，從廣之畔，任却行若干，置表若干，從表端窺之，令表端、廣畔、深底三相參合。然後審之，以廣與表相乘爲實，以却行

1 即表上黃色矩形，原圖無色，據圖註補繪。

之度除之得深

問今有井口八尺不知其深離井五尺立表八尺從表端窺之其井口之畔

與井底水際參合而水際深若干

答一丈二尺八寸

法井口與表相乘得六十四尺以離井五尺除之合問

解此係句股之法表與井畔之與水際為總句股井口之上與井之深為兩等句

表與井底等之兩容方之實也不表或程或是隨形設法然者為式然在以表

與井底相乘為實以人目入井處為法再假如表四尺八寸為井畔三尺則

以四尺八寸與井八尺相乘得三十八尺四寸以三尺除之同假如表一丈二尺為

井畔七尺五寸則以一丈二尺與井八尺相乘得九十六尺以七尺五寸除之同

此乃為井置表為法並置表於井之畔則分其底為二段以人目入井為

一段以目之外與井之對畔為一段以目外與表相乘為實以人目入處除之

假如表七尺二寸八分人目入井處三尺則以全底八尺減人目三尺餘五尺

與表七尺二寸八分相乘得三十六尺四寸以人目三尺除之同

此乃底為句深為股若底過於深者則底為股深為句其數亦同也

以井上窺外形為容方以井中實形為等角兩句股形從而窺之勢必倒

之度除之，得深。

1.問：今有井口八尺，不知其深。離井五尺，立表八尺，從表端窺之，其井口之畔與井底水際參合，求際若干[1]？

答：一丈二尺八寸。

法：井口與表相乘六十四尺，以離井五尺除之。合問。

解：此線角之法，表至井畔，畔至水際，爲線角。井口之上與井之深，爲兩等角。表與廣等，取容方之率也。若表或短或長，隨形改法，無不可者。要在以表與廣相乘爲實，以人目入井處爲法耳。假如表四尺八寸，離井畔三尺，則以四尺八寸與八尺相乘，得三十八尺四寸，以三尺除之，同。假如表一丈二尺，離井畔七尺五寸，則以一丈二尺與八尺相乘，得九十六尺，以七尺五寸除之，同。

此以離井置表爲法。若置表於井之畔[2]，則分其廣爲二段，以人目入井爲一段，以人目之外至井之對畔爲一段，以目外與表相乘爲實，以人目入處除之。假如表七尺六寸八分，人目入井處三尺，則以全廣八尺減人目三尺，餘五尺，與表七尺六寸八分相乘，得三十八尺四寸，以人目三尺除之，同。

此以廣爲句、深爲股，若廣過於深者，則廣爲股、深爲句矣。然求法一也。以井上虛形爲容方，以井中實形爲等角，取句股形俯而窺之，勢若倒

1 參句股容篇“句股容方”第一題解後附問三。
2 離井置表，參句股容篇“句股容方”第一題解後附問一。

此經所傳累矩以測深者即此法也詳見句股容篇

測深圖

表

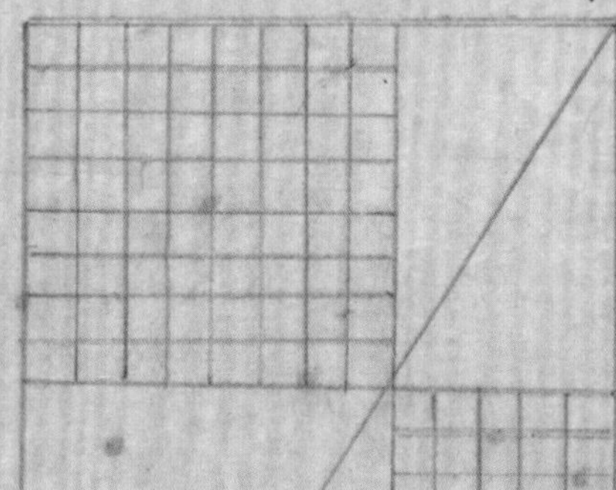

若有立表測深則法亦同説見句股容

一凡表測深與其底俱不知者設兩表以測之先立一短表短表之下加一橫表窺之使竪立表之端與其橫表之端與其深之底三相参合再於一長表上加橫表窺之亦使竪表橫表與深底三相参合然後實之以兩橫表相去為距以其表施橫如與其短表相減為較求底者以橫表乘距為實以較為法除之求深者以短表乘距為實亦以較為法除之

問今有谷不知深幾遠乎立一短表於谷畔高五尺橫表在竪表之底

然，《經》所謂“覆矩以測深”者，即此法也。説見句股容篇。

測深圖

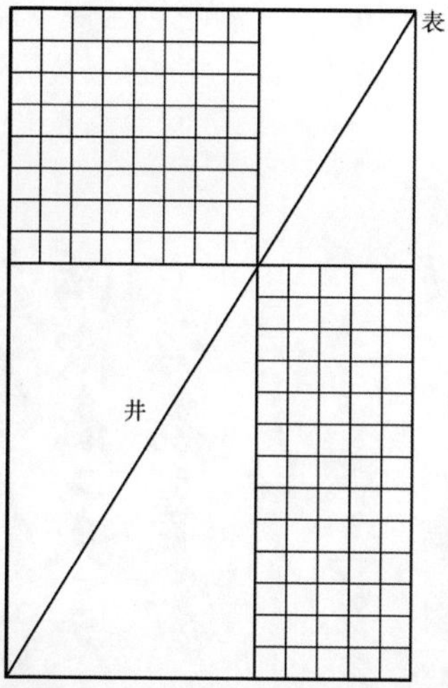

若廣過於深，則法亦同，説見句股容。

一、凡表測深與廣俱不知者，設層表以測之。先立一短表，短表之下，加一横表窺之，使竪表之端與横表之端與深之底三相參合。再换一長表，亦加横表窺之，亦使竪表、横表、深底三相參合。然后審之，以兩横表相去爲距，以長表施横處與短表相減爲較。求廣者，以横表乘距爲實，以較爲法除之；求深者，以短表乘距爲實，亦以較爲法除之[1]。

1. 問：今有谷不知深遠若干，立一短表於谷畔，高五尺，横表在竪表之底，

---

1 如圖 12-21，CD 爲短表，CD' 爲長表，CE 、$C'E'$ 爲兩横表。已知短表 $CD=p$ ，長表施横表處 $C'D'=q$ ，横表 $CE=C'E'=t$ ，横表間距 $CC'=k$ 。求廣 EM 、深 BE 。先求廣，移短表 CD 至 $C'F$ ，使 $C'F=CD=p$ ，由圖易知 $S_{\mathrm{II}}=S_{\mathrm{V}}$ ，故 $CC'\cdot CE=EM\cdot D'F$，求得廣爲：

$$EM=\frac{CC'\cdot CE}{D'F}=\frac{CC'\cdot CE}{C'D'-C'F}=\frac{kt}{q-p} \quad ①$$

再求深 EB。由於 $S_{\mathrm{I}}=S_{\mathrm{IV}}$ ，故 $EB\cdot CE=C'F\cdot EM$ ，則：

$$EM=\frac{EB\cdot CE}{C'F}=\frac{yt}{p} \quad ②$$

①②式相除，求得深爲：

$$EB=\frac{kp}{q-p}$$

其中，k 爲兩横表相去之距，$q-p$ 爲長表施横處與短表相減之較，t 爲横表長，p 爲短表長。

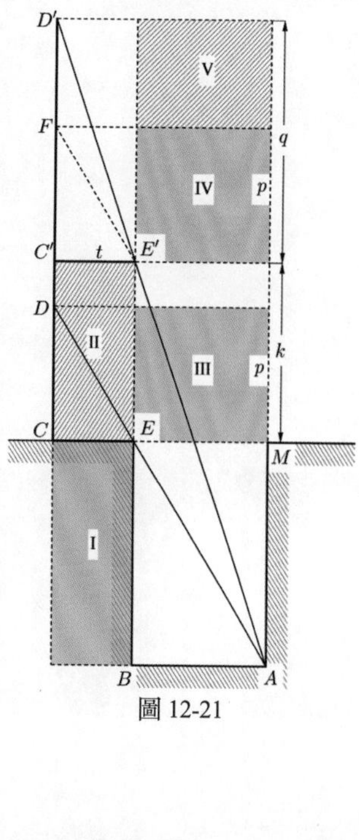

圖 12-21

表六尺窺之以竪表橫表首尾三處參合再立一表表高二丈三尺以橫表
六尺去表端八尺施之則以竪表橫表首尾又相參合求深底若干

荅底三尺　深二十五尺

法後表二丈三尺減去施橫表處八尺餘一十五尺為二橫表相距之數以
短表五尺減八尺餘三尺為較以橫表六尺乘距一十五尺得九十尺以較
除之得所

以短表乘五尺與卅距十五相乘得七十五尺以較除之減短表得深合問

解此與前重表測高遠法數相同但橫為仰股以底為高橫股作
句以深為遠耳　橫表即前竪表立表即前卧表之數照前圖
竪而置之自可推也　若求推法餘同前

重表測深底圖

長六尺，窺之，豎表、橫表、谷底三處參合。再立一長表，高二丈三尺，將橫表六尺去表巔八尺施之，則豎表、橫表、谷底又相參合。求深廣若干[1]？

答：廣三［十］尺；　　　　　　　　深二十五尺。

法：後表二丈三尺，減去施橫表處八尺，餘一十五尺，爲二橫表相距之數。以短表五尺減八尺，餘三尺爲較。以橫表六尺乘距一十五，得九十尺，以較除之，得廣。

以短表乘五尺，與距十五相乘，得七十五尺。以較除之,（減短表）得深[2]。合問。

解：此與前重表測高遠，法數相同。但換句作股，以廣爲高；換股作句，以深爲遠耳。橫表即前豎表，立表即前却行之數。將前圖豎而置之，自可推也。若廣推諸法，俱同前。

重表測深廣圖[3]

1《算法統宗》無重表測深算題。同類算題見《九章比類算法大全》“句股”比類第二十二題、《句股算術》卷下第十五題、《曆宗算會》卷三“兩表橫矩小句股求廣”第三題。

2 如前圖 12-21，求得深爲：

$$EB=\frac{kp}{q-p}=\frac{15\times 5}{8-5}=25\text{尺}$$

無需減短表。“減短表”三字係衍文，據演算刪。

3 原圖繪製有誤，據術文校改。參前圖 12-21。

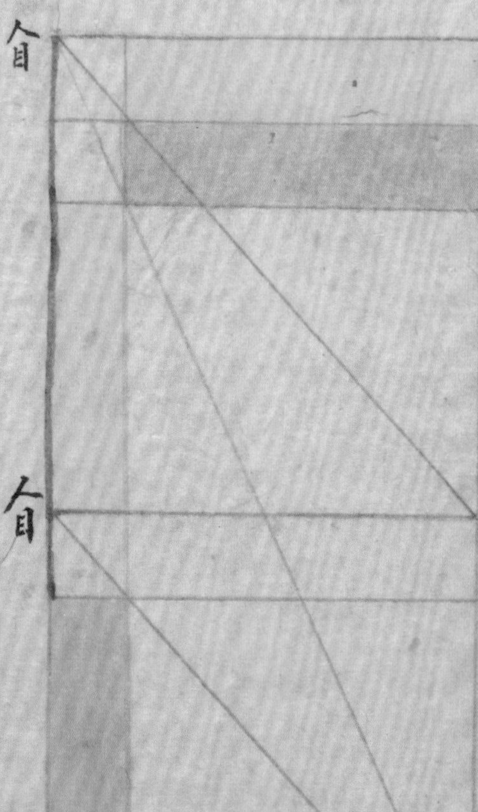

此測高遠用法，但有橫直之异。距不及初表，則較亦不及；與初表等，則較亦等；過於初表，則較亦過於原數。

一　矩測之法：方木為矩，設一角為極角，對極角之角為垂角，近極角者上兩面各刻十二度，以審向；上之右面置兩耳，耳為竅，竅令其相望，曰通光。極角之端置一線，線繫權焉，曰垂線。用時以所測物之巔為高，以人立處為遠，從通光竅視之，使兩竅、物巔、人目三相值也，任垂線之所至以審

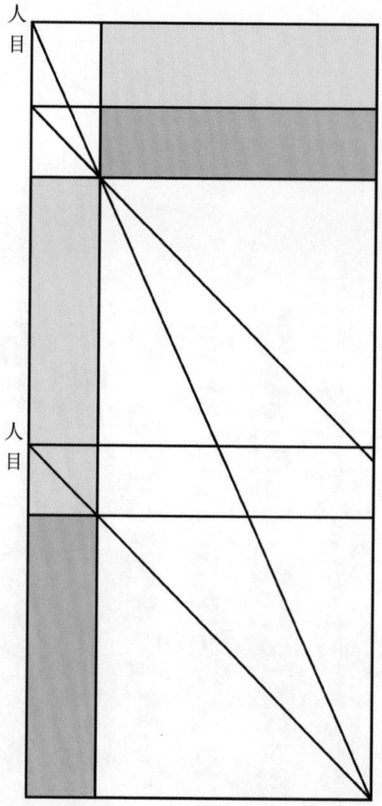

與測高遠同法，但有橫豎之異。

距不及初表，則較亦不及；與初表等，則較亦等；過於初表，則較亦多於原數。

【矩測】

一、矩測之法[1]，方木爲矩，取一角爲極角，對極角之角爲垂角。近極角爲上兩面，各刻十二度[2]，以審句。上之右面，置兩耳爲竅焉，令其相望，曰通光。極角之端，置一線繫權焉，曰垂線。用時以所求物之巔爲高，以人立處爲遠，從通光窺之，使兩竅、物巔、人目三相值也。任垂線之所至，以審

1 矩測，見《測量法義》及《同文算指通編》卷六“測量三率法”。

2 據矩尺圖，甲爲極角，丙爲垂角，甲丁、甲乙爲近極角上兩面，乙丙、丙丁爲近垂角下兩面，上兩面不刻度，下兩面各刻十二度。術文“各刻十二度”前，當脱“近垂角爲下兩面，下兩面”若干字。

定度分與高與遠等，則線與垂角與其極角相直，知高即遠知
遠即高也

解曰：用遠矩度法，或堅木版，或銅版，其形正方，分甲乙丙丁為四角，其甲
與乙其乙與丙其丙與丁其丁復與甲為四面，甲則極角也，以繫垂線
丙則垂角也，甲乙之面置其通光也，其丁甲一面所謂近極之上兩面也，乙丙面與其丙丁
面各刻十二度，所謂近垂角之下兩面也，上兩面無刻，刻之度數乃十二度之全
下兩面刻度數，所垂線之所值，以為分股，直放取全，以象股句矩，故取分
以象句也，所以然者，以所取為象句股，以矩上為小句股，以通光與其垂線當兩
定之小句股，與其大句股相應也，故以所求之句股言之，或高或遠，其或為股
短其為句，通光則弦也，以矩上句股言之，十二度為股，線所值之幾分為句，線
則弦也，高與其遠等，則垂線與直對與其角相對，是冲與句股相同也，假如知
高百尺，則知遠亦百尺，知遠百尺，則知高亦百尺，不用排算而得之，是求高遠
不求而地勢不便，取郤其任意移就之，錫依其線值於垂角，殊為簡便
若地勢不可取郤，則如下文之法

又曰：又之文多沉校之說，取其郤也，多精斯之說，取其晰也，其所用度分
又以干支之名記之，取其易辨也，然學其讀之譯，雖符會反覺紛信滿

定度分。若高與遠等，則線必垂角與極角相直，知高即遠，知遠即高也。

解：西書造矩度法，或堅木版，或銅板，其形正方，分甲乙丙丁爲四角。自甲至乙，自乙至丙，自丙至丁，自丁復至甲，爲四面。甲則極角也，以繫垂線，丙則垂角也。甲乙之面置通光，與丁甲一面，所謂近極之上兩面也。乙丙面與丙丁面各刻十二度，所謂近垂角之下兩面也。上兩面雖不刻度數，乃十二度之全。下兩面刻度數，聽垂線之所值以爲分。股長，故取全以象股；句短，故取分以象句也。所以然者，以所求爲大句股，以矩上爲小句股，以通光與垂線審而定之，小句股必與大句股相應也。故以所求之句股言之，或高或遠，長者爲股，短者爲句，通光則弦也。以矩上句股言之，十二度爲股，線所值之幾分爲句，線則弦也。高與遠等，則垂線必直，恰與丙角相對矣，謂句股相同也。假如知高百尺，則知遠亦百尺；知遠百尺，則知高亦百尺，不用推筭而得之矣。若高遠不齊，而地勢可以前却者[1]，任意移就之，務使其線值於垂角，殊爲簡便。若地勢不可前却，則如下文之法。

又西書之文，多比較之語，取其切也；多轉折之語，取其晰也。其所用度分，又以干支之名配之，取其易辨也。然學者讀之，驟難體會，反覺紛紜滿

1 前却，前行或退行。

目兼今反易其文崩其意庶令学者触目易晓而志其要须观其全
书也余说参会本自明悉也
矩尺十二分度

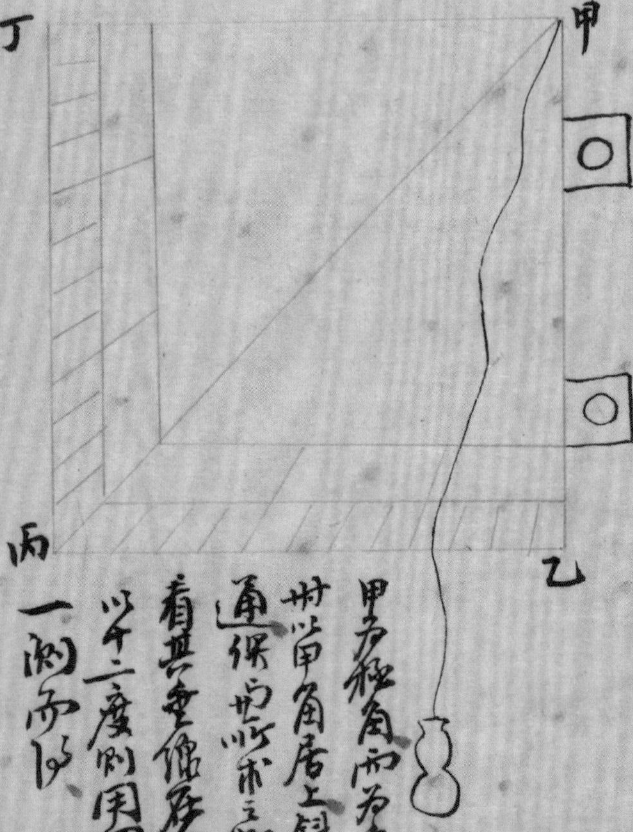

甲为矩角而为垂角两耳为通光用
测以甲角居上斜望之令两耳之窍相
通係而出也此术之测者則高远之度也
看其垂线居何度分然後以法求之
以十二度則用四率以不十二分度則
一測而得

目矣。今盡易其文，止用其意，庶令學者觸目易曉。有志者更須觀其全書，與余説參會，更自朗㬭也。

矩尺十二爲度

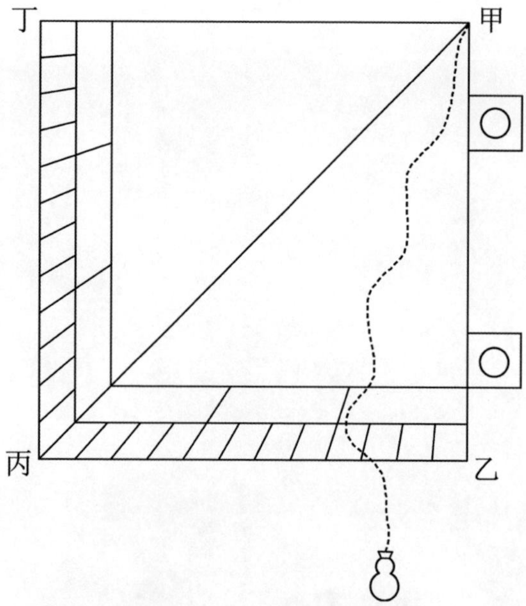

甲爲極角，丙爲垂角，兩耳爲通光。用時以甲角居上，斜望之，令兩耳之竅相通，俱與所求之物齊。則高遠之度也，看其垂線在何度分，然後以法求之。以十二度，則用四率；若以十爲度，則一測而得。

句股相等圖

凡所測高與遠等以矩窺之其垂線必在丙角知高以知遠知遠以知高也若地勢平衍所差不遠則前卻之勢伏合焉中耳

句股相等圖

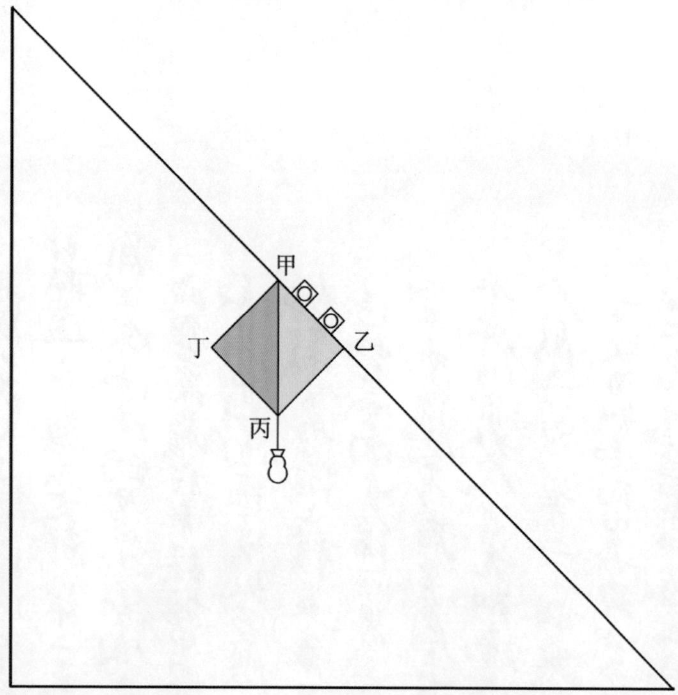

凡所測高與遠等，以矩窺之，其垂線必在丙角，知高即知遠，知遠即知高也。若地勢平夷，所差不遠，則前却之，務使合焉可耳。

一凡所求之物高與遠於遠邊之立股卧句以當邊先齊对其垂線處在垂角之外
以以存身之面為全股以線所值為句視句股十二分之幾因知遠與高十二分
之幾也若先知高與所測高之重數或丈數以所值分乘之以十二除之即得遠邊若先知遠
以得遠之重數或丈數以十二乘之以值分除之而得高也
解曰丈高遠相等即為兩面其邊先所值即方形之斜線所沖平弦也立股卧
句形其形如峻於平旋旋甲丙於平乙低於平其垂線甘當在垂角之右乙丙
面上為甲乙面角邊先处為股垂線值处為句成一察形之小句股其两旁沖之
側影言如墻上横置表日影見於墻上其邊以比所求則高如甲乙全面
遠如己丙面垂線所界之处案假如高六十丈遠二十丈其為句股十二分之
四其垂線當在垂角之右邊己丙面上從乙數起之第四度即四率矩度
如原所求如今只先知高六十不知遠則以每股十二為一率得句四為二率
今股六十為三率二三相乘得二百四十以一率十二除之得遠二十丈是但知遠
二十丈不知高則以每句四為一率句股十二為二率今句二十為三率二三相乘
得二百四十以一率四除之得高六十丈是也又有為用右睥用左睥備十二全
度為句却展其度以為股其法以十二為分四歸之得三以十二乘之得三十
六為全股是三十六分之十二即十二分之四也備丁甲全面為句丙丁面為備

一、凡所求之物，高過於遠，謂之立股卧句。以通光參對，其垂線必在垂角之外。即以有耳之面爲全股，以線所值爲句，視句得股十二分之幾，因知遠得高十二分之幾也。如先知高，即將高之里數或丈數，以值分乘之，以十二除之而得遠；如先知遠，即將遠之里數或丈數，以十二乘之，以值分除之而得高也。

解：上文高遠相等爲兩面，其通光所值，即方形之斜線，所謂平弦也。立股卧句，則其勢峻於平弦，故甲昂於平，乙低於平，其垂線自當在垂角之右乙丙面上，而甲乙面通光處爲股，垂線值處爲句，成一覆形之小句股矣。西書謂之倒影，言如墻上横置表，日影見於墻上是也[1]。以比所求，則高如甲乙全面，遠如乙丙面垂線所界之處矣。

假如高六十丈，遠二十丈，是爲句得股十二分之四，其垂線定當在垂角之右邊乙丙面上，從乙數起之第四度。列四率，矩度如原，所求如今。若先知高六十，不知遠，則以每股十二爲一率，得句四爲二率，今股六十爲三率，二、三相乘，得二百四十，以一率十二除之，得遠二十丈。若但知遠二十丈，不知高，則以每句四爲一率，得股十二爲二率，今句二十爲三率，二、三相乘，得二百四十，以一率四除之，得高六十丈是也。

又有不用右畔，用左畔，借十二全度爲句，却展其度以爲股者。法以十二爲分，四歸之得三，以十二乘之，得三十六爲全股，是三十六分之十二，即十二分之四也。借丁甲全面爲句，丙丁面原有

1 據《測量法義》“論景”：“直景者，直立之表，及山岳、樓臺、樹木，諸景之在平地者也；若于向日墻上横立一表，表景在墻，則爲倒景。”在矩測中，《測量法義》對倒影和直影的定義如下。如圖 12-22，AC 爲直表，AB 爲横表，紅點爲太陽。當太陽高度大於 45° 時，直表 AC 所成之影 CE 落在 CD 邊内，此時用矩尺測日，垂線甲戊落在乙丙邊内，所成之影乙戊，稱作“直影”。當太陽高度小於 45° 時，横表 AB 所成之影 BG 落在 BD 邊内，此時用矩尺測日，垂線甲戊落在丁丙邊内，所成之影丁戊，稱作“倒影”。本書則將乙戊稱作倒影，將丁戊稱作直影，與《測量法義》恰恰相反。

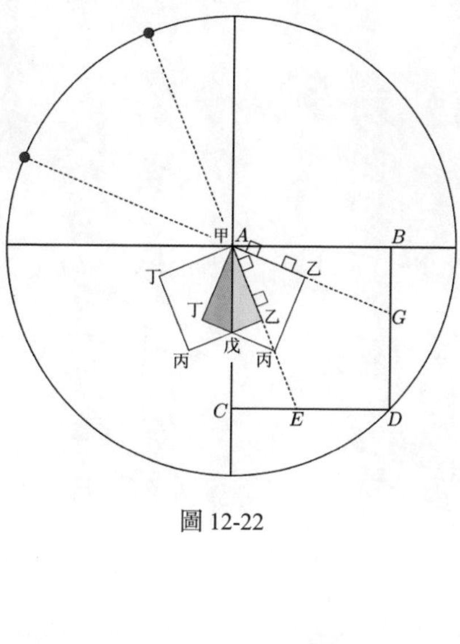

圖 12-22

十二度再展二十四度，而中垂線更無。然則率數不同，而法同。此法即其安橫以覓寸數之數，與衡數不用也。然重矩則不必用，説見後。若不用十二而用衡數，方尺為矩十寸，而分彼十二分之四，即為分之三十三分三三三不盡者也。先知高當平，則以三三三一為法乘之，得遠；先知遠二十，則以三三三一為法除之，得高。一測而定，然必用四率矣。

若人目仰窺定高遠，其從目以上為高，得高之後加目至足為全高。以人所立處為遠，若從人目以線續之令屬地，則為全遠。若人目較高俯窺，取其高遠，先至地處識之，令全高遠也。高遠之斜勢乃句股之弦，一定不移。雖其毫釐與千萬里一也，故近與遠，與仰窺俯窺無不可也。

立股點句圖

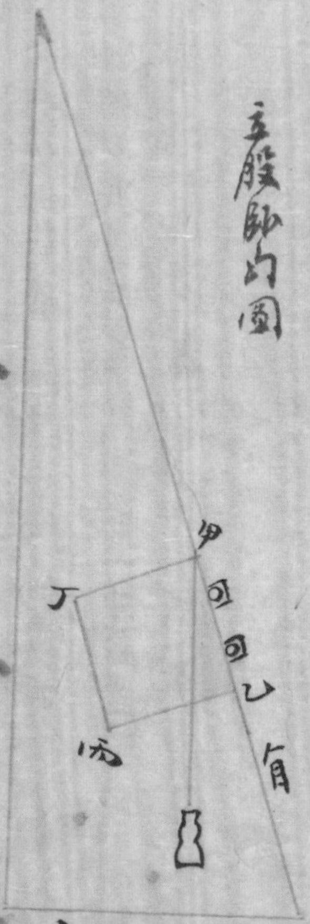

高與遠二十，線在乙丙邊之四度，知高求遠則以四乘之，十二除之；知遠二十則以十二乘之，以四除之。若以十度為矩，則線在三寸三分三厘強，知高二十則乘之，知二十則除之。

矩上黄形小句股與大句股同形。

十二度，再展二十四度，而與垂線交矣。若列率，數不同而法同[1]。此法取其變换，以見自然之數，然稍繁不用可也。若重矩則不得不用，説見後。

若不用十二，只用整數，方尺爲矩，十寸百分，如十二分之四，即百分之三十三分三三不盡也。先知高六十，則以三三三爲法乘之，得遠；先知遠二十，則以三三三爲法除之，得高。一測而定，又不必用四率矣。

若以人目仰窺定高遠者，從目以上爲高，得高之後，加目至足爲全高。以人所立處爲遠，若從人目以綫續之令屬地，則爲全遠。若以人目轉身俯窺，取其通光至地處識之，亦全遠也。通光之斜勢，乃大句股之弦，一定不易者，毫末與萬里一也。故近身遠身、仰窺俯窺，無不可也。

立股卧句圖

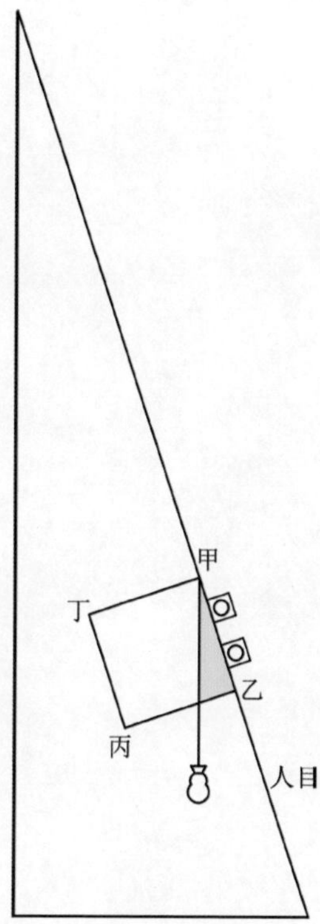

高六十，遠二十，綫在乙丙邊之四度。知六十，則以四乘之、十二除之；知二十，則以十二乘之，以四除之。

若以十度爲矩，則綫在三寸三分三厘强。知六十，則乘之；知二十，則除之。

矩上黄形小句股，與所求同形。

---

1 參“矩測立股卧句”下“變矩圖”。

矩測加目出地圖

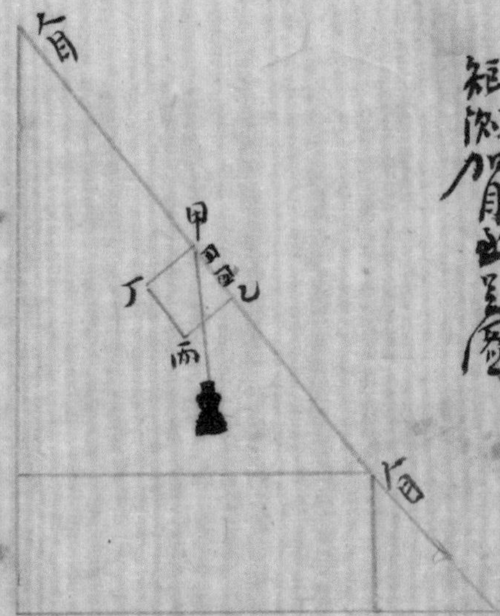

凡矩測以人目仰窺從目以上起算得高後
加目出地為全高
若從上俯窺取通見處地处為全遠或
就人目以從像之心得全遠

懸矩但取勢不論遠近圖

三处懸矩其度分一也蓋
但取斜勢之低昂不論
遠近取仰窺俯窺皆同

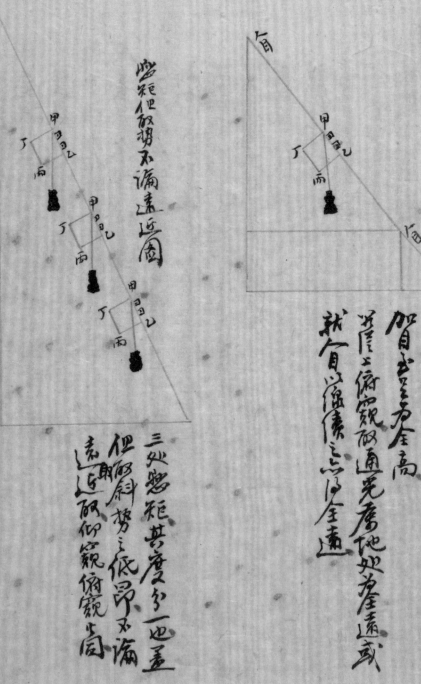

矩測加目至足圖

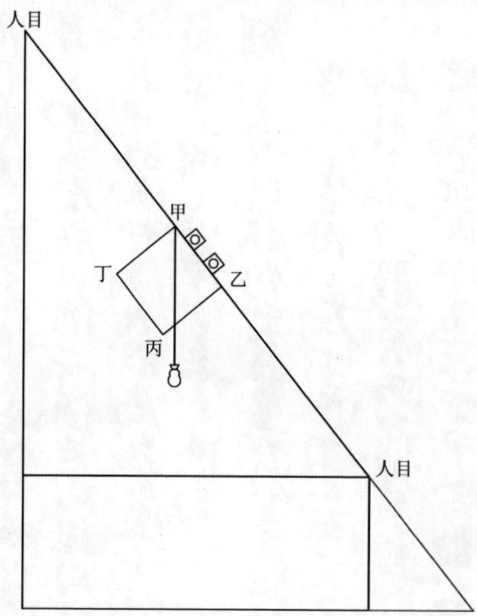

凡矩測以人目仰窺，從目以上起筭，得高後，加目至足爲全高。

若從上俯窺，取通光屬地處爲全遠。或就人目以線續之，亦得全遠。

懸矩但取勢不論遠近圖

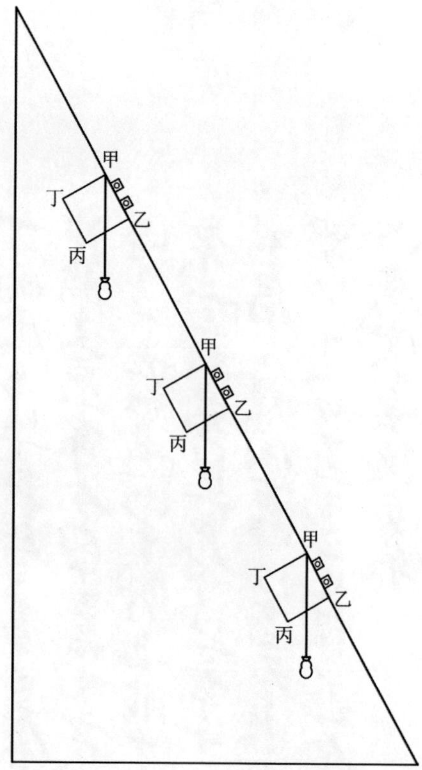

三處懸矩，其度分一也。蓋但取斜勢之低昂，不論遠取近取、仰窺俯窺，皆同。

一凡所求遠近在高側之直句臥股以通光處對其垂線當在垂角之內以為
身之句為全股以線所值為句視句股十二分之幾因知高與遠亦十二分
之幾也如先知高則以高數以值分除之以十二乘之得遠如先知遠則以遠
數以十二除之以值分乘之得高

解曰句臥股則其矩表於平地故乙丙即於平甲低於平其垂線必
當在垂角之左丁丙面上丙丁甲面與身處為股垂線值處為句成一
仰形之句股矣西法謂之直影言如平地豎植表日影見於地上是
也以況所求則遠如丁甲全面高如丁丙面垂線所界之處矣假如高
一十五丈遠六十丈是為句股十二分之三 其垂線定當在垂角之左畔
丁丙面上從丁數起之第三度也算法先知高十五丈則以每句三為一率
句股十二為二率今句十五為三率二三相乘得一百八十以一率三除之得遠
六十若先知遠六十則以每股十二為一率句三為二率今股六十為三
率二三相乘得一百八十以一率十二除之得高十五丈是也
若面角左畔與右畔以十二為分三歸之得四以十二乘得四十八為全股是
四十八之十二得十二之三也借甲乙全面為句乙丙面為弦十二度再展二十
六度而為垂線交焉

一、凡所求遠過於高，謂之立句卧股。以通光參對，其垂線必在垂角之内。即以無耳之面爲全股，以線所值爲句，視句得股十二分之幾，因知高得遠亦十二分之幾也。如先知高，即將高數以值分除之，以十二乘之得遠；如先知遠，即將遠數以十二除之，以值分乘之得高。

解：立句卧股，則其勢夷於平弦，故乙昂於平，甲低於平，其垂線自當在垂角之左丁丙面上。而丁甲面無耳處爲股，垂線值處爲句，成一仰形之小句股矣。西書謂之直影[1]，言如平地豎植表，日影見於地上是也。以況所求，則遠如丁甲全面，高如丁丙面垂線所界之處矣。

假如高一十五丈，遠六十丈，是爲句得股十二分之三，其垂線定當在垂角之左畔丁丙面上，從丁數起之第三度矣。若先知高十五丈，則以每句三爲一率，得股十二爲二率，今句十五爲三率，二、三相乘，得一百八十，以一率三除之，得遠六十。若先知遠六十，則以每股十二爲一率，得句三爲二率，今股六十爲三率，二、三相乘，得一百八十，以一率十二除之，得高十五丈是也。

若不用左畔，用右畔，以十二爲分，三歸之得四，以十二乘，得四十八爲全股，是四十八之十二，即十二之三也。借甲乙全面爲句，乙丙面原有十二度，再展三十六度，而與垂線交矣。

1《測量法義》《同文算指通編》等書稱作“倒影”，詳參前文注釋。

第十寸之矩十二分之三即百分之二十五也先知高以三五除之先知遠以

二五乘之

西法例用四率故用十二為矩以便起算今改為十寸百分推算簡易然

總不能盡值度分於界於二度之交其中毫釐強弱之辨安在以意審之而

已十二與廿十係不能無其微也

竪矩度甲乙丙丁左旋刻之或所測之物在左在右之不同則各面互換難

以例布要在以意審之正於立股矩內測不易者也

凡矩上之形與世所求之形相反竪股臥勾為直在矩上則現倒竪勾臥股

為倒在矩上則現直

若用十寸之矩，十二分之三，即百分之二十五也。先知高，以二五除之；先知遠，以二五乘之。

西法例用四率，故用十二爲矩，以便起筭。今改爲十寸百分，極爲簡易。若線不能正值度分，而界於二度之交，其中毫厘强弱之辨，要在以意審之而已，十二與十俱不能盡其微也。

若距度，甲乙丙丁左旋刻之[1]。或所測之物在左在右之不同，則各面互换，難以例齊，要在以意審之。至於長股短句，則不易者也。

凡矩上之形，與所求之形相反。豎股卧句爲直，在矩上則現倒；豎句卧股爲倒，在矩上則現直。

1 左旋，順時針。

高即股圖

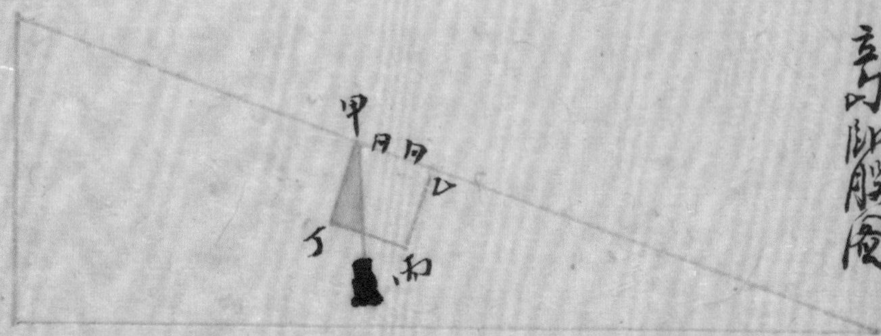

臺五丈遠六十丈垂線在丁丙面之三度先知高則以十二乘高以三除之先知遠則以三乘遠以十二除之

若用十度之矩則線在二度半先知高以二五除之先知遠以二五乘之

矩上線形小句股也以求大形同

立句卧股圖

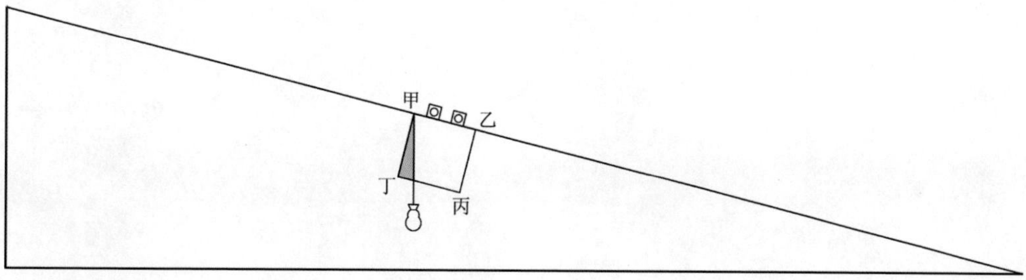

高十五丈，遠六十丈，垂線在丁丙面之三度。先知高，則以十二乘高，以三除之；先知遠，則以三乘遠，以十二除之。

若用十度之矩，則線在二度半。先知高，以二五除之；先知遠，以二五乘之。

矩上綠形小句股，與所求大形同。

交矩圖

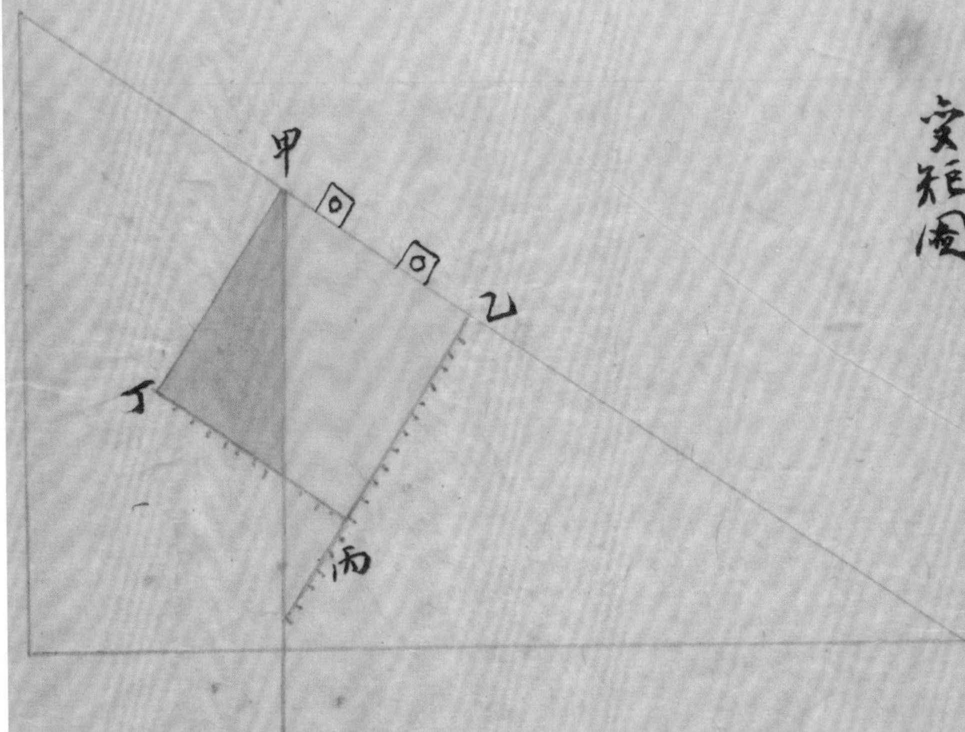

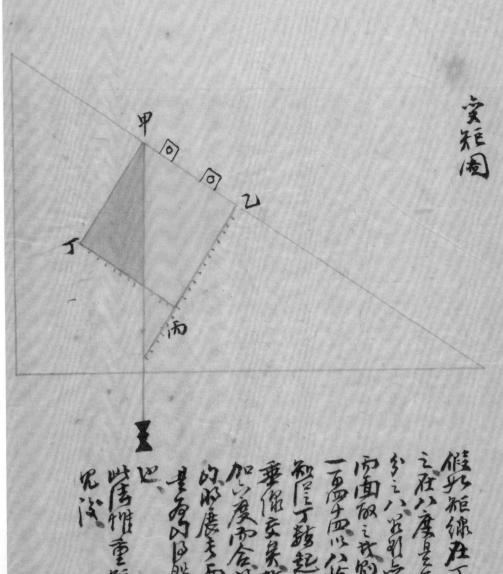

假如矩線在丁丙面從丁數之在八度是為以句股十二分之八算則交作倒影於乙丙面故之求例以十二自之得一百四十四以八除之得十八即知從丁數起至十八度為所垂線交點於矩十二外更加六度而合所矩十二變作的所度表面十八變作股是為以句股十八分之十二也

此法惟重矩則無用說見後

變矩圖

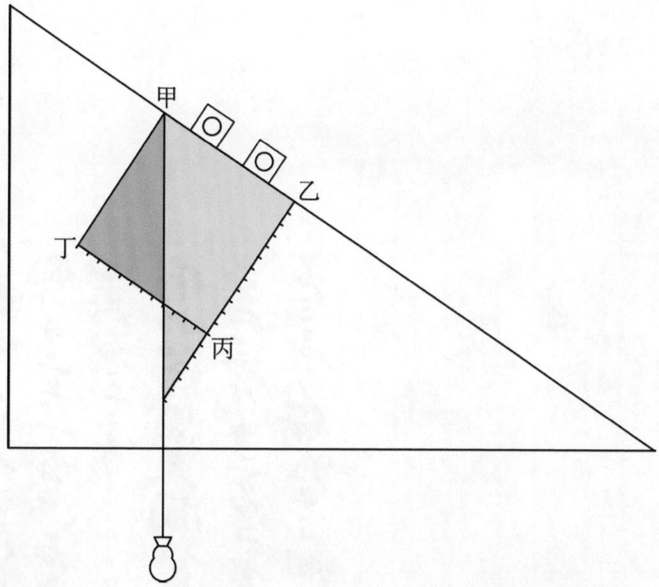

假如矩線在丁丙面，從丁數之，在八度，是爲句得股十二分之八。若欲變作倒影，於乙丙面取之者，則以十二自之，得一百四十四，以八除之，得一十八。即知從（丁）［乙］數起至十八度，而與垂線交矣，於矩十二外更加六度而合。將矩十二變作句，將展長面十八變作股，是爲句得股十八分之十二也。

此法惟重矩則必用，説見後。

一凡測深井闊過於深則爲卧股立高以深過於闊則爲卧以立股極角皆俯
而審之一如高遠之法
解假如井深八尺闊四尺其爲卧以立股其垂線必在乙丙之六度先知深
則以十二爲一率六爲二率八尺爲三率先知闊則以六爲一率十二爲二率
四尺爲三率
假如池深四尺闊八尺其爲立以卧股其垂線必在丁丙之六度先知深則以
六爲一率十二爲二率四尺爲三率先知闊則以十二爲一率六爲二率八尺
爲三率餘以二三相乘以一率除之

測深圖

一、凡測深者[1]，闊過於深，則爲卧股立句；深過於闊，則爲卧句立股。極角向目，俯而審之，一如高遠之法。

解：假如井深八尺，闊四尺，是爲卧句立股，其垂線必在乙丙之六度。先知深，則以十二爲一率，六爲二率，八尺爲三率；先知闊，則以六爲一率，十二爲二率，四尺爲三率。

假如池深四尺，闊八尺，是爲立句卧股，其垂線必在丁丙之六度。先知深，則以六爲一率，十二爲二率，四尺爲三率；先知闊，則以十二爲一率，六爲二率，八尺爲三率。俱以二三相乘，以一率除之。

測深圖

---

1 矩尺測深，見《同文算指通編》卷六“測量三率法・測深”與《測量法義》第八題“測井之深”。

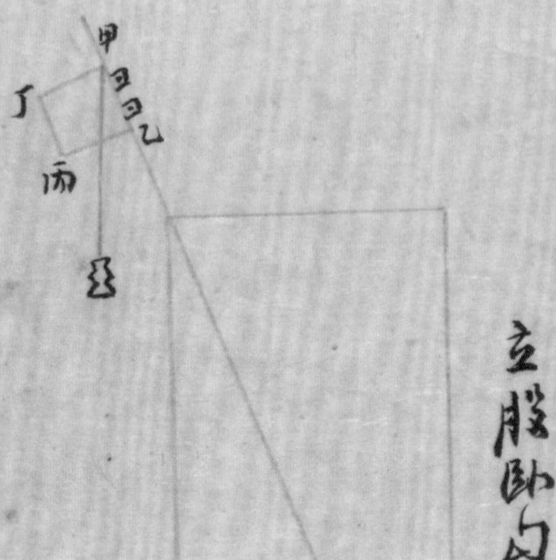

二圖以深過於底則現倒影底過於深則現直影

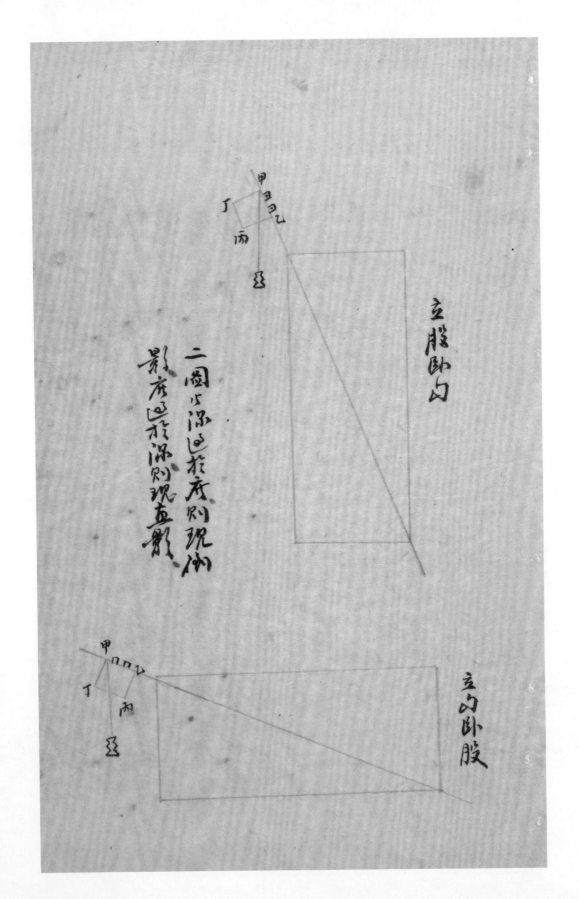

立股卧句

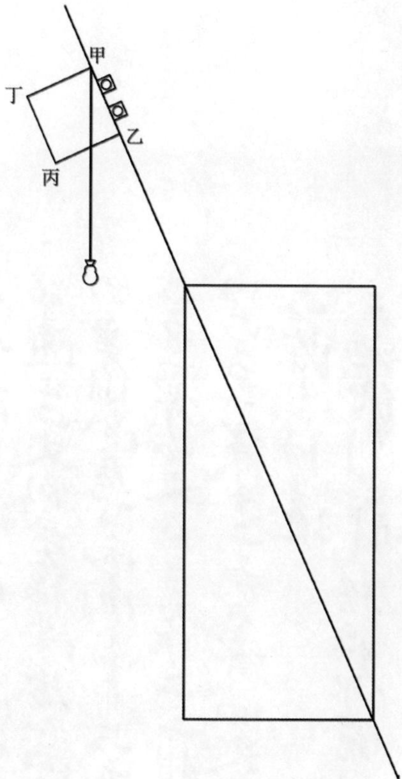

立句卧股

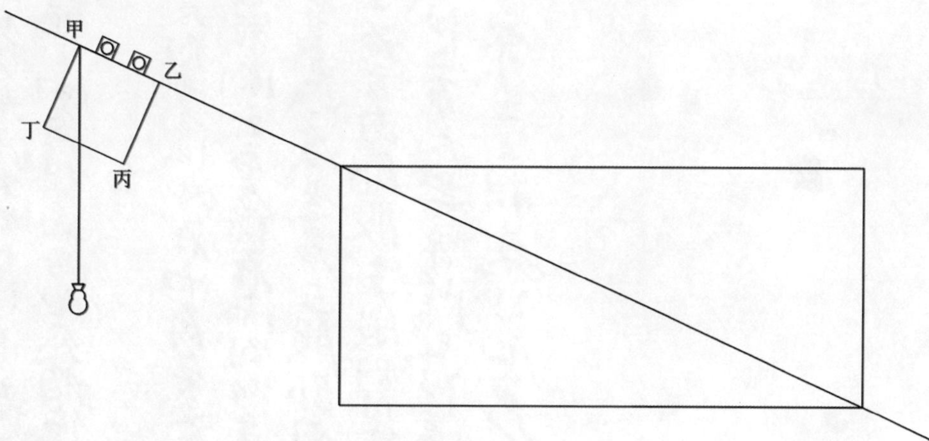

二圖皆深過於廣，則現倒影；廣過於深，則現直影。

一凡平地測淋遠以人立處目至足為高或身居高處則以從目至地為高俱以所測物為遠從上窺下以矩角向目依矩之兩角俱與所測處相值然後窮之

一如高遠相求之法

解假如從目至足四尺所望之遠亦四尺則垂線必在兩角矣又如身處三丈六尺之樓達身為四丈其所望之處以矩測之垂線在丙則知遠亦四丈矣若遠止二丈則垂線必居乙丙兩面之界六度是為立股臥句若遠八丈則垂線必居丁丙兩面之界六度是為立句臥股立股則用十二為一率六為二率四丈為三率二三相乘得二百尺以一率除之得遠臥股則以六為一率十二為二率四丈為三率二三相乘得四百八十尺以一率六除之得遠

平地俯測三形 俱與仰窺同

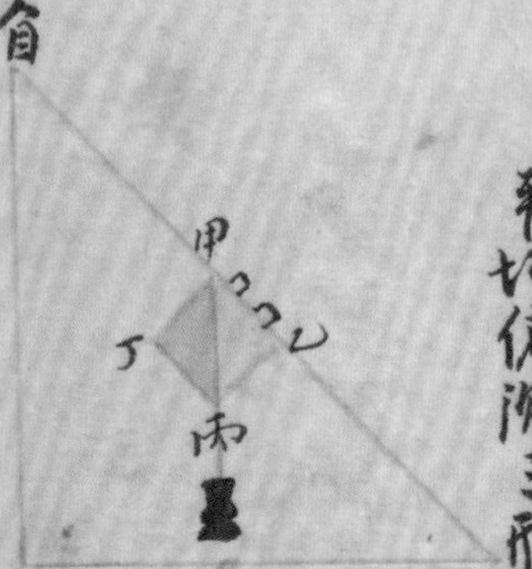

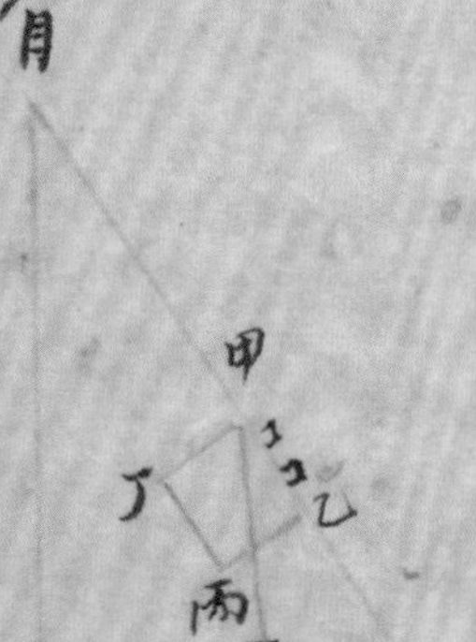

一、凡平地測遠[1]，以人立處目至足爲高；或身居高處，則以從目至地爲高，俱以所望物爲遠。從上窺下，以極角向目，使矩之兩角俱與所望處相值，然後審之，一如高遠相求之法。

解：假如從目至足四尺，所望之遠亦四尺，則垂線必在丙角矣。又如身處三丈六尺之樓，連身爲四丈，若所望之處以矩測之，垂線在丙，則知遠亦四丈矣。若遠止二丈，則垂線必居乙丙面之第六度，是爲立股卧句。若遠八丈，則垂線必居丁丙面之第六度，是爲立句卧股。立股則以十二爲一率，六爲二率，四丈为三率，二、三相乘，得二百［四十］尺[2]，以一率除之，得遠。卧股則以六爲一率，十二爲二率，四丈爲三率，二、三相乘，得四百八十尺，以一率六除之，得遠。

平地俯測三形 俱與仰窺同

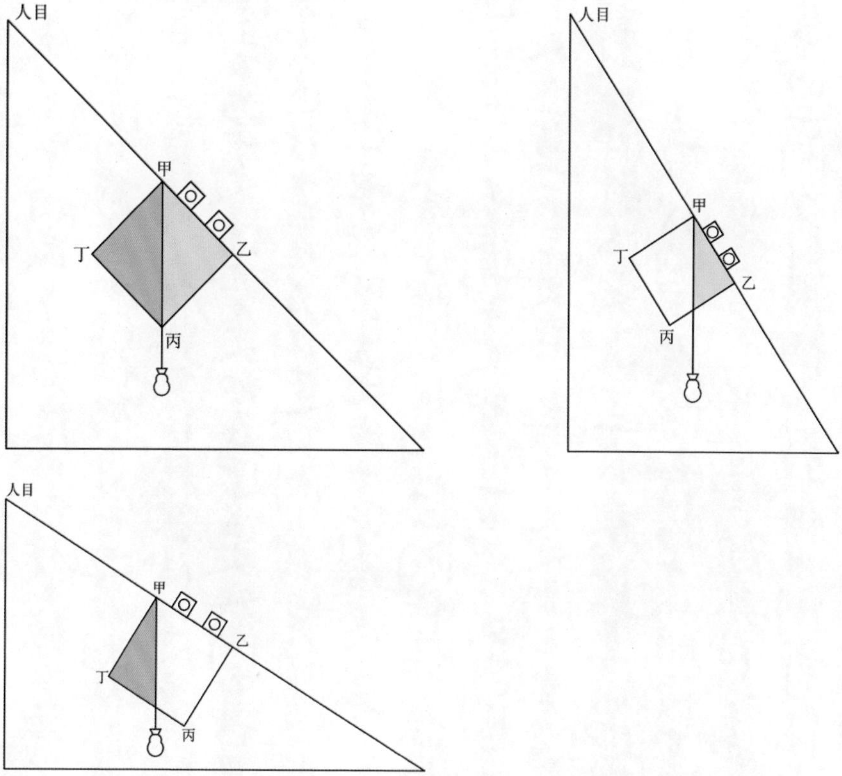

1 平地測遠，見《同文算指通編》卷六“測量三率法”與《測量法義》第七題“地平測遠”。

2 二率六度與三率四丈相乘得二百四十尺，原書脱落“四十”二字，據演算補。

一凡測高遠，但不知設重矩而測之，就立處視垂線在何度，前行若干再視
垂線在何度，以兩度相減之差為較，以所行之數為距，以十二乘矩以較除
之，所得為高。既得高，則前後兩矩任取一以定遠。其測得即股，其用定股為句
之法，將十二自之，以垂線之度除之，所得數，若設以兩度相減而定較。
解：假如高三百六十丈，遠九十丈，初在四十五丈處測之，其垂線當在乙丙面之
一度有半，又退行十五丈，在九十丈處測之，其垂線當在乙丙面之三度，相
較一度五分為一率，距四十五丈為二率，全度十二為三率，二三相乘，得
五百四十，以一率一度五分除之，得高。此二測係立股所得倒影也。
假如遠三百六十丈，高九十丈，初在二百四十丈處測之，垂線在丁丙面之
四度半，又退行一百二十丈，在三百六十丈處測之，垂線在丁丙面之三度，
係倒影，以倒影法安之，以十二自乘得一百四十四，為共母，以前測四度
半除之，得三十二，以後測三度除之，得四十八，相較差一度六分為首率，
距一百二十丈為二率，十二為三率，二三相乘，得一千四百四十，以一度六分
除之，得高。此二測為臥股，係直影，係以倒影法亦又之。
假如高遠同前，初測在六十丈處測之，則垂線當乙丙面之八度，又退行三百丈，
在三百六十丈處測之，則垂線又在丁丙面之三度，却係直影，以倒影法

一、凡測高遠俱不知，設重矩而測之。就立處視垂線在何度，却行若干，再視垂線在何度。以兩度相減之差爲較，以却行之數爲距，以十二乘（矩）［距］[1]，以較除之而得高。既得高，則前後兩矩任取一以定遠。其測得卧股者，用變股爲句之法，將十二自之，以垂線之度除之，得數，然後以兩度相減而定較[2]。

解：假如高三百六十丈，遠九十丈，初在四十五丈處測之，其垂線當在乙丙面之一度有半；又退行［四］十五丈[3]，在九十丈處測之，其垂線當在乙丙面之三度。相較一度五分爲一率，距四十五丈爲二率，全度十二爲三率，二、三相乘，得五百四十，以一率一度五分除之，得高。此二測俱係立股，所謂倒影也。

假如遠三百六十丈，高九十丈，初在二百四十丈處測之，垂線在丁丙面之四度半；又退行一百二十丈，在三百六十丈處測之，垂線在丁丙面之三度。俱係直影，以倒影法變之。以十二自乘，得一百四十四爲共母，以前測四度半除之，得三十二；以後測三度除之，得四十八。相較差一度六分爲一率[4]，距一百二十丈爲二率，以十二爲三率，二、三相乘，得一千四百四十，以一度六分除之，得高。此二測爲卧股，係直影，俱以倒影法變之。

假如高遠同前，初測在六十丈處測之，則垂線當乙丙面之八度；又退行三百丈，在三百六十丈處測之，則垂線又在丁丙面之三度，却係直影，以倒影法

1 矩，當作“距”，即前文“却行之數爲距”之“距”，指退行的距離。據改。

2 重矩法，見《同文算指通編》卷六“測量三率法”與《測量法義》第六題“以目測高”後法。如圖 12-23(1)，P 爲所測之物，MN 爲初測人立處，爲 $M'N'$ 再測人立處，退行之距 $MM'=k$。初測 $BE=q$，再測 $B'E'=p$，初測得 $\frac{AB}{OP}=\frac{BE}{OM}$，再測得 $\frac{A'B'}{OP}=\frac{B'E'}{OM'}$，由於 $AB=A'B'=12$，故：

$$\frac{BE}{OM}=\frac{B'E'}{OM'}\rightarrow\frac{B'E'-BE}{OM'-OM}=\frac{BE}{OM}=\frac{AB}{OP}$$

求得：

$$OP=\frac{AB\cdot(OM'-OM)}{B'E'-BE}=\frac{AB\cdot MM'}{B'E'-BE}=\frac{12k}{p-q}$$

此爲立股卧句。若爲立句卧股，如圖 12-23(2)，初測 $DE=q$，則 $BF=q'=\frac{AB\cdot AD}{DE}=\frac{12^2}{q}$；再測 $D'E'=p$，則 $B'F'=p'=\frac{A'B'\cdot A'D'}{D'E'}=\frac{12^2}{p}$。求得：

$$OP=\frac{AB\cdot MM'}{B'F'-BF}=\frac{12k}{p'-q'}=\frac{12k}{\frac{12^2}{p}-\frac{12^2}{q}}$$

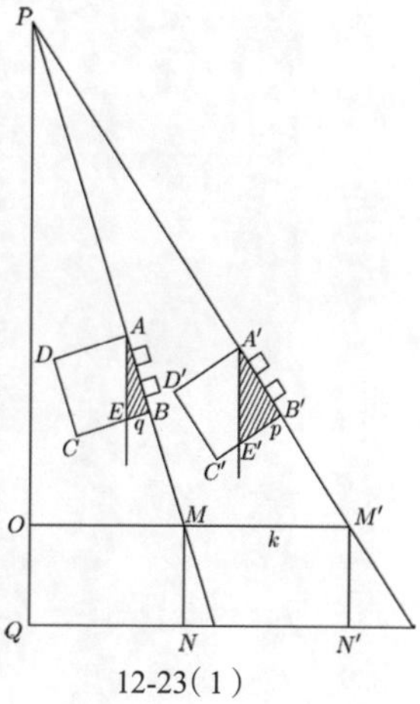

12-23(1)

3 初測處爲四十五丈，再測處爲九十丈，則退行距離當爲四十五丈。原書作“十五丈”，脱“四”字，據上下文補。

4 四十八度與三十二度相減，餘一十六度。“一度六分”當作“一十六度”，據演算改。

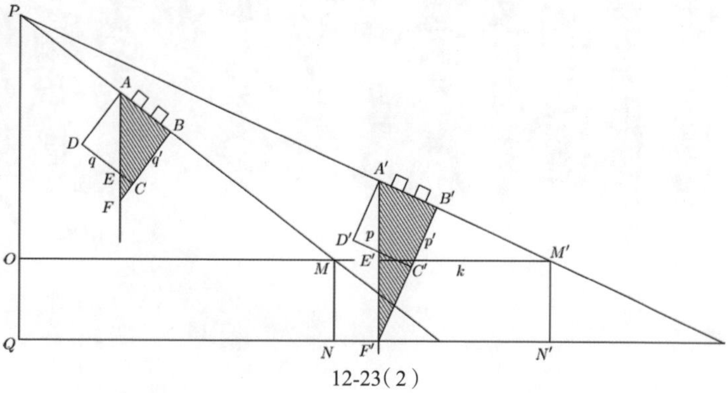

12-23(2)

變之十二相乘一百四十四以三除之得四十八度相較差四十度為一率三
百丈為二率十二為三率二三相乘得三千六百以一率四十度除之得高此
二測一在直影一在倒影變直為倒
假如高遠俱無初測在九十度處測之係在垂角為平弦知高遠俱
宜不知者令再退行二百七十丈於三百六十丈處測之得十二面之三度
以倒影法變之十二相乘一百四十四以三除之得四十八此全距十二相減得三
十六為一率以二百七十丈為二率十二為三率二三相乘得三千二百四十以一率
三十六除之得高此初測平弦再測直影其但變直影也
又如高遠俱無者三百六十丈初在二百四十丈處測之係在乙丙面之八度次
退行一百二十丈於三百六十丈處測之係在垂角為平弦以八減十二餘四
為較作一率距一百二十丈為二率十二為三率二三相乘一千四百四十以
一率四除之得高此初測倒影再測平弦為變直影所以必變其差倒
影立股卧勾而測所窺以高之窺也故同以全矩十二為股只以勾之差
短為較若直影則所窺並同在高之窺宜先測之處為得測之處遠
近各同實有二股其股既異則勾亦隨之而變不相合當通取為較
象故須變之而後合也如先測在二百四十丈則所云全矩十二其二百四十也

變之，十二相乘一百四十四，以三除之，得四十八度。相較差四十度爲一率，三百丈爲二率，十二爲三率，二、三相乘，得三千六百，以一率四十度除之，得高。此二測，一在直影，一在倒影，變直爲倒。

假如高遠同前，初測在九十（度）[丈]處測之[1]，線在垂角，爲平弦，知高遠同，而不知各若干。再退行二百七十丈，於三百六十丈處測之，得丁丙面之三度，以倒影法變之，十二相乘一百四十四，以三除之得四十八。與全矩十二相減，得三十六爲一率，以二百七十爲二率，十二爲三率，二、三相乘，得三千二百四十，以一率三十六除之，得高。此初測平弦，再測直影者，但變直影也。

又如高遠各三百六十丈，初在二百四十丈處測之，線在乙丙面之八度；次退行一百二十丈，於三百六十丈處測之，線在垂角，爲平弦。以八減十二餘四爲較，作一率，距一百二十丈爲二率，十二爲三率，二、三相乘一千四百四十，以一率四除之，得高。此初測倒影，再測平弦，不變直影。

所以必變者，蓋倒影立股卧句，兩測所窺，皆高之巔也，故同以全矩十二爲股，只以句之長短爲較。至直影，則所窺雖同在高之巔，而先測之處與後測之處，遠近不同，實有二股矣。股既異，則句亦隨之而變，不相會通，即不可爲較矣，故須變之而後合也。如先測在二百四十丈，則所云全矩十二者，二百四十也；

1度，當作“丈”，據文意改。

所求分度四分半其九十也設九十之句視二百四十二之股得十二分之四分半也
設測者三百六十丈則所設全矩十二分其三百六十丈所設分度三其九十也設九十
之句視三百六十丈之股得十二分之三也股既為同句隨股轉則從而得相接
之的數求度之法備其句之同以例其股之異故全數十二之股以四度半
除之得二之六六六為長以十二乘之得三十二則十二為句三十二為股矣故全數
十二之股以三度除之得四以十二乘之得四十八則十二為句四十八為股矣其測
在二百四十丈其高九十得三十二分之十二倒之為四百六十二之二十二也再測在
三百六十丈其高九十得四十八分之十二倒之為四百八十二之四十八也要使句相
比而股無錯也平弦為定其差乎弦句股相同即十二分之十二所謂滿法
也然以定法定之十二之四十八帰一為四十以十二除之得其十二則定為定同也
先測影而為股先直影而為句目居十二隨測而合故無所不可也
此矩測與表測異而理同矩以十二為表在直影則為股在倒影
則為句其倒影所值之句直影所定之股則表測其自窺表之處也表
為餘股景表之處為餘句表景表之處為餘股從目至表巔則
餘弦也全矩為餘股垂線之所界為餘句全矩為餘句所定之股以
垂出之度所垂線定於矩外其為餘股也其垂線則為餘弦也此表

所云分度四分半者，九十也。謂九十之句，視二百四十之股，得十二分之四分半也。後測在三百六十丈，則所謂全矩十二者，三百六十也；所謂分度三者，九十也。謂九十之句視三百六十之股，得十二分之三也。股既不同，句隨股轉，何從而得相較之的數乎？變之之法，借其句之同，以化其股之異。取全數十二之股，以四度半除之，得二六六六六不盡，以十二乘之得三十二，則十二爲句，三十二爲股矣。取全數十二之股，以三度除之得四，以十二乘之得四十八，則十二爲句，四十八爲股矣。是初測在二百四十丈者，其高九十，得三十二分之十二，倒之亦可云十二之三十二也。再測在三百六十丈者，其高九十，得四十八分之十二，倒之亦可云十二之四十八也。然後可相比而得其較也。平弦不變者，蓋平弦句股相同，即十二分之十二，所謂滿法也。縱以變法變之，十二之冪一百四十四，以十二除之，仍是十二，則變不變同也。見倒影而爲股，見直影而爲句，自居十二，隨測而合，故無所不可也。

凡矩測與表測，器異而理同。矩以十二爲表，在直影則爲股，在倒影則爲句；其倒影所值之句，直影所變之股。則表測者，人目窺表之處也。表爲餘股，望表之處爲餘句；表爲餘句，望表之處爲餘股。從目至表巔，則餘弦也。全矩爲餘股，垂線之所界爲餘句；全矩爲餘句，所變之股即展出之度，與垂線交於矩外者，乃餘股也，其垂線則皆餘弦也。此表

與矩之所同者也蓋矩上之向內股與此所求之直內股形異而勢則一試
取矩上之向內股附所求直內股之末則股弦合處或內弦合處必為一
綫故不離毫末而測其地之高全然只憑以此況彼也原一傳而已豈
哉之妙也然從人執所製表之
上法以用全高全股蓋從人目仰窺而得高之巔謹以人目俯窺而得
遠之限也然此用仰窺則立處然全遠求得乃合目以上之高亦然
全高也加目至足點為全高
假如十寸為矩如高三百四十丈初測在四十五丈垂線當在乙丙一十二
分半次測在九十丈垂線當在二十五分相減得一十二分半以除退行
四十五丈得高
如測影初測在二百四十丈垂線當在丁丙三十七分半次測三百四十丈垂
線當在丁丙二十五分以交法變之置一以三七五除之得二六六有奇以二五
除之得四相減得一三三不盡以除退行一百二十得高餘可推視十二
之矩大為簡易

重矩測高遠圖

與矩之所同者也。蓋矩上之小句股與所求之大句股，形雖懸而勢則一。試取矩上之小句股，附所求大句股之末，則股弦會處，或句弦會處，宛若一焉。故不離毫末，而測天地之大全，非只謂以此況彼也，原一體而已。此自然之妙也，非聖人孰能製之？

上法皆用全句全股，蓋以人目仰窺而得高之巔，旋以人目俯窺而得遠之際也。若止用仰窺，則立處非全遠，求得者乃人目以上之高，亦非全高也，加目至足，始爲全高。

若以十寸百分爲矩，如高三百六十丈，初測在四十五丈，垂線當在乙丙一十二分半；次測在九十丈，垂線當在二十五分。相減得一十二分半，以除退行四十五丈，得高。

如倒影，初測在二百四十丈，垂線當在丁丙三十七分半；次測三百六十丈，垂線當在丁丙二十五分。以變法變之，置一，以三七五除之，得二六六不盡；以二五除之，得四。相減，得一三三不盡，以除退行一百二十，得高。餘可推。視十二之矩，大爲簡易。

重矩測高遠圖

若二圖二測俱立股即句不變

上二圖初測立股即句次測立句即股變次測

下一圖二測俱立句即股俱以例界法變之

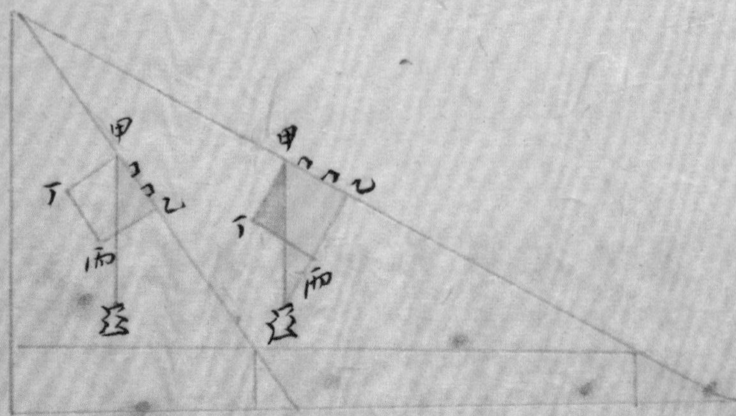

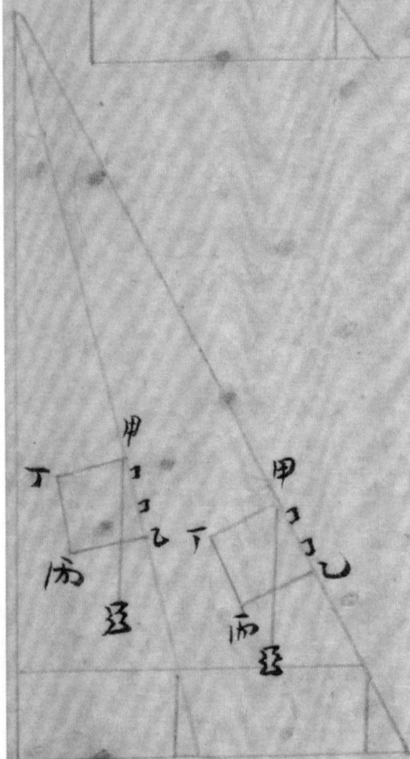

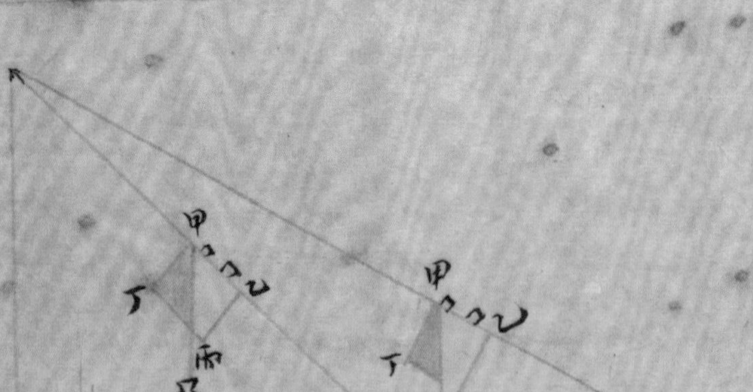

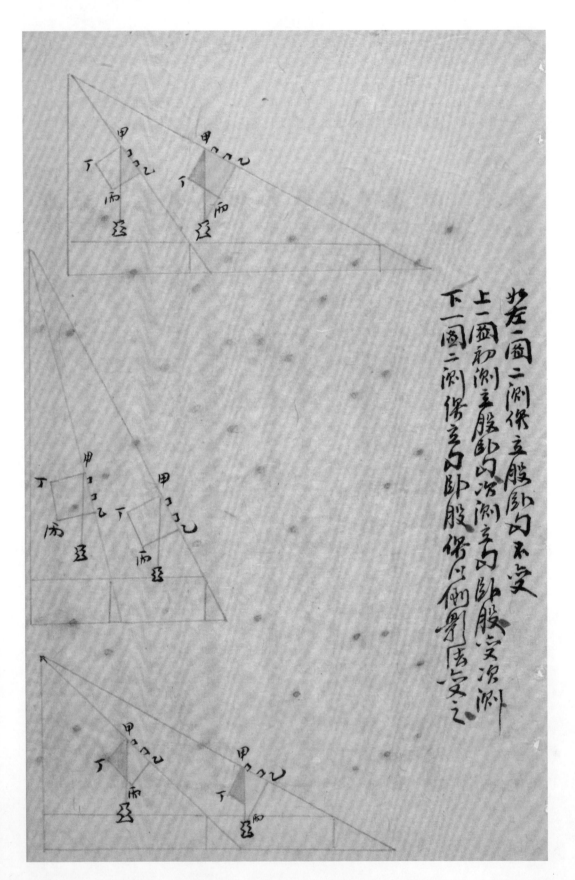

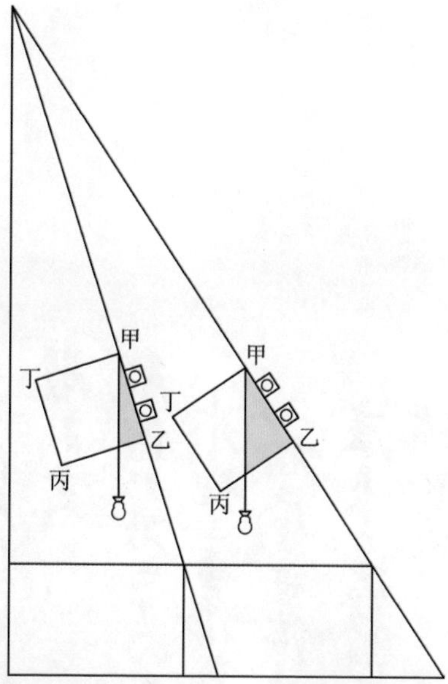

如左一圖，二測俱立股卧句不變。

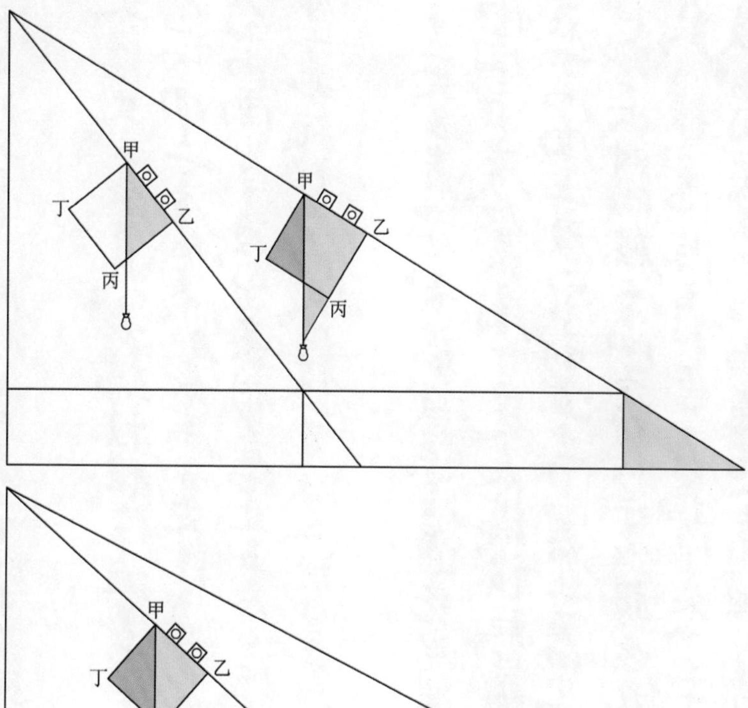

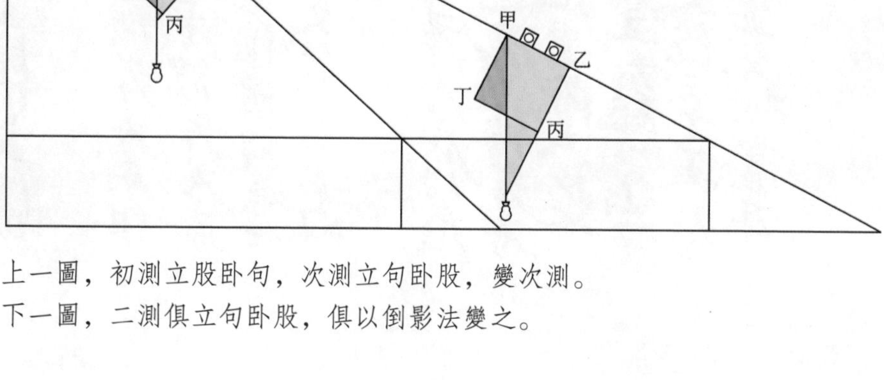

上一圖，初測立股卧句，次測立句卧股，變次測。

下一圖，二測俱立句卧股，俱以倒影法變之。

一凡測深底係不知其設重矩一如高遠之法但以二立表上下相去為距立股用定法臥
股求之
解假如底三十六丈深四丈立表五尺表端設矩從窺遠光下望彼岸底相
參矩上垂線在乙丙面之一度半加表高五丈從窺遠光下望彼岸底
相參垂線在乙丙面之三度以二表相差四丈五尺為距以線度相差一
度五分為較以十二乘距得五十四丈以較一五除之得底三十六丈以臥股立求
故求之
又如底六丈深三十二丈立表四丈表端設矩從窺遠光望彼岸底相參
矩上垂線在丁丙面之二度加表高十三丈表端設矩以窺遠光望彼岸底
底參合垂線在丁丙面之一度六分則置十二之羃一百四十四以二除之得七
十二以一六除之得九十六对減餘二十四為較以二表相差九丈為距以十二
乘距得一百零八以較二十四除之得四十五丈除表十三丈餘三十二丈為
實深此臥股立股故用定法也此高遠法全同但以橫直互換為異耳

重矩測深底圖

一、凡測深廣俱不知者，設重矩，一如高遠之法，但以二立表上下相去爲距。立股用變法，卧股不變。

解：假如廣三十六丈，深四丈，立表五尺，表端設矩，從通光下望彼岸廣底相參，矩上垂線在（乙）［丁］丙面之一度有半[1]。加表高五丈，從通光下望彼岸廣底亦相參，垂線在（乙）［丁］丙面之三度。以二表相差四丈五尺爲距，以線度相差一度五分爲較，以十二乘距，得五十四丈；以較一五除之，得廣三十六丈[2]。以卧股立句，故不變。

又如廣六丈，深三十二丈，立表四丈，表端設矩，從通光望彼岸廣底相參，矩上垂線在（丁）［乙］丙面之二度[3]。加表高十三丈，表端設矩，以通光望彼岸廣底參合，垂線在（丁）［乙］丙面之一度六分。則置十二之冪一百四十四，以二除之得七十二，以一六除之得九十（六），對減餘（二十四）［一十八］爲較[4]。以二表相差九丈爲距，以十二乘距，得一百零八，以較（二十四）［一十八］除之，［得廣六丈。以九十乘之，以十二除之，］得四十五丈。除表十三丈，餘三十二丈，爲實深[5]。此卧句立股，故用變法也。與高遠法全同，但以横直互换爲異耳。

重矩測深廣圖

1 據“重矩測深廣圖”一，垂線落在丁丙邊内，“乙丙”當作“丁丙”，據改。下同。

2 如圖 12-24，OP 爲廣，OH 爲深，短表 $MH=5$ 尺，長表 $M'H=5$ 丈，表距 $MM'=4.5$ 丈。初測 $DE=1.5$ 度，再測 $D'E'=3$ 度。據術文求得廣：

$$OP=\frac{AB\cdot MM'}{D'E'-DE}=\frac{12\times4.5}{3-1.5}=36\text{丈}$$

參“重矩測高遠”。

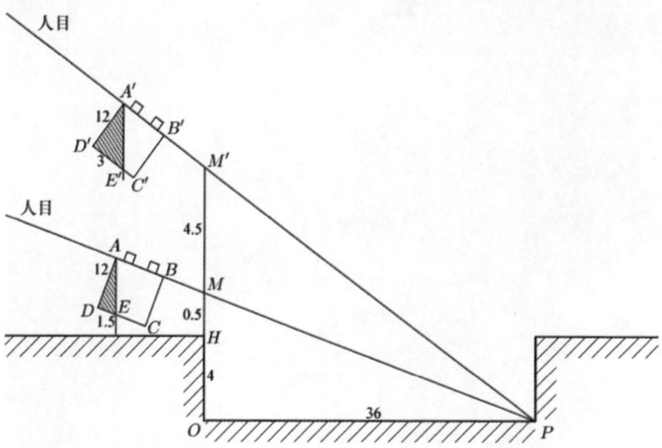

圖 12-24

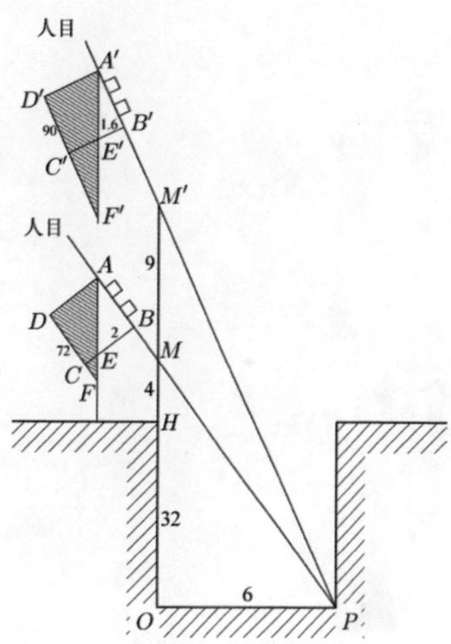

圖 12-25

3 據“重矩測深廣圖”二，垂線落在乙丙邊内，“丁丙”當作“乙丙”，據改。下同。

4 按：$\frac{144}{1.6}=90$，$90-72=18$，原書“九十六”當作“九十”，“二十四”當作“十八”，皆據演算改。

5 如圖 12-25，OP 爲廣，OH 爲深，短表 $MH=4$ 丈，長表 $M'H=13$ 丈，表距 $MM'=9$ 丈。初測 $BE=2$ 度，求得 $DF=\frac{12\times12}{2}=72$ 度；再測 $B'E'=1.6$ 度，求得 $D'F'=\frac{12\times12}{1.6}=90$ 度。據術文求得廣：

（轉二〇五五頁）

二測俱之句即股故不變

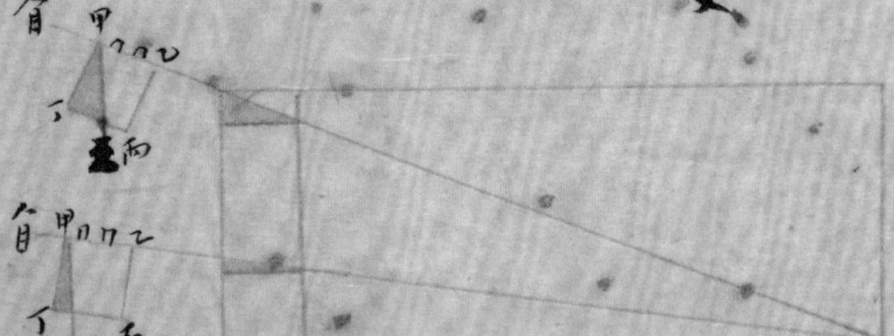

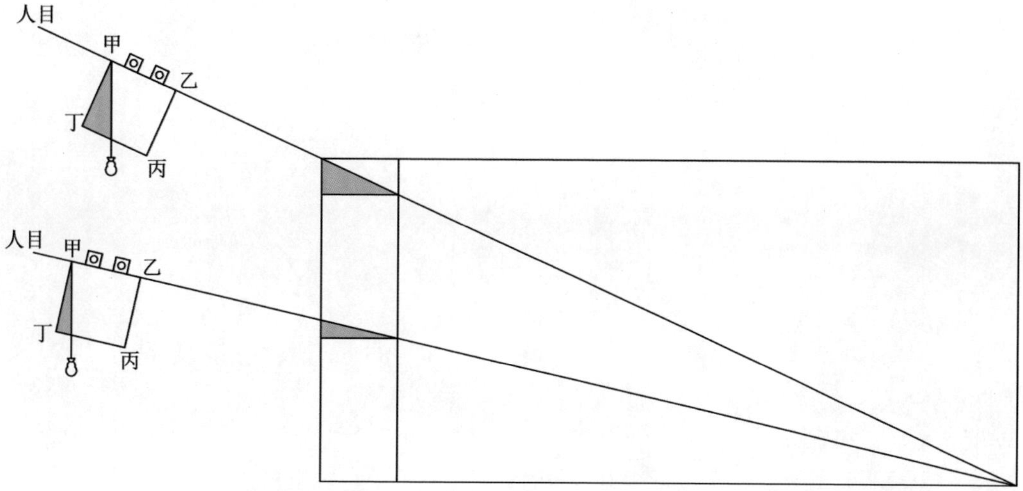

二深俱立句卧股，故不變。

（接二〇五三頁）

$$OP=\frac{AB\cdot MM'}{D'F'-DF}=\frac{12\times 9}{90-72}=6\text{丈}$$

若求深，先求通高 OM'：

$$OM'=\frac{OP\times D'F'}{A'D'}=\frac{6\times 90}{12}=45\text{丈}$$

則深爲：

$$OH=OM'-M'H=45-13=32\text{丈}$$

原文語義不暢，文字有抄脱，據演算校補。

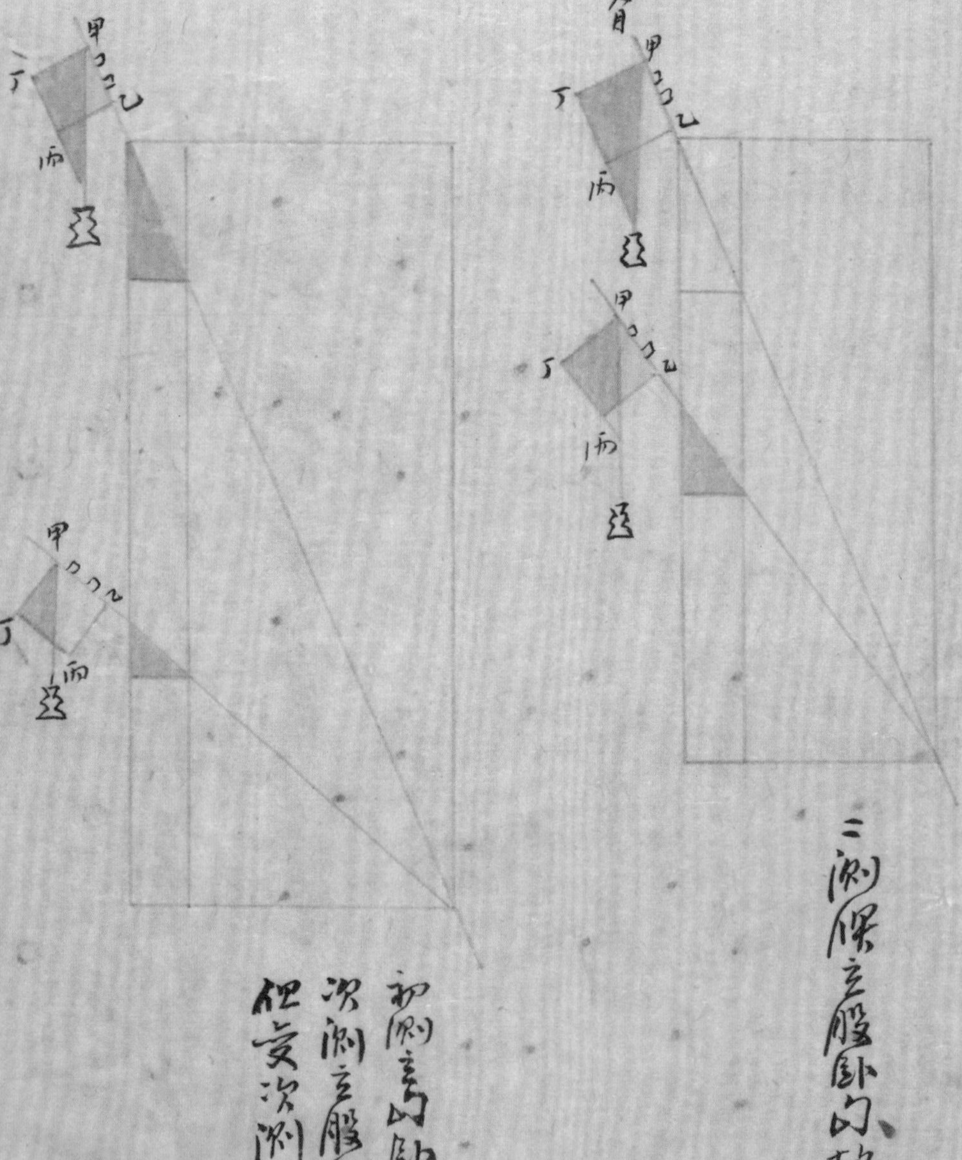

二測俱立股卧內故俱長

初測立內卧股
次測立股卧內
但長次測

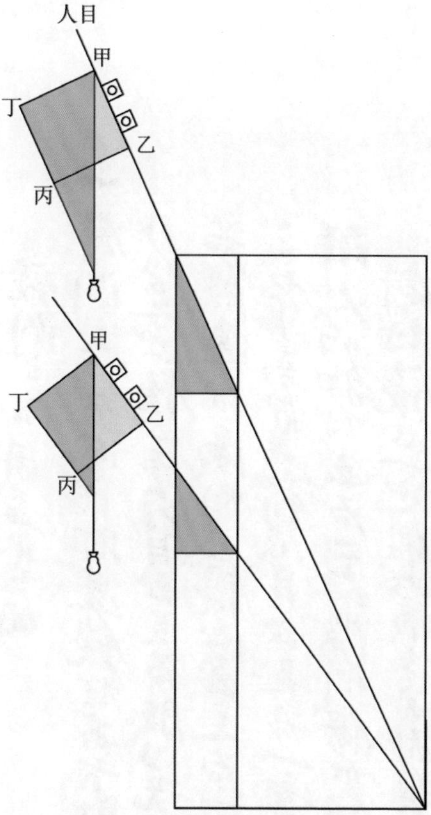

二測俱立股卧句，故俱變。

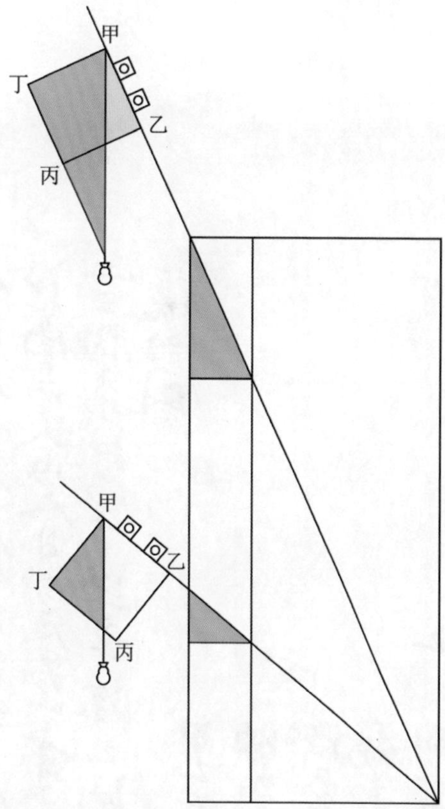

初測立句卧股，次測立股卧句，但變次測。

鏡測之法 用盂水亦同

一鏡測之法，有所求物，置鏡於其下，離鏡而窺之，頭於物之巔至鏡心而止。
乃以足至鏡心為句，目至足為股，以況所求鏡心至物底亦為句，物之全高
為股。遠求高則以鏡心至足為一率，目至足為二率，鏡心至物底為
三率；高求遠則以目至足為一率，足至鏡心為二率，物高為三率。
解：人與物對立，為二句股形，俱以鏡心為弦，蓋人目斜射鏡心，與物影
斜射鏡心一也。假如有竿不知其高，但知置鏡其下去竿底一丈
五尺，又卻行二尺見竿頂在鏡心，其人目高四尺，則以卻行二尺為一率，
人目四尺為二率，鏡去竿一丈五尺為三率，二三相乘得六千，以一率除之
得高三丈。以人目四尺為一率，卻行二尺為二率，竿高三丈為三率，
二三相乘得六千，以一率除之得遠一丈五尺。

鏡測圖

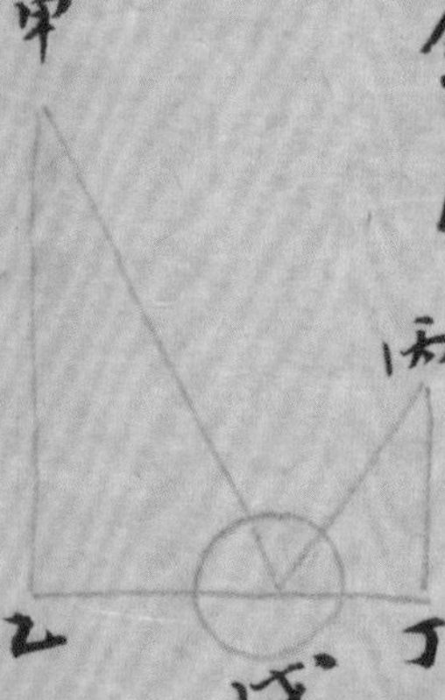

甲乙為物之高，丙為人目，丁為人足，從人高窺於
物，則丙丁為物之高，甲為人目，乙為人足，俾以
戊為鏡心，義對立為兩句股形，可相比也。於
鏡之離物遠於物之高，則為立句臥股法
則一也。

鏡測之法[1] 用盂水亦同

一、鏡測之法，有所求物，置鏡於其下，離鏡而窺之，期於物之巔至鏡心而止。乃以足至鏡心爲句，目至足爲股，以況所求，鏡心至物底亦爲句，物之全高爲股。遠求高，則以鏡心至足爲一率，目至足爲二率，鏡心至物底爲三率；高求遠，則以目至足爲一率，足至鏡心爲二率，物高爲三率。

解：人與物對立，爲二句股形，俱以鏡心爲弦。蓋人目斜射鏡心，與物影斜射鏡心一也。假如有竿不知其高，但知置鏡其下，去竿底一丈五尺，又却行二尺，見竿頂在鏡心，其人目高四尺。則以却行二尺爲一率，人目四尺爲二率，鏡去竿一丈五尺爲三率，二、三相乘，得六十，以一率除之，得高三丈；以人目四尺爲一率，却行二尺爲二率，竿長三丈爲三率，二、三相乘，得六十，以一率除之，得遠一丈五尺。

鏡測圖

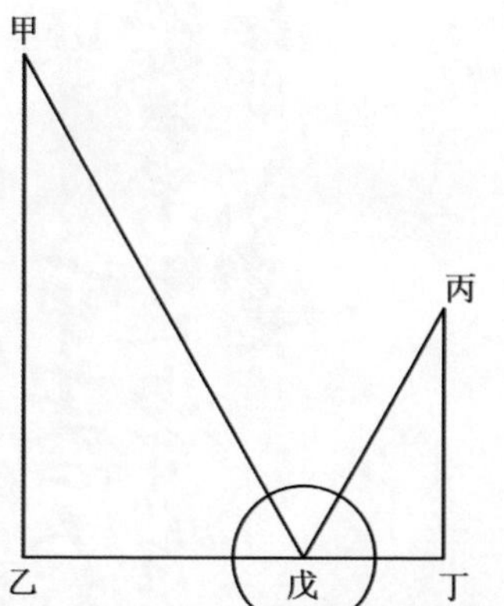

甲乙爲物之高，丙爲人目，丁爲人足。若人高於物，則丙丁爲物之高，甲爲人目，乙爲人足。俱以戊爲鏡心，蓋對立爲兩句股形，可相比也。若鏡之離物，遠於物之高，則爲立句卧股，法則一也。

---

1 鏡測之法，見《同文算指通編》卷六“測量三率法 · 平鏡測高”與《測量法義》第九題“以平鏡測高”。

尺測之法

一尺測之法立竿於地置尺於此竅望所求物令尺節尺稍與此竅相參合於其面望之視尺之所值此際以物識之審其去竿若干以爲法以竿身乘爲實以法除之得所求之遠

解此以容方之法也以所求爲餘股以其望爲餘句竿則容方也假如有水不知闊若干立竿一丈二尺於水際以尺窺之於彼岸參合其面望之其處地此去竿三尺六寸則以竿十二尺乘之得一百四十四尺以三尺六寸除之得四丈即水之闊也

尺測圖

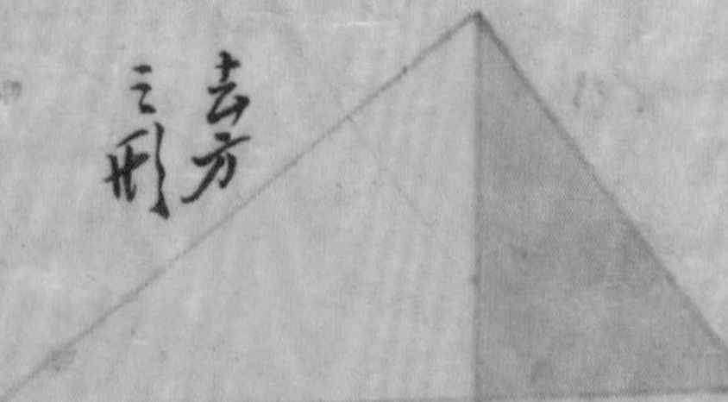

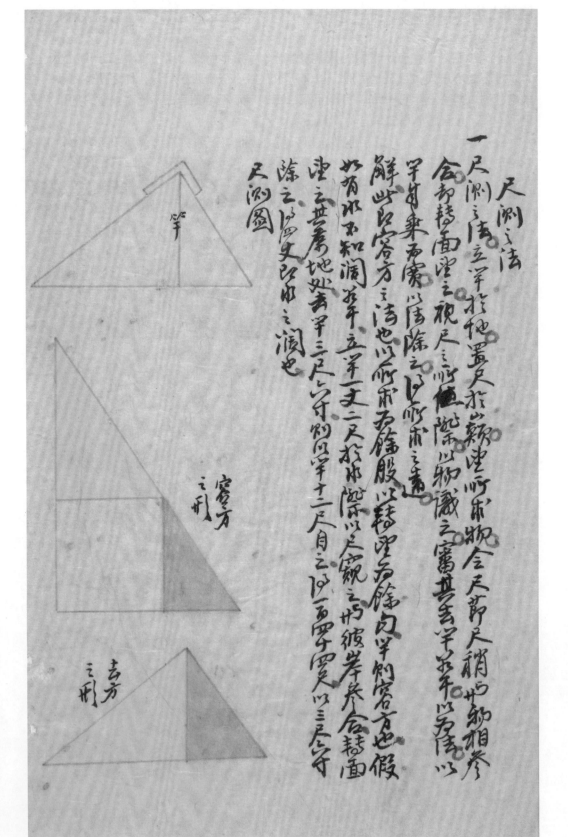

尺測之法[1]

一、尺測之法，立竿於地，置尺於巔，望所求物，令尺節、尺稍與物相參合。却轉面望之，視尺之所際，以物識之，審其去竿若干，以爲法。以竿自乘爲實，以法除之，得所求之遠。

解：此即容方之法也。以所求爲餘股，以轉望爲餘句，竿則容方也。假如有水不知闊若干，立竿一丈二尺於水際，以尺窺之，與彼岸參合，轉面望之，其屬地處去竿三尺六寸。則以竿十二尺自之，得一百四十四尺，以三尺六寸除之，得四丈，即水之闊也 。

尺測圖

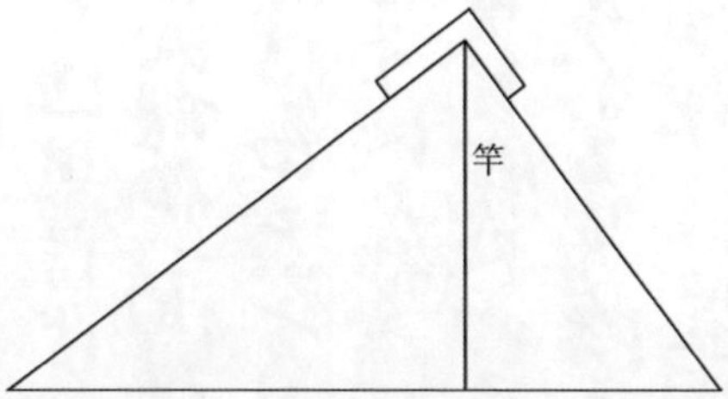

容方之形

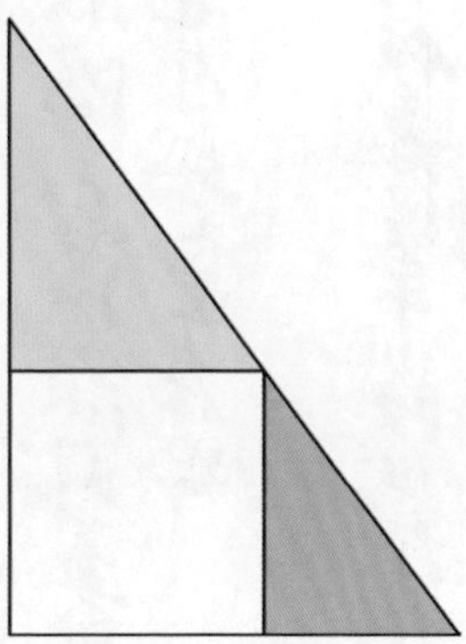

去方之形

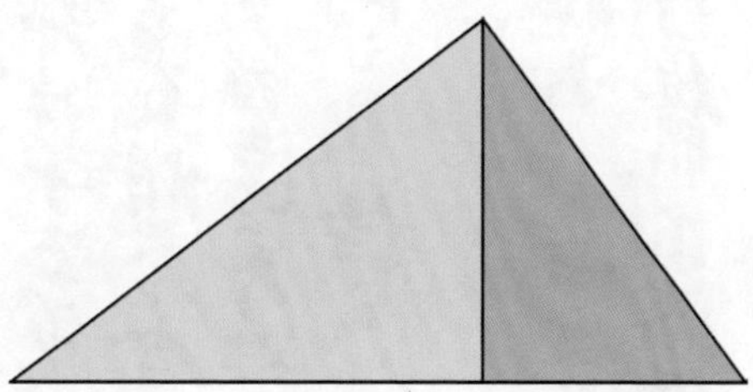

---

1 尺測之法，見《同文算指通編》卷六“測量三率法 · 以矩尺測遠”與《測量法義》第十二題“以矩尺測地平遠”。

2 如圖 12-26，已知立竿 $CD=12$ 尺，屬地處去竿距離 $DB=3.6$ 尺，求水闊 AD。依法求得：

$$AD=\frac{CD\cdot CD}{DB}=\frac{12\times 12}{3.6}=40\text{尺}$$

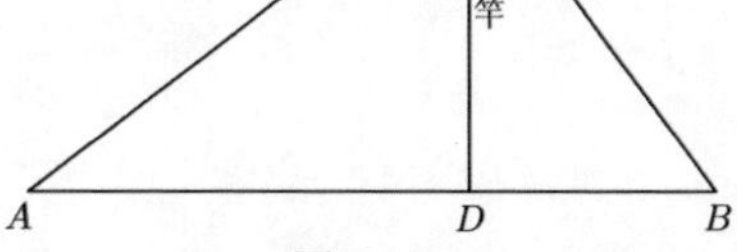

圖 12-26

勾股形去其容方，以容方之度爲半餘勾與半餘股相乘，故以半勾乘
以餘勾除之得餘股，以餘股除之得餘勾，蓋轉其直弦爲方角積
其方角爲半面形，其斜邊而得其之實在也。

平地測遠之法

一凡平地求遠者，從測處却行任意若干步，以却行之度爲方形四角，
一處與所測處相值，一面横出若干步窺之，復窺處與前角與所求之遠三相
参合，然後以方形之度自之乘，以後角横行之數除之，得遠。

解 假如平地未知遠近，從測處却行十五步爲方形，又從方形後角横
行五步，目窺處與前方角與遠處相参合，則以十五步自乘得二百
二十五步，以五步除之，得四十五步，即遠界也。此與勾容方隅角之法、立表
求高同，但彼豎用之，此横用之耳。經云偃矩以望高，即表法；卧
矩以知遠，即此法也。

其前行以若干爲方形，法同，但却行除方爲遠，前行則合方爲遠耳。
其作方形，或豎作長形，横作扁形，求法俱同，但取前却之數與横
行之數相爲勾股耳。

平地測遠圖　說詳勾股容

句股形去其容方，以容方之度爲竿，餘句與餘股相湊，故以竿自乘，以餘句除之，得餘股；以餘股除之，亦得餘句。蓋轉其直弦爲方角，轉其方角爲平面，形雖殊而自然之率在也。

平地測遠之法[1]

一、凡平地求遠者，從望處却行任意若干，即以却行之度畫爲方形四角，一面與求處相值，一面横出若干窺之，使窺處與前角與所求之遠，三相參合，然後審之。以方形之度自乘，以後角横行之數除之，得遠[2]。

解：假如平地不知遠近，從望處却行十五步，爲方形，又從方形後角横行五步，即窺處，與前方角與遠處相參合。則以十五步自乘，得二百二十五步，以五步除之，得四十五步，即遠界也。此與容方線角之法立表求高同，但彼豎用之，此横用之耳。《經》云“偃矩以望高”，即表法;“卧矩以知遠”，即此法也。

若前行若干爲方形，法同。但却行除方爲遠，前行則合方爲遠耳。若不作方形，或豎作長形，横作扁形，求法俱同。但取前却之數與横行之數，相爲句股耳。

平地測遠圖　說詳句股容

---

1 平地測遠法，見《同文算指通編》卷六“測量三率法”與《測量法義》第十四題“以四表測遠”。

2 如圖 12-27，P 爲遠處，A 爲望處，從望處 A 退行任意距離 a 至 B，以 a 爲邊長，作正方形 $ABCD$，D 爲方形前角，C 爲方形後角。從 C 横行 c 至窺處 O，窺望前角 D 與遠處 P，成一條直線。依法求得遠：

$$d = \frac{a^2}{c}$$

若 $ABCD$ 爲長方形，長 $AB = a$，寬 $AD = b$，則遠得：

$$d = \frac{ab}{c}$$

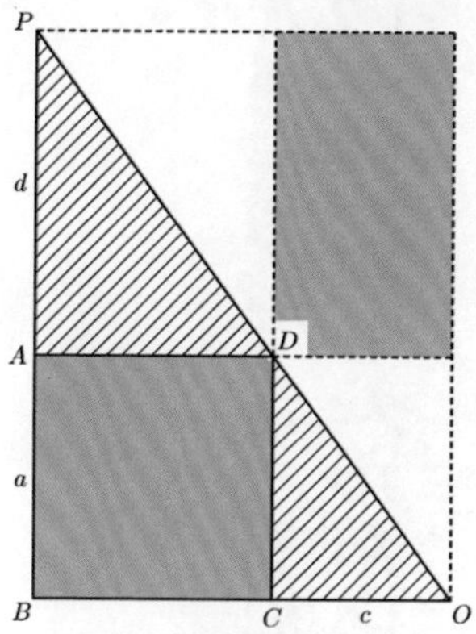

圖 12-27

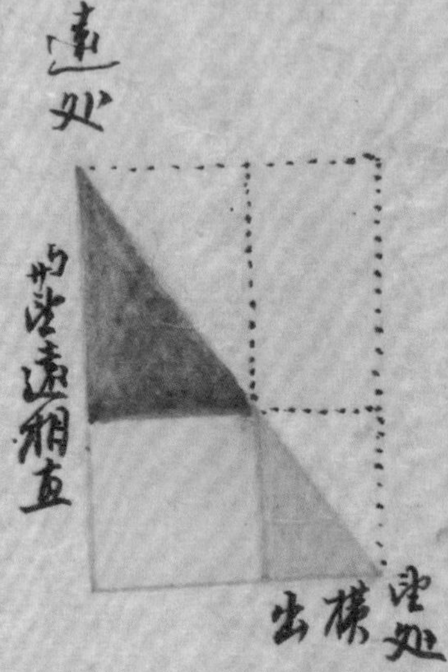

緑爲餘句　紅爲餘股　黄爲容方
方之黄形爲其等角

知方之術

一　知方之術　竪木爲表　以索繫表之引索繞表畫地爲規　日出入時影去出規之外　日中時影短入規之中　係南北　南北二隔　出規入規之處記之　則正東西也　折半以指表　則正南北也

解　黄帝所見大隗於具茨之山　載司方之車　與也容成保在襄城之野　川谷之山多斜　數川合　司方所指南之向也　行數里又曰司方所指東之處也　司方指東　黄其深郎霧昔換咲容成子曰具茨之山在何方　對曰在東之東　容成從曰向之在西　今之在東　何也　常也　此非山形之移　人之惑也　乃爲此法　教之人　志之曰司方之術　此法載術數

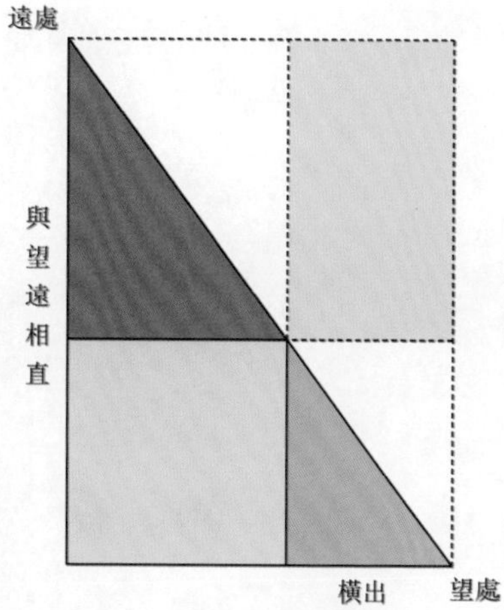

綠爲餘句，紅爲餘股，黄爲容方，長黄形爲等角。

知方之術

一、知方之術，竪木爲表，以索繫之，引索繞表，畫地爲規。日出入時影長，出規之外；日中時影短，入規之中。候東北、西北二隅出規入規之處記之，則正東西也；折半以指表，則正南北也[1]。

解：黄帝（得）[將][2]見大隗於具茨之山[3]，載司方之車，與容成俱。至襄城之野，川谷之山多斜曲，川人曰："司方所指，我之西也。"行數里，又曰："司方所指，我之東也。"司方指南，豈其謬耶？衆共疑呹[4]。容成子曰："具茨之山在汝何方？"川人曰："在我之東。"容成子曰："向言在西，今言在東，何不常也？此非山形之移，人之惑也。"乃爲此法教之，川人志之曰"司方之術"。此法載《術數

---

1 知方之術，即辨別東南西北方位的方法。術文出《數述記遺》："豎一木爲表，以索繫之表，引索遶表，畫地爲規。日初出影長，則出圓規之外，向中影漸短，入規之中。候西北隅影初入規之處，則記之。乃過中，影漸長，出規之外。候東北隅影初出規之處，又記之。取二記之所，即正東西也。折半以指表，則正南北也。"

2 得，《莊子·雜篇·徐無鬼》與《數述記遺》皆作"將"。按：作"將"是，"得"、"將"草書形近而訛。據改。

3 大隗、具茨，成玄英莊子疏云："大隗，大道廣大而隗然空寂也。亦言：大隗，古之至人也。具茨，山名也，在滎陽密縣界，亦名泰隗山。"陸德明釋文："或云：大隗，神名也。一云：大道也。"

4 呹，《數術記遺》作"笑"。

記嵩遠中余沖盧者之短日影必指冬之至一時所在而遂與其出入
相符以取影最短者為日中而解積之而相等者為南面尤為
簡易也
知方之圖

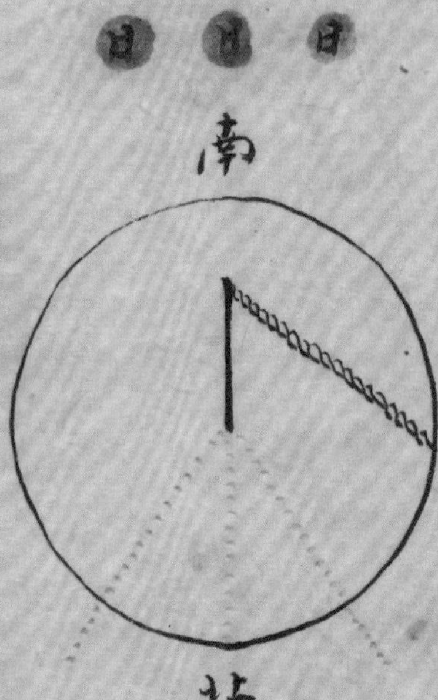

旋表之法

一 旋表之法豎表之上斜施一木俯而窺之前抑其表務合與其所求之際
參合乃旋其表轉面而窺之視其所際而識之則與其所求之度等
解假如有谿谷欲知所闊以窺岸望之與彼岸參合乃旋其岸轉面向
平地望之取其合處為界以所識之量之其岸十丈即知此谿谷之

記遺》中。余謂索有長短，日影亦有冬夏，一時所晝，未必遂與出入相符。只取影最短者爲日中，兩畔稍長而相等者爲東西，尤爲簡易也。

知方之圖

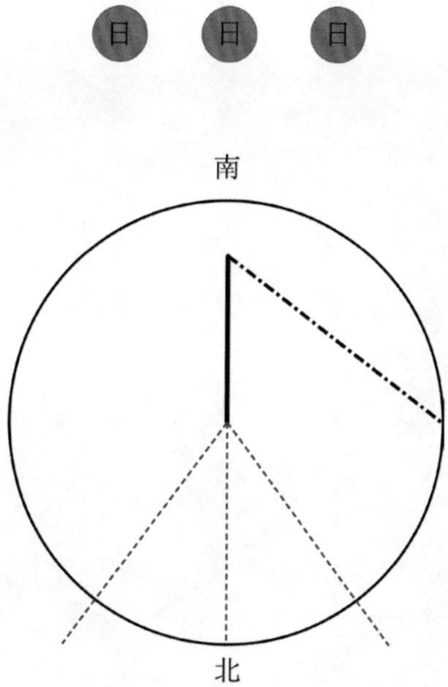

旋表之法[1]

一、旋表之法，竪表之上斜施一木，俯而窺之，前却其表，務令與所求之際參合。乃旋其表，轉面而窺之，視其所際而識之，即與所求之度等[2]。

解：假如有谿谷，人不能過，以窺竿望之，與彼岸參合。乃旋其竿，轉面向平地望之，取參合處爲界，以物識之。量之去竿十丈，即知此谿谷亦

---

1 旋表之法，見《同文算指通編》卷六“測量三率法”與《測量法義》第十三題“移測地平遠及水廣”。

2 如圖 12-28，P 點人不能至，欲測 P 點之遠，立豎表 AB，用短木 CD 斜加在豎表 AB 上，前後調整，從斜木頂端 C 下望，CD 與 P 點成一條直線。然後水平旋轉豎表和斜木，復從斜木上端下望，視線落在平地爲 Q 點。測量 BQ 距離，即知 BP 距離。

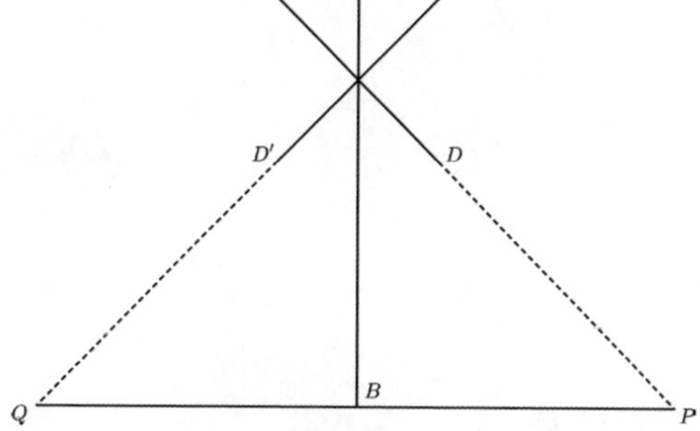

圖12-28

十丈也

重表之法原為深遠之勢人不能到無從測其尺寸而設今以其可知以推其不可知舉目了然何其逸而確也故多法不如少法難法不如易法易法不如無法易簡而天下之理得此之謂也

旋表圖

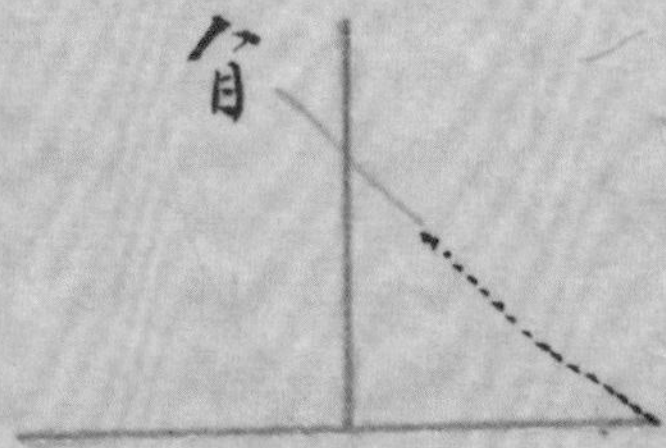

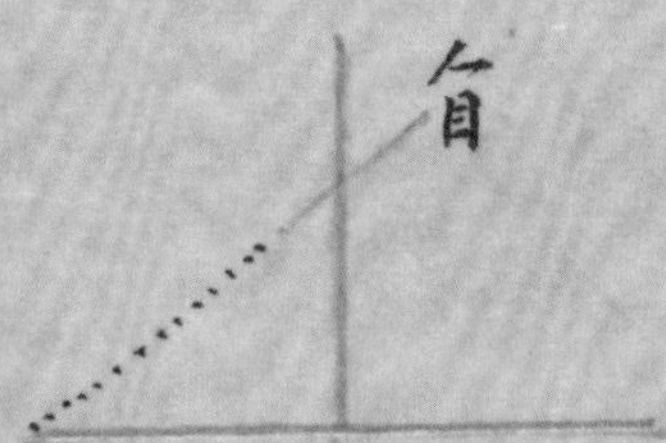

十丈也。

重表之法，原爲除遠之勢，人不能到，無從取其尺寸而設。今即其可知，以推其不可知，舉目了然，何其逸而確也。故多法不如少法，難法不如易法，有法不若無法。“易簡而天下之理得”[1]，此之謂也。

旋表圖

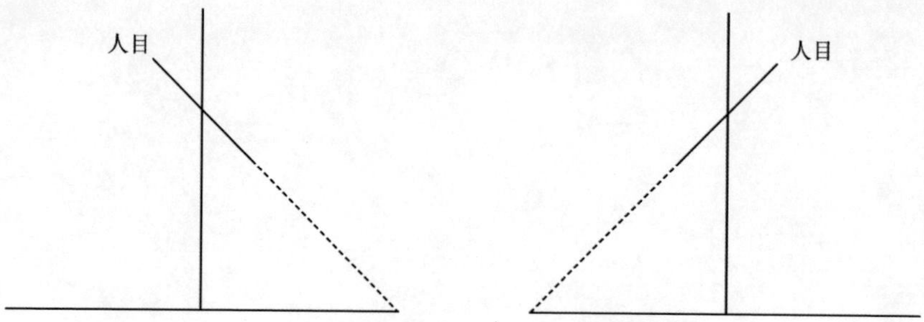

1 語出《周易·繫辭上》。

圖 [illegible]

圖丨百一亠[1]

1 丨百一亠，表示數字 116。

附録一　順治招遠縣志·李篤培傳〔一〕

李篤培，字汝植，別號仁宇。酉、戌聯魁。博極群書，制舉藝得守溪衣鉢〔二〕。少暨從父弟明馨公入山攻苦〔三〕，幾于足不窺園〔四〕。逮通籍，辭邑令，就開封廣文職，一時稱扶風絳帳。任司空曹，時國家有土木役，限當逾年，公三閲月而告成，且省縻費者廿萬計。以進，神宗温旨褒答，有「朕心甚悦」之諭。素方嚴，爲中貴人所側目。因親疾，乞終養，朝夕問視者凡十有餘年。暇則設皐比，爲諸生指南，負笈從之遊者，不憚百里重繭〔五〕。明馨公子日成〔六〕，公猶子也，撫育教誨，卒以卯、辰起家，即起古人而問之，何多讓焉！少時見利瑪竇書有悟，遂精于數學。其法以顯測微，以實測虚，上自日星纏次，下至扶輿廣輪，暨參錯不齊一切物，又或耳目所不及者，皆乘除布筭，不爽針芒。著《筭衍初藁》，其《方圓雜説》尤爲奥衍，因附録之。【略】〔七〕諸如此類，凡數十餘萬言〔八〕。未脱藁，嘗語人曰：「造物忌成，吾或者與此書相終始乎？百世而後有知其解者，是旦暮遇之也。」于歲協洽之冬仲，沐浴温泉而歸，無疾而逝。夫死生之變亦大矣，乃公善之，則其過人也遠矣。若環堵蕭然，不通私謁，無富貴驕人色〔九〕，此有道者氣象自爾，無容贅論云。

〔一〕見（順治）《招遠縣志》卷九「人物」，《中國地方志集成·山東府縣志輯》第四七册影印順治十七年刻本，第四一〇－四一三頁。李星源覆李儼信中鈔録此傳，文字略有出入，今擇重要異文出校，詳下文。

〔二〕守溪，即王鏊（一四五〇－一五二四），字濟之，別號守溪，學者稱震澤先生，官至文淵閣大學士。少善制舉義，數典鄉試，程文魁一代。《明史》卷一八一有傳。

〔三〕明馨公，即李乃蘭，字汝佩，號明馨。李篤培同曾祖弟，生於萬曆七年（一五七九），與李篤培同爲己酉舉人、庚戌進士。萬曆辛亥（一六一一）授四川敘州府隆昌縣知縣，改安慶府教授。壬子（一六一二）陞國子監博士，甲寅（一六一四）陞户部山西司主事，丁巳（一六一七）陞郎中，歷廣寧道副使，勞心邊計，卒以憂國殁。參（順治）《招遠縣志》卷八「科貢」、《萬曆庚戌科序齒録》。

〔四〕足，李星源信作「目」。

〔五〕「不憚」以下，李星源信作「不憚數百里重繭以至」。

〔六〕李日成，字廬山，崇禎己卯舉人，庚辰進士，授寶應知縣，調江都知縣，陞兵部武選司主事。入清後改名日乾，補江西萬安知縣。參（順治）《招遠縣志》卷八「科貢」、宋琬《安雅堂未刻稿》卷八《李母于氏墓志銘》。

〔七〕省略文字出自《方圓雜説》卷上，見《中西數學圖説》少廣章前。

〔八〕「著筭衍初藁」以下，李星源信作「著有《之野集稿》《學易叢書》《看書三要》《醉吟艸》《雲屯別墅集》《筭演初稿》《中西筭學圖説》等書，凡數十餘萬言，《方圓雜説》尤爲奥衍。」

〔九〕無富貴驕人色，李星源信作「雖貴無驕人色」。

附録二　萬曆庚戌科序齒録·李篤培〔一〕

李篤培，山東登州府招遠縣，匠籍學生。字汝植，號仁宇，治《書》，行一。乙亥十月二十一日生。己酉鄉試十四名，會試十三名，廷試三甲一百四十名。户部觀政，授河南開封府儒學教授。壬子陞國子監助教，甲寅陞工部營繕司主事。

〔一〕見《明代進士登科録彙編》第二十一册，台北：台灣學生書局，一九六九年，第一一七六四頁。

附録三 李星源覆李儼信函附招遠李氏家乘節録〔一〕

樂翁老夫子大人台下敬啟者，弟自夏正中到海〔二〕，接讀閣下自鄭州頒發瑶章，兼惠銀璧拾元，當即敝家乘中關於鄙先人仁宇公者，立鈔三則，與書一並掛號郵遞鄭州局中，刻應獲邀洞鑒。嗣由敝舍轉到閣下客臘函件〔三〕，内開各節，除鄙先人之生卒年月等，均已函貯呈奉左右外。敝縣志初編，係清國初邑人張鳳羽先生順治年間進士主筆〔四〕，總纂者爲登州府知府某公〔五〕，弟忘其名矣。板成於康熙某月日，弟亦忘記。俟旋舍後查明，另爲奉聞可也。弟所日夜祝禱者，鄙人先著倘不足羼入鴻著中，仍懇賜序一首，以榮壓卷板。權懇以前函辦理，單獨印刷，可在參考之列，當可不負鄙先人敝帚之藏。倘鴻著中可許末參，鄙先人雖不敢擬昌黎，閣下可謂顯昌黎之永叔，敝家乘中又添一段佳話。弟雖不文，握管敬候矣。惟至今未奉覆示，時不勝懸懸耳。中原天氣適中，千萬順旹珍重，諸希荃照不宣。

山左李星源具

回示寄至山左龍口熾昌厚號，轉交李星源字崑海便妥。又鄙人前清在京供職候補州同，民國賦閑。客冬自洛言旋，今歲去家百里，潛伏海濱，優遊歲月而已。惟家乘一書未曾攜帶，大端數則梗概，未盡忘也，附此聊博大雅一噱。又回示祈將台甫示知爲要。

山東招遠李氏家乘節録

永思録

先考李公諱篤培，字汝植，號仁宇，萬曆酉、戌聯魁。生於萬曆三年十月二十一日亥時，卒於崇禎四年十一月二十二日子時，遺明兄弟兩人〔六〕，孤幼無知，僅得之伯叔諸父及先考諸門人所素稱述者，存十一於千百。嗚呼痛哉！明安忍不歷敘先世並先考先妣之初終邪？

〔一〕民國十五年（一九二六），李星源有兩通信函寄與李儼，此爲第二封，而所附「招遠李氏家乘節録」出自第一封信，原信還附有「招遠縣志人物列傳·李篤培傳」，因前已引録縣志，故不重録。信件今藏於中國科學院自然科學史研究所，鄭誠兄在檢閲李儼所藏信函中發現此信，惠示筆者，僅致謝忱。關於李星源與李儼信函往來的説明，參本書導言注釋。

〔二〕夏正中，指農曆正月中，約一九二六年二月底三月初。

〔三〕客臘，指去年農曆十二月，約一九二六年一月。

〔四〕張鳳羽，字仲威，山東招遠人。順治辛卯（一六五一）舉人，己亥（一六五九）進士，順治十七年（一六六〇）修縣志。參（道光）《招遠縣續志》卷三「文學」。

〔五〕指徐可先，字聲服，常州府武進縣人。順治丁亥（一六四七）進士，順治十五年（一六五八）任登州府知府。事跡參（乾隆）《武進縣志》卷九「宦績」。

〔六〕李篤培二子，長唐欽，次唐明。

先係直隸宛平縣人，明國初，徙居山東青州。後徙登州招遠縣，遂家焉。至五世祖諱海公，家稍豐，始知讀書。海生月，月生奉祀公諱仲春，字景熙，恭儉忠信，愚懦自處。人或詬其財者，不忍發其奸，且遂之。里中大小良頑，咸稱公爲長者。占有後云，配張氏，邑巨族女。奉祀公三子，曾祖中憲公其仲也，諱棟，字魁隆，號暘溪，生而魁異豁達，輕財好義。以掾吏赴選，聞奉祀公病，遂遙授定興縣，歸侍膳問疾，承顔順志。事同母兄浙江斷事梅公甚恭，撫庶母弟楠最友，得成立，爲邑庠生。中憲公微時，雖遊（搢）［縉］紳間，亦岸然不爲下。而既貴之後，每遇忤，順受若不知者。里中咸又長者公，不異奉祀公焉。奉祀公素遊南北，歸則每向諸子道所聞見善惡報應事，使會警省。享壽九十一歲，累封中憲大夫。祖妣温氏，誥贈恭人；繼祖妣徐氏，亦贈恭人。側室吴氏、韓氏。

中憲公生祖昆七人，伯祖驥千，丁丑進士，歷任潁州兵備使。次驥驄，江西寧州同知。次驥良，華榮縣主簿。祖諱驥驤，邑庠生，誥封承德郎，工部主事。叔祖驥駗、驥服，俱庠生，均温恭人出。驥雲，太學生，韓出。承德公之養中憲公，亦若中憲公之養奉祀公；友恭兄弟，亦若中憲公之友恭兄弟也。性甘恬淡，正色直公，扶危濟困，邑中受惠者十居八九。萬曆乙卯歲飢，賴以存活者不啻萬計。祖母丁氏，嘉靖庚戌進士尚書郎諱希孔公女〔一〕，誥封安人。庶祖母吕氏、原氏。祖生父昆五，父其孟也。次叔父篤祜，庠生，吕出。次篤生，與父同母，丁安人出。次篤行，廩生。次篤恭，太學生，俱原出。

先考於諸弟克盡友道，皆得成立。文行兼優，幼齡敏異，博極羣書，兩擅魁名。文驚海内，與同榜鍾伯敬諸君子尤相友善〔二〕。少時與斷事公孫乃蘭明馨公入山攻苦，幾於目不窺園。及酉、戌，兄弟聯芳。辭邑令，就開封廣文職，一時稱扶風绛帳。任司空曹時，督工（漸）［箭］樓，逾年之限，乃三月而告成，且省費二十萬計。以進，神宗温旨褒答，有朕心甚悦之諭。素方嚴，爲中貴所側目。爲學宗元公之主靜〔三〕，並精河洛理數。以故逆黨魏忠賢魑魅未形，即有康節天津之感〔四〕。因承德公疾，乞終養，朝夕問視者凡十餘年。承德公卒，即潛入古萊九青山，采育英才，負笈從遊者，不憚重繭。明馨公子日成，先考猶子也。幼孤，撫育身教，卒以崇禎卯、辰起家。間即著書，始著《方圓圖說》，大旨以兩圖形體變化，繪以五色，括天地數，寓易簡理，殆與其方以持躬、圓以涉世相表裏。繼著《筭演

〔一〕希孔公，即丁希孔，招遠人，嘉靖丙午（一五四六）舉人，庚戌（一五五〇）進士，歷户部郎中。見（順治）《招遠縣志》卷八「科貢」。
〔二〕鍾伯敬，即鍾惺，竟陵人，萬曆三十八年進士。授行人，稍遷工部主事，改南京禮部，進郎中。《明史》卷二八八有傳。
〔三〕元公，即周敦頤，字茂叔，謚元公。《宋史》卷四二七有傳。
〔四〕康節，即邵雍，字堯夫，謚康節。作《天津感事》二十六首。《宋史》卷四二七有傳。

初稿》及《再稿》，後又合之，名爲《中西數學圖說》。又著《學易叢書》及《之野集》《看書三要》等書。辛未仲冬二十一日，（暮）［沐］浴温泉，談笑以歸。整冠振衣，坐中庭，呼季叔名，執其手而言曰：吾二子尚未成立，且未命名。今長名唐欽，次名唐明，其識之。相語若無意人間世者，夜半就卧卒。

時兄甫八歲，明方五齡。乃值逆叛寇東牟，劉、王兩母合志同心，攜幼抱書，跋涉千里，霄晝犇馳，避难江南，辛荼萬狀。幸邀天佑，終獲安全。變已而歸廬舍，笥橐蕩然無存，惟先考遺稿尚有在者。眇眇兩孤，形影相依。二母俯視悲痛，乃撫育訓誨，嚴慈兼盡。門衰族蕩，百端之摧磨難言，賴諸叔父指南。崇禎辛巳，兄始入泮，娶董氏，明娶宿氏，母心稍慰。未三載，又歷改玉之變，無端雀角，一切任其顛倒。權役蠹僕，負我高厚；虎噬難堪，脂膏靡存。而孟嫂又喪，舉家惶惶，遺一女孫，母氏撫將。順治庚寅，明入郡庠泣恕，按臺黴治僕役，方得寧日。劉妣生於萬曆十五年十月初九日酉時，卒於康熙元年五月初四日巳時。王妣生於萬曆三十年七月二十九日亥時，卒於康熙十七年九月初五日子時。嗚呼痛哉！

先考多著述，屢遭兵燹，遺失殆盡，所存者二三種而已。《方圓圖說》已載縣志，奈家世寒素，不能授梓以公世，明滋且懼。有賢士君子出，點校表章之，如昌黎得永叔而始傳，明於世之名公長者有厚望也。向明兄弟二人，方期努力以承厥志。乃伯兄謝世已數載矣，明煢煢在疚，怙恃無存，塤篪難再。惟課三侄二子，勉修前業。嗚呼！惟劬勞罔極之恩，難報淚筆，以述往日之艱辛，以垂後昆。

皇清康熙歲次甲子秋九月二十七日，不孝男唐明謹誌。

遺訓

先考嘗於崇禎四年春清明節日，命明兄弟云：吾昔在京供職，一日，魏閹來謁，辭以外遊，伺彼之暇，完全往來之迹。彼懷恨在心，每欲置予於死地。未幾，修造（漸）［箭］樓之命下，期限一年竣工，此魏氏殺吾之刃也。及繪圖進呈，再被詔斥，惟有待斃而已。寢食已廢，此際已奉詔廿日矣。某夜愁寐中，一素衣長者爲吾擘畫訖，云：「可以塞責」。比醒，將圖更正，計工料等費若干、期日若干，復進呈。遂下詔興工，不三月而工竣。是樓之頂，原宜在平地製就，末後升置，灰其縫隙而已。魏氏不知，以爲得計，輒以欺罔入奏。幸上神明，先著内侍暗驗，吾已令工人如法位置妥帖。魏奏留中未發，反有「朕心甚悦」之詔，吾亦趁此請准終養。故敬築白衣大士廟於東關路北，爾等宜世世供享勿怠。

軼事

從先考學《易》之蘇生云，吾先師常云：「理數並行，人自忽耳，謬者又妄分之。如吾嘗坐一小閣誦讀，某夜見茶杯被家人移轉，感而卜之，此杯不復爲吾用矣。乃急以絲繩結作環彄，將杯懸在梁下，人手足不能企及。雖不見用，萬無不全之慮。翌晨，奴輩連請用飯，未暇離閣。旋太夫人扶杖至，吾敬請命。太夫人有不悦之色，舉杖斥吾，吾跪地哀懇。太夫人之杖未下，而杯已落地碎焉。吾大笑，太夫人云：『爾猶作孩童戲，奚足責乎？』吾敬述其故，扶太夫人入正室用朝飯去訖。夫杯係土質，作成器品，以爲人用。動多靜少，理難久存。不毀於我，必毀於人，早晚乃其數耳。兩間之物，皆作如是觀。明其理，而數寓其中也。《易》道非一端所能窮者似此。」

以上皆唐明公記，茲節録數則，順呈鈞鑒。

附録四　招遠李氏譜系（節録）〔一〕

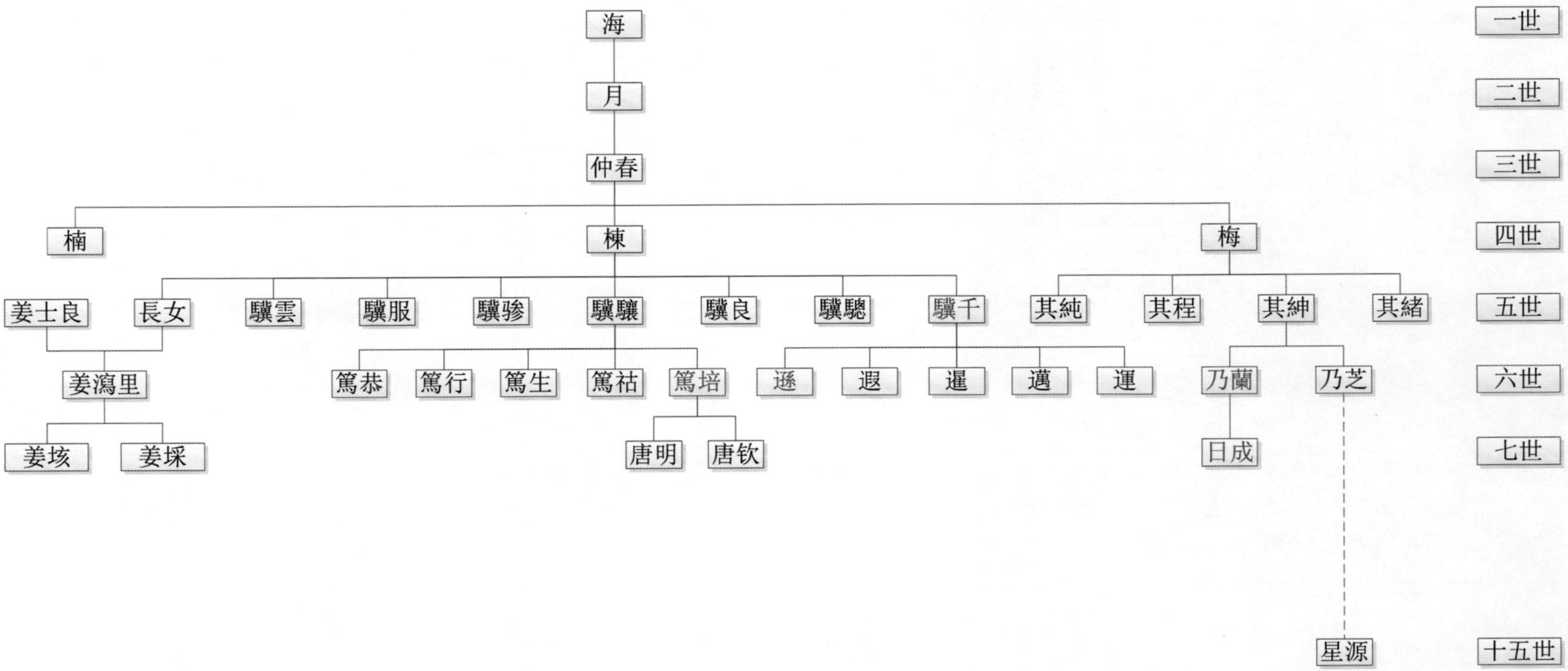

〔一〕據二〇〇五年重修《招遠李氏族譜》。譜系排行，長者在右，幼者在左。招遠李氏一門五進士，李驥千，萬曆丁丑科（五年，一五七七）；李篤培、李乃蘭，萬曆庚戌科（三十八年，一六一〇）；李日成，崇禎庚辰科（十三年，一六四〇）；李遜，崇禎壬午科（十五年，一六四二）。

附録五　方圓雜説序〔一〕

明萬曆間，招遠李汝植先生以進士官工部主事。其時，大西洋利瑪竇之書始入中國，見之者咸以地球一説顯與《聖經》天圓地方之文相背，而不從之。先生得之甚喜，爲之課虛扣寂，提要鉤玄〔二〕，卒使物無遁形，理無滯機。爰作《方圓雜説》二卷，前卷列形説二、圖説八，後卷備載方圓容，凡例百四十余則。雖其所用之率仍執圓三徑一古法爲準，較之宋劉徽〔三〕、近人錢塘之法爲少疏，學者執是以求，亦可得入不二之門矣。當是書未脱稿，先生嘗慨然謂人曰：「造物忌成，吾或者與此書相始終乎！百世而後有知其解者，是旦暮遇之也。」夫以先生之才大心細而言如此，是書之奧衍可知。苟非其人，道不虛傳，宜先生之深以自感也。抑聞之先生所著，是書外又有《算衍初稿》者，以顯測微，以實測虛，上自日星躔次，下至扶輿廣輪，暨參錯不齊一切物，又或耳目所不及者，皆乘除布算，不爽針芒。今其後人方擬爲之并刻以傳，學者尤莫不以爭先快睹爲幸云。

宣統元年冬至月　　濰陽後學劉掄升拜序

〔一〕劉掄升撰，録自《招遠李氏族譜》（二〇〇五年重修）第十二册附録第三四九七—三四九八頁，原作「摘自清《山東通志》」，查（民國）《山東通志》，並無此序。疑此序當出自《方圓圖説》原書。原文爲簡體，今改作通行繁體字。標點文字或明顯錯訛之處，據文意一併改正。劉掄升，見本書卷首注釋。

〔二〕玄，原作「元」，避康熙「玄燁」諱改，今改從本字。

〔三〕宋劉徽，當作「魏劉徽」。

附録六　中西數學圖說提要〔一〕

《中西數學圖說》十二卷，明李篤培撰，彩繪鈔本十二册，中國科學院自然科學史研究所圖書館藏本，李儼先生（一八九二—一九六三）贈書。

半葉十六行，行廿八字上下，無行格欄線，多朱筆圈點。卷首題「中西數學圖說卷之一」，次行署「明招遠李篤培仁宇甫著 裔孫星源校」。他卷或僅題卷之幾，或題地支某集（如「中西數學圖說申集」）。全書筆跡非出一手，大都流麗工整，圖例多填彩色，頗爲精細，似是李氏後裔編輯之清稿本。迄今所知傳世之本僅此一部。首册前副葉墨書「徵序/濰邑劉子秀序文俟刊板時首列之」。無序跋。

首册封面貼一硬紙簽，墨書題「山東歷史博物展覽會出品標籤」。下書三欄：「品名：中西數學圖說」「出品者：招遠縣前明進士李篤培著」「說明：明季西人利瑪竇來華帶有西國算書李氏閱之悉以中法演出所有一切方法分類納之九章之中其所用之法並有中西所無者推類以充其極著之各章之中可爲習算學者參考之品」。按，一九二二年七月，山東省教育廳在省立圖書館舉辦山東歷史博物展覽會。《山東歷史博物展覽會報告書第二編》（一九二三，第五六頁）著録是書，解題前半與標籤說明略同，末云「世徒知有徐光啟輩而先生反湮没不彰豈非有幸有不幸歟」。

李篤培（一五七五—一六三一），字汝植，號仁宇，山東登州府招遠縣人。萬曆三年（一五七五）十月生。早年與從弟乃蘭（字汝佩，號明馨）共讀書，三十七年（一六〇九）己酉二人同舉于鄉，三十八年（一六一〇）同成庚戌科進士〔二〕。篤培初授河南開封府儒學教授，萬曆四十年（一六一二）升國子監助教，四十二年（一六一四）升工部營繕司主事〔三〕。四十四年十月（一六一六）至四十五年三月，主持修繕行人司，五閱月而成。費省工速，時人稱之〔四〕。萬曆末監修京師箭楼，省費數萬〔五〕。遼東事起，貴州巡按楊鶴稱篤培有籌邊才，欲用之未果〔六〕。天啟元年（一六二一）前後，篤培去職歸鄉，崇禎四年（一六三一）十一月卒于里〔七〕。按順治《招遠縣志》小傳，

〔一〕中國科學院自然科學史研究所鄭誠撰，二〇一〇年十二月初稿，二〇一八年六月十八日修訂。經鄭誠兄惠允，略作改動，附録於此。

〔二〕參見張作礪修，張鳳羽纂（順治）《招遠縣志》卷八，順治十七年刻本；方汝翼等修（光緒）《增修登州府志》卷三九，光緒七年刻本。劉鴻訓《賀李明馨擢守真定序》，《四素山房集》卷六，《四庫未收書輯刊》第六輯第二册影印崇禎刻雍正印本。按，篤培又與姜埰（字如農，崇禎四年進士）爲表兄弟。參見魏禧《明遺臣姜公傳》，《魏叔子文集外篇》卷一七「傳」，《續修四庫全書》集部第一四〇八册影印寧都三魏全集本。

〔三〕《萬曆庚戌科序齒録》，《明代登科録彙編》第二一册影印明萬曆刻本，台灣學生書局，一九六九年。

〔四〕楊守勤《重修行人司碑記》，《寧澹齋全集》文集卷五，《四庫禁燬書叢刊》集部第六五册影印明末刻本。

〔五〕李長春纂修《明熹宗七年都察院實録》卷一「天啟元年三月十二日河南道御史劉大受疏」，中央研究院歷史語言研究所，一九六二年。

〔六〕劉鴻訓《賀李明馨擢守真定序》，《四素山房集》卷六。

〔七〕李儼《明代算學書志》（《李儼錢寶琮科學史全集》第六卷，遼寧教育出版社，一九九八年，第四九〇頁）引山東招遠縣李氏家乘。

李篤培「少時見利瑪竇書有悟，遂精于數學，其法以顯測微，以實測虛，上自日星躔次，下至扶輿廣輪，暨參錯不齊一切物，又或耳目所不及者，皆乘除布筭，不爽針芒」，所著《算術初稿》數十餘萬言，生前未及脱稿〔一〕。傳世《中西數學圖説》約三十萬字，或即此書。

《中西數學圖説》仿《九章算術》名目，分方田、粟布、衰分、少廣、商功、均輸、盈朒、方程、句股九類，類下分篇，每卷一篇或數篇，計開：

方田二篇。卷一（子集）形積相求補、卷二（丑集）畝法。

粟布八篇。卷三（寅集），單准、累准、變准；卷四（卯集），重准、成色法、斤兩法、年月法、盤量法。

衰分八篇。卷五（辰集），合率衰分、等級衰分、照本衰分、貴賤衰分；卷六（巳集），子母衰分、匿價衰分、襍和衰分、借徵法。

少廣十二篇。卷七（午集）四篇、八卷（未集）八篇。

商功八篇。卷九（申集），修築、高廣變法、開濬、課工、料計、推步、曆法、聲律。

均輸四篇。卷十（酉集），定賦役、計僦里、均法、加法。

盈朒六篇。卷十（酉集），盈不足、兩盈兩不足、盈足朒足、開方盈朒、子母盈朒、借徵盈朒。

方程六篇。卷十一（戌集），二種方程、多種方程、正負方程、子母方程、較方程、等方程。

句股八篇。卷十二（亥集），句股相求、句股較和、和較諸法補、句股容、句股測、鏡測法、尺測法、知方之術。

卷七前附《方圓雜説》，約三千八百字，獨立成書。《方圓雜説序》云：

原夫形而下者謂之器，器有出於方圓者乎？形而上者謂之道，道有出於方圓者乎？道之入也以方，如云方術、方便者是也。其究竟也必圓，如云圓滿、圓成者是也。故方圓者，道之所以成始而成終也。其爲德不可勝窮也。大地以爲紙，大海以爲墨，不能盡方圓之德、之妙也。就所窺測，上原天道，下及人情，推其自然之致，列爲數端，猶夫大地之一塵，大海之一滴也。塵不盡地，滴不盡海，然地不外於塵，海不外於滴也。

《中西數學圖説》旨在以傳統數學形式，解釋西方數學知識，包括幾何、算術、代數、三角等内容〔二〕。其西算新知，主要來自《同文算指》《圜容較義》等明末漢譯西書。《方圓雜説》全文見載順治《招遠縣志》卷九李篤培小傳中。然志書未録《雜説》圖示，不及抄本完整。此外山東省博物館見藏「方圓圖説九卷（明）李篤培撰 明抄本」〔三〕。

〔一〕張作礪修，張鳳羽纂（順治）《招遠縣志》卷九「人物・李篤培」。
〔二〕潘亦寧《李篤培〈中西數學圖説〉中的方程解法問題》，《内蒙古師範大學學報（自然科學版）》第三八卷第五期，二〇〇九年。
〔三〕王紹曾主編《山東文獻書目》，齊魯書社，一九九三，第二七四頁。

圖書在版編目（CIP）數據

中西數學圖説（上、中、下）/[明] 李篤培著；高峰整理. — 長沙 ：湖南科學技術出版社，2022.5
（中國科技典籍選刊. 第五輯）
ISBN 978-7-5710-1486-5

Ⅰ. ①中… Ⅱ. ①李… ②高… Ⅲ. ①數學史－中國－明代 Ⅳ. ①O11

中國版本圖書館 CIP 數據核字（2022）第 032095 號

中國科技典籍選刊（第五輯）
ZHONGXI SHUXUE TUSHUO
中西數學圖説（下）

著　　者：[明]李篤培
整　　理：高　峰
出 版 人：潘曉山
責任編輯：楊　林
出版發行：湖南科學技術出版社
社　　址：湖南省長沙市開福區芙蓉中路一段 416 號泊富國際金融中心 40 樓
网　　址：http://www.hnstp.com
郵購聯係：本社直銷科 0731-84375808
印　　刷：長沙市雅高彩印有限公司
（印裝質量問題請直接與本廠聯係）
廠　　址：長沙市開福區中青路 1255 號
郵　　編：410153
版　　次：2022 年 5 月第 1 版
印　　次：2022 年 5 月第 1 次印刷
開　　本：787mm×1096mm　1/16
本册印張：49.75
本册字數：1273 千字
書　　號：ISBN 978-7-5710-1486-5
定　　價：1600.00 圓（共叁册）

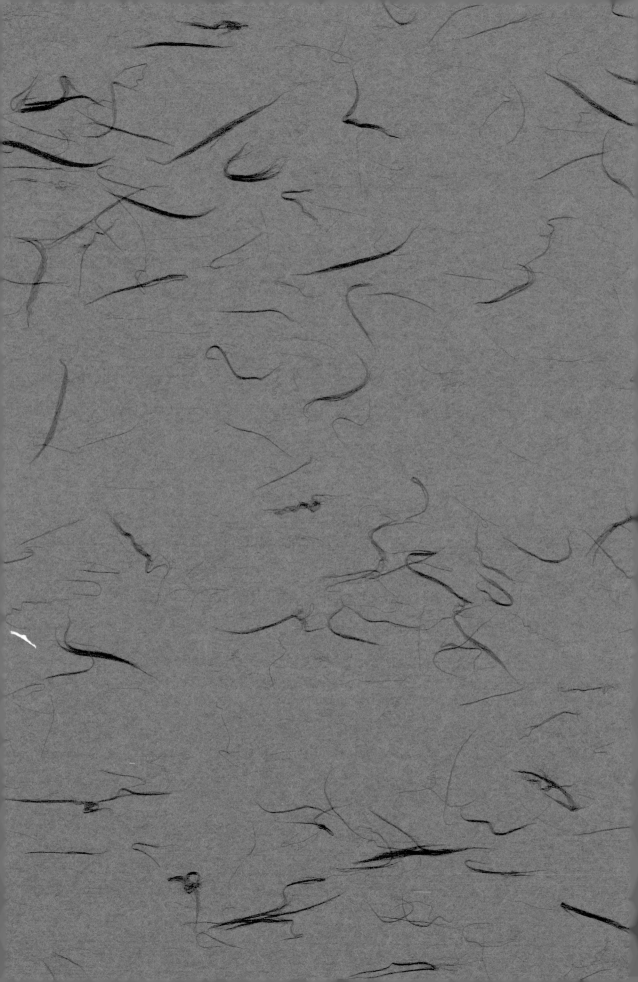